Geotechnical engineering for performance based design

性能設計のための地盤工学
地盤調査・試験・設計・
維持管理まで

正垣孝晴
［著］

鹿島出版会

序

　土質パラメータ，設計定数の一層高精度な推定を求めつつも，省力化・低コスト化にも直結するような原位置試験，サンプリング，土質試験法を体系的に検討した研究は少ない。本書は著者が取り組んだ地盤工学的枠組みの中の，サウンディング，サンプリング，室内土質試験，設計法を紹介しつつ，「性能設計のための地盤工学」として，地盤調査・試験から設計・維持管理までを扱っている。

　著者が実務で地盤調査・土質試験・設計業務に従事していた頃の関心事は，採取した試料の乱れの評価と強度・圧密パラメータの発現機構，土の各種パラメータの統計的性質を踏まえた設計値の決定であった。これらは，1970年代以降のウォーターフロントを中心とした社会基盤整備の中心的な課題でもあった。特に試料の乱れは，設計のためのパラメータの決定にいつも頭を悩ます難題であった。いずれも有効応力や堆積環境学の考察を抜きに議論できないが，土の不均質性を含めた検討には，供試体寸法を小さくすることが不可欠であると考えた。

　著者が取り組んだ研究は，円板引抜き試験法に加え，供試体の小型化・試験機の小型化と，これら小型化によって初めて実現可能な高性能サンプラーの開発と設計への適用を軸に，地盤設計のリスクの低減を目指した一連の研究であり，その内容は以下の①から⑤に要約できる。

① 地中に埋設した小型円板の引抜き抵抗力から，粘着力を精度良く求める原位置試験法を提案している。現地の粘性土に水砕を混合した高盛土の施工管理試験への適用性を示した。

② 小型供試体を用いる小型高性能の，一・三軸，圧密，一面せん断試験機を新たに開発し，直径 d15mm，高さ h35mm（一・三軸試験）と d30mm，h10mm（一面せん断と圧密試験）の小型供試体を用いても，自然土の各種試験や応力条件下の強度・圧密特性が，通常寸法の供試体と同様に適正に評価できることを示した。これらは，通常のチューブサンプラーで得た d75mm，h100mm の自然堆積土の試料片を用いて，応力条件，ひずみ速度，異方性，圧縮・伸張条件下の自然堆積土の強度・圧密特性の試験から確認している。

③ サクション測定の一軸圧縮試験 UCT から原位置の非排水強度の推定法を提案し，また圧密試験で得た体積ひずみから原位置の圧密パラメータの推定法を示した。もともと応力解放や土の乱れが強度・圧密特性・設計結果に及ぼす影響は極めて大きいが，K_0 圧密三軸非排水圧縮試験 K_0CUC の結果から，両推定法の妥当性を K_0 圧密時の K_0 の挙動と盛土の破壊事例がよく説明できることから確認している。また，チューブサンプラーで採取した試料の密度変化を考慮した砂の原位置動的強度・変形特性の推定法を提案した。凍結サンプリングした試料の結果を踏まえて，この提案法の新潟砂地盤への適用性を示した。

④ チューブ内径 45mm の小径倍圧型水圧ピストンサンプラー（45-mm）に加え，コー

ン貫入試験の機構を併せ持つ小径倍圧型の Cone サンプラーを開発した。これらのサンプラーは，貫入力と貫入速度が大きいことが特徴であり，一軸圧縮強さ q_u が 600 kN/m² 程度までの沖・洪積粘性土，有機質土や N 値が 54 程度までの新潟砂も高品質で採取できる。また，これらサンプラーは，地盤工学会基準 JGS-1221, JGS-1222, JGS-1223 で規定された従来型の単管，二・三重管の 3 つのサンプラーの対象土を 1 つのサンプラーで採取できるものであり，標準貫入試験用の 66mm 径のケーシングパイプ内で試料採取でき，サンプリング時間が短く費用も安価である。一方，Cone サンプラーは，ボーリング孔の削孔が不要で，無線によるコーン情報に加え，硬質土に対する高品質の試料も採取できる。しかもこれらの倍圧サンプラーは，水圧式であるので採取試料の品質にオペレータの技術力は依存しない。

⑤　上記①～④の成果を用いて，日本，釜山粘土，ピサ粘土，関東ロームで築造された既設アースダム堤体の強度・圧密特性を体系的に明らかにした。すなわち釜山では，精緻な強度・圧密特性の提示に加え港湾部で観測された過大な沈下量が，採取試料の乱れに起因して予測沈下量を過小に評価した結果であることを示す。またピサでは，同じく精緻な強度・圧密特性に加え高品質を維持したままで，試料採取から室内試験までを従来の半分の時間で済ませられることを示した。そして，非排水強度異方性を考慮した斜面安定解析法を提案し，これら倍圧サンプラーで得た試料から推定した原位置非排水強度と非排水強度異方性が盛土の変状をよく説明することに基づき，盛土設計の信頼性評価と消費者危険を含む最適化手法を提案し，既設アースダム堤体の耐震性能評価も同様に扱えることを示した。このような精緻化技術と最適化手法は，安全で経済的・合理的な地盤構造物設計に寄与しつつ，同時に地盤調査・試験法の省力化・低コスト化を実現する。

　本書は，基礎・共通編と地盤調査・設計の実例編からなる。本書全体に関わる基本的事項や共通的な内容が前者で，第 1 章から第 10 章で構成されている。後者は，前者で示した基本事項や各種提案法を用いて，地盤調査・試験・設計・維持管理の内容を第 11 章から第 15 章に収めている。各章の概要と狙いを示す。

　第 1 章は，序論として性能設計と本書の位置づけを明確にするため，地盤構造物の設計に関する地盤調査・試験・設計法の仕様規定から性能規定への世界的な大きな潮流の背景を示し，本書起稿の背景にある地盤調査・試験法の精度と，これが設計・維持管理に及ぼす影響に加え，設計法の信頼度分析，土構造物の性能評価，地盤リスクとリスクマネジメントの課題をまとめている。

　第 2 章では，設計で対象とする地盤，設計用地盤モデル，地盤の性状と地盤データのばらつきの実態を示している。第 3 章では，著者の研究の根幹として，強度・圧密特性に及ぼす供試体寸法と形状の影響が，国内外の自然堆積土に対して示される。第 4 章は，強度・圧密特性に及ぼす試料の乱れの影響が各種の原位置試験と室内試験から示されるが，経験豊富な技術者に対する意識調査は，これらの試験結果の傾向と整合することが示される。

　第 5 章では，粘性土の圧密パラメータと非排水強度，砂の動的強度・変形特性の原位置の値の推定法が示され，非排水強度の統計的性質の補正法が示される。第 6 章では，原位置試験法として，コーン貫入試験とその信頼度が分析され，コーン指数の水平方向の自己相関係数を用いた最適調査規模決定の考えが示される。また，円板引抜き試験法が提案され，不飽和土の強度や原位置試験法としての適用性が示される。

　コーン貫入試験の機構を含む小径倍圧型の水圧ピストンサンプラーが第 7 章で示され

る。このサンプラーは，沖・洪積粘性土や有機質土，砂質地盤に対して地盤工学会基準である単管・二重管・三重管サンプラーを1つのサンプラーで，これらと同等以上の品質で乱れの少ない試料が採取できることが示され，ISO22475-1 で規定されている世界のサンプラーの中での位置も明らかにされる。

第8章は，土質試験法として，各種室内せん断試験による非排水強度特性と一面せん断試験の実務設計への適用上の留意点が示される。第9章では，小型供試体を用いた自然堆積土の強度・圧密特性として，我が国の粘性土に加え，釜山粘土，ピサ粘土の結果が体系的に示される。また，火山灰質粘性土の強度・圧密特性のシキソトロピー効果が微視構造や鉱物組成の変化を含めて示される。シキソトロピーに関する研究は，鉱物学や粘土化学を含めた学問分野の今後の結集が現象の解明には不可欠である。

自然堆積粘性土の強度・圧密特性の異方性が第10章で示される。第3章で示した小型供試体に対する成果がこの検討を可能にしている。また，第10章の結果は，第11章，第14章，第15章に活用される。

地盤調査・設計の実例編として，第10章までの成果を用いて，バーチカルドレーンで改良された地盤の圧密沈下解析法の提案と，その有効性が第11章で示される。第12章では，水砕混合の粘性土を用いた高盛土の締固め管理試験としての円板引抜き試験法の適用性が示される。第13章は，砂地盤の地震時安定性と動的強度・変形特性の評価例が示される。このたびの東北地方太平洋沖地震を踏まえ，今後の研究の進展が特に望まれる。第14章は，軟弱地盤における盛土設計の最適化として，築造中の道路盛土が破壊した実例を取り上げ，原位置試験法・試料採取法・室内試験法・設計の最適化法を具体的に示している。そして，第15章は，関東ロームで築造された既設アースダム堤体の維持管理として，第3章，第5章，第7章，第8章，第10章，第14章の成果を用いて，堤体の性能評価法を示している。

本書で示す各種結果や性能設計のための照査法が，工学の宿命を反映して将来にわたり最適であるとは考えていない。技術や研究の進展によって変更や改良が進み，陳腐化するものがあるかもしれない。また，地盤工学のすべての領域も網羅できていない。特に，透水・浸透・環境問題を扱うことができなかった。残念ながら，著者の実務や研究の対象でなかったからである。このような状況下で本書を世に出すことに大きなためらいがあった。しかし，地盤工学の専門書を概観すると，その内容は，土質力学（工学）に力点が置かれているもの，基礎的・入門的な解説が中心のもの，複数の著者による分担執筆で視点の統一性が十分でないもの等があり，地盤調査・試験・設計の観点から，一貫した思考過程のもとで全体が著述されている書籍は極めて少ない。また，性能設計法への移行を踏まえた，このような観点の地盤工学に関する書籍も見られない。

このような状況下で，地盤調査・設計の実務を経て，大学での教育・研究で得た知識を総動員して，「性能設計のための地盤工学」として，地盤調査・試験から設計・維持管理までを，一人の著者による書籍として世に出すことにも意義があると考えるようになった。本書の個々の内容は，複数の査読者の審査を経て学術論文として公表されている。本書はそれらを集約してまとめ直し，著述したものである。独断的な記述や我田引水の部分も散見される。これらは，著者の浅学非才に起因しているが，十分でないところは，読者の批判を真摯に受け止め，提案法の今後の改良・進展や実務への性能設計の浸透，そして地盤工学の近代化，地位向上のための一法として本書を開示し，その批判を仰ぐことが建設的であると考えた次第である。読者のご批判には謙虚に耳を傾け，今後の研究の進展のための貴重な糧にさせていただきたいと思う。

最後に，名古屋大学と防衛大学校の学部ならびに修士課程の卒業研究や博士論文の指導を通して，困難な実験や計算を担当された多くの卒業生に対して，また多くの研究者・技術者との共同研究や原稿についての貴重なご意見をいただいた諏訪靖二様（元㈶地域地盤環境研究所）に，心から感謝の意を表する。

　さらに，松尾稔先生（元名古屋大学総長）は，技術者であった著者に研究者としての道を拓いてくださった。修士・博士号の主査として，ご懇篤な研究指導をいただいた。故山口柏樹先生（東京工業大学名誉教授）には，名古屋大学教授の最後の助手としてお仕えさせていただく中で，研究者としての多くの姿勢を学ばせていただいた。淺岡顕先生（名古屋大学名誉教授）は，著者が名古屋大学から防衛大学校に赴任した後も，研究指導のみでなく多くのご相談に乗っていただいている。これらの掛け替えのない恩師にも深甚の謝意を表する。

　また，出版の機会を与えて下さり，明確な工程管理と原稿の調整で出版まで導いてくださった㈱鹿島出版会の橋口聖一様に喪心より感謝の意を表する。

2012年2月

正垣 孝晴

目　次

序

〔基礎・共通編〕

第1章　序論　性能設計と本書の位置付け … 1
1.1　仕様規定から性能規定へ … 1
1.2　地盤調査・試験法の精度と設計・維持管理への影響 … 3
　（1）試験方法の差が設計結果に与える影響 … 3
　（2）使用サンプラーの差が設計結果に与える影響 … 4
1.3　設計法の信頼度分析と土構造物の性能評価 … 5
　（1）道路盛土の信頼度分析 … 5
　（2）アースダム堤体の性能評価 … 6
1.4　地盤リスクとリスクマネジメントの課題 … 7

第2章　地盤の性状と地盤データのばらつきの実態 … 11
2.1　対象地盤と設計用地盤モデル … 11
　（1）設計で対象とする地盤の性状 … 11
　（2）設計に用いる地盤モデル … 12
2.2　地盤リスクの対象と原因 … 14
　（1）地盤の性状と設計値決定の際の不確定性が対象となるリスクの原因 … 14
2.3　地盤データのばらつきの原因とその実態 … 16

第3章　強度・圧密特性に及ぼす供試体寸法と形状の影響 … 25
3.1　一軸圧縮強度特性に及ぼす供試体寸法と形状の影響 … 25
　3.1.1　概説 … 25
　3.1.2　既往の研究 … 25
　3.1.3　供試土の指標的性質 … 26
　3.1.4　せん断前のサクションに及ぼす供試体寸法の影響 … 27
　3.1.5　応力・間隙水圧とひずみの関係，有効応力経路に及ぼす供試体寸法の影響 … 29
　3.1.6　強度・変形特性に及ぼす供試体寸法の影響 … 33
　3.1.7　S供試体の強度特性に及ぼす供試体高さの影響 … 35
　3.1.8　S供試体の強度特性に及ぼす拘束圧の影響 … 37
　3.1.9　非排水強度特性に及ぼす供試体形状の影響 … 38

3.1.10　携帯型一軸圧縮試験機の適用事例 ·· *39*
　　　　（1）現地実験としての一軸圧縮試験 ··· *39*
　　　　（2）確率論的な設計法への適用 ··· *39*
　　　　（3）非排水強度異方性の測定と異方性を考慮した斜面安定解析法 ········ *40*
　　　　（4）土質力学の実証的研究への寄与 ··· *40*
　3.2　圧密特性に及ぼす供試体寸法の影響 ··· *40*
　　　3.2.1　概　説 ··· *40*
　　　3.2.2　既往の研究 ··· *41*
　　　3.2.3　供試土と実験方法 ··· *42*
　　　3.2.4　$d30$ と $d60$ 供試体の同質性の検討 ··· *43*
　　　3.2.5　一次圧密領域の圧密挙動に及ぼす供試体寸法の影響 ······················· *44*
　　　　（1）沈下曲線と圧密パラメータの関係 ··· *44*
　　　　（2）t_{90} の推定誤差が圧密係数に及ぼす影響 ··· *49*
　　　3.2.6　二次圧密領域の圧密挙動に及ぼす供試体寸法の影響 ······················· *50*
　　　3.2.7　沈下ひずみと時間関係に及ぼす供試体寸法の影響 ··························· *51*
　3.3　一面せん断試験の強度特性に及ぼす供試体寸法の影響 ································· *54*
　　　3.3.1　概　要 ··· *54*
　　　3.3.2　DST の強度特性に及ぼす供試体寸法と圧密度の影響 ······················ *55*
　　　　（1）供試土と実験方法 ··· *55*
　　　　（2）強度特性に及ぼす供試体寸法と圧密度の影響 ······························· *55*
　　　3.3.3　DST の強度特性に及ぼす供試体寸法と変位速度の影響 ················· *57*
　　　　（1）供試土と試験方法 ··· *57*
　　　　（2）強度特性に及ぼす供試体寸法と変位速度の影響 ··························· *57*

第4章　強度・圧密特性に及ぼす試料の乱れの影響 ···································· *61*

　4.1　各種要因の一軸圧縮強さに及ぼす影響 ··· *61*
　　　4.1.1　概　説 ··· *61*
　　　4.1.2　各種撹乱要因が q_u に与える影響に関する室内実験 ························ *61*
　　　　（1）実験方法 ··· *62*
　　　4.1.3　実験結果と考察 ··· *63*
　　　　（1）小型圧密土槽による実験結果と考察 ··· *63*
　　　　（2）大型圧密土槽による実験結果と考察 ··· *69*
　　　4.1.4　各種撹乱要因が q_u に与える影響に関する現地サンプリング実験 ········ *71*
　　　　（1）作業要因の選定と現地実験の方法 ··· *71*
　　　4.1.5　実験結果と考察 ··· *72*
　　　4.1.6　圧密圧力および供試土の違いが q_u に与える影響に関する検討 ·········· *74*
　　　　（1）実験方法 ··· *74*
　　　　（2）実験結果と考察 ··· *75*
　　　4.1.7　アンケート分析結果の寄与率と q_u の低下率の関係 ·························· *76*
　4.2　強度・圧密特性に及ぼす試料撹乱の影響 ··· *77*
　　　4.2.1　概　説 ··· *77*
　　　4.2.2　供試土と試験法 ··· *78*

       4.2.3　強度特性に及ぼす試料の乱れの影響 …………………………… 79
       4.2.4　圧密特性に関する試料の乱れの影響 ……………………………… 81
       4.2.5　強度と圧密特性に関する試料の乱れの影響 ……………………… 82

第5章　原位置の強度・変形特性の推定法 ……………………………………… 87

   5.1　粘性土の原位置圧密パラメータの推定法 ……………………………… 87
       5.1.1　概　要 ………………………………………………………………… 87
       5.1.2　供試土 ………………………………………………………………… 87
       5.1.3　試験方法 ……………………………………………………………… 88
       5.1.4　試料の乱れの指標 …………………………………………………… 89
       5.1.5　試験結果 ……………………………………………………………… 89
           (1)　S_1 供試体の品質 ………………………………………………… 89
           (2)　S_1 試料の体積ひずみ …………………………………………… 90
           (3)　強度と圧密特性に関する試料の乱れの影響 …………………… 91
       5.1.6　撹乱試料の圧密パラメータの測定値を補正する方法 …………… 91
   5.2　粘性土の原位置非排水強度の推定法 …………………………………… 94
       5.2.1　概　説 ………………………………………………………………… 94
       5.2.2　供試土と試験方法 …………………………………………………… 95
       5.2.3　原位置の非排水強度の推定法に関する既往の研究と正垣らの従来法 ……… 95
       5.2.4　従来法で得た非排水強度 …………………………………………… 97
       5.2.5　原位置の非排水強度を推定する簡便法 …………………………… 98
       5.2.6　岩井 SPT 試料の品質と簡便法の適用 …………………………… 100
           (1)　岩井試料の性質と一軸圧縮強度 ………………………………… 100
       5.2.7　原位置の圧密降伏応力の推定 ……………………………………… 104
       5.2.8　K_0CUC による原位置非排水強度の推定 ……………………… 106
       5.2.9　簡便法の適用性と試料の品質の評価 ……………………………… 107
   5.3　撹乱に起因する非排水強度の統計量の補正法 ………………………… 110
       5.3.1　概　論 ………………………………………………………………… 110
       5.3.2　土の塑性が非排水強度の統計的性質に与える影響 ……………… 111
           (1)　供試土と実験方法 ………………………………………………… 111
           (2)　供試体作成結果 …………………………………………………… 112
       5.3.3　圧密圧力と塑性指数が非排水強度特性の平均値に与える影響 … 112
       5.3.4　圧密圧力と塑性指数が非排水強度特性の変動係数に与える影響 …… 114
       5.3.5　土の乱れが非排水強度の統計的性質に与える影響 ……………… 115
           (1)　土の乱れと強度特性の変化に関する実態調査 ………………… 115
           (2)　土の乱れが強度特性の統計量に与える影響 …………………… 118
       5.3.6　各種撹乱要因の影響度と要因制御の考え方 ……………………… 118
   5.4　砂試料の原位置動的強度・変形特性の推定法 ………………………… 120
       5.4.1　概　説 ………………………………………………………………… 120
       5.4.2　供試土と実験方法 …………………………………………………… 120
       5.4.3　砂試料の原位置の間隙比，相対密度，液状化強度，初期剛性率の推定法 …… 122

5.4.4 提案法の新潟女池小学校地盤への適用 ············ 124
　(1) e と D_r の関係 ············ 124
　(2) N 値と D_r の関係 ············ 124
5.4.5 原位置液状化強度推定法の新潟砂地盤への適用 ············ 126
　(1) R_{L20} と D_r の関係 ············ 126
　(2) SPT の N 値から推定した R_{L20} と式 C を用いて推定した原位置 R_{L20} の比較 ··· 126
　(3) CPT の q_c から推定した R_{L20} と式 C を用いて推定した原位置 R_{L20} の比較 ····· 128
　(4) PS 検層の V_s から推定した R_{L20} と式 D を用いて推定した原位置 R_{L20} の比較 ············ 129
5.4.6 原位置 G_0 推定法の新潟砂地盤への適用 ············ 130

第 6 章　原位置試験法 ············ 133

6.1 コーン貫入試験とその信頼度分析 ············ 133
6.1.1 概　説 ············ 133
6.1.2 調査位置と試験方法 ············ 133
6.1.3 CPT と強度試験結果 ············ 134
6.1.4 国内外で測定された N_{kt} の性質 ············ 137
6.1.5 c_u と q_t の水平方向の自己相関係数と最適設計への適用 ············ 138

6.2 円板引抜き試験法 ············ 139
6.2.1 概　説 ············ 139
6.2.2 円板引抜き試験の位置づけ ············ 140
6.2.3 円板引抜き試験の考え方 ············ 140
　(1) 着眼点 ············ 140
　(2) 引抜き抵抗力算定の考え方と解析に用いる近似値 ············ 141
6.2.4 円板引抜き試験による不飽和土の強度の推定 ············ 143
　(1) 供試土と円板の形状 ············ 143
　(2) 円板引抜き試験の装置と引抜きの方法 ············ 143
　(3) 実験結果 ············ 144
6.2.5 原位置試験法としての適用性の検討 ············ 145
　(1) 供試土と試験方法 ············ 146
　(2) 試験結果と考察 ············ 146

第 7 章　小径倍圧型サンプラーによる試料採取法 ············ 149

7.1 粘性土と有機質土地盤に対する小径倍圧型サンプラーの適用性 ············ 149
7.1.1 概　説 ············ 149
7.1.2 小径倍圧型水圧ピストンサンプラーの概要 ············ 149
7.1.3 45-mm サンプラーと世界の各種サンプラーで採取した有明粘土の非排水強度・圧密特性 ············ 151
7.1.4 45-mm サンプラーで採取した有明粘土の品質評価 ············ 152
7.1.5 微視的構造と強度特性に及ぼすチューブの壁面摩擦の影響 ············ 153
　(1) サンプリングチューブの壁面摩擦による試料の乱れに関する既往の研究 ············ 153

　　　　(2) 供試土 ··· 154
　　　　(3) 微視的構造の観察による乱れの評価法 ····················· 154
　　　　(4) チューブ壁面からの距離が S_m 値に及ぼす影響 ········· 156
　　　　(5) チューブ壁面からの距離が一軸圧縮強度特性に及ぼす影響 ·········· 156
　　7.1.6 大阪 Ma12 粘土に対する Cone サンプラーの適用性 ············ 157
　　　　(1) 硬質粘土の強度特性に及ぼす拘束圧の影響 ················ 158
　　　　(2) Cone サンプラーで採取した大阪 Ma12 粘土の強度・圧密特性 ······ 158
　　7.1.7 岩井の高有機質土, 沖・洪積粘土に対する Cone サンプラーの適用性 ······ 160
　　　　(1) 供試土 ··· 160
　　　　(2) Cone サンプラーで採取した岩井高有機質土, 沖・洪積粘土の強度特性 ··· 160
　　7.1.8 高有機質土と粘性土に対する小径倍圧型水圧ピストンサンプラーの適用性 ··· 163
7.2 砂質地盤に対する小径倍圧型水圧ピストンサンプラーの適用性 ············ 166
　　7.2.1 概説 ··· 166
　　7.2.2 新潟沖積砂のサンプリング ·· 166
　　7.2.3 試料採取位置と原位置試験, 供試土の指標的性質 ············ 168
　　7.2.4 相対密度に及ぼすサンプリング方法の影響 ······················ 170
　　　　(1) 相対密度に及ぼすサンプリングチューブ径の影響 ······ 170
　　　　(2) 新潟砂の相対密度に及ぼすサンプリング方法の影響 ··· 170
　　7.2.5 液状化強度に及ぼすサンプリング方法の影響 ·················· 171
　　　　(1) 液状化試験結果 ·· 171
　　　　(2) 原位置試験結果による液状化強度の推定 ····················· 175
　　7.2.6 初期剛性率に及ぼすサンプリング方法の影響 ·················· 177
　　7.2.7 チューブサンプリングと地盤強度の関係 ························ 179
　　　　(1) N 値と q_c の関係 ··· 180
　　　　(2) チューブの貫入力, ポンプ圧と N 値, q_c の関係 ············ 180
7.3 コーン貫入試験の機構を有する倍圧サンプラーの適用性 ·················· 181
　　7.3.1 概説 ··· 181
　　7.3.2 コーン情報の伝送システムと試料採取法 ························ 181
　　7.3.3 CPT と乱れの少ない試料の採取結果 ······························ 183
　　　　(1) 沖積地盤に対する適用性 ·· 183
　　　　(2) アースダム堤体に対する適用性 ··································· 183
　　7.3.4 Cone のチューブ貫入速さが採取試料の品質に及ぼす影響 ········ 184
　　7.3.5 試料採取前のコーン貫入が採取試料の強度特性に及ぼす影響 ······ 187
　　7.3.6 Cone で得た試料の圧密特性 ·· 187
　　7.3.7 試料の品質クラスとサンプリングカテゴリー ·················· 189

第8章　土質試験の方法 ··· 195

8.1 飽和粘性土に対する各種せん断試験の非排水強度特性 ····················· 195
　　8.1.1 概説 ··· 195
　　8.1.2 供試土と試験方法 ·· 195
　　8.1.3 各種せん断試験から得た非排水強度と乱れの関係 ············ 196
　　8.1.4 各種室内せん断試験法と $q_{u(I)}$ の評価 ······························ 197

8.2 不飽和土に対する一面せん断試験の実務設計への適用上の留意点 …… 199
8.2.1 概　説 …… 199
8.2.2 一面せん断試験の問題点 …… 199
8.2.3 一面せん断試験のばらつきの実態とそれに対処する方法 …… 200
（1）一面せん断試験機の使用頻度が c, ϕ に与える影響 …… 200
（2）土質試験結果の整理方法による差 …… 202
（3）試験方法の差が c に与える影響 …… 203
8.2.4 設計に関する事例研究 …… 205
（1）送電用鉄塔基礎の信頼性設計の方法 …… 205
（2）送電用鉄塔基礎の信頼性設計結果 …… 207
8.2.5 DSTを実務設計に適用する場合の考え方 …… 209

第9章　自然堆積土の強度・圧密特性 …… 213

9.1 自然堆積粘性土の土質データの統計的性質 …… 213
9.1.1 概　説 …… 213
9.1.2 供試土と実験方法 …… 213
9.1.3 サンプラー内の土質データの統計的性質 …… 215
（1）サンプラーの横断方向に関する土質データの統計的性質 …… 215
（2）サンプラーの縦断方向に関する土質データの統計的性質 …… 219

9.2 釜山粘土の強度・圧密特性 …… 221
9.2.1 概　説 …… 221
9.2.2 供試土と試験方法 …… 222
9.2.3 K_0 圧密中の K_0 値に及ぼす圧密圧力と試料練返しの影響 …… 223
9.2.4 三軸強度特性に及ぼす圧密圧力，ひずみ速度と試料練返しの影響 …… 226
（1）非排水せん断強度特性に及ぼす圧密圧力の影響 …… 226
（2）圧縮・伸張強度特性に及ぼすひずみ速度と試料練返しの影響 …… 227
（3）有効応力経路と有効内部摩擦角に及ぼす圧密圧力，$\dot{\varepsilon}_s$ と試料練返しの影響 …… 229
9.2.5 一軸圧縮強度・圧密特性 …… 231
（1）強度特性 …… 232
（2）圧密特性 …… 234
（3）堆積環境が強度・圧密特性に及ぼす影響 …… 236

9.3 ピサ粘土の強度・圧密特性 …… 236
9.3.1 概　説 …… 236
9.3.2 試料採取と検討方法 …… 237
9.3.3 供試土の性質 …… 237
9.3.4 X線回折結果 …… 239
9.3.5 K_0 圧密中の K_0 値に及ぼす圧密圧力の影響 …… 241
9.3.6 三軸強度特性に及ぼす圧密圧力とひずみ速度の影響 …… 243
（1）非排水せん断強度特性に及ぼす圧密圧力の影響 …… 243
（2）有効応力経路と有効内部摩擦角に及ぼす圧密圧力の影響 …… 245
（3）一軸圧縮強度特性 …… 246

9.4　火山灰質粘性土の強度・圧密特性のシキソトロピー効果 ……………… 253
　9.4.1　概　説 …………………………………………………………………… 253
　9.4.2　供試土と実験方法 ……………………………………………………… 253
　9.4.3　関東ロームの強度・圧密特性に及ぼす養生期間の影響 …………… 254
　9.4.4　微視構造に及ぼす養生期間の影響 …………………………………… 256
　9.4.5　関東ロームのシキソトロピー現象の鉱物学的解釈 ………………… 257
　　(1)　各元素の酸化物の量に及ぼす養生期間の影響 ……………………… 257
　　(2)　ハロイサイトへの結晶化が強度・圧密特性に及ぼす影響 ………… 258

第10章　自然堆積粘性土の強度・圧密特性の異方性 …………… 263

10.1　粘性土の非排水強度特性の初期異方性 ………………………………… 263
　10.1.1　概　説 …………………………………………………………………… 263
　10.1.2　既往の研究 ……………………………………………………………… 264
　10.1.3　粘性土の非排水強度特性に関する初期異方性の測定法 …………… 264
　10.1.4　非排水強度特性の初期異方性に及ぼす試料の乱れの影響 ………… 265
　　(1)　試料の撹乱方法 ………………………………………………………… 265
　10.1.5　堆積地，塑性，強度，過圧密比が非排水強度特性の初期異方性に及ぼす
　　　　影響 ……………………………………………………………………… 267
　10.1.6　非排水強度特性に関する初期異方性の空間的な性質 ……………… 269
　　(1)　堆積地の地盤概要 ……………………………………………………… 269
　　(2)　堆積地の非排水強度特性に関する初期異方性の空間的な性質 …… 270
　10.1.7　応力・変形履歴を受けた地盤の非排水強度の初期異方性 ………… 271
　　(1)　地質学的な応力履歴を受けた地盤の非排水強度の初期異方性 …… 271
　　(2)　2次元的な応力・変形履歴を受けた粘土の非排水強度の初期異方性 … 274
10.2　粘性土の圧密特性の異方性 ……………………………………………… 277
　10.2.1　概　説 …………………………………………………………………… 277
　10.2.2　粘性土の圧密パラメータの異方性に及ぼす撹乱の影響 …………… 277
　　(1)　供試土と実験方法 ……………………………………………………… 277
　　(2)　圧密パラメータの異方性に及ぼす撹乱の影響 ……………………… 279

〔地盤調査・設計の実例編〕

第11章　バーチカルドレーンで改良された地盤の圧密沈下解析法 …… 285

11.1　概　説 ……………………………………………………………………… 285
11.2　VD打設地盤の撹乱帯における圧密係数の評価 ……………………… 285
11.3　圧密による圧密係数の低下 ……………………………………………… 288
11.4　ドレーン周辺の撹乱と圧密の進行による圧密係数の低下を考慮した圧密沈下
　　　解析法 ……………………………………………………………………… 291
11.5　提案法の有効性 …………………………………………………………… 293

第12章　円板引抜き試験による盛土の施工管理 ... *297*

 12.1 概　説 ... *297*
 12.2 盛土施工管理の概要 ... *297*
 12.3 室内配合試験 ... *298*
  （1）室内配合試験の概要 ... *298*
  （2）試験結果と考察 ... *298*
 12.4 現地配合試験 ... *299*
  （1）試験結果と考察 ... *300*
 12.5 円板引抜き試験による盛土の施工管理 ... *301*

第13章　砂地盤の地震時安定性と液状化評価 ... *303*

 13.1 概　要 ... *303*
 13.2 新潟空港と新潟分屯基地の地盤構成と粒度分布 ... *303*
 13.3 密度変化を考慮した砂の原位置の e と D_r の推定 ... *304*
 13.4 密度変化を考慮した砂の原位置の R_{L20} の推定 ... *305*
 13.5 新潟空港地盤の液状化判定に及ぼす試料の乱れの影響 ... *307*

第14章　軟弱地盤上の盛土設計の最適化 ... *311*

 14.1 概　説 ... *311*
 14.2 供試体の切り出し角度を変えた初期非排水強度異方性の測定 ... *311*
 14.3 初期・応力誘導異方性を考慮した斜面安定解析法 ... *311*
 14.4 地盤概要と道路盛土地盤から採取した土の強度・圧密特性 ... *313*
 14.5 道路盛土地盤から採取した土に対する初期強度異方性 ... *316*
 14.6 性能規定化を踏まえた盛土設計の最適化 ... *318*
  14.6.1 最適盛土設計法の提案 ... *318*
  14.6.2 試料採取法・非排水強度の性能規定化 ... *319*
   （1）試料採取法の性能規定化 ... *320*
   （2）非排水強度の性能規定化 ... *321*
  14.6.3 道路盛土下の地盤に対する最適な調査間隔の決定 ... *322*
  14.6.4 試験個数と総費用に及ぼす消費者危険率の影響 ... *323*
  14.6.5 道路盛土の最適設計に及ぼす初期強度異方性の影響 ... *324*

第15章　既設アースダム堤体の性能評価法 ... *327*

 15.1 概　説 ... *327*
 15.2 アースダムの概要と堤体の性能評価法 ... *327*
 15.3 強度特性 ... *328*
 15.4 アースダム堤体の性能評価法 ... *330*

主要記号の説明……………………………………………………………… *333*
索 引……………………………………………………………………… *337*

第1章　序論　性能設計と本書の位置付け

1.1　仕様規定から性能規定へ

　地盤構造物の設計に関する地盤調査・試験・設計法は，世界的に大きな転換期にある。1995年1月に発足したWTO（World Trade Organization；世界貿易機構）のTBT（Technical Barriers to Trade：貿易の技術的障壁）に関する協定やISO（International Organization for Standardization：国際標準化機構）の規格整備に伴い，従来の仕様規定から性能規定への移行が急速に進展している。

　ISO2394としての「構造物の信頼性に関する一般原則」は，構造物の設計コードとして限界状態設計法を採用することを定めており，WTO/TBT協定の影響もあり，多くの設計コードがこの設計法への移行を目指している。WTO/TBT協定は，従来の仕様規定に基づいた設計に関する規格・基準の欠点を克服し，新技術の導入，事業完成までの期間の短縮，地域間の規格の共通化などを通して，市場の開放性を高め，自由競争原理の機能と，高いコストパフォーマンスが市場において得られることを最終的な狙いとしていると理解される[1]。

　公益社団法人地盤工学会は，ISO2394の内容を踏まえ，包括的な基礎設計コードとして，2006年に「性能設計概念に基づいた基礎構造物等の設計原則（JGS 4001-2004）」[2]を基準として制定している。JGS 4001-2004は，日本国内で土木および建築構造物の構造的な性能を維持するため，性能設計概念に基づいてこれらの構造物を設計するときや設計コードを制定するときの原則を示している。この原則の位置づけと以下に示す照査アプローチAとBは，図1-1[2]に示される。

　JGS 4001-2004で採用された要求性能の記述の階層は，図1-1に示すように目的，要求性能，性能規定の3つである。

- 構造物の目的とそれに応じた要求性能は，当該構造物建設の事業主体や所有者によって決定される。また，公共福祉の観点から，構造物の構造的な性能を総括する行政機関が，構造物が最低限満足すべき性能を規制するための要求性能を指定する。
- 構造物の目的から誘導された要求性能は，構造物の照査に用いることのできる性能規定に翻訳される必要がある。
- 性能規定の照査方法は，照査アプローチAとBの2つの方法がある。

　照査アプローチA：構造物の性能照査に用いる方法に制限を設けず，しかし，設計者が規定した性能規定を一定のある適切な信頼度で満足することを証明するアプローチである。

　照査アプローチB：構造物の性

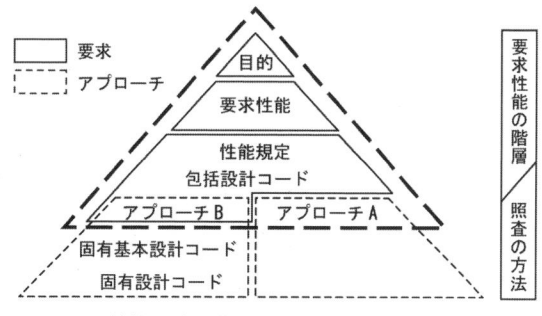

図1-1　性能記述の階層性，本設計原則の位置付けと照査アプローチAとB[2]

能照査に当該構造物の構造的性能を総括する行政機関や各事業主体が所管する設計基準に基づいて，そこに示された手順に従い行う照査である。

前述したように1995年のWTO/TBT協定以来の工業製品の性能規定型仕様により，設計の自由度を高める動きと，ISOやEurocodes（ユーロコード）のように設計基準の標準化と統一化を進める動きがある。この2つの照査アプローチは，これらの動きを同時に満足させるための我が国独自のものである。国土交通省港湾局では，「港湾の施設の技術上の基準・同解説」[3]を，性能規定型のコードとして2007年7月にいち早く改訂している。これらの改訂とその狙いは，貿易における非関税障壁の撤去と創造的な技術の開拓，そして設計や建設におけるコストの低減にある。しかし，性能規定型の設計の問題点として，以下の3点が指摘[1]されている。

① 性能規定で示される構造物の定性的な目的や要求性能と，使用を推奨する基準・性能規定や照査方法との間の連接が十分でない。

② 性能規定型設計を行う場合，依然として既存の記述的仕様規定に依存する場合が多く，仕様規定と性能規定との間の定量的な関係把握を行うには，技術者が十分な経験や能力を有していない場合が多い。

③ 以上に関係して発生する調査・設計・施工等の地盤リスクや失敗[4]に伴う責任問題の懸念。

このような問題点は，特に仕様規定型から性能規定型に定着する間の過渡期には避けられないが，性能規定型設計への移行の大きな流れは変わりそうにない。

本書の**第3章**以降で示す地盤調査・試験・設計・施工・維持管理における性能照査法とこれらのアプローチの関係を**表1-1**に示す。**第7章**で示すConeサンプラー[5]を含む倍圧サンプラー[6]は，地盤工学会基準JGS-1221[7]やEurocode 7[8]とISO22475-1[9]のサンプリングカテゴリーAに含まれるサンプラーである。ここに，サンプリングカテゴリーAに含まれる試料は，試料採取や土試料を扱う中で，土の構造の乱れがほとんどないか，ないもの。そして，含水比や間隙比が地盤内の原位置のそれと等しく，土の構造や化学成分の

表1-1　性能照査の方法と照査アプローチの関係

段階	性能照査の方法	章・節	照査アプローチ
原位置試験	・コーン貫入試験の信頼度分析	6.1節	A
	・円板引抜き試験法	6.2節	A
	・小径倍圧サンプラーによる試料採取	7.1節	B
	・Coneサンプラーによる試料採取	7.3節	B
室内試験	・粘性土の原位置圧密パラメータの推定法	5.1節	A
	・粘性土の原位置非排水強度の推定法	5.2節	A
	・塑性に起因した非排水強度特性の平均値の補正法	5.3節	A
	・乱れによる非排水強度の統計的性質の補正法	5.3節	A
	・砂試料の原位置動的強度・変形特性の推定法	5.4節	A
	・各種せん断試験の非排水強度特性	8.1節	A
	・砂地盤の液状化判定に及ぼす試料の乱れの評価法	13.5節	A
設計	・粘性土の強度特性の異方性	10.1節	A
	・粘性土の圧密特性の異方性	10.2節	A
	・バーチカルドレーン打設地盤の圧密係数の評価法	11.2節	A
	・バーチカルドレーン打設地盤の圧密沈下解析法	11.4節	A
	・盛土の設計の最適化	第14章	A
施工・維持管理	・円板引抜き試験による盛土の施工管理	第12章	A
	・砂地盤の液状化判定に及ぼす試料の乱れの評価	第13章	A
	・アースダム堤体の性能評価法	第15章	A

変化がないと定義されている。したがって，Cone サンプラーや倍圧サンプラーは，照査アプローチ B に対応するが，表 1-1 に示す他の照査法は照査アプローチ A に区分される。表 1-1 には本書で示す性能照査の方法を例示したが，他の専門書[10),11)]等にも他の方法が多く示されている。

照査アプローチ A に区分される照査法が実務での適用や浸透に時間が掛かるのは，上述した問題点の中で，特に②と③に負うところが大きいと考えている。

1.2 地盤調査・試験法の精度と設計・維持管理への影響

地盤調査・試験法の精度が設計法の枠組みの中で具体的に検討され始めた[12),13)]のは，1977 年からの「土質工学における確率・統計の応用に関する研究委員会（(社)土質工学会；松尾稔委員長）」の活動である。信頼性設計を実務に定着させるには，地盤データの確率・統計的性質に調査法や個人差が介在しないことが前提になる。設計上の不確実性が大きく，地盤諸係数の推定精度が低い場合は，統計処理や確率論的な扱いが意味を持たないことがある。また，地盤諸係数のばらつきの原因や発生プロセスを無視して不確実性の評価を行うと不合理な設計になることもある。調査法や個人差によって設計パラメータの平均値や標準偏差が変化すると，計算される破壊確率や最適解が大きく異なるからである。このような状況下では，地盤構造物の性能設計や信頼性設計の有効性・説得力は大きくない。以下，具体的な例を幾つか示す。

(1) 試験方法の差が設計結果に与える影響

土質試験法として，6.2 節で述べる円板引抜き試験[14)]と一面せん断試験（DSTと表記）[15)]を取り上げ，両者の強度の差が送電用鉄塔基礎の信頼性設計結果に与える影響を示す。表 1-2 は設計値と設計結果をまとめている。一面せん断試験結果に関しては，JEC-127[16)]に従い，1.5 で除した値（一面せん断試験/1.5）を設計値として用いている。設計標準値は，十分な地盤調査が行われない場合，N 値や湿潤密度 ρ_t，粘着力 c，内部摩擦角 ϕ の関係の一般的目安として，JEC-127 に示されている設計値である。すなわち，砂質土に関しては ϕ のみを考慮して，細粒土に対しては一面せん断試験で得た c を 1.5 で除した値を設計値として採用する。ここで，$\bar{\phi}$ と s_ϕ は，ϕ の平均値と標準偏差である。

表 1-2 送電用鉄塔基礎の信頼性設計に用いる設計値

供試土	$\bar{\phi}$ (°)	s_ϕ (°)	$\bar{\rho_t}$ (g/cm³)	$s(\rho_t)$ (g/cm³)	円板引抜き試験		一面せん断試験 /1.5		設計標準値	
					$\bar{c}$ (kN/m²)	s_c (kN/m²)	$\bar{c}$ (kN/m²)	s_c (kN/m²)	$\bar{c}$ (kN/m²)	s_c (kN/m²)
砂質土1	40	8	2.00	0.060	3	1	19	6	0	0
砂質土2	35	7	1.90	0.057	7	2	23	7	0	0
粘性土1	20	4	1.80	0.054	11	3	25	8	25	8

図 1-2 は，砂質土に対し表 1-2 に示す 3 つの設計値を用いて，根入れ深さ D_f が 6.5m の基礎幅 B と現在価値 PV の関係を示している。設計値として大きな c を採用するほど PV は大きくなり，B は小さくなっている。円板引抜き試験による地盤の破壊メカニズムは，鉄塔基礎の破壊時の土の挙動に近いことが 6.2 節で示される。この立場に立ち，円板引抜き試験で得た強度を基準にすると，送電線の総延長 100 km，T 年間での PV の平均値の差を見ると，一面せん断試験の結果を用いた場合には 128 億 7,000 万円 /286 基も過大評

価し，設計標準値では97億2,400万円/286基も過小評価することになる。ここで対象とした送電用鉄塔基礎の信頼性設計では，送電用鉄塔という全体の設計システムが大きいため，要因として取り上げた強度係数の差が極めて大きなPVの差となっている。このような設計問題では，特に土のc, ϕを適正に評価することが，ライフサイクルコストLCCの低減を図り，リスクマネジメントの精度を上げる基本であることがわかる。

LCCの精度は修繕費のみでなく，メンテナンス費，エネルギー費，運用費（光熱水費），一般管理費の見積りも必要である。加えて，落石等の多様な破壊形態が想定される斜面崩壊や地震に伴うリスク評価は，特に保険に代表されるリスクファイナンスの観点から，損失期待値

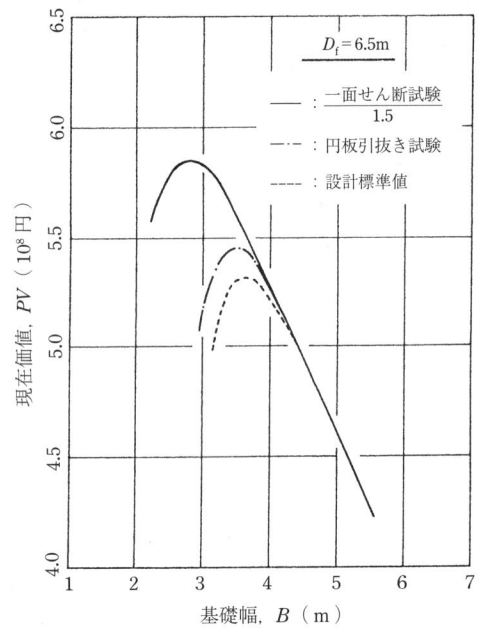

図1-2 現在価値と基礎幅の関係（砂質土1）

のみでなく，そのはずれ量（標準偏差）を評価することが重要な検討課題であるとの指摘[17]がある。しかし，実務レベルでこれらを適正に評価した最適化には，当該分野での格段の努力が今後とも必要であろう。

(2) 使用サンプラーの差が設計結果に与える影響

図1-3は，自由と固定ピストン（75-mm）サンプラーで得た試料に対する一軸圧縮試験UCT結果である。両サンプラーから得た試料の含水比w_n，ρ_tは同等であるが，深さ$z=(26〜30)$mの一部を除き，自由ピストンの一軸圧縮強さq_uと変形係数E_{50}が小さく，これらの試料の乱れが大きいことがわかる。図中の直線は最小二乗法による回帰線であり，実線が固定，破線が自由ピストンサンプラーによるq_uとzの関係である。図1-4は，

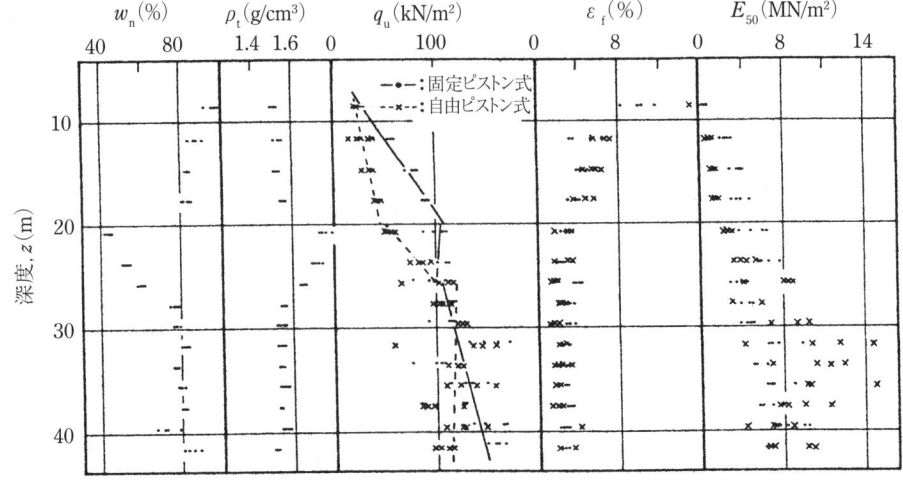

図1-3 固定と自由ピストンサンプラーによる強度特性

これらのq_uとzの関係を用いて，当該地で計画されたケーソン式護岸の設計結果である．設計安全率1.25を満足する自由ピストンの床掘り置換断面積は固定の約4倍であり，押え盛土部の砂の増加を考慮した概算工費は，3.7億円/100mを過大に見積もることになる．

（　）：押え盛土部の砂の増加を考慮した場合

	c_0(kN/m²) -8mを基準			k(kN/m²)			安全率	置換断面積（m²）	概算工費（億円/m）
	-8m〜-20m	-20m〜-26m	-26m〜-40m	-8m〜-20m	-20m〜-26m	-26m〜-40m			
固定ピストン式	13.33	56.50	30.30	3.44	-0.40	1.24	1.257	202.8	1.06
自由ピストン式	10.98	-26.00	63.00	1.06	4.35	-0.14	1.256	834.0 (921.0)	4.34 (4.79)

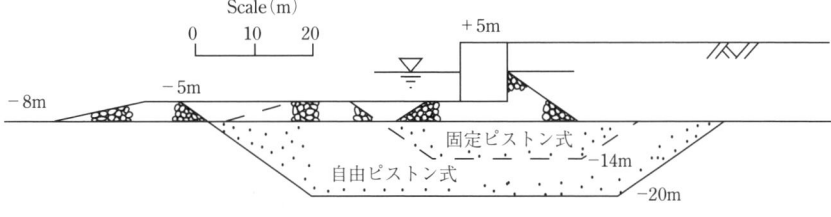

図1-4　図1-3の強度を用いた設計結果

自由ピストンサンプラーを用いたことは，技術者の意識力の問題であるが，このような個人差による強度差が設計結果に与える影響は，他の要因に比べても，ことのほか大きい場合があることを具体例[18]で示した．地盤調査の多くが公共性の高い構造物をその設計対象として実施されることを考慮すると，個人差のない試験値を得る方法論の開発や一次処理方法[19]の体系化が急務である．

1.3　設計法の信頼度分析と土構造物の性能評価

（1）道路盛土の信頼度分析

図1-5は，K_0圧密非排水圧縮試験K_0CUCから得た原位置の圧密降伏応力$\sigma'_{p(I)}$下の原位置の非排水強度$c_{u(I)}$に対するq_uと，$q_{u(I)}*$と$q_{u(I)}$で示す従来法[20]と簡便法[21]で推定した原位置の非排水強度の比をzに対してプロットしている．この図は，第14章で述べる施工中の道路盛土が破壊した地盤強度の信頼度分析の結果であり，$z=7$m以浅が高有機質土，以深が沖積粘土である．チューブサンプリング（TS）と標準貫入試験のSPTスリーブで採取した試料によって記号を変え

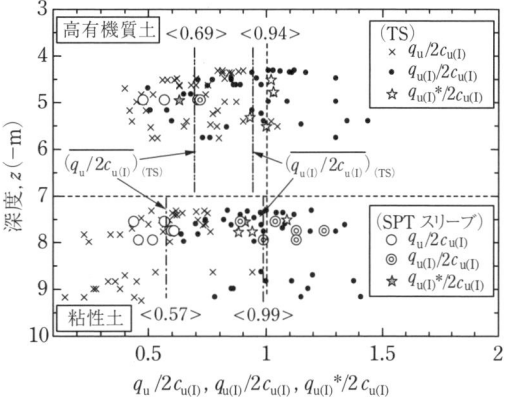

図1-5　非排水強度の比較（UCTとK_0CUC）

てプロットしている．地盤の不均質性に起因してプロットの変動は大きいが，TSによる$q_u/2c_{u(I)}$と$q_{u(I)}/2c_{u(I)}$の平均値は，有機質土で0.69と0.94，粘性土で0.57と0.99である．TSで採取した我が国の24の堆積地の粘性土[21]，釜山粘土[22]，ピサ粘土[23]の$q_u/2c_{u(I)}$の平均値

は，これらの試料に関係なく 0.62 とほぼ一定であり，q_u は K_0CUC の $\sigma'_{p(I)}$ 下の非排水強度とは大きな乖離があることがわかる。

サンプリングによる原位置からの拘束圧の解除や乱れに起因して，q_u は $2c_{u(I)}$ の 57～69％と小さいが，測定したサクションと q_u を用いて推定した $q_{u(I)}$ は，$2c_{u(I)}$ と同等の値が推定できている。また，SPT の q_u は TS のそれより小さく乱れが大きいが，$q_{u(I)}$ や $q_{u(I)}$* は $2c_{u(I)}$ と同等である。これらの推定法[20),21)] は試料の乱れの程度に関係なく $2c_u$ と同等の値が推定できることがわかる。

小型供試体のサクションは，測定系の脱気が十分であれば 1 分足らずで測定できる。サクション測定を伴う一軸圧縮試験法[24)] から，K_0CUC と同じ非排水強度が推定できる事実は，基礎研究のみでなく，設計信頼度の向上に対しても実務的な価値が大きい。

図 1-5 で述べた $q_u/2$，$q_{u(I)}/2$，$c_{u(I)}$ に加え，コーン貫入試験（CPT）のコーン係数 N_{kt} を 10 として得た非排水強度 $c_{u(CPT)}$ を用いて，道路盛土築造の総費用 C_t と供試体数 n の関係を計算して図 1-6 に示す。総費用の最小値 $C_{t(min)}$ が最適解（図中の矢印の位置）であるとの判断（期待総費用最小化基準）に立つと，これらの非排水強度を用いた C_t と供試体は，それぞれ 1,044 千円（供試体数 223 個），730 千円（同 27 個），725 千円（同 3 個），1,185 千円（同 2 個）となる。$c_{u(CPT)}$ は N_{kt}=10 から得た c_u が実盛土の破壊を説明する非排水強度より小さいため，n が増加しても C_t が低下しない。さらに，$q_u/2$ は盛土荷重による滑動力より抵抗力（非排水強度）が小さいため，$C_{t(min)}$ となる n は 223 個となり現実的でない。実測した非排水強度異方性を考慮した安定解析から，$q_{u(I)}/2$ は盛土の破壊の変状を説明する強度として整合している[25)] ことがわかっている。また，n の増加に見合う C_t の低下が著しい。すなわち，非排水強度に $q_{u(I)}/2$ を用いると，調査・施工・維持管理を含む総費用の削減効果が大きいことがわかる。

このような軟弱地盤上の盛土の設計においても，調査・試験・設計・施工に含まれるラッキーハーモニー[26),27)] が今日でも成立している保障はない。これらのハーモニーが調べられたのは 40 年程前のことであり，調査・試験・施工法の進展やこれらが安全率に与える変化が同じと考えるには無理がある。

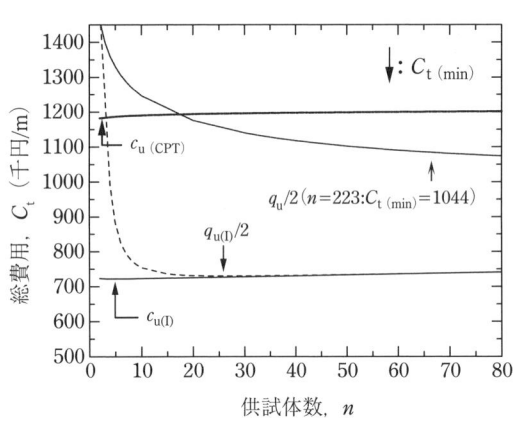

図 1-6　総費用と供試体数の関係（道路盛土）

（2）アースダム堤体の性能評価

関東ロームを用いて，約 80 年前に築造されたアースダム堤体のレベル 1 地震動を想定した性能評価を検討した。図 1-7 は，ダム堤体から Cone サンプラーを用いて採取した試料から得た $q_u/2$，$c_{u(I)}$，$q_{u(I)}/2$ を用いて，図 1-6 と同様に検討した C_t と n の関係[28)] である。C_t が最小となる n，破壊確率 P_f，C_t を図 1-7 の表にまとめた。$q_u/2$ は強度が小さいことに起因して，n が増しても C_t が低下することはなく一次関数的に増加している。一方，$q_{u(I)}/2$ は n が増加すると非排水強度の平均値の信頼度が向上して C_t の低下が著しい。$C_{t(min)}$ の n は $q_{u(I)}/2$ で 11，$c_{u(I)}$ で 9 であるが，試験費用の差を反映して C_t は，それぞれ 365 百万円/m と 311 百万円/m となり，$q_{u(I)}/2$ は $c_{u(I)}$ より 17％大きい。両強度の平均値は同等であ

るが，$c_{u(l)}$ の試験個数が 8 と少なく，このデータの標準偏差が幾分小さかったことが n と C_t の差になっている。標準偏差に差がなければ $q_{u(l)}$ は，$c_{u(l)}$ と C_t に加え，力学的にも同じ結果を与えることになるが，試験費用の観点からは $q_{u(l)}$ が有利になる。

採取試料の品質確保を前提とすれば，地盤強度の採用値も性能規定が可能となる。また，各種せん断・応力条件下の強度・圧密特性が Cone

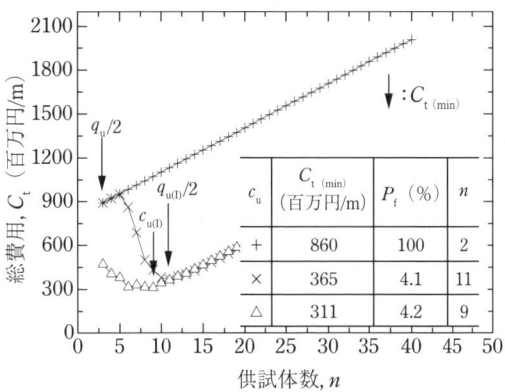

図 1-7　総費用と供試体数の関係（ダム堤体）

サンプラーで採取した d48mm の試料片から測定できるので，小型供試体は調査・試験費用の削減に加え，調査・設計の精度向上への寄与が大きい。加えて，原位置非排水強度として $q_{u(l)}$ を用いれば，同じ外力下で盛土形状をスリム化できる可能性もある。

JGS 4001-2004[2)] は，地盤パラメータの代表値（特性値）として一次処理を経たデータ（導出値）の算術平均でなく，複数の調査・試験法の結果の整合性を総合的に判断して求めた注意深い平均値の採用を提案している。表 1-1 に示した性能照査の方法も，その判断材料として有効であると考えている。

1.4　地盤リスクとリスクマネジメントの課題

著者は，30年ほど前に実務で地盤調査・土質試験・設計業務に従事していた。当時の地盤調査法や試験法の枠組みの基本は，何ら変わることなく今日にそのまま受け継がれている。設計法に変化がなければ，そこに用いる土質試験法や土質パラメータの決め方にも変更の余地が少ないことは自明なのかもしれない。完成された設計法があり，そのための成熟した地盤調査・試験法があるなら，変化がないことに疑問を挿む余地も少ないかもしれない。しかし，これらの技術は果たして成熟し，完成された域にあるのだろうか？　著者が研究対象とする安定問題も変形問題も，図 1-2 ～図 1-7 に示した実態を考慮して，設計法とそれに用いる地盤調査・試験法の精度を俯瞰すると，広く実務レベルでそのような完成域にあるとはとても思えない。また，これらの実現象が十分に説明できるほど理論も論理体系も整った段階にあるとは著者には思えない。

国や団体の規格・基準を容認し ISO としての統一化によって，1.1 節で述べたように設計法，調査・試験法の性能規定化への道筋は整いつつあるが，具現化に向けた足腰は，まだとても重い。これらの施策が大胆に行えるのは，1.1 節で述べた3つの指摘が満たされる特定の大規模プロジェクト[29)] 等に限られるのが現状である。

1945年の終戦から1990年のバブル崩壊に至る復旧・復興から高度成長期に，自然災害の発生は少なく，この時期の国家予算のかなりを社会資本整備に使える時期が続いた。しかし，兵庫県南部地震（1995年）後は，自然災害が急増し，水害・火山・台風・土石流・その他を含む28件の災害の中でも地震の発生が12件と最も多い。この時期は，M7程度以上の地震が4年に3度発生していることになる[30)]。東北地方太平洋沖地震（2011年）を受け，社会資本整備や公共投資の抑制が向かい風となっている側面を認めつつも，やはり地盤工学の進展・体系化・技術に対する閉塞感は払拭できない。

前節までに述べた地盤調査・試験・設計法の精度の改善は，そのまま今後の課題でもある。第2章で述べるように，我々が対象とする地盤は，その生成過程に起因して不均一・複雑であるため，その地域性をも踏襲した方法論の開発が余儀なくされる。また，従来の規格・基準やそれらの結果との整合性を図るため，革新的な地盤調査・試験技術であっても，実務への浸透には多大な時間と労力を費やし，ゆるぎない実績の積み重ねが要求される。

　緊縮財政下で，しかも多発する大災害の中で，地盤構造物設計の透明性や説明責任が問われている。安全で経済的・合理的な建設構造物を構築・維持管理するために，理論と実践の両面から，省力化・低コスト化に直結する高精度の地盤調査・試験技術や評価技術の開発による地盤工学の近代化が喫緊の課題となっている。これらの課題への対処法のひとつに地盤調査・試験法の小型・高精度化技術[31]がある。試料採取法と室内試験法の小型・高精度化技術を軟弱地盤上の盛土設計に適用すると，従来法に比べて，費用，工期，CO_2 排出量が，それぞれ26％，6％，35％低下する試算結果[32]がある。地盤調査技術の選択や評価も，地盤構造物の設計・建設・供用期間の維持管理のライフサイクルの中での判断が必要であるが，環境負荷物質の排出量の削減効果も近年の大きな社会的関心事として，地盤工学の当事者として無視できない。

　地盤工学分野の各種性能規定化に向けて，新しく開発された地盤調査・試験法や技術の評価法等が政策化によって身軽に採用できる仕組みの構築も喫緊の課題である。このような仕組みがないと，新技術の開発や研究意欲が喚起され難いからである。このような仕組みの構築の中で，地盤工学の実力が付けば，風水害・地震災害調査や地盤に関わる訴訟問題等の解決の中心的な役回りが演じ切れるのであろう。建築紛争事件の8％程度は地盤工学に関わっており，この割合は増加している[33]。また，地盤工学の専門技術とは異なる次元で，訴訟に対する解決が図られることが多い[33]のも現実である。これらの分野で地盤工学が十分な市民権を持ち得ていないことの表れでもある。もちろん，材料やその挙動が複雑で現象の特定が困難であることに加え，現象説明の精度が低いことも起因している。正確で役に立つ地盤工学が求められている。判決は法律に従って動議されることを考えると，学会基準や地盤工学技術を法律に組み込み（法制化）地盤工学の地位向上に関する施策も今後の大きな課題であろう。

　幅広い地盤工学の中で，著者が扱った地盤調査・試験・設計法の一部を採り上げ，地盤リスクとリスクマネジメントの課題を述べた。しかも，本章の展開上，採取した試料から設計パラメータを求め，設計・施工管理を行う安定問題を中心とした。第12章で述べる水砕混合による高盛土の円板引抜き試験による施工管理のように，一連の地盤調査・試験・設計・施工のフレームに見合う調査・試験法がない場合やサウンディングとしてのConeサンプラーの適用（第15章），また変形問題の設計（第11章と第13章）等に関しては後続の当該章で述べることにする。

参考文献
1) 本城勇介：地盤構造物の設計論と設計コード，第39回地盤工学会研究発表会　展望講演，144p, 2004.
2) 地盤工学会：JGS 4001-2004，性能設計概念に基づいた基礎構造物等に関する設計原則，185p, 2006.
3) 日本港湾協会，国土交通省港湾局監修：港湾の施設の技術上の基準・同解説，2007.
4) 中山健二・笹倉剛・正垣孝晴・大里重人・西田博文：地盤工学におけるリスクマネジメント 3. 地盤工学と地盤リスク対応，地盤工学会誌，Vol.59, No.8, pp.96-103, 2011.

5) Shogaki, T., Sakamoto, R., Kondo, E. and Tachibana, H.：Small diameter cone sampler and its applicability for Pleistocene Osaka Ma 12 clay, *Soils and Foundations*, Vol.44, No.4, pp. 119-126, 2004.
6) Shogaki, T.：A small diameter sampler with two chamber hydraulic pistons and the quality of its samples, *Proc. of the 14th ICSMFE*, pp. 201-204, 1997.
7) 地盤工学会：地盤調査の方法と解説，固定ピストン式シンウォールサンプラーによる土試料の採取（JGS1221-2003），pp. 194-200, 2004.
8) Eurocode 7：Geotechnical design Part 3, Design assisted by field-testing, *ENV 1997-3*, pp. 94-101, 1999.
9) ISO22475-1：Geotechnical investigation and testing/sampling—Sampling methods and groundwater measurements, Part 1：*Technical principles for excution*, pp. 1-28, 2006.
10) 地盤工学会，地盤工学ハンドブック，1601p, 1991.
11) 地盤工学会，地盤調査の方法と解説，889p, 2004.
12) 小林正樹・松本一明・堀江宏保：乱さない粘土試料の品質に及ぼす調査者の影響，土質工学における確率統計の応用に関するシンポジューム論文集，pp.1-4, 1982.
13) 松尾稔・正垣孝晴：土質調査実施者やその手順の差が試験結果に与える影響の統計的分析，土質工学における確率統計の応用に関するシンポジューム論文集，pp.5-12, 1982.
14) Matsuo, M. and Shogaki, T.：Evaluation of undrained strength of unsaturated soils by plate uplift test, *Soils and Foundations*, Vol.33, No.1, pp.1-10, 1993.
15) 松尾稔・正垣孝晴：一面せん断試験による強度の推定誤差が信頼性設計結果に与える影響，土と基礎，Vol.36, No.12, pp.43-47, 1988.
16) 電気学会編，送電用支持物設計標準（JEC-127），電気規格調査会，pp.136-146, 1979.
17) 大津宏康：リスク工学と地盤工学，土と基礎，Vol.52, No.7, pp27-34, 2004.
18) 松尾稔・正垣孝晴：q_u値に影響する数種の撹乱要因の分析，土質工学会論文報告集，Vol.24, No.3, pp.139-150, 1984.
19) 正垣孝晴・日下部治：地盤データのばらつきの原因と一次処理，土と基礎，Vol.35, No.1, pp.73-81, 1987.
20) Shogaki, T. and Maruyama, Y.：Estimation of *in-situ* undrained shear strength using disturbed samples within thin-walled samplers, *Geotechnical site characterization*, Balkema, pp.419-424, 1998.
21) Shogaki, T.：An improved method for estimating *in-situ* undrained shear strength of natural deposits, *Soils and Foundations*, Vol.46, No.2, pp.109-121, 2006.
22) Shogaki, T., Nochikawa, Y., Jeong, G.H., Suwa, S. and Kitada, N.：Strength and consolidation properties of Busan new port clays, *Soils and Foundations*, Vol. 45, No. 1, pp. 153-169, 2005.
23) 正垣孝晴・蛭崎大介・菅野康範・中野義仁・北田奈緒子：ピサの斜塔下の粘性土の地盤工学的性質，地盤工学会誌，Vol.53, No.3, pp.27-29, 2005.
24) 地盤工学会：サクション測定を伴う一軸圧縮試験マニュアル，最近の地盤調査・試験法と設計・施工への適用に関するシンポジウム論文集，pp. 付1-14, 2006.
25) Shogaki, T. and Kumagai, N.：A slope stability analysis considering undrained strength anisotropy of natural clay deposits, *Soils and Foundations*, Vol.48, No.6, pp.805-819, 2008.
26) Nakase, A.：The $\phi_u=0$ analysis of stability and unconfined compression strength, *Soils and Foundations*, Vol. 7, No.2, pp.35-50, 1967.
27) Matsuo, M. and Asaoka, A.：A statistical study on conventional safety factor method, *Soils and Foundations*, Vol. 16, No.1, pp.75-89, 1976.
28) 正垣孝晴・高橋章・熊谷尚久：既設アースダム堤体の耐震性能評価法—レベル1地震動を想定して—，地盤工学会誌，Vol.56, No.2, pp.24-26, 2008.
29) 国土交通省関東地方整備局 東京空港整備事務所，D滑走路技術記録，2010.
30) 正垣孝晴・西田博文・大里重人・笹倉剛・中山健二・伊藤和也・上野誠・外狩麻子：地盤工学におけるリスクマネジメント4.自然災害・法令・社会情勢等の変遷と地盤リスク，地盤工学会誌，Vol.59, No.9, pp.77-84, 2011.
31) 地盤工学会：地盤調査・試験法の小型・高精度化と設計への適用，小特集，地盤工学会誌，

Vol.54, No.8, pp.1-31, 2006.
32) 近藤悦吉・向谷光彦・梅崎健夫・中野義仁：最近の地盤調査・試験法の適用性―軟弱地盤上の盛土構築を例示して―, 地盤工学会誌, Vol.54, No.8, pp.29-31, 2006.
33) 諏訪靖二：建築紛争と地盤工学―事例に基づく課題分析―, 第43回地盤工学研究発表会, pp.89-90, 2008.

第2章　地盤の性状と地盤データのばらつきの実態

2.1　対象地盤と設計用地盤モデル

(1) 設計で対象とする地盤の性状

　我々が調査，設計，施工する各種構造物は，地球の表面上，あるいは極めて地表面に近い所に構築される。したがって，構造物の設計で対象とする地盤は地球表層のすべてといってよいが，それは土質地盤と岩盤とに大別される。これらの地盤は，地球の誕生後永い歴史の中で自然が創り上げてきたものであり，極めて複雑で多種多様な姿を呈している。自然の堆積作用によらない人工地盤としての埋立地盤や盛土，あるいは自然地盤に人工的改良を加えた改良地盤であっても，自然地盤の複雑さに近いのが現実である。

　建設材料として多用される鋼鉄，コンクリートなどは工場生産される人工材料であって，厳しい品質管理によって材料特性をある与えられたばらつきの範囲に収めることが可能である。これに対し，同じ建設材料である岩石や土質材料，あるいはその集合体としての地盤は，天与のものであり，我々の努力は材料のばらつきをコントロールするのではなく，むしろ材料特性，あるいは地盤諸係数のばらつきを調べ，把握することに重点を置くことになる。

　我々が現在対象とする岩石・土質材料は，図 2-1 に示す地質学的サイクルのどこかの過程に位置しており，程度の差はあっても本来ばらついているものであると認めなければならない。したがって，材料特性を確定論的に唯一決定することは極めて困難であり，ここに必然的にばらつきの程度を考慮した設計法の確立が望まれるわけである。

　岩石，土質材料はその生成過程において本来的に不均質で材料特性がばらつくのは図 2-1 で見たとおりである。そして，その中でも均質と思われる岩石や土を選んでみても，その力学的挙動は複雑である。例えば，ほぼ均一粒径の砂を用いて堆積面と最大主応力方向を変化させて内部摩擦角 ϕ の変化を調べてみると，図 2-2[1)] のように著しい異方性を持つことが知られる。また，初期密度と拘束圧力を変

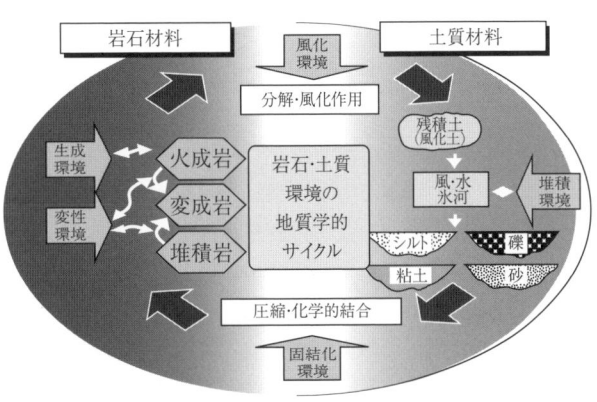

図 2-1　岩石・土質材料の地質学的サイクル

化させると ϕ は応力状態によって図 2-3[2)] のような変化を示す。このように均質な土質材料でも，力学挙動に強い異方性，応力依存性が現れる。そして，この傾向は岩石材料でも同様である。力学的挙動は，その他応力履歴，ひずみ速度，拘束条件，温度などによっても変化することが知られている。

岩石・土質材料は，上述のように生成過程に起因した不均質性を有しその力学的挙動も複雑であるが，それに加えて，地盤は成層状態をも呈している。その原因は，隆起，沈降などに伴う堆積環境の変化，断層などの地殻変動が主なものである。

地盤の成層状態は，多層性，傾斜性，不連続性に分けて捉えられるが，対象とする構造物の規模および解析条件，解析手法によってその重要度や取り扱い方法が異なる。例えば，幅数 m の基礎は 10m の層厚を持つ地盤でも半無限単一地盤として設計され得るが，基礎の大型化に伴ってより深い層状態や離れた位置での不連続面の存在を考慮しなければならなくなり，その結果，解析手法も異なってくる。

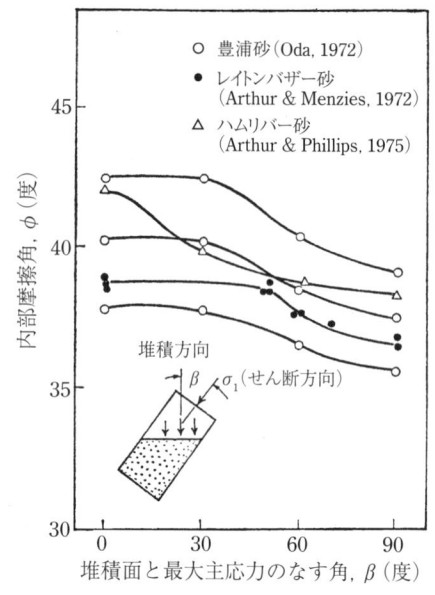

図2-2　砂質土の強度異方性（Laddら[1]による）

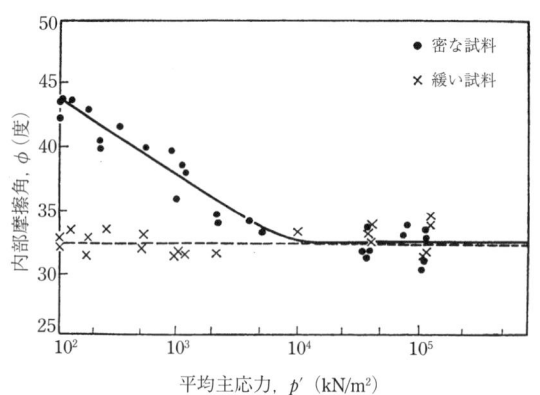

図2-3　砂質土の応力依存性（Vesic & Clongh[2] による）

(2) 設計に用いる地盤モデル

地盤材料は，複雑な力学的挙動を示すだけでなく，地質学的サイクルの変遷によって各層内で不均質に混在しながら成層状態を呈している。このような複雑さ，不均質さを有する地盤を対象にして，我々は各種の構造物を構築している。そこでは，自然の地盤をそのまま忠実に捉えているのではなく，現行の調査手法，力学的試験方法，解析手法を勘案して地盤の単純化，理想化を通して設計に用いる地盤モデルを作成している。すなわち，設計用地盤モデルの設定においては，地層構成や材料挙動の特性などの個々の現象の忠実なモデル化を図ることより，むしろ調査法，試験法，解析手法の調和を保ちながら，対象とする構造物全体の挙動をより忠実に説明できるようなモデル化を図ることに力点が置かれることになる。

各種構造物を設計するまでのプロセスは，通常図2-4 に示される。しかし，これらのプロセスは個々に独立した作業ではなく互いに強く関連している。すなわち，設計用地盤モデルを作成するときには，既に我々はどのような解析手法を用いるかという解析イメージ

を頭に描いている。また，その解析手法に必要な地盤諸係数によって力学試験の内容も決まってくる。反対に，得られる力学係数に限りがあれば，自ずと解析手法の選択も狭くなる。

調査・計測・解析技術の進歩により，複雑な自然地盤を忠実にモデル化し，構造物構築に伴う地盤の挙動予測も高精度化の方向に進むと考えられる。そのとき，構造物の設計精度の向上には，上述した各プロセスの一層の向上が不可欠である。成層状態の適切な単純化には調査方法の進歩が必要であり，より忠実なモデル化には力学試験法の

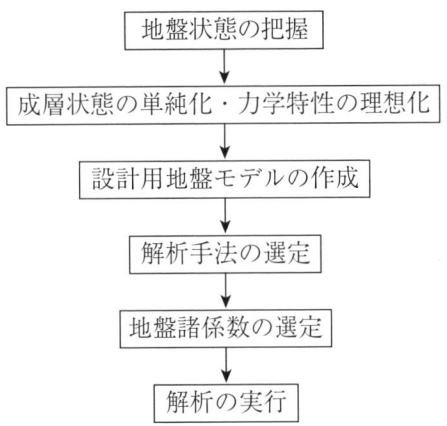

図2-4 地盤諸係数の選定と解析を行うまでのプロセス

向上と材料学的研究の進展が望まれる。と同時に，現実の複雑な成層状態，力学特性を取り込める解析手法の開発も必要となる。

表2-1は，現在設計で行われているモデル化と地盤諸係数について，その幾つかの例を示している。設計地盤モデルとしては各欄の項目の数だけ組合せが存在する。最も簡単な設計用地盤モデルとしては，水平単一層，等方性，弾性体の組合せがある。その場合，用いられる地盤諸係数としてはヤング率E，ポアソン比νの2つである。我々は，何らかの方法で測定されたE，νの値のばらつきを，通常地盤係数のばらつきと呼んでいるが，それは現実の複雑な地盤を半無限均質等方弾性体と仮定したときのばらつきであって，異なった地盤モデルを用いた場合の地盤諸係数のばらつきと異なることは十分予想されることである。例えば，半無限均質等方弾性体を多層等方弾性体とすると，各層に異なったE，νを定める必要があるが，各層内でのE，νのばらつきは，むしろ小さくなることもある。すなわち，地盤諸係数のばらつきは，設計用地盤モデルという断面で見た場合のばらつきであることに十分注意すべきである。

表2-1 設計地盤モデルと地盤諸係数

	成層状態の単純化		力学特性のモデル化		解析モデル	地盤諸係数
調査法の進歩	水平単一層	材料研究および力学試験法の進歩	等方性	解析手法の進歩	等方弾性体	E, ν
	水平多層		直交異方性		直交異方弾性体	
	傾斜単一層		応力依存性			E_W, E_H ν_W, ν_H G
					剛完全塑性体	c, ϕ
↓		↓	ひずみ依存性	↓		

2.2 地盤リスクの対象と原因

地盤リスクとは,「目的に対する"地盤に関連する"不確かさの影響」[3]と定義されている。したがって,地質事象の認識における不確実性(地質リスクと呼ばれることがある)[4]もこのこの地盤リスクの中に含まれる。地盤に関するリスクの対象とリスクの原因を表2-2にまとめた。地盤リスクの対象としては,①地盤の性状と設計値決定の際の不確定性,②設計・施工・維持管理,③自然災害,④地盤環境の4つに分類して,それぞれに含まれるリスクの原因を示している。地盤リスクの対象として,②,③,④に含まれるリスクの原因に関係して地盤リスクを扱う際は,②の社会・経済情勢の変化を除いて①のリスクの原因に関係することになる。社会・経済情勢の変化は,地域・国際紛争や金融危機等に起因する調査・設計・施工・維持管理の中止や継続を左右する要素であることから,地盤リスクの原因となる。したがって,すべての地盤リスクの対象に関係する①のリスクの原因に対して概要を述べる。

表2-2 地盤リスクの対象と原因

地盤リスクの対象	リスクの原因
地盤の性状と設計値決定の際の不確定性	地盤本来の不均一性,地盤評価の不確実性,調査・試験法の不確実性,測定値から設計値を決定する際の不確実性,データ数に依存する不確実性
設計・施工・維持管理	計算式の精度,調査・設計・施工法の調和,施工精度,施工中の防災措置,周辺環境,構造物の劣化,社会・経済情勢の変化
自然災害	降雨,地震,火山噴火,津波,高潮,高波,土砂災害,急傾斜地,深層崩壊,海岸・堤防浸食,洪水,台風,都市災害
地盤環境	地下水,土壌汚染,温暖化,地盤沈下

(1) 地盤の性状と設計値決定の際の不確定性が対象となるリスクの原因

地盤の性状と設計値決定の際の不確定性が対象となるリスクの主な原因としては,地盤本来の不均質性,地盤評価の不確実性,調査・試験法の不確実性,測定値から設計値を決定する際の不確実性,データ数に依存する不確実性がある。各種構造物の設計・施工で対象とする地盤は,その生成過程に起因した地盤本来の不均質性を有し,力学的挙動も複雑である。技術者はこのような複雑な地盤を対象にして,各種の構造物を構築・維持管理している。そこでは,自然の地盤を忠実に捉えるのではなく,現行の調査手法,力学的試験方法,解析手法を勘案して地盤の単純化,理想化を通して設計・施工に用いる地盤諸係数を決定することを先に述べたが,これらは地盤評価の不確実性として認識しなければならない。

地盤調査・試験を実施し,設計値を得るまでの過程には,測定値を変動させる多くの誤差要因[5]が存在している。この誤差要因は,そのまま地盤リスクの要因として設計・施工・維持管理等のリスクマネジメント[6]の結果を支配する。この誤差要因には地盤の不均質性に加え,調査方法や試料採取に伴う応力解放等の不可避の問題と技術者の熟練度や意識の違い等のヒューマンファクターに関わる問題がある。応力解放等に関しては,測定値は地盤内の真値からある一定の乖離を生む側面を持ち,この点から多くの研究成果もある。しかし,熟練度や意識の違いは,測定値や設計結果に与える影響は極めて大きい[7, 8]

が，我が国の制度上の複雑な問題とも絡み合って，統一的で説得力のある方法論の確立を困難にしている。

地盤リスクを低減して合理的な設計・施工・維持管理の結果を得るには，地盤本来の物性値を的確に把握することが必須である。しかし，これらすべての誤差要因を定量化し，設計値決定に反映できる段階に達していないのが現状である。

複雑な地盤材料の性状を地質学的サイクルの変遷の中で考察し，構造物を設計する場合には，現行の調査方法・力学的試験方法・解析手法を勘案して地盤の単純化，理想化を通して設計に用いる地盤の解析および力学特性のモデル化を行うことになる。図 2-5 は設計用地盤モデルの各層に与える地盤諸係数を求めるプロセスを，原位置調査と室内試験に分けて示している。各過程で発生する可能性の高い誤差要因は，以下の番号と対応している。

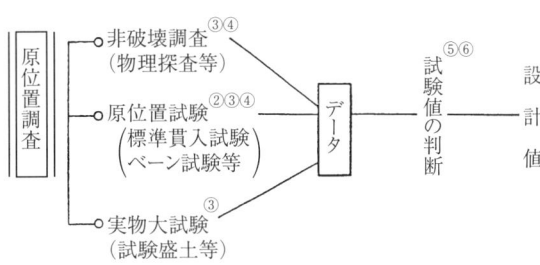

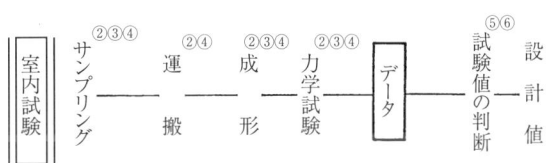

図 2-5　地盤諸係数を求めるプロセスと誤差要因

① 計画者の判断の相違

設計用地盤モデルを作成する際の地層区分，成層区分の単純化や対象地盤の調査位置選定に伴う判断等が，これに含まれる。この種の誤差が設計・施工・維持管理の結果に与える影響は極めて大きいが，定量的評価は困難である。

② 力学的状態量の変化

物理探査などの非破壊調査以外の原位置試験，室内試験では，対象とする材料の力学特性を調べるのに，何らかの形で原位置の力学的状態に変化を与える。試験機器の地盤への貫入，ボーリング孔の削孔，試料の原位置からの採取などにより，試験される供試体は原位置と異なった力学状態にある。したがって，測定値は一般に地盤内の真値とは異なっていると考えられる。このような要因は，一定の条件下で与えた力学的変化に対して，真値からある一定の乖離を生む側面を有している。したがって，測定値から原位置状態での供試体の挙動に補正できる可能性がある。

③ 調査・試験法の不確実性

同じ物性を持つ供試体を異なった力学条件・境界条件のもとで試験したときに生ずる相違に起因した不確実性であり，試験結果の相違は，供試体自体の性質の変動と区別されなければならない。例えば，一軸圧縮試験と三軸圧縮試験の差，使用頻度の異なる試験機を用いた場合，ひずみ速度等がその例として挙げられる。N 値測定時のハンマーの落下法の差等もその例に含まれる。

④ 調査・試験・施工・維持管理に伴う人為的誤差

同一の調査地点あるいは供試体を用い，同一の装置，項目に対する試験を行っても測定値がばらつくことがある。それは地盤調査・試験実施者が，測定値を得るまでに含まれるプロセスの重要度を理解し，注意を払っているか，試験を実施する技術力，試験結果の判断力などにばらつきがあるためである。また，施工・維持管理段階においても人為的誤差は介在する。これらの要因の定量化は難しいが，人為的誤差を小さくするためには，地盤調査・試験工程・施工・維持管理法の基準化，試験装置・施工機械の自動化，試験・施

工・維持管理者の技術水準の向上と維持が必要となる。

⑤ 測定値から設計値を決定する際に生ずる不確実性

測定値そのものが地盤諸係数とはならず，測定値から設定値を求める作業が必要となる場合は試験値の判断誤差に起因した不確実性が介在する。例えば，圧密試験の間隙比と荷重の曲線から圧密降伏応力を求める場合や，圧密圧力を変えた一連の三軸試験から粘着力と内部摩擦角を求める場合等である。

⑥ データ数に依存する不確実性

地盤調査では，平面および深度方向に広がりを持つ設計対象領域の地盤の性質を，限られたデータ数で推定する必要がある。統計処理を行ううえで十分な数のサンプルが得られることは少なく，ここには推定誤差に起因した不確実性が発生する。この不確実性は，統計的手法の中で取り扱われるものであるが，データ数が増すと破壊確率や不確実性が低下し，総費用最小化基準等を用いることで，最適設計[9]を行うことができる。

設計値を求める過程や表2-2に示した地盤リスクの対象には，このように種々の要因が地盤リスクの原因として存在している。こうした中で地盤が本来的に持つばらつきや平均値を抽出するには，技術者が関与することによって，発生する誤差要因やその実態を知り，それを定量化することが必要である。測定値のこのような処理を一次処理[5]として，確率・統計的な扱いである二次処理と区別している。⑥を除く要因は，一次処理の枠内で取り扱われる性質のものである。表1-1で示した性能照査の方法も，一次処理の範疇に含まれるものがある。

2.3 地盤データのばらつきの原因とその実態

2.1節で取り上げた誤差要因の中で，⑥サンプル数による推定誤差は二次処理で扱うことができる要因である。したがって，本節では他の5つの要因についてその実態調査例を紹介する。なお，ここで述べる誤差要因の番号は2.2節のそれに対応している。

① 計画者の判断の相違

2.2節で詳述したように，地盤調査から解析実行までのプロセスには種々の判断誤差が介在する。ここでは，設計用地盤モデルを作成する場合の地盤区分，成層区分の単純化に伴う判断の相違を取り上げる。

図2-6の(a)と(b)[10]は，同じボーリング結果に対して，それぞれ土質および土木地質の技術者が作成した土層断面図と地質断面図である。(b)の地質断面図は，粒度分析，N値

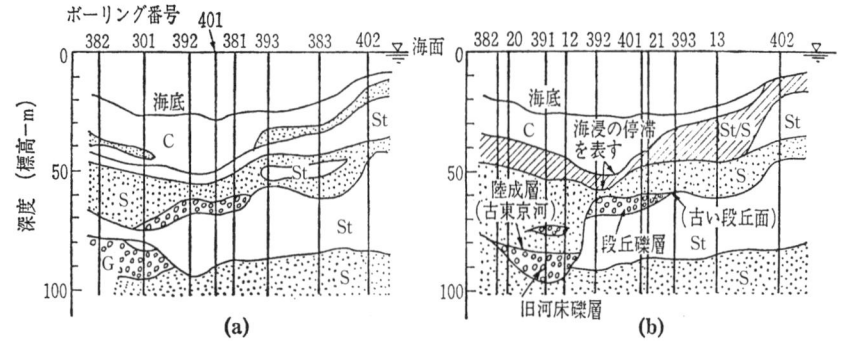

図2-6 同一地盤の土層断面と(a)と地質断面(b)の比較（岡本ら[10]による）
（C：粘土，St：シルト，S：砂，G：礫，St/S：互層）

などの土質データに加え，有孔虫化石群，花粉分析，含有重鉱物分析や堆積作用，侵食作用などの自然現象，氷河の盛衰による海水面変動のような地質現象などの影響を地質的に勘案して作成したものである。両断面図の差は，構造物の設計や安定の上で致命的なミスの原因となる可能性がある。この種の判断誤差に関しては，現在のところ具体的な一次処理の方法はないが，地質学的知識や経験豊富な技術者の判断を交えた総合的見地から，錯誤を少なくする努力が必要である。

② 力学的状態量の変化

地盤内の土要素は，図 2-7 に示すように鉛直全応力 σ_v と水平全応力 σ_h のもとで平衡を保っている。Ladd（ラッド）& Lambe（ラム）は，正規圧密粘性土地盤からサンプリングチューブで試料採取して室内試験に至るまでの有効応力変化の概念図を図 2-8 [11] のように想定した。すなわち，図 2-8 において，原地盤では K_0 状態にある A 点（理想試料）で平衡を保っているが，削孔による有効土被り圧の減少に伴い σ'_v が減少（σ'_h の増大）し，P 点（完全試料：拘束圧除去の影響のみを受けた等方応力状態の土試料）に到達する。B → C の経路はサンプリングチューブの押込みの過程であり，チューブ内壁の壁摩擦等に起因して，σ'_v が増大（σ'_h が減少）する状態を示している。また，サンプリングチューブから試料を押し出す過程が C → D であり，応力解放とそれによる含水比変化が D → E である。トリミングと三軸セルへの供試体のセットが E → F，UU 条件で三軸圧縮を行うとき，セル圧のもとで平衡を保った状態が G 点であるというものである。奥村 [12] は，Boston Blue Clay と錦海湾

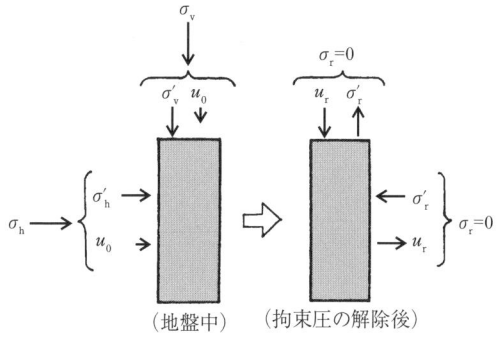

図 2-7 地盤中および拘束圧解除後の応力状態

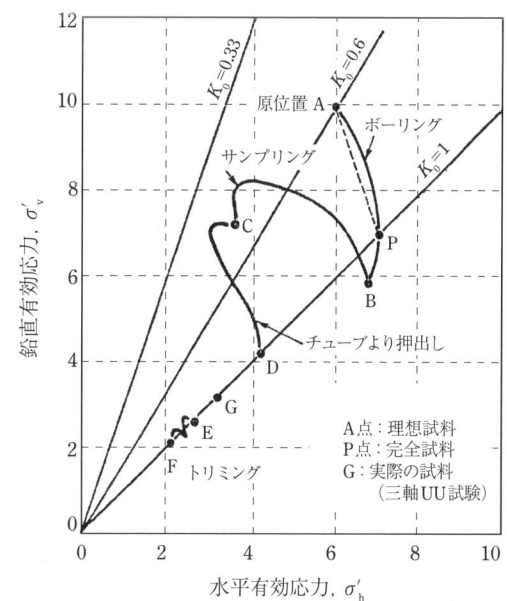

図 2-8 サンプリングに伴う応力変化の概念図（Ladd & Lambe [11] による）

から採取した 23 個の粘性土に対して残留有効応力を測定した結果，固定ピストン式シンウォールサンプラーを用いた注意深いサンプリングでも A → G の過程で非排水せん断強度 c_u の低下は平均 2 〜 3 割あることを報告している。

この誤差要因は，特に粘性土に関して影響が大である。実務で扱う設計事例の多さも相まって，古くから多くの研究者を動員して研究が進められてきた分野である。現在まで数多くの一次処理の方法が提案され，その体系化が整いつつある要因である。これに関しては，第 5 章で詳述する。

③ 土質調査・試験法の不確実性

誤差要因③として，ⅰ）一軸および三軸 UU 試験の比較，ⅱ）一面せん断試験機の使用

頻度が c, ϕ に与える影響，iii）せん断ひずみ速度 $\dot{\varepsilon}$ がせん断強度に与える影響，を取り上げる。i）は実務において日常的な問題であるが正面からの扱いがほとんどなかった項目である。

　i）一軸および三軸圧縮試験（UU条件）の比較

　一軸圧縮強さ q_u は，軟弱粘性土地盤の短期安定に関する事前設計や破壊事例の解析等に，我が国では最も広く用いられてきた実績を有する。これは，試験方法の簡便さに加え，通常の方法で得た $q_u/2$ の平均値が原地盤の破壊すべり面上でのせん断強度に近い値と見なされている [13] のが大きな理由である。しかし，砂分が卓越した粘性土や洪積粘土のような硬質土では，材料物性の脆性化やヘアクラックの存在，また応力解放の影響が大きくなる等の理由により，q_u は地盤内の c_u を過小評価しやすいことがよく知られている。

　図2-9は，一軸および三軸圧縮試験（UU条件）の c_u，E_{50} 比を塑性指数 I_p に対してプロットしているが，これは，$q_u/2=(\sigma_1-\sigma_3)/2$ が成立するという前提に基づいて行った実験結果である [14]。図2-9を見ると，$I_p \fallingdotseq 15$ で c_u 比が0.98と両試験に強度差はないと判断されるが，$I_p \fallingdotseq 10$ では14%程度一軸の強度が小さい。

　倉田・藤下 [15] は，高島粘土と小名浜砂の混合土に対して一軸圧縮試験と直接せん断試験の比較試験を行っている。それによると，両者の c_u 比が急激に小さくなるのは細粒分（粒径74μm以下の土粒子）の含有量が

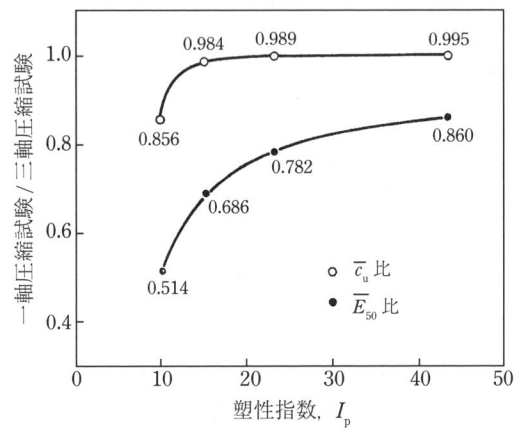

図2-9　一軸圧縮試験と三軸圧縮試験（UU条件）の $\overline{c}_u$，$\overline{E}_{50}$ 比

38%（このとき I_p=18.9）の場合であり，高島粘土と相模砂および馬堀砂の混合土では同40%であった。また，川崎粘土の混合土に対する ICUC（等方圧密非排水三軸圧縮試験），ICUE（等方圧密非排水三軸伸張試験）の比較 [16] では，強度・変形特性の変化が著しくなるのは $I_p \leq 15$ であった。このように強度・変形特性が急変する I_p の相違は，供試土や比較する試験の応力状態の差を反映していることが推察される。

　一方，E_{50} 比を見ると c_u 比と同様に I_p の低下とともに減少し，$I_p \fallingdotseq 10$ でその比が0.514である。拘束圧の解除が強度より変形特性に大きく影響することは十分注意すべきである。

　ii）一面せん断試験機の使用頻度が c, ϕ に与える影響

　土質試験機を新規購入すると，それが生み出す結果はいつまでも変わらない同品質のものであると思われるきらいがある。しかし，使用頻度や供試土の種類により，試験結果の品質が変化することに目を向けるべきである。ここでは，8.2.3項で詳述する2つの供試土（Soil.1：細粒分15%混入の砂質土，Soil.2：同35%混入の細粒分混じり砂）を対象にして，使用頻度大・小二つの一定垂直圧力一面せん断試験機が c, ϕ に与える影響の実態 [17] を示す。使用頻度大の試験機（以後，O型機と表記）は使用期間10数年で，特にせん断箱の接触部の摩滅が著しく，せん断中にせん断箱が偏心するなどの老朽化が著しい。しかし，実務レベルでは使用されている可能性が十分にある。これに対し，使用頻度小の試験機（以後，N型機と表記）は新規購入直後であり，O型機に見られる摩滅等はなく研

究目的にも十分耐え得るものである。なお，試験機は両者とも在来型であり，せん断箱は下部可動型の同じ機能を持つものである。また，供試体作成とせん断は同じ試験者が行っている。

図2-10は，それぞれ同じ土質条件下で行った両機のcを比較したものであり，O型機で大きなcを与えている。これは，せん断箱の摩滅等に起因するせん断応力の増加と考えられ，O型機が過大に見積もるcはSoil.1で平均25％程度，Soil.2では飽和度$S_r=75$％の上下で，それぞれ40％，10％程度である。一方，ϕ（図2-11）に関してはSoil.1でO型機が幾分小さいが，これは垂直荷重σ_Nの小さな領域で砂分の多いSoil.1で摩滅の影響が大きく出たと推察される。Soil.2では両者に傾向的な差はない。

従来，一面せん断試験に関して，供試体作成方法やせん断箱の型式がc, ϕに与える影響は幾つか報告されている[18]。しかし，試験機の使用頻度の差がc, ϕに与える影響については見当たらない。この種の問題は，地味な研究であるがゆえに従来見過ごされることが多かった。しかし，設計結果を直接的に支配する要因であるので重要な問題である。今後，設計入力値の精度を考慮した試験機の整備，また使用年数に関する指針化が望まれる。

　ⅲ）ひずみ速度$\dot{\varepsilon}$がせん断強度に与える影響

要因②と同様に古くからその研究実績があり，すでに一次処理法としての体系化がかなり進んでいる要因である。

図2-12 [19]は，砂の排水せん断強度および粘土の非排水せん断強度と$\dot{\varepsilon}$の関係である。同図はTaylor（テイラー）& Casagrande（キャサグランデ）の実験結果をSkempton（スケンプトン）& Bishop（ビショップ）が整理したものであり，$\dot{\varepsilon}=1$％/minの強度を基準としている。図2-12を見ると，$\dot{\varepsilon}$が1％/

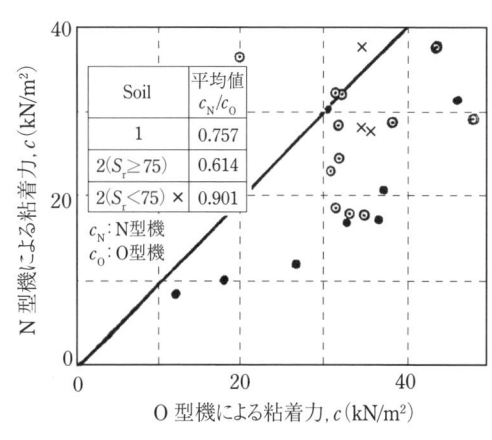

図2-10　粘着力の比較

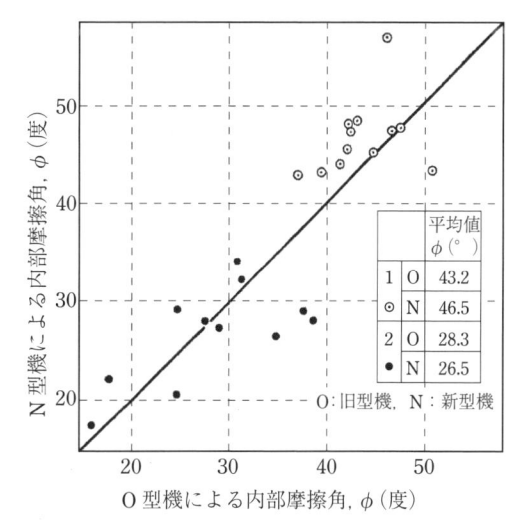

図2-11　内部摩擦角の比較

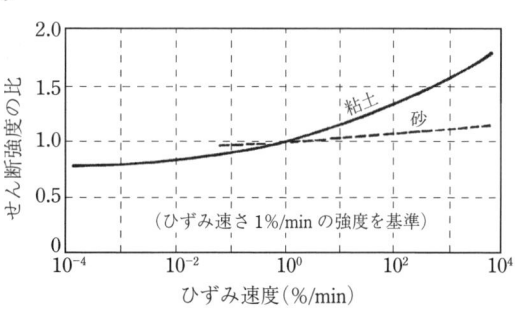

図2-12　ひずみ速度とせん断強度の関係（Skempton & Bishop[19]による）

min から 1000%/min に増すことによる強度の増加率は砂と粘土で，それぞれ 10% と 60% 程度である．また，$\dot{\varepsilon}$ の減少に伴い強度も低下するが，ある $\dot{\varepsilon}$ を境に強度低下は一定になる．図 2-12 の場合，その $\dot{\varepsilon}$ は砂と粘土でそれぞれ 0.1%/min と 0.001%/min であるが，この $\dot{\varepsilon}$ 下に対応する粘土の強度低下は 23% 程度である．

④ 土質調査・試験に伴う人為的誤差

誤差要因④として，ⅰ）土質調査仕様書の差，ⅱ）調査・試験実施者の意識の差，ⅲ）技術力の差を取り上げる．これらの人為的誤差は，調査・試験者の技術力，意識の差，気象，社会制度などの複雑な問題を含んでおり，要因②のような定量化（第 4 章と第 5 章参照）が困難である．しかし，個々の要因に関する感度分析というアプローチからの研究により，その定量化が進みつつある．これについては 4.1 節で述べる．

ⅰ）軟弱粘性土に関する土質調査仕様書の比較

軟弱粘性土（$N \leq 4$）のサンプリングに関する諸官庁の土質調査仕方書は，その多くが地盤工学会基準に準拠して，比較的厳しい内容となっている．しかし，すべてが同じ見解で指導や規制を行っているものとは言えず，このことが試験結果の解釈に差を生む一因ともなっている．

表 2-3 [20] は各調査仕様書の主たる相違点を一覧表にしたものである．ここに，Ⅰ，Ⅱ，Ⅲ，Ⅳは以下のようである．

- Ⅰ：港湾工事共通仕様書（運輸省港湾局）
- Ⅱ：土質工学会基準案（固定ピストン式シンウォールサンプラーによる土の乱さない試料採取法）に準ずるものには，以下がある．
    a. 地質調査共通仕様書（建設省中部地方建設局）
    b. 地質調査標準仕様書（日本国有鉄道施設局・建設局・新幹線建設局）JSFT-1・1982 に準ずる．
    c. 道路土工土質調査指針（日本道路協会）
    d. 愛知県（共通仕様書はないが，必要に応じて特記仕様書に記載される）
- Ⅲ：工事共通仕様書（住宅・都市整備公団）
- Ⅳ：建設省河川砂防技術基準(案)調査編（建設省河川局）

表2-3 土質調査仕様書の主たる相違点

作業 \ 指針	Ⅰ	Ⅱ	Ⅲ	Ⅳ
ドリルパイプ方式	○	◐	◐	◐
固定ピストン式シンウォールサンプラー	○	○	○	◐
サンプリングチューブの詳細な規定	○	○	◐	◐
サンプリングチューブの反復使用	○	◐	◐	◐
ピストンロッドの固定	○	○	○	●
サンプリング時の孔底深さの確認	○	○	◐	●
サンプラー引抜き時の縁切り	○	○	◐	●
サンプラー押込み後直ちに引上げ	○	○	△	●
ピストン取りはずしの際のエア抜き	○	○	●	◐
縦型の試料押出し装置	○	○	◐	◐
試料採取後の試験日の指定	○	◐	◐	◐

○：指定が明記されている　　◐：指定が明記されていない
△：5分経過して引き上げる　　●：指定がないもの

仕様の最も厳しい指針Ⅰを基準にして見ると，Ⅱ，Ⅲ，Ⅳになるほど，仕様書の規定が緩くなっていくことがわかる。土質調査に関する指針とは，対象構造物の設計に必要な試験結果を得るための仕様である。したがって，単に試料の乱れを少なくする観点のみならず，構造物の重要度，要求される安全性，設計式の精度，また，対象とする地盤の相違や現在のサンプリング・土質試験の技術レベル等を総合的に考慮して定めていると思われる。しかし，現実の問題としては，各調査会社がそれぞれの発注機関を専門とするオペレーターや土質試験者を用意しているわけではない。同じオペレーターや試験者が調査・試験を行うのであって，それぞれの指針に対応して異なった意識と技術レベルで各作業を実施することは，現実問題として期待しにくい。表 2-3 の項目において，固定ピストン式シンウォールサンプラー，サンプリングチューブの規定とその反復使用，ピストンロッドの固定，ピストン取りはずしの際のエア抜き等は，強度低下の大きな要因になることが 4.1 節で示される。これらの要因に対する指導内容の相違が，試験結果に差を生む一因になっていると考えられる。これらの調査は，1972 年～ 1983 年の間に発行された仕様書類に対する分析結果であるが，多くの機関の仕様内容が統一されていない点で，今日でも大きな違いはない。

　一定品質の試験値を得るには統一的な仕様が必要である。そして，それが現実性のある適切な仕様であれば技術者の一層の創意工夫も期待でき，品質の良いデータも得やすい。しかし，仕様が厳し過ぎると技術者の活力を阻害することになり，結果的に規制が守られないという状況も生ずる。一般の技術者が努力すれば守れるような作業規制であれば，活用範囲も広がり試験結果の品質向上にもつながるものと考えられる。この視点での提案は，4.1 節で示される。

　ⅱ）調査・試験担当者の重要度意識の差

　自由ピストン式シンウォールサンプラーは，ピストンロッドを三脚に連結して固定する必要がないため，操作が簡単で時間の節約ができるという利点がある。上述のように，$N \leq 4$ 程度の軟弱な粘性土の不攪乱試料の採取は，固定ピストン式シンウォールサンプラーを用いるのが一般的である。しかし，すべての仕様がこれを明確に規定しているわけではないから，自由ピストン式サンプラーの簡便性を考えると，同サンプラーを使用することも現実には十分起こり得る。このように考えると，固定ピストンを用いるか否かは技術力以前の担当者の調査・試験に対する重要度意識等の問題としても捉えることができる。

　図 2-13 は，両サンプラーを使用した場合の強度・変形特性の比較を目的として，図 1-3 で示した現場実測例を分析[20]したものであり，自由ピストンの固定ピストンに対する q_u, ε, E_{50} の比を試料採取深度 z に対してプロットしている。自由ピストン使用の弊害が大きい $z<-24$m に着目すると，ε_f の増加は平均 20％程度であり，試料の乱れが明らかである。この結果 q_u は最大 55％，E_{50} は平均 60％程度低下している。

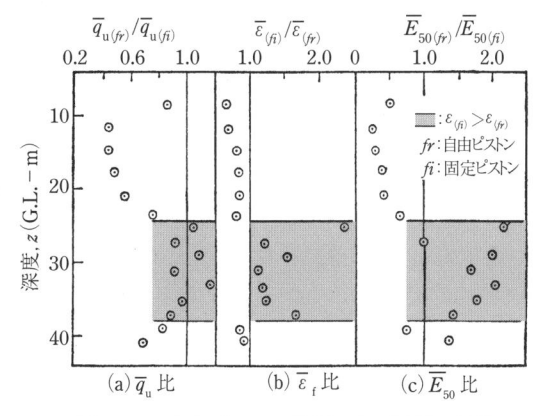

図 2-13　自由ピストン使用による試料の品質

(a) $\overline{q_u}$ 比　　(b) $\overline{\varepsilon_f}$ 比　　(c) $\overline{E_{50}}$ 比

$\overline{q}_{u(fr)}/\overline{q}_{u(fi)}$　　$\overline{\varepsilon}_{(fr)}/\overline{\varepsilon}_{(fr)}$　　$\overline{E}_{50(fr)}/\overline{E}_{50(fi)}$

$\varepsilon_{(fi)} > \varepsilon_{(fr)}$
fr：自由ピストン
fi：固定ピストン

ⅲ) 技術力の差
(a) 試料採取者の差が q_u に与える影響

図 2-14(a) は，サンプリング歴 15 年の熟練オペレーター〔A〕の q_u の深度分布線であり，同 (b) 図は〔A〕に対するオペレーター〔B〕（ボーリングおよびサンプリングを初めて経験する初心者）の q_u 比を z に対してプロットしている[21]。試料採取は同一のボーリングマシンを用い，採取した試料の運搬から土質試験の過程では同一人物が同じ装置を用いて一軸圧縮試験を行った。ボーリングは〔A〕が1本，〔B〕が2本であるが，削孔の影響を考慮して〔B〕のサンプリング位置は〔A〕から 2.5m 離れている。〔A〕に対する〔B〕の1回目，2回目の各々の q_u の平均値 $\bar{q}_u$ の比の平均値は，それぞれ 0.779, 0.903 であり初心者が経

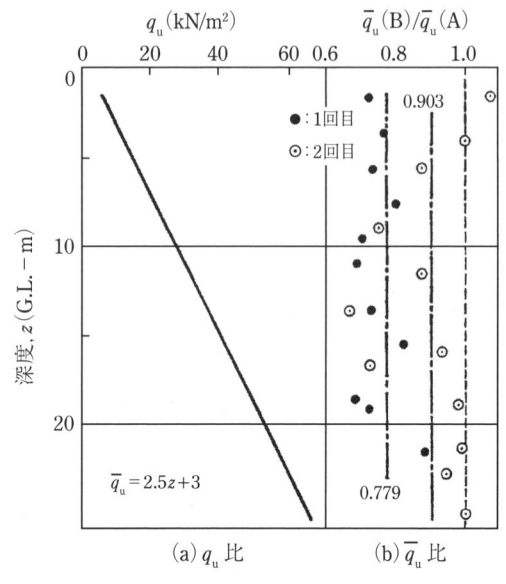

図 2-14 $\bar{q}_u$ 比の深度分布

験を積むことで〔A〕の q_u に近づく変遷が明らかである。〔B〕の作業で特徴的なことは，削孔速度が速くスライムの排除が十分でなかったこと，また，サンプリング時にロッドホルダーを使用しなかったこと等である。〔B〕の1回目の採取試料には供試体を2分する縦のクラックが発生していたが，これらの作業が採取試料を不当に圧縮し，〔B〕の強度を低下させた原因であると推察される。以上は試料採取者の差が q_u に与える影響であったが，同じオペレーターが採取した試料であっても，試料の運搬から土質試験までの調査者が異なると3割近い q_u 差を生じることがある[20]。

(b) 調査実施者の差が N 値に与える影響

砂質土地盤の各種設計問題に用いる設計値は，SPT による N 値を基本にすることが多い。N 値は粘性土地盤に対する q_u と同様に実務では広く用いられている原位置試験法である。

砂質土地盤で，各種の外的要因が N 値に対して持つ感度を定量化することは困難である。それは，同一土質条件下での再現性に疑問があるためである。同一土質条件と判断される地盤で，調査実施者の差による N 値の打撃エネルギーの差の実態等は文献[22]に示した。

⑤ 測定値から設計値を決定する際に生ずる不確実性

ここでは，標準圧密試験の圧密降伏応力 σ'_p を決定する際に介在する試験値の判断誤差を取り上げる。σ'_p の決定法のひとつに Casagrande 法[23]がある。この方法は，$e \sim \log \sigma'_v$ の最小曲率点 O の接線に対し O 点から描いた水平線の2等分線と処女圧密曲線の延長線の交点が σ'_p であるとするものである。この方法は JIS A 1217-1980 でも採用されているが，図 2-15 [24]に示すように同じデータを用いても e のスケールの取り方で O 点の位置が変化するという問題点[25]が指摘されている。しかし，乱れが少なく年代効果を無視してもよい粘性土試料については，満足すべき方法であるという見解[13]もある。この点に関しては，JIS A1217-2000 で三笠の方法が第1方法として採用された。

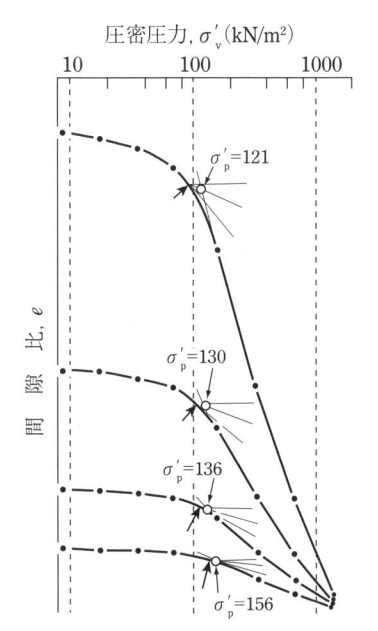

図 2-15　間隙比のスケールと Casagrande 法による σ'_p（土質工学会編[24]による）

　以上，誤差要因の①～⑤について幾つかの実態例を示した。これらは特定の条件下の限られた要因による事例であるため，同じ要因であってもその影響度が異なることに十分注意すべきである。しかし，このような実態調査の積重ねが，土質データのばらつきに関する一般的認識の明確化と次章や将来の統一的議論に不可欠である。また，サンプリング，土質試験，試験結果の整理と報告，という作業が分業化している現状を考えるとき，各作業段階の担当者，例えば土質試験（現場）を経験することのないボーリングオペレーター（設計者）等に対しても，このような実態例を提示することは，当事者に課せられた作業規制を守る意識を深めるうえでも意義あるものと考えている。

参考文献

1) Ladd, C.C., Foott, R., Ishihara, K., Schlossen, F. and Poulos, H.G.：Stress-Deformation and Strength Characteristics, *Proc. of the 9th ICSMFE*, Vol.2, pp.421～494, 1979.
2) Vesic, A.S. and Clongh, G.W.：Behaviour of granular materials under high stresses, *ASCE*, 94. SM3, pp.661～688, 1968.
3) 大日向尚巳・正垣孝晴・伊藤和也・稲垣秀輝：地盤工学におけるリスクマネジメント，2. リスクとリスクマネジメント，地盤工学会誌，Vol.59, No.7, pp.100-107, 2011.
4) 産業技術総合研究所，地質調査総合センター第10回シンポジューム，地質リスクとリスクマネージメント―地質事象の認識における不確実性とその対策―，地質調査総合センター研究資料集，No.472, 2008.
5) 正垣孝晴・日下部治：地盤データのばらつきの原因と一次処理，土と基礎，Vol.35, No.1, pp.73-81, 1987.
6) 中山健二・笹倉剛・正垣孝晴・大里重人・西田博文：地盤工学におけるリスクマネジメント，3. 地盤工学と地盤リスク対応，地盤工学会誌，Vol.59, No.8, pp.96-103, 2011.
7) 松尾稔・正垣孝晴：q_u 値に影響する数種のかく乱要因の分析，土質工学会論文報告集，Vol.24, No.3, pp.139-150, 1984.
8) 松尾稔・正垣孝晴：一面せん断試験による強度の推定誤差が送電用鉄塔基礎の信頼性設計結

果に与える影響，土と基礎，Vol.36, No.12, pp.43-47, 1988.
9) Shogaki, T. and Kumagai, N.：A slope stability analysis considering undrained strength anisotropy of natural clay deposits, *Soils and Foundations*, Vol.48, No.6, pp.805-819, 2008.
10) 岡本隆一・緒方正虔・小島圭一：土木地質，土木学会編，新大系土木工学，14, pp.1～6, 1963.
11) Ladd, C.C. and Lambe, F. W.：The strength of "Undisturbed" clay determined from undrained tests, Laboratory shear testing of soils, *ASTM*, STP, No.361, pp.342～371, 1963.
12) 奥村樹郎：粘土のかく乱とサンプリング方法の改善に関する研究，港研資料，No.193, p.145, 1974.
13) 山口柏樹：土質力学（全改訂），技報堂出版，pp.107～173, 1984.
14) Matsuo, M. and Shogaki, T.：Effects of plasticity and disturbance on statistical properties of undrained shear strength, *Soils and Foundations*, Vol.28, No.2, pp.14-24, 1988.
15) 倉田進・藤下利男：砂と粘土の混合土の工学的性質に関する研究，港研報告，Vol. 11, No.9, pp.389～424, 1961.
16) Nakase, A. and Kamei, T.：Undrained shear strength anisotropy of normally consolidated cohesive soils, *Soils and Foundations*, Vol. 23, No.1, pp.91～101, 1983.
17) 正垣孝晴・松尾稔・橋爪昭広：一面せん断試験機の使用頻度がc, ϕに与える影響，土木学会第41回年次学術講演会概要集，pp.653-654, 1986.
18) 例えば，山田清臣：砂のせん断に関する一斉試験，土と基礎，Vol. 13, No. 2, pp. 89～92, 1965.
19) Skempton, A.W. and Bishop, A.W.：Soils, chapter 10 of Building Materials, *North Holland Publishing* Co., pp. 417～482, 1954.
20) 松尾稔・正垣孝晴：q_u値に影響する数種のかく乱要因の分析，土質工学会論文報告集，Vol. 24, No. 3, pp. 139～150, 1984.
21) 正垣孝晴・松尾稔：粘性土の強度低下に与える外的要因と微視的構造特性への影響，昭和60年度サンプリングシンポジウム論文集，pp. 109～116, 1985.
22) 日下部治・正垣孝晴：地盤データのばらつきの原因と一次処理，土と基礎，Vol.35, No.2, pp.89-97, 1987.
23) Casagrande, A.：The determination of the preconsolidation load and its 1st practical significance, *Proc.1st ICSMFE*, pp. 3～60, 1936.
24) 土質工学会編：土質試験法，土質工学会，pp. 274～325, 1982.
25) 三笠正人：圧密試験の整理方法、土木学会第19回年次学術講演会講演概要集，pp. 15～16, 1964.

第3章 強度・圧密特性に及ぼす供試体寸法と形状の影響

3.1 一軸圧縮強度特性に及ぼす供試体寸法と形状の影響

3.1.1 概　説

　一軸圧縮強さ q_u は，我が国の粘性土地盤に対する短期安定問題に欠くことのできない強度として幅広く用いられている。これは，$q_u/2$ の平均値が地盤全体の破壊面上の非排水せん断強度をよく説明することに加え，q_u を得る試験が単純で簡単に実施できることが大きな理由である[1]。一軸圧縮試験 UCT の供試体は，通常直径 d35mm，高さ h80mm の寸法（以後 Ordinary size の頭文字から O 供試体と表記）が用いられている。

　我が国では，粘性土の試料採取には JGS-1221 と 1222 で規定される 75-mm と 75R サンプラーが多用されている。O 供試体が採用されてきた主な理由としては，これらのサンプラーから採取した試料の断面から並列して 2 個の O 供試体が作製できることに加え，供試体の断面積 A が約 10cm^2 となることから応力計算が容易であることが挙げられる。しかし，O 供試体は，サンプリング試料に潜在的に存在するクラックや試料の不均質性に起因して試料の総量が不足して，設計上必要な種類の試験や数を行うことができないことが多い。加えて洪積粘土のような硬質土では試料採取が困難であり，採取試料の有効利用の観点から供試体寸法が小さいと有利である。また，$A \fallingdotseq 10$cm^2 により応力計算が容易であるという理由に関しても，計測や計算がデジタル化・自動化された今日の趨勢で必守する状況下には既にないであろう。

　以上の背景を踏まえ，d15mm，h35mm の寸法（以後 Small size の頭文字から S 供試体と表記）の小型供試体による UCT を提案し，英国や韓国を含む 18 の堆積地から採取した塑性指数 $I_p \fallingdotseq 17 \sim 150$，$q_u \fallingdotseq 18 \sim 1000$kN/m^2 の乱さない自然堆積土に対する検討[2]を重ね，S 供試体の一軸圧縮強度特性は O 供試体のそれと有意差がないことを実証してきた。

　S 供試体による UCT を採用することで，第 7 章で述べる小径倍圧型の 45-mm サンプラーで採取した試料断面からも最大 4 個の供試体が作製でき，試料の有効利用が可能になるほか，第 8 章，第 9 章，第 10 章，第 14 章，第 15 章で述べる q_u の統計的な評価や異方強度の測定を可能にし，地盤のばらつきを踏まえた信頼性の高い試験結果を得ることが期待できる。本節では沖・洪積粘性土と有機質土，珪藻泥岩，火山灰質粘性土を含む幅広い塑性や強度の範囲の自然堆積地盤材料への一軸圧縮強度特性に及ぼす供試体寸法と形状の影響が示される。

3.1.2 既往の研究

　地盤材料の強度特性に及ぼす供試体寸法の影響に関する研究の歴史は長い。吉中[3]は岩石材料に対し，また Lo[4]はひび割れ粘土（fissured clays）に対する実験から，強度特性に供試体寸法が影響することを示した。亀井・常田[5]は，I_p=19 $\sim$ 36 の再構成粘土に対し，供試体寸法をそれぞれ d=10 $\sim$ 50mm，h=10 $\sim$ 100mm まで変化させた一連の実験から，$d \geqq 20$mm で h/d=2.0 の場合，強度・変形特性に及ぼす供試体寸法の影響はないが，$d \leqq 10$mm で q_u と E_{50} が著しく増加することを示した。松井ら[6]は，d22.5mm，h45mm の供

試体寸法を用いた三軸試験機を開発し，大阪の不撹乱粘性土を用いてその適用性を検討した。そして，$d22.5$mm と $h45$mm，$d35$mm と $h70$mm，$d50$mm と $h100$mm の寸法の異なる供試体に対する三軸圧縮試験の結果から沖積・洪積粘性土ともに供試体の寸法によるせん断強度への影響はないことを示した。また，彼らは供試体寸法が小さくなれば，供試体の排水距離が短くなり試験時間が短縮する利点を強調している。

供試体寸法が異なると，強度特性に及ぼす試験装置と供試体との端面摩擦の影響が異なるとする研究成果[7]もあるが，いずれの研究も $h/d \geq 2$ であれば，その影響はないとする見解である。しかし，強度や塑性，有機質土，火山灰質粘性土[8]を含む幅広い土質材料に対する検討を体系的に行ったものはない。

3.1.3 供試土の指標的性質

表 3-1 に，本節で用いる供試土の指標的性質と q_u，σ'_p/σ'_{vo} をまとめた。英国 Bothkenner，韓国の Kimhae（金海，キメ），Busan new port（釜山新港），Yangsan（梁山，ヤンサン）に加え，国内 28 堆積地から採取した土を対象としている。図 3-1 に，その試料採取地を示した。ここで，七尾は珪藻泥岩，名古屋，和泉，大阪の 3 試料は洪積粘性土，他は国外の粘土を含めすべて沖積粘性土であり，岩井土は高有機質土，沖・洪積粘土の 3 種の土である。八戸ローム，横須賀と群馬は関東ローム，阿蘇（黒ボク，赤ボク，灰土）は，火山灰質粘性土である。表 3-1 で明らかなように，これらの供試土は $I_p=10 \sim 370$，$q_u=15 \sim 1070$kN/m^2 と広い範囲にある。

表 3-1 供試土の性質

No.	堆積地		w_n (%)	w_L (%)	w_p (%)	I_p	CP* (%)	σ'_{vo} (kN/m^2)	σ'_p/σ'_{vo}	q_u (kN/m^2)	サンプラー
(沖積粘土)											
1	静内		50	62	29	33	41	292	1.20	107	75-mm
2	八郎潟		136	209	59	150	61	36	1.23	25	
3	浦安		81〜85	104〜114	44〜49	60〜65	50〜52	232〜457	1.23〜1.19	127〜177	
4	川田		48	36	26	10	15	77	1.95	59	
5	東京		46	49	32	17	21	245	2.10	108〜320	
6	川崎		105〜108	113〜120	46〜48	64〜73	47〜54	160〜223	0.50〜1.08	66〜189	
7	横浜		57〜61	73〜74	33〜36	38〜41	16〜26	195〜211	1.06〜2.02	100〜197	
8	碧南		60〜93	74〜107	31〜38	45〜72	25〜43	6〜124	0.99〜1.32	60〜145	
9	桑名		34〜71	51〜95	25〜38	26〜57	3〜30	99〜205	1.17〜2.94	92〜220	
10	尼崎		47〜72	59〜105	26〜41	33〜69	30〜54	191〜241	0.68〜1.36	130〜138	
11	芦屋		68〜89	96〜107	29〜34	59〜71	32〜42	51〜92	0.55〜0.94	23〜77	
12	徳山		68〜130	82〜150	29〜48	19〜102	36〜42	8〜57	0.95〜3.09	15〜273	
13	有明		120	90〜115	44〜47	46〜68	55〜64	39〜46	0.93〜1.13	26〜32	
14	河北潟		98〜109	138	50	88	—	174	1.26	135	
15	Bothkenner（英国）		60	80	30	50	44	102	1.96	121	
16	Kimhae（韓国）		39〜66	—	—	26〜40	—	95〜154	0.83〜1.51	91〜107	
17	Busan new port（韓国）		53〜70	60〜86	28〜32	32〜54	36〜60	59〜175	79〜220	48〜129	
18	Yangsan（韓国）		64	61	27	34	65	86	—	54	
19	岩井		58〜92	67〜118	33〜44	34〜74	34〜63	18〜23	1.01〜2.04	16〜20	
(洪積粘土)											
20	名古屋		34〜73	63〜78	25〜40	33〜47	8〜26	195〜241	2.44〜4.25	158〜762	75R
21	和泉		28〜60	49〜96	22〜28	27〜68	5〜28	8〜13	64.5〜78.1	347〜578	
22	大阪湾		40	60	27	33	48	730	1.16	442	
23	大阪 (Ma12)		63〜73	75〜118	31〜44	44〜78	39〜66	324〜346	1.83〜2.08	362〜585	45-mm, Cone
24	岩井		74〜83	101〜111	41〜51	58〜74	40〜66	66〜68	1.01〜1.90	25〜35	84T
(高有機質土)											
25	岩井		393〜592	380〜655	164〜285	199〜370	—	14〜15	8.03〜11.42	25〜33	75-mm
(火山灰質ローム)											
26	八戸		73〜87	108	76	32	43	3	55.6	87〜95	ブロックサンプリング
27	横須賀		95〜110	114〜164	78〜128	36	53	112	1.9	132	
28	群馬		109〜134	102〜133	50〜91	42	47	9	21.4	128	
29	阿蘇	黒ボク	293〜321	348	211	137	51	5	30.2	103〜132	
30		赤ボク	158〜165	175	101	74	45	5	127.2	66〜97	
31		灰土	54〜58	54	39	15	47	5	132.1	73〜112	
(珪藻泥岩)											
32	七尾		87〜182	143	91	52	42	135	22.32	335〜1070	75R

＊：5μm 以下の粘土分含有量

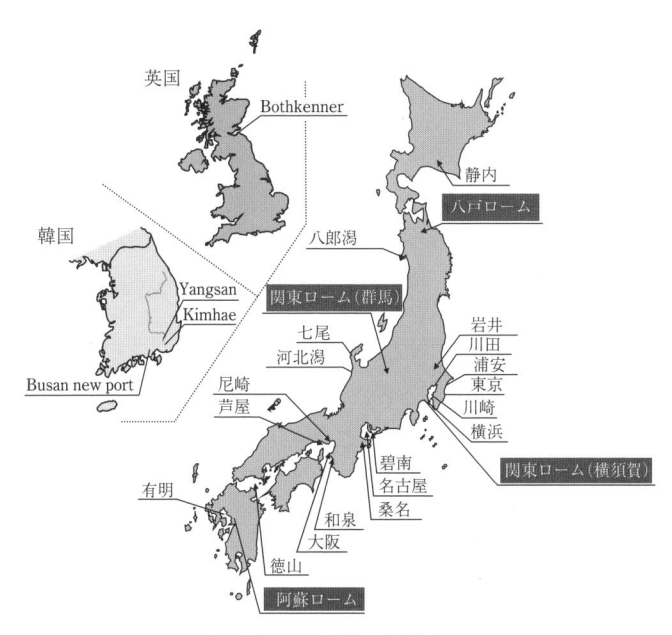

図3-1 試料採取位置

　火山灰質粘性土はブロックサンプリングによった[8]。他はチューブサンプリングで試料を採取した。図3-2(a), (b)に75-mmと45-mmサンプラーから得た試料片（(a)75-mm試料：d75mm, h100mm (b)45-mm試料：d45mm, h90mm）から作製したOとS供試体の位置を示す。試料採取とチューブからの試料の押出しの過程でチューブ壁面の摩擦に起因する試料の乱れがこれらの供試体位置に及ばないことは，d75mmの試料断面から10個の供試体を作製し，それに対する応力とひずみの関係に有意差がないことが検討され，このことは9.1節で示される。また，これらの供試体にチューブ壁面の摩擦に起因する試料の乱れがないことは，走査型電子顕微鏡を用いた粘土の微視的構造の観察から検討され，7.1節で示される。

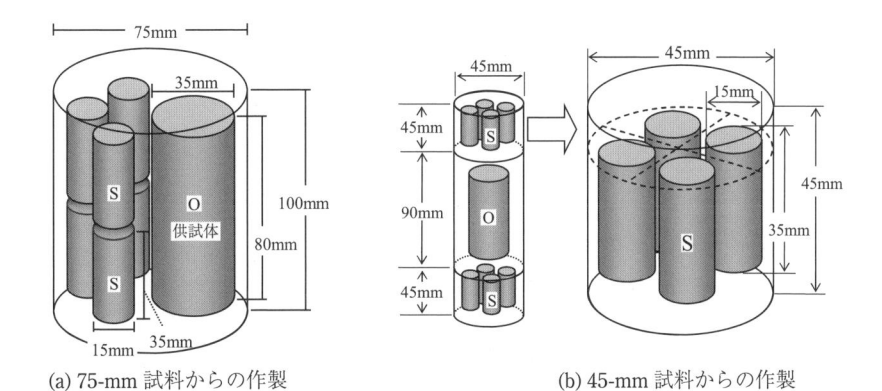

(a) 75-mm 試料からの作製　　　　(b) 45-mm 試料からの作製

図3-2　供試体位置

3.1.4　せん断前のサクションに及ぼす供試体寸法の影響

　図3-3(a)～(i)に，それぞれBothkenner, Kimhae, Busan new port, Yangsan, 八郎潟, 岩井（高有機質土・沖積粘土），八戸ローム，黒ボクから採取した試料に対するOとS供試体のサクションSと測定時間tの関係を示す。$t=0$はセラミックディスク表面の水を拭き取った時であ

る。間隙水圧測定経路の脱気が十分であれば，S は 1～2 分程度で一定値になる。この時の S を供試体が保持するサクション S_0 とするが，O と S 供試体の S_0 値やこの時間はほぼ同じであり，供試体寸法に依存していないことがわかる。S_0 を測定することによって，原位置からの応力解放に伴う供試体の乱れを事前に評価できることが知られている[9]。また，試料に人工的な変形を与えても S_0 が低下する[10] ことから，S_0 は供試体が受けた機械的撹乱も反映する。これらの図で O と S 供試体の S_0 値が同等であることは，成形の際に与える試料の乱れが供試体寸法に依存しないことを示している。一方，図 3-3(f) と (g) に示す岩井の高有機質土と沖積粘土については，σ'_{vo} が小さい（$\sigma'_{vo}=14 \sim 16 kN/m^2$）土であることを反映して S の絶対値が 3～5kN/m^2 程度と小さい。

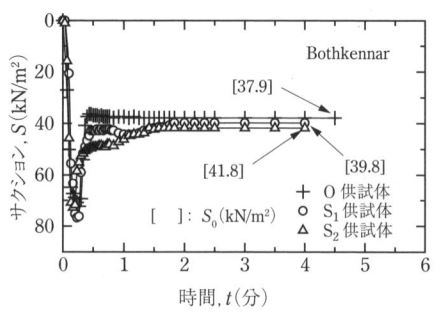

図 3-3(a)　S と t の関係（Bothkennar）

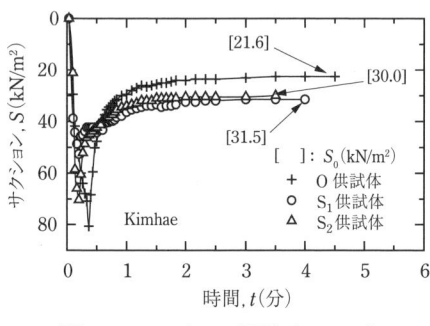

図 3-3(b)　S と t の関係（Kimhae）

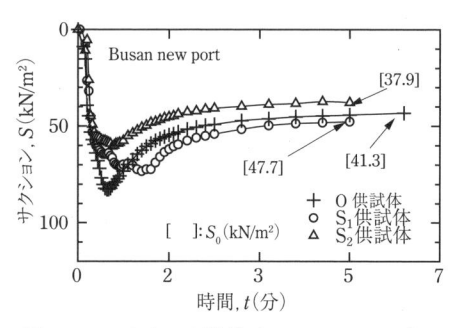

図 3-3(c)　S と t の関係（Busan new port）

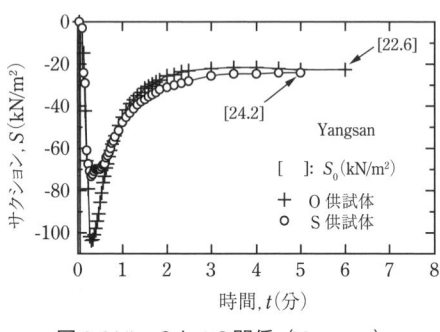

図 3-3(d)　S と t の関係（Yangsan）

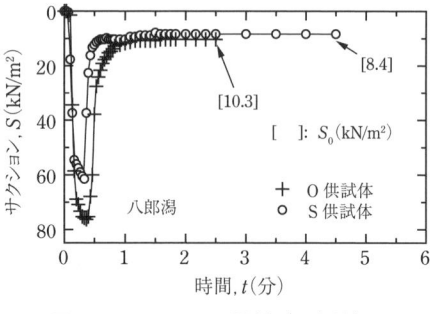

図 3-3(e)　S と t の関係（八郎潟）

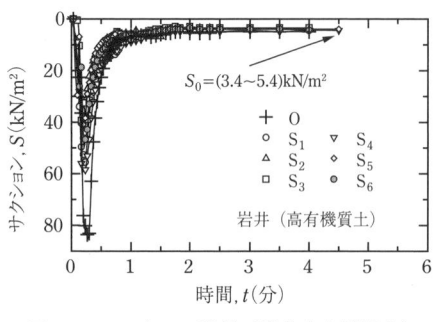

図 3-3(f)　S と t の関係（岩井高有機質土）

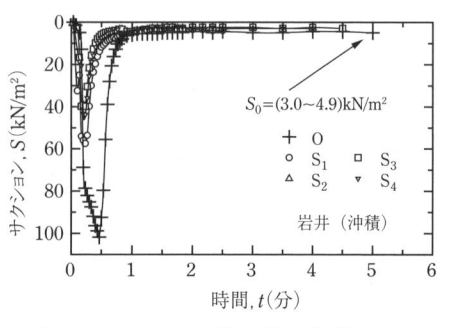

図 3-3(g)　S と t の関係（岩井沖積粘土）

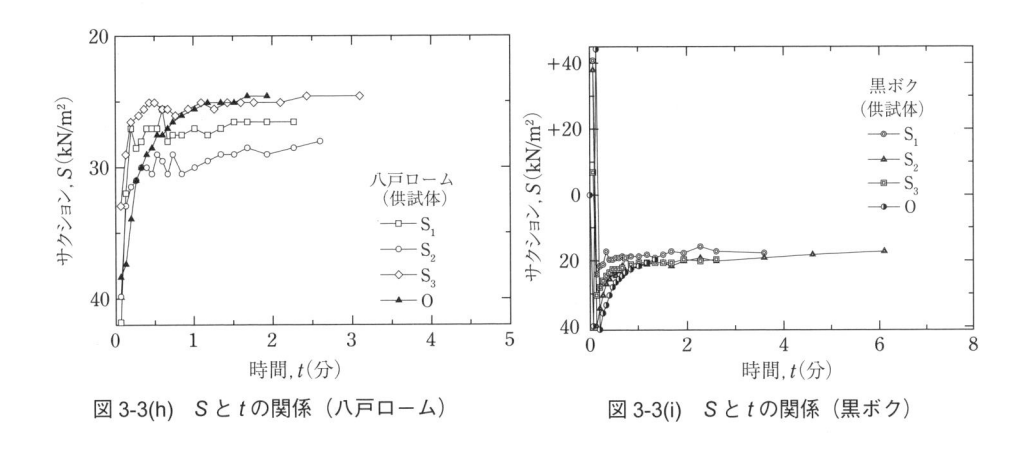

図 3-3(h) S と t の関係（八戸ローム）　　図 3-3(i) S と t の関係（黒ボク）

3.1.5 応力・間隙水圧とひずみの関係，有効応力経路に及ぼす供試体寸法の影響

3.1.4 項で述べた各供試体について，S_0 測定後に行ったせん断下の応力 σ・間隙水圧 u と軸ひずみ ε の関係をそれぞれ図 3-4(a)〜(i) に示す。図中の表は，各プロットに対応した供試体の測定値である。せん断下の S が正圧に転じることがあるため，これらの図では S を u と表している。各試料の σ と ε の関係を見ると，供試体寸法に関係なくほぼ同等であるが，u の挙動には大きな差がある。すなわち，O 供試体の u が最大となる ε は S 供試体のそれと同様に破壊ひずみ ε_f の 0.5〜1% 程度手前であるが，u の変化量が S 供試体のそれらより大きく，負圧から正圧に転じている。JIS A 1216 に従う一軸圧縮試験であるので，せん断中の両供試体の軸ひずみ速度 $\dot{\varepsilon}_s$ は 1%/min である。この u の挙動の違いは，図 3-5 の概念図に示すように，供試体のせん断帯近傍の u と供試体底部の間隙水圧計で測定される u との差が，u の伝達の時間遅れ（migration）の差に起因して大きいのが原因である。

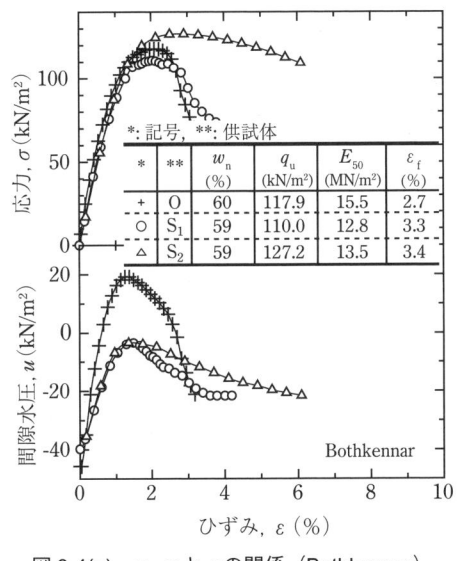

図 3-4(a) $\sigma \cdot u$ と ε の関係（Bothkennar）　　図 3-4(b) $\sigma \cdot u$ と ε の関係（Kimhae）

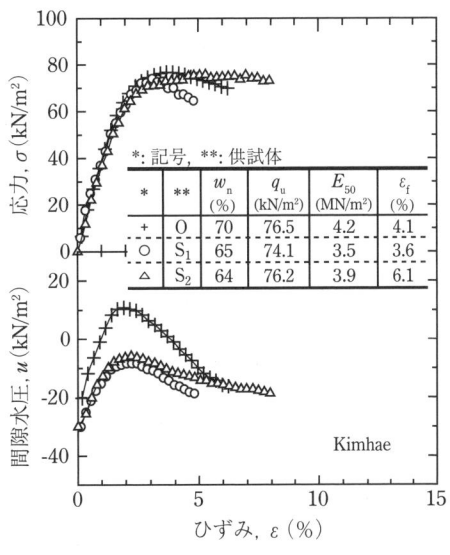

図 3-4(c)　σ・u と ε の関係（Busan new port）

図 3-4(d)　σ・u と ε の関係（Yangsan）

図 3-4(e)　σ・u と ε の関係（八郎潟）

図 3-4(f)　σ・u と ε の関係（岩井高有機質土）

図 3-4(g)　σ・u と ε の関係（岩井沖積粘土）

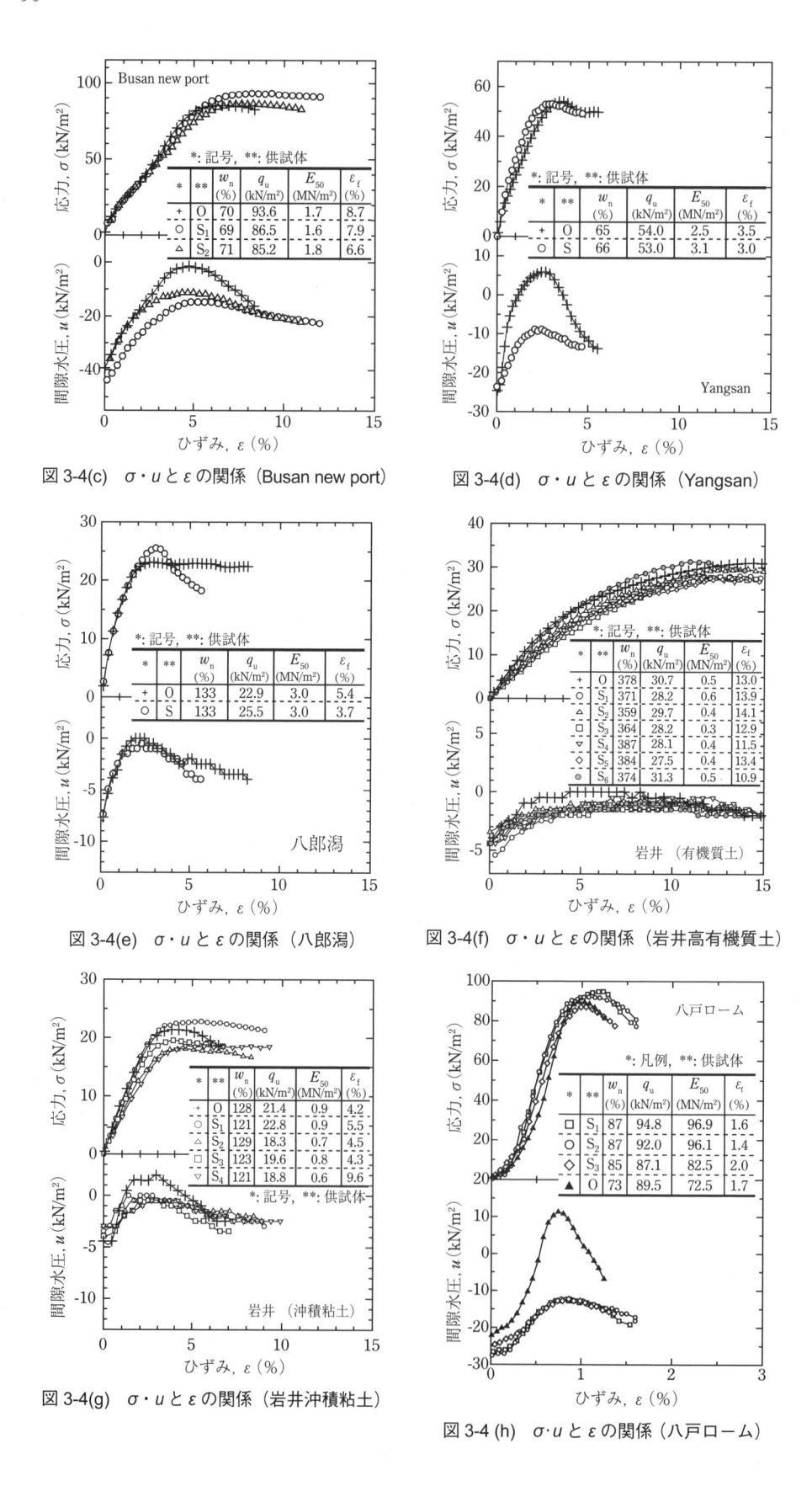

図 3-4(h)　σ・u と ε の関係（八戸ローム）

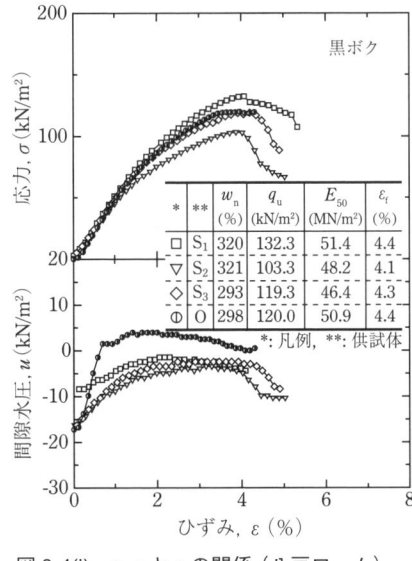

図3-4(i) σ·u と ε の関係（八戸ローム）

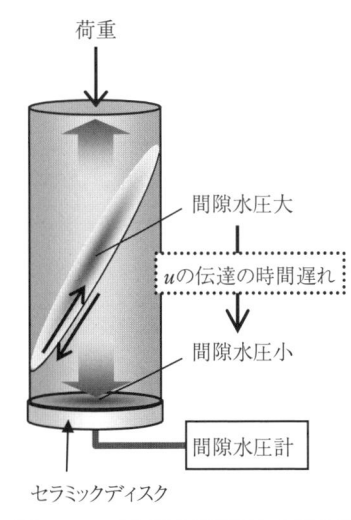

*	**	w_n (%)	q_u (kN/m²)	E_{50} (MN/m²)	ε_f (%)
□	S_1	320	132.3	51.4	4.4
▽	S_2	321	103.3	48.2	4.1
◇	S_3	293	119.3	46.4	4.3
○	O	298	120.0	50.9	4.4

*: 凡例, **: 供試体

図3-5 u の伝達の時間遅れの概念図

図3-4の各供試体に対応する有効応力経路を，それぞれ図3-6(a)～(j)に示す。図3-4のσとεの関係を反映してOとS供試体の主応力差の値は同等であるが，両供試体間の u の migration の差に起因して，八郎潟粘土と岩井高有機質土を除く土の有効応力経路は大きく異なっている。八郎潟粘土は田中・Locat [11] が紹介したように珪藻が多量に含まれており，その内部は水で飽和しているため $I_p=150$, $w_n \fallingdotseq 136\%$ と大きい。また岩井高有機質土は繊維質で $w_n \fallingdotseq 478\%$ の高含水比試料である。これらの試料は，w_n が高いため u の migration の差が有効応力経路に及ぼす影響が小さいと推察される。

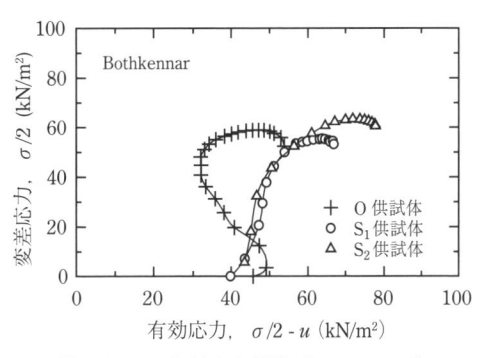

図3-6 (a) 有効応力経路 （Bothkennar）

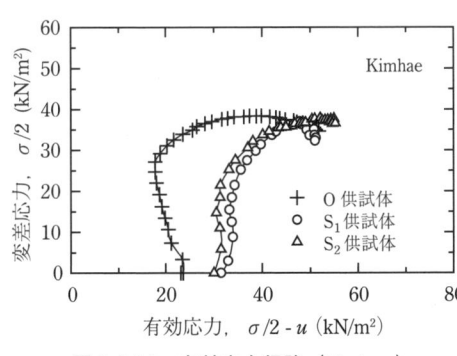

図3-6 (b) 有効応力経路 （Kimhae）

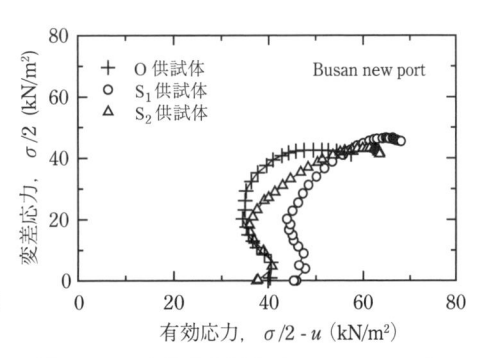

図3-6 (c) 有効応力経路 （Busan new port）

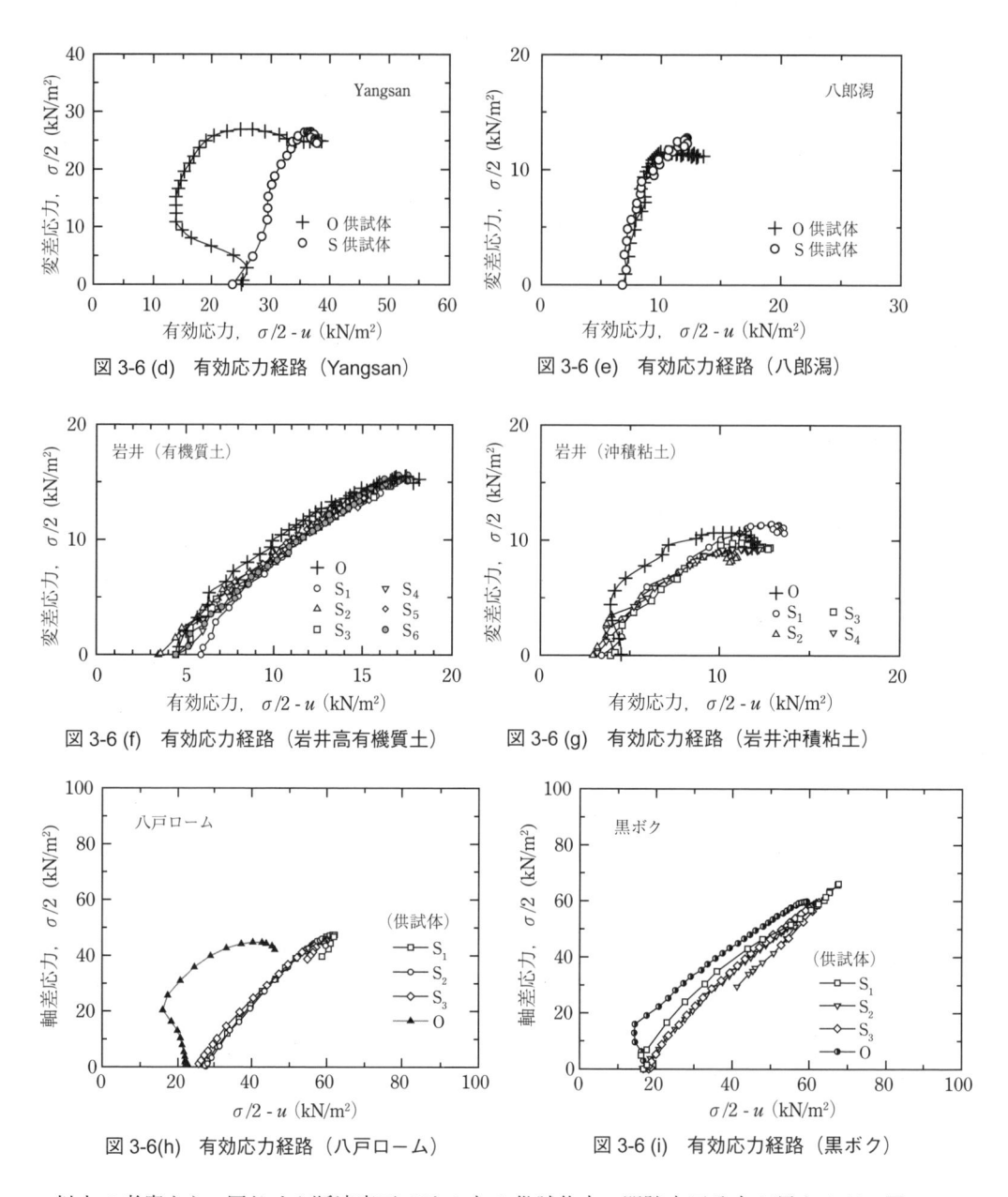

図 3-6 (d)　有効応力経路（Yangsan）

図 3-6 (e)　有効応力経路（八郎潟）

図 3-6 (f)　有効応力経路（岩井高有機質土）

図 3-6 (g)　有効応力経路（岩井沖積粘土）

図 3-6(h)　有効応力経路（八戸ローム）

図 3-6 (i)　有効応力経路（黒ボク）

　以上の考察から，同じせん断速度下ではOとS供試体内の間隙水圧分布が異なるが，図3-6(a)～(i)に示すように，その差は供試体のw_nによっても変化する。したがってUCTによって有効応力挙動を調べるには，uの伝達距離が短くせん断帯のuの挙動をより適正に捉えることができるS供試体が要素試験として有利である。また，図3-4(a)～(j)に示したようにσとεの関係は同等であるため，S供試体を用いたUCTは三軸圧縮試験[12]と同様に現行のJISやJGSの規格・基準の中で適用できると判断される。

　図3-7(a)，(b)は，大阪Ma12粘土と岩井洪積粘土のσとεの関係である。(b)のO供試体の結果は，供試体内の潜在クラックの存在に起因してσが350kN/m²近傍で急激にひずみ軟化している。S供試体は，限られた容量の試料からクラックや礫，貝殻片等を避けて供試体を作製することができるため，地盤の平均的強度の測定や採取試料の有効活用の点からも有利である。

第 3 章　強度・圧密特性に及ぼす供試体寸法と形状の影響　　33

大阪 Ma12

*	**	w_n (%)	q_u (kN/m²)	E_{50} (MN/m²)	ε_f (%)
+	O	68	542.6	43.2	2.1
○	S_1	68	539.0	43.3	1.8
△	S_2	69	524.9	37.8	2.3
□	S_3	66	534.0	38.2	2.2

岩井(洪積粘土) 45-mm サンプラー

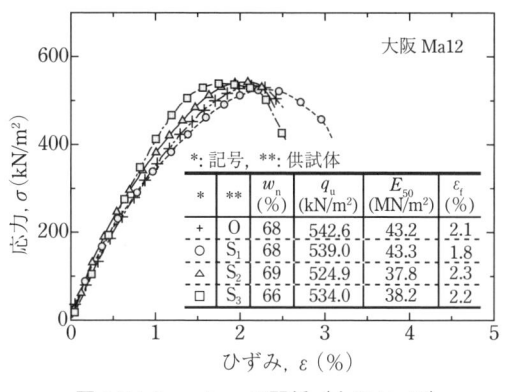

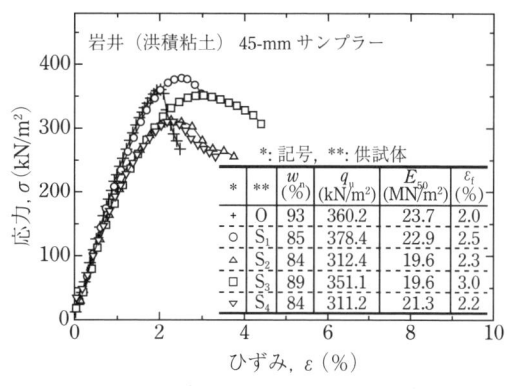

*	**	w_n (%)	q_u (kN/m²)	E_{50} (MN/m²)	ε_f (%)
+	O	93	360.2	23.7	2.0
○	S_1	85	378.4	22.9	2.5
△	S_2	84	312.4	19.6	2.3
◇	S_3	89	351.1	19.6	3.0
▽	S_4	84	311.2	21.3	2.2

図 3-7 (a)　σ と ε_a の関係(大阪 Ma12)　　　　図 3-7 (b)　σ と ε_a の関係(岩井洪積粘土)

3.1.6　強度・変形特性に及ぼす供試体寸法の影響

図 3-8 と図 3-9 に，O 供試体の一軸圧縮強さ $q_{u(O)}$ に対する S 供試体のそれらの平均値 $\bar{q}_{u(S)}$ の比 Rq_u を，それぞれ I_p と q_u に対してプロットしている。また同様に変形係数 E_{50} の比 RE_{50} を図 3-10 と図 3-11 にプロットした。図中のプロットは，それぞれ沖積粘土・洪積粘土・珪藻泥岩，有機質土，火山灰質粘性土，英国と韓国の粘土で分類している。国外や大阪 Ma12，岩井の粘土を含む沖積粘土・洪積粘土・珪藻泥岩の Rq_u の平均値は 1.02 であり 0.91～1.50 の範囲でばらついているが，Rq_u は $I_p=10～370$ や $q_u=15～1070\text{kN/m}^2$ に依存していないと判断される。またこれらは，試料の採取地，沖積・洪積粘性土，有機質土，火山灰質粘性土，珪藻泥岩の地盤材料の違いにも依存していない。

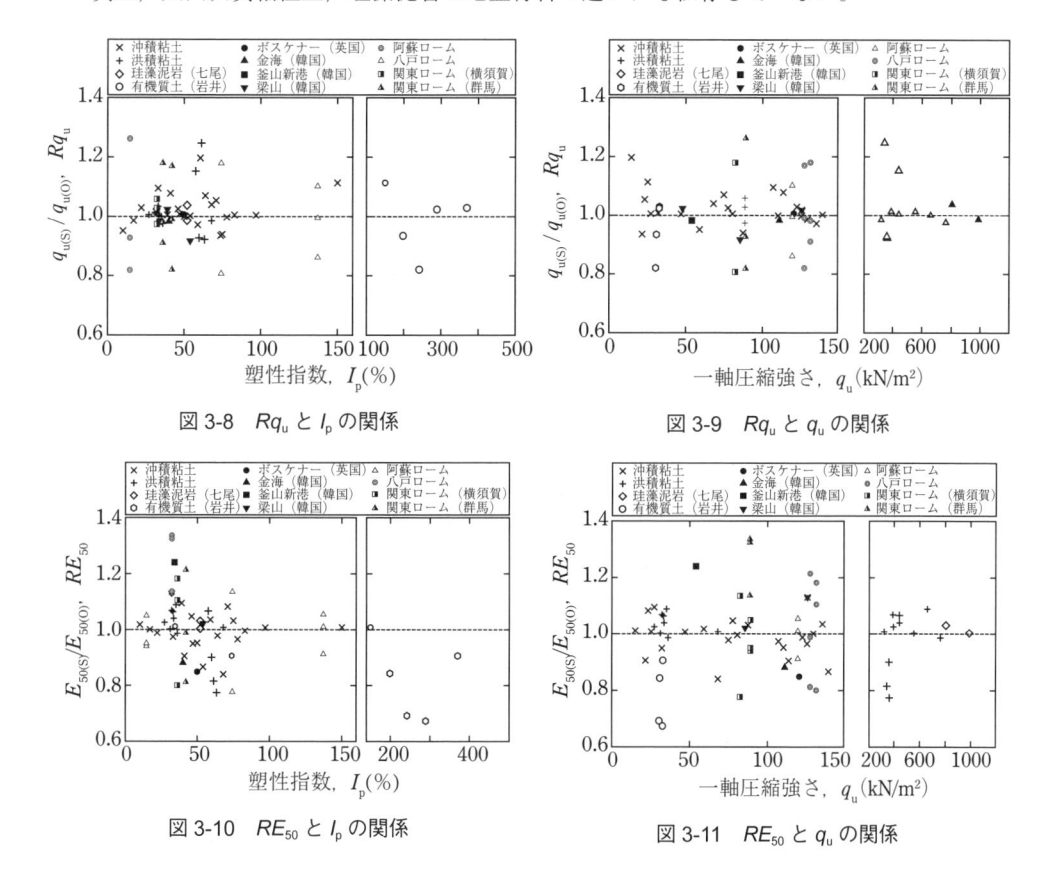

図 3-8　Rq_u と I_p の関係

図 3-9　Rq_u と q_u の関係

図 3-10　RE_{50} と I_p の関係

図 3-11　RE_{50} と q_u の関係

図3-10と図3-11に示すRE_{50}に関しては，沖積粘土・洪積粘土・珪藻泥岩の値は0.77～1.58の範囲で平均値が0.99であり，Rq_uと同様にI_pやq_u，試料採取地や沖積・洪積・珪藻泥岩の地盤材料の違いにも依存していないと判断される．しかし，岩井の高有機質土を見ると，Rq_uは1.03～0.80の範囲内で平均値が0.96と他の試料と同等であるが，RE_{50}は0.91～0.67の範囲で平均値0.76であり，S供試体のE_{50}はO供試体のそれより小さい傾向にある．これは得られるE_{50}の絶対値が小さいため，測定値を比にすると，差が一層大きく強調されることに起因している．図3-4(f)を見るとσとεの関係はほぼ一致している．また，この試料は繊維質を多く含んでおり，せん断時には両供試体において若干の排水が観察された．図3-3(f)に示したように両供試体のS_0が小さく，各供試体の成形に伴う試料の乱れの差は判定できないが，拘束圧のないUCT下の排水距離の短いS供試体は，O供試体より圧縮に伴う排水の割合が大きいことに起因して変形量がO供試体より大きくなったとも推察できる．しかし，試験前後の含水比変化は，供試体寸法に関係なく2～5%であった．したがって，OとS供試体のq_uとE_{50}のわずかな差の原因は，土性のばらつきとも解釈できる．

一般に，w_nの大きい高有機質土へのUCTの適用は非排水条件を満たさないため難しいと言われている．このため，圧縮時の排水が大きい高有機質土に対するUCTやS供試体の適用は，今後データの蓄積を踏まえて慎重に検討する必要がある．しかし，5.2節で示すようにUCTとK_0CUCの有効応力挙動が統一的に解釈できることから，S供試体を用いたUCTは適正に行われたと判断している．

沖積・洪積・珪藻泥岩に対しては，OとS供試体は試料の採取地，地盤材料の違いに依存しないことがわかった．この事実を踏まえ，図3-12と図3-13に沖積粘土と洪積粘土に対するRq_uとRE_{50}のヒストグラムと正規分布曲線を示す．統計的にRq_uのばらつきを評価すると，沖積粘土と洪積粘土の標準偏差はそれぞれ0.10，0.09である．9.1節に不撹乱の沖積粘土やその再構成粘土のO供試体のq_uの変動係数が8～17%程度であることが示される．したがって，平均値からの10%程度の変動は，土性のばらつきを反映したものと判断される．同様にRE_{50}の標準偏差はそれぞれ0.16，0.10であり，Rq_uよりややばらつきが大きいが，これも土性のばらつきを反映したものと判断される．

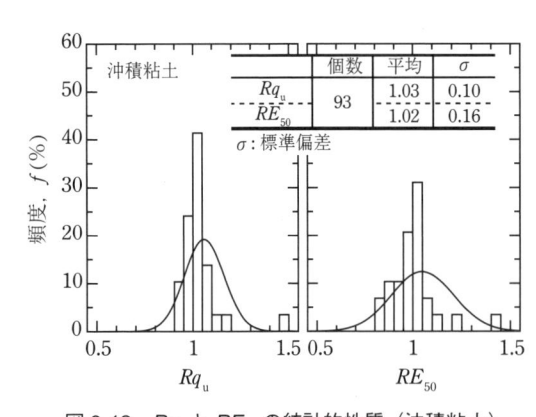

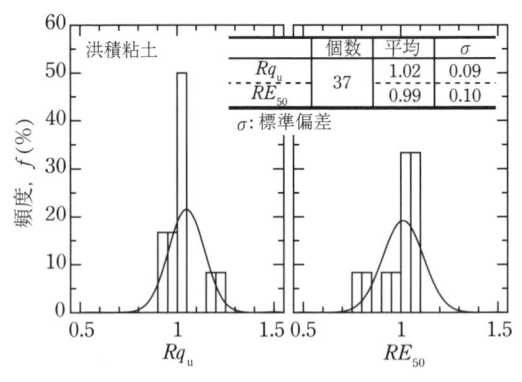

図3-12 Rq_uとRE_{50}の統計的性質（沖積粘土） 図3-13 Rq_uとRE_{50}の統計的性質（洪積粘土）

すなわち，I_p=(10～370)，q_u=(15～1070)kN/m^{2}の乱さない自然堆積粘土，有機質土，火山灰質粘性土，珪藻質泥岩に対してS供試体のq_uやE_{50}はO供試体のそれらと同等であり，有意差がないと判断される．

以上の結果は，3.2節以降の検討にS供試体を用いた検討が有効であることを示している。

3.1.7 S供試体の強度特性に及ぼす供試体高さの影響

S供試体は，q_u，I_p，OCR，試料採取地等の幅広い土質条件下でO供試体と同等の強度・変形特性を持つことが前項で示された。本項では，S供試体の強度・変形特性に供試体高さhが及ぼす影響を検討する。この検討は，採取試料の有効利用や土の物性研究の観点から特に有益である。

横浜粘土に対し，d75mm，h50mmの試料片から円の直径と正方形の一辺ともに，15mmの供試体を図3-14[13]に示すように作製した。そして，d15mmのS供試体のh/dを0.55から3.0の範囲で変化させて強度・変形特性を検討した。図3-15に，そのσとεの関係を示す。図3-15において，h/d=(2.18〜3.0)の範囲を持つ供試体のσとε曲線の初期勾配に差はない。他のh/dの範囲の供試体において，初期勾配は，h/dの減少によって小さくなるが，これらのq_uはh/dに依存していない。

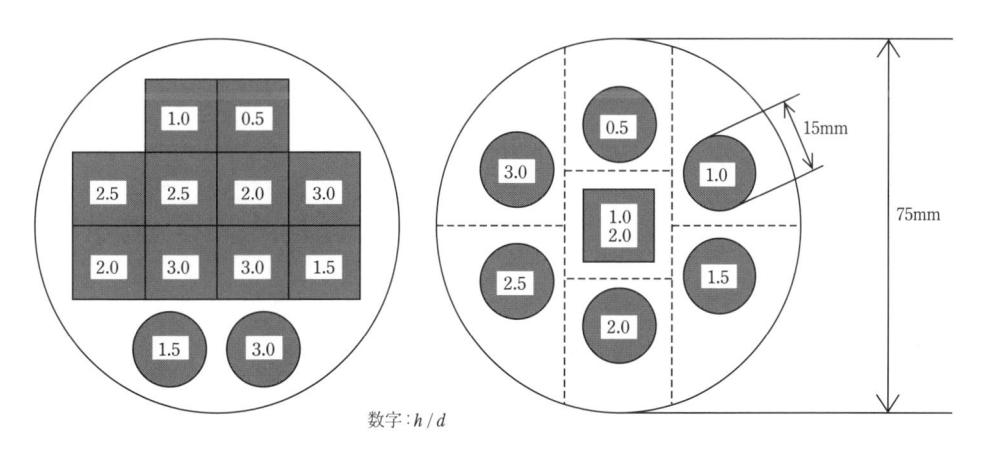

(a) 正方形断面を主体とした場合　　(b) 円形断面を主体とした場合

図3-14　供試体位置平面図

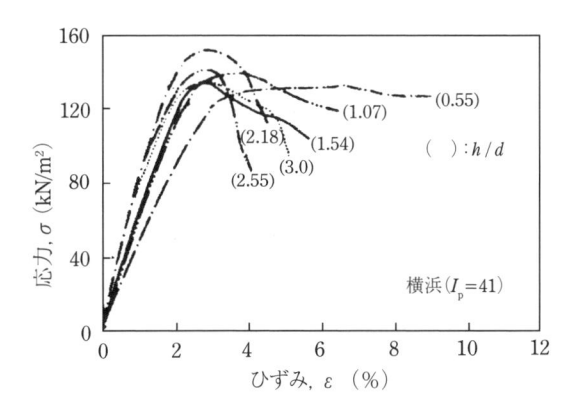

図3-15　応力とひずみの関係（寸法の影響，円形断面）

図 3-16 に q_u と h/d の関係を示す。同 (a) 図は、沖積と洪積粘土として、横浜と名古屋粘土の結果に加え、O 供試体を用いた三笠による沖積粘土に対する結果[14]を併せてプロットしている。また、同 (b) 図には同様に珪藻泥岩、チョークの結果を示す。各試料の q_u は、h/d に依存していない。表 3-1 に示す地盤材料と本節で用いた供試体寸法の範囲では、岩石[3]やひび割れ粘土[4]でよく知られる強度に関する供試体の寸法効果はない。一方、乱れのある沖積粘土[15]や再構成土[16]に対する実験、また、形抜き器を用いて供試体を作製した場合[5]には、h/d の低下によって q_u、E_{50} が大きくなることがある。

図 3-17 と図 3-18 は、それぞれ沖積（横浜）・洪積（名古屋）粘土とチョーク・珪藻泥岩の E_{50} と h/d の関係である。E_{50} 値は h/d が概ね 1.5 より小さい領域で、h/d とともに小さくなるが、E_{50} 値が小さくなる時の h/d は、I_p や q_u によって異なっている。これは、供試体端面とペデスタル、載荷キャップ間の摩擦が E_{50} に及ぼす影響が I_p や q_u によって異なるためであると考えられる。h/d は強度より変形特性に対して大きく影響することは、特に注意すべきである。したがって、変形解析に用いる場合の供試体寸法は、$h/d \geqq 2$ の値を採用することが必要である。

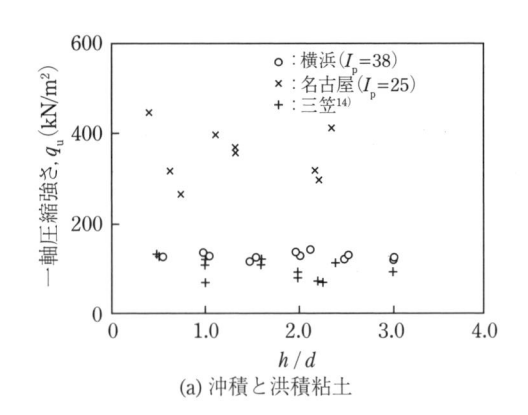

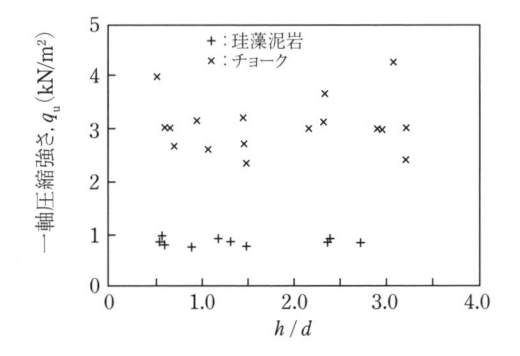

(a) 沖積と洪積粘土

(b) 珪藻泥岩とチョーク

図 3-16 q_u と h/d の関係

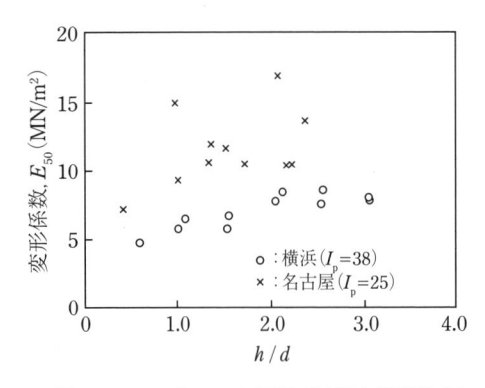

図 3-17 E_{50} と h/d の関係（沖積と洪積粘土）

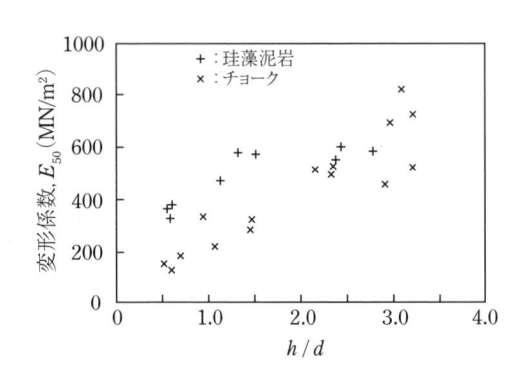

図 3-18 E_{50} と h/d の関係（珪藻泥岩とチョーク）

3.1.8 S供試体の強度特性に及ぼす拘束圧の影響

図 3-19 の (a) と (b) は，それぞれ横浜粘土の一軸および三軸圧縮試験（UU 条件）の σ-ε 曲線である。供試体寸法が σ-ε 関係に及ぼす拘束圧の影響を検討するため，h/d の異なる 5 種類の試験結果を示している。h/d の低下によって曲線の立ち上がり勾配の減少や破壊時の軸ひずみ ε_f が大きくなる傾向は，一軸および三軸試験ともに同じである。また，非排水せん断強度 c_u に関して特徴的な傾向はなく同等の値を与えている。

図 3-20 は，東京，横浜，碧南粘土について，三軸試験の c_u を h/d に対してプロットしている。h/d ≒ (0.5 ～ 3.0) の範囲で，各試料の c_u はほぼ一定値である。図 3-21 に，図 3-20 と同じ供試体に対する E_{50} と h/d の関係を示す。碧南粘土と横浜粘土の一軸および三軸圧縮試験の E_{50} は，h/d の低下とともに小さくなる。しかし，東京粘土の E_{50} は h/d に関係なくほぼ一定である。

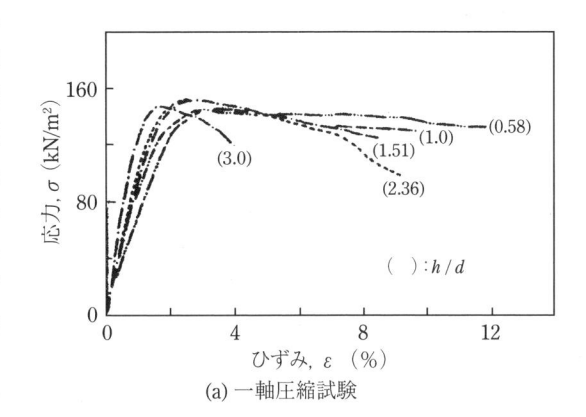

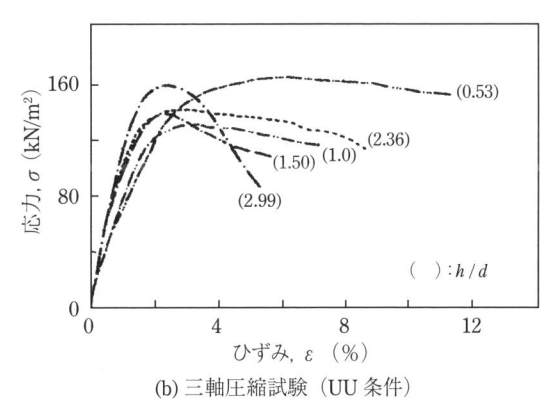

図 3-19 応力とひずみの関係（寸法の影響，円形断面）

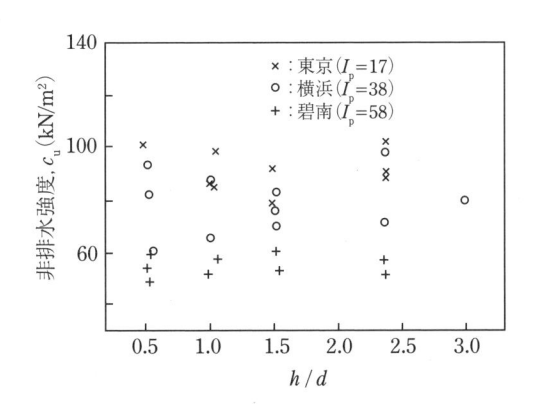

図 3-20 c_u と h/d の関係（三軸 UU 条件）

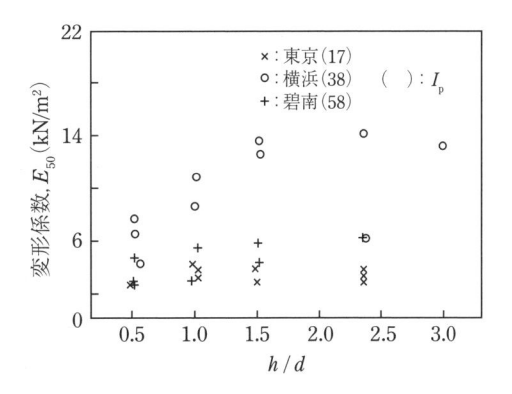

図 3-21 E_{50} と h/d の関係（三軸 UU 条件）

図 3-22 と図 3-23 は，沖積粘土である東京・横浜・碧南粘土の，それぞれ三軸に対する一軸圧縮試験の $\bar{c}_u$ 比，$\bar{E}_{50}$ 比を h/d に対してプロットしたものであり，洪積（名古屋）粘土の結果も併せて示している。$\bar{c}_u$ 比，$\bar{E}_{50}$ 比を h/d との関係で概略的に見ると，$h/d \leqq 1$ の領域では両試験法の $\bar{c}_u$ と $\bar{E}_{50}$ 値は，ともに一軸圧縮試験による値が三軸圧縮試験によるそれよりも大きい。そして，この傾向は本書で用いた試料の範囲では I_p に依存しない。本書で扱う一連の

実験では，一軸および三軸圧縮試験のペデスタルと載荷キャップは平滑な面を持つアクリル材で構成されている。そして，供試体端面にはテフロンシートを置き，端面拘束の影響を極力除去している。供試体の寸法と拘束圧が c_u と E_{50} に及ぼす効果は，試料が受けた微妙な乱れも影響していると推察される。この点に関しては，データの蓄積を待ち定量的な検討が必要である。

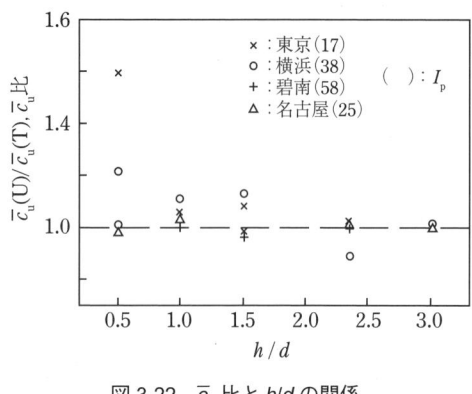

図 3-22　$\bar{c}_u$ 比と h/d の関係

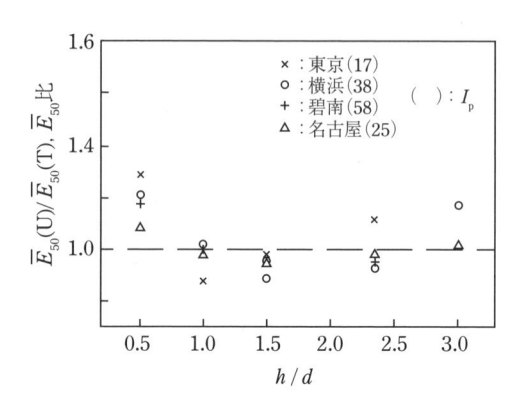

図 3-23　$\bar{E}_{50}$ 比と h/d の関係

3.1.9　非排水強度特性に及ぼす供試体形状の影響

$\sigma - \varepsilon$ 曲線に及ぼす供試体の形状効果を検討するため，h/d が 1 と 3 に対する円形と正方形断面の供試体に対する結果を図 3-24 に示す。正方形断面の供試体の場合，$\sigma - \varepsilon$ の初期勾配は，円形断面の供試体のそれより小さくなり，ε_f は大きくなる。しかしながら，q_u が h/d に依存しないことは，図 3-16 に示した円形断面の供試体の場合と同じである。

円筒供試体による q_u の平均値に対する正方形供試体のそれの比が，

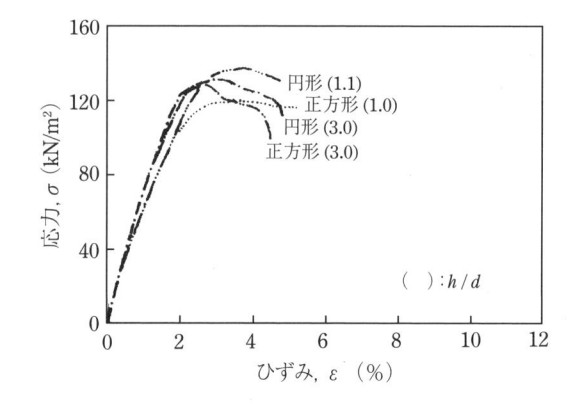

図 3-24　応力とひずみの関係（形状の影響）

図 3-25 に円筒供試体の h/d に対してプロットされる。$\bar{q}_u$ 比は 0.9～1.12 の範囲内であり，h/d の値に対して近似的に 1.0 を持つことがわかる。これは，工学的観点から h/d の広い範囲に対して円筒供試体のせん断強度と正方形供試体のそれに差がないことを示している。円筒供試体に対する正方形供試体の $\bar{E}_{50}$ の平均値の比が h/d に対して図 3-26 にプロットされる。正方形供試体に対する $\bar{E}_{50}$ は，円筒供試体によるものよりわずかに小さい。これは供試体の端面拘束に起因したものと推察される。

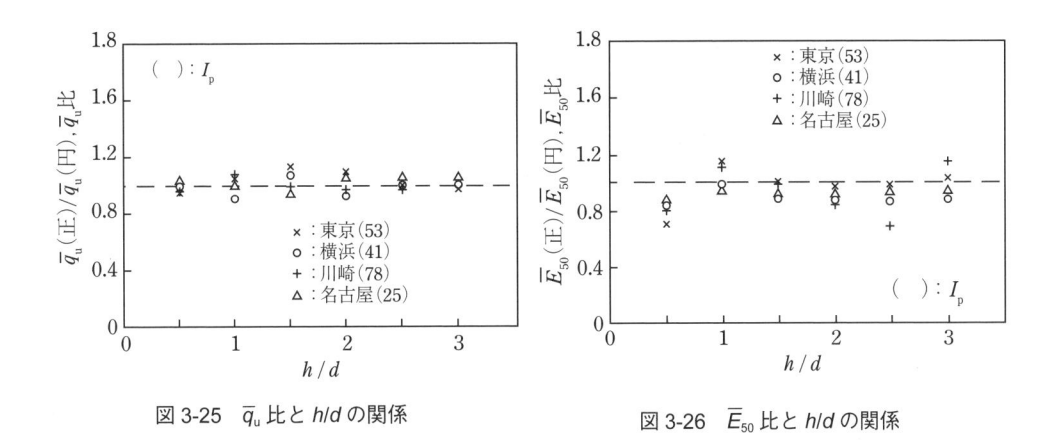

図 3-25　$\bar{q}_u$ 比と h/d の関係　　　　図 3-26　$\bar{E}_{50}$ 比と h/d の関係

3.1.10　携帯型一軸圧縮試験機の適用事例

前項までの成果を用いて地盤工学や実務への携帯型一軸圧縮試験装置[17]の適用として，本項では乱さない自然堆積土に対する数多くの実験から 4 つの事例が示される。

(1) 現地実験としての一軸圧縮試験

縦横 15mm，h30mm 程度（多くの場合，一辺 15mm）の正方形断面の供試体が d35mm，h80mm の標準寸法の供試体と同じ $\sigma - \varepsilon$ 曲線を与えることは，携帯型一軸圧縮試験装置[2),17)]を用いた現地実験を可能とする。正方形供試体が試験に用いられると，ガイドプレートとワイヤーソーのみで供試体を作ることができる。さらに一軸圧縮試験がサンプリング後現地で直ちに行われると，運搬から試験室の貯蔵の過程を通した試料の乱れが除去できる。供試体のサクションを測定[18]すると，5.2 節で述べる方法[19]で原位置の非排水強度も推定できる。

d15mm 程度であれば，その径に応じたトリマーとマイターボックスを準備することで，標準寸法と同じトリミング法で供試体が成形できる。また，S 供試体は，9.1 節で述べるように 75-mm と 45-mm サンプラーで採取した d75mm，h50mm と d45mm，h50mm の試料片から，それぞれ 10 個と 4 個の供試体が作製できる。すなわち，これらの試料片から一軸と三軸圧縮試験が同時に行える。また，これらの成果は，第 7 章で述べる d45mm の乱さない試料が採取できる小径倍圧型水圧サンプラーの開発に結びつく。このサンプラーは，標準貫入試験用の 66mm の孔径で乱さない試料が採取できるばかりか，割栗石や砂礫層下の粘土や硬質土の乱さない試料採取[20]が可能である。この試験法は，室内での実施を含め特に次のような設計問題に有効である。

① 設計対象が短期安定問題を主とする場合。
② 試験室への試料の搬入が困難な遠地や洋上での調査。
③ 地盤状態を含む設計条件の変更を考慮して，常に設計の最適化を目指す動学的信頼性設計。
④ 物性値の変動が大きい改良地盤のように多くの試験が必要な場合。
⑤ 採取試料が少ない場合。
⑥ 自然地盤の非排水強度異方性を測定する場合（第 10 章参照）。

(2) 確率論的な設計法への適用

S 供試体は，採取試料に対する多くの試験から，地盤データを統計的に評価できる。限

られた採取試料から珪藻泥岩地盤の非排水強度特性の統計的性質を明らかにし[21]，杭基礎の限界状態設計への適用も可能である[22]。

(3) 非排水強度異方性の測定と異方性を考慮した斜面安定解析法

S供試体は，通常のサンプラーで採取した$d75mm$の試料に対し，堆積面からの供試体の切り出し角度を変えた一軸圧縮試験から非排水強度異方性の測定が可能である。これまでに11の異なる堆積地の沖積・洪積粘土の非排水強度異法性の統計的性質を検討しているが，この内容は10.1節で述べられる。また，強度異方性の統計的性質を考慮した斜面安定解析法[23]に関しては，14.3節で示される。地質学的な地盤応力を受けた土は，この応力に起因して3次元的な応力・変形異方性を持つ。このような応力履歴を持つ異方性土の強度・変形もこの試験によって明らかにできる[24]。すなわち，この試験は，地盤工学と地質学の両者に有効である。

従来，土質力学の理論構築やその実証研究のための実験は，練返した再構成土に対して行われてきた。Cam clay modelは，その最たるものである。標準寸法の供試体を用いる場合，自然地盤から堆積環境，応力条件，塑性や強度が同等な均質な試料を数多く準備できないのが大きな理由であった。S供試体は，乱さない自然堆積土の物性研究やそのような土に対する構成関係の構築にも寄与できると考えている。

(4) 土質力学の実証的研究への寄与

S供試体を用いた一軸圧縮試験，三軸圧縮試験，セラミックディスクを用いて間隙水圧の測定を伴う一軸圧縮試験[18]，標準圧密試験から土質力学的，材料・物性工学的に示唆に富む重要な結論を提示している。これらは以下のように要約できる。

① 通常のチューブサンプラーで採取した長さ80cmの試料から，約160個のS供試体を作成して一軸圧縮試験を行った。サンプラーの刃先から（30～60）cmの領域のq_uの変動係数Vq_uは，約0.1と小さく，練返し再構成土のそれと同等以下である[25]。S供試体は，土の実証的研究のために，再構成土と同様に同じ物性を持つ自然堆積土の供試体が多量に準備できる（9.1節参照）。

② セラミックディスクを用いて間隙水圧の測定を伴う一軸圧縮試験[18]から，地中応力の解除のみを受けた完全試料の非排水強度が推定できる（5.2節参照）。

③ 標準圧密試験の有効土被り圧σ'_{vo}下の体積ひずみε_{vo}と過圧密比OCRから，乱さない試料の圧密パラメータを知る方法を示した[26]。乱さない試料に対する非排水強度・圧密パラメータの統計量を予測する方法[27]とこの方法を組み合わせて用いると，ε_{vo}とOCRから，強度・圧密パラメータの統計量に対する試料の乱れを補正する実務的方法として用いることができる。これらは5.3節で示される。

3.2 圧密特性に及ぼす供試体寸法の影響

3.2.1 概 説

自然堆積土の地盤工学的性質を室内試験によって詳細に検討するためには，同じ堆積環境・指標的・力学的条件下の供試体を数多く準備することが必要である。しかし，従来の供試体寸法では採取試料の制約から試験の数量や検討項目も限られることになる。また，近年の土木構造物の大規模化や大深度地下利用の観点から洪積地盤の力学的性質の解明が注目されているが，試料採取の困難な洪積粘土に対しては，特に採取試料を有効に活用す

る必要がある。第7章で述べる小径倍圧型サンプラーは，有機質土，軟弱粘性土，硬質粘土，火山灰質粘性土，新潟砂に対しても従来の国内外のサンプラーと同等以上の品質の試料が採取できる。しかし，d45mmであるのでd60mmの供試体を用いた圧密試験を行うことはできない。

段階載荷型圧密試験（ILと表記）とDSTのために，我が国で通常用いられている供試体寸法は，d60mm，h20mm（d60供試体と表記）である。乱れの少ない試料を得るため，地盤工学会基準JGS1221-1995に規定された長さ1m，内径75mm（75-mmと表記）のサンプラーが用いられている。我が国でILやDSTにd60供試体が用いられてきた理由は，75-mmで得たd75mm，h30mmの試料片から，d60供試体が1個作製できるからである。しかし，室内試験に要求される試料の量は潜在クラック，不均質性や試験の数量等の制約を受ける。加えて，洪積粘土のような硬質土の乱れの少ない試料の採取は一般に困難であり，荷重レベルの大きな圧密試験の荷重が不足することもある。したがって，小型の供試体は試料の有効利用や大きな圧密荷重に対して有利となる。

供試体寸法が小さくなると，限られた採取試料から種類や試験条件の異なる数多くの試験を行うことができるため，自然堆積土の強度・圧密特性が詳細に検討できる。加えて，45mm径の小径倍圧型サンプラーで採取した試料に対しても強度・圧密試験を適正に行うことができる。

以上の背景を踏まえて，本節では，自然堆積土とその練返し土のILに及ぼす供試体寸法の影響を，d60供試体とd30供試体を用いて検討する。

3.2.2 既往の研究

粘性土の圧密特性に及ぼす供試体寸法の影響に関する研究は，主として再構成土や混合土に対して行われてきた。網干[28]は広島粘土の再構成土に対し，供試体のhに対するdの比が3のd=60mm，144mm，600mm，1200mm，3000mmの5種類の寸法の供試体に対する圧密試験結果から，供試体寸法が大きくなると圧密係数c_vが幾分大きくなるとしている。大島ら[29]は，大阪粘土に市販のカオリン粘土を加えた混合粘土に対してd=30mm，60mm，90mm，120mm，150mmでd/h=3の供試体寸法のILを行っている。そして，24時間載荷の場合，これらの供試体の間隙比eと圧密圧力σ'_vの対数の関係に差はないが，層厚が大きくなるとc_vは小さくなるとしている。畠山・持田[30]は，大阪湾上部洪積層（Ma10）から採取した不撹乱土に対してd60mmでhを10mm，20mm，40mm，80mmに変えた供試体に対する定ひずみ速度圧密試験（CRと表記）と三軸試験機によるK_0圧密試験を行っている。彼らは，CRの結果に対してh10mmと20mmの供試体の圧密降伏応力σ'_pと圧縮指数C_cに有意差がないことを述べている。今井ら[31),32)]は，再構成粘土を用いた分割型圧密試験の結果から，載荷前の二次圧密の状況すなわち初期ひずみ速度により沈下ひずみと時間の関係が二次圧密過程で1本のユニークな曲線で表せるか否かが決まるとしている。これらの研究は，対象とする土が限られておりその状態も，不撹乱土，再構成土，混合土と異なっている。また，網干[28]と大島ら[29]のようにc_vに及ぼす供試体寸法の影響に関する結果が異なっており，圧密特性に及ぼす供試体寸法の影響に関する統一的な解釈や幅広い塑性や強度を有する自然堆積土に対する体系的な検討は行われていない。

本節では，自然堆積土とその練返し土の圧密特性に及ぼす供試体寸法の影響を一次圧密領域の圧密パラメータと二次圧密領域の圧密特性や沈下ひずみと時間関係等から総合的に検討する。

3.2.3 供試土と実験方法

供試土は，我が国の八戸，八郎潟，河北潟，群馬，浦安市，横浜港，横須賀，磯子，名古屋市，大阪湾，神戸市，西郷，境港，岩国市，徳山市，有明湾，熊本市，阿蘇に加え，英国 Bothkennar と韓国 Kimhae 平野から採取した乱れの少ない沖・洪積粘性土（これらを，不撹乱土と表記）とその練返し土である。八戸，群馬，横須賀，阿蘇は火山灰質粘性土であり，図3-1 に示す位置からブロックサンプリングされた[8]が，他は JGS1221-1995 に規定された 75-mm サンプラーで採取された。

練返し土は，不撹乱土の供試体の削り屑を含水比の変化がないようにビニール袋に入れ，十分に練り返した。供試土の自然含水比 w_n，塑性指数 I_p，有効土被り圧 σ'_{vo}，一軸圧縮強さ q_u，σ'_p を表3-2 に示す。これらの試料は $w_n = 36 \sim 321\%$，$I_p = 15 \sim 150$，$q_u = 25 \sim 670 \mathrm{kN/m^2}$ の範囲である。

表3-2 供試土の w_n, I_p, σ'_{vo}, q_u, σ'_p

No.	供試土		w_n (%)	I_p	σ'_{vo} (kN/m²)	q_u (kN/m²)	σ'_p (kN/m²)	σ'_p/σ'_{vo}
1	有明		118	46	46	32	52	1.13
2	八郎潟		192	150	36	25	46	1.30
3	磯子		52	31	120	106	238	1.98
4	岩国1		84	59	130	538	170	1.31
5	岩国2		84	59	130	538	170	1.31
6	岩国3		80	59	130	538	315	2.42
7	岩国4		80	59	130	538	315	2.42
8	河北潟		112	88	174	135	154	0.89
9	熊本1		91	32	87	80	98	1.13
10	熊本2		91	32	87	80	98	1.13
11	熊本3		91	32	87	80	98	1.13
12	熊本4		98	57	143	99	145	1.01
13	熊本5		98	57	143	99	145	1.01
14	名古屋1		56	38	355	592	790	2.23
15	名古屋2		56	38	355	592	790	2.23
16	名古屋3		56	38	355	592	790	2.23
17	名古屋4		37	22	432	670	950	2.20
18	名古屋5		37	22	432	670	950	2.20
19	大阪1		36	33	730	442	845	1.16
20	大阪2		36	33	730	442	845	1.16
21	神戸1		91	81	57	72	98	1.72
22	神戸2		92	81	57	72	95	1.67
23	神戸3		91	81	57	72	95	1.67
24	神戸4		91	81	57	72	95	1.67
25	西郷1		68	42	15	29	34	2.27
26	西郷2		60	23	43	41	22	0.51
27	西郷3		59	24	86	67	126	1.47
28	境		53	35	81	100	196	2.42
29	徳山		87	26	51	42	56	1.10
30	浦安1		73	27	104	150	280	2.69
31	浦安2		72	27	104	150	270	2.60
32	横浜1		48	30	156	86	150	0.96
33	横浜2		74	62	230	183	264	1.15
34	八戸		85	32	3	87~95	152	56.30
35	横須賀		95~110	36	9	132	193	184.0
36	群馬		109~134	42	112	128	213	1.9
37	阿蘇	黒ボク	293~321	137	5	103~132	151	146
38		赤ボク	158~165	74	5	66~97	636	127.2
39		灰土	54~58	15	5	73~112	661	132.0
40	Bothkennar 1（英国）		58	50	102	121	200	1.96
41	Bothkennar 2（英国）		58	50	102	121	200	1.96
42	Kimhae 1（韓国）		39	26	95	91	143	1.51
43	Kimhae 2（韓国）		39	26	95	91	143	1.51
44	Kimhae 3（韓国）		55	34	151	107	167	1.11

45	Kimhae 4（韓国）	55	34	151	107	167	1.11
46	Kimhae 5（韓国）	66	40	154	93	128	0.83
47	Kimhae 6（韓国）	66	40	154	93	128	0.83
48	Busan new port 1（韓国）	60	29	4	42	30	8.11
49	Busan new port 2（韓国）	48	29	4	42	50	13.51
50	Busan new port 3（韓国）	61	35	28	33	38	1.37
51	Busan new port 4（韓国）	60	39	41	58	56	1.37
52	Busan new port 5（韓国）	59	39	41	58	63	1.54
53	Busan new port 6（韓国）	69	45	78	74	60	0.77
54	Busan new port 7（韓国）	68	45	78	74	89	1.14
55	Busan new port 8（韓国）	67	48	108	97	105	0.97
56	Busan new port 9（韓国）	66	47	115	94	125	1.09
57	Busan new port 10（韓国）	67	45	127	91	125	0.98
58	Busan new port 11（韓国）	67	45	127	91	160	1.26
59	Busan new port 12（韓国）	66	45	127	91	155	1.22
60	Busan new port 13（韓国）	76	49	148	96	150	1.01
61	Busan new port 14（韓国）	75	49	148	96	152	1.02
62	Busan new port 15（韓国）	54	30	148	64	120	0.81
63	Busan new port 16（韓国）	38	23	205	117	280	1.36

　圧密供試体は，$d30$ 供試体と $d60$ 供試体の2種類を用いた．図 3-27 は，75-mm サンプラーから得た $d75$mm, $h50$mm の試料片から作製する供試体位置を示している．堆積環境や応力状態の差が圧密特性に及ぼす影響を小さくするため，火山灰質粘性土を除く粘性土の $d30$ と $d60$ 供試体は，図 3-27 に示す試料片から作製する．$d75$mm, $h45$mm の試料片から得た $d15$mm, $h35$mm の 10 個の S 供試体の強度・変形特性が工学的に同等であることは 9.1 節で示される．このことは，図 3-27 に示す供試体位置は，チューブ貫入とチューブからの試料の押出

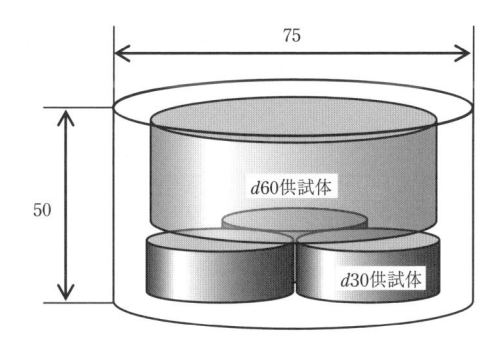

（単位：mm）

図 3-27　供試体位置

し中のチューブと試料の間の摩擦に起因する試料の乱れを受けないことを意味する．これは，7.1 節で述べる走査型電子顕微鏡を用いた微視構造の検討からも確認される．

　供試体の小型化として，$d60$ に対して $d30$ 供試体の寸法を選定した理由は以下の3点である．① 75-mm サンプラーから得た試料から $d30$ 供試体は 1 断面で 3 個作製できる．② $d30$ 供試体の断面積は $d60$ 供試体のそれの 25％であり，$(40 \sim 1280)$kN/m^2 の圧密荷重が共有できる．③両供試体は $d/h = 3$ の相似であり，供試体と圧密リングの間の摩擦が圧密特性に及ぼす効果は同等である．

　サンプリングチューブ壁面と試料の間に発生する摩擦に起因する試料の乱れは，チューブ壁面から 2mm 程度までであることが 7.1 節や 9.1 節で示される．両供試体は，75-mm サンプラーで採取した試料の壁面摩擦の影響による乱れのない領域から作製できる．

　JIS A1217 に従う荷重増分比 1 の IL を行った．σ'_p, c_v, 体積圧縮係数 m_v, 透水係数 k の計算もこれに従った．

3.2.4　$d30$ と $d60$ 供試体の同質性の検討

　火山灰質粘性土を除く $d30$ と $d60$ 供試体の w_n, 初期間隙比 e_0, 体積ひずみ ε_{vo} の比較を，それぞれ図 3-28，図 3-29，図 3-30 に示す．これらの図のプロットの記号は，図が煩雑に

なるのを避けるため日本，Bothkennar，Kimhae，Busan new port の 4 つに区分している。火山灰質粘性土の両供試体のこれらの値も同等であることを確認している[8]。ε_{vo}[26]は式(3.1)によった。

$$\varepsilon_{vo} = \frac{e_0 - e_1}{1 + e_0} \times 100 \, (\%) \tag{3.1}$$

ここに，e_1 は e と $\log \sigma'_v$ の関係から読み取った σ'_{vo} 下の間隙比であり，ε_{vo} は，5.1 節で述べるように試料の乱れを示す指標として用いることができる[26]。両供試体の w_n で最大の差を持つ供試体は，熊本 4 であり，d30 が d60 供試体より 5% 程度大きい。しかし，他は供試体寸法に関係なくほぼ同等である。図 3-29 に示す e_0 は，図 3-28 で検討した w_n の差を反映して，熊本 4 で d30 供試体が 0.1 程度大きいが，他の試料は供試体寸法に依存していない。したがって，試験に用いた供試土の指標的性質は供試体寸法による有意差はなく，ε_{vo} も有意差がないことから，比較した d30 と d60 供試体は，乱れの程度も同等であると判断できる。また，両供試体寸法に対する堆積環境と初期の応力条件は，両寸法のすべての供試体が d75mm と h45mm の試料片から作製し，火山灰質粘性土に対してはブロックサンプリングした隣り合う位置から得ているので，同等と判断される。

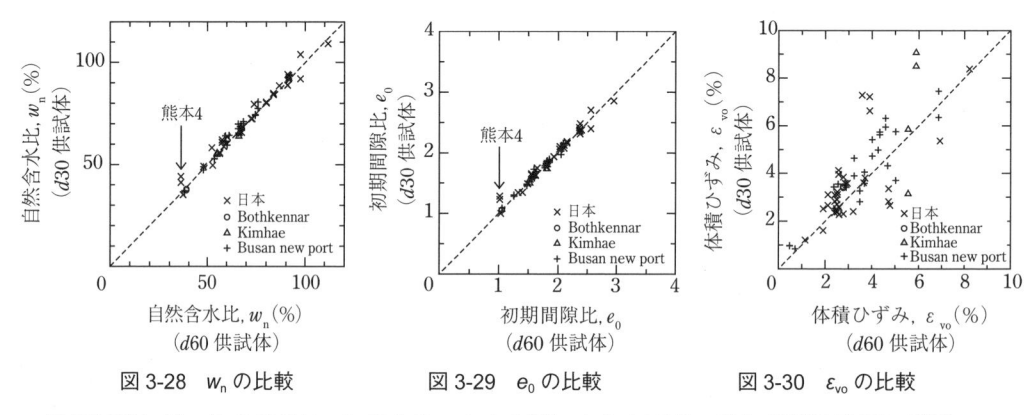

図 3-28　w_n の比較　　　図 3-29　e_0 の比較　　　図 3-30　ε_{vo} の比較

圧密試験に用いる供試体は，h が小さいため成形による上下面の乱れが試験結果に影響することを避けるため，太さ 0.2mm のピアノ線のワイヤソーを用いて供試体を成形した。本節で用いた供試体は，前述のように堆積環境や初期の応力条件が同等と判断される。また指標的性質と乱れの程度も同等であるので，試験結果は供試体寸法の影響のみを検討できると考えている。

3.2.5　一次圧密領域の圧密挙動に及ぼす供試体寸法の影響
(1) 沈下曲線と圧密パラメータの関係

図 3-31 は，一例として河北潟の e と σ'_v の対数の関係を，d30 と d60 供試体についてまとめている。各供試体の凡例は図中に示した。不撹乱土と練返し土の載荷・除荷過程は，供試体寸法に関係なく同じ挙動を示している。図 3-31 で用いた供試体の w_n，σ'_p，C_c，膨張指数 C_s 等を表 3-3 にまとめた。w_n の差を反映してこれらの圧密試験結果の値はわずかに異なるが，工学的な差は少ないと判断される。

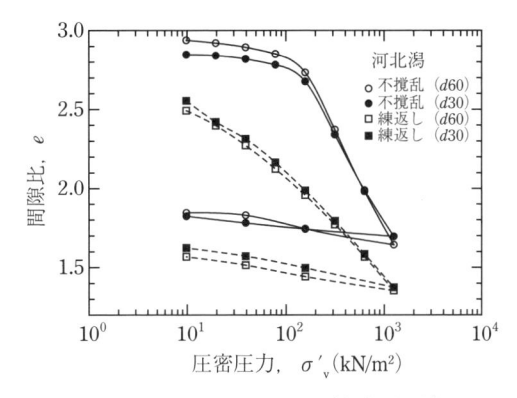

図 3-31 e と σ'_v の関係（河北潟）

表 3-3 圧密試験結果（図 3-31 の供試体）

試料	供試体	w_n(%)	e_0	ε_{vo}(%)	σ'_p(kN/m²)	C_c	C_s
不撹乱	d 30	109	2.86	5.37	157	1.22	0.05
	d 60	112	2.95	6.92	154	1.28	0.12
練返し	d 30	105	2.73	20.5	29	0.71	0.13
	d 60	106	2.74	21.6	30	0.7	0.09

図 3-32 は，図 3-31 と同様に黒ボクの不撹乱土と練返し土の e と σ'_v の対数の関係を，d30 と d60 供試体について示している．d60 供試体の最大荷重は圧密試験機の機構上 1280 kN/m² であるので，d60 供試体の 2560 kN/m² のプロットはない．また，黒ボクの不撹乱土は不飽和土であったことから，練返し土においては，飽和度が 100％になる量の蒸留水を添加している．不撹乱土と練返し土の載荷・除荷過程は，供試体寸法に関係なく同じ挙動である．

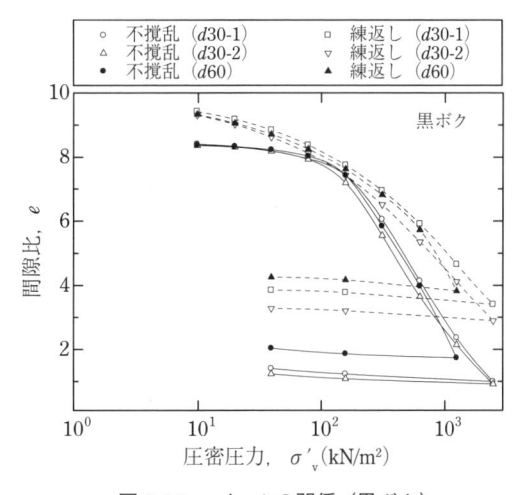

表 3-4 に，図 3-32 に示した e と σ'_v の関係から得た σ'_p, C_c, C_s とこれらの供

図 3-32 e と σ'_v の関係（黒ボク）

試体の w_n と e_0 をまとめた．不撹乱と練返し土に関係なく両供試体の σ'_p, C_c, C_s は同等と判断される．

表 3-4 圧密試験結果（図 3-32 の供試体）

供試土		供試体	w_n(%)	e_0	σ'_p(kN/m²)	C_c	C_s
阿蘇（黒ボク）	不撹乱	d 30-1	314	8.58	182	6.40	0.21
		d 30-2	304	8.42	148	6.94	0.19
		d 60	307	8.44	151	5.75	0.20
	練返し	d 30-1	349	9.83	139	4.07	0.07
		d 30-2	353	9.86	96	4.01	0.08
		d 60	350	9.90	111	3.91	0.08

図 3-33, 図 3-34, 図 3-35 は, 河北潟のそれぞれ c_v, m_v, k を平均圧密圧力 $\bar{\sigma}'_v$ に対してプロットしている。両供試体の e - $\log \sigma'_v$ 曲線がよく一致している（図 3-31）ことを反映して, 図 3-34 に示すように, 特に正規圧密（NC）領域の $d30$ と $d60$ 供試体の m_v は同等である。c_v と k は, 供試体寸法によって異なっているように見えるが, これらの値の差は供試体の e_0 や試験誤差, 後述の 90％圧密の時間 t_{90} の読み取り誤差等に起因したものと考えている。

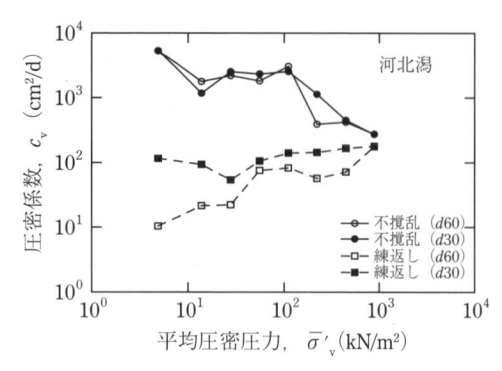

図 3-33 c_v と $\bar{\sigma}'_v$ の関係（河北潟）

図 3-34 m_v と $\bar{\sigma}'_v$ の関係（河北潟）

図 3-35 k と $\bar{\sigma}'_v$ の関係（河北潟）

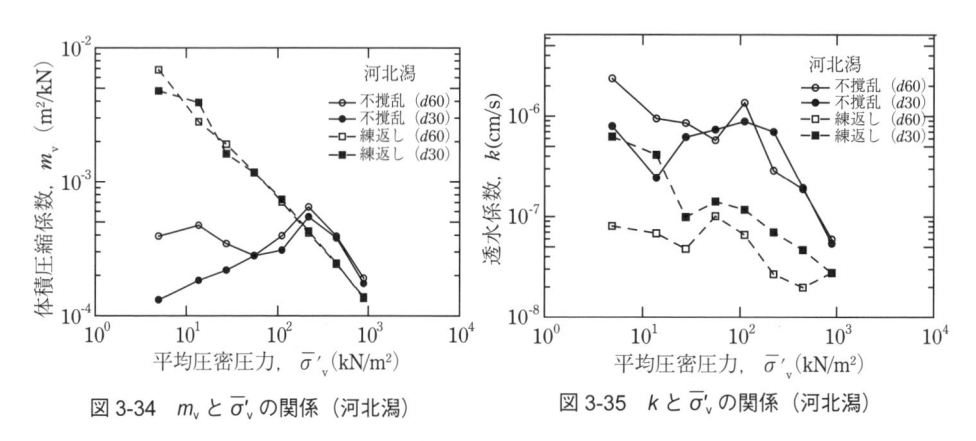

図 3-36, 図 3-37, 図 3-38 は, 黒ボクのそれぞれ m_v, c_v, k を $\bar{\sigma}'_v$ に対してプロットしている。図 3-36 に示す黒ボクの練返し土や不攪乱土においても, $d30$ と $d60$ 供試体の m_v は同等である。

図 3-39, 図 3-40, 図 3-41 は, 表 3-2 に示したすべての不攪乱土に対し, $d60$ 供試体から得た σ'_p, C_c, C_s に対する $d30$ 供試体のそれらの比 $R\sigma'_p$, RC_c, RC_s を I_p に対してプロットしている。$R\sigma'_p$, RC_c, RC_s は, I_p に依存することなくほぼ 1 であり, すべての試料に対する平均値は, それぞれ 0.95, 0.99, 1.07 である。また, これらの比は q_u に対しても依存しないことを確認している[33]。

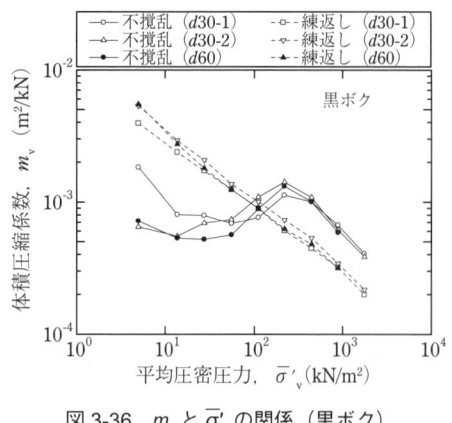

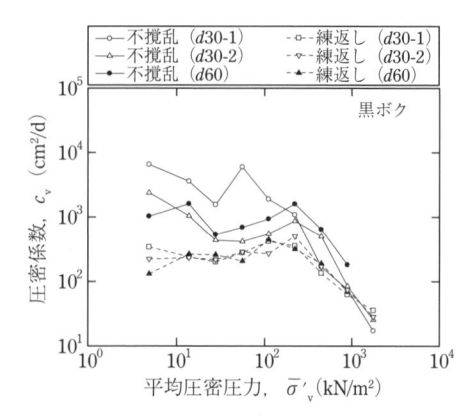

図 3-36 m_v と $\bar{\sigma}'_v$ の関係（黒ボク）

図 3-37 c_v と $\bar{\sigma}'_v$ の関係（黒ボク）

図 3-38　k と $\bar{\sigma}'_v$ の関係（黒ボク）

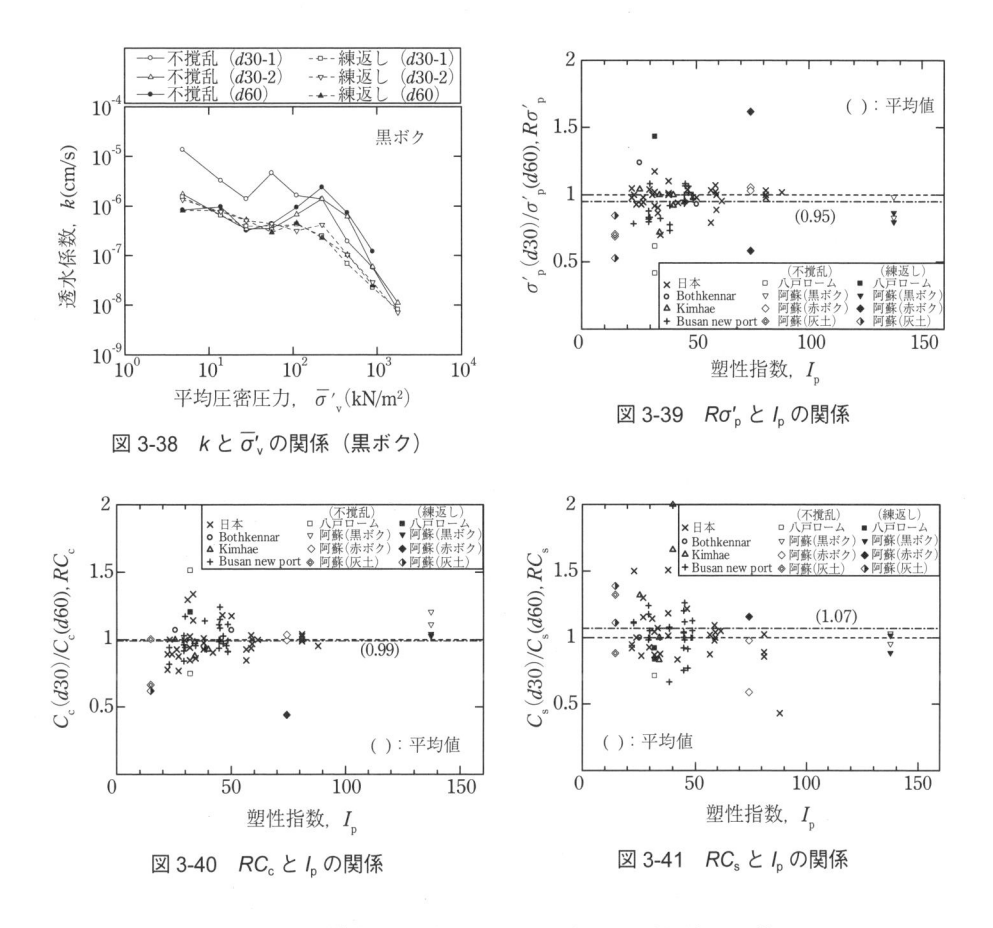

図 3-39　$R\sigma'_p$ と I_p の関係

図 3-40　RC_c と I_p の関係

図 3-41　RC_s と I_p の関係

　図 3-32 に示す黒ボクの不撹乱土と練返し土の場合，膨張曲線は同等と判断される。しかし，表 3-4 に示す数値から計算される $d60$ の C_s に対する $d30$ のそれらの比 RC_s は不撹乱土で 1.00，練返し土で 0.94 である。図 3-41 に示す RC_s は，$I_p ≒ 15 \sim 90$ の領域で，$RC_s ≒ 0.4 \sim 2.0$ の範囲でばらついている。C_s は，$d60$ 供試体で $0.024 \sim 0.276$，$d30$ 供試体で $0.021 \sim 0.297$ とほぼ同等であった。RC_s の変動が大きくなった理由は，C_s のわずかな差を有する測定値を比にしたことで，差が一層大きく強調されたものである。

　図 3-39，図 3-40，図 3-41 の日本（×）の海成粘土に対する結果[33]を含めて，載荷と除荷段階の e - $\log \sigma'_v$ 曲線に関係した特性を俯瞰すると，$q_u=25 \sim 670 \mathrm{kN/m^2}$，$I_p=15 \sim 150$ の自然堆積土の不撹乱土は，供試体寸法に依存しないことを示している。

　図 3-42，図 3-43，図 3-44 は，日本（×）の海成粘土に対する実験結果[33]を含めて，八戸ローム，阿蘇（黒ボク，赤ボク，灰土）と関東ロームの不撹乱土と練返し土に対し，$d60$ 供試体から得た m_v, c_v, k に対する $d30$ 供試体のそれらの比 Rm_v, Rc_v, Rk を σ'_p に対する σ'_v の比 σ'_v/σ'_p に対してプロットしている。ここで，σ'_p は

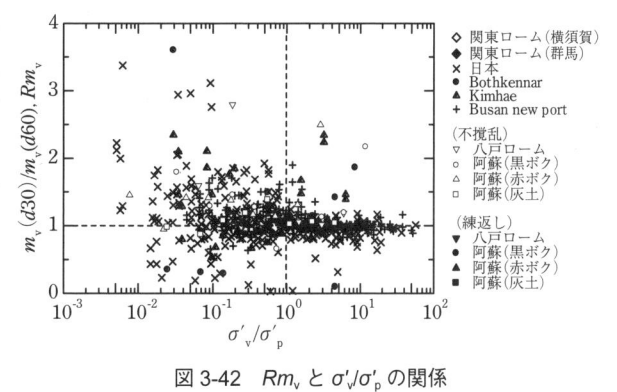

図 3-42　Rm_v と σ'_v/σ'_p の関係

$d60$ 供試体のそれを用いている。$\sigma'_v / \sigma'_p < 1$ の過圧密 OC の領域において，Rm_v の変動は大きい。一方，$\sigma'_v / \sigma'_p > 1$ の正規圧密 NC の領域では，これらの変動は小さくなり，Rm_v 値は 1 近傍に収束している。しかし，Rc_v，Rk に関しては，全体的に見て不撹乱土のばらつきが大きい。これは，沈下量 s と時間 t の関係に対する初期直線の描き方の差が 90％圧密の時間 t_{90} とそれを用いた c_v 値を大きく変化させるからである。特に，σ'_v が小さい荷重段階においては，s そのものが小さいため初期直線を決定するのが困難であることが多い。

結果を客観的に評価するため，多くの試験結果に対する統計的な検討も重要である。火山灰質粘性土を除く粘性土に対する不撹乱土と練返し土の Rc_v と Rm_v，t_{90} の比 Rt_{90} をヒストグラムで示したものが，それぞれ図 3-45，図 3-46，図 3-47 である。図中のヒストグラムは沈下解析で重要となる $\sigma'_v / \sigma'_p > 1$ の NC 領域のデータを相対度数分布で示している。上が不撹乱土，下がその練返し土である。データの個数 n と Rt_{90}，Rc_v，Rm_v の平均値（$\overline{Rt_{90}}$，$\overline{Rc_v}$，$\overline{Rm_v}$）と変動係数 $V(Rt_{90})$，$V(Rc_v)$，$V(Rm_v)$ は，それぞれの図中にまとめた。これらの値に採取地の影響はなかった。したがって，練返し土は日本と Busan new port 粘土に対してまとめた。これらの I_p は 23～88 の範囲であり，他の試料の I_p の範囲内に含まれている。$\overline{Rc_v}$ と $\overline{Rm_v}$ は不撹乱土と練返し土に関係なくほぼ 1 であり，これらの値は供試体寸法にも依存していない。一方，$V(Rc_v)$ と $V(Rm_v)$ は不撹乱土で 0.77 と 0.22，練返し土で 0.81 と 0.07 であり，図 3-43 の Rc_v の変動を反映して $V(Rc_v)$ が大きい。図 3-47 に示す Rt_{90} は平均値が不撹乱土で 0.57，練返し土で 0.42 である。上述した Rc_v が約 1 であり，Rt_{90} が 0.25 でないことから H^2 則は成立していないことになる。

図 3-43　Rc_v と σ'_v/σ'_p の関係

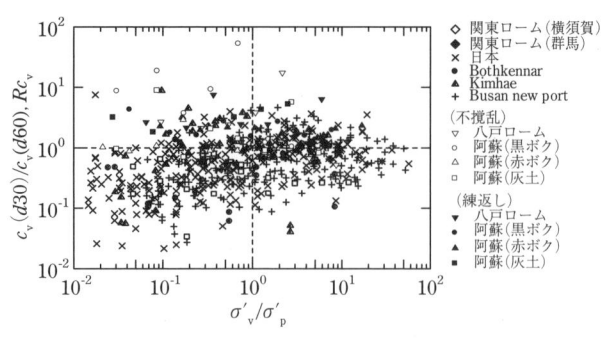

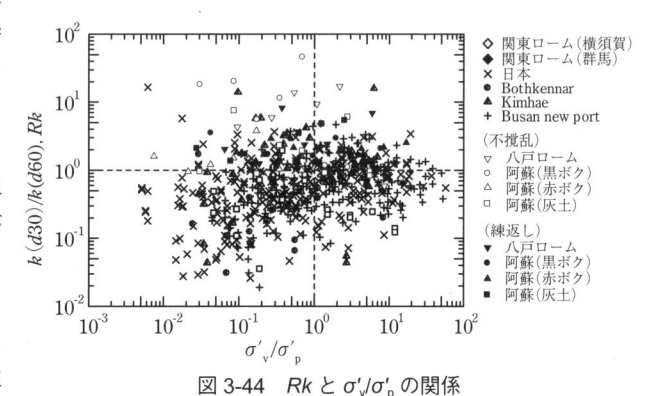

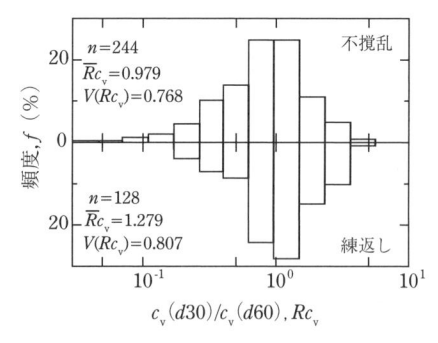

図 3-44　Rk と σ'_v/σ'_p の関係

図 3-45　Rc_v の相対度数分布

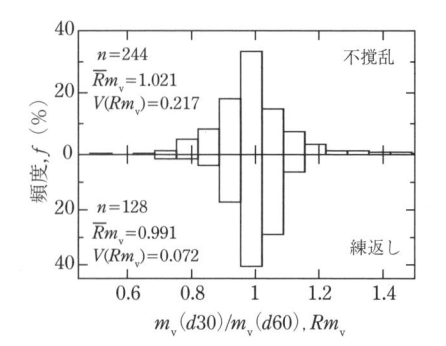

図 3-46　Rm_v の相対度数分布

本書では，c_v 値は載荷段階ごとの s と t の関係から Taylor による $\sqrt{t}$ 法で得ている。この方法は，JIS A 1217[34] で規定された方法であり，三笠による曲線定規法[35] より個人誤差の介在が少ないとの報告[36] もある。それでもなお，s と $\sqrt{t}$ 曲線の初期直線の描き方が t_{90} 値とそれを用いた c_v 値を大きく変化させる。特に，σ'_v が小さい荷重段階においては，s そのものが小さいため初期直線を決定するのが困難であることが多い。また供試体高さが小さいものは s も相対的に小さくなり，この傾向を助長させる。t_{90} の推定誤差が c_v に及ぼす影響に関しては次に検討される。

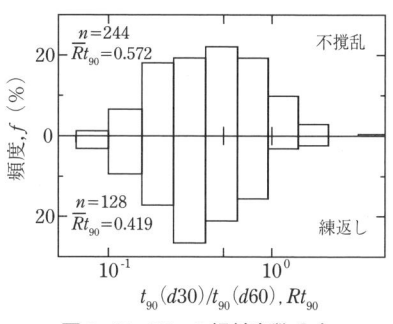

図 3-47 Rt_{90} の相対度数分布

(2) t_{90} の推定誤差が圧密係数に及ぼす影響

図 3-48 は，一例として西郷 3 の σ'_v=78.5kN/m^2 の $d30$ と $d60$ 供試体の s と $\sqrt{t}$ の関係を示している。図 3-48(a) が $d30$ 供試体，同 (b) が $d60$ 供試体であり，両供試体のプロットに対し，それぞれ 2 本の初期直線（$d30$ に対しては A1 と A2，$d60$ のそれに対しては B1 と B2）を描いているが，いずれの直線もそれぞれのプロットの初期直線として通常描かれるものであり違和感はない。これらの直線から得た s の初期補正値 s_0，供試体高さ h，t_{90}，c_v 値を表 3-5 にまとめた。西郷 3 の c_v 値と σ'_v の関係を図 3-49 に示す。図 3-49 には，表 3-5 で示した c_v 値を併せてプロットした。初期直線 A1 の c_v=167cm^2/day（$d30$ 供試体）と，同 B1 の c_v=969cm^2/day（$d60$ 供試体）は，初期直線の描き方の微妙な違いによって c_v=328cm^2/day（A2）と c_v=337cm^2/day（B2）の値になる。$d30$ 供試体の t_{90}=0.72(=1.48 − 0.76)min の推定誤差が c_v で 161(=328 − 167)cm^2/day の差となり，$d60$ 供試体では同じく t_{90}=1.88(=2.88 − 1.00)min が，c_v=632(=969 − 337)cm^2/day の差となる。

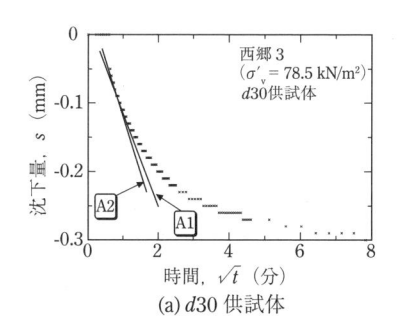

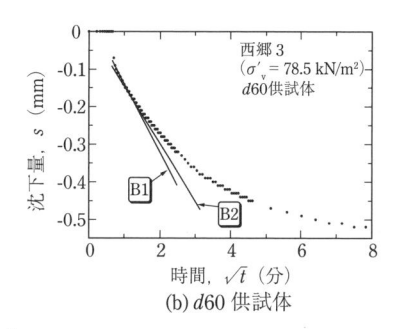

図 3-48 s と $\sqrt{t}$ の関係
(a) $d30$ 供試体
(b) $d60$ 供試体

表 3-5 初期直線が s_0, h, t_{90}, c_v 値に及ぼす影響

供試体	直線	s_0(mm)	h(mm)	t_{90}(分)	c_v(cm^2/d)
$d30$	A1	0.06	9.0	1.48	167
	A2	0.05	9.0	0.76	328
$d60$	B1	0.08	17.8	1.00	969
	B2	0.09	17.8	2.88	337

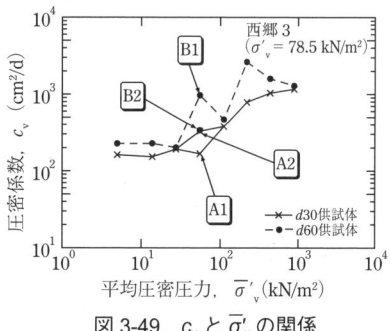

図 3-49 c_v と $\overline{\sigma}'_v$ の関係

ILとその整理においては，同じ指標的・力学的性質の供試体を用いても，上述のようにc_vが異なることもある。また，初期の荷重段階で沈下量が小さい場合には，初期直線の描き方がc_vに及ぼす影響は極めて大きい。したがって，本書においてはこの影響を極力小さくするため，t_{90}を求めるためのすべての初期直線は著者が同じ判断基準で描いた。またs_0，t_{90}の読み取りも他の一人が行い，c_vに及ぼす個人誤差の影響の低減に努めた。図3-42，図3-43，図3-44において，$\sigma'_v / \sigma'_p < 1$のNC領域の$Rc_v$，$Rm_v$，$Rk$の変動幅が大きい理由は，過圧密の荷重域で$s$が小さいことや$t_{90}$の整理誤差が主な原因であると考えている。

3.2.6　二次圧密領域の圧密挙動に及ぼす供試体寸法の影響

供試体寸法が二次圧密量に影響することはよく知られている[28]。載荷24時間後の沈下量s_{24}に対する二次圧密量の比Rsを，図3-50に示す式のように定義した。ここで，s_{100}は図3-50に示すCasagrandeの方法で求めた一次圧密終了時の沈下量である。

図3-51は，$d60$供試体のRsに対する$d30$供試体のそれの比RRsをσ'_v / σ'_pに対してプロットした。これらのプロットの記号凡例を表3-6に示す。これらは，河北潟と西郷，Busan new portの中で無作為に抽出した不撹乱土とその練返し土である。$\sigma'_v / \sigma'_p > 1$領域のプロットの$RRs$は$\sigma'_v / \sigma'_p$に依存していない。そして，その平均値は不撹乱土に対して1.53，練返し土に対して1.44である。すなわち，RRsは試料の練返しに関係なく同等であり，$\sigma'_v / \sigma'_p > 1$の領域で$\sigma'_v / \sigma'_p$に対して一定値と判断される。

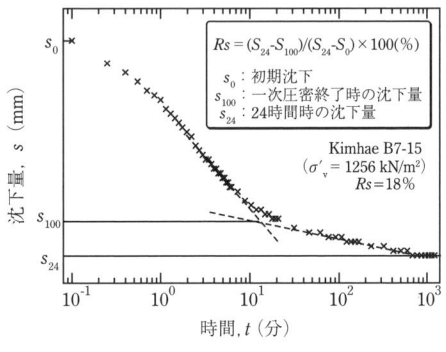

図3-50　sとtの関係

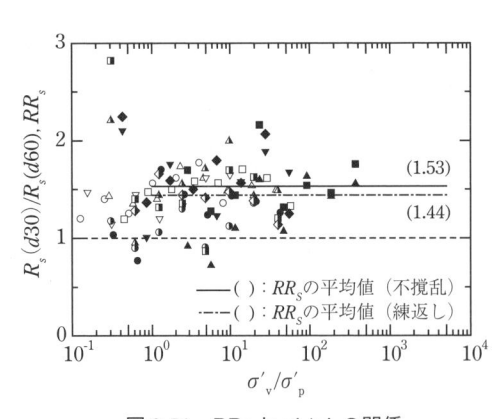

図3-51　RRsとσ'_v / σ'_pの関係

表3-6　図3-51, 図3-52, 図3-53の記号凡例

試料	記号	供試土
不撹乱	○	河北潟
	△	西郷1
	□	西郷2
	▽	西郷3
	⊗	Busan new port 4
	⊕	Busan new port 13
練返し	●	河北潟
	▲	西郷1
	■	西郷1-1
	▼	西郷2
	◆	西郷2-1
	◐	西郷3-1
	▲	西郷3-2
	■	西郷3
	■	西郷3-3
	×	Busan new port 4
	+	Busan new port 13

RRsがq_uとI_pに及ぼす影響を検討するため，試料ごとに$\sigma'_v / \sigma'_p > 1$の$RRs$の平均値$\overline{RRs}$を求め，図3-52と図3-53にそれぞれ$q_u$と$I_p$に対してプロットした。また，これらの図のプロットの凡例を表3-6にまとめた。図3-52と図3-53の平均値が図3-51の平均値と異なる理由は，前者では各試料ごとの平均値を平均しているからである。$\overline{RRs}$もq_uとI_pに依存していない。

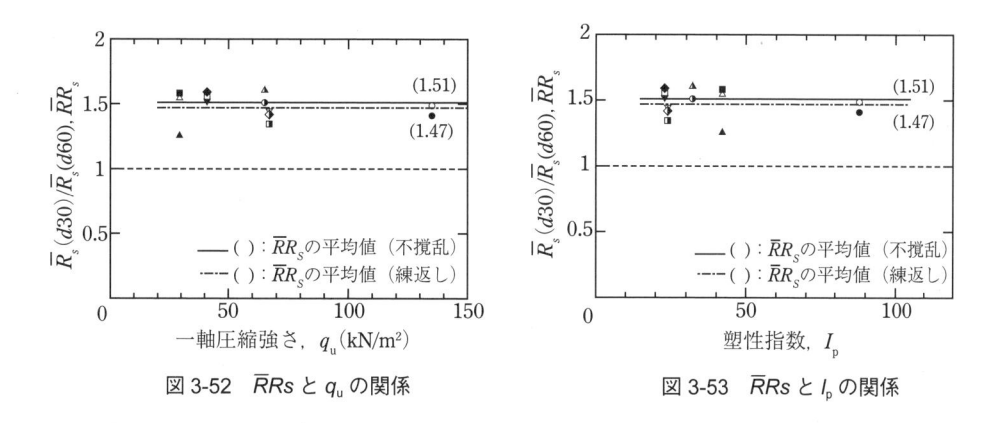

図 3-52　$\overline{RRs}$ と q_u の関係

図 3-53　$\overline{RRs}$ と I_p の関係

3.2.5 項では，一次圧密領域の圧密パラメータに供試体寸法や試料の練返しが影響しないことを述べた。二次圧密量は供試体寸法によって異なるが，一次圧密領域の各種挙動にこの差が及ぼす影響は小さいことを意味する。

3.2.7　沈下ひずみと時間関係に及ぼす供試体寸法の影響

供試体高さに対する沈下量の比で定義する沈下ひずみ ε_s と時間の関係に及ぼす供試体寸法の影響は，網干[28]，Mesri[37]，今井ら[31),32)]，大島ら[29] などの多くの研究者によって検討されてきた。網干[28] は再構成土に対して，最大で $d3000mm$，$h1000mm$ の大型圧密試験を行い，層厚の異なる供試体の二次圧密曲線は重なり合わないという結果を得た。一方，Mesri[37] は，二次圧密中の直線部分の勾配は，荷重や層厚によらず一定であるとした。これらに対して，今井ら[31),32)] は，再構成粘土を用いた分割型圧密試験の結果より，載荷前の二次圧密の状態すなわち初期ひずみ速度の状態により，二次圧密過程で沈下ひずみと時間の関係が1本のユニークな曲線で表せるか否かが決まるとした。また，どのような初期条件になれば中間型を取るかについても説明した。大島ら[29] は，大阪湾粘土とカオリンの混合土に対して沈下曲線は1本の曲線に漸近することを示した。しかし，彼らの研究は対象とする土が限られており，その状態も不撹乱土，再構成土，混合土と異なっており，幅広い塑性や強度を有する自然堆積土に対する統一的な見解や体系的な検討はなされていない。

本項では，沈下ひずみと時間関係に及ぼす供試体寸法の影響を $d30$ と $d60$ 供試体を用いて検討する。これは c_v と m_v が供試体寸法に依存しないという 3.2.5 項で述べた結果を沈下ひずみの観点から補強することにもなる。

供試土は，西郷1，西郷2，河北潟（それぞれ $I_p=42, 23, 88$）の3試料と Busan new port の8試料（$I_p=23\sim49$）である。検討に用いたデータは，過圧密や年代効果が沈下ひずみと時間関係に及ぼす効果が小さくなる NC 領域の不撹乱土とその練返し土とした。

図 3-54 は，寸法効果に起因する沈下ひずみと時間の関係として，本実験で現れた6種類の沈下ひずみと時間の関係を示している。タイプ A，B，C は従来から網干[28] やMersi[37] らによって示されているが，本書では，これらに含めることができないタイプ D，E，F も出現した。図 3-54 の曲線には t_{90} となる時間を矢印と数字で示している。

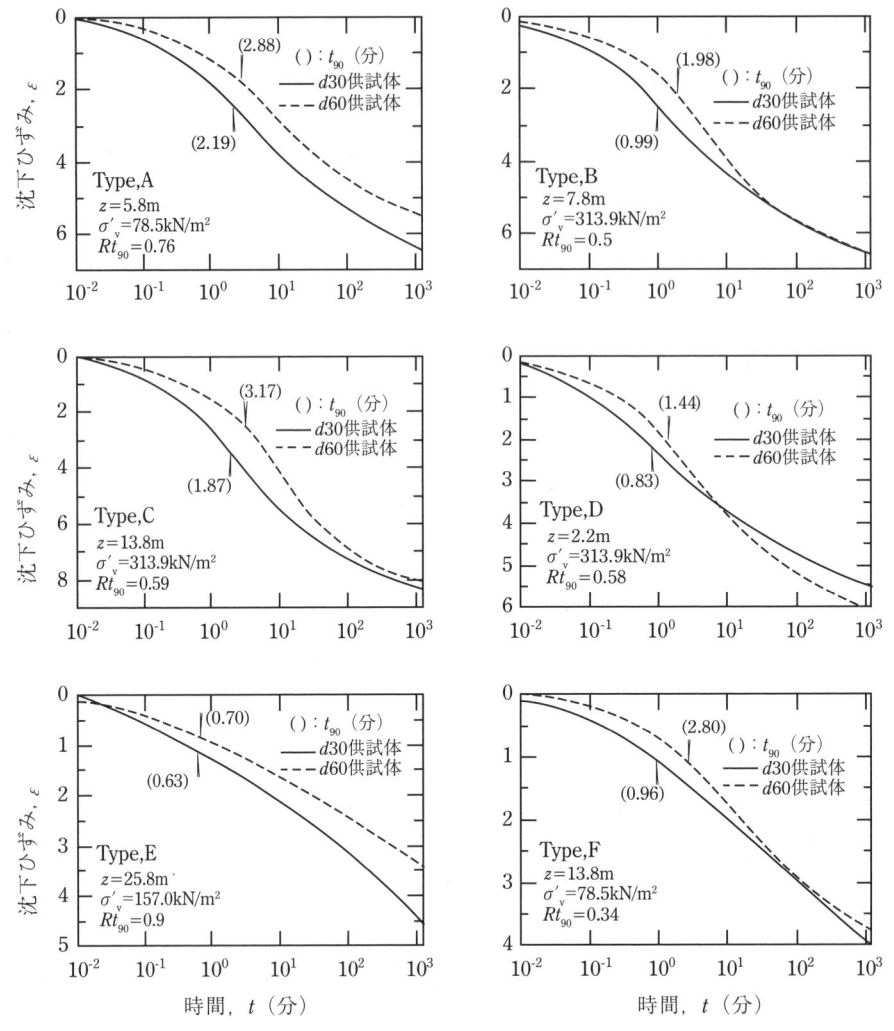

図 3-54 寸法効果に起因した沈下ひずみと時間の関係

　図 3-55 は，すべての試験結果に占める各タイプの割合を不撹乱土と練返し土に区分してまとめている。n は検討した沈下ひずみと時間関係のタイプの個数である。不撹乱土とその練返し土の個数は，それぞれ 120 と 70 である。練返し土ではタイプ E と F は存在しなかった。そして，D が 46％で B と C がほぼ同程度の 29％，24％である。一方，不撹乱土においては，D と B が，それぞれ 34％と 26％，A と C が 12％と 16％，E が 10％，F が 2％である。従来示されていないタイプ D，E，F が不撹乱土，練返し土に関係なく約 50％程度存在している。

　図 3-56，図 3-57，図 3-58 は，それぞれ Rc_v が 0.7〜1.3，0.7 以下，1.3 以上のデータに関して各タイプの割合を不撹乱土とその練返し土で

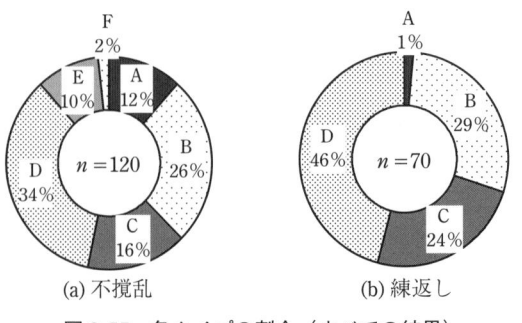

図 3-55 各タイプの割合（すべての結果）

まとめている。これらの図は，各タイプによってRc_vの値に特徴があるかを検討するためである。Rc_v=0.7～1.3の範囲は，Rc_v≒1のデータに含まれるタイプとその割合を検討するためであるが，統計的な解釈に必要な数を確保するためにRc_vの範囲を大きく採用した。その結果，不撹乱土は28，練返し土は17の個数であった。

図 3-56と図 3-58に示すRc_v=0.7～1.3とRc_v≧1.3に含まれる沈下ひずみと時間関係のタイプの割合を概算すると，B，C，Dがほぼ同等であり，この傾向に不撹乱土と練返し土は依存しない。一方，図 3-57のRc_v<0.7においては，タイプAとE，Fが不撹乱土で39％，練返し土で5％含まれる。c_vはt_{90}の逆数と比例関係にある。

表 3-7に$d60$供試体の90％圧密時間t_{90}に対する$d30$供試体のその比$\overline{R}t_{90}$を各タイプごとにまとめた。タイプB，C，Dの$\overline{R}t_{90}$は不撹乱土で0.56～0.59，練返し土で0.38～0.58とほぼ同等である。また，タイプA，E，Fの$\overline{R}t_{90}$は0.6～1.6とタイプB，C，Dのそれより大きい。図 3-54に示したようにt_{90}は圧密の初期段階に現れるが，上述のように$\overline{R}t_{90}$は沈下ひずみのタイプと密接に関係している。

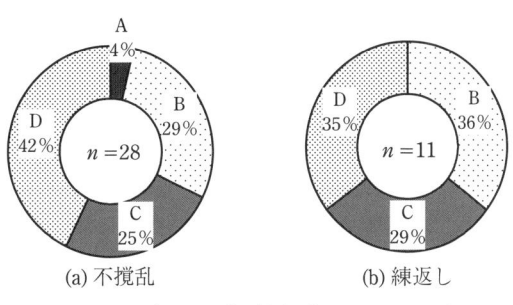

図 3-56　各タイプの割合（0.7 ≦ Rc_v<1.3）

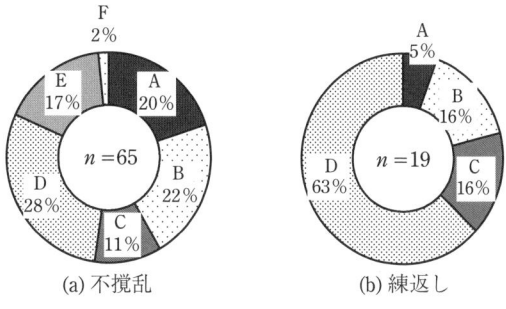

図 3-57　各タイプの割合（Rc_v<0.7 以下）

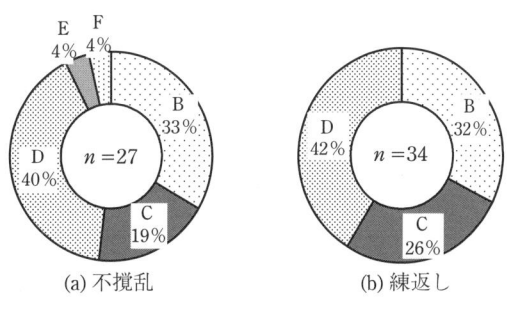

図 3-58　各タイプの割合（Rc_v≧1.3）

表 3-7　各タイプとRt_{90}の平均値

タイプ	不撹乱		練返し	
	個数	$\overline{R}t_{90}$	個数	$\overline{R}t_{90}$
A	14	0.803	1	1.588
B	31	0.560	20	0.413
C	19	0.556	17	0.384
D	42	0.588	32	0.582
E	12	0.950	0	—
F	2	0.617	0	—

図 3-59は，沈下ひずみの各タイプの割合をσ'_v/σ'_{vo}に対して示したものである。a)が不撹乱土，b)が練返し土である。練返し土では，σ'_v/σ'_{vo}が大きくなるとタイプDの割合が大きくなりタイプBの割合が小さくなるが，不撹乱土ではσ'_v/σ'_{vo}が84～340と大きくなるとタイプDが支配的であることが特徴的である。

(a) 不撹乱

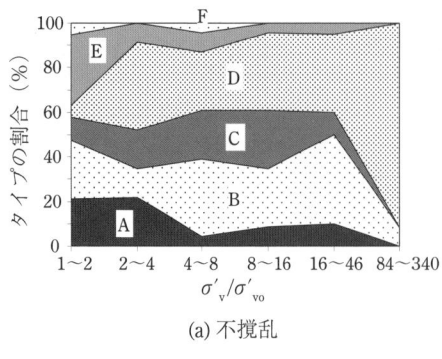

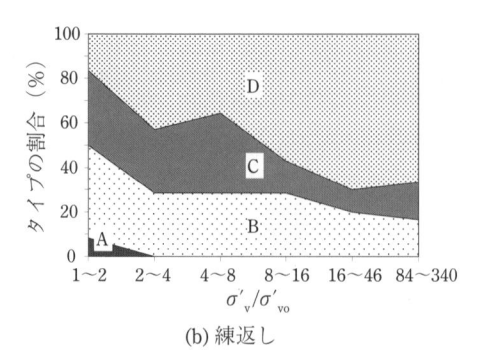

(b) 練返し

図3-59 σ'_v/σ'_{vo}に対する各タイプの割合

両供試体の載荷24時間後の沈下ひずみ量の差は，m_vを直接的に支配する。すなわち，タイプBの両供試体のm_vは等しい。タイプA，C，E，Fの場合，$d30$供試体のm_vは$d60$供試体のそれより大きく，タイプDは逆に小さくなる。同様に両供試体のc_vも，Rt_{90}や沈下タイプによって変化する。図3-45，図3-46の$V(Rc_v)$，$V(Rm_v)$はこの変動を反映したものであり，値の大小が相殺した結果としてRc_vとRm_vが，ともにほぼ1になったと判断される。

3.3 一面せん断試験の強度特性に及ぼす供試体寸法の影響

3.3.1 概 説

一面せん断試験DSTは，上下に分かれたせん断箱に供試体を納め，垂直応力σ'_vを載荷した状態でせん断箱の一方を他方に対して直線的に水平移動させる試験である。したがって，せん断面上のせん断強さτを直接求めることができ，次の利点を有しているとされている。

① K_0圧密三軸試験と比較して，試験方法が比較的簡便である。
② K_0圧密を自動的に達成できる。
③ K_0圧密三軸試験と比較して，圧密時間が短い。
④ 供試体が$d60mm$と$h20mm$であり，試料径75mmの試料から成形する場合には，一・三軸圧縮試験で通常用いられている$d35mm$と$h80mm$の供試体と比較して，hの制約から試料の容量が少なくてすむ。
⑤ 強度異方性に関係して，K_0CUCとK_0CUEの平均値に等しい[38]。

このような利点から，粘性土地盤の短期安定解析における設計強度として，q_uに代えてDSTによる最大せん断強度τ_{max}を用いる提案が行われている[38]。

自然堆積土の力学的性質を詳細に解明するには，3.1節で述べたように各供試体の堆積環境や応力状態等を揃えることが必要である。そのためには，供試体寸法が小さいと有利である。また，近年の土木構造物の大規模化や大深度地下開発の観点から洪積地盤の力学特性が注目されているが，試料採取が困難な洪積粘性土については，供試体寸法の小型化による試料の有効利用が特に有利となる。他の視点は，3.2節で述べた圧密試験の供試体の寸法の検討と同じ目的にある。すなわち，第7章で述べる小径倍圧型サンプラーで採取した$d45mm$の試料からDSTを行うためには，$d45mm$より小さな供試体が必要となり，DSTにおける$d45mm$より小さな供試体寸法の影響の検討が必要となる。

DSTの強度特性に及ぼす供試体寸法の影響は，三笠ら[39]が再構成土を用いた実験から，

$d42.4\sim100$mm と $h10\sim40$mm の範囲では，一定体積せん断強度に有意差がないことを示している。供試体の d と h が DST の強度特性に及ぼす影響に関しては，砂の粒径との関係で $d/h=3$ の条件下の $d=60$，90，120，150mm と，d を 120mm に固定して $h=30$，40，50，60mm になるように，下部せん断箱の高さを変えた検討[40]が行われている。しかし，$d60$mm 以下の寸法を含め，自然堆積土に対する DST の寸法効果に関する検討は見られない。

本節では，熊本粘土と筑波粘土に対して，DST の強度・変形特性に及ぼす供試体寸法の影響を検討する。

3.3.2 DST の強度特性に及ぼす供試体寸法と圧密度の影響

$d60$mm，$h20$mm の供試体（$d60$ 供試体）と $d30$mm，$h10$mm の供試体（$d30$ 供試体）を用いた DST の場合は，せん断応力の最大値 τ_{max} と有効内部摩擦角 ϕ' は，有効土被り圧 σ'_{vo} に対する σ'_v の比に関係なく後者が前者のそれより大きくなった[41),42)]。供試体の初期高さ h_0 に対する圧密沈下量 s の比 R_s を比較した場合，$d30$ 供試体の R_s は，$d60$ 供試体のそれらより 1.1～2.1 倍程度大きかった。供試体寸法による強度特性の差は，この R_s の差が主因である[41),42)]と推察された。

本項では，$d30$ 供試体と $d60$ 供試体の圧密後の間隙比 e_c を同程度にした実験から，DST の強度特性に及ぼす圧密度の影響が示される。

(1) 供試土と実験方法

供試土は，表 3-2 に示す熊本と同じ堆積地から採取した粘性土であり，$I_p=46$，$\sigma'_{vo}=87$ kN/m^2，$\sigma'_p=136$ kN/m^2，$q_u=70$ kN/m^2 の乱さない自然堆積粘性土である。一面せん断試験機は Pradhan[43)] が開発した卓上型の試験機で，供試体の底部から σ'_v を載荷し，供試体上部の載荷フレームに固定されたロードセルで σ'_v を測定する型式である。σ'_v/σ'_{vo} は 1，2，3 の 3 種類に設定した。両供試体を 3t 法で圧密した場合と，$d30$ 供試体の R_s を $d60$ 供試体のそれに合わせる 2 通りの実験を行った。圧密終了後，0.2mm/min のせん断変位速度で一定体積条件下でせん断した。

(2) 強度特性に及ぼす供試体寸法と圧密度の影響

図 3-60 は R_s と時間 t の関係である。3t 法[40)]に加え，R_s を同程度にした両供試体寸法の結果を示している。圧密時間は，3t 法によって圧密した $d60$ 供試体で 100～120 分程度，$d30$ 供試体の場合で 40～80 分程度である。また，R_s を $d60$ 供試体と同程度に合わせた場合の $d30$ 供試体の圧密時間は 1～100 分程度である。図 3-60 には，圧密後の間隙比 e_c を表にまとめている。同じ R_s を基準にした場合，各 σ'_v/σ'_{vo} 下の e_c は $d60$ 供試体の値が 0.1 程度小さく，3t 法で圧密した $d30$ 供試体の e_c は $d60$ 供試体のそれらより 0.1 程度小さい。

σ'_v/σ'_{vo}	1	2	3
○ $d30^{1)}$	2.23	1.94	1.84
● $d60^{2)}$	2.19	1.85	1.71
◐ $d30^{2)}$	2.03	1.74	1.62

1) R_s を $d60$ 供試体のそれに合わせた，2) 3t 法で圧密，3) 図 3-61

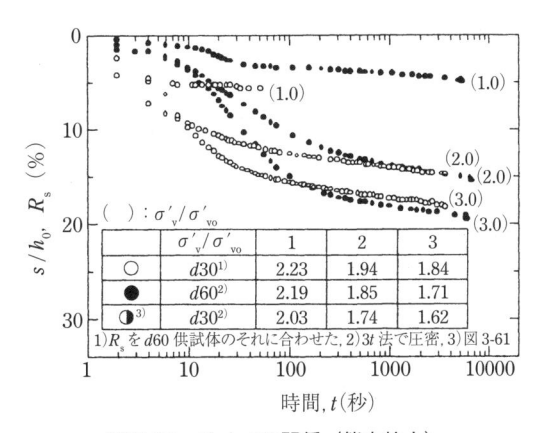

図 3-60 R_s と t の関係（熊本粘土）

図 3-61 はせん断応力 τ と水平ひずみ ε_h の関係である。τ と ε_h 関係に及ぼす進行性破壊の影響は、供試体の場所によって異なるが、ε_h はこれを平均的に考慮するために、水平変位量を供試体断面積と同じ面積の正方形の辺長で除して正規化している。e_c が同等の $d30$ (○) と $d60$ (●) 供試体の τ と ε_h の関係は、$\sigma'_v/\sigma'_{vo}=1$ の $d30$ 供試体の $\varepsilon_h < 2.5\%$ の τ が $d60$ 供試体のそれより小さい場合を除き、他は同等である。$\sigma'_v/\sigma'_{vo}=1$ の $d30$ 供試体は $d60$ 供試体の e_c に整合させるために圧密時間を 1 分に設定したことに起因して、載荷によって発生した間隙水圧が消散していない状況下でせん断を開始したことが、τ を小さく見積もった原因と考えている。一方、$3t$ 法によって圧密を終了させた $d30$ 供試体 (◐) は、すべての σ'_v/σ'_{vo} 下で e_c が $d60$ 供試体のそれより 0.1 程度小さい (図 3-60 の表を参照) ことに起因して同じ ε_h 下で大きな τ を与えている。

図 3-62 に有効応力経路を示す。図 3-61 の結果を反映して、e_c を同等にした $d30$ (○) と $d60$ (+) 供試体の有効応力経路はほぼ同じであるが、e_c の小さい $d30$ 供試体 (×) のそれは上位に位置している。図 3-62 には e_c を同等にした $d30$ (○) と $d60$ (+) 供試体の有効応力経路の $(\tau/\sigma'_v)_{max}$ と τ_{max} の点を、それぞれ原点を通り直線近似した直線も併せて示している。$(\tau/\sigma'_v)_{max}$ と τ_{max} で得た有効内部摩擦角 ϕ' は、$d30$ 供試体と $d60$ 供試体に対して、それぞれ 37°、38°と 33°、31°である。e_c が同じ場合、$(\tau/\sigma'_v)_{max}$ と τ_{max} で得た ϕ' に供試体寸法は依存しないと判断できる。

図 3-63 は $d60$ 供試体の τ_{max} に対する $d30$ 供試体のその比 $R\tau_{max}$ を σ'_v/σ'_{vo} に対してプロットしている。図 3-61 の結果を反映して、$3t$ 法で圧密して e_c の小さい $d30$ 供試体と比較したプロット (○) は、応力解放や試料の乱れ等に起因して試料が過圧密状態にある $\sigma'_v/\sigma'_{vo}=1$ の下で、$R\tau_{max}=1.35$ と大きいが、$\sigma'_v/\sigma'_{vo} \geqq 2$ の領域で $R\tau_{max} \fallingdotseq 1.13$ の一定値に収束する。一方、R_s を同等にした供試体のプロット (●) は $R\tau_{max} \fallingdotseq 1$ である。$R\tau_{max}$ が 1 より幾分小さいのは、図 3-60 の表に示すよ

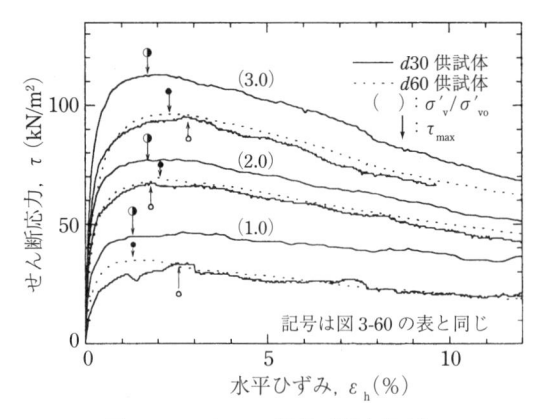

図 3-61 τ と ε_h の関係（熊本粘土）

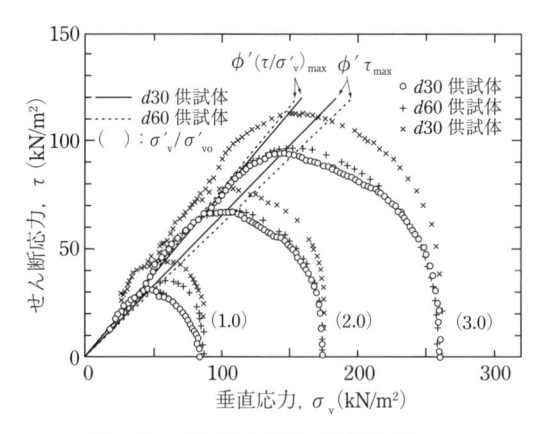

図 3-62 有効応力経路（熊本粘土）

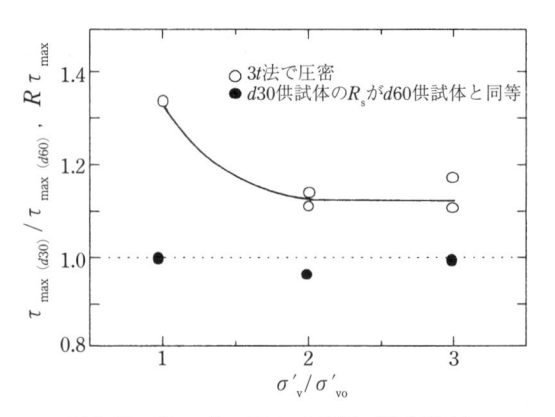

図 3-63 $R\tau_{max}$ と σ'_v/σ'_{vo} の関係（熊本粘土）

うに $d30$ 供試体の e_c が $d60$ 供試体のそれより幾分大きいのが一因であると考えている。

図 3-64 には図 3-63 と同様に ϕ' の比 $R\phi'$ に及ぼす供試体寸法の影響を示す。$3t$ 法で圧密した $d30$ 供試体を用いた場合，$R\phi'$ は $\sigma'_v/\sigma'_{vo}=2$ でほぼ一定値に収束するが，$(\tau/\sigma'_v)_{max}$（△）と τ_{max}（○）で整理した $d30$ 供試体の ϕ' は $d60$ 供試体のそれらより，それぞれ 8% と 12% 程度大きい。しかし，R_s を同等にした供試体のそれらは，±5% 程度の変動を有するが，両供試体の ϕ' に有意差は無いと判断される。

e_c が同等であれば，DST の強度特性に両供試体寸法が依存しない事実

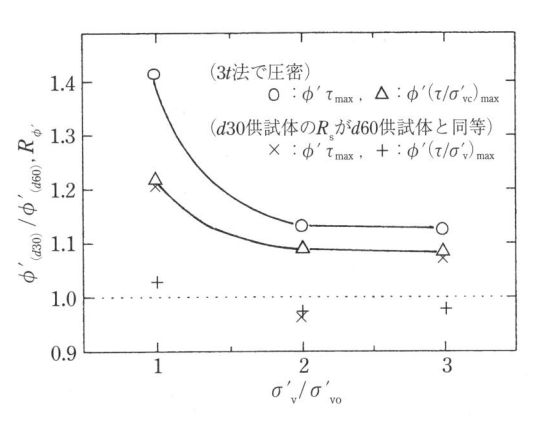

図 3-64 $R\phi'$ と σ'_v/σ'_{vo} の関係（熊本粘土）

は，$I_p=39$，$\sigma'_{vo}=355$ kN/m^2，$q_u=538$ kN/m^2 の洪積熱田粘土でも確認している。しかし，DST は供試体の圧密度（e_c）によって得られる強度・変形特性が大きく異なるので，設計値を決定するための試験条件の設定と結果の評価を慎重に行う必要がある。これに関しては，他の試験法の結果を交えて 8.1 節で再度述べる。

3.3.3 DST の強度特性に及ぼす供試体寸法と変位速度の影響
(1) 供試土と試験方法

供試土は，茨城県筑波から採取した乱さない自然堆積土（筑波粘土）である。$I_p=34$，$q_u=(33\sim129)$ kN/m^2 の範囲の土である。DST のせん断変位速度は $d60$ 供試体に対して 0.2mm/min，$d30$ 供試体は 0.1mm/min と 0.2mm/min の 2 種類とした。また，DST の結果を客観的に評価するため，これらの粘性土に対して 3.1 節で述べたサクション S_0 の測定を伴う UCT と 5.1 節で述べる K_0CUC も行った。UCT と K_0CUC の供試体寸法は，$d15$mm，$h35$mm の S（Small）供試体である。UCT はセラミックディスクを装着した携帯型一軸圧縮試験機[17]で行った。セラミックディスクの空気侵入値は約 200kN/m^2 である。また，K_0CUC は小型精密三軸試験機[12]を用いて K_0 状態下で σ'_{vo} の 1，2，3，4 倍の σ'_v まで圧密した後に非排水条件でせん断した。

(2) 強度特性に及ぼす供試体寸法と変位速度の影響

筑波粘土に対する DST の s と時間 t の関係を図 3-65 に示す。図 3-65 には各供試体の含水比 w と σ'_v も併記している。$d60$ 供試体は h が 20mm であることに起因して，$h10$mm の $d30$ 供試体より圧密初期の沈下勾配が小さく，圧密が進行する時間も長い。圧密は JGS 0560-2000[40] に従い $3t$ 法で終了しているが，$d30$ 供試体は $d60$ 供試体の約 4 分の 1 の 10 分程度で終了している。供試体高さに起因して $d60$ 供試体

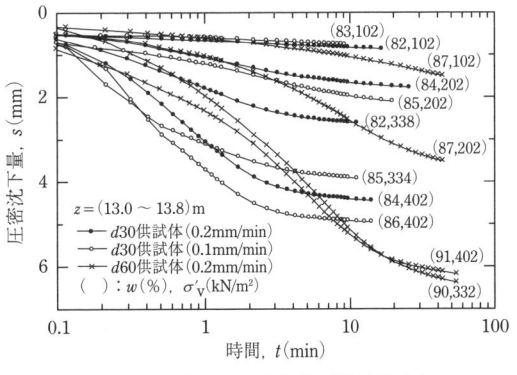

図 3-65 沈下－時間曲線（筑波粘土）

の沈下量は，同じ σ'_v 下で $d30$ 供試体のそれらより 30%～60%程度大きい。

図 3-65 に示したすべての供試体に対する τ と変位 δ の関係を図 3-66 に示す。すべての供試体はひずみ軟化を示すが，この挙動に供試体寸法，変位速度，σ'_v は依存していない。$d30$ 供試体に関しては，変位速度に関係なく同じ δ の近傍で τ_{max} が発現しているが，$d60$ 供試体は同じ変位速度下で $d30$ 供試体のそれより τ_{max} となる δ は大きい。

図 3-66 の供試体に対する有効応力経路を図 3-67 に示す。軸差応力 q の最大値を，各供試体毎に大きな記号で示している。$d30$ 供試体の有効応力経路に及ぼす変位速度の影響を見ると，0.2mm/min の q が 0.1mm/min のそれより大きく，ひずみ速度効果を反映して有効応力経路も右上に位置している。この傾向に σ'_v は依存していない。$(\sigma'_v + 2\sigma'_r)/3$ で示される平均有効応力 p' が 70kN/m² 以下の領域で，$d60$ 供試体と 0.1mm/min の $d30$ 供試体の有効応力経路は同等である。しかし，p' が大きくなると，$d60$ 供試体の有効応力経路が右上に位置する。

図 3-67 には同じ供試体寸法と変位速度の q_{max} と原点を結ぶ最小二乗近似線と，それから得た ϕ' が示されている。$d60$ 供試体の ϕ' が 38.3°と最も大きいが，供試体寸法と変位速度が ϕ' やこれらの破壊線に及ぼす影響は小さい。

図 3-68 は UCT（×）と K_0CUC（▽）の有効応力経路に DST の $d30$ 供試体（□）（0.1mm/min）の結果を併記している。K_0CUC の軸ひずみ速度 $\dot{\varepsilon}_a$ は図中に示しているが，それらの結果より得た限界状態線 C.S Line（$\phi'=41°$）は，DST のそれらの上位に位置し，ϕ' も 2～3°大きい。DST の ϕ' が K_0CUC のそれらより小さいのは，10.1 節で詳述する強度異方性を反映していると推察している。

DST と K_0CUC で得た強度増加率 c_u/p を図 3-69 に示す。DST の同じ試験条件のプロットを近似する曲線も併せて示している。K_0CUC は 2 種類のひずみ速度の結果を示すが，0.1%/min から得た c_u/p が 0.05%/min のそ

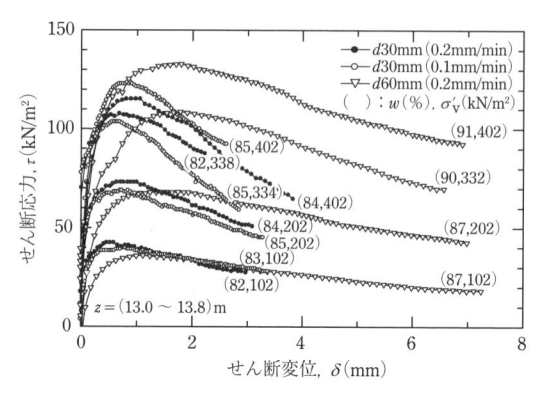

図 3-66 せん断応力と変位の関係（筑波粘土）

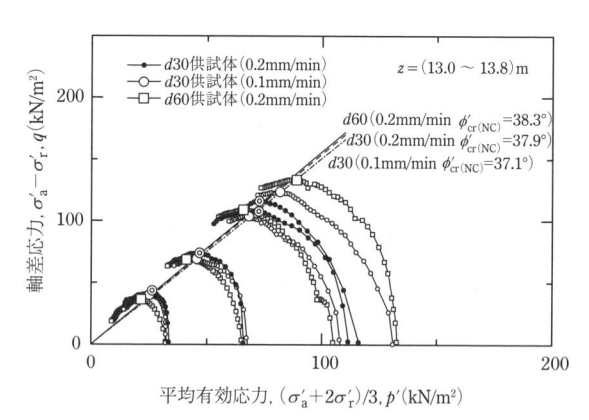

図 3-67 有効応力経路（筑波粘土）

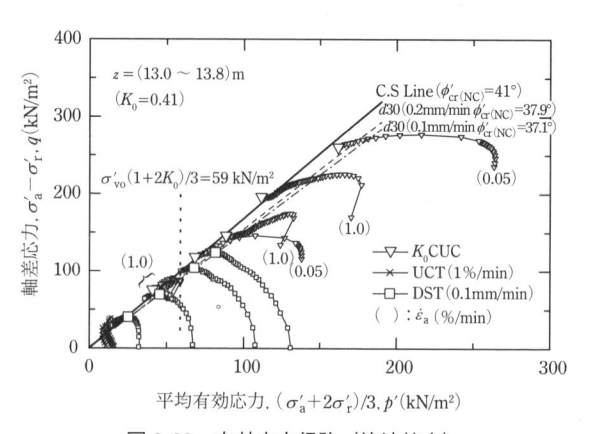

図 3-68 有効応力経路（筑波粘土）

れより，$\sigma'_v/\sigma'_{vo} \fallingdotseq 2.2$ 下で 0.065 大きい。DST の c_u/p は K_0CUC の 0.1％/min の結果より，すべての σ'_v/σ'_{vo} 下で値が小さい。また，d30mm 供試体の 0.1mm/min の結果は 0.05％/min の c_u/p（▽）に近い。

d30 供試体は d60 供試体より圧密時間が短いため，試験時間を節約でき，供試体容量が少ないので採取試料を有効に利用できる利点が大きい。この利点を活かした事例[44]が第 15 章に示される。

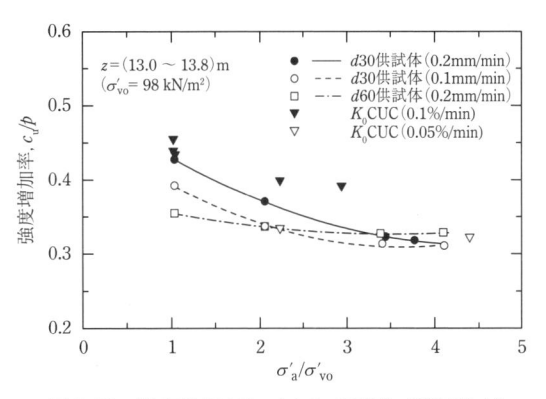

図 3-69 強度増加率と σ'_a/σ'_{vo} の関係（筑波粘土）

参考文献

1) Matsuo, M. and Shogaki, T.：Effects of plasticity and sample disturbance on statical properties of undrained shear strength，*Soils and Foundations*，Vol.28，No.2，pp.14～24，1988.
2) Shogaki, T.：Effect of specimen size on unconfined compressive strength properties of natural deposits，*Soils and Foundations*，Vol.47，No.1，pp.158-167，2007.
3) 吉中龍之進：岩石質地盤の強度に関する寸法効果，施工技術，Vol.9，pp.58-60，1976.
4) Lo, K.Y.：The operational strength of fissured clays，*Geotechnique*，Vol.20，pp.57-74，1970.
5) 亀井健史・常田亮：一軸圧縮強度・変形特性に及ぼす供試体寸法の影響，第 45 回土木学会年次学術講演会，No.436，Ⅲ-16，pp.131-134，1991.
6) 松井保・小田和広・鍋島康之：ミニ三軸試験機の開発と自然堆積土への適用，土と基礎，Vol.42，No.11，pp.17-22，1994.
7) 地盤工学会：「土の三軸試験」基準の解説，土質試験の方法と解説，pp.454-501，2000.
8) 正垣孝晴・野崎隆志・福田光治：火山灰質粘性土の一軸圧縮強度特性に及ぼす供試体寸法の影響，地盤工学会誌，Vol.59，No.7，pp.30-33，2011.
9) 地盤工学会：試料の品質評価，地盤調査法，pp.143-151，1995.
10) 正垣孝晴・金子操・茂籠勇人・三原政治：間隙水圧の測定を伴う一軸圧縮試験による原位置強度の推定，サンプリングに関するシンポジウム論文集，pp.95-102，1995.
11) 田中洋行・Locat, J：塑性指数に関する再考察，土と基礎，Vol 46，No. 4，pp 9-12，1998.
12) Shogaki, T. and Nochikawa, Y.：Triaxial strength properties of natural deposits at K_0 consolidation state using a precision triaxial apparatus with small size specimens，*Soils and Foundations*，Vol.44，No.3，pp.115-126，2004.
13) 正垣孝晴：携帯型一軸圧縮試験機とその適用－新しい課題と新しい技術－，第 40 回地盤工学シンポジウム論文集，地盤工学会，pp.287-294，1995.
14) 三笠正人：土質試験法（第 2 回改訂版），土質工学会編，pp. 6-3-13，1979.
15) 正垣孝晴・白川修治・鵜居正行：一軸圧縮強度の形状・寸法効果に与える攪乱の影響，土木学会第 46 回年次学術講演会講演概要集，Ⅲ，pp.340-341，1991.
16) 正垣孝晴・丸山仁和・須藤剛史：練り返し再圧密度の非排水強度特性に与える供試体の形状・寸法効果，土木学会第 47 回年次学術講演会講演概要集，Ⅲ，pp.422-423，1992.
17) Shogaki, T.：Strength properties of clay by portable uncontined compression apparatus，*Proc. of International Conference on Geo-COAST*，pp.85-88，1991.
18) 地盤工学会，サクション測定を伴う一軸圧縮試験マニュアル，最近の地盤調整法と設計・施工への適用に関するシンポジウム論文集，pp. 付 1-14，2006.
19) Shogaki, T.：An improved method for estimating in-situ undrained shear strength of natural deposits，*Soils and Foundations*，Vol.46，No.2，pp.109-121，2006.
20) Shogaki, T：A small diameter sampler with two chamber hydraulic pistons and the quality of its samples，*Proc. of the 14th ICSMFE*，pp.201-204，1997.
21) 正垣孝晴・松本樹典・道勇治・日下部治：珪藻泥岩地盤の非排水強度特性の統計的性質，第

40回土質工学研究会発表会, pp.1679-1682, 1993.

22) Matsumoto, T., Kusakabe, O., Suzuki, M. and Shogaki, T.：Soil parameter selection for serviceability limit design of a pile foundation in a soft rock, *Proc. Int. Sympo. on limit state design in Geotech. Eng.*, Copenhagen, Vol.3/1, pp.141-151, 1993.

23) Shogaki, T. and Kumagai, N.：A slope stability analysis considering undrained strength anisotropy of natural clay deposits, *Soils and Foundations*, Vol.48, No.6, pp.805-819, 2008.

24) 正垣孝晴・茂籠勇人・笠間修一：地質学的な応力履歴を受けた土の非排水強度異方性, 堆積環境が地盤特性に及ぼす影響に関するシンポジューム論文集, pp.185～192, 1995.

25) 正垣孝晴・茂籠勇人・須藤剛史：固定ピストン式サンプラーで採取したチューブ内の土質データの統計的性質, 基礎構造物の限界状態設計に関するシンポジューム論文集, pp.193～200, 1995.

26) Shogaki, T.：A method for correcting consolidation parameters for sample disturbance using volumetric strain, *Soils and Foundations*, Vol.36, No.3, pp.123-131, 1996.

27) Matsuo, M. and Shogaki, T.：Effects of plasticity and disturbance on statistical properties of undrained shear strength, *Soils and Foundations*, Vol.28, No.2, pp.14-24, 1988.

28) Aboshi, H.：An experimental investigation on the similitude in the consolidation of a soft clay, including the secondary creep settlement, *8th Int.Conf.SMFE*, Vol.4-3, p.88, 1973.

29) 大島昭彦・高田直俊・合田泰三：粘土の段階載荷圧密試験における載荷時間と層厚の関係, 土木学会第56回年次学術講演会概要集Ⅲ, pp.308-309, 2001.

30) 畠山正則・持田丈弘：洪積粘土の圧密特性に及ぼす寸法効果, 第37回地盤工学研究発表会概要集, pp.303-304, 2002.

31) 今井五郎：分かりやすい土質力学原論（第1回改訂版）, 土質工学会, pp.187-239, 1992.

32) 今井五郎・湯たい新・平林弘：圧密挙動に及ぼす層厚の影響, 土木学会第44回年次学術講演会(3), pp.364-365, 1989.

33) Shogaki, T.：Effect of specimen size on consolidation parameters of marine clay deposits, *Journal of ASTM International*, Vol.3, No.7, pp.106-118, 2006.

34) 地盤工学会：土の段階載荷による圧密試験, 土質試験の方法と解説（JIS A1217）, pp.348-381, 1999.

35) 三笠正人：圧密試験の整理法について, 土木学会第19回年次学術講演会講演概要集, Ⅲ-7, pp.29-32, 1964.

36) 正垣孝晴・久保健昭・木暮敬二・大平至徳：泥炭の一次元圧密下の沈下・間隙水圧挙動と圧密パラメータの推定, 防衛大学校理工学研究報告, Vol.28-2, pp.201-222, 1991.

37) Mesri, G.：Coefficient of Secondary Compression, *Jour, SM, ASCE*, Vol. 99, No. SM 1, pp.123-137, 1973.

38) 半沢秀郎：土の一面せん断試験結果の実務への適用, 直接型せん断試験の方法と適用に関するシンポジウム論文集, pp.87～94, 1995.

39) 三笠正人・高田直俊・田中良和：一面せん断試験における試験機の問題点－粘土の等体積せん断における相似則の検討－, 土木学会第28回年次学術講演会, pp.36-37, 1973.

40) 地盤工学会：土の圧密定体積一面せん断試験法（JGS 0560-2009）, 土質材料試験の方法と解説, pp.661-699, 2009.

41) 白川修治・正垣孝晴：一面せん断試験の強度特性に及ぼす供試体寸法の影響, 第25回土木学会関東支部発表会講演集, pp.464-465, 1998.

42) Shogaki, T., Yano, S., Jeong, G. and Suwa, S.：Undrained strength properties of United Kingdom, Korea and Japanese clay deposits, *International workshop on foundation design codes and soil investigation in view of international harmonization and performance based design*, pp.175-182, 2002.

43) 藤谷雅義・Pradhan, T.・岡本正広・今井五郎：一面せん断における砂の強度・変形特性, 土木学会第48回年次学術講演会, pp.882-883, 1993.

44) 正垣孝晴・高橋章・熊谷尚久：既設アースダム堤体の耐震性能評価法－レベル1地震動を想定して－, 地盤工学会誌, Vol.56, No.2, pp.24-26, 2008.

第4章　強度・圧密特性に及ぼす試料の乱れの影響

4.1　各種要因の一軸圧縮強さに及ぼす影響

4.1.1　概　説

　現地のサンプリングから室内試験の過程で，一軸圧縮強さ q_u に影響を与える作業要因が表4-1に示される。経験豊富な技術者・研究者に対する意識調査（アンケート）結果[1]をもとに，表4-1に示す各種作業要因が q_u の増減に対して持つ相対的な寄与率が明らかにされている[2]。土質や気象条件等のあらゆる組合せを実験で再現して，各種作業要因の寄与率を定量化することは困難である。アンケート調査[1]は，サンプリング，土質試験，設計という一連の作業経験豊富な技術者の判断が，多くの場合，科学的・理論的な検討結果と符合することが多いという実績に基づいて行われた。しかしながら，意識調査の結果を可能な範囲の実験や実態調査で照査することは，地味な作業ではあるが，極めて重要なことである。

表4-1　q_u に影響を与える作業項目

作業項目	作業内容	作業項目	作業内容
A	ボーリング孔の削孔	G	サンプラーの解体
B	サンプラーの整備・組立て	H	サンプラーのシール
C	サンプラーの降下	I	試料の運搬・貯蔵
D	ピストンロッドの固定	J	試料の押出し
E	サンプラーの押込み	K	試料の成形と土質試験
F	サンプラーの引上げ		

　本節では，アンケート調査で取り上げた作業要因に着目して，撹乱要因を単純化した室内実験と現地サンプリング実験を行い，各種撹乱要因の q_u への影響度を定量的に検討する。また，活性度 A_c，鋭敏比 S_t，塑性指数 I_p，圧密圧力 σ'_v を変えた室内実験を実施し，撹乱要因が同じであれば不撹乱試料に対する撹乱試料の q_u と E_{50} の比，すなわち q_u 比，E_{50} 比は I_p や σ'_v に影響を受けないという5.3節の展開にとって極めて重要な結論を得る。さらに，現地の実態調査結果を含めてアンケートの解析結果を定性的に照査するとともに，意識調査としての寄与率と実験結果としての q_u との関係づけも試みる。本節の結論として得られる各種要因による q_u の低下率は，5.3節で提案する乱れによる q_u と q_u の変動係数の補正法に直接的に用いられる。

4.1.2　各種撹乱要因が q_u に与える影響に関する室内実験

　各種作業要因の q_u への影響度を実験的に調べることは不可能であるが，それでもなお意識調査の結果を，実験や実態調査と照査する努力が必要であることを前項で述べた。室内実験では，アンケートの作業内容を可能な限りシミュレートすることが肝要である。そのためには，土試料の選定，強度，サンプリングや採取試料の取扱い等に留意し，特に要因間の相対的関係を保持した実験でなければならない。供試土は，図4-1に示す粒度分布であり，土粒子密度 $\rho_s=2.701\text{g/cm}^3$，液性限界 $w_L=45.3\%$，塑性限界 $w_p=22.8\%$ であり，日本統一土質分類によればCLに分類される細粒土である。アンケート調査では沖積の海

成粘性土地盤を想定したが、上記供試土はシルト分の含有量がやや高いとはいえ、我が国の港湾で一般に見られる粘性土と同様の指標的性質を有している。

(1) 実験方法

実験の目的が、各種要因の q_u への影響を調べることであるため、実験方法を少し詳しく述べたい。

(a) 供試体作製方法

供試土の粉末に水を加え（含水比100%程度）、大型のソイルミキサーで24時間以上の混練後、供試体作製用の圧密土槽で一次元的に圧密する。圧密土槽は小型（内径、高さともに26cm）および大型（同1m）の2種類を用いた。σ'_v は、大型土槽の場合にはコンプレッサーからの空気圧で、また、小型土槽ではコンプレッサーからの空気圧を調圧シリンダーで水圧に変換して圧力を加える方式である。小型土槽では、1つのコンプレッサーに対し同じ形式の土槽を5個接続して、同時に5つの土槽で試料が作製できるようにしている。試料採取に必要な粘土層厚（小型：約20cm、大型：約70cm）を得るため、小型土槽では途中2回（大型土槽では同5回）試料の補充を行うが、これを含めて試料採取までの圧密時間は30日（大型では10カ月）程度である。アンケートのモデル地盤における下層部の強度を想定し、$q_u \fallingdotseq 100 \text{ kN/m}^2$ が得られるように $\sigma'_v \fallingdotseq 300 \text{kN/m}^2$ を採用して、圧密度がほぼ100%になるまで圧密した。

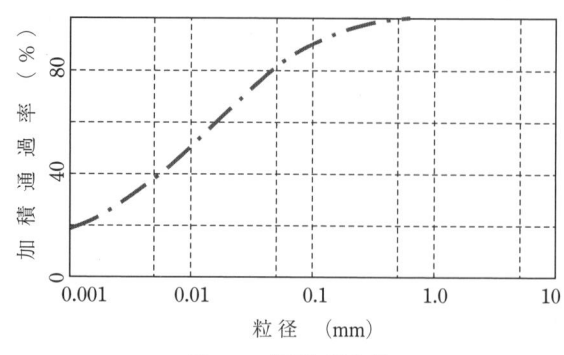

図 4-1 粒径加積曲線

(b) 試料採取と実験方法

試料採取方法の概念図を図 4-2 に示す。同図の(a)〜(d)は小型土槽の場合であるが、その手順を簡単に説明すると次のようである。

① シンウォールチューブ（TWSと表記：肉厚 1.5mm、内径 75mm、長さ 30cm、刃先角度 6°）を 3cm 程度人力で鉛直に押し込む（土槽中央部：TWS-1 の試料）((a)図)。

② ホイストクレーンに吊るした鋼鈑（質量 ≒ 250 kg）を荷重として、土槽本体の底までTWSを静的（約5cm/s）に押し込む（(b)図）。

③ ①②の作業を繰り返して、TWS-1 の周辺に順次 7 本の TWS を押し込む（(c)図）。

④ 土槽本体から底板を取りはずし、本体を上下逆にして台座上に置き、土槽本体を押し下げ（(d)図）TWS を取り出す。

(e)図は大型土槽のサンプリング位置図である。大型土槽の試料採取手順は、

図 4-2 サンプリング方法とサンプリング位置

① 対角線上にある 2 本の TWS（例えば (e) 図に示す TWS-1 と 2）に対し，TWS が自立する程度に人力で鉛直に押し込み，
② ホイストクレーンに吊るした鋼鈑（重量≒1tf）を荷重として，所定の深さまで静的（約 5cm/s）に押し込む。
③ ①②の作業を繰り返し，14 本の TWS の押込みが終了した後，TWS の周囲の土をスクリューオーガーで取り除き，試料を採取する。

一軸圧縮試験 UCT は，原則として試料採取直後に行う。貯蔵時間が q_u に与える影響等を調べるため保存を行う場合は，重量比で松脂 5% 程度を添加したパラフィンを厚さ 2cm 程度にシールして，専用棚に横置して貯蔵した。また，供試体の成形および UCT は JIS A 1216 に従った。また，供試体寸法は d35mm，h80mm である。

(c) 実験項目の選定

室内実験に際しては，表 4-2 に示す 33 個の作業要因の中で，室内では実施できない作業項目（A，B，C，D，E の各作業要因と F-1, 2, G-2, 3, H-2 の計 19 個）を除外した。残った作業要因に対し，小型圧密土槽でも実際に近い作業状況が再現できる要因として，I-1, 2, 3, J-2, K-1, 2, 3, 4 の 8 要因を実験対象として選定した。一方，小型圧密土槽では実施困難な作業要因として G-1，H-1, 3，J-1, 3 の 5 要因を選定し，大型土槽を用いた室内実験により，q_u への影響度を明らかにする。なお，大型の圧密土槽は最大層厚 70cm 程度のモデル地盤を作ることができるため，実務で使用する TWS（長さ 1m）を用いた比較実験が可能である。すなわち，実際に近い作業状況を作り出せるのが大型の圧密土槽の最大の利点である。

表4-2　q_u に影響を与える作業要因

作業要因		作　業　内　容	作業要因		作　業　内　容
A	1	サンプラー貫入後の試料採取	G	1	ピストン引抜き時のチューブ圧迫
	2	逸水による試料の膨潤		2	ピストン引抜き時の負圧
	3	削孔中の異常ポンプ圧		3	エンジンによる振動・衝撃
B	1	サンプラー内の試料移動	H	1	チューブにキャップのみして 3 日後に試験
	2	剛度不足のチューブ使用による試料の変形		2	シール中の試料移動
	3	通水孔不良による110%圧縮		3	シール中の転倒
C	1	ロッドホルダー不使用：サンプラーの貫入	I	1	温度変化によるチューブの変形
	2	ピストン浮上のままサンプリング		2	高温度によるチューブの変形
	3	チューブ刃先の変形		3	運搬中の振動
D	1	ピストンの固定不良：105%圧縮	J	1	押出し時の壁摩擦
	2	自由ピストン式サンプラー使用		2	横に押し出した
				3	押出し時のチューブ締め過ぎ
E	1	サンプラーを不規則にゆすり込んだ	K	1	サンプリング後 7～10 日して試験
	2	貝殻による試料の乱れ		2	1 断面で 2 供試体
	3	サンプラーの110%押込み		3	初心者の成形による乱れ
				4	圧縮速度 5%/min
F	1	縁切りによる試料の乱れ			
	2	追切りによる試料の乱れ			
	3	孔底への試料落下			

4.1.3 実験結果と考察
(1) 小型圧密土槽による実験結果と考察

4.1.2 項で選定した小型圧密土槽に関する作業要因の大部分は，採取した TWS ごとに撹乱要因を与えてその影響度を比較するため，個々の TWS によって供試体の指標的・力学的性質に有意な差がないことが重要である。小型圧密土槽では，土槽内径 26cm の中に内径 75mm の TWS を 7 本挿入するため，TWS 押込みによる他の採取試料への影響が懸念

された。この影響を調べるため，同じ指標的性質を有する2つの土槽試料を選定して，一方はTWSの押込みで，他はブロックサンプリングで採取した供試体の指標的・力学的性質を比較した。その結果，含水比w_oとρ_tの差は，それぞれ0.8%と0.04g/cm^{3}とわずかであり，両土槽の試料は工学的には同等と判断された。小型土槽では深さ方向に連続して2つ（土槽上部と下部）のO供試体（d35mm, h80mm）が作製できる。

図4-3に，土槽上部供試体の応力σとひずみεの関係を示す。同図(a)と(b)は，それぞれブロックサンプリングとTWS押込みによるサンプリングの結果であり，凡例に示した記号の$(\sigma\text{-}\varepsilon)$曲線は両者とも同じ土槽位置の供試体に対応している。両図を見ると，TWSサンプリングによる(b)図では，TWS-1を除きサンプラー押込みとともに$(\sigma\text{-}\varepsilon)$曲線の立ち上がり勾配が小さくなり，押込みに起因する試料の乱れが明らかである。しかし，ε=15%に至っては，ブロックサンプリングの結果と同様なq_uを与え，TWS-7についてもTWS-2, 3とほぼ同様な強度を発揮している。また，この傾向は土槽下部の供試体についても同じであった。土槽平面の中央部（図4-2(c)のTWS-1の部分）は，ゴムベローズを用いる圧力載荷の機構上，周辺部より圧密圧力が大きくなり，その分大きなq_uを与えることがわかっている。TWS-1を除いたq_uの変動幅に着目すると，両者とも10kN/m^{2}程度のほぼ同じ値を与えている。このことは，各種要因の影響度を比較するためにTWS-1以外の試料を用いることに十分意義があることを示している。また，TWSサンプリングのTWS-1試料に関して，d75mmの断面から，並列して2個の供試体を作製してUCTを行ったところ，$q_u \fallingdotseq$100kN/m^{2}に対し両供試体の変動幅は3%程度と極めて小さく，w_o, ρ_t, 間隙比e, 飽和度S_rの指標的性質に関しても有意差は認められなかった（後述図4-7）。したがって，TWS-1についてはTWSで比較する必要のない初心者による成形（表4-2の作業要因：K-3）と圧縮速度（同：K-4）の作業要因について，q_uに与える影響を検討する。

他の要因については，図4-2(c)に示すTWS-3, 5, 7とTWS-2, 4, 6のグループがTWS押込みによる影響が同じ試料であると判断して，前者に対しては要因を与え，要因を与えない後者と比較する。この場合，影響度を検討する際の前提条件として，両供試体が力学的に同じ指標的性質を有することを確認している。本節では重複した記述を避けるため，指標的性質を各試験結果の図に示し，特に差が認められる場合にそれを述べることにする。

(a) ブロックサンプリング

(b) TWSサンプリング

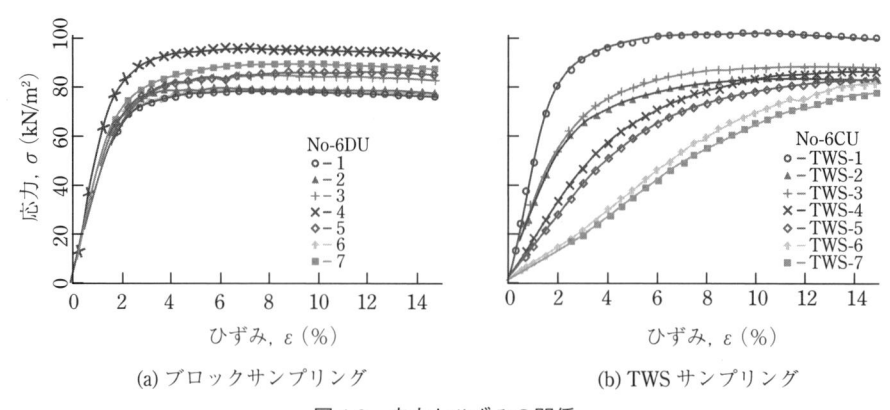

図4-3 応力とひずみの関係

また，供試体が練り返した再構成土であるため，破壊ひずみε_fが$(4 \sim 8)$%と大きく（図4-3(b)），一見して試料に乱れがあるように見受けられる。したがって，このような試

料に要因を与え，その影響度を検討することの是非が懸念される．

沖積粘性土地盤がサンドドレーンや砂杭によって地盤改良されると，一時的に著しい強度低下を生ずるが，圧密の進行とともに地盤強度は回復する．しかし，一般に ε_f の回復は少なく，例えば q_u の観点で強度回復した地盤であっても，$\varepsilon_f=(6～10)\%$（無処理地盤では $\varepsilon_f=(2.5～3.5)\%$ 程度が一般的）程度の大きな値をとることが多い．このように，強度は回復するが残留ひずみが残る原因は，粘性土の微視的構造を構成する最小単位としてのペッド（ped）や微視的構造の変化，またシキソトロピー現象等が複雑に干渉する結果であると推察される．しかし，これに関する一般的見解や定量的な研究成果は何もないのが現状である．実務において，このような改良地盤の強度を問題とする設計の場合には，技術者は圧密完了後の地盤の強度を，無処理地盤で通常の方法で得た不撹乱試料の強度と同様の扱いをして，得られた q_u をそのまま設計値として採用するのが一般的である．このことは，強度を問題とする設計において，再構成土が再圧密によって強度回復した地盤については，上述した改良地盤の場合と同様の扱いが可能であることを示唆している．

供試土として再構成土を用いたのは，せん断特性の変化の傾向を定性的に調べるのに有利であるのが理由である．本節では非排水条件下の安定問題を対象として q_u に着目している．そして，q_u の低下率（｜1-(要因を与えた q_u/要因を与えない q_u)｜）という正規化した指標を用いて，各種要因相互の定性的傾向を調べる．以上のことから，練返し土を用いて行う定性的検討は有効であると考えている．

① ひずみ速度が q_u に与える影響（作業要因：K-4）

K-4 は，ひずみ速度として 5%/min を設定している．用いた一軸圧縮試験機はモーターの能力が最大 4.3%/min であった．そこで，直径 75mm の採取試料の断面から並列して作製した 2 つの供試体に対し，1%/min と 3%/min，1%/min と 4%/min という組合せで試験を行った．図 4-4，図 4-5 は，それぞれの試験結果である．1%/min に対する比で検討した q_u 比に着目すると，図 4-4，図 4-5 ともに 1.0 を中心にして 2 割程度変動するが，速度効果の影響は明らかでない．1%/min に対する 3%/min と 4%/min の q_u の低下率は，それぞれ平均値にしてわずか 0.01（強度低下），0.01（強度増加）である．以上の結果を基に，以下に述べる比較実験では軸ひずみ速度を 3%/min に統一した．3%/min は試験時間の効率を考慮したものであるが，運輸技術研究所の提案[3]により，実務では広く用いられているひずみ速度である．

② 土試料の貯蔵期間が q_u に与える影響（作業要因：K-1）

作業要因 K-1 は，試料採取後の試料の貯蔵期間として（7～10）日を想定しているので，貯

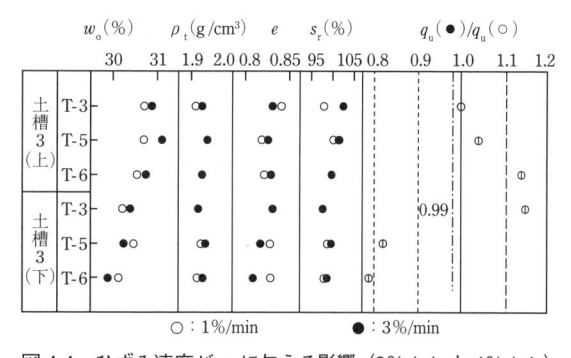

図 4-4 ひずみ速度が q_u に与える影響（3%/min と 1%/min）

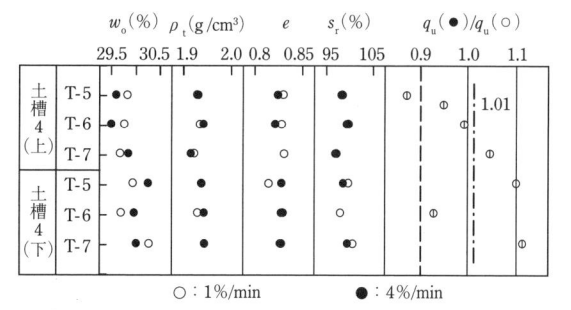

図 4-5 ひずみ速度が q_u に与える影響（4%/min と 1%/min）

蔵期間10日のq_uに与える影響を検討した。重量比で松脂5％程度添加のパラフィンを厚さ2cm程度にシールし，さらに両端にキャップをして温度変化の少ない専用の棚で試料を貯蔵した。図4-6は，試料採取後直ちに試験した場合と貯蔵期間10日後の試験結果を比較したものである。貯蔵期間10日の試料ではw_oがやや小さく，ρ_tがやや大きい傾向があるがその差は工学的には無視できる程度である。試料採取後直ちに試験を行った結果に対するq_u比を見ると，土槽上部で1.10，下部で0.99，両者の平均は1.05であり，やはり顕著な差は認められなかった。

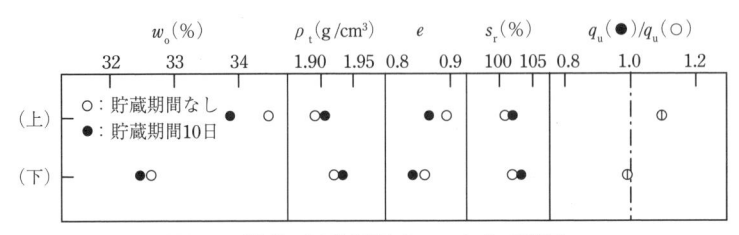

図4-6　試料の貯蔵期間がq_uに与える影響

③　1断面2供試体がq_uに与える影響（作業要因：K-2）

図4-7は，直径75mmの採取試料の断面から並列して2つの供試体を作製した場合（2供試体と表記）と同1つの供試体（1供試体と表記）の試験結果である。q_u比を見ると，2供試体のq_uが若干低めの値を与える傾向があるが，q_uの低下率の平均値は0.03である。TWS押込みと試料の押出し時に生ずる試料の乱れは，TWSから数mmの範囲であることを走査型電子顕微鏡を用いた微視的構造の変化に対する検討でも確認している[4]。また，このことは7.1節に述べる超深度形状測定顕微鏡による結果とも符合する。

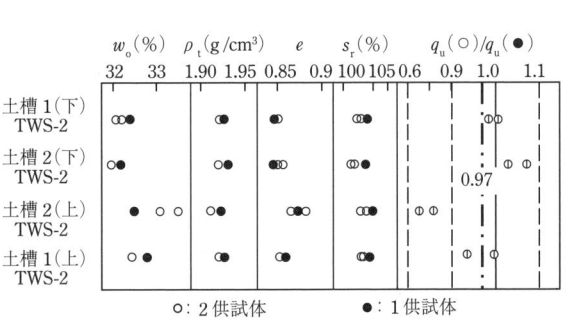

図4-7　1断面2供試体がq_uに与える影響

④　初心者が供試体を成形した場合の乱れがq_uに与える影響（作業要因：K-3）

TWS-1の2供試体のペアの試料に対し，熟練者（著者）と初心者（学生）がそれぞれ供試体を作製してq_uに与える影響を検討した。熟練者は土質試験の経験を数十年有し，初心者は初めてUCTを行った。図4-8は試験結果であるが，同図の縦軸の番号は，比較

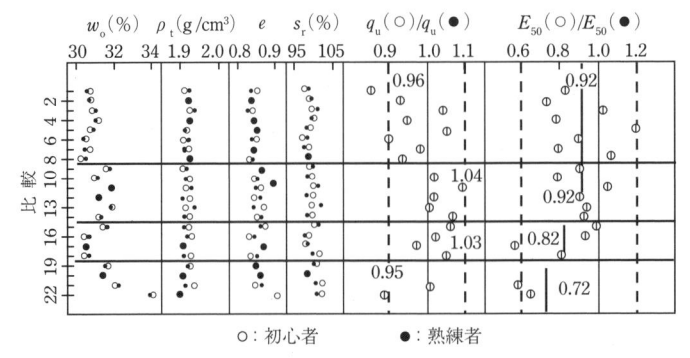

図4-8　供試体作製者の差がq_uに与える影響

した順番を示している．また，図中の3本の横線は4回に分けて行った比較試験を区別している．熟練者に対するq_u比は，比較試験1回目の結果で初心者のq_uが最大15％程度小さいが，比較試験2回目ではむしろ大きな値を与えている．比較試験ごとのq_uの低下率の平均値は，それぞれ0.04，0.04（強度増加），0.03（強度増加），0.05であるが，変形係数E_{50}比の平均値は，それぞれ0.92，0.92，0.82，0.72である．このことは，強度増加するq_uは誤差の範囲であることを示している．q_uでは明瞭でなかった初心者の供試体の乱れが，E_{50}では明瞭に現れている．変形係数を扱う設計問題では，試験者の熟練度がE_{50}に及ぼす影響が大きいことを考慮しておく必要がある．

⑤ 温度変化によるチューブの変形がq_uに与える影響（作業要因：I-1）

I-1は，窓際の温度変化の激しい場所に採取試料を貯蔵したため，サンプリングチューブが伸縮・膨張して，試料に多少の変形や乾燥が生じたという要因である．この作業要因の単純化として，試料の入ったサンプリングチューブを50℃の乾燥炉の中に6時間（1日の日照時間を考慮）放置し，他の18時間は専用のダンボール箱に貯蔵（貯蔵温度13℃～15℃）する繰返しを3日間行った．また，要因を与えない試料は室温13℃～15℃で貯蔵しているが，両者とも前述のパラフィンを所定厚さにシールしている．図4-9は，試験結果を示している．要因を与えることでw_oと飽和度S_rの変化は特に見られない．要因を与えない供試体のq_u比を見ると，要因を与えることで強度増加が認められるが，その平均値は1.04とわずかである．

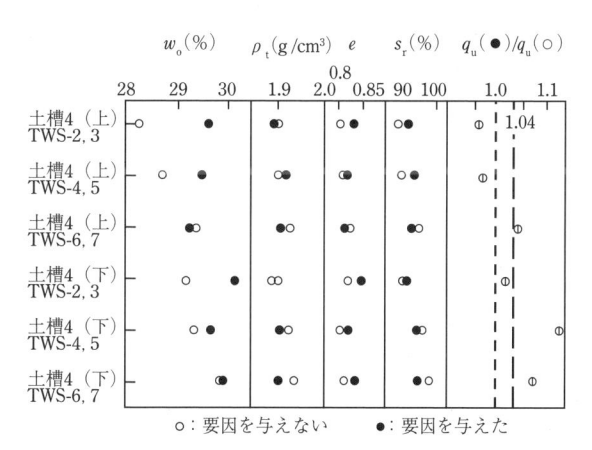

図4-9 温度変化によるチューブの変形がq_uに与える影響

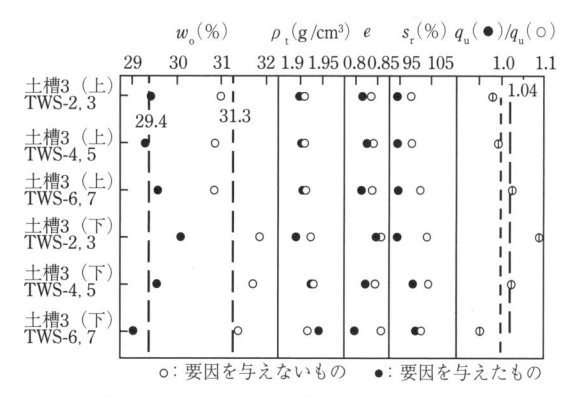

⑥ 高温度によるチューブの変形がq_uに与える影響（作業要因：I-2）

I-2は，採取試料を現地から試験室に運搬する途中に車窓からの直射日光が直接チューブに当たり，試験室に搬入したときにはサンプリングチューブが素手で持てないくらい熱くなったという要因である．この要因の単純化として，試料の入ったサンプリングチューブを70℃（サンプリングチューブを素手で保持できる温度の限界は55℃程度）の乾燥炉の中で4時間放置し，また要因を与えない試料は室温13℃で貯蔵してq_uに与える影響を検討した．図4-10は試験結果を示しているが，要因を与えることにより，$w_o=2％$，$S_r=4％$の低下を生じ，要因を与えない供試体に対するq_u比の平均値は1.01である．要因を与えることによるw_o，S_rの低下は傾向的なものと判断されるが，q_uに与える影響はわずかである．

図4-10 高温度によるチューブの変形がq_uに与える影響

⑦ 試料運搬中の振動・衝撃が q_u に与える影響（作業要因：I-3）

図 4-11 は，試料の入った TWS をライトバンの荷台に直接置いて運搬した場合と運搬しない場合の試験結果である。運搬に際しては，試料の両端に 2cm 厚のシールを施した TWS を直接荷台に置き，TWS 相互の固定もしていない。したがって，走行中の振動・衝撃が TWS 内の試料に直接作用して，TWS は荷の中（幅×長さ：1.2m × 2.0m）を走行状態にまかせて自由に移動できる状態とした。特に

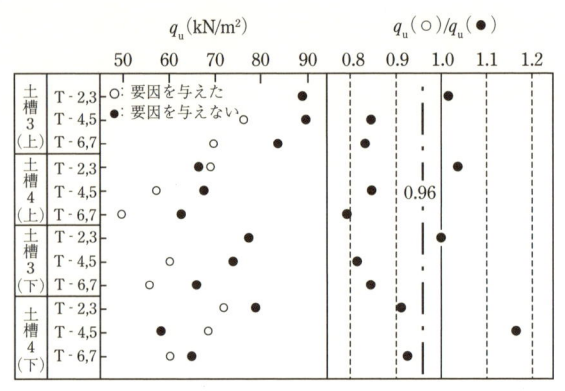

図 4-11 試料運搬中の振動・衝撃が q_u に与える影響

車の発進・停止時には，TWS 相互の接触や車体内壁への衝突で，試料は大きな衝撃を受ける。このような状況で一般の舗装道路を 70km 走行した。両端にシールを施しているため，指標的性質の変化はないが，q_u の低下は明らかであり低下率の平均として 0.04 を得る。

⑧ 試料の押出しを横にした場合に q_u に与える影響（作業要因：J-2）

図 4-12 は，横型および縦型の試料押出し装置を用いて TWS から試料を押し出した場合の試験結果を示している。縦型装置では試料を鉛直上方に 10cm 押し出すごとに切断し，また，横型装置では試料を水平に 10cm 押し出し切断する。試料押出しに際しては，両者とも TWS から出た部分の試料を特別に保持することはしていない。図 4-12 の指標的性質を見ると，両方法でその差はほとんどなく，当然のことながら力学的には同一の物性を持つ試料と判断される。さて，同図には縦型装置に対する q_u 比を示しているが，0.9～1.1 の範囲に一様に分布し，平均値は 1.01 である。また，得られた供試体 24 個に対する q_u の差の有意差検定においても，95%信頼度で両者に有意差はなかった。

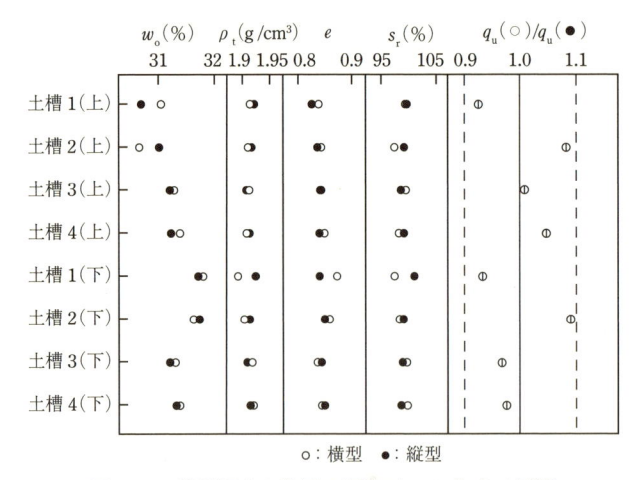

図 4-12 試料押出し装置の相違が q_u に与える影響

このように各種要因の強度低下に与える影響が総じて小さいのは，供試土として再構成土を用いているのが原因である危惧がある。すなわち，再構成土を用いた室内実験では，圧密過程や圧密時間の相違から自然堆積した粘性土と微視的構造特性が異なり，q_u の低下率を過小評価しているのではないかという懸念である。これについては，4.1.6 項の実験

的検討で，供試土の微視的構造の乱れと考えるより，粒度組成や指標的性質の差と，微視的構造の基本モデル，あるいは化学成分の差と判断されることが示される。

(2) 大型圧密土槽による実験結果と考察

表4-3に，大型圧密土槽からの採取試料と作業要因の組合せを示す。土槽内の平面位置における（あるいは深度方向に対しても）w_oとρ_tの変動は工学的には無視できる（詳細は後述）。そこで，表4-3に示す組合せは，TWS押込み時に生ずるTWS内の試料の移動量（品質）が同程度のものを比較ペアとして選定した。実験は，比較ペアの一方に要因を与え，要因を与えない他の試料と比較するが，その際同じ深度の供試体で影響度を検討する。

表4-3 試料採取と作業要因（大型圧密土槽）

作業要因	試料採取番号（TWS）	
	要因を与える	要因を与えない
H-1	5	6
H-3	8	7
J-3	9	11
G-1	10	12
J-1	11	14

(a) 大型土槽地盤の作製結果

影響度を検討する場合，比較する土試料が力学的に同じ指標的性質を有していることが必要である。図4-13は，土槽地盤の指標的・力学的性質を明らかにするため，要因を与えない試料（TWT-6, 7, 11, 12, 14）の試験結果を土槽深度に対してプロットしている。w_o, ρ_t, e, S_rの変動幅はw_o=0.8 %, ρ_t=0.6g/cm³, e=0.3と小さく，$S_r ≒ 100$%の飽和粘性土である。また，q_uの深度分布を見ると，深さとともにわずかながら減少している。これは，土槽下部のε_fが大きいことから，サンプリングに起因する試料の乱れが考えられるが，同一深度でのq_uの変動幅は5kN/m²程度と小さい。このことは，土槽の同じ深度では場所に関係なく，力学的には同じ物性を持つ試料と判断してよいことを示している。したがって，影響度の検討では，表4-3に示した比較試料の同じ深度の供試体で影響度を実験的に調べる。

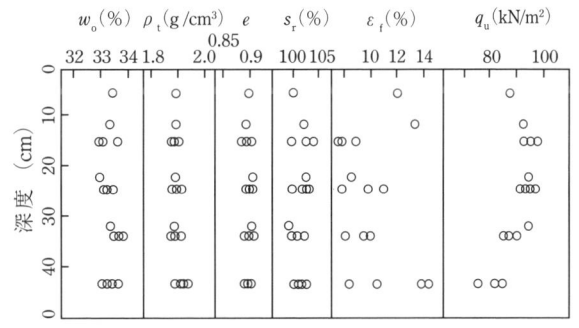

図4-13 大型土槽地盤の土性図（要因を与えない試料）

(b) 実験結果と考察

大型土槽を用いた各種作業要因の一軸圧縮試験結果を図4-14に示す。縦軸は各種作業

図4-14 大型土槽実験結果

① ピストン引抜き時のTWSの圧迫がq_uに与える影響（作業要因：G-1）

G-1の単純化としてコンクリート床上にTWSを横置し，刃先より30cm離れた箇所を体重60kgfの人間が数度踏みつけてTWSを変形させその直後に試験した。図4-15は，その際に生じたTWSの変形とq_u，E_{50}の変化を示している。踏みつけによるTWSの変形は，刃先ほど大きく，最大0.7mm程度（TWS内径75mmの約1%）変形した。また，TWSの変形が大きいほどq_uとE_{50}の低下が大きくなるのが明らかである。踏みつ

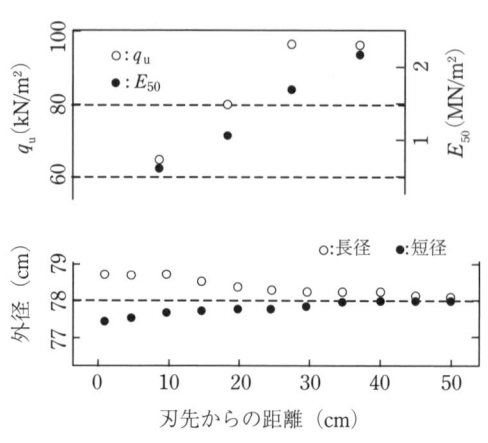

図4-15 TWSの変形とq_u，E_{50}の変化

けによる試料への衝撃力は（ステンレス製TWSの剛性を考えると）TWS内でほぼ一定であると考えられ，q_uの低下はTWSの変形によるものと推察される。また，図4-14より，TWSの断面変形で試料の圧縮が生じ，ρ_tの増加とそれに伴うe，w_oの減少，S_rの増加が生じたものと考えられる。要因を与えないTWS-12と比較すると，ε_fの増加とq_u，E_{50}の低下が著しい。

② 試料押出し時の壁摩擦がq_uに与える影響（作業要因J-1）

ここでは，作業要因J-1として試料押出し方法の違いがq_uに与える影響を検討する。今，便宜的に刃先側からの供試体を，それぞれ1, 2, 3, 4とする。1と3については，かなり速い速度（約2.4cm/s）で一気に押し出し，2と4については9.5cmの押出し量のうち2cm刻みで緩（約0.07cm/s），速（約2.4cm/s）と押出し速度を変化させた。図4-14のJ-1を見ると，要因の影響と推察されるρ_tの増加とeの減少が明らかであるが，q_uとE_{50}に与える影響はわずかである。

③ 試料押出し時のTWSの締め過ぎがq_uに与える影響（作業要因：J-3）

TWSを試料押出し装置にセットした際に，TWS固定バンドを締め過ぎ，TWSに若干の変形を与えたという作業要因である。実験では，TWS刃先部を直径で2mm（断面積で5.3%）程度内側へ一様に絞り込み，試料を押し出した直後に試験を行った。断面積の減少で9.5cmの押出し量に対して，刃先から出る試料長は10cmであった。要因を与えることにより試料が圧縮し，ρ_tの増加とそれに伴うw_o，eの減少，S_rの増加が図4-14からも読み取れる。ε_fとE_{50}の変化は大きいが，q_uへの影響は明らかでない。

以上，大型土槽の実験結果を表4-4に示した。また，作業要因H-1, H-3は，既に同様な室内実験でq_uに与える影響が明らかにされている[5]。それによればq_uの低下率は，それぞれ0.01（強度増加）と0.11であった。

表 4-4 大型土槽実験結果

TWS	No.	作業要因	q_u^* (kN/m²)	q_u (kN/m²)	q_u/q_u^*	低下率の平均値
10	1	G-1	83.2	63.8	0.767	0.099
	2		89.9	78.4	0.872	
	3		96.0	95.1	0.991	
	4		98.3	95.6	0.973	
13	1	J-1	75.9	79.2	1.043	0.037 (強度増加)
	2		85.5	91.1	1.065	
	3		92.1	94.4	1.025	
	4		94.4	95.8	1.015	
9	1	J-3	83.9	84.8	1.011	0.028 (強度増加)
	2		90.1	93.3	1.036	
	3		97.8	98.9	1.011	
	4		96.4	101.4	1.052	

q_u^*：要因を与えないq_u　　　q_u：要因を与えたq_u

本実験は，飽和粘性土の短期安定問題を対象として特にq_uに着目している．しかし，G-1，H-3，J-3，K-3のようにε_f，E_{50}の変形特性に与える影響が大きな作業要因には注目しておく必要がある．FEM等の変形解析を対象とする設計問題に，これらの要因が与える影響の検討も今後必要となる．

4.1.4 各種撹乱要因がq_uに与える影響に関する現地サンプリング実験

室内の大型および小型圧密土槽ではシミュレートできない作業要因について，現地サンプリング実験（以下，現地実験と表記）を実施した．現地は東海地域のある沿岸であり，$z=(7\sim20)$mまで比較的均質で水平方向の連続性に富む沖積海成粘性土層である．水深-7mの海上で可搬式の鋼製足場と木製の三脚を用い，試料採取は固定ピストン式TWSを用いた．

(1) 作業要因の選定と現地実験の方法

4.1.2項では，現地作業を伴うため室内実験ではシミュレートできない作業要因として19個を選定した．この中で，B-2，D-2，F-2,3の4要因については，実態調査[2]に基づきq_uに与える影響を明らかにした．また，A-2，B-1，E-2，G-2，H-2の5要因は，実務作業の中でも偶然性が高く，現地実験を行ってもその結果の一般性が疑問視される要因である．したがって，上述の19個の作業要因の中から通常の出現頻度の高い要因として，A-1，A-3，C-2，C-3，D-1，E-3，G-3，K-1の8要因を選定してq_uに与える影響を検討した．図4-16は，採取試料と作業要因の組合せ，ならびにw_o，ρ_t，q_u，ε_f

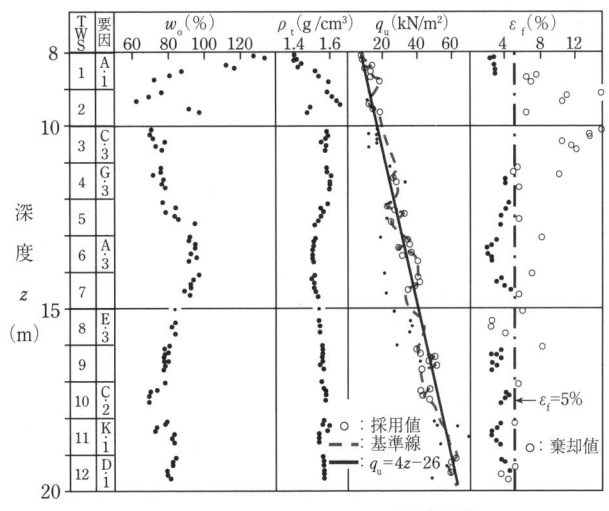

図 4-16 w_o，ρ_t，q_u，ε_f の深度分布

の深度分布の結果である。図中の各点はすべての供試体の試験結果を正確な深度に対しプロットしている。q_u に対する影響度の検討は、要因を与えない試料および要因を与えてもその影響が認められない試料の試験結果から基準とする q_u の深度分布線を決定し、その基準線からの乖離の大きさで行った。基準とする q_u の深度分布線は、最小二乗法などの直線近似法では適切な評価が行えないため、以下の2点を考慮して詳細な検討を加えて決定した。

① w_0 と ρ_t の性質は、飽和土であれば作業要因を与えてもその変化が少ないと考えられる。したがって、q_u の深さに対する連続性を考えるうえで、w_0 と ρ_t の深度変化を参考にする。

② $\varepsilon_f \geqq 5\%$ の供試体は、明らかに乱れがあると判断して棄却した。棄却基準値 $\varepsilon_f = 5\%$ は以下の理由による。

調査地近傍で、砂杭打設による周辺地盤の乱れを正確に把握するために高精度のボーリング調査が行われた[6]。図4-17 は ε_f のヒストグラムであるが、棄却値として $\varepsilon_f = 4\%$、4.5%、5%を設定すると各棄却値以上のデータが全データに占める割合は、それぞれ27.2%、17.3%、11.8%となる。この値を参考にして、今回行ったすべての供試体の σ と ε の関係と試料押し出し時の観察状況を詳細に検討して $\varepsilon_f = 5\%$ が最も妥当であると判断した。

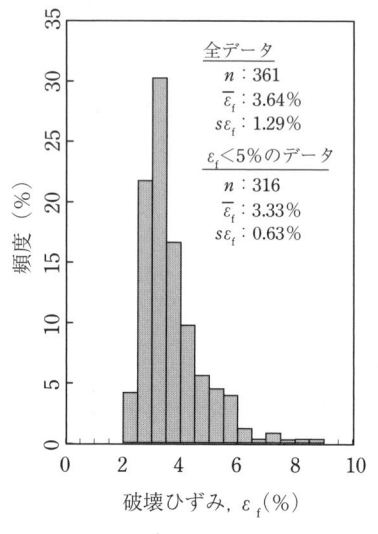

図4-17 ε_f のヒストグラム

4.1.5 実験結果と考察

① サンプラー貫入後の試料採取が q_u に与える影響（作業要因：A-1）

図4-16 の TWS-1 の結果を見ると、刃先部20cmまでの供試体を除き $\varepsilon_f = (2.5 \sim 3.0)\%$ と小さく、また試料押出し時の観察や一軸圧縮試験終了後の破壊形態でも、供試体に明確なすべり面が発生していた。したがって、要因による試料の乱れや強度低下は明瞭でない。

② チューブ刃先の変形が q_u に与える影響（作業要因：C-3）

本要因は TWS の刃先が変形した状態でサンプリングした場合であり、変形の程度は採取試料の断面方向の中央部付近まで影響が及ぶ状況を設定している。図4-18 に、TWS-3 を採取したチューブ刃先の形状と供試体位置を示す。刃先の最大変形量は、TWS 内径75mmの23%であり、オペレーターが実際の作業で容認する限界に近いものである。TWS-3 の ε_f を見ると、$\varepsilon_f = (10.5 \sim 15.0)\%$ でありすべての供試体に大きな乱れが生じ、その結果 q_u の低下が著しい。

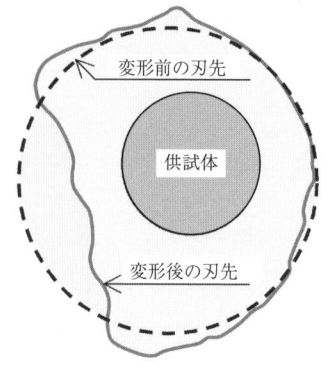

図4-18 チューブ刃先の変形

③ エンジンによる振動・衝撃が q_u に与える影響（作業要因：G-3）

TWS-4 は、採取した試料の両端にシールもキャップも装着せずに、エンジン近くの足

場板上に40分間放置した。貝殻片の混入した供試体（TWSの刃先から4番目）を除いて，TWSの端部ほど，振動・衝撃に起因すると推察されるε_fの増大が明らかである。

④ 削孔中の異常ポンプ圧がq_uに与える影響（作業要因：A-3）

A-3の単純化として，前日のスライムが孔底に沈積した状態のまま，クランクを孔底に静置して送水圧500kN/m^{2}程度（運輸省港湾局によると，軟弱層では削孔中の送水圧を300kN/m^{2}以下と規定している[3]）を約2分間保持し，その後サンプリングした。TWS-6の最浅部の供試体のε_fは8%であり，要因に起因する試料の乱れは明らかである。しかし，他の供試体は$\varepsilon_f=(2.0～3.0)%$と，500kN/m^{2}程度の送水圧では表層部の10cmを除いて特にその影響はない。

⑤ サンプラーの110%押込みがq_uに与える影響（作業要因：E-3）

本要因を与えたTWS-8の試料押出し時の観察状況では，採取試料の刃先部50cmの範囲に，鉛直方向に供試体を2分するクラックが生じた。このクラックは，TWSの押し込み過ぎによるものであることは明白である。その結果，$\varepsilon_f=2.5%$と小さなひずみ領域でこのクラックに沿うすべり破壊が生じ，q_uの低下も著しい。従来，採取試料に縦のクラックが発生する原因は不明であったが，TWSの押し込み過ぎが原因であることが明確になった。

⑥ ピストンが10cm浮上した状態でのサンプリングがq_uに与える影響（作業要因：C-2）

TWS-10の試験結果を見ると，最浅部の供試体のε_fが5.5%と大きな値を持つ以外は他の供試体で$\varepsilon_f=(3.5～4.5)%$である。また，試料押出し時の観察状況からも要因を与えたことの影響は明らかでない。

⑦ サンプリング後（7～10）日経過してからの試験がq_uに与える影響（作業要因：K-1）

実務では2カ月あるいはそれ以上の長期間にわたり，採取試料を貯蔵することもある。そこで，貯蔵時間として4カ月をとりq_uに与える影響を調べた。TWS-11の指標的性質はTWS-10, 12の試料と同様であり，貯蔵による試料の乾燥等は見られない。また，ε_fにおいても，例えば正規の方法でサンプリングしたTWS-9と同様な値を持ち，要因を与えたことによる変化はないが，q_uは明らかに増加している。自然堆積した乱さない沖積粘性土に対しても，室内実験[7]や関東ローム[8]と同様なシキソトロピー現象が存在しているようである。

⑧ サンプラーの105%押込みがq_uに与える影響（作業要因：D-1）

⑤では，試料採取有効長を10cm超えた押込みの影響を明らかにした。ここでは，過押込み量が5cmの場合の影響をTWS-12で検討する。試料押出し時の観察状況から，押込み過ぎに起因するクラックの発生は刃先から20cmであり，押込み量10cmに対するクラックの発生範囲50cmより小さいことがわかる。TWS-12を見ると，刃先部20cmの影響範囲は作業要因E-3と同様にクラックに沿うすべり破壊による強度低下が著しい。

また，作業要因B-3とC-1は試料に与える変形量がそれぞれE-3とA-1と同等である。したがって，q_uの低下率はそれらの結果を用いて，それぞれ(B-3)=0.14, (C-1)=0.00とする。以上の結果をまとめて，撹乱要因によるq_uの低下率を**表4-5**に示した。

表4-5 現地サンプリング実験結果

TWS	No.	作業要因	q_u^* (kN/m²)	q_u (kN/m²)	q_u/q_u^*	低下率の平均値	TWS	No.	作業要因	q_u^* (kN/m²)	q_u (kN/m²)	q_u/q_u^*	低下率の平均値
1	1	A-1		18.5	1.000 ※	0.000	8	1	E-3	41.2	35.5	0.862 ※	0.143
	2			13.8	1.000			2		…	…	…	
	3			13.5	1.000			3		42.6	37.5	0.880	
	4			10.1	1.000			4		42.8	35.7	0.834	
	5			14.1	1.000			5		…	…	…	
	6			8.9	1.000 ※			6		…	…	…	
	7			8.3	1.000 ※			7		37.0	26.7	0.722 ※	
2	1	C-3	24.5	17.2	0.702 ※	0.264	10	1	C-2		46.9	100.0 ※	0.000
	2		22.8	12.0	0.526			2			42.2	…	
	3		22.1	16.9	0.765			3			41.9	…	
	4		21.6	17.4	0.806			4			46.3	…	
	5		20.8	17.6	0.845			5					
	6		20.0	12.9	0.645 ※			6			43.0	32.6	0.758 ※
3	1	G-3	30.0	29.6	0.987 ※	0.009	11	1	K-2		49.5	…	0.086 (強度増加)
	2			28.2	1.000			2		53.8	50.5	0.939	
	3			25.9	1.000			3		55.5	62.7	1.130	
	4		27.0	26.6	0.985			4		57.0	73.2	1.284	
	5		28.0	27.4	0.979			5		57.4	69.3	1.207	
	6		27.4	23.7	0.865 ※			6		57.3	59.6	1.040	
4	1	A-3		40.0	1.000 ※	0.000		7		57.6	52.8	0.917	
	2			31.3	1.000		12	1	D-1	59.8	37.5	0.627 ※	0.133
	3			36.5	1.000			2		58.7	29.0	0.494	
	4			29.8	1.000			3		58.3	1.000		
	5			35.2	1.000			4		57.8	56.3	0.974	
	6			34.3	1.000 ※			5		58.8	1.000		
	7			18.6	1.000 ※			6		61.8	1.000 ※		

q_u^*:基準とするq_u,　　q_u:要因を与えたq_u,　　※:棄却値

4.1.6　圧密圧力および供試土の違いがq_uに与える影響に関する検討

4.1.3項に述べた再構成土を対象とした室内実験では，圧密過程や圧密時間の相違から自然堆積した粘性土と微視的構造特性が異なり，q_uの低下率を過小評価することが懸念される。また，室内実験や現地実験で用いたq_uの低下率という指数は，用いた粘性土や圧密圧力が異なるため，同じ尺度で統一的に解釈できない危惧もある。本項では，これらの点に関して実験的考察を行う。

(1) 実験方法

実験に用いた土試料は，4.1.5項で述べた実験地近傍から採取した沖積海成粘性土であり，840μmふるいを用いて貝殻片などの粗粒分を除去した。ρ_s=2.669g/cm³，w_L=70.2%，w_p=26.5%で，日本統一土質分類によればCHに分類される細粒土（粘土分58%，シルト分42%，砂分0%）である。以下，この粘性土をA粘性土と表記する。実験は小型土槽に対して7本のTWSを1本ずつ順番に押し込み，TWS押込みという同じ撹乱要因に対し，A粘性土と4.1.2項で用いた粘性土（B粘性土と表記）について，また，圧密圧力σ'_pが100 kN/m²と300 kN/m²の粘性土に対する乱れの程度を比較検討する。供試体作製方法およびサンプリング方法は，4.1.2項で述べた小型圧密土槽の場合と同様である。また，圧密時間は両者とも30日程度であり，圧密度はほぼ100%である。

(2) 実験結果と考察

(a) 一軸圧縮試験結果と考察

図 4-19 は，TWS-1 を基準にした q_u，E_{50} の相対比率と ε_f を A 粘性土の土槽下部供試体について示したものである。TWS 押込みにより q_u と E_{50} の低下，また，ε_f の増大する傾向が明瞭である。

図 4-20 は，A 粘性土の σ'_v $300\,\mathrm{kN/m^2}$ を縦軸にとり，A 粘性土の（同）$100\,\mathrm{kN/m^2}$ と B 粘性土の（同）$300\,\mathrm{kN/m^2}$ の q_u と E_{50} を TWS-1 を基準にした比で比較している。図で明らかなように q_u，E_{50} ともに，圧密圧力や供試土の差に関係なくほぼ 1：1 に対応しており，TWS 押込みという同じ要因に対する影響度に有意差はない。以上のことから，q_u の低下率という指標は本項で用いた σ'_v や粘性土の範囲では，その差によらず統一的な解釈が可能である。なお，ここに示した σ'_v や粘性土の範囲は，q_u を用いる設計問題の対象範囲である。さらに，アンケート回答者に対する質問の設定も，各種撹乱要因を与えた q_u が標準的作業による q_u からどの程度相対的に乖離するかというものであり，q_u の低下率と同義の質問形式であった[9]ことを附記する。

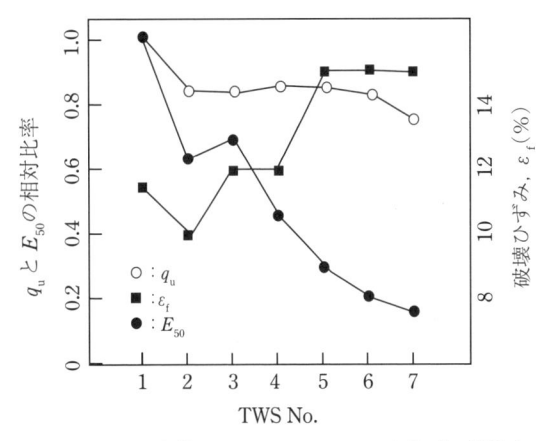

図 4-19　TWS 押込みによる $q_u, E_{50}, \varepsilon_f$ の変化（A 粘性土 $300\,\mathrm{kN/m^2}$）

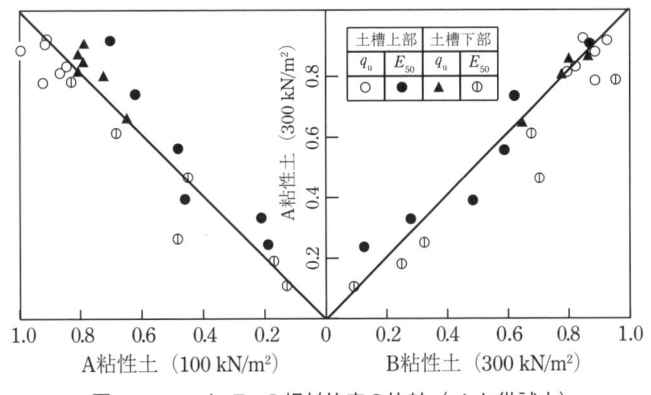

図 4-20　q_u と E_{50} の相対比率の比較（σ'_v と供試土）

(b) 鋭敏比と粒度組成，活性度に関する検討

B 粘性土を用いた大型および小型圧密土槽実験では，再構成の試料を用いている。これらの実験では，ε_f が大きいことや鋭敏比 S_t が小さいことから，圧密度がほぼ 100% であっても自然堆積した粘性土に比べて，もともと土の微視的構造に"乱れ"があるのではないかという危惧があった。例えば，B 粘性土は $S_t=3$ であり，一般に知られる沖積粘性土の $S_t=(10\sim20)$[10]に比較して小さい。図 4-21 と図 4-22 は，それぞれ本項で用いた供試土の粒径加積曲線と塑性図である。両図より明らかであるが，細粒分の含有量が多く粒径加積曲線が上に位置する粘性土ほど，塑性図の A 線上の右上に位置している。また，図 4-23 に S_t と活性度 A_c の関係を示す。S_t と A_c 間の正の関係を明らかにするために，藤本[11]が

行った外浦港の自然堆積した沖積粘性土に対するデータもプロットしている。図4-23から，AとBの両粘性土は，現地実験の粘性土のS_tあるいはA_cより小さな値を示すことがわかる。S_tに土の化学作用が大きく影響することは，クイッククレイが攪乱を受けた場合の軟質化などでよく知られている。また，蒸留水を用いて混練し再圧密した試料（A粘性土）は，綿毛構造と分散構造の中間的な構造モデルをとるのに対して，海水中で堆積した粘性土（現地実験の粘性土）は，より不安定な綿毛構造を形成すること[12]もよく知られている。

以上のことから再構成土のS_tが小さいのは，供試土の微視的構造の乱れと考えるより，図4-21と図4-22で示した粒度組成や指標的性質の差（特にAとB粘性土）と微視的構造の基本モデル，あるいは化学成分の差（特にA粘性土と現地実験の粘性土）と考えるのがより自然である。

図 4-21　粒径加積曲線

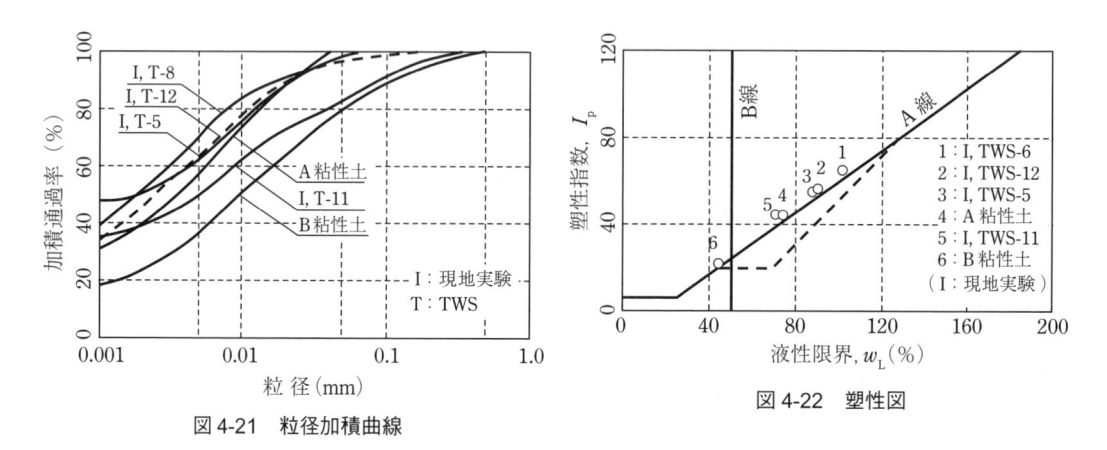

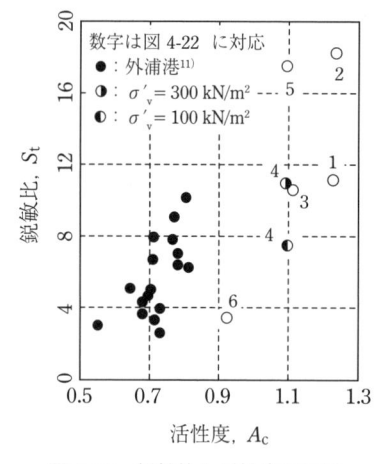

図 4-22　塑性図

図 4-23　鋭敏比と活性度の関係

4.1.7　アンケート分析結果の寄与率とq_uの低下率の関係

アンケート調査で取り上げた作業要因のうち，① A-3，② F-3，③ B-2，④ D-2，⑤ F-2，⑥ E-1，⑦ F-1のq_uに与える影響度については実態調査に基づき既に報告した[4),6),13)]。結果のみを簡単に再録すれば，q_uの低下率は，それぞれ① =0.23，② =0.55，③ =0.17，④ =0.41，0.38，⑤ =0.12（強度増加），⑥ =0.01（強度増加），⑦ =0.06であった。図4-24は，アンケートの分析結果[1)]である各作業要因の相対的な寄与率の平均値とその95％信頼区間を併せて，高いものから順に並べている。同時に上述の実態調査およ

び4.1.2項，4.1.3項と4.1.4項で述べた室内実験と現地実験結果より得た28個の作業要因によるq_uの低下率も併記した。この場合，q_uの低下率が試験結果のばらつきの範囲であるのか，また明らかな傾向であるのかを区別するとともに，要因を与えることで強度増加する作業要因については，q_uの低下率0の右側にプロットして，強度低下する作業要因と区別している。図4-24を概括的に見ると，寄与率の大きな要因はq_uの低下率も大きく，経験豊富な技術者の下す判断（寄与率）は，限られた環境下のデータではあるが室内実験や現地実験，また実態調査結果の傾向と整合すると考えられる。ただし，作業要因D-2は一般に技術者が経験することの少ない作業要因であるため，アンケート回答者の過小評価が出ていると推察される。

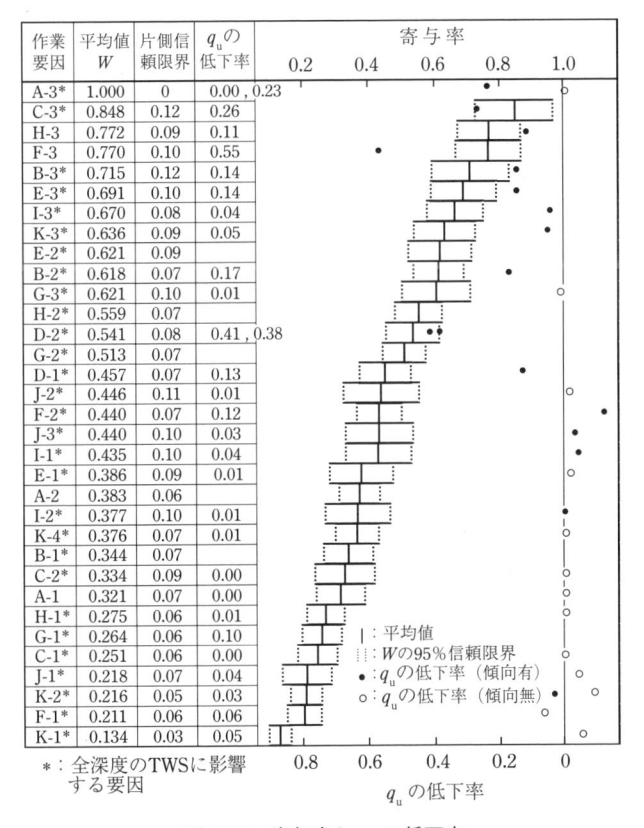

作業要因	平均値 W	片側信頼限界	q_uの低下率
A-3*	1.000	0	0.00, 0.23
C-3*	0.848	0.12	0.26
H-3	0.772	0.09	0.11
F-3	0.770	0.10	0.55
B-3*	0.715	0.12	0.14
E-3*	0.691	0.10	0.14
I-3*	0.670	0.08	0.04
K-3*	0.636	0.09	0.05
E-2*	0.621	0.09	
B-2*	0.618	0.07	0.17
G-3*	0.621	0.10	0.01
H-2*	0.559	0.07	
D-2*	0.541	0.08	0.41, 0.38
G-2*	0.513	0.07	
D-1*	0.457	0.07	0.13
J-2*	0.446	0.11	0.01
F-2*	0.440	0.07	0.12
J-3*	0.440	0.10	0.03
I-1*	0.435	0.10	0.04
E-1*	0.386	0.09	0.01
A-2	0.383	0.06	
I-2*	0.377	0.10	0.01
K-4*	0.376	0.07	0.01
B-1*	0.344	0.07	
C-2*	0.334	0.09	0.00
A-1	0.321	0.07	0.00
H-1*	0.275	0.06	0.01
G-1*	0.264	0.06	0.10
C-1*	0.251	0.06	0.00
J-1*	0.218	0.07	0.04
K-2*	0.216	0.05	0.03
F-1*	0.211	0.06	0.06
K-1*	0.134	0.03	0.05

*：全深度のTWSに影響する要因

図4-24 寄与率とq_uの低下率

経験に裏打ちされた技術者の判断（寄与率）が，実際の現象（q_uの低下率）をよく説明することは興味深い。図4-24の工学的利用については，乱れによるq_uとその変動係数の補正法とも絡めて5.3節で詳しく述べる。

4.2 強度・圧密特性に及ぼす試料撹乱の影響

4.2.1 概　説

標準圧密試験ILは圧密特性と粘性土の非排水せん断強度に対する情報を提供する。非排水せん断強度特性の乱れに関する種々の補正法が，Skempton & Sowa[14]，奥村[15]，中瀬[16]らの多くの研究者によって提案されている。5.3節では，乱れた試料の一軸圧縮強さq_uの

平均値 $\bar{q}_u$ と変動係数 Vq_u を補正する簡便法[17]が示される。これらの研究は，非排水条件下の粘土地盤の短期安定問題に非排水せん断強さ $c_u(=q_u/2)$ の直接的適用に焦点を当てている。圧密降伏応力 σ'_p が，Ladd & Foott[18]，半沢[19]，Mesri[20] のように c_u の推定に用いられるとき，c_u と圧密パラメータの両者に及ぼす試料の乱れの影響を知ることが必要である。しかしながら，実務において，この必要性の認識があるにもかかわらず，その検討は十分に行われていない。地盤工学の重要な問題の一つは，乱れた試料の q_u と圧密パラメータの一般的補正法の開発である。

第3章では，SとO供試体の強度特性と $d30$ と $d60$ 供試体の圧密特性に差がないことが示された。Sと $d30$ 供試体は，$d75mm$，$h100mm$ の試料から土の指標的性質と堆積環境を含む試料の品質の同じ条件下の一軸圧縮強度特性と圧密特性が測定できる。

地盤工学における沈下と安定問題の設計信頼度を向上するため，本節では試料の乱れに起因した c_u と σ'_p，圧密係数 c_v，圧縮指数 C_c，体積圧縮係数 m_v，透水係数 k のような圧密パラメータの変化の関係が示される。そのため，非排水せん断強度と圧密パラメータに及ぼす試料の乱れの影響が，一連の一軸圧縮試験 UCT と IL から，桑名粘土の自然堆積土に対して行われた。

5.3 節で述べる乱れた試料の非排水せん断強度の統計量を予測する方法[17]と本節で述べる非排水強度と圧密パラメータの乱れに対する影響を組み合わせることで，強度と圧密特性の試料の乱れを補正する実務的方法として用いることができる。

4.2.2　供試土と試験法

本節で用いる供試土は，桑名市郊外に位置する沖積海成粘性土である。自由ピストン式サンプラーで得た試料の q_u は，固定ピストン式サンプラーによるそれらより40%小さいことが2.3節で示された。したがって，現地のサンプリングは，試料の品質を高めるため固定ピストンサンプラーで行われた。

図 4-25 は土性図を示している。比較的に均質な沖積海成粘性土が $z=(10 \sim 30)m$ に水平に堆積し，地下水位は $z=0.8m$ である。$z=18m$ の湿潤密度は $1.6g/cm^3$ であり，q_u と σ'_p は z とともに増加している。これらの供試土の指標的性質が表 4-6 に示される。塑性指数 I_p は $25.8 \sim 57.2$ の範囲である。

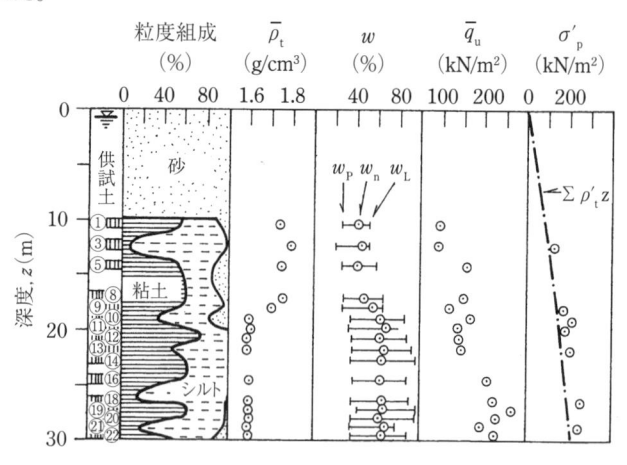

図 4-25　土性図

表4-6 供試土の指標的性質

試料	K-3	K-9	K-10	K-11	K-13	K-18	K-21
深度(m)	12	18	19	20	22	26	29
砂(%)	1.2	5.8	18.5	1.9	0.5	2.4	3.8
シルト(%)	93.6	38.0	47.7	46.4	53.0	81.5	79.0
粘土(%)	5.2	56.2	33.8	51.7	46.5	16.1	17.2
w_L(%)	51	64	87	80	95	92	78
I_p	26	36	51	44	57	54	43

土試料に乱れを与える装置は，その方法とともに図4-26に示される。図4-26(a)に示すように，サンプリングチューブの内径である撹乱装置の断面積A_Eの比R_aは 1.0, 0.95, 0.9, 0.8, 0.7に変化され，これらの試料はそれぞれS_1, S_2, S_3, S_4, S_5と表記する。S_6は練返し土に相当する。図4-26(b)に示すように，試料の乱れはサンプリングチューブの刃先に変形装置を装着した後，押出して与えた。強度・圧密パラメータに及ぼす撹乱要因の影響を検討するため，S_1試料が押出されるK-9, 11, 21のチューブに対しては，撹乱装置により乱れが与えられる前に木槌で打撃された。8cm長さの試料が，チューブから順に押し出された。ILとUCTのための供試体寸法は，d60mmとh20mm，d15mmとh35mmとした。q_uとE_{50}に関しては約7供試体が統計計算に用いられた。

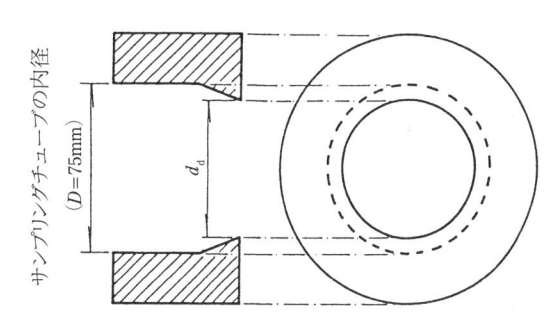

試料	d_d(cm)	A_E(cm²)	R_a
S_1	7.50	44.18	1.000
S_2	7.32	42.06	0.952
S_3	7.12	39.86	0.902
S_4	6.72	35.47	0.803
S_5	6.33	31.44	0.712
S_6	練返し土		

a) 撹乱装置

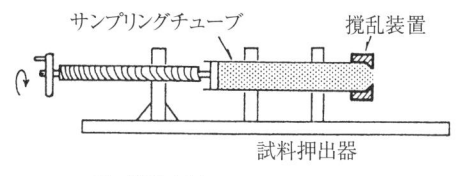

b) 撹乱方法

図4-26 試料の撹乱方法

ILは，荷重増分比1で各荷重載荷時間は1日である。供試体底部に置かれたポーラスストンは，最大容量1960 kN/m²の歪ゲージ型の間隙水圧計に剛性の高いビニールパイプによって接続されている。供試体は上面から片面排水された。測定系の応答性を高めるため，圧密箱のポーラスストンと間隙水圧計の間のビニールパイプは脱気水で満たされている。c_vとσ'_pは，それぞれTaylorと三笠の方法で求めた。これらの方法は，JIS A 1217-1990で規定されている。

4.2.3 強度特性に及ぼす試料の乱れの影響

K-18の供試体に対する応力とひずみの関係を図4-27に示す。試料の乱れの増加で初期接線勾配は小さくなり，破壊ひずみは大きくなる。K-18のq_uに対する軸応力σの比σ/q_uの点に対する割線係数Eとσ/q_uの関係が図4-28に示される。Eは試料の乱れの増加で

減少する。図4-29はS_1試料に対する各試料のq_uの平均値の比である$\bar{q}_u$比とR_aの関係を示す。$\bar{q}_u$比はR_aに対して強い正の関係を示す。K-9, K-11, K-21の供試体に対する$\bar{q}_u$比は、これらの試料が図4-26に示す撹乱装置によって乱される前に木槌で打撃されているので、他の試料のそれらより小さい。K-9, K-11, K-21の供試体に対する$\bar{q}_u$比は木槌の衝撃の大きさの差で変化する。しかし、他の試料は同じR_a下で同等な$\bar{q}_u$比となる。異なる深度で種々のI_pに対するデータが図4-29にプロットされる。図4-29の関係は、同様な乱れの試料に対して$I_p \fallingdotseq (25 \sim 60)$, $q_u \fallingdotseq (92 \sim 220)\text{kN/m}^2$の範囲に対して同じ傾向を持つ。

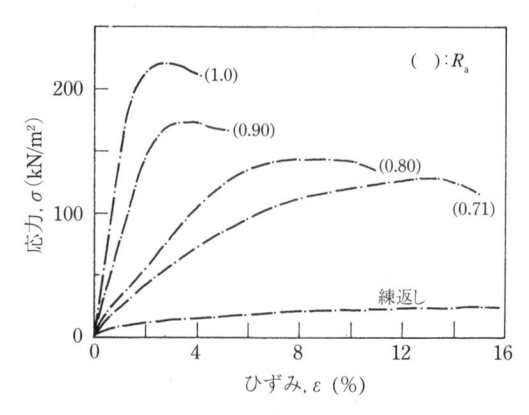

図4-27 応力とひずみの関係（K-18）

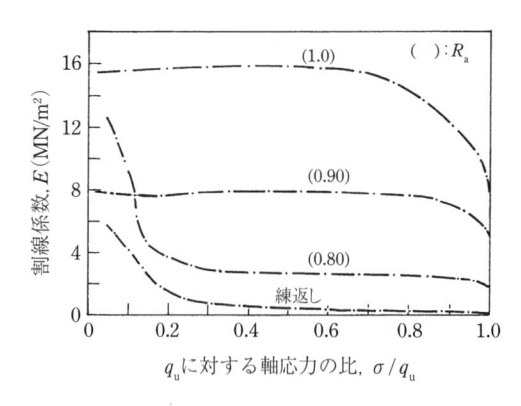

図4-28 Eとσ/q_uの関係（K-18）

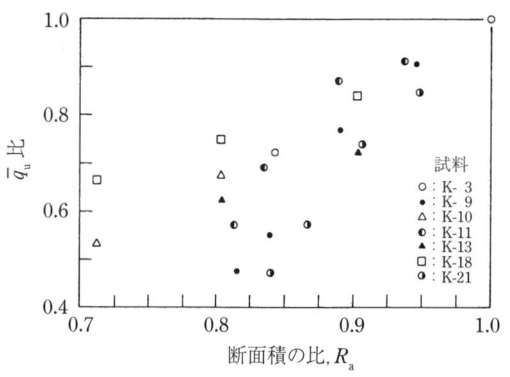

図4-29 $\bar{q}_u$比と断面積比の関係

S_1試料に対する各試料のE_{50}の比がR_aに対して図4-30に示される。同じR_a下の$\bar{E}_{50}$比の変動は、強度特性より変形特性に大きく影響するため[2]、図4-29の$\bar{q}_u$比のそれより大きい。したがって、$\bar{E}_{50}$比は対数目盛でR_aに対して直線的に減少する。この関係は、$I_p \fallingdotseq (25 \sim 60)$, $q_u \fallingdotseq (92 \sim 220)\text{kN/m}^2$の範囲に依存しない。図4-29と図4-30の結果は、S_1試料に対する各試料の$\bar{q}_u$比と$\bar{E}_{50}$比は、試料の乱れの程度が同じ場合、用いた試料のI_pとq_uに依存しないことを示している。土のせん断強度と変形挙動にこれら2つの要因が統計的に依存しないことは5.3節で示される。

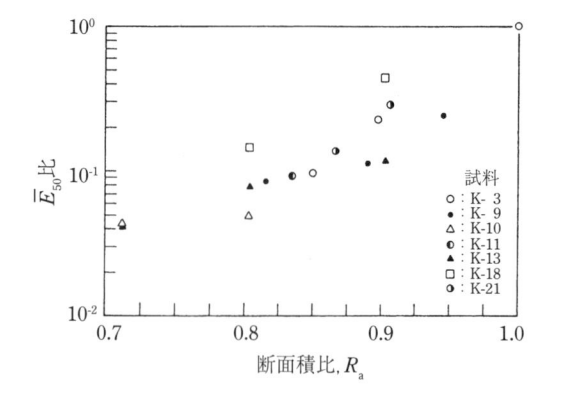

図4-30 $\bar{E}_{50}$比と断面積比の関係

4.2.4 圧密特性に関する試料の乱れの影響

K-18 の供試体底部で測定した間隙水圧と表面沈下，時間の対数の関係が図 4-31 に示される。K-18 の S_1 試料の σ'_p は，図 4-32 の表に示されているように 250 kN/m² である。過圧密 OC と正規圧密 NC 領域として，例えば圧密圧力 σ'_v=40 kN/m² と 640 kN/m² の例が図 4-31(a) と (b) に示される。これらの図は，間隙水圧の発生に時間遅れがあることを示している。図 4-31 に示す間隙水圧の挙動は，練返し土[21]や高有機質土[22]に対する結果と同様である。圧密箱内で最大間隙水圧が現れる前の時間遅れの理由は，初期の空気圧縮の影響が一因であることに加え，圧密リングと供試体の間の摩擦が考えられる。S_1 試料の場合，荷重増分 Δp に対する供試体底部の最大間隙水圧 u_{max} の比は σ'_v=40 kN/m² に対して 0.25，σ'_v=640 kN/m² に対して 0.16 であった。$u_{max}/\Delta p$ は σ'_v が大きくなると小さくなる。これは圧密リングと供試体の間の摩擦に起因している。

IL のように荷重増分 $\Delta p/p$ が小さい時，供試体の横方向への Δp の伝播が大きく，供試体と圧密リングの間の摩擦が増加する。一方，$\Delta p/p$ が大きな荷重が載荷された時は，載荷重の 89～95 % の範囲[21]で間隙水圧が発生する。Taylor 法で求めた 90％圧密の時間 t_{90} は，図 4-31 の沈下～時間曲線に示した t_{90} と間隙水圧の時間遅れは試料の乱れの増加で大きくなる。

図 4-31(a) に示す OC 領域で，試料の乱れの程度が大きくなると土構造が塑性的挙動を示し，その結果として供試体がより大きく変形する。図 4-31(b) に示す NC 領域の同じ荷重下で，試料の乱れは小さいが，間隙比が大きいので供試体の沈下は大きい。このような挙動は試料の乱れによる土構造の変化に起因して，構造の低位化として一般的に知られる。

K-18 試料の間隙比が σ'_v の対数に対して図 4-32 にプロットされ，各供試体の σ'_p と C_c，q_u が図 4-32 の表に示される。これらの値は，土が乱れると小さくなる。

a) σ'_v=40 kN/m²

b) σ'_v=640 kN/m²

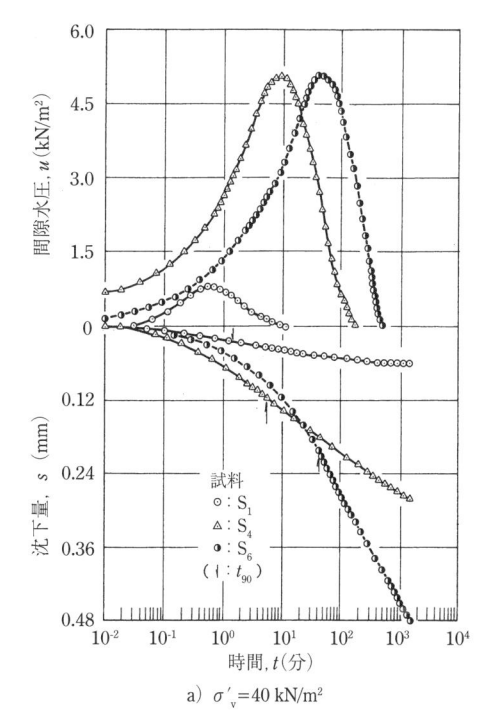

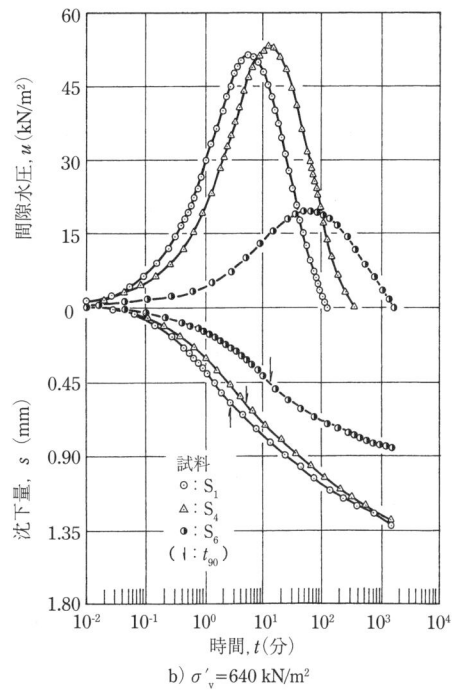

図 4-31 間隙水圧・沈下量と時間の関係（K-18）

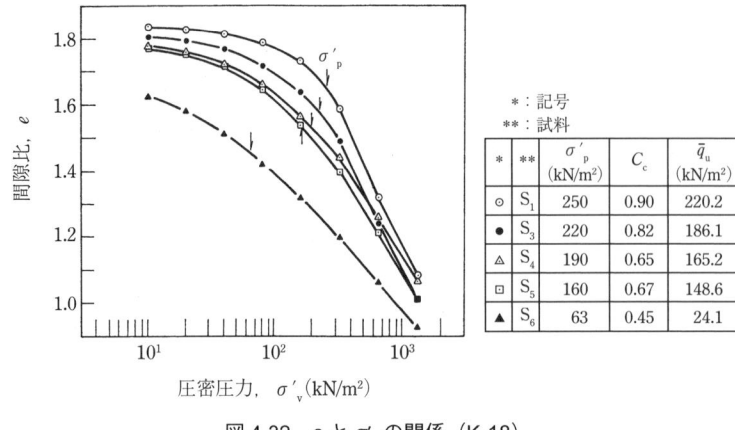

図4-32　e と σ'_v の関係（K-18）

*	**	σ'_p (kN/m²)	C_c	$\bar{q}_u$ (kN/m²)
○	S_1	250	0.90	220.2
●	S_3	220	0.82	186.1
△	S_4	190	0.65	165.2
□	S_5	160	0.67	148.6
▲	S_6	63	0.45	24.1

*：記号
**：試料

K-18 試料の c_v, m_v, k が平均圧密圧力 $\bar{\sigma}'_v$ の対数に対して，図4-33，図4-34，図4-35 にプロットされる。土が乱れると c_v と k は小さくなり，m_v は大きくなる。試料の乱れの影響は OC 領域で特に著しい。

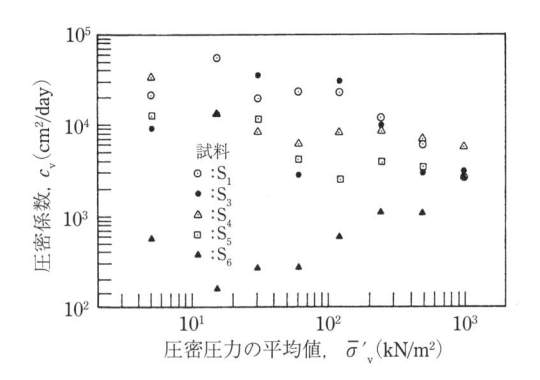

図4-33　c_v と $\bar{\sigma}'_v$ の関係（K-18）

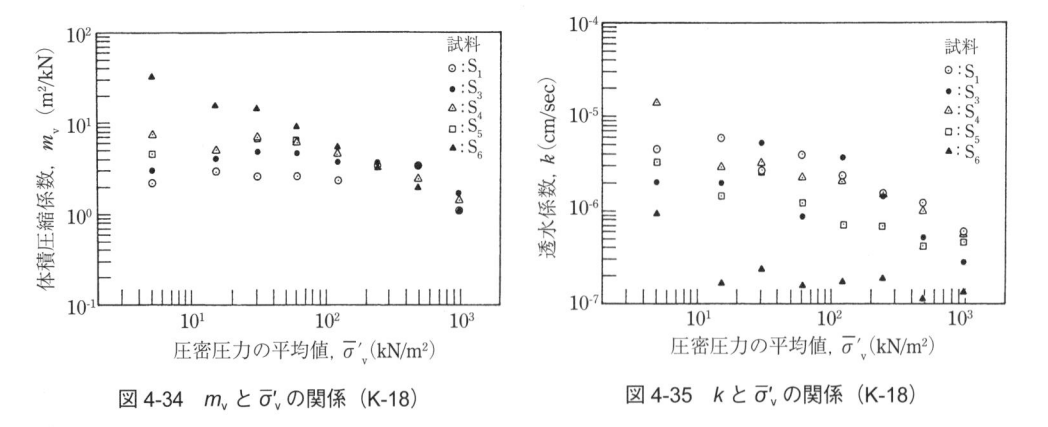

図4-34　m_v と $\bar{\sigma}'_v$ の関係（K-18）

図4-35　k と $\bar{\sigma}'_v$ の関係（K-18）

4.2.5　強度と圧密特性に関する試料の乱れの影響

S_1 試料に対する試験から得た σ'_p と C_c が，他の試料の結果と比較して図4-36 と図4-37 に示される。図4-36 と図4-37 のシャドーの部分[23] は，Milovic[24] と Rochelle ら[25] の自然堆積土に対する実験データを再検討して得た範囲である。ここに $\bar{q}_u$ 比は σ'_v に依存しない

ことは 4.1 節で確認している。ここで示された結果は，図 4-36 と図 4.37 のシャドーの範囲と同じ傾向である。σ'_p と C_c は $\bar{q}_u$ 比 >0.8 の領域で実際の値より大きくなり，$\bar{q}_u$ 比 <0.8 では逆になることは注意すべきである。練返し土の σ'_p と C_c は，S_1 試料のそれぞれ 70% と 50% 程度である。図 4-36 に示された結果は，奥村[26]や正垣[27]のそれと一致する。

図 4-36 と図 4-37 には 5 つの異なる堆積地の異なる攪乱要因の結果を含んでいる。したがって，これらの図の関係は，用いた試料の範囲で攪乱要因，I_p，q_u に依存しないと判断される。しかし，図 4-32 の結果を踏まえて考察すると，乱れにより σ'_p が大きくなった結果は，比較する供試体の物性の差，σ'_p の測定精度と σ'_p の求め方の問題点等を反映した結果とも考えられる。今後の詳細な検討が必要と考えている。

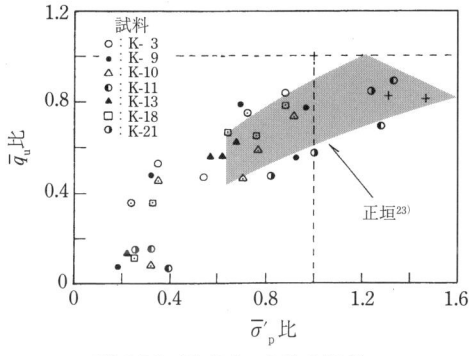

図 4-36 $\bar{q}_u$ 比と σ'_p 比の関係

図 4-37 $\bar{q}_u$ 比と C_c 比の関係

$\bar{q}_u$ 比と c_v 比の関係が図 4-38 に示される。ここに $\bar{q}_u$ 比と c_v 比は S_1 試料に対する各試料の $\bar{q}_u$ と c_v 比である。図 4-31 に示したように，圧密特性に関する試料の乱れの影響は，σ'_v が σ'_p より大きいか小さいかに依存する。これは NC か OC 領域に区分されるデータかを慎重に検討する必要があることを意味する。OC 領域では，図 4-38(a) に示すように c_v 比の対数は試料の乱れが大きくなると小さくなる。$\bar{q}_u$ 比 ≒ 0.05～0.1 にプロットされる練返し土の c_v は，S_1 試料のそれより約 1,000 倍小さい。このような c_v 比と q_u 比の関係はプロットの傾向が同じであることから，攪乱要因，I_p，σ'_v，q_u にも依存していない。

図 4-38(b) に示す NC 領域の場合，c_v 比は試料の乱れで小さくなる傾向は，OC 領域のそれと同様であるが，c_v 比が小さくなる割合は OC 領域のそれより小さい。奥村は試料の乱れが小さいと c_v は大きくなることを報告[26]している。

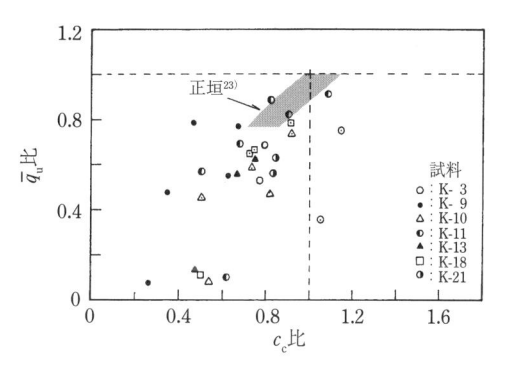

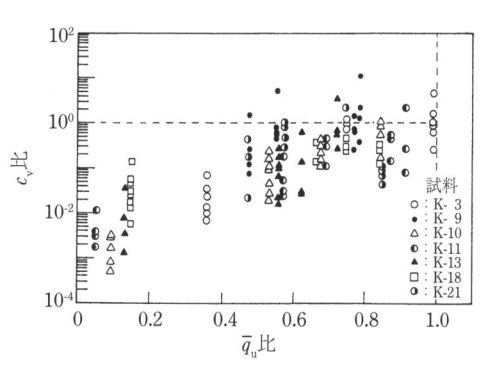

a) 過圧密領域

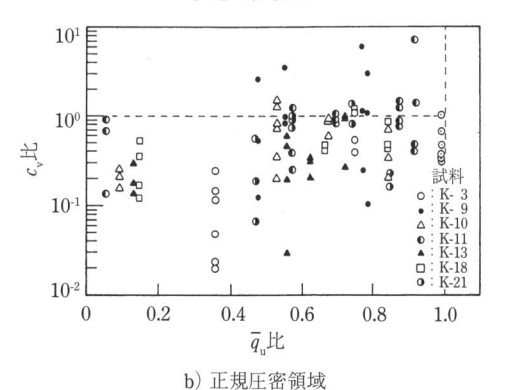

b) 正規圧密領域

図 4-38 c_v 比と $\bar{q}_u$ 比の関係

図4-38のc_v比 >1.0のプロットは，試料の乱れとc_vの増加でOC的であることに加え，3.2節で述べたt_{90}の整理誤差の影響も考えられる。NC領域の練返し土のc_vは，S_1試料のそれの30%程度である。

m_v比と$\bar{q}_u$比の関係を図4-39に示す。図4-39(a)に示すOC領域で，m_v比は$\bar{q}_u$比が小さくなると除々に大きくなる。練返し粘土のm_v比は約6である。図4-39(b)に示すNC領域において，練返し土のm_v比は約0.6であり，NC領域のm_vは試料の乱れで小さくなる。奥村[26]も試料の乱れに起因するm_vの減少を示している。試料が塑性状態にあるNC領域では，$\bar{q}_u$比≒0.1の練返し土を除いて，m_v比は$\bar{q}_u$比に関係なく約1.0である。すなわち，この$\bar{q}_u$比の領域では，m_vは乱れの影響を受けないことになる。

k比と$\bar{q}_u$比の関係が図4-40に示される。図4-40(a)のOC領域で，k比は$\bar{q}_u$比が小さくなると大きくなり，練返し土のk値はS_1試料のそれより5倍程大きい。NC領域において，k比は土の乱れが大きくなると小さくなり，練返し土のk値は約0.5である。

図4-27～図4-40で示した結果は，強度と圧密特性は試料の乱れで大きく影響を受けることを示している。これらの結果は，ドレーン打設や載荷等に起因する地盤の乱れによる圧密挙動の推定に使用できる。

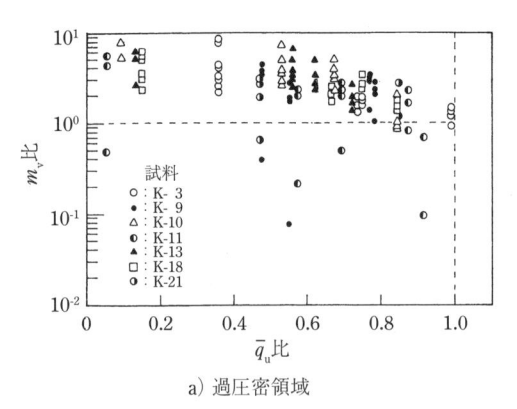

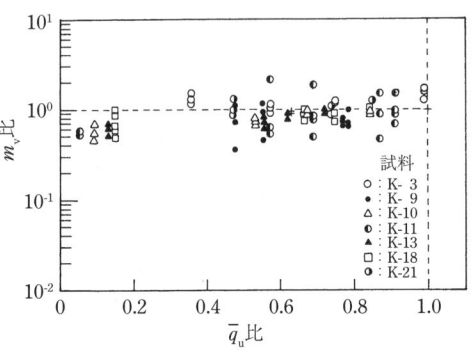

a) 過圧密領域

b) 正規圧密領域

図4-39 m_v比と$\bar{q}_u$比の関係

a) 過圧密領域

b) 正規圧密領域

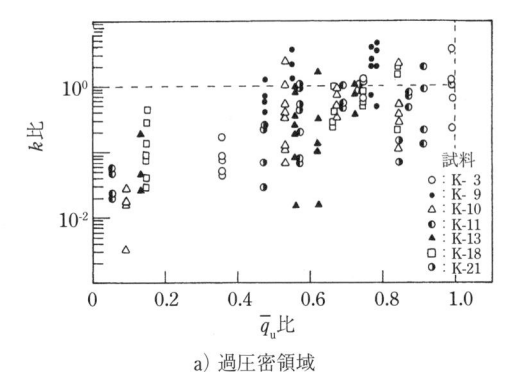

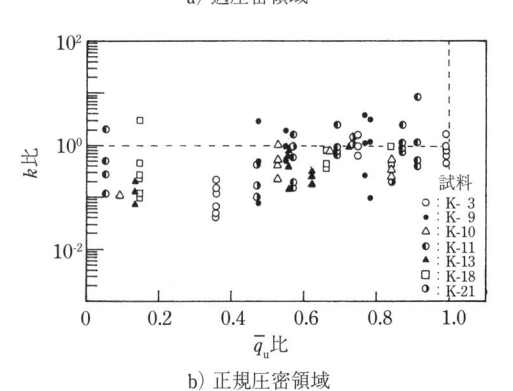

図4-40 k比と$\bar{q}_u$比の関係

参考文献

1) 松尾稔・森杉寿芳・正垣孝晴：粘性土の一軸圧縮強度に影響する要因の寄与率分析，土質工学会論文報告集，Vol.25, No.1, pp.125-136, 1985.
2) 松尾稔・正垣孝晴：各種要因のq_uへの影響度に関する実験的研究，土質工学会論文報告集，VoL.26, No.2, pp. 121 〜 132, 1986.
3) 土質工学会編：土質試験法，pp.349, 1964.
4) 正垣孝晴・松尾稔：粘性土の強度低下に与える外的要因と微視的構造特性への影響，サンプリングシンポジウム論文集，pp. 109 〜 116, 1985.
5) 正垣孝晴・金聲漢・松尾稔：試料の乾燥およびサンプリングチューブの転倒がq_uに与える影響，土木学会第40回年次学術講演会講演概要集，pp.505 〜 506, 1985.
6) 松尾稔・正垣孝晴：q_u値に影響する数種のかく乱要因の分析，土質工学会論文報告集，VoL.24, No.3, pp. 139 〜 150, 1984.
7) 正垣孝晴・村上義典・松尾稔：土質調査手順の差が一軸圧縮強度に与える影響，土木学会中部支部研究発表会講演概要集，pp.208 〜 209, 1985.
8) 正垣孝晴・吉津考浩・長坂麻衣子・金田一広：関東ロームのシキソトロピーによる強度・圧密特性の変化，地盤工学会誌，Vol.57, No.11, pp.24 〜 26, 2009.
9) 松尾稔・正垣孝晴：粘性土地盤の土質調査に関するアンケート調査票，名古屋大学工学部地盤工学教室設計学講座資料，pp.1 〜 26, 1980.
10) Shogaki, T.：Effects of sample disturbance on strength and consolidation parameters of soft clay, *Soils and Foundations*, Vol.35, No.4, pp.134-136, 1995.
11) 藤本広：宮崎県外浦港海底堆積層粘土の指数的性質について，土と基礎，VoL.10, No.5, pp. 12 〜 16, 1962.
12) Bjerrum, L：Geotechnical properties of norwegian marine clays, Geotech, No.2, pp.215 〜 227, 1954.
13) 松尾稔・正垣孝晴：土質調査実施者やその手順の差が試験結果に与える影響の統計的分析，土質工学における確率・統計の応用に関するシンポジウム論文集，pp. 5 〜 12, 1982.
14) Skempton, A.W. and Sowa, V.A.：The behavior of saturated clays during sampling and testing, *Géotechnique*, Vol.13, No.4, pp.269-290, 1963.
15) Okumura, T.：The variation of mechanical properties of clay samples depending on its degree of disturbance, Proc. of specialty session, *4th Asian Conference, ISSMFE*, Singapore, pp.73-81, 1974.
16) Nakase, A., Kusakabe, O. and Nomura, H.：A method for correcting undrained shear strength for sample disturbance, *Soils and Foundations*, Vol.25, No.1, pp.52-66, 1985.
17) Matsuo, M. and Shogaki, T.：Effects of plasticity and disturbance on statistical properties of undrained shear strength, *Soils and Foundations*, Vol.28, No.2, pp. 14-24, 1988.
18) Ladd, C.C and Foott, R.：New design procedure for stability of soft clays, *ASCE*, Vol.100, No.GT7, pp. 763-786, 1974.
19) Hanzawa, H.：Undrained strength characteristics of an alluvial marine clay in Tokyo bay, *Soils and Foundations*, Vol.19, No.4, pp.69-84, 1979.
20) Mesri, G.：A reevaluation of $s_u(mob)=0.22\sigma_p$ using laboratory shear tests, *Canadian Geotechnical Journal*, Vol .26, No.1, pp.162-164, 1989.
21) Yamaguchi, H. and Shogaki, T.：Rapid consolidation test by applying load at a stretch, *The 8th Asian Regional Conf. of ISSMFE*, Kyoto, pp. 133-137, 1987.
22) Shogaki, T. and Kogure, K.：Behavior of settlement pore pressure in oedometer and evaluation of consolidation parameters, *Proc. of International Conference on Agricultural Engineering*, Bangkok, pp. 1117-1126, 1990.
23) Shogaki, T.：Effects of sample disturbance on strength and consolidation, *Proc. of 9th Asian Regional Conference, ISSMFE*, Bangkok, pp.67-70, 1991.
24) Milovic, D.M.,：Effect of sampling on some soil characteristics, Sampling of Soil and Rock, *ASTM, STP 83*, pp. 164-179, 1971.
25) Rochelle, P. and Lefebre, G.：Sampling disturbance in Champlain clays, Sampling of Soil and

Rock, *ASTM*, STP 483, pp. 143-163, 1971.
26) 奥村樹郎:粘土のかく乱とサンプリング方法の改善に関する研究,港湾技研資料,Vol.10, No.193, p.145, 1974.
27) Shogaki, T.: Strength properties of clay using portable unconfined compression apparatus, *Proc.of International Conference on Geotechnical Engineering for Coastal Development*, Yokohama, pp. 85-88, 1991.

第 5 章　原位置の強度・変形特性の推定法

5.1　粘性土の原位置圧密パラメータの推定法

5.1.1　概　要

4.2 節では，非排水せん断強度 c_u と圧密降伏応力 σ'_p，圧密係数 c_v，圧縮指数 C_c，体積圧縮係数 m_v，透水係数 k のような圧密パラメータの相互に及ぼす試料の乱れの影響が示された。ここで示された関係は，試料の乱れに起因した一軸圧縮強さ q_u の低下と σ'_p，C_c，c_v，m_v，k の変化を直接関係づけたものである。したがって，q_u がなければ試料の乱れに対する圧密パラメータを評価することはできない。なぜならばこの方法では，圧密パラメータと試料の乱れの関係は，乱れの少ない試料の q_u に対する乱した試料のそれの比 $R(q_u)$ の関数として示されたからである。したがって，この方法による試料の乱れに対する圧密パラメータを補正するため，乱れの程度の異なる試料に対する一軸圧縮試験 UCT から $R(q_u)$ を求めなければならない。圧密試験結果に基づく供試体の品質に対するガイドラインや試料の乱れに対する指針は，Andresen & Kolstad[1] や Lacasse & Berre[2] によって提案された。しかしながら，圧密パラメータに関する試料の乱れの影響は，これらの指針によっても判断できない。

標準圧密試験 IL の同じ圧密圧力 σ'_v 下の試料の変形は，圧縮に対する剛性の程度が試料の乱れで低下するため，試料の乱れで大きくなる。したがって，同じ σ'_v 下の間隙比 e は，試料の乱れで小さくなる。このような挙動は，Schmertman[3] や 4.2 節で述べた実験的事実[4] によって示されている。IL の σ'_v の対数と e の関係であるこれらの特性は，試料の乱れの影響を反映するが，IL の有効土被り圧 σ'_{vo} 下の体積ひずみ ε_{vo} と試料の乱れの関係が室内試験によって調べられる。UCT と IL の一連の試験が日本の異なる 10 の堆積地の自然堆積土に対して行われた。

本節では ε_{vo} が塑性指数 I_p，過圧密比 $OCR(=\sigma'_p/\sigma'_{vo})$，試料の乱れの程度に対してユニークな関係を持つことが示される。試料の乱れに起因した ε_{vo} は $R(q_u)$ の関数として示される。IL を用いて乱れた試料に対して測定した I_p と ε_{vo}，σ'_p，C_c，c_v から，原位置のこれらの値を推定する方法が示される。

5.1.2　供試土

本節で用いる不撹乱試料は，日本の異なる堆積地の沖積海成粘性土である。原位置サンプリングが試料の品質を高めるため，内径 75mm の固定ピストンサンプラー（以下 75-mm）を用いて行われた。日本の軟弱粘土に対しては，このサンプラーは Laval サンプラーによって得たそれと同等の品質を与える[5]。これらの土の採取地と指標的性質が図 5-1 と表 5-1 に示される。これらは，日本の北海道から中国地方に位置する飽和粘土である。I_p と q_u の範囲は，(10 ～ 102) と (8 ～ 220)kN/m² である。

図 5-1 供試土の採取位置

表 5-1 供試土の指標的性質，強度特性

堆積地	w_n (%)	w_L (%)	w_p (%)	I_p	CF^{**} (2μm%)	σ'_{vo} (kN/m²)	σ'_p/σ'_{vo}	q_u (kN/m²)	*
桑名	34〜71	51〜95	25〜38	26〜57	3〜30	99〜205	1.17〜2.94	92〜220	S
羽田	105〜108	113〜120	46〜48	64〜73	47〜54	160〜223	0.50〜1.08	66〜189	S
川田	48	36	26	10	15	77	1.95	59	S
静内	50	62	29	33	41	292	1.20	107	S
浦安	81〜85	104〜114	44〜49	60〜65	50〜52	232〜457	1.23〜1.19	127〜177	S
尼崎	47〜72	59〜105	26〜41	33〜69	30〜54	191〜241	0.68〜1.36	130〜138	S
徳山	68〜130	82〜150	29〜48	48〜102	36〜42	8〜57	0.95〜3.09	15〜54	S
神戸	68〜89	81〜109	29〜34	52〜75	32〜42	18〜33	1.99〜2.73	37〜60	O
泉南	89〜109	96〜108	32〜34	64〜75	25〜43	6〜46	0.93〜2.71	8〜47	O
広島	48〜72	59〜93	22〜39	26〜64	16〜26	29〜69	2.44〜6.22	101〜121	O

* : 一軸圧縮試験　　S : S 供試体　　O : O 供試体
** : 2μm 以下の粘土分含有量

5.1.3 試験方法

土試料に乱れを与える装置と方法[4]は図 4-26 と同じである．図 4-26(a) に示したように，サンプリングチューブの内径である撹乱装置の断面積 A_E の比 R_a は 1.0，0.95，0.90，0.80，0.7 に変化させた．これらの試料は，4.2 節と同様にそれぞれ S_1，S_2，S_3，S_4，S_5 とする．S_1 は 75-mm で採取した乱れの少ない試料であり，S_6 は完全に練り返した試料である．80mm の長さの試料が S_1，S_2 の順にサンプリングチューブの刃先から押し出された．この方法で乱された試料の強度・変形特性は，室内試験のために原位置からのサンプリングとチューブからの試料の押し出しによって乱された試料のそれらと同等であることが 4.2 節で示された．

IL のための供試体寸法は，直径 d60mm，高さ h20mm である．UCT のためには，3.1 節

で述べた $d15\text{mm}$, $h35\text{mm}$ の S 供試体が用いられた。神戸・泉南・広島粘土の一軸圧縮供試体は，表 5-1 に示すように $d35\text{mm}$, $h80\text{mm}$ の O 供試体が用いられた。強度・圧密特性に関する試料の乱れの影響は，S 供試体で行った。$I_p=10 \sim 370$, $q_u=15 \sim 1070\text{kN/m}^2$ の沖・洪積粘土，珪藻泥岩，有機質土，火山灰質粘性土で試験された S と O 供試体のせん断強度特性に差がないことは，3.1 節で示した。本節では，UCT に対して 4～7 供試体，IL に対して 1 供試体が行われた。$\bar{q}_u$ は UCT に対する q_u の平均値である。

5.1.4 試料の乱れの指標

試料の乱れの定量的指標が，IL で測定した圧密パラメータを補正するために必要である。図 5-2 は IL の e と $\log \sigma'_v$ の概念的関係であり，パラメータの幾つかの記号凡例もこの図の中に併せて示している。σ'_{vo} 下の間隙比 e_1 は図 5-2 に示される e と $\log \sigma'_v$ 関係から定義される。体積ひずみ ε_{vo} は式 (5.1)[6] で与えられる。

$$\varepsilon_{vo} = \frac{e_0 - e_1}{1 + e_0} \times 100 \, (\%) \qquad (5.1)$$

ここに，e_0 は試料の初期間隙比である。σ'_{vo} 下の原位置土において，試料の乱れはない。したがって，e_1 は e_0 に等しいので，ε_{vo} は 0 となる。図 4-32 に示したように，e は同じ σ'_v 下において，試料の乱れで小さくなるので，e_1 は試料の乱れで小さくなる。したがって，ε_{vo} は試料の乱れの程度を推定する指標として用いることができる[6]。

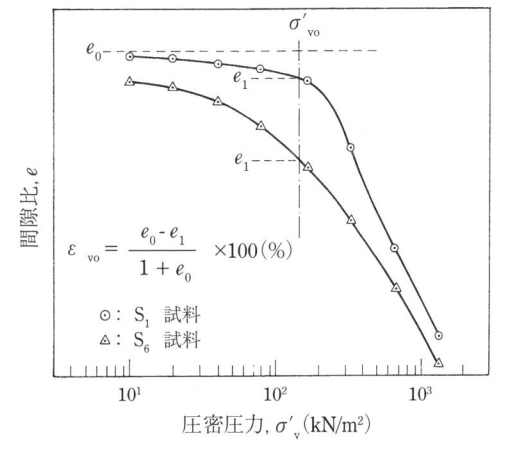

図 5-2 体積ひずみの定義

5.1.5 試験結果

(1) S_1 供試体の品質

S_1 試料の UCT の破壊ひずみ ε_f が I_p と q_u に対して，それぞれ図 5-3 と図 5-4 にプロットされる。ε_f は 1.7～7.0 % の範囲であり，平均値は 3.6 % で I_p と q_u に依存していない。S_1 試料に対する ε_{vo} と $\bar{q}_u$ の関係が図 5-5 に示される。$\varepsilon_{vo}=13.8\%$ の羽田粘土に対する $OCR(=\sigma'_p/\sigma'_{vo})$ は約 0.5 であり，盛土載荷による粘土の圧密がまだ終了していない。他の粘土の ε_{vo} は $(0.85 \sim 7.02)\%$ であり，平均値は 3.80 % である。

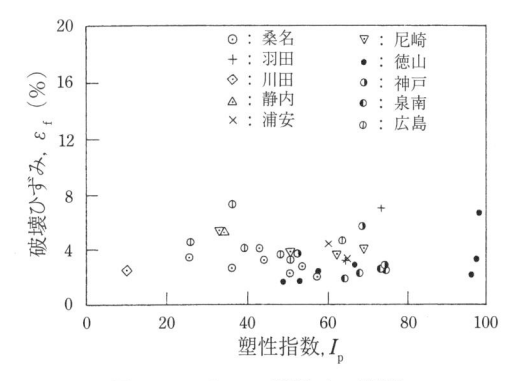

図 5-3 ε_f と I_p の関係（S_0 試料）

著者が整理した $(\varepsilon_{vo})_{EOP}/(\varepsilon_{vo})_{24hr}$ 値は，軟弱粘土に対して 0.7 であった[6]。ここに，$(\varepsilon_{vo})_{24hr}$ は ε_{vo} に対して 24 時間の e-$\log \sigma'_v$ から定義され，$(\varepsilon_{vo})_{EOP}$ は ε_{vo} に対して図 3-50 で示した Casagrande 法[7] による一次圧密終了点 EOP に相当する e-$\log \sigma'_v$ から定義される。$(\varepsilon_{vo})_{EOP}$ は $(0.6 \sim 4.9)\%$ の範囲であり，平均値は 2.7 % であった。Mesri ら[8] の供試体の品質指標

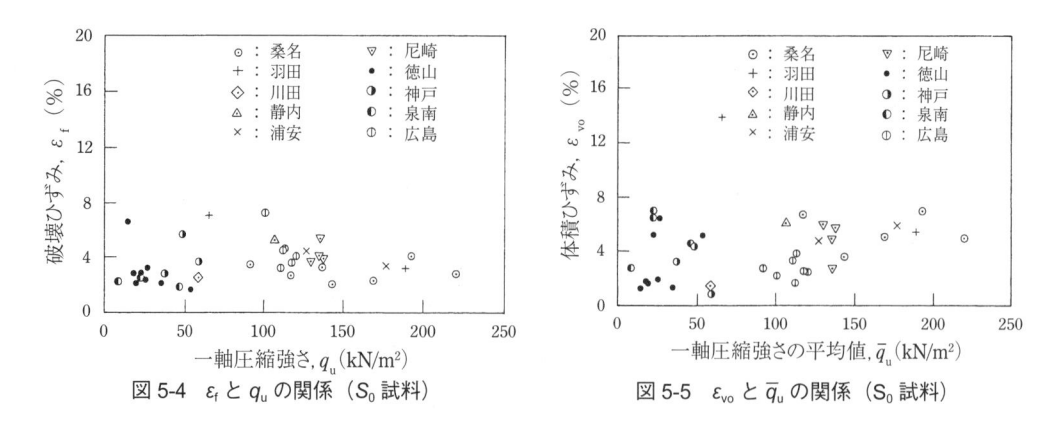

図 5-4　ε_f と q_u の関係（S_0 試料）

図 5-5　ε_{vo} と $\bar{q}_u$ の関係（S_0 試料）

SQD に従えば，これらの値は ε_{vo} が 1% より小さい A～D（4～10%）の範囲に相当する。平均的な SQD は，C（2～4%）である。羽田以外の ε_{vo} は q_u に依存していない。図 5-3，図 5-4，図 5-5 の結果は，S_1 試料は I_p，q_u，ε_f に関係なく，乱れに対して同等な品質と判断される。

(2) S_1 試料の体積ひずみ

S_1 試料に対する ε_{vo} と I_p，σ'_{vo}，OCR の関係が図 5-6，図 5-7，図 5-8 に示される。これらの図を見ると，同じ堆積地から得た土に対して，ε_{vo} は I_p と σ'_{vo} の増加で大きくなり，OCR の増加で小さくなる傾向にある。また，堆積の初期段階にある"若い粘土"は，骨格構造の結合が弱いため，試料の乱れの影響を受けやすい。

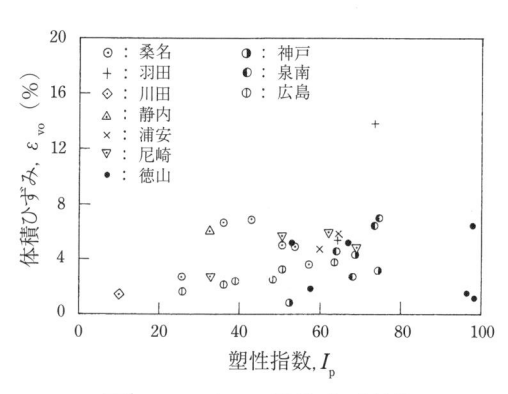

図 5-6　ε_{vo} と I_p の関係（S_0 試料）

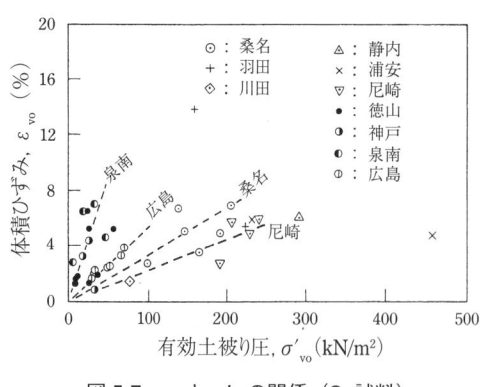

図 5-7　ε_{vo} と σ'_{vo} の関係（S_0 試料）

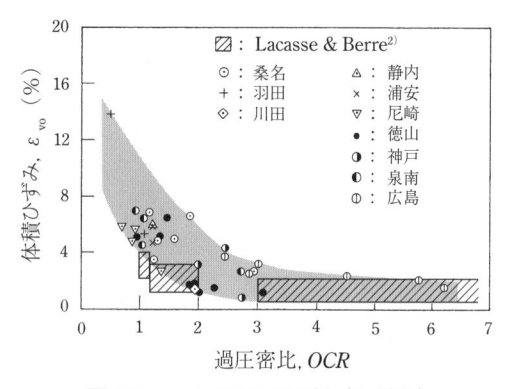

図 5-8　ε_{vo} と OCR の関係（S_0 試料）

Lacasse & Berre[2] は，高品質の粘土試料に相当する ε_{vo} は，図 5-8 に示すように $OCR=1$ ～1.2 に対して (2.1～4.0)%，$OCR=1.2$～2.0 に対して (1.2～3.3)%，$OCR=3$～8.0 に対して (0.5～2.0)% であることを示している。図 5-8 の ε_{vo} のプロットは，Lacasse & Berre[2] によって示されたそれらより大きい。彼らによって示された ε_{vo} は，彼らの論文に

その詳細が示されていないが，圧密試験方法の違いか，一次圧密に相当する $(\varepsilon_{vo})_{EOP}$ で整理した可能性がある。

(3) 強度と圧密特性に関する試料の乱れの影響

$R(\bar{q}_u)$ と $R(\varepsilon_{vo})$ の関係が図 5-9 に示される。ここに，$R(\bar{q}_u)$ と $R(\varepsilon_{vo})$ は，S_1 に対する各試料の $\bar{q}_u$ と ε_{vo} の比を意味する。$R(\varepsilon_{vo})$ は $R(\bar{q}_u)$ に対して直線的に減少し，この傾向は供試土の $\bar{q}_u$, I_p, 堆積地に依存していない。回帰式は式 (5.2) で示される。

$$R(\varepsilon_{vo}) = 3.78 - 2.78 R(\bar{q}_u) \qquad (5.2)$$

図 5-9 $R(\varepsilon_{vo})$ と $R(\bar{q}_u)$ の関係

$R(\bar{q}_u)<0.2$ にプロットされる S_6 試料の $R(\varepsilon_{vo})$ は 2.38～6.59 の範囲にあり，3.64 の平均値である。

図 5-10 は，撹乱試料と S_1 試料に対する ε_{vo} と OCR の関係を示す。図 5-10 のプロットは S_1, S_6 と $R(\bar{q}_u)$ の 4 タイプに分類している。試料の乱れの程度は，これらのカテゴリーによって説明できる。OCR と ε_{vo} が IL から測定されると，S_1 試料に対する $R(\bar{q}_u)$ の概値は，図 5-10 から推定できる。後述の図 5-67 では，$R(\bar{q}_u)$ の関数として S_1 試料に対する非排水せん断強度の統計的性質の変化を示す。IL の ε_{vo} と OCR からこの方法と

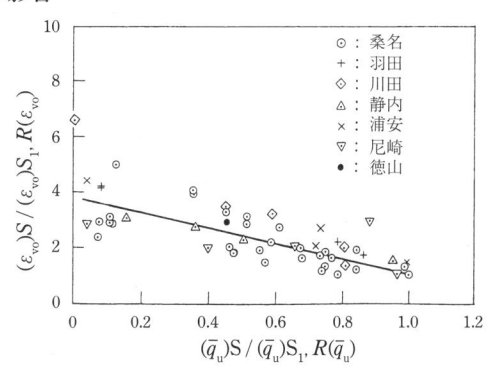

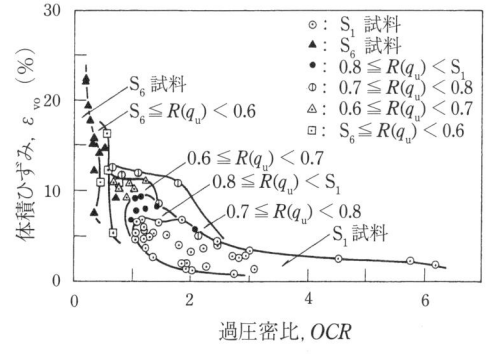

図 5-10 ε_{vo} と OCR の関係（全試料）

図 5-10 を組み合わせることで，強度と圧密パラメータの統計的性質に関する試料の乱れを補正する方法として用いることができる。

5.1.6 撹乱試料の圧密パラメータの測定値を補正する方法

図 5-11 は，桑名粘土（表 4-6 の K-13）に対する σ'_p と ε_{vo} の関係である。試料の乱れで ε_{vo} が増加すると，圧縮に対する剛性が試料の乱れで低下するため σ'_p は減少する。図 5-11 のこの回帰曲線に従い，桑名粘土（K-13）に対する原位置 S_0 土の $\sigma'_p(=\sigma'_{p(I)})$ は，式 (5.1) の説明で述べたように，原位置の ε_{vo} は 0% であるので 221 kN/m² と推定できる。

図 5-12 は，桑名粘土の全試料に対する $\eta_1 = \sigma'_{p(I)}/\sigma'_p$ と ε_{vo} の関係である。図

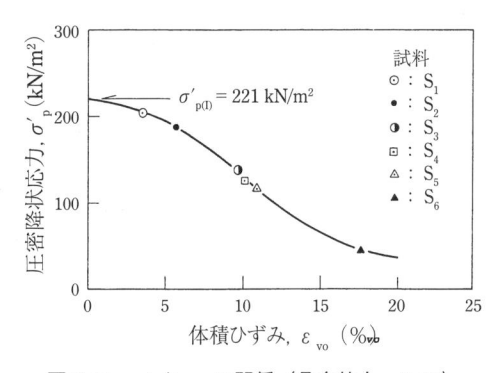

図 5-11 σ'_p と ε_{vo} の関係（桑名粘土，K-13）

5-12 の試料の各々の $\sigma'_{p(I)}$ は，図 5-11 に示した同じ方法で推定した。η_1 値は，乱れた試料の σ'_p の測定値を $\sigma'_{p(I)}$ に補正するために利用できる。図 5-12 の各試料に対する η_1 は ε_{vo} の増加で大きくなるが，両者の間にはユニークな関係が存在している。表 5-2 に示す K-10，K-13，K-18，K-21 の試料の I_p は (43 〜 57)% の範囲であり，これらの試料に対する η_1 と ε_{vo} の関係はほぼ同様である。K-3 と K-9 の試料に対する η_1 は，K-3 と K-9 に

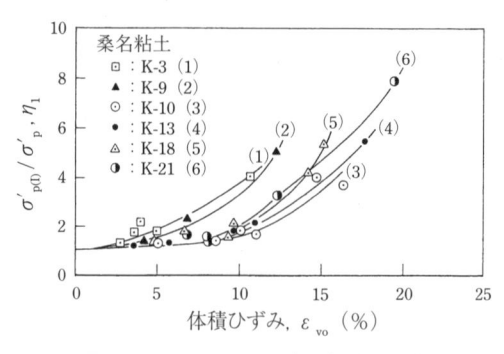

図 5-12　η_1 と ε_{vo} の関係（桑名粘土）

対する I_p が 26 〜 36 と小さいため，同じ ε_{vo} に基づく K-10，K-13，K-18，K-21 のそれらより大きい。σ'_p に関する試料の乱れの影響は，I_p が小さくなると土が脆性的になるので大きくなる。I_p=43 〜 57 の範囲で，η_1 と ε_{vo} の関係に対する試料の乱れの影響は同等であり，この傾向は検討に用いた供試土の σ'_{vo}=(148 〜 205)kN/m^2，q_u=(144 〜 220)kN/m^2，OCR=(1.2 〜 1.6)，試料の乱れの程度に依存していない。

表 5-2　桑名粘土の性質

供試土	σ'_{vo} (kN/m^2)	I_p	$\overline{q_u}$ (kN/m^2)	σ'_p/σ'_{vo}
K-3	99	26	92	2.9
K-9	140	36	117	1.9
K-10	148	51	169	1.6
K-13	167	57	144	1.2
K-18	193	54	22	1.3
K-21	205	43	193	1.2

　η_1 と ε_{vo} の関係に関する異なる堆積地の影響を検討するため，すべての堆積地の試料に対する結果が図 5-13 に示される。η_1 と ε_{vo} の間の関係は，堆積地で異なっている。しかしながら，各堆積地の同じ I_p 下のプロットは，ユニークな関係を示している。このことは，当該設計地の土に対して，η_1 と ε_{vo} の関係が IL に基づいて決定されると，$\sigma'_{p(I)}$ は試料の乱れの程度の異なる供試体に対する試験結果から推定できることになる。

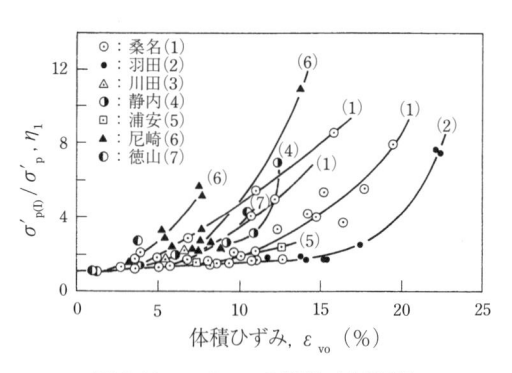

図 5-13　η_1 と ε_{vo} の関係（全試料）

　図 5-14 に，桑名粘土（K-13）の C_c と ε_{vo} の関係を示す。ε_{vo}=0％ の C_c を回帰曲線から外挿して，K-13 粘土に対する原位置の C_c(=$C_{c(I)}$) は，1.02 と推定できる。図 5-15 は，桑名粘土に対する η_2=$C_{c(I)}/C_c$ と ε_{vo} の関係を示す。各試料の η_2 は ε_{vo} とユニークな関係を持つことから，η_2 は乱れた試料の C_c の測定値を補正するために使用できる。試料 K-10，K-13，K-18，K-21 に対する η_2 と ε_{vo} の関係は，η_1 と同様な傾向を持つ。K-3 と K-9 の試料の η_2 は，同じ ε_{vo} の K-10，K-13，K-18，K-21 試料のそれらより小さい。この挙動は，K-3 と K-9 の I_p が小さいことに関係している。試料の乱れに起因する間隙比の変化

は，I_p の増加で大きくなるのがその主な理由である．なぜならば，間隙比は I_p の増加で大きくなる．したがって，e_0 も I_p の増加で大きくなるため C_c に関する試料の乱れの影響が大きくなるからである．$I_p=(43 \sim 57)\%$ の範囲に対して，η_2 と ε_{vo} の関係に関する試料の乱れの影響は小さい．この関係は $\sigma'_{vo}=(148 \sim 205)\mathrm{kNm}^2$，$q_u=(143.7 \sim 220.2)\mathrm{kNm}^2$，$OCR=(1.17 \sim 1.59)$ の範囲の差に依存していない．設計対象領域の土に対する η_2 と ε_{vo} の関係が IL から得られたとき，$\sigma'_{p(I)}$ と同様に $C_{c(I)}$ は試料の乱れの程度の異なる試料に対する試験結果から推定できる．

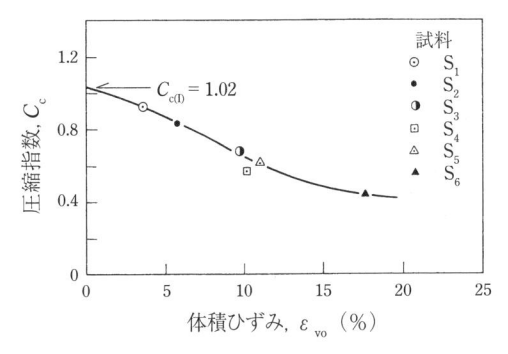

図 5-14 C_c と ε_{vo} の関係（桑名粘土，K-13）

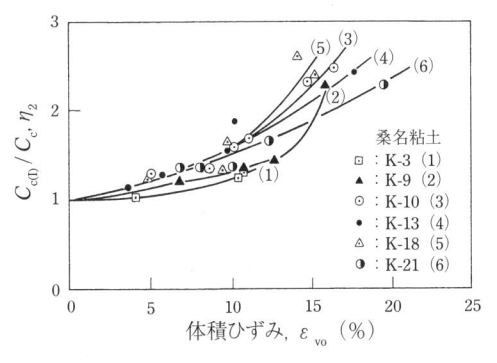

図 5-15 η_2 と ε_{vo} の関係（桑名粘土）

K-13 の桑名粘土に対して，e が σ'_v の対数に対して図 5-16 に示され，各供試体の σ'_p，C_c，$\bar{q}_u$ が図中の表に示される．これらの値は試料の乱れで小さくなる．図 5-16 には，図 5-11 と図 5-14 で示した $\sigma'_{p(I)}$ と $C_{c(I)}$ を用いた原位置の e - $\log \sigma'_v$ を示している．ここで，原位置状態の e_0 は S_1 試料の値と仮定している．この仮定は飽和粘土に対しては，一般的に受け入れられる．測定された 6 つの異なる e - $\log \sigma'_v$ 曲線から，推定された原位置の e - $\log \sigma'_v$ 曲線は妥当と判断される．

桑名 K-13 試料の c_v と ε_{vo} の関係が図 5-17 に示される．K-13 の原位置の c_v ($=c_{v(I)}$) は，$\varepsilon_{vo}=0\%$ の c_v を直線で外挿して $1663\mathrm{cm}^2/\mathrm{day}$ と推定した．図 5-18 は，表 5-2 に示すすべての桑名粘土に対する $\eta_3=c_{v(I)}/c_v$ と ε_{vo} の関係である．図 5-17 と図 5-18 の c_v は，各試料に対して σ'_p より大きな σ'_v の領域で求めた c_v の平均値である．図 4-33 で示したように，c_v は試料の乱れで小さくなるため，ε_{vo} が大きくなると小さくなる．図 5-17 の c_v と ε_{vo} の関係には変動があるが，むしろ m_v と k に及ぼす試料の乱れの影響も複雑である．このような大きな変動は，図 5-18 に示される η_3 と ε_{vo} の関係にも見ることができる．したがって，同じ ε_{vo} 下の η_3 の変動は，図 5-12 と図 5-15 のそれらより大きい．

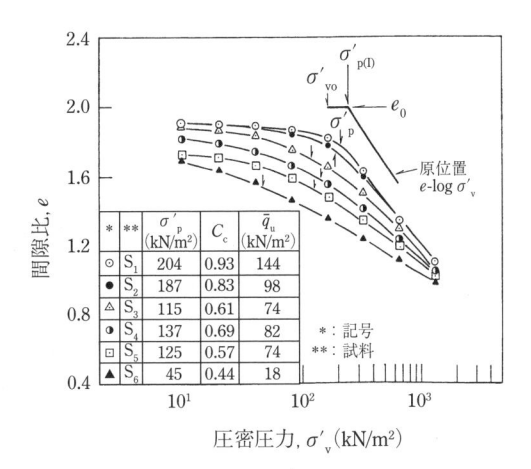

図 5-16 e と σ'_v の関係（桑名粘土，K-13）

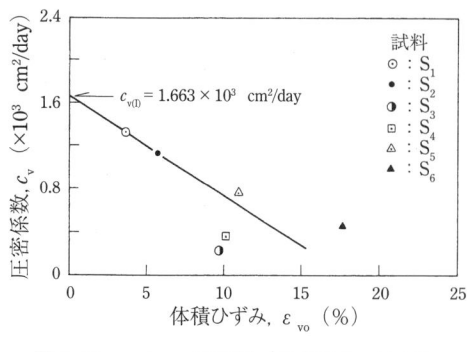

図 5-17　c_v と ε_{vo} の関係（桑名粘土，K-13）

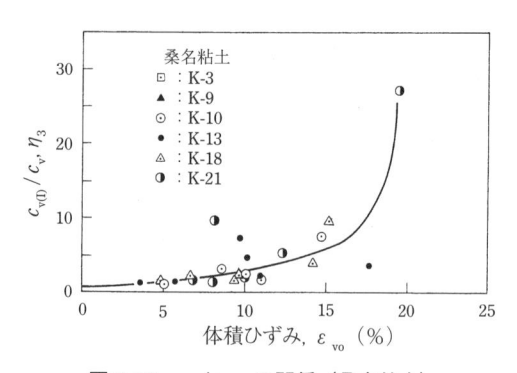

図 5-18　η_3 と ε_{vo} の関係（桑名粘土）

　設計対象領域の土に対する η_1，η_2，η_3 と ε_{vo} の関係は，採取試料の IL から得た ε_{vo}，σ'_p，C_c，c_v を用いて $\sigma'_{p(I)}$，$C_{c(I)}$，原位置の e - $\log \sigma'_v$ 曲線，$c_{v(I)}$ が推定できる。

　図 5-19 と図 5-20 は，表 5-2 に示すすべての土に対する η_1，η_2 と I_p の関係を示す。ε_{vo} は 7 つの異なるカテゴリーに分類できる。同じカテゴリーの ε_{vo} に対する η_1，η_2 は I_p で異なる。設計対象領域の土に対する I_p と ε_{vo} が液・塑性限界試験と IL から求まった時，$\sigma'_{p(I)}$，$C_{c(I)}$ と現位置の e - $\log \sigma'_v$ 曲線は，これらの図を用いて乱れた試料の ε_{vo} と I_p から推定できることになるが，実務的な利用に対しては，他の堆積地の粘土への適用を含め，今後の精緻化が必要である。

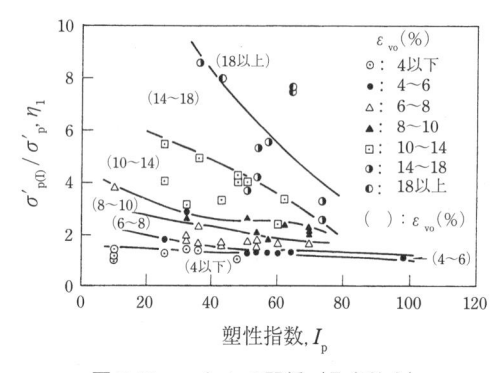

図 5-19　η_1 と I_p の関係（桑名粘土）

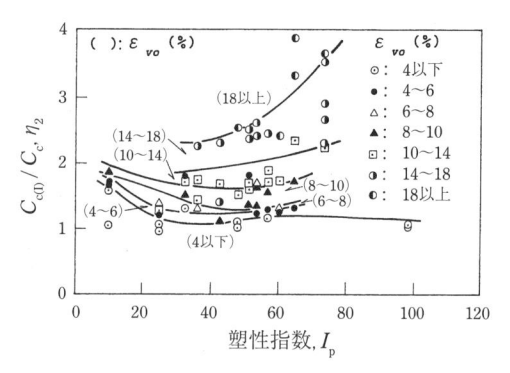

図 5-20　η_2 と I_p の関係（桑名粘土）

5.2　粘性土の原位置非排水強度の推定法

5.2.1　概説

　自然堆積地盤から採取された粘性土試料の品質評価は，q_u や E_{50}，ε_f の比較で行うのが一般的であった。自然堆積粘性土は，応力解放や機械的撹乱によるせん断履歴を受けるとその構造が壊れ，これらの値が大きく変化するからである。すわなち，相対的に q_u や E_{50} が大きく，ε_f が小さい場合に良好な試料という判断が行われてきた。また，5.3 節で述べるようにこれらの値の変動が小さいことも試料の品質を担保する条件となる。しかし，地盤は不均一であり，これらの値の大小やばらつきの程度から，原位置の状態からの試料の乱れを定量的に評価することは困難であることも事実である。

　原地盤での強度特性が推定できれば，地盤内の原位置強度からの乖離として，採取試料の品質が評価できる。このようなアプローチから，自然地盤からサンプリングした飽和粘

性土の試料の乱れを評価する試みは以前から行われている。ひとつの流れは K_0 圧密三軸圧縮試験（K_0CUC と表記）による原位置応力状態への再現の下で得た非排水強度を「基準強度」として q_u 等と比較する方法である。しかし，4.2 節で述べたように，圧密特性に及ぼす試料の乱れの評価は一般に困難であり，σ'_v の設定値によって圧密後の強度は変化する。また，K_0CUC は UCT に比較して複雑で時間と費用が掛かるため，重要構造物の設計等の特別な場合を除いて，実務で行われることは少ない。

他の流れは，試料が保持するサクション（＝残留有効応力）を測定し，有効応力の原理から土の乱れの評価を行う方法である。これについては多くの提案がなされているが，一般の実務に適用できる簡便な方法で確立されたものは少ない。

正垣・丸山[9]は，供試体のサクション S_0 の測定を伴う UCT の結果から原位置の非排水強度 $q_{u(I)}^*$ を推定する方法（以下，"従来法"と表記）を提案している。しかし，この方法においても乱さない試料と乱れの程度の異なる複数の供試体に対する S_0 と q_u が必要であり，実務で簡便に行うには難点がある。

本節では，塑性や強度の幅広い範囲の自然堆積土に対する原位置非排水強度推定の簡便法[10]を示す。次に，この簡便法の適用性を標準貫入試験（SPT）用のサンプラー（SPT スリーブと表記）とチューブサンプラー（TS と表記）で採取した高有機質土と沖積粘土に対して示す。SPT スリーブ試料は乱れが大きいことから，主に試料観察や指標的な試験に用いられている。SPT は原位置調査法として世界中で広く採用されているが，SPT で採取した試料から強度・圧密特性が測定でき，試料の品質が定量的に評価できれば，工学的な価値が高い。

5.2.2 供試土と試験方法

供試土は，図 5-21 に示す八郎潟，河北潟，岩井，水戸，佐倉，青海，名古屋，神戸，笠岡，岩国，有明，熊本に加え，海外の英国 Bothkennar と韓国 Kimhae 平野から採取した乱さない自然堆積土である。表 5-3 に示すように，これらの試料は I_p=26～370，q_u=(15～168)kN/m^2 の幅広い範囲の土である。S_0 の測定を伴う UCT と K_0CUC が行われた。せん断時の供試体径と高さは，15mm と 35mm の S 供試体である。K_0CUC の圧密圧力 σ'_c は σ'_{vo} の 1，2，3，4 倍を基本としたが，高有機質土のように圧縮性が大きい試料の場合は $h \fallingdotseq$ 35mm となる σ'_c の段階で圧密を終了してせん断した。

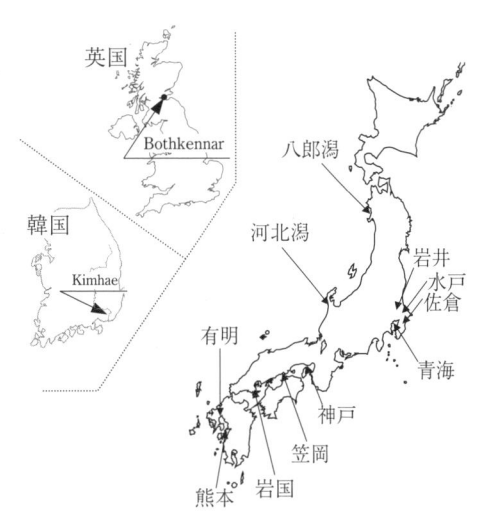

図 5-21 供試土の採取地

5.2.3 原位置の非排水強度の推定法に関する既往の研究と正垣らの従来法

試料の乱れを補正する原位置の非排水強度の推定法に関しては，これまでに多くの提案がなされている。K_0CUC を用いる代表的な方法として，ノルウェー地盤工学研究所（NGI）の Bjerrum[11] による再圧縮法，それを基にした MIT グループの Ladd & Foott[12] の SHANSEP 法と半沢ら[13] の研究などがある。また，再圧縮法による強度と供試体のサクション S_0 等を関連づけた方法に，奥村ら[14]，中瀬ら[15]，三田地ら[16] の研究がある。しか

表 5-3 供試土の I_p, σ'_{vo}, q_u, S_0

供試土	I_p	σ'_{vo} (kN/m^2)	q_u (kN/m^2)	S_0 (kN/m^2)
八郎潟 1	101	50	33	7
八郎潟 2	110	56	33	7
八郎潟 3	100	62	40	10
八郎潟 4	84	67	38	10
河北潟	88	174	102	32
岩井 1 (75-mm)	167	18	24	3
岩井 2 (45-mm)	226	14	23	4
岩井 3 (45-mm)	370	14	32	5
岩井 4 (50-mm)	306	14	23	5
岩井 5 (Cone)	289	14	29	3
岩井 6 (75-mm)	74	17	19	4
岩井 7 (45-mm)	34	19	15	2
岩井 8 (Cone)	61	18	18	3
水戸 1	39	133	128	31
水戸 2	33	163	140	44
佐倉 1	50	101	83	39
佐倉 2	55	101	85	24
佐倉 3	62	74	51	18
青海 1	52	166	163	65
青海 2	52	166	168	59
神戸	28	196	119	44
笠岡	72	34	44	16
岩国	59	130	91	19
有明 1	68	39	22	5
有明 2	54	46	31	6
有明 3	53	52	38	8
熊本 1	46	87	66	13
熊本 2	57	143	97	35
Bothkennar	50	102	119	40
Kimhae 1	26	95	92	27
Kimhae 2	34	151	104	25
Kimhae 3	40	154	74	28

し，これらの方法は実験装置や測定技術，試験条件の設定や結果の解釈に高度で熟練した工学的判断が必要であるとされている。

一方，正垣・丸山の従来法[9]は，UCTのみで原位置の非排水強度を推定する方法であり，図 5-22 に示すように乱れの少ない試料と乱れの大きい試料の S と $q_u/2$ の関係から外挿法によって原位置の非排水強度が推定できる。すなわち，Ladd & Lambe[17]のサンプリングに伴う応力変化と有効応力原理から，この方法を図 2-8 を用いて説明すると以下のようである。

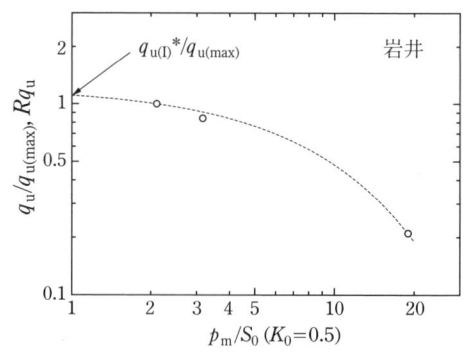

図 5-22 Rq_u と p_m/S_0 の関係

原位置の最大主応力（$\sigma'_1=\sigma'_{vo}$）と最小主応力（$\sigma'_3=K_0\sigma'_1=K_0\sigma'_{vo}=\sigma'_h$）下で圧密された飽和粘土（理想試料）を $\sigma'_1=\sigma'_3=0$ の大気圧下に取り出すと，原位置から応力のみを解放した試料（完全試料）内に発生する間隙水圧 u は式 (5.3) で与えられる。

$$-u=\sigma'_{vo}\{K_0+A_s(1-K_0)\} \tag{5.3}$$

ここで，K_0 は静止土圧係数，A_s は Skempton の間隙圧係数，σ'_{vo} は有効土被り圧である。したがって，完全試料中に発生する有効応力 σ'_{ps} は $-u$ に等しく式 (5.4) となる。

$$\sigma'_{ps} = \sigma'_{vo}\{K_0 + A_s(1-K_0)\} \tag{5.4}$$

ここに A_s は u_f/q_u であり，u_f は q_u に相当する軸ひずみ ε_a 下の u である．撹乱による q_u の変化は S_0 に支配されるため，人工的に乱れを受けた試料から乱れの程度の異なる複数個の供試体の S_0 と q_u を測定して，図 5-22 に示したように S_0 に対する σ'_{ps} の比 σ'_{ps}/S_0 が 1 となる比 $Rq_{u(I)}{}^*$ を，Rq_u と σ'_{ps}/S_0 の関係図から外挿して求める．これが，完全試料の原位置強度 $q_{u(I)}{}^*$ を推定する従来法[9]である．ここで，I は In-situ（原位置）の頭文字を意味する．また，Rq_u は q_u の最大値 $q_{u(\max)}$ に対する各供試体の q_u の比と定義している．実務での便法として，$K_0=0.5$，$\sigma'_2=\sigma'_3$ と仮定して地盤内の土要素が持つ平均圧密圧力 p_m を $2\sigma'_{vo}/3$ として σ'_{ps} と置き換えた場合も，この方法は適用できる[9]．しかし，乱れの程度の違う複数個の供試体が必要になるという点で実務への適用性に難点があった．

5.2.4 従来法で得た非排水強度

表 5-3 に示した国内外 13 堆積地の 24 粘性土に対して行った小型精密三軸試験機[18]による K_0CUC の結果と，S_0 測定を伴う UCT から推定した値とを比較する．K_0CUC による原位置非排水強度 $c_{u(I)}$ は，5.1 節で示した $\sigma'_{p(I)}$ 下の c_u である．$\sigma'_{p(I)}$ の妥当性は，有効応力の観点から後述する図 5-40，図 5-41，図 5-44 から補強される．$c_{u(I)}$ は，K_0 圧密時の K_0 値の挙動や乱れと σ'_p に関する検討[19]から，K_0CUC によって原位置状態を再現した強度として妥当な値と解釈されている．

図 5-23(a)，(b) に，$2c_{u(I)}$ に対する $q_{u(I)}{}^*$ の比 $q_{u(I)}{}^*/2c_{u(I)}$ をそれぞれ I_p と q_u に対してプロットした．$q_{u(I)}{}^*/2c_{u(I)}$ は $I_p=26 \sim 110$，$q_u=15 \sim 178\mathrm{kN/m^2}$ の範囲においてほぼ一定であり，I_p や q_u に依存していないことがわかる．平均値は 0.998 と極めて 1 に近い．すなわち，$q_{u(I)}{}^*/2$ は I_p と q_u の幅広い範囲の土に対して K_0CUC による $c_{u(I)}$ と同等の非排水強度を与えている．このことは $q_{u(I)}{}^*$ の推定法の妥当性を示している．

図 5-23(a)　$q_{u(I)}{}^*/2c_{u(I)}$ と I_p の関係　　　図 5-23(b)　$q_{u(I)}{}^*/2c_{u(I)}$ と q_u の関係

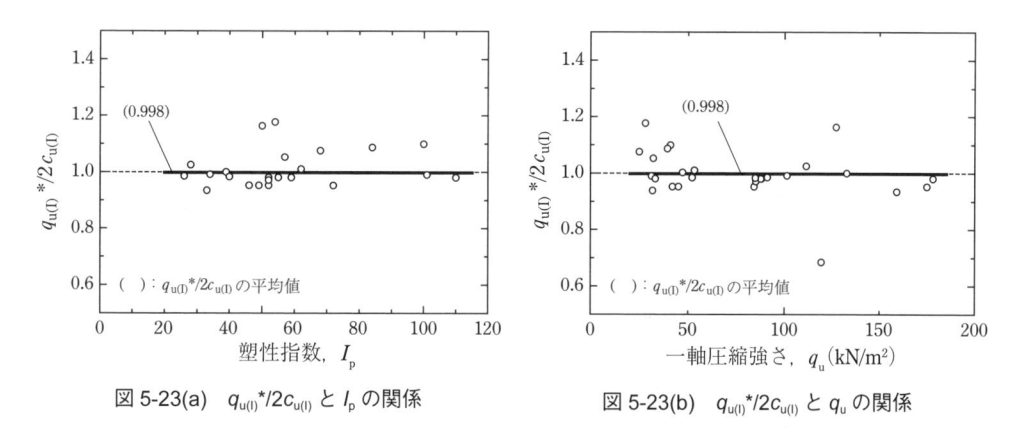

図 5-24 に，$2c_{u(I)}$ に対する q_u と $q_{u(I)}{}^*$ の比と p_m/S_0 の対数の関係を示す．$2c_{u(I)}$ に対する $q_{u(I)}{}^*$ のプロットの平均値は，図 5-23 で述べたように 0.998 である．すなわち，$q_{u(I)}{}^*$ は p_m/S_0（試料の乱れ）に関係なく $2c_{u(I)}$ とほぼ同じ値である．しかし，$q_u/2c_{u(I)}$ は $p_m/S_0=1.5 \sim 8.7$ の範囲において，試料の乱れによって p_m/S_0 の対数が大きくなると直線的に小さくなる．UCT による q_u は，ボーリングやサンプリング等による応力解放や試料の乱れに起因して $2c_{u(I)}$ の 27 〜 99％ 程度の値である．また，$c_{u(I)}$ からの変動も一様ではない．UCT は我が国では非排水強度を測定する方法として最も広く用いられているが，図 5-24 にプロッ

トされた試料は，実務設計のための通常の調査として採取された試料から得ている。q_u の信頼度の低さと設計結果に及ぼす影響の大きさを示すに足るデータであるが，同時に試料の乱れを評価するために S_0 測定の必要性を示す結果でもある。

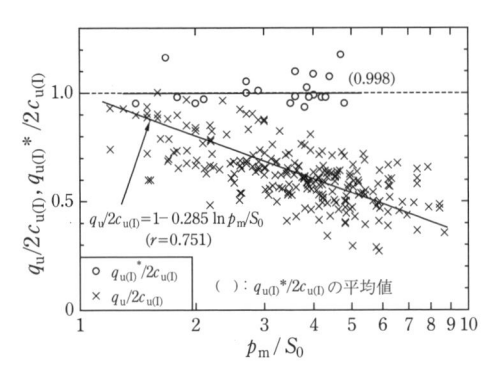

図 5-24　$q_u/2c_{u(I)}$，$q_{u(I)}*/2c_{u(I)}$ と p_m/S_0 の関係

5.2.5　原位置の非排水強度を推定する簡便法

図 5-24 の $q_u/2c_{u(I)}$ と p_m/S_0 のプロットから回帰式 (5.5) を得た。

$$q_u/2c_{u(I)} = 1 - 0.285 \ln p_m/S_0 \tag{5.5}$$

この回帰式は，総計 231 個の供試体に対する試験結果から得ている。また，この回帰式の相関係数 r は 0.751 である。$q_u/2c_{u(I)}$ と p_m/S_0 の関係は，堆積地や土の種類に依存していない。このことは，UCT から S_0 と q_u を測定し，図 5-24 に示す回帰式から $q_u/2c_{u(I)}$ を求め，この値の逆数を測定した q_u に乗ずることでその供試体の $2c_{u(I)}$ に相当する原位置の非排水強度 $q_{u(I)}$ が推定できる可能性を示唆している。これが q_u と S_0 から $q_{u(I)}(=2c_{u(I)})$ を推定する"簡便法"である。

図 5-25 は，$q_{u(I)}/2c_{u(I)}$ と p_m/S_0 の関係である。$q_{u(I)}$ は，S_0 値の測定を伴う UCT の結果から式 (5.5) を用いて求めた。p_m/S_0 が 3.5 より小さい領域において $q_{u(I)}/2c_{u(I)}$ は 0.62～1.28 の範囲で変動する。しかし，p_m/S_0 が 3.5 より大きくなると $q_{u(I)}/2c_{u(I)}$ のばらつきが大きくなる。$q_{u(I)}/2c_{u(I)}$ の統計的性質を調べるため，図 5-25 のプロットを $p_m/S_0=(1.5～3.5)$，$(3.5～5.5)$，$(5.5～8.7)$ の 3 つに区分し，それぞれの領域のプロットのヒストグラムと統

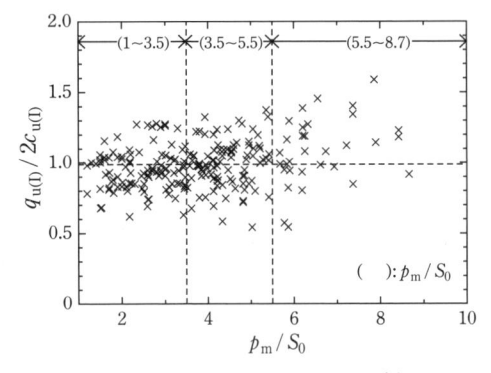

図 5-25　$q_{u(I)}/2c_{u(I)}$ と p_m/S_0 の関係

計量を図 5-26 と表 5-4 にまとめた。すなわち，図 5-26 の (a)，(b)，(c) は，それぞれ $p_m/S_0=(1.5～3.5)$，$(3.5～5.5)$，$(5.5～8.7)$ の区分に対応するヒストグラムと正規分布曲線であり，(d) はそれらの正規分布曲線のみを比較している。表 5-4 の n は検討した供試体の数であり，s は $q_{u(I)}/2c_{u(I)}$ の標準偏差である。p_m/S_0 のすべての領域の $q_{u(I)}/2c_{u(I)}$ の s は 0.18 であるが，$p_m/S_0=5.5～8.7$ の領域の結果を除く $p_m/S_0=1.5～5.5$ の領域で考えると $s=0.16$ になる。図 5-26 のヒストグラムは，適合度検定により正規分布で近似できることを確認

している.すなわち,$p_m/S_0=(1.5〜5.5)$ の領域で,$q_{u(I)}/2c_{u(I)}$ は平均値 0.98 ± 0.16 のばらつきを持つ.これは,$q_{u(I)}$ が $2c_{u(I)}$ の($-18〜+14$)%で変動することを意味するが,ガラスの破壊強度の変動係数は 24%,軟鋼の上降伏点のそれは 20%である[20].また,不撹乱の沖積粘土やその再構成粘土の q_u の変動係数は,5.3 節で述べるように 8〜17%程度[21]である.

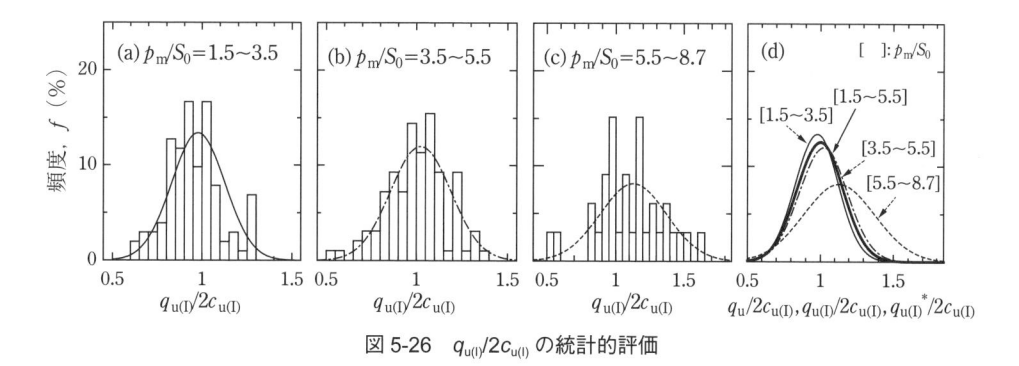

図 5-26 $q_{u(I)}/2c_{u(I)}$ の統計的評価

表 5-4 $q_{u(I)}/2c_{u(I)}$ の統計量

p_m/S_0	n	平均値	s
1.5〜8.7	231	1.00	0.18
1.5〜3.5	102	0.95	0.15
3.5〜5.5	96	1.00	0.16
5.5〜8.7	33	1.11	0.24
1〜5.5	198	0.98	0.16

n:供試体数,s:標準偏差

$c_{u(I)}$ は $q_{u(I)}$ と $q_{u(I)}^*$ の両者に共通の数値として用いている.$q_{u(I)}/2c_{u(I)}$ のばらつきとして,± 16%程度の値は再構成粘土の q_u の変動と同等である.$q_{u(I)}/2c_{u(I)}$ のばらつきが小さいことは簡便法によって推定した $q_{u(I)}$ の信頼度が高いことを意味するが,$5.5<p_m/S_0$ になると,推定値の信頼度は $q_{u(I)}/2c_{u(I)}$ のばらつきが大きくなる分だけ低下する.式 (5.5) によれば,$p_m/S_0 \fallingdotseq 5.5$ の領域では $q_u/2c_{u(I)} \fallingdotseq 0.5$ であり,$2c_{u(I)}$ の 50%程度の q_u しか発揮しない品質の試料であることを意味する.このような乱れの大きな試料に対しては,試料採取から試験の過程で試料を大きく乱す要因が作用した可能性が高いので,補正法を適用する以前に試料を再度採取する等の指導や施策が実務的には重要であると考える.

図 5-27(a) は各供試土の $2c_{u(I)}$ に対する $q_{u(I)}$ の平均値 $\bar{q}_{u(I)}$ の比と I_p の関係である.q_u に対して同様に図 5-27(b) にプロットした.これらの図から $I_p=26〜110$,$q_u=12〜178\text{kN/m}^2$

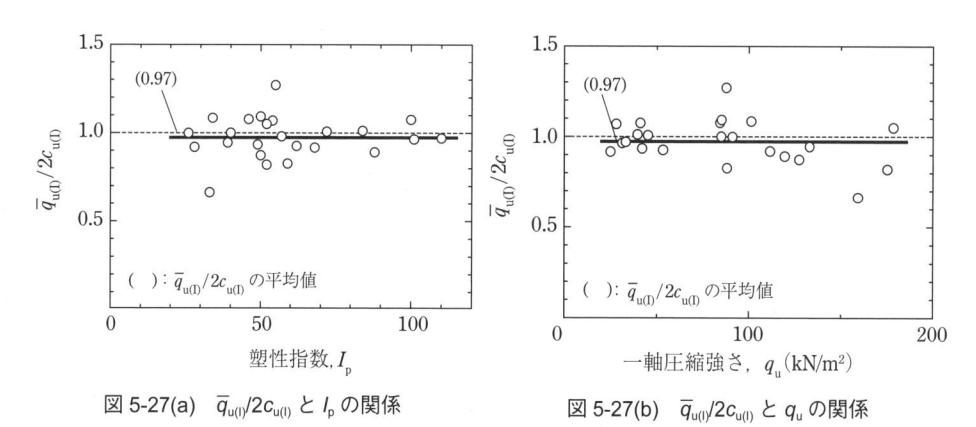

図 5-27(a) $\bar{q}_{u(I)}/2c_{u(I)}$ と I_p の関係

図 5-27(b) $\bar{q}_{u(I)}/2c_{u(I)}$ と q_u の関係

の範囲において $q_{u(I)}/2c_{u(I)}$ は I_p や q_u, p_m/S_0 に依存していないことがわかる。

一方，$q_{u(I)}/2c_{u(I)}$ は $p_m/S_0=(1.5 \sim 5.5)$ の供試体に限れば平均値 0.98 になるが，$s=0.16$ であり q_u のそれより標準偏差が若干大きい。これは，従来法として図 5-22 に示したように，最小二乗法によってデータを平均化しているのに対して，簡便法は各供試体を個別に扱っていることに起因している。しかし，上述のように $q_{u(I)}$ の変動は再構成土の q_u と同等であることから，この簡便法は実務においても有効な手段であると考えられる。

図 5-28(a)，(b)，(c)，(d) と表 5-5 に q_u，$q_{u(I)}*$，$q_{u(I)}$ の統計的性質の比較を行った。図 5-28 の (a)，(b)，(c) は，それぞれ $2c_{u(I)}$ に対する $q_u/2c_{u(I)}$，$q_{u(I)}*/2c_{u(I)}$，$q_{u(I)}/2c_{u(I)}$ の比のヒストグラムとその正規分布曲線であり，(d) は各正規分布曲線のみをまとめて示している。表 5-5 を見ると，$q_u/2c_{u(I)}$ の平均値が 0.63 で標準偏差 $s=0.14$ であるのに対して，$q_{u(I)}*/2c_{u(I)}$ の s は，0.10 と小さく平均値は 0.998 とほぼ 1.00 に近い。従来法は q_u のばらつきを減少させ，かつ精度良く $2c_{u(I)}$ に近い値が推定できていることがわかる。

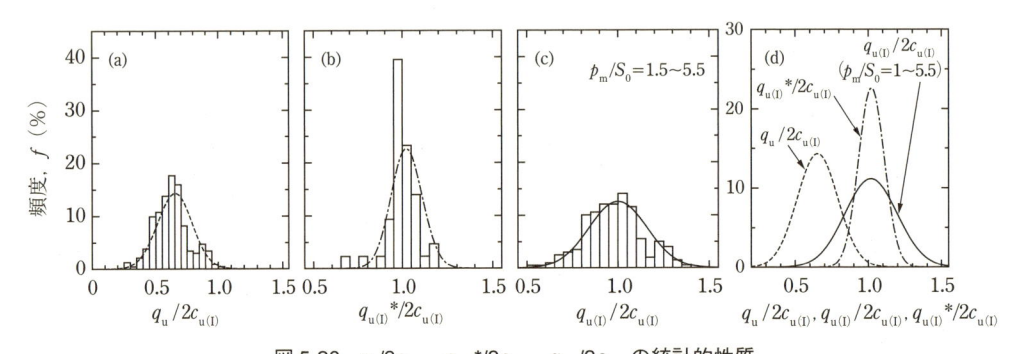

図 5-28 $q_u/2c_{u(I)}$，$q_{u(I)}*/2c_{u(I)}$，$q_{u(I)}/2c_{u(I)}$ の統計的性質

表 5-5 $q_u/2c_{u(I)}$，$q_{u(I)}*/2c_{u(I)}$，$q_{u(I)}/2c_{u(I)}$ の統計量

比	n	平均値	s
$q_u/2c_{u(I)}$	231	0.630	0.14
$q_{u(I)}*/2c_{u(I)}$	23	0.998	0.10
$q_{u(I)}/2c_{u(I)}$	198	0.980	0.16

n：供試体数，s：標準偏差

5.2.6 岩井 SPT 試料の品質と簡便法の適用

(1) 岩井試料の性質と一軸圧縮強度

7.1 節で述べる 75-mm，45-mm，50-mm，Cone サンプラーで採取した岩井の TS 試料と SPT スリーブ試料の中で，$z \fallingdotseq 4.5m$，7.5m，16.5m の試料の指標的性質と強度特性を表 5-6 に示す。SPT 用サンプラーのスプリットバーレルには，写真 5-1 に示すように内径 35mm，高さ 100mm，肉厚 2mm の真鍮管（SPT スリーブ）が 6 個収納できる。また，図 5-29 に示すように 1 つの SPT スリーブからは 2 個の S 供試体が作製できる。

表 5-6 岩井土の各試料の指標的性質と強度特性

Bor	サンプラー	z (m)	w_n (%)	ρ_t (g/cm³)	q_u (kN/m²)
1	75-mm	4.4～4.8	387～487	1.01～1.07	18～21
2	45-mm	4.4～5.1	374～492	1.03～1.09	17～33
5	50-mm	4.4～4.7	406～494	1.01～1.06	12～22
	SPT スリーブ	4.5～5.0	350～379	1.06～1.07	17～20
1	75-mm	7.4～7.8	126～132	1.35～1.38	13～22
2	45-mm	7.5～8.1	56～84	1.49～1.65	16～26
5	Cone	7.4～7.8	104～147	1.34～1.42	15～23
	SPT スリーブ	7.5～8.0	106～136	1.34～1.41	13～19
1	84T	16.4～16.8	77～82	1.47～1.51	234～428
2	45-mm	16.4～16.8	66～71	1.54～1.63	450～582
5	Cone	16.4～16.5	79～82	1.51～1.51	360～408
	SPT スリーブ	16.5～17.0	62～69	1.51～1.57	94～181

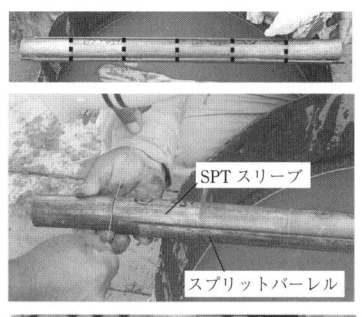

写真 5-1 SPT スリーブ試料の採取状況

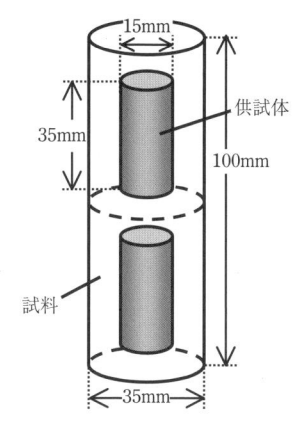

図 5-29 SPT スリーブ試料の供試体作製位置

TS 試料については，各ボーリング孔（Bor）によって使用したサンプラーが異なるが，採取試料の品質に及ぼすサンプラーの影響は，7.1 節で詳細に検討することとし，本項ではこれらのサンプラーによる試料は SPT スリーブ試料に対する「TS 試料」として一括して扱う．

図 5-30 ～図 5-32 には，TS 試料と SPT スリーブ試料の z 方向の採取位置と UCT と K_0CUC を行った各供試体の w_n，ρ_t，e_0 の深度分布を，それぞれ示している．また，図 5-30 と図 5-31 には，UCT のせん断前に測定した S_0 の深度分布も併せて示している．図 5-30 と図 5-31 の網掛けで示された領域の各供試体の w_n と ρ_t は，値が同等であると判断される．したがって，各サンプリング方法の強度特性の比較は，網掛け部の同じ指標的性質を持つ供試体に対して検討することにする．図 5-30 と図 5-31 を見ると，S_0 値は z が小さいことに起因して 5 kN/m² 以下の小さな値である．図 5-33(a)，(b)，(c) は，S と測定時間の関係である．サンプリング方法が S_0 値に及ぼす影響を検討することは，その絶対値が小さいため困難である．

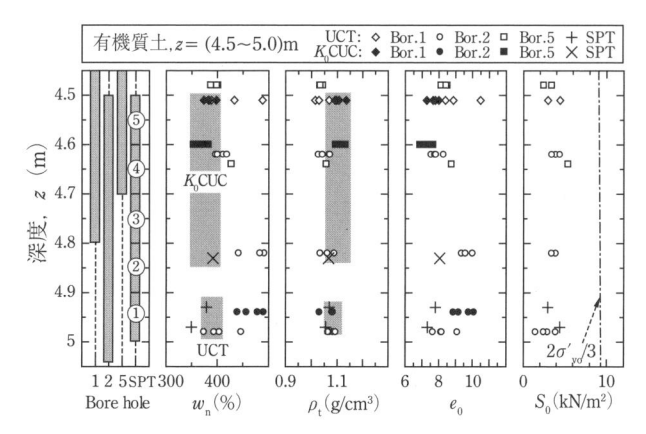

図 5-30 w_n，ρ_t，e_0，s_0 の深度分布（$z \fallingdotseq 4.5$ m）

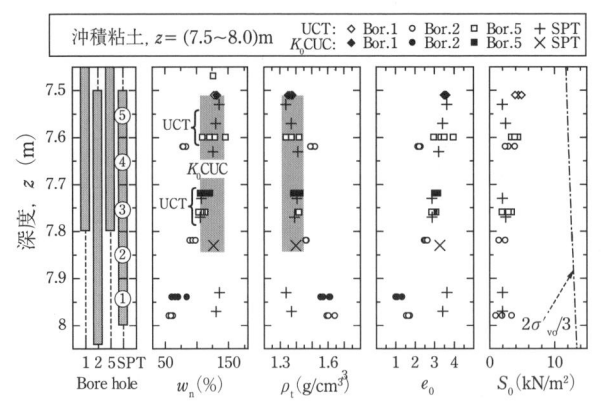

図 5-31　w_n, ρ_t, e_0, s_0 の深度分布（$z \fallingdotseq 7.5$m）

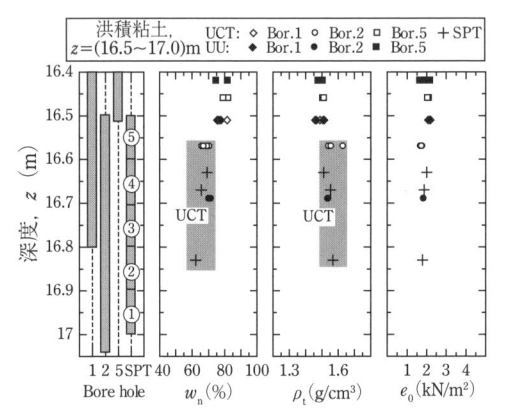

図 5-32　w_n, ρ_t, e_0 の深度分布（$z \fallingdotseq 16.5$m）

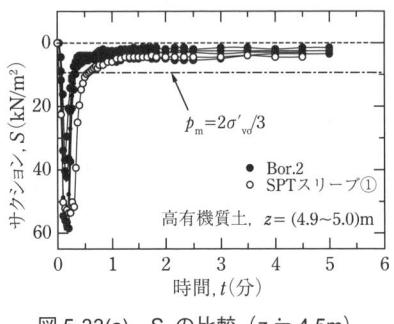

図 5-33(a)　S_0 の比較（$z \fallingdotseq 4.5$m）

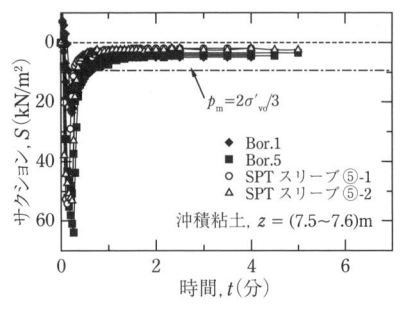

図 5-33(b)　S_0 の比較（$z \fallingdotseq 7.5$m）

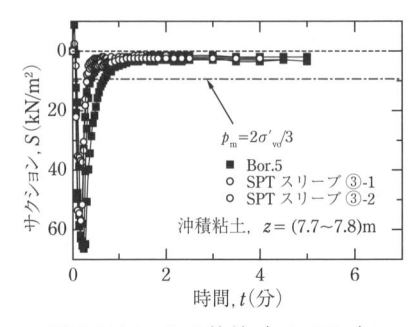

図 5-33(c)　S_0 の比較（$z \fallingdotseq 7.7$m）

図 5-34(a), (b), (c) はそれぞれ, 高有機質土と $z \fallingdotseq 7.5\mathrm{m}$, $7.7\mathrm{m}$ の沖積粘土の UCT 結果であり, TS と SPT スリーブ試料から得た供試体の結果を併せて示している. また, 表 5-7(a), (b), (c) にそれぞれの図に対応する個々の供試体の測定値を示す. 図 5-34(b), (c) は同じスプリットバーレル内の異なる SPT スリーブの結果であり, そのうち (b) は⑤番の SPT スリーブ試料の結果, (c) は③番の SPT スリーブ試料の結果である. 図 5-34(c) の SPT スリーブ③はスプリットバーレル中央部に位置し, Cone 試料と $\sigma\text{-}\varepsilon$ 関係における有意差は見られない. しかし, 図 5-34(a), (b) においては, SPT スリーブの q_u は, TS 試料のそれらより小さい. すなわち, スプリットバーレルの先端とその反対側に近い SPT スリーブ試料は試料採取時の乱れが TS 試料のそれらより大きいことを意味する.

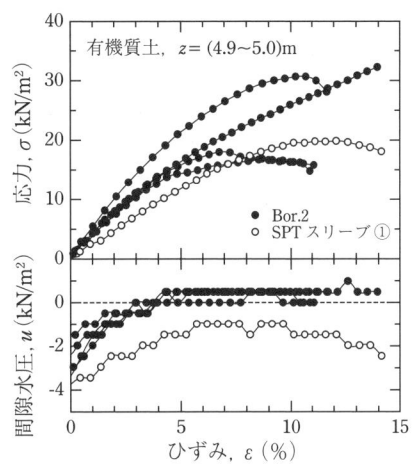

図 5-34(a)　$\sigma \cdot u$ と ε の関係 ($z \fallingdotseq 4.5\mathrm{m}$)

表 5-7(a)　UCT の測定値 ($z \fallingdotseq 4.5\mathrm{m}$)

供試体 Bor.-No.	*	w_n (%)	ρ_t (g/cm³)	q_u (kN/m²)	E_{50} (MN/m²)	ε_f (%)	S_0 (kN/m²)
2-1	●	374	1.09	30.8	0.46	10.6	3.9
2-2	●	404	1.09	32.7	0.33	14.2	3.0
2-3	●	447	1.07	18.1	0.40	7.1	1.5
2-4	●	394	1.07	16.8	0.35	8.9	2.5
** ①	○	379	1.07	19.9	0.24	11.5	4.4

*：記号　**：SPT スリーブ

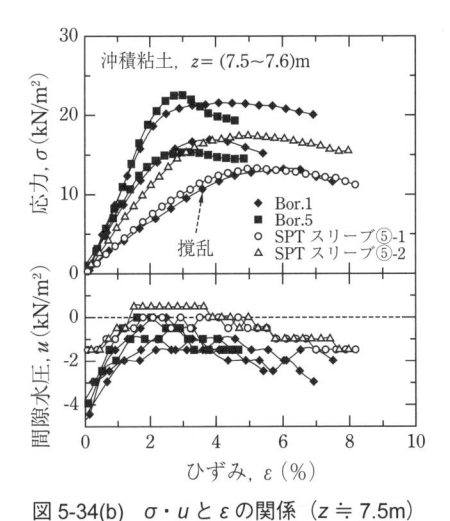

図 5-34(b)　$\sigma \cdot u$ と ε の関係 ($z \fallingdotseq 7.5\mathrm{m}$)

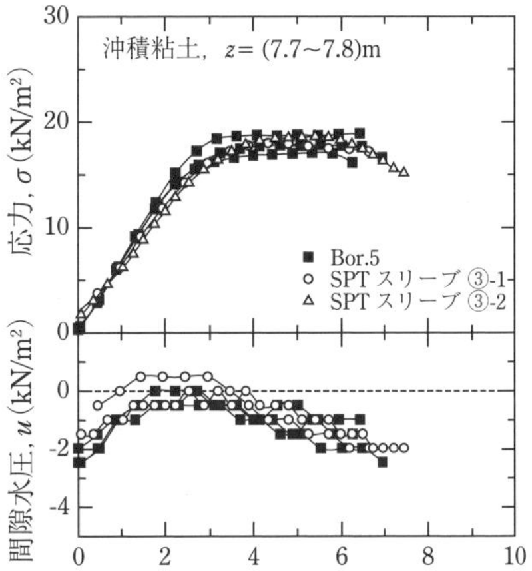

表 5-7(b)　UCT の測定値 ($z \fallingdotseq 7.5\mathrm{m}$)

供試体 Bor.-No.	*	w_n (%)	ρ_t (g/cm³)	q_u (kN/m²)	E_{50} (MN/m²)	ε_f (%)	S_0 (kN/m²)
1-1	◆	130	1.38	21.6	0.96	4.2	3.9
1-2	◆	127	1.35	16.9	0.74	3.8	4.9
1-3	◆	125	1.38	13.3	0.29	6.6	3.4
5-1	■	147	1.34	15.4	0.81	3.2	4.4
5-2	■	110	1.42	22.7	0.96	2.9	3.9
** ⑤-1	○	136	1.34	13.3	0.37	5.2	2.0
** ⑤-2	△	131	1.37	17.4	0.57	5.2	2.5

*：記号　**：SPT スリーブ

図 5-34(c)　$\sigma \cdot u$ と ε の関係 ($z \fallingdotseq 7.7\mathrm{m}$)

表 5-7(c)　UCT の測定値 ($z \fallingdotseq 7.7\mathrm{m}$)

供試体 Bor.-No.	*	w_n (%)	ρ_t (g/cm³)	q_u (kN/m²)	E_{50} (MN/m²)	ε_f (%)	S_0 (kN/m²)
5-1	■	110	1.42	18.9	0.70	5.6	2.0
5-2	●	107	1.42	17.1	0.69	5.6	3.4
5-3	●	104	1.42	17.8	0.67	5.7	3.0
** ③-1	○	108	1.41	18.1	0.63	4.4	2.0
** ③-2	△	106	1.39	18.7	0.60	5.0	2.5

*：記号　**：SPT スリーブ

図 5-35 は，洪積粘土に対する σ と ε の関係である．この図には練返し試料（×）の結果も併せて示している．45-mm 試料の q_u の最大値 $q_{u(max)}$（=570kN/m^2）を基準に取ると，この試料の鋭敏比 S_r は 34.3 であり，SPT スリーブ試料の q_u は $q_{u(max)}$ の 28%（S_r との比較のためにこれを逆数にすると 3.57）である．SPT スリーブ試料の乱れは特に洪積粘土において著しい．

図 5-36 は，TS 試料の測定値の平均値に対する SPT スリーブ試料のそれらの比を深度に対してプロットしている．図 5-34 の σ-ε 関係では明らかでなかった SPT スリーブ試料の E_{50} の低下は，平均値としては有機質土，沖積粘土，硬質粘土でそれぞれ 35%，35%，95% である．同様に q_u で 30%，15%，65% であった．

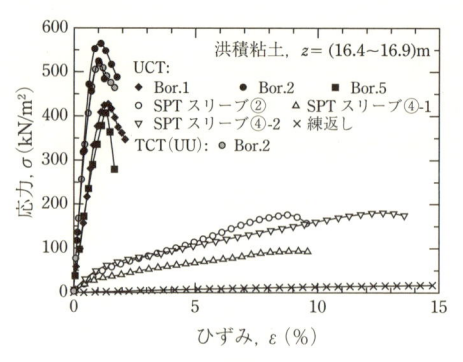

図 5-35 σ と ε の関係（$z \fallingdotseq 16.5$m）

表 5-8 UCT の測定値（$z \fallingdotseq 16.5$m）

供試体 Bor.-No.	*	w_n (%)	ρ_t (g/cm^3)	q_u (kN/m^2)	E_{50} (MN/m^2)	ε_f (%)
1	◆	81	1.51	428	21.3	1.8
2-1	○	69	1.56	529	76.6	1.1
2-2	○	67	1.56	565	81.1	1.0
2-3(UU)	●	61	1.55	519	79.8	1.0
5	■	79	1.51	408	39.8	1.4
** ②	○	62	1.57	176	2.58	8.9
** ④-1	△	69	1.51	94	1.88	9.0
** ④-2	▽	66	1.55	181	2.43	12.6
***	×	67	1.61	18.1	0.14	16.5

*：記号　　**：SPT スリーブ　　***：練返し

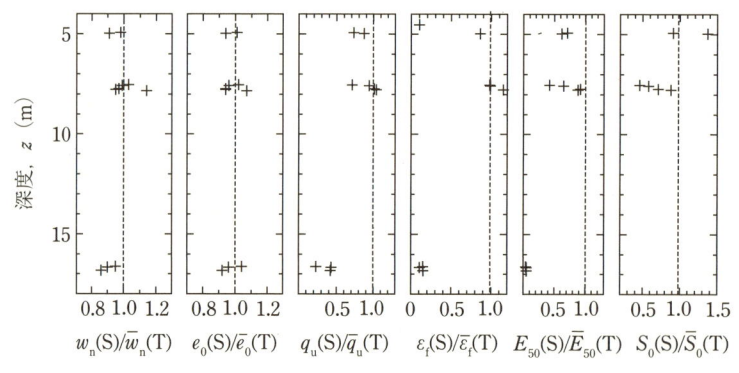

図 5-36 TS と SPT スリーブ試料の w_n, e_0, q_u, ε_f, E_{50}, S_0 の比較

5.2.7 原位置の圧密降伏応力の推定

K_0CUC から原位置非排水強度 $c_{u(I)}$ を求めるために，5.1 節で述べた原位置の圧密降伏応力 $\sigma'_{p(I)}$ を求める必要がある．図 5-37(a)，(b) は，それぞれ $z \fallingdotseq 4.5$m，7.5m の試料に対する K_0CUC の K_0 圧密過程（K_0C）から得た間隙比 e と有効軸応力 σ'_a の対数の関係である．また，これらの図には，同じ TS 試料の IL の結果を併せて示している．各供試体の e_0 のばらつきを考慮して，e_0 はすべての供試体の平均値に揃えて整理している．K_0C と IL から得た e と σ'_a の関係は，5.1 節で述べた韓国 Busan new port 粘土と同様に同等と判断される．各供試体の e_0 と σ'_{vo} 下の間隙比 e_1 を用いて，体積ひずみ ε_{vo} と σ'_p の関係から $\sigma'_{p(I)}$ を推定することが可能である．原位置では，e_1 は e_0 に等しいため，$\varepsilon_{vo}=0$ となる．図 5-38(a)，(b) において，プロットを近似する直線を最小二乗法によって外挿し，$\varepsilon_{vo}=0$ の点から $\sigma'_{p(I)}$ を求めた．$z \fallingdotseq 4.5$，7.5m の試料の $\sigma'_{p(I)}$ はそれぞれ，26 kN/m^2，37 kN/m^2 である．他の深度の試料に対しても同様に $\sigma'_{p(I)}$ を求めた．

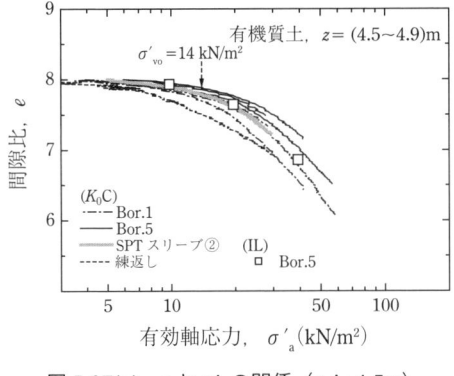

図 5-37(a)　e と σ'_a の関係（$z \fallingdotseq 4.5$m）

図 5-37(b)　e と σ'_a の関係（$z \fallingdotseq 7.5$m）

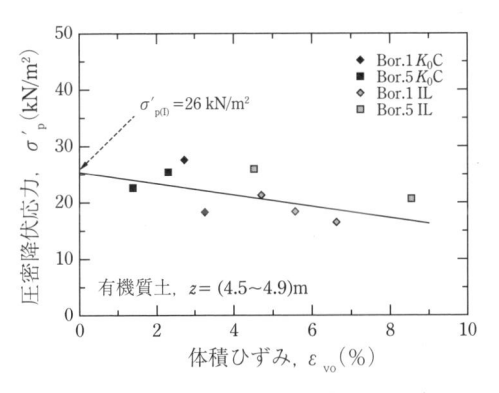

図 5-38(a)　ε_{vo} と σ'_p の関係（$z \fallingdotseq 4.5$m）

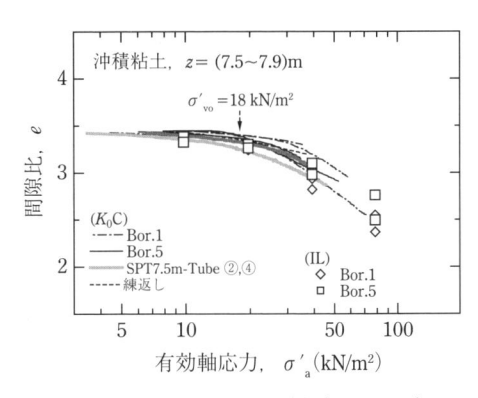

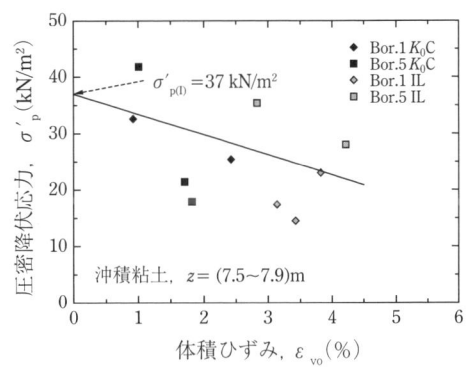

図 5-38(b)　ε_{vo} と σ'_p の関係（$z \fallingdotseq 7.5$m）

$\sigma'_{p(I)}$ 下の K_0 に対する σ'_a の K_0 の比 RK_0 と有効軸応力 σ'_a の関係が，河北潟粘土に対して図 5-39 に示される。不撹乱土（×，+，○）に対する RK_0 の増加比は，練返し土（◆）と異なり $\sigma'_{p(I)}$ の近傍で変化する。K_0 条件を維持するために要求される σ'_a に対する側方圧の増加比は，塑性に移行する σ'_a の近傍で異なると考えられる。このことから図 5-38 のように推定した $\sigma'_{p(I)}$ は，K_0 圧密時の K_0 の変化からも妥当と考えられる。練返し土（◆）に対する RK_0 は，圧密開始時には，すでに粘土が塑性状態にあるので，σ'_a の増加で直線的に増加している。

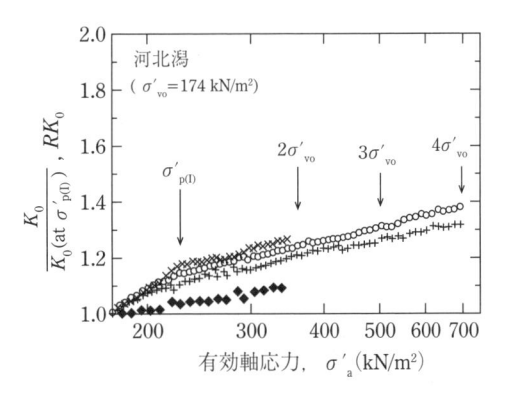

図 5-39　RK_0 と σ'_a の関係（河北潟粘土）

図 5-40 と図 5-41 は，不撹乱土と練返し土に対する圧密終了時の σ'_a と K_0 の関係を示す。σ'_{vo} 下の K_0 の平均値は，$\sigma'_{p(I)}$ を境に変化し，Kimhae 粘土は $\sigma'_{p(I)}<\sigma'_a$ の領域のそれらより 0.06（練返し土に対しては 0.05）小さく，河北潟粘土は 0.1（練返し土に対しては 0.05）小さい。練返しによる K_0 の減少は $\sigma'_{p(I)}<\sigma'_a$ の領域に対して，河北潟粘土に対しては 0.09，Kimhae 3 に対して 0.03 である。

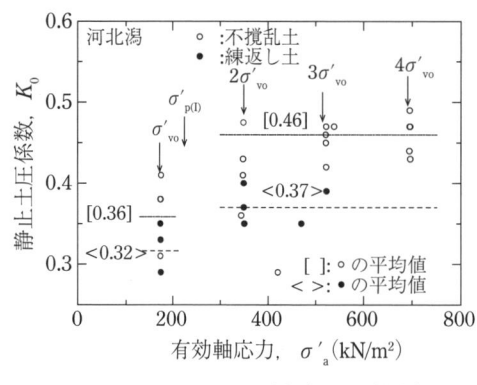

図 5-40 K_0 と σ'_a の関係（河北潟粘土）

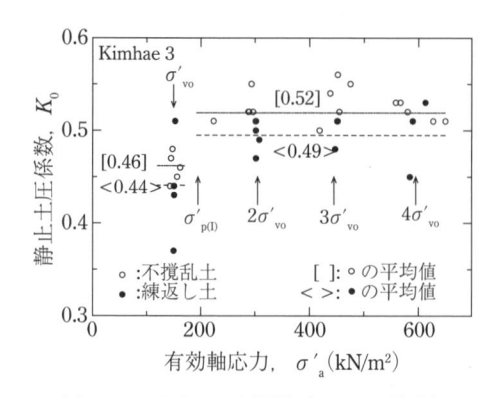

図 5-41 K_0 と σ'_a の関係（Kimhae 粘土）

5.2.8 K_0CUC による原位置非排水強度の推定

図 5-42(a), (b) は，それぞれ有機質土と沖積粘土の K_0 圧密後の主応力差 q と ε_a の関係を示している。TS 試料の σ'_a/σ'_{vo} が 1～3 と，SPT スリーブ試料の $\sigma'_a/\sigma'_{vo}=2$, 2.5 の結果を併せて示している。σ'_a/σ'_{vo} 値が同等の q と ε_a の関係は TS と SPT スリーブ試料に関係なく同様であることがわかる。

図 5-42(a) q と ε_a の関係（$z \fallingdotseq 4.5$m）

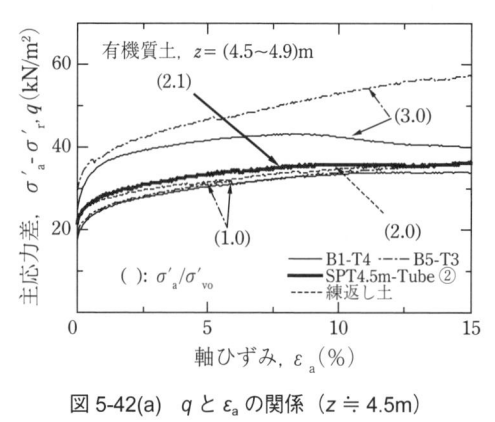

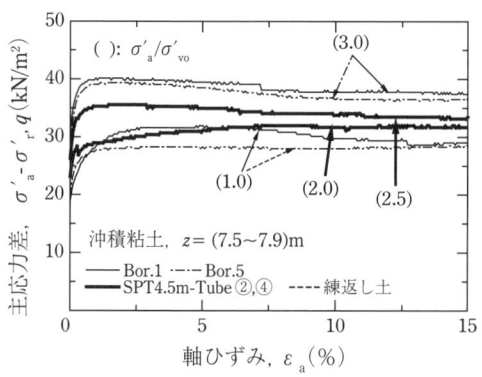

図 5-42(b) q と ε_a の関係（$z \fallingdotseq 7.5$m）

図 5-43 は，図 5-42 で用いた供試体の K_0 圧密時の K_0 値と σ'_a の関係に加え，K_0 圧密後の非排水せん断で得た強度増加率 c_u/p を σ'_a に対してプロットしている。ここで，圧密圧力 p は σ'_a に対応している。σ'_a が前項で決定した $\sigma'_{p(I)}$ 値を超えると K_0 値はほぼ一定値に収束するが，SPT スリーブ試料の K_0 値は同じ σ'_a 下の TS 試料のそれらより小さい。このような挙動は，試料の乱れに起因した土粒子の骨格構造の変化に伴う応力変化で説明できる[19]。σ'_a の小さい領域で c_u/p 値が大きく過圧密的であるが，圧密の進行に伴い小さくなる。SPT スリーブ試料の c_u/p 値は，σ'_a が $\sigma'_{p(I)}$ 近傍かそれを超える領域において同じ σ'_a 下の TS 試料のそれと同等である。すなわち，N 値測定のためのノッキングハンマーの打撃やスプリットバーレルの貫入に起因する試料の乱れは $\sigma'_{p(I)}$ 近傍まで K_0 圧密することで除去されている。このことは，SPT スリーブで採取した試料であっても，S 供試体を用いた K_0CUC は沖積粘土や高有機質土の適正な三軸強度特性が測定できることを示している。

以上に述べた UCT と K_0CUC のせん断過程から得た q と平均有効主応力 $p'(=(\sigma'_a+2\sigma'_r)/3)$ の関係で表される有効応力経路を図 5-44 に示す。ここで，σ'_r は有効側

方応力である。OC（領域）の挙動を示す UCT と圧密圧力の増加に伴い NC（領域）の挙動に移行する K_0CUC の有効応力経路を包絡する限界状態線（Critical state line）を，主応力比最大点を用いて最小二乗法で描くと，OC と NC 領域の境界は $\sigma'_{p(I)}$ の応力レベル近傍にある。このことは，推定した $\sigma'_{p(I)}$ の妥当性を示唆するとともに S 供試体を用いてせん断中のサクション S（あるいは間隙水圧 u）測定を伴う UCT は有効応力挙動をも適正に測定できていることを示している。図 3-5 で述べたように，一軸圧縮下の u の測定値に及ぼす u の伝達の時間遅れの影響が S 供試体では小さいからである。図 5-43 と図 5-44 には σ'_{vo} の応力レベルも矢印で示している。K_0CUC であっても，σ'_{vo} の圧密圧力では K_0 値，c_u/p 値，有効応力経路も過圧密的な挙動であることがわかる。

以上の検討から，$\sigma'_{p(I)}$ の c_u/p 値を図 5-43 から求め，この値に $\sigma'_{p(I)}$ を乗ずることで，それぞれ原位置の非排水せん断強度 $c_{u(I)}$ が推定できる。図 5-43 に示す高有機質土と沖積粘土の場合，$c_{u(I)}$ はそれぞれ 34.9kN/m² と 30.5kN/m² である。

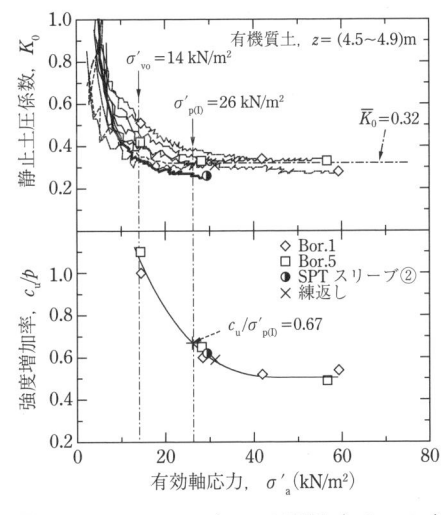

図 5-43(a) K_0，c_u/p と σ'_a の関係（$z \fallingdotseq 4.5$m）　　図 5-43(b) K_0，c_u/p と σ'_a の関係（$z \fallingdotseq 7.5$m）

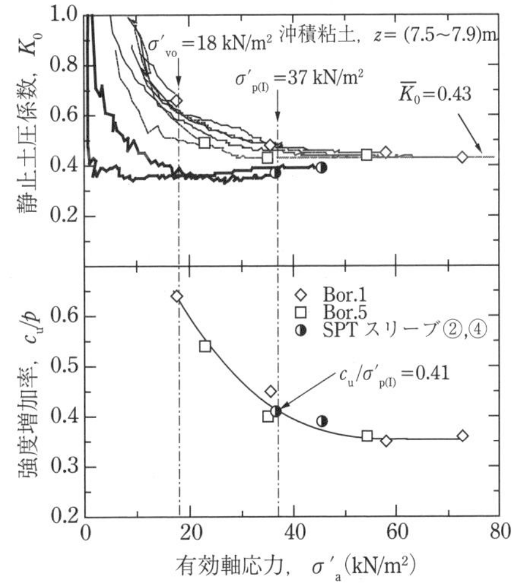

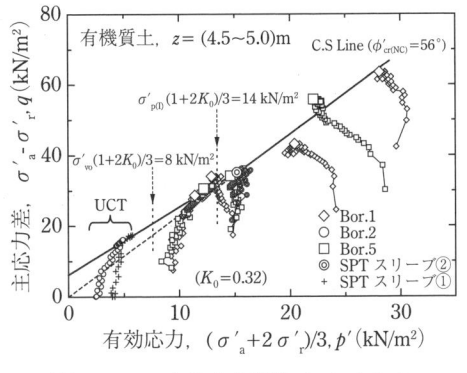

図 5-44(a) 有効応力経路（$z \fallingdotseq 4.5$m）　　図 5-44(b) 有効応力経路（$z \fallingdotseq 7.5$m）

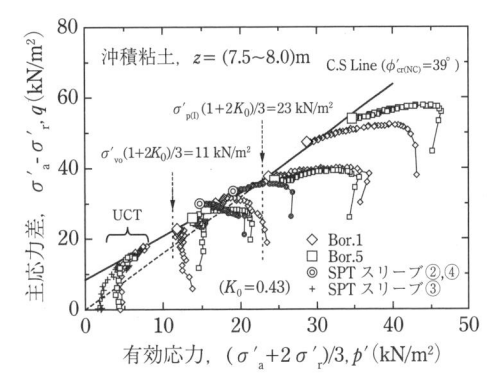

5.2.9 簡便法の適用性と試料の品質の評価

図 5-45 に岩井土の $q_u/2c_{u(I)}$ と p_m/S_0 の関係を，先に示した図 5-24 の関係にプロットした。岩井の高有機質土と沖積粘土のプロットは SPT スリーブ試料のそれらを含め，図 5-24 で得た回

帰式(5.5)を中心に概ね位置している。岩井のTS試料の有機質土(○)のプロットはp_m/S_0が1.8～8.8の範囲にあり，p_m/S_0=1.7～6.3の範囲にある沖積粘土(◉)のそれらよりp_m/S_0が小さい領域に集まっている。高有機質土のばらつきが大きいのはS_0の絶体値が小さくその変動が大きいことに起因している。SPTスリーブ試料のp_m/S_0は沖積粘土(◉)で2.1～3.1，高有機質土(◎)で4.8～6.6であり，試料の乱れを反映してTS試料のそれらより大きい。

図5-46に，$2c_{u(I)}$に対する$q_{u(I)}$の平均値に加え，$q_{u(I)}{}^*$との比をp_m/S_0に対してプロットしている。これらの比は，$z \fallingdotseq 4.5$mの高有機質土に対してはそれぞれ1.02と0.94であり，沖積粘土に対しては1.01と0.99である。すなわち，$q_{u(I)}{}^*/2$値は$c_{u(I)}$と同等であり，$q_{u(I)}/2$値は$c_{u(I)}$より1～2%程度大きい。また，これらの比($\overline{q_{u(I)}/2c_{u(I)}}$と$\overline{q_{u(I)}{}^*/2c_{u(I)}}$)は$p_m/S_0$に依存していない。このことは，簡便法と従来法がともに原位置非排水強度の推定法として有効であることを示している。

図5-47は，TS試料とSPTスリーブ試料のq_u，$q_{u(I)}$，$q_{u(I)}{}^*$と$2c_{u(I)}$の深度分布を示している。q_u(×)と式(5.5)を用いて推定した$q_{u(I)}$(●)のプロットは，$2c_{u(I)}$(△)のプロット近傍にある。また，$q_{u(I)}{}^*$(☆)のプロットは$2c_{u(I)}$の真近にある。図5-48は図5-47のq_u，$q_{u(I)}$，$q_{u(I)}{}^*$を$2c_{u(I)}$との比で表したものである。高有機質土と沖積粘土のq_uの平均値は，$2c_{u(I)}$に対してそれぞれ69%，57%であるが，$q_{u(I)}{}^*/2$と$q_{u(I)}/2$はzや有機質土，沖積粘土によらず$c_{u(I)}$と同等である。一方，これら2つの図においてSPTスリーブ試料(○)のq_uの平均は高有機質土，沖積粘土に対してそれぞれ$2c_{u(I)}$の52%，53%である。従来からSPTスリーブ試料のq_uが乱れに起因して小さいことは広く知られているが，岩井土の場合TS試料の値より高有機質土で17%，沖積粘土で4%程度小さい。また，SPTスリーブ試料のq_u値から推定した$q_{u(I)}$は，高有機質土と沖積粘土のTS試料の$2c_{u(I)}$に対して，それぞれ72%と107%の値であった。岩井の沖積粘土に対してはSPTスリーブ試料は，簡便法が一次調査段階で適用できそうである。一方，高有機質土の$q_{u(I)}/2c_{u(I)}$が小さい理由は，SPTスリーブ試料の保管中の含水比低下(乾燥)に起因してS_0を過大評価したと推察される。S_0を過大評価すると「乱れが少ない」という判断になり，式(5.5)から得た$q_{u(I)}$は$c_{u(I)}$を過小評価する。

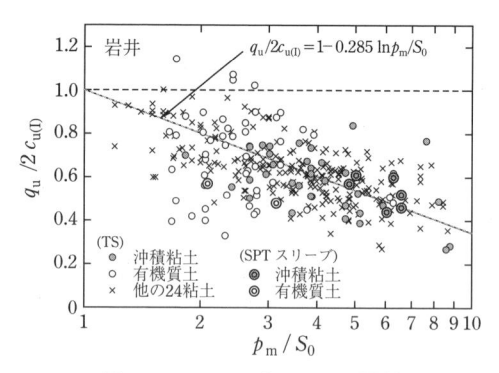

図5-45　$q_u/2c_{u(I)}$とp_m/S_0の関係

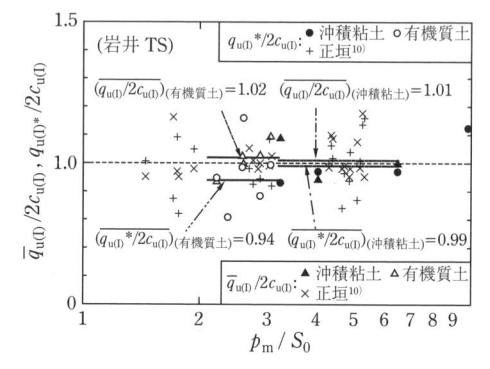

図5-46　$\overline{q_{u(I)}/2c_{u(I)}}$，$q_{u(I)}{}^*/2c_{u(I)}$と$p_m/S_0$の関係

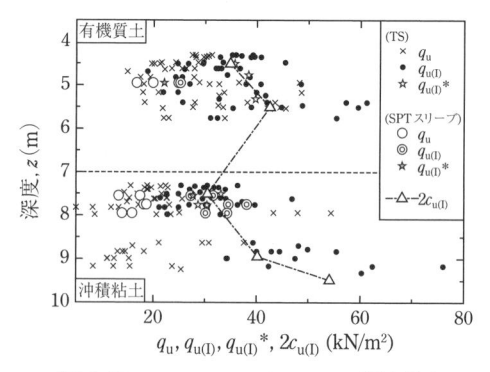

図5-47　q_u，$q_{u(I)}$，$q_{u(I)}{}^*$，$2c_{u(I)}$の深度分布

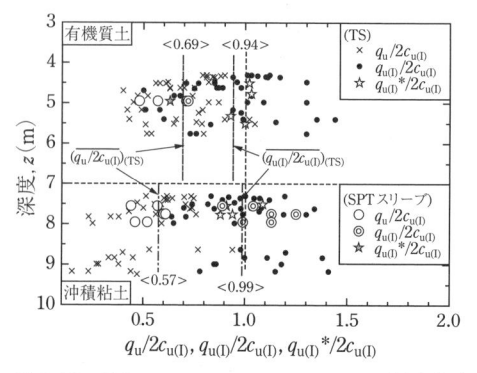

図5-48　$\overline{q_u/2c_{u(I)}}$，$q_{u(I)}/2c_{u(I)}$，$q_{u(I)}{}^*/2c_{u(I)}$の深度分布

図 5-49(a), (b), (c) は岩井の高有機質土に対して，簡便法の提案式に用いた 24 試料の $q_u/2c_{u(I)}$, $q_{u(I)}/2c_{u(I)}$, $q_{u(I)}^*/2c_{u(I)}$ のヒストグラムと正規分布曲線をそれぞれ示している。図 5-50(a), (b), (c) は同様に岩井沖積粘土について示したものである。また，表 5-9 は，図 5-50 の各試料の n，平均値，s を示している。図 5-49(b) を見ると，検討した供試体数が少ないことと，岩井土の S_0 の絶対値が小さく変動が大きいことを反映して，他の地域から得た 24 粘土より岩井土の $q_{u(I)}/2c_{u(I)}$ の分布幅が大きくなっている。$q_{u(I)}/2c_{u(I)}$ と $q_{u(I)}^*/2c_{u(I)}$ の平均値がほぼ 1 であることが，図 5-49 の正規分布曲線のピーク位置で示され，q_u と S_0 を用いた試料の乱れの補正によって，試料の乱れが排除される方向に移動していることが認識できる。図 5-49(c) と表 5-9 を見ると，$q_{u(I)}/2c_{u(I)}$ の正規分布曲線の幅や s が $q_u/2c_{u(I)}$ のそれより大きいのは，S_0 の絶対値が小さいために q_u 値の変動を S_0 が反映できない現象が起きていると推察される。このことは，$q_{u(I)}$ の信頼度を確保するために複数の供試体に対する試験結果からの平均を求めることが簡便法においても望まれることを意味する。

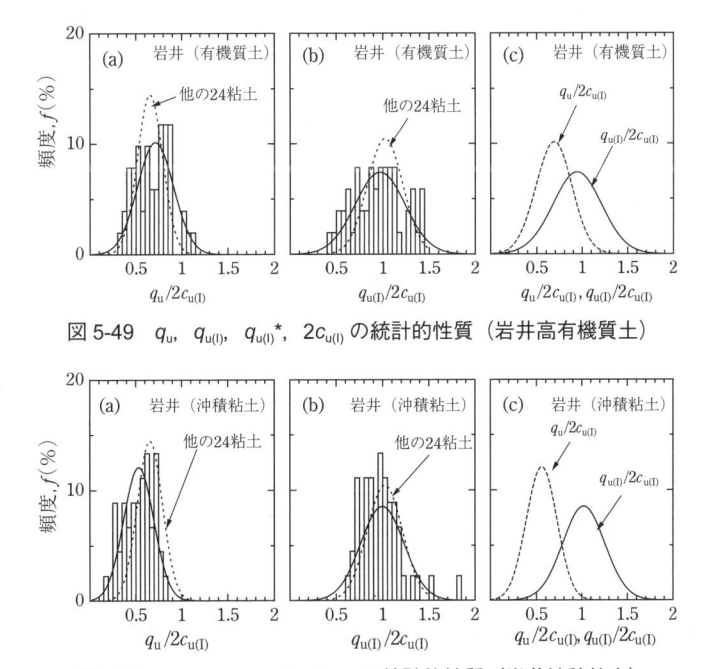

図 5-49 q_u, $q_{u(I)}$, $q_{u(I)}^*$, $2c_{u(I)}$ の統計的性質（岩井高有機質土）

図 5-50 q_u, $q_{u(I)}$, $q_{u(I)}^*$, $2c_{u(I)}$ の統計的性質（岩井沖積粘土）

表 5-9 図 5-50 の統計量

（他の 24 粘土）

	n	平均値	s
$q_u/2c_{u(I)}$	231	0.63	0.14
$q_{u(I)}^*/2c_{u(I)}$	23	1.00	0.10
$q_{u(I)}/2c_{u(I)}$	198	0.98	0.16

岩井（有機質土）

	n	平均値	s
$q_u/2c_{u(I)}$	51	0.69	0.20
$q_{u(I)}^*/2c_{u(I)}$	5	1.02	—
$q_{u(I)}/2c_{u(I)}$	51	0.94	0.27

岩井（沖積粘土）

	n	平均値	s
$q_u/2c_{u(I)}$	45	0.53	0.16
$q_{u(I)}^*/2c_{u(I)}$	3	1.01	—
$q_{u(I)}/2c_{u(I)}$	45	0.99	0.23

n：供試体数，s：標準偏差

以上から，$q_{u(I)}$ 推定の簡便法が岩井土に対する原位置非排水強度の推定法として有効であることが確認されたが，その利用には現在の地盤工学の設計体系ではまだ課題が多い。すなわち，安定解析に用いる q_u に代えて $q_{u(I)}$ や $q_{u(I)}^*$ を採用することで，サンプリング装置や技術の違いに起因する試料の乱れを除去することができ，設計の信頼性が改善できる可能性が示唆された。しかし，原位置推定強度を直ちに設計に用いることは，慎重であるべきである。現行のいわゆる「q_u 法」による設計が妥当性を有するためには，q_u が乱れによって原位置の理想試料の強度から 20～25％程度低下した値になっていなければならない，との主張もある。

　試料の乱れは，安全率に及ぼす要因の一つにすぎないため，現行の安全率法や設計法のバランスに関して設計結果に及ぼす試料撹乱の影響を実務の中で検証し，見直していくことが重要である。岩井の盛土破壊の現象は，$q_{u(I)}$ でよく説明できることが第 14 章で示される。このような事例解析を進める努力の中で，設計法の精度も照査していくことが必要である。

5.3　撹乱に起因する非排水強度の統計量の補正法

5.3.1　概　論

　q_u は，軟弱粘性土地盤の短期安定に関する事前設計や破壊事例の解析などに，我が国の実務では最も広く用いられてきた実績を有することは 3.1 節で述べたとおりである。しかし，砂分が卓越した粘性土や洪積粘土のような硬質土では，材料物性の脆性化やヘアクラックの存在，また応力解放の影響が大きくなるなどの理由により，q_u は地盤内の非排水せん断強さ c_u を過小評価しやすいことはよく知られている。供試体のサクションから原位置の非排水強度を推定する方法は 5.2 節で示したが，サクションが測定されない場合の強度の補正法や，乱れによる非排水強度の統計量の変化に関する評価や補正法として，今日十分なものはない。

　4.1 節で各種撹乱要因の q_u への感度分析結果を示したが，このような土質材料に対するUCTの適用限界や強度低下の補正方法を見いだすことは，合理的な設計結果を得るために必須である。また，そのような方法論が広く一般化できれば工学的に大きな意義を持つことになる。この種の問題は理論的なアプローチが困難であり，個々の土試料に対する実験的検討が有効である。5.3.2 項では，I_p と圧密圧力 σ'_v を変えた再構成土に対して，UCTと三軸圧縮試験（UU条件）を実施して両者の強度特性の比較から，これらの土質に対する q_u の適用性を示す。

　UCTに対する試験として三軸圧縮試験（UU条件）を選定するのは，実務においてUCTに代えて行うとすれば，たかだか三軸圧縮試験（UU条件）であるのが実状であることによる。これは，飽和土の非排水せん断試験では，$q_u/2=(\sigma_1-\sigma_3)/2$ が成立する前提に基づいている。また，本節で扱うもうひとつの視点は，信頼性設計に関するものである。信頼性設計法は，地盤データの確率分布を用いて設計信頼度を計算するため，平均値と同様にせん断強度のばらつきと分布を知ることが必要である。第 2 章で示したように，原地盤から試料を採取して土質試験を行うまでのプロセスには，測定値を変動させる多くの地盤リスクの原因が存在している。土の乱れが強度特性の平均値に与える影響に関しては，2.3 節に述べたように従来から多くの研究があり，第 4 章でも系統的に示した。しかし，土の乱れが強度特性のばらつきに与える影響に関する実証的な研究は見られない。

　土の乱れが c_u の統計的性質に与える影響を明らかにするには，同じ物性の土質材料に個々の要因を与え，統計的推測に耐え得る数量の現地実験を行うことが理想である。しか

し，これには土質条件や要因等の膨大な組合せと数の実験が必要であり，実際問題としては不可能である。また，いきなり土性の変化と乱れの程度を取り込み，理論を構築することはさらに困難である。

本節ではこのような観点から，土の乱れがq_uの平均値と変動係数に与える影響を現地の実態調査の分析から検討する。これらの検討では，第2章と第4章で述べた実態調査の結果が活かされるのは言うまでもない。また，本節では，これらの成果を用いて土の乱れによるq_uとその変動係数Vq_uの補正法が提示される。このように，各種要因のc_uへの影響度を検討する場合は，特に両要因の相互関係や独立性が問題となる。この点に関しては，乱れの程度が同じであればσ'_vと土の塑性が正規化されたc_u比，E_{50}比に与える影響は同程度である実験事実（4.1.6項）を考慮して，本章でもc_u比，E_{50}比という指標を用いて，両要因は互いに独立なものとして扱う。

5.3.2 土の塑性が非排水強度の統計的性質に与える影響
(1) 供試土と実験方法

4.1節で用いたA粘土とB粘土に標準砂と標準砂の砕砂を混合して，I_pの異なる5種類の試料を作製した。供試土の指標的性質と塑性図は，それぞれ表5-10と図5-51に示している。供試土は，供試体がかろうじて成形できる$I_p \fallingdotseq 10$の砂質土から，$I_p \fallingdotseq 44$の高塑性の粘性土まで広い範囲にわたっている。A粘土とB粘土以外は混合土であるが，塑性図のA線直上に位置し，また，図5-52に示す粒径加積曲線においても自然土に近い粒径分布を示している。これらの試料は，4.1節で用いた大型のソイルミキサーで24時間以上の混練を行い，図4-2で示した小型圧密土槽で一次元的に圧密した。σ'_vは，固定ピストン式シンウォールチューブサンプラーによって採取できる地盤強度を考慮して，$300\,\mathrm{kN/m^2}$と$500\,\mathrm{kN/m^2}$を設定して，試料からの排水が終了するまで圧密（圧密期間は約2カ月）した。試料採取は，ブロックサンプリングによるが，この場合土槽試料を上部と下部に区分した。土槽上部試料，下部試料からは，図5-53の供試体位置平面図に

表5-10 供試土の指標的性質

I_p	10	12	16	23	44
ρ_s (g/cm³)	2.69	2.63	2.67	2.70	2.67
w_L (%)	23.5	28.9	31.9	45.3	70.2
砂（%）	50	43	36	16	0
シルト（%）	29	30	30	48	43
粘土（%）	21	27	34	36	57

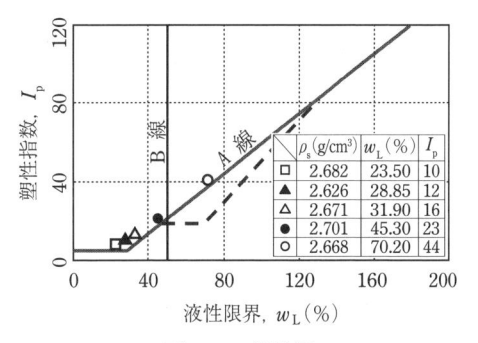

図5-51 塑性図

示すように，$d35\,\mathrm{mm}$，$h80\,\mathrm{mm}$の寸法の供試体がそれぞれ21個作製できる。したがって，後述の$c_u(=q_u/2)$，E_{50}は上下部それぞれの試料の10個の供試体の統計量である。

三軸圧縮試験の拘束圧σ_3は$2\sigma'_v/3$とした。せん断過程におけるせん断速度は，UCTおよび三軸圧縮試験（UU条件）ともに1%/minとし，軸圧縮量，力計の読み取りはA/D変換して3秒間隔でパーソナルコンピュータに記憶させ解析用データとした。c_uは$\varepsilon \leq 15\%$の応力のピークとした。また，E_{50}はc_u/ε_{50}と定義している。ここに，ε_{50}はUCTでは$q_u/2$，三軸圧縮試験（UU条件）の場合には$(\sigma_1-\sigma_3)_f/2$のεである。

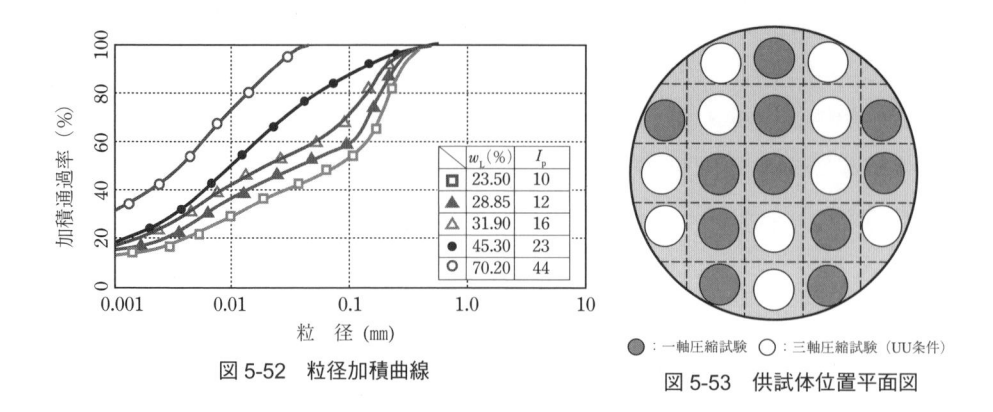

図 5-52 粒径加積曲線

図 5-53 供試体位置平面図

● : 一軸圧縮試験　○ : 三軸圧縮試験（UU条件）

w_L(%)	I_p
23.50	10
28.85	12
31.90	16
45.30	23
70.20	44

(2) 供試体作製結果

ブロックサンプリングで得た $I_p=23$, $\sigma'_v=300\mathrm{kN/m^2}$ の土槽上部試料の w_0 と ρ_t の変動幅は，それぞれ $(29.64 \sim 30.08)$%, $(1.97 \sim 1.92)\mathrm{g/cm^3}$ と小さく，この傾向は I_p や σ'_v が変化しても同様であった。このことから，各土槽内の同じ深さの供試体は位置によらず，工学的には同等の性質を持つ試料であると判断される。図 5-54 は，$\sigma'_v=500\mathrm{kN/m^2}$ の $I_p=15$ の試料の応力とひずみの関係である。同図を見ると，初期の応力とひずみ曲線は，ほぼ 1 つの線に収束しており，ε_f も概ね 2 % 以下である。このことは，採取試料は機械的撹乱のない完全試料（図 2-8 の P 点；拘束圧除去の影響のみを受けた等方応力状態の土試料）に近いものであり，力学的にも同程度の品質と判断される。

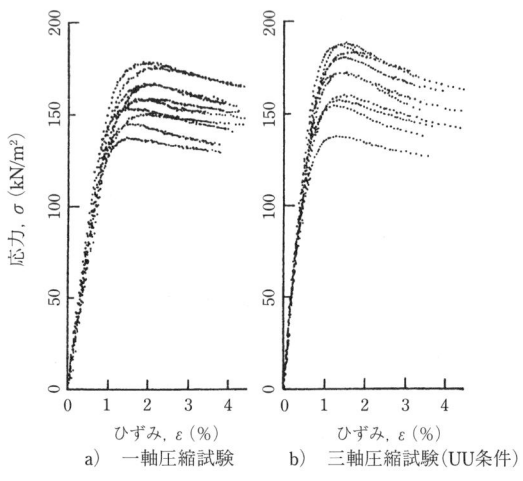

図 5-54 応力とひずみの関係（$\sigma'_v=500\,\mathrm{kN/m^2}$, $I_p=15$）

a) 一軸圧縮試験　　b) 三軸圧縮試験（UU条件）

5.3.3 圧密圧力と塑性指数が非排水強度特性の平均値に与える影響

図 5-55 は，UCT に対する三軸圧縮試験（UU 条件）の c_u 比，E_{50} 比を I_p に対してプロットしている。これらの各点は前述の 10 個の供試体の平均値の比である。また，実験では σ'_v が $300\,\mathrm{kN/m^2}$ と $500\,\mathrm{kN/m^2}$ の 2 種類の供試体を使用したが，ここでは両者を特別に区別していない。この理由は，4.1 節の実験的検討で明らかにしたように，c_u 比，E_{50} 比ともに σ'_v に関して独立と扱えるためである。図中の曲線はプロットの回帰線であり，c_u 比，E_{50} 比と I_p の関係式として次式 (5.6)，(5.7) を得る。

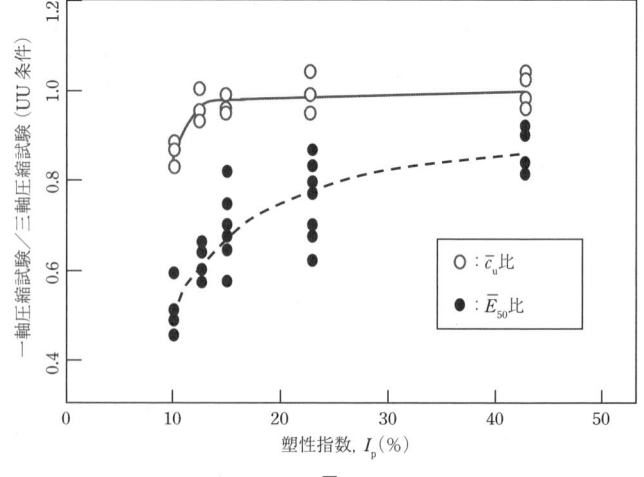

○ : $\bar{c}_u$ 比
● : $\bar{E}_{50}$ 比

図 5-55 $\bar{c}_u$ 比，$\bar{E}_{50}$ 比と I_p の関係

c_u 比

$$\left.\begin{array}{ll} I_p \geqq 15 & \cdots(c_u\text{比}) \geqq 0.98 \\ 10 \leqq I_p < 15 & \cdots(c_u\text{比}) = 1.0 - 0.08/(I_p - 9.42) \end{array}\right\} \quad (5.6)$$

E_{50} 比

$$10 \leqq I_p < 44 \quad (E_{50}\text{比}) = 0.94 - 3.07/(I_p - 2.72) \quad (5.7)$$

図 5-55 を見ると $I_p \geqq 15$ で c_u 比が 0.98 以上と両試験に強度差はないと判断されるが，$I_p = 10$ では 15% 程度 UCT の強度が小さい。

I_p は試験時の個人的誤差が入りやすい。したがって，図 5-55 の工学的有効性を別の観点から検討する必要がある。この点を考慮して，c_u 比，E_{50} 比とも個人差の入りにくい細粒分（75μm 以下の土粒子）含有率 F と粘土分（5μm 以下の土粒子）含有率 C で再整理した。その結果が図 5-56 であり，回帰式として次式 (5.8) ～ (5.11) を得る。

c_u 比

$$\left.\begin{array}{ll} F \geqq 64 & \cdots(c_u\text{比}) \geqq 0.98 \\ 50 \leqq F < 64 & \cdots(c_u\text{比}) = 1.0 - 0.21/(F - 48.5) \end{array}\right\} \quad (5.8)$$

$$\left.\begin{array}{ll} C \geqq 34 & \cdots(c_u\text{比}) \geqq 0.98 \\ 21 \leqq C < 34 & \cdots(c_u\text{比}) = 1.0 - 0.18/(C - 19.7) \end{array}\right\} \quad (5.9)$$

E_{50} 比

$$50 \leqq F \leqq 100 \quad (E_{50}\text{比}) = 1.12 - 23.4/(F - 11.7) \quad (5.10)$$

$$21 \leqq C \leqq 57 \quad (E_{50}\text{比}) = 1.15 - 18.8/(C + 8.8) \quad (5.11)$$

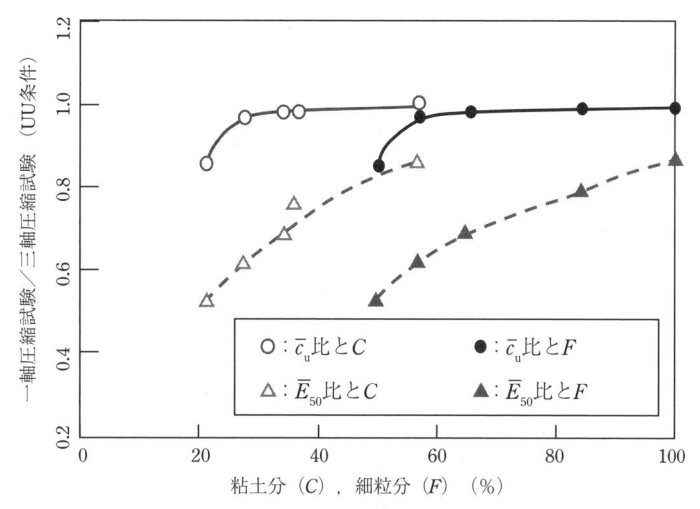

図 5-56 $\bar{c}_u$ 比，$\bar{E}_{50}$ 比と粘土分，細粒分含有率の関係

倉田・藤下[22]は，高島粘土と小名浜砂の混合土に対して一軸圧縮試験と直接せん断試験の比較試験を行っている。それによると，両者の c_u 比が急激に小さくなるのは粘土分含有率が 38%（このとき $I_p = 18.9$）のときであり，高島粘土と相模砂および馬堀砂の混合土では同 40% であった。また川崎粘土の混合土に対する ICUC（等方圧密非排水三軸圧縮

試験), ICUE (等方圧密非排水三軸伸張試験) の比較[23]では,強度変形特性の変化が著しくなるのは $I_p<15$ であった。図5-55と図5-56の結果は,これらとほぼ同じ傾向であるが,強度・変形特性が急変する I_p と C が多少異なっているのは,供試土や比較する試験の応力状態の差を反映していると推察される。一方,E_{50} 比を見ると,c_u 比と同様に I_p の低下とともに減少し,$I_p=10$ でその比が 0.514 (図5-55) である。拘束圧の解除が強度より変形特性に大きく影響することは十分注意すべきである。

実務設計における q_u の現在的意義を考えるとき,図5-55と図5-56は工学的価値が高いと考えている。

5.3.4 圧密圧力と塑性指数が非排水強度特性の変動係数に与える影響

図5-57は,c_u とその変動係数 Vc_u の関係を示している。Vc_u は 0.04〜0.12の範囲にあり,UCTや三軸圧縮試験あるいは c_u の大小に関係なくほぼ一定値である。奥村[24]は,撹乱供試体に対する不撹乱の残留有効応力と完全試料に対する撹乱供試体の非排水強度の比を実験的に検討している。図5-57の Vc_u の範囲は,奥村のデータを再整理した結果[25]と同じ傾向である。

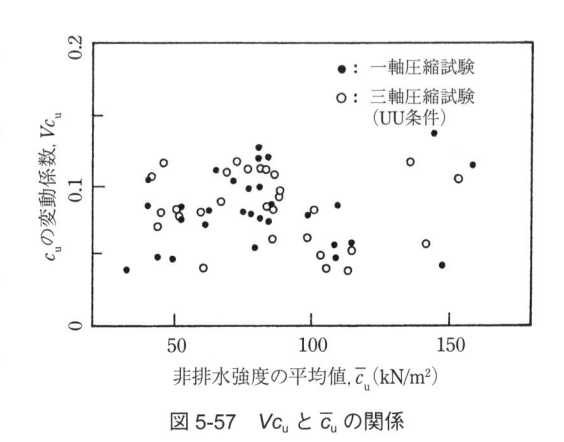

図5-57 Vc_u と $\bar{c}_u$ の関係

図5-58(a),(b) は,それぞれUCTおよび三軸圧縮試験 (UU条件) の E_{50} の変動係数 VE_{50} と c_u の関係である。同図(b)の三軸圧縮試験の結果を見ると,c_u の増加につれて VE_{50} が小さくなる傾向がある。UCTでは c_u の大小によらず $VE_{50}=0.05〜0.25$ のほぼ一定値を持つが,これは拘束圧の解除の影響であると推察される。このことは,応力とひずみ曲線の立ち上がり勾配でUCTより三軸試験の方が (図5-54参照),また I_p および σ'_v の大きい方が1つの線に収束していたことからも理解される。

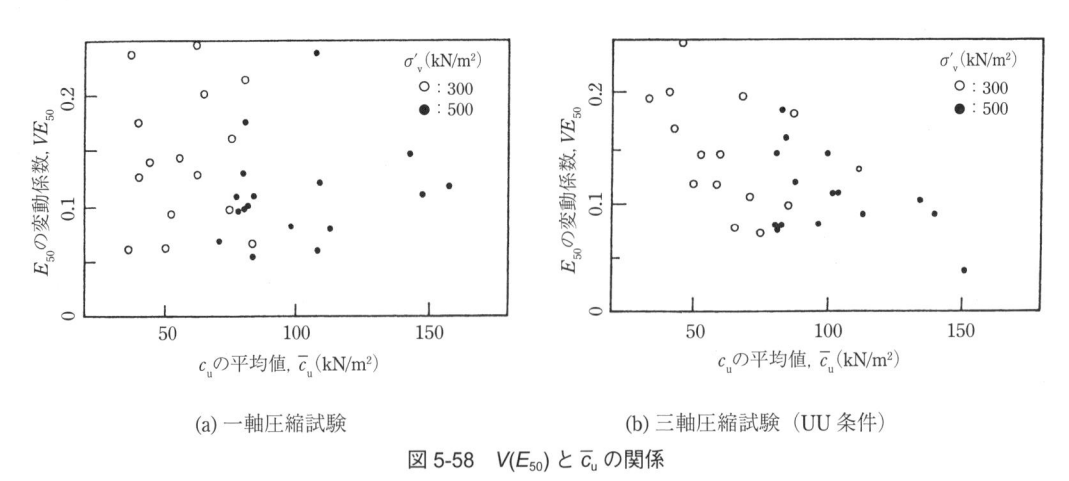

(a) 一軸圧縮試験   (b) 三軸圧縮試験 (UU条件)

図5-58 $V(E_{50})$ と $\bar{c}_u$ の関係

I_p と Vc_u の関係 (図5-59) を見ると,UCTと三軸圧縮試験ともに I_p の大小によらず Vc_u はほぼ一定値を示している。Vc_u が試験方法の差や c_u の大小に関係なく一定であるという

性質が，I_p についてもそのまま当てはまることは興味深く，また信頼性設計を行う場合にも極めて有利である。すなわち，算定した破壊確率 P_F が土質，地盤強度，一軸および三軸圧縮試験によらず同じ尺度で評価できるからである。

Vc_u が I_p や一軸および三軸圧縮試験によらず一定であるという性質によれば，q_u を過小評価する $I_p<15$ の土試料でも，図5-55の関係を用いることで，三軸圧縮試験（UU条件）を行う必要は特にないことになる。しかし，供試土が混合した室内スラリー土であることを考えると，実務では当面数個の三軸圧縮試験で平均値を得て，UCT および三軸圧縮試験の c_u 比（図5-55と図5-56）の自然堆積土への適用性を確認していくことが必要である。また本節で行った実験の $\sigma'_v=(300 \sim 500) \mathrm{kN/m^2}$ と $c_u=(30 \sim 150) \mathrm{kN/m^2}$ の範囲では，c_u と Vc_u はほぼ一定であったが，複雑な応力履歴を受け潜在クラックを有する土に対しては，三軸圧縮試験（UU条件）を併用することが必要と思われる。

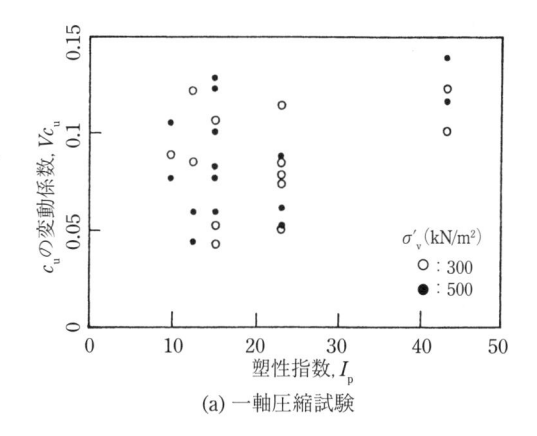

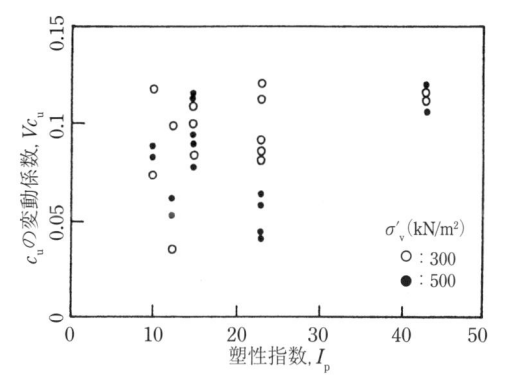

(a) 一軸圧縮試験

(b) 三軸圧縮試験（UU条件）

図5-59 Vc_u と I_p の関係

5.3.5 土の乱れが非排水強度の統計的性質に与える影響
(1) 土の乱れと強度特性の変化に関する実態調査
　(a) 砂杭打設による周辺地盤の乱れと強度特性の変化

　東海地方のある沿岸で護岸を建設するために砂杭が打設された。その際，砂杭打設による周辺地盤の乱れの領域を調査するために砂杭打設前，打設後2週間，同2カ月に JGS-1221 に規定されたチューブサンプラーを用いて乱れの少ない試料が採取された。図5-60は調査位置の平面図を示しているが，同様の調査がこの位置から50m離れた場所でも行われた。乱れによる強度特性の変化に対する検討は，この2つの調査データを用いる。

　図5-61は w_n と ρ_t の深度分布である。$z=(18 \sim 22)\mathrm{m}$ のシルトの卓越した領域は，その上下層に比較して含水比が小さい。したがって，このシルトの卓越した領域とその上下2層の土性の変化を考慮して，調査地の地盤を3つの領域に分割し，浅部からA，B，C層とした（図5-61）。

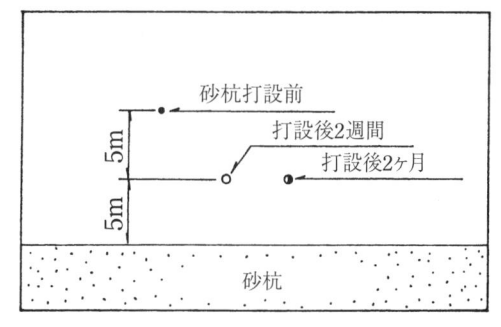

図5-60 調査位置平面図

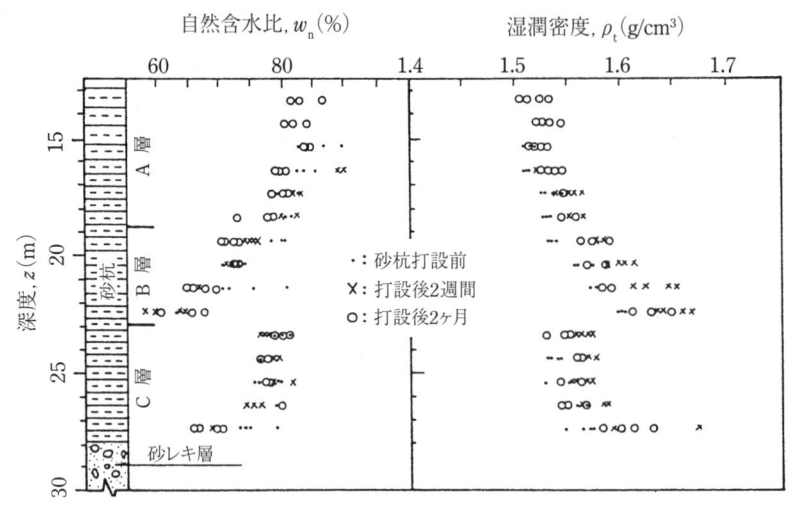

図 5-61　w_o と ρ_t の深度分布

　図 5-62 は，B 層の w_n，ρ_t の頻度分布を，最もよく適合する正規分布曲線で近似したものである。砂杭打設後の w_n は打設前のそれより 1% 程度減少し，その結果 ρ_t は 0.1 g/cm³ 程度大きくなる。これは，圧密に起因するものであるが，w_n と ρ_t に与える砂杭打設の影響は小さい。

a) w_n の頻度分布

b) ρ_t の頻度分布

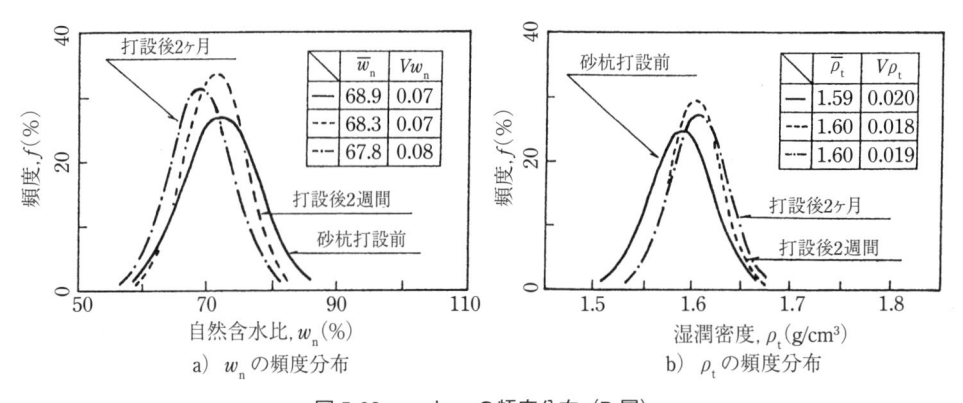

図 5-62　w_o と ρ_t の頻度分布（B 層）

　図 5-63 は，各層の q_u，ε_f，E_{50} の度数グラフであるが，砂杭打設に起因した試料の乱れは特に A と B 層で著しい。砂杭打設 2 週間後の ε_f の平均値は打設前より 1% 程度大きい。その結果，q_u と E_{50} の平均値は，それぞれ 15 kN/m²，1.5 MN/m² 程度小さくなっている。しかし打設 2 カ月後の q_u と E_{50} は，同 2 週間のものよりそれぞれ 3 kN/m²，82 kN/m² 程度大きく，強度回復が明らかである。

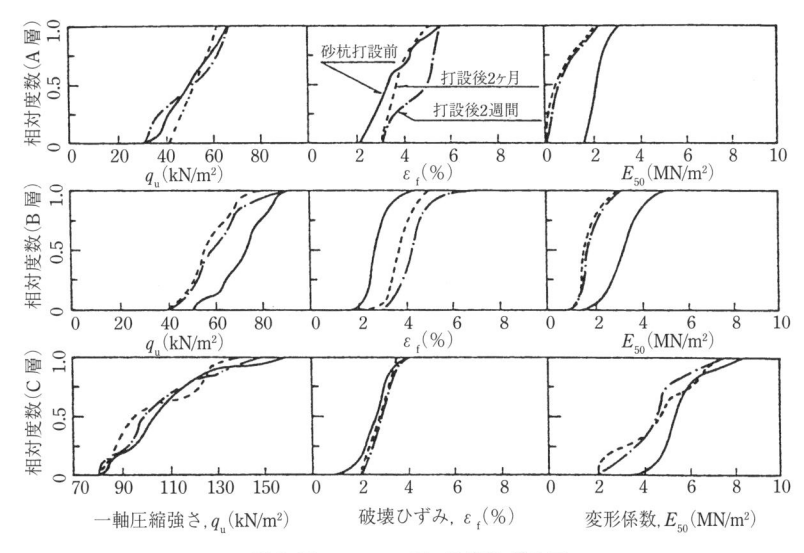

図 5-63　q_u, ε_f, E_{50} の度数グラフ

(b)　調査者の差が強度特性に与える影響

ここでは，技術者の熟練度の差が非排水強度特性に与える影響を検討するための実態調査の結果[25]を分析する。図5-64は，調査者〔A〕に対する同〔B〕，同〔C〕の$\bar{q}_u$比とVq_u比を深度に対してプロットしている。この場合，統計量の計算は地盤を深さ2mごとに区分し，それに含まれる50個程度のデータを用いている。地盤を深さ2mごとに区分した理由は，統計量の計算に必要なデータ数が，同じ深さで確保できないためである。したがって，2mごとに区分されたデータは統計的に均質であるという仮定に基づいている。図5-64を見ると，〔B〕と〔C〕による$\bar{q}_u$は〔A〕のそれより，それぞれ10%，2%程度小さく，逆にVq_uは20%程度大きな値を示している。図5-65は，図5-63で示したε_fのヒストグラムを，最もよく適合する正規分布曲線で近似したものである。調査者によるε_fの大小関係は〔A〕＜〔C〕＜〔B〕であり，〔B〕のε_fは〔A〕のそれ

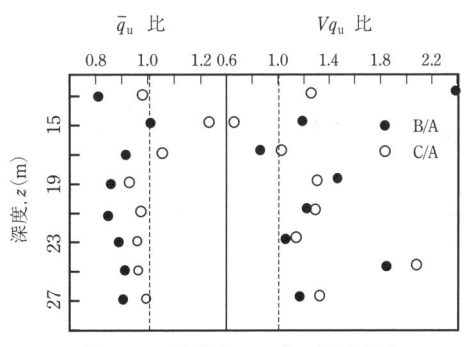

図 5-64　$\bar{q}_u$比とVq_u比の深度分布

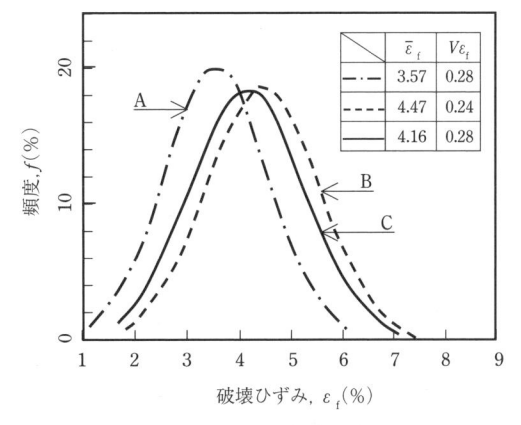

図 5-65　ε_fの頻度分布

より1%程度大きい。このことは，〔C〕によって採取された試料は乱れが大きいことを示している。したがって，図5-64で示した強度差は土の乱れに起因するものであり，その結果〔B〕，〔C〕のVq_uが大きくなったものと判断される。

(2) 土の乱れが強度特性の統計量に与える影響

図 5-66 は，土の乱れに起因する $\bar{q}_u$ の低下と Vq_u の関係を示している。この図のプロットは，統計的推定に耐え得るデータ数を持つ実態調査例として，図 1-3 に示したサンプラーの影響と図 5-63 のデータを選定し，図 5-64 と同じ方法によって計算した統計量の変化である。この場合，乱れを与えたにもかかわらず q_u と E_{50} が増加する試料については，撹乱要因の影響がないと判断して，図 5-66 のプロットからは除外している。図 5-66 を見ると，乱れを与えていない供試体の Vq_u は 0.021～0.169 の範囲であり，5.3.4 項で述べた再構成土の完全試料の実験結果と同等の値である。一方，乱れた供試体の Vq_u は，0.057～0.526 の範囲であり，乱れにより Vq_u は大きくなっていることがわかる。

図 5-67 は外的要因に起因する q_u の低下比と Vq_u の増加比の関係であるが，両者は強い負の相関を持っている。図 5-67 は，3 つの実態調査の結果であり調査場所も与えた撹乱要因も異なるが，同じ傾向を示している。4.1 節で述べたように，土が受けた乱れの程度が同じであれば，q_u 比，E_{50} 比は I_p や非排水強度の大小に依存しないという実験的事実 [25] を考慮すれば，図 5-67 の関係は I_p や非排水強度の広い範囲の土質に適用が可能であると考えている。図 5-67 は本章の中でも重要な図であるが，工学的価値やその使用法は図 4-24 と関連させて次項で述べる。

図 5-68 は，土の乱れによる E_{50} の低下比と VE_{50} の増加比の関係である。VE_{50} は土の乱れの程度に関係なくほぼ一定であり，その平均値は 1.28 である。

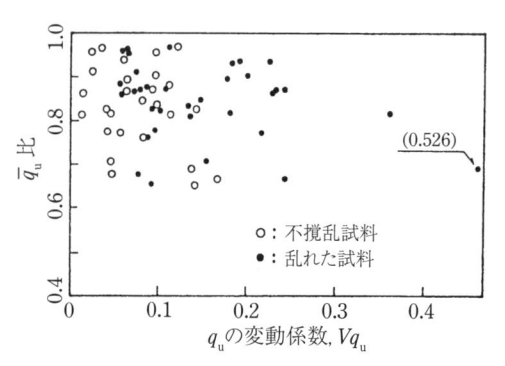

図 5-66　$\bar{q}_u$ 比と Vq_u の関係

図 5-67　$\bar{q}_u$ 比と Vq_u 比の関係

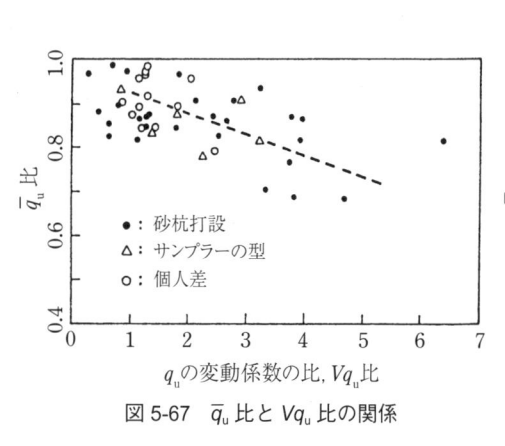

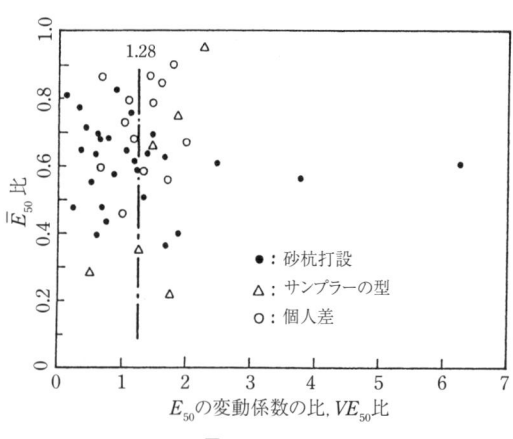

図 5-68　$\bar{E}_{50}$ 比と VE_{50} 比の関係

5.3.6　各種撹乱要因の影響度と要因制御の考え方

実務経験豊富な技術者，研究者を対象にして，表 4-2 に示す作業要因が q_u に対して持つ寄与率分析が行われている [26]。そして，その寄与率を定量的に照査するため，4.1 節では，要因を単純化した室内および現地サンプリング実験を行った。図 5-69 は，それらの結果をまとめて示したものであり，図 4-24 を簡略化して示している。実線と破線は，それぞれ q_u の低下に対する寄与率の平均値と $\bar{q}_u$ の低下率である。図 5-69 に示す $\bar{q}_u$ の低下率は，図 5-67 の $\bar{q}_u$ 比と同じ意味を持っている。したがって，供試体に作用した撹乱要

因がわかると$\bar{q}_u$の低下率は図5-67から知ることができ，その値を用いて，図5-67からVq_uの増加を知ることができる。また，工学的には同じ物性と判断される地盤で行われた各深度のq_uがあれば，それらのVq_uを比較することにより，図5-67を用いて乱れによる$\bar{q}_u$の補正も可能であると考えている。すなわち，図5-67と図5-69を用いれば，乱れによる非排水強度の平均値と変動係数の補正が可能である。

5.3.5項で扱った試料は$w_L>50\%$のいわゆる高塑性の粘性土である。しかしながら，実務設計においては，$I_p=10\sim15$の試料であっても，$\phi_u=0$として設計上扱わなければならないことがある。このような場合には，図5-55と図5-56を用いてq_uを補正して，便宜的に図5-67と図

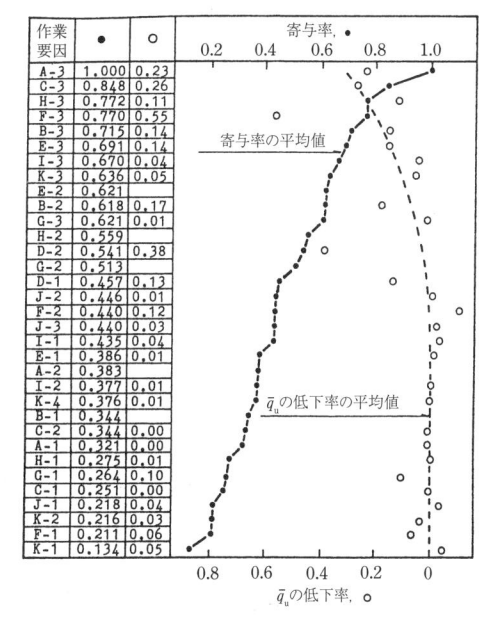

図5-69 作業要因の寄与率と$\bar{q}_u$の低下率

5-69から設計に用いるための$\bar{q}_u$とVq_uを推定することが可能である。

本節で示した乱れによる$\bar{q}_u$の低下とVq_uの増加の関係は，地盤データを確率分布で与える設計法（例えば信頼性設計）に有用である。なぜなら，このような設計法では，乱れによるq_uの分布特性（Vq_u）の変化は，設計結果を直接的に支配するが，従来，設計の中にこれを組み込むことや，定量的評価法が見いだされていなかったからである。5.2節では供試体のサクションから採取試料の乱れを補正して原位置の非排水強度の推定法が示された。しかし，サクション測定が行われない場合，本節で示した補正法は，設計結果の信頼度を向上させるとともに，信頼性設計がより説得力のある設計法として実務への適用性の向上に大きな寄与を与えるものである。

サンプリングや土質試験実施者に対し，表4-2に示すすべての作業要因に関する詳細な規制を，あらゆる場合に厳守するように要請することは困難であるし，現実的でもない。したがって，構造物の重要性やプロジェクトの大小に応じ，設計代替案の決定を左右する作業要因の把握と作業規制の程度を明示し，図5-69を参考にして，最低限守らなければならない作業規制を課すのが実務的であると考えられる。しかし，設計地盤諸係数の評価水準は，地盤諸係数の推定精度と設計上考慮しなければならない不確実性，および構造物の破壊に伴うリスクの大きさに依存している[27]。現在のところ，設計の対象も設計法の精度も異なる多様な設計問題に対応して，地盤諸係数の精度を種々な地盤ごとに議論できるような普遍的な考え方は確立されていない。図5-67と図5-69は，そのような将来の展望のための基礎的知見としても貴重な情報を与えるものと考えている。しかし，4.1節の実験的検討で得たq_uの低下率は，アンケートで設定した作業内容を可能な限りシミュレートし，また要因間の相対的関係を十分配慮して実施した結果である。これらの一連の検討結果をもとに，現場技術者が特に注意を要する作業要因として，現時点で挙げられるものは次の作業要因である。

① 各要因のq_uの低下率が試験結果のばらつきの範囲以上となり，明らかに一定の傾向が認められる作業要因。

② 深さ方向のすべての TWS に影響する作業要因。換言すると，ボーリング深度全体に影響する作業要因であり，土質試験の整理段階でもその影響が発見され難い作業要因。

③ 上記①②の要因で，q_u の低下率が 0.1 以上の作業要因。

すなわち，現場技術者が特に注意を要する作業要因は，表 4-2 の A3，B2，B3，E3 の 4 要因である。

5.4 砂試料の原位置動的強度・変形特性の推定法

5.4.1 概 説

室内土質試験のために採取した試料の品質は，土質試験結果やそれを用いた設計信頼度を直接的に支配する。細粒分の含有量が少ない新潟砂のような地盤に対する乱れの少ない試料採取は，凍結サンプリング FS が良いとされている。しかし，凍結サンプリングは，その費用が高額なため，特別なプロジェクトを除き一般の実務で用いることはほとんどない。7.2 節では，新潟砂に対して，小径倍圧サンプラーから得た試料の相対密度 D_r と標準貫入試験の N 値の関係が FS のそれに近く，内径 70mm の 70-mm サンプラーや他のチューブサンプリング TS で得た試料の品質と同等以上であることが示される。しかし，TS で得た砂試料の品質やそれに対する動的強度・変形試験から，原位置の値を推定する簡便法はない。

本節では，飽和した豊浦標準砂（豊浦砂）に対して直径 d48mm と 75mm の 2 つ割りチューブを貫入させたモデル試験から，採取試料の品質を間隙比の変化から定量的に検討する。また，D_r を変化させた供試体の初期せん断剛性率 G_{CTX} とそれに続く液状化試験を行い，チューブを貫入する前の原地盤の間隙比 e_0，D_r，液状化強度，G_{CTX} の推定法を提案する。そして，新潟砂地盤から TS で得た試料に対し，この推定法を適用し，FS で得た結果との比較から提案法の適用性が示される。

5.4.2 供試土と実験方法

供試土は豊浦標準砂である。粒度特性と粒径加積曲線を表 5-11 と図 5-70 に示す。これらには，新潟砂に対する TS の試料に対する範囲[28]も併せて示している。豊浦砂の土粒子密度 ρ_s は 2.653 g/cm³ であり，均等係数 U_c=1.5，曲率係数 U_c'=0.94 である。新潟砂のそれらは，それぞれ 1.5〜2.2 と 1.0〜1.2 であり，細粒分を最大 7% 含むが，両砂は同等な粒度特性を有していることがわかる。豊浦砂に対するモデル試験は自然堆積した沖積の新潟砂のような地盤を想定している。

表 5-11 供試土の粒度特性

供試土	豊浦砂	新潟砂[28]
土粒子密度 ρ_s (g/cm³)	2.653	2.693
間隙比 e	0.69〜0.95	0.73〜0.91
礫分 (%)	0	0〜0.4
砂分 (%)	100	93.2〜99.1
シルト・粘土分 (%)	0	0.6〜6.8
最大粒径 (mm)	0.85	0.85〜4.75
均等係数 U_c	1.5	1.5〜2.2
均等係数 U_c'	0.94	1.0〜1.2

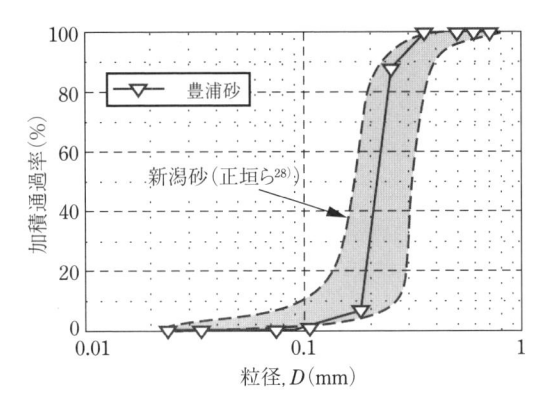

第5章　原位置の強度・変形特性の推定法　　121

図5-70　供試土の粒径加積曲線

　図5-71は，チューブ貫入のモデル試験におけるターゲットの配置から採取試料の間隙比測定までの流れを示している。すなわち，①半割り塩ビパイプに標準砂を衝撃荷重によって均一に詰めてターゲットを配置した後，②アクリル水槽に挿入後木矢で固定する。③水槽を縦置して飽和させ，④半割りチューブを貫入する。チューブ貫入後，⑤採取試料に対して2cmごとの間隙比を測定する。

　D_rは新潟の砂地盤のそれらの実態[28]を踏まえ，25%，35%，45%，60%，70%，85%を基本として6種類に変化させた。半割チューブは実務で用いられている75-mmと45-mmサンプラー[29]のチューブをマイクロレーザーで縦に半割りした。長さ60cm，肉厚1.5mmのステンレス製で，内径

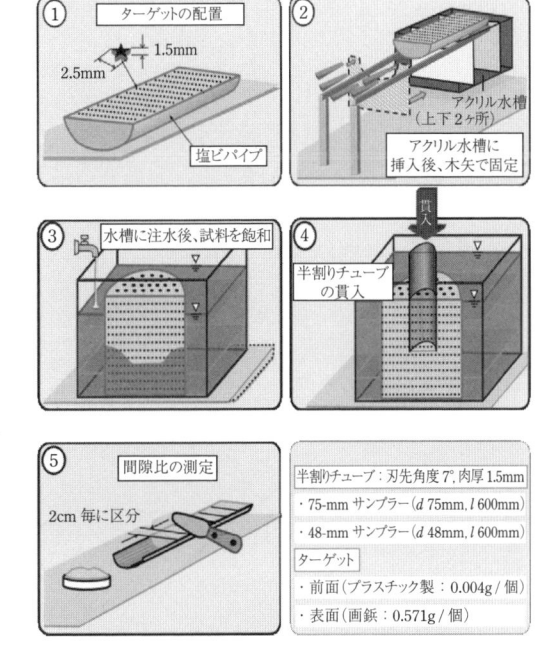

図5-71　モデル試験における作業の流れ

が，それぞれ75mmと48mmである。チューブの貫入速度S_pは，両チューブともに5cm/secを目安とした。これは倍圧サンプラーの実務の実態[30]に対応させたものであるが，75-mmサンプラーのそれの2倍程度の値[31]となる。

　繰返し三軸試験CTXの方法は，JGS 0500-2000，JGS 0541-2000，JGS 0542-2000に従った。豊浦砂の供試体寸法はd50mm，h100mmであり，45-mmサンプラーのチューブ内径は48mmであるため，新潟砂の供試体寸法はd48mm，h96mmである。供試体の圧密とせん断中の拘束圧σ'_cは，豊浦砂に対しては100kN/m^2，新潟砂に対しては原位置の有効土被り圧σ'_{vo}に設定した。繰返し載荷の周波数は三軸試験から求めたG_{CTX}の測定時が0.1Hz，液状化試験時が0.5Hzである。

　G_{CTX}の測定は，軸方向せん断ひずみγが1×10^{-5}以下になるように繰返し荷重を設定した。供試体の作製方法については，豊浦砂は静的締固めと負圧法，不攪乱の新潟砂はトリミング法である。凍結した新潟砂試料のサンプリングチューブからの押出しと供試体の

成形には液体窒素を用いるなど，供試体が融解の影響を受けないよう万全の注意を払った。新潟砂の解凍は，供試体をペデスタルに設置し，メンブレン装着後 20 kN/m² の σ'_c 下で行った。供試体の飽和は，炭酸ガスと脱気水を供試体に各 1.5 時間ずつ通して間隙空気を脱気水で置換した後，200 kN/m² の背圧を負荷して行った。すべての供試体に対して Skempton の間隙圧係数 B 値は 0.96 以上であることを確認している。

CTX による微小ひずみ領域の変位測定方法は非接触変位計でキャップの変位を測る方法で行った。

5.4.3 砂試料の原位置の間隙比，相対密度，液状化強度，初期剛性率の推定法

図 5-72 は，豊浦砂のモデル試験で得た e と D_r の関係である。チューブ貫入前の原地盤の e_0（◆）からの減少（×，+で標記）は D_r が小さい緩い地盤で大きい。図 5-73 は，e_0 に対する半割チューブの貫入で採取した試料の間隙比の平均値 $\bar{e}$ の比 $\bar{e}/e_0 (=Re(e_0))$ を D_r に対してプロットしている。また，新潟砂に対して得た 70-mm に対する 45-mm と 50-mm サンプラーの D_r の比（○）[28]に加え，新潟市の女池小学校校庭で 45-mm と 50-mm サンプラーを用いて新潟砂を採取した試料の $Re(e_0)$ の結果[28]の範囲も再調整してシャドーで示している。これらのデータのうち，D_r が最も小さい D_r51% の試料に対して，45-mm，50-mm，70-mm サンプラーの $Re(e_0)$（△）は 0.90，他のチューブサンプリング TS（□）は 0.88 であり，チューブサンプリングで採取した e は凍結サンプリング FS のそれより小さく，チューブ貫入による間隙比の減少が明らかである。しかし，D_r71% と D_r83% の $Re(e_0)$ はほぼ 1 であり，FS の e と同等である。また，D_r72% の（●）で示す $e(125T)/e(70)$ は，70-mm に対する 125-mm のトリプルサンプラーの e の比である。このプロットの $Re(e_0)$ は 0.96 であり，125T の試料の乱れが懸念される。

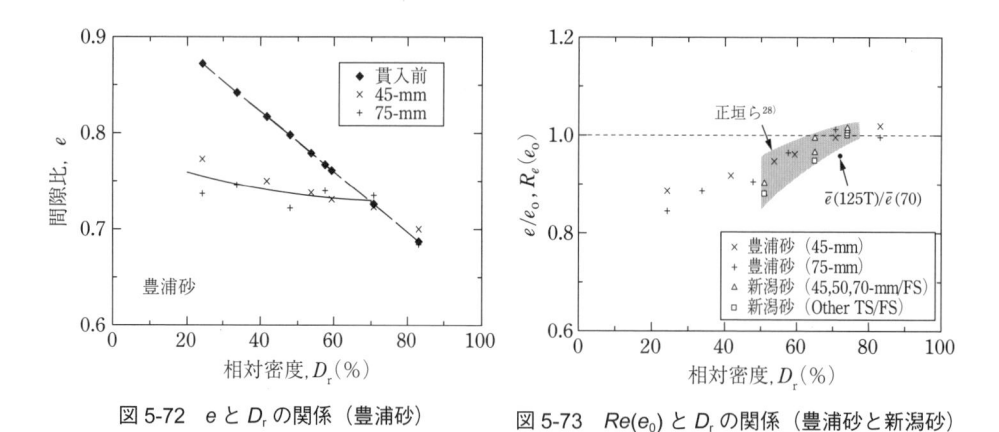

図 5-72　e と D_r の関係（豊浦砂）　　図 5-73　$Re(e_0)$ と D_r の関係（豊浦砂と新潟砂）

半割チューブから得た $Re(e_0)$ は D_r>70% の領域でほぼ 1 であるが，D_r59%，53%，42%，34%，24% の $\bar{Re}(e_0)$ はそれぞれ 0.96，0.94，0.92，0.88，0.85 となり，D_r が小さくなると $\bar{Re}(e_0)$ も小さくなる。このような挙動にチューブ径は依存していない。D_r>50% にプロットされる新潟砂（△，□）[28]は自然堆積土であることや，複数の供試体の平均値から D_r を求めたことを反映して $Re(e_0)$ の変動が大きいが，半割チューブの結果と同じ傾向であると判断される。シャドーで示す $Re(e_0)$ の範囲[28]もまた，豊浦砂と同様な位置にある。このことは，チューブサンプリングで採取した試料の間隙比の変化は自然地盤や半割チューブのモデル試験にも依存しないことを示している。

豊浦砂のチューブサンプリングで得た e，D_r とチューブ貫入前の原地盤のそれらの比

を，図 5-74 に D_r に対してプロットした．$D_r \fallingdotseq 70\%$ でこれらの比は 1 になるが，$D_r < 70\%$ の領域で e と D_r の測定値は，それぞれ過小，過大評価することになる．図 5-74 のプロットを近似する曲線は，チューブサンプリング TS で得た試料の e と D_r を原位置のそれらに補正する曲線として利用できる．これらの曲線の回帰式と相関係数 r を表 5-12 に示す．

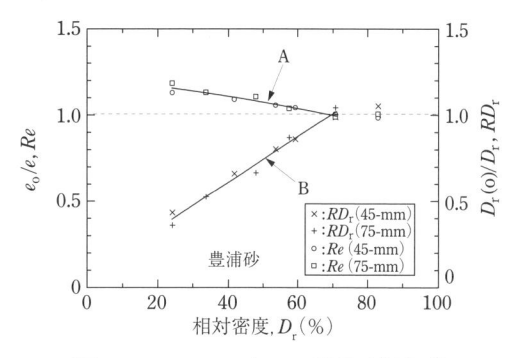

図 5-74 R_e，RD_r と D_r の関係（豊浦砂）

表 5-12 回帰式と相関係数

式	図番号	相関式	相関係数
A	5-74	$R_e = 1.214 - 0.00205 D_r - 0.0000147 D_r^2$	0.963
B	5-74	$RD_r = 0.076 + 0.013 D_r - 0.0000051 D_r^2$	0.991
C	5-77	$RR_{L20} = e^{(0.01579 D_r - 1.101)}$	0.948
D	5-77	$RG_0 = 0.209 \ln D_r + 0.114$	0.991

図 5-75 は $D_r = 30\%$，56％，65％，75％，90％，98％の供試体に対する CTX から得た繰返し応力振幅比 $\sigma_a / 2\sigma'_d$ と繰返し載荷回数 N_c の関係である．$N_c = 20$ 回の応力比 R_{L20} を図 5-75 から読み取り，D_r に対して図 5-76 にプロットしている．図 5-76 には，G_{CTX} と D_r の関係も併せて示した．R_{L20} と G_{CTX} のプロットを近似する曲線は，豊浦砂に対する R_{L20}，G_{CTX} と D_r の基準曲線として用いることができる．

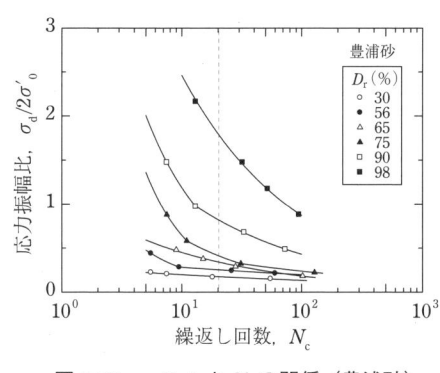

図 5-75 $\sigma_d / 2\sigma'_d$ と N_c の関係（豊浦砂）

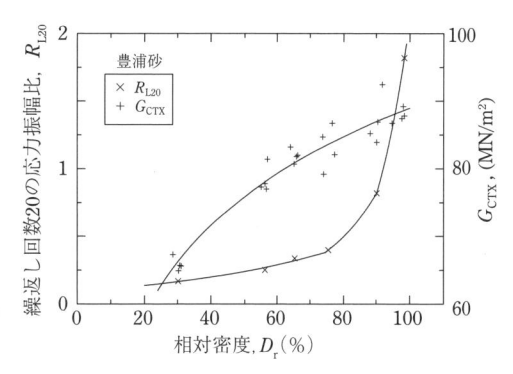

図 5-76 R_{L20}，G_{CTX} と D_r の関係（豊浦砂）

図 5-77 は，チューブサンプリングで得た試料の D_r に相当する R_{L20} を図 5-76 から読み取り，D_r に対してプロットしている．$D_r < 70\%$ の領域で D_r が小さくなるとチューブ貫入によって，e が小さくなり R_{L20} が大きくなる．したがって，図 5-77 のプロットを回帰する式 C（表 5-12）の右辺に R_{L20} の測定値を乗ずることで，原地盤の R_{L20} を推定することができる．また，図 5-76 の G_{CTX} から整理した G_0 の比と D_r の関係も図 5-77 に併せて示す．プロットの回帰式 D（表 5-12）は試料採取に起因した D_r の変化による G_0 の補正に用いることができる．これらの回帰式の r は 0.95 以上と高い．

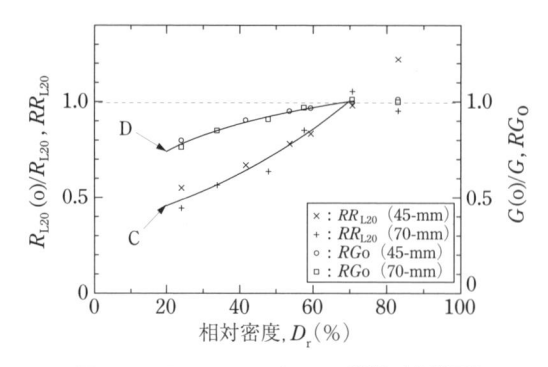

図 5-77　RR_{L20}, RG_0 と D_r の関係（豊浦砂）

5.4.4　提案法の新潟女池小学校地盤への適用
(1) e と D_r の関係

女池小学校の校庭から採取した試料[28]の e と D_r の関係を図 5-78 に示す。図 5-78 に示す新潟砂に対するチューブサンプリングの e と D_r のプロットは，表 5-12 に示す式 A と B を用いて原位置の e と D_r を推定した結果である。これらに加え，新潟砂の FS（◆）と豊浦砂のモデル試験の結果（▲）を併せて図 5-78 にプロットしている。新潟砂のチューブサンプリングの $D_r<70$ ％のプロットは，補正前[32]に比較して原位置の値への補正によって e が大きく D_r が小さい位置に移動して，TS のすべてのプロットに対する回帰曲線は豊浦砂のそれと平行的になる。同じ D_r 下で豊浦砂の e が 0.05 程度小さいのは，細粒分を含まないことが主たる理由と考えている。他の TS（□）の e は 45-mm，50-mm，70-mm のそれらより大きい。

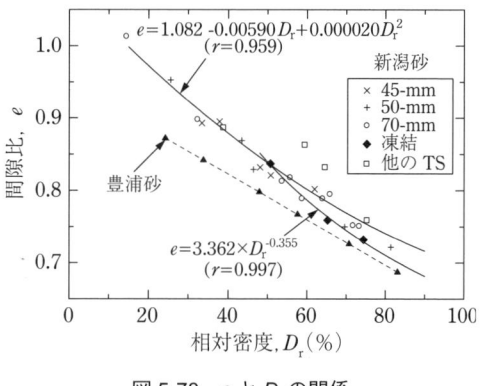

図 5-78　e と D_r の関係

(2) N 値と D_r の関係

図 5-79 は，SPT から得た新潟砂の N 値と D_r の関係である。D_r は式 B を用いて補正している。N 値は σ'_{vo} の影響を考慮して，道路橋示方書[33]に規定されている式 (5.12) による換算 N 値 N_1 を用いている。この図には 1986 年の吉見ら[34]と 1987 年の土質工学会[35]の調査で得た FS と TS 試料の結果，そして N 値と D_r の関係としてよく知られている Meyerhof[36]の関係（式 (5.13)）を N_1 値に換算して示している。

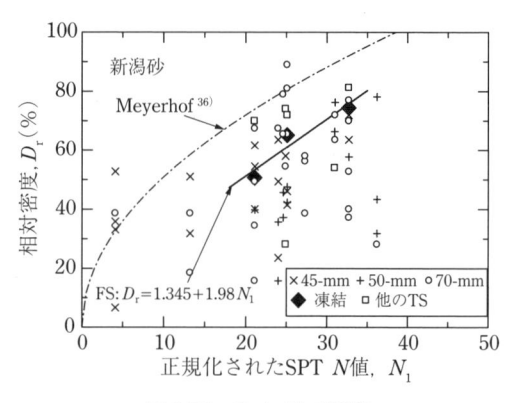

図 5-79　D_r と N_1 の関係

$$N_1 = 170N/(\sigma'_{vo}+70) \tag{5.12}$$

$$D_r = 208\sqrt{\frac{N}{\sigma'_{vo}+69}} \tag{5.13}$$

　図5-79に示す直線は，FS試料の3つのプロット（◆）から最小二乗法により描いた近似直線であるが，N_1に対して右上がりの傾向を示す。45-mmと50-mm試料を含むTS試料は，D_r=6〜90%の範囲でばらついている。補正前の結果を後述の図7-35に示す。図7-35のD_rの測定値はN_1に対してほぼ一定であるが，図5-79のD_rとN_1の平均値的な傾向は，式Bを用いたD_rの補正によってMeyerhofやFSと同様に右上がりの傾向と解釈できる。N_1<5のプロットを除く大部分のプロットがMeyerhofの曲線より小さい領域に位置している。この曲線は細粒分の影響等を考慮しておらず，また，1950年代の測定結果から得ていることから，サンプリング技術が向上した現在では必ずしも実情に沿わない回帰式であると推察される。一方，FS試料の3つのプロットに対する最小二乗近似の直線から式(5.14)を得た。

$$D_r = 1.98N_1 + 1.345 \tag{5.14}$$

　45-mmと50-mmサンプラーを含むTS試料に関し，各供試体の圧密後の間隙比e_cとD_rの深度分布を式AとBで補正して図5-80に示す。この図にはチューブごとのD_rの深度分布も併せて示した。$z≒7.5$mの破線は河川堆積砂とその上の砂丘砂との境界であり，FS試料はその近傍で採取されたため，D_rが大きく増加している。$D_{r(b)}$と$D_{r(a)}$で示す補正前後の深度分布に示す破線は各zのN値から式(5.14)を用いて得たD_rの推定線である。同

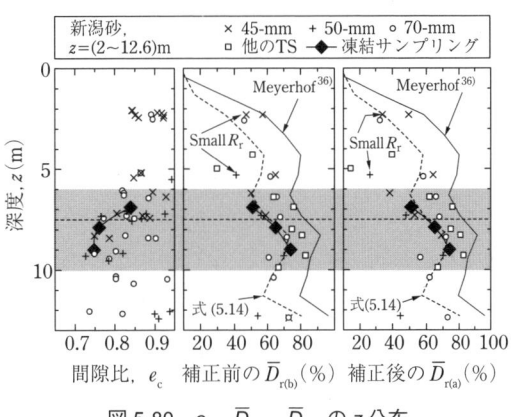

図5-80　e_c，$\overline{D}_{r(b)}$，$\overline{D}_{r(a)}$のz分布

様にMeyerhof[36]の関係によって計算したD_rも実線で示している。ほとんどのプロットがMeyerhof[36]による実線より小さい領域に位置するのは図5-79で見たとおりである。D_rの深度分布を見ると，シャドーで囲われた$z≒6〜10$mの領域において，45-mmと50-mmサンプラーを含む他の数個のTS試料のプロットは，FS試料のそれと式(5.14)で得たD_rの推定線近傍に位置している。すなわち，この範囲のzでは試料採取に伴う密度変化が小さいことがわかる。また，同じz下の70-mm（〇）や1987年調査[35]のTS試料のプロット（□）は，式(5.14)による推定線よりD_rの大きい領域に位置している。これはチューブ貫入によって試料の密度を大きくしたことが原因であると推察している。

　図5-79のD_rの深度分布でz<6mのTS試料のうち，試料脱落のために試料採取率が小さかったチューブの試料[28]のプロットを"small"と表記して矢印で示している。これらのプロットのうち，D_rが式(5.14)による推定線より小さい領域に位置しているのは，チューブの刃先に近い領域の試料から作製した供試体のプロットである。しかし，同じ試

料の他の領域から作製した供試体のプロットは，$z ≒ 5m$ の 50-mm（＋）では式 (5.14) による推定線近傍にあり，$z ≒ 2m$ の 45-mm（×）では D_r が最大 20％ 程度大きい領域にまとまって位置している．すなわち，試料脱落に起因する D_r の低下はチューブ内全体の試料には及んでおらず，チューブ刃先部の試料に留まっている．

$z<6m$ の TS 試料のプロットは，1987 年調査[35]の TS 試料の一部を除き，45-mm 試料を含むほとんどの TS 試料のプロットが式 (5.14) による推定線より D_r の大きい領域に位置している．この領域では 45-mm サンプラーを含むほとんどのチューブサンプラーがその貫入によって試料の密度を大きくしたものと推察された[28]が，式 A と B は e と D_r を適正に補正できていると判断される．また，$z ≒ 12m$ の 50-mm と 70-mm 試料のプロットは，推定線より D_r が小さい領域にある．従来から，N 値の大きい砂層からの TS 試料は，チューブ引抜き時に試料の密度を小さくすると言われており，この場合もそのような状況があったと推察している．

半割りチューブを用いたモデル試験では，チューブの引抜きは行っていない．チューブ貫入の過程では，チューブ内のターゲットはチューブの貫入方向のみに移動して，チューブ内の試料の膨張はなかった．

以上の考察は，FS 試料の D_r 値から導いた式 (5.14) を基にしているため，FS 試料のない他の z では式 (5.14) の信頼度はよくわからない．しかし，次節以降で液状化試験結果と矛盾しないことが示される．

5.4.5 原位置液状化強度推定法の新潟砂地盤への適用
(1) R_{L20} と D_r の関係

図 5-81 に，新潟砂に対する R_{L20} の測定値に式 C を用いて推定した R_{L20} を D_r に対してプロットしている．なお，図 5-81 のプロットの D_r は式 B を用いて推定した原位置の値である．図 5-81 を見ると，FS の結果は $D_r=75％$ のプロットを除き，豊浦砂のそれと同等の位置にある．しかし，TS で採取した R_{L20} は豊浦砂のそれらより幾分小さく，特に他の TS（□）の R_{L20} は，$D_r=37 〜 82％$ の領域で 0.05 〜 0.1 小さい．しかし，D_r とともに R_{L20} が大きくなる傾向は，補正前の R_{L20} が D_r

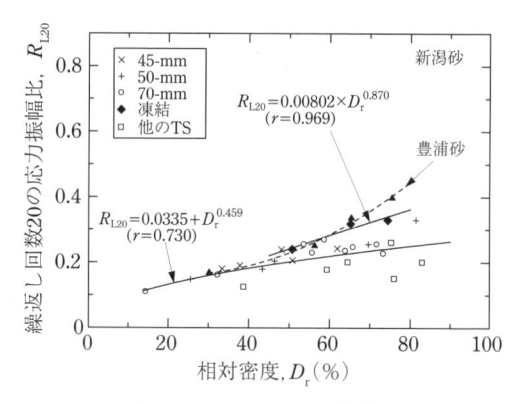

図 5-81　R_{L20} と D_r の関係

に対してほぼ一定であった[28]ことから，R_{L20} と D_r の補正効果が反映されていると判断される．D_r と R_{L20} の補正値と FS，豊浦砂との乖離は，細粒分の含有量や粒子配列の相違に起因していると考えられる．

原位置試験から液状化強度を推定する方法が幾つか提案されている．本項では新潟地盤に対してこれらの液状化強度の推定値と，FS，TS 試料から式 C を用いて推定した原位置 R_{L20} を比較検討する．

(2) SPT の N 値から推定した R_{L20} と式 C を用いて推定した原位置 R_{L20} の比較

N 値による液状化強度の推定法は数多くあり，種々の設計基準等にも用いられている．道路橋示方書[33]の簡易的な液状化判定法による N 値と R_{L20} の関係式は，細粒分の少ない

砂質土地盤に対しては式(5.15)と式(5.16)で示される。また，時松・吉見[37]は女池小学校を含むFS試料の試験結果からD_rとN_1の関係とN_1とR_{L15}の関係を結びつけて，N値とR_{L15}の関係式(5.17)を得ている。

$$R_{L20} = 0.0882\sqrt{N_1/1.7} \qquad (N_1 < 14) \qquad (5.15)$$

$$R_{L20} = 0.0882\sqrt{N_1/1.7} + 1.6 \times 10^{-6} \times (N_1 - 14)^{4.5} \quad (N_1 \geq 14) \qquad (5.16)$$

$$R_{L15} = 0.45 \times \left\{ \frac{16\sqrt{N_1}}{100} + \left(\frac{16\sqrt{N_1}}{97 - 19\log DA} \right)^{14} \right\} \qquad (F_c \leq 5\%の場合) \qquad (5.17)$$

ここに，N_1は式(5.12)に示した換算N値である。式(5.15)と式(5.16)から得たN_1とR_{L20}の関係と測定値を図5-82に示す。この図には当該地に加え，1986年以前に女池小学校とは異なる新潟市内の他の地域で吉見ら[34),38)]が得たTS試料に対する結果から得た回帰線も破線で示している。吉見・時松ら[34),37),38)]は$N_c=15$の液状化応力比R_{L15}で整理しているので，龍岡ら[39)]による式(5.18)を用いてR_{L20}に換算した。

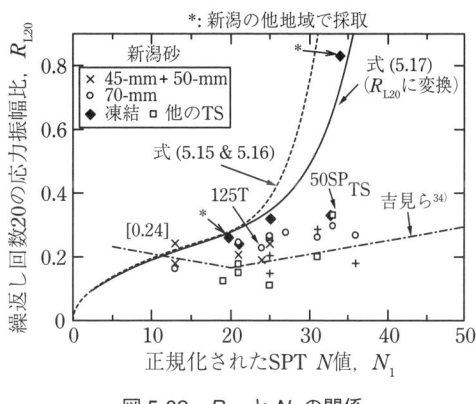

図5-82　R_{L20}とN_1の関係

$$R_L = R_{L20} (N_c/20)^{-0.1 - 0.1\log_{10} DA} \qquad (5.18)$$

ここで，式(5.18)は$R_{L20} \fallingdotseq 0.95 R_{L15}$となる。この式はBishopサンプラーで採取した不撹乱試料に対する関係式であり，FS試料に直接適用するには難があるが，他の研究報告[40)]にも用いられている方法である。図5-82に示す道路橋示方書[33)]や吉見[34),38)]のFS試料の結果から得たR_{L20}は，$N_1 = 5 \sim 22$の範囲では緩やかに増加し，$N_1 > 22$で指数的に大きくなる。FSを除くTSのR_{L20}は式Cを用いて補正している。これらの原位置試験から得たR_{L20}との比較は以下のように要約される。

① R_{L20}は，N_1に対して緩やかに大きくなり，その平均値は吉見[34)]と同様の傾向にある。式Cで補正する前のプロットを後述図7-42に示すが，N_1に対して平均値0.24の一定値であることから補正効果が明らかである。
② 時松・吉見[37)]や道路橋示方書[33)]によるR_{L20}はFSのそれより大きい。
③ 同じN_1下のFS試料のR_{L20}は式Cから推定した原位置のR_{L20}より大きい。
④ 125T試料のR_{L20}は45-mm，50-mm，70-mmのそれと同等であり，他のTS試料（○）はそれより最大30％小さい。

これらに対する原因は，以下のように推察している。

すなわち，図5-79に示したように，$N_1 = 20 \sim 35$の領域ではFSと45-mm，50-mm，70-mm試料に大きな密度の差は見られない。しかし，チューブ貫入や引抜きに伴うせん断履歴による粒子構造の小さな変化がR_{L20}に影響した。

また，45-mm と 50-mm サンプラーが 70-mm サンプラーより高い試料採取率であった[31]のは，それらの貫入圧や貫入速度の違いに起因していると推察された。しかし，45-mm と 50-mm 試料の R_{L20} が 70-mm のそれとほぼ同じであることから，45-mm，50-mm サンプラーの倍圧機構によって 125T 試料と同じ R_{L20} になったとはいえない。むしろサンプリング方法の工夫[31]や，サンプラーがロータリー式か否かの違いが試料の品質を決定したと推察される。しかしながら，45-mm と 50-mm 試料の D_r が FS 試料のそれと同等であり，R_{L20} が 125T と同等であった事実，さらに図 5-73 の結果を踏まえれば，サンプリングチューブ径を小さくすることによる壁面摩擦の影響とは考え難い。

(3) CPT の q_c から推定した R_{L20} と式 C を用いて推定した原位置 R_{L20} の比較

CPT 結果から液状化強度を推定する方法もまた数多くある。CPT は SPT に比べて機動的であり，深度方向の測定間隔は通常 2cm と，地盤の空間的な変化をより詳細に知ることができる。2000 年の女池小学校の調査[28]においても深度 5cm ごとの q_c が得られている。したがって，q_c から詳細な原位置の液状化強度が推定できれば有利である。本節では，新潟砂の結果を含む石原[41]と鈴木ら[42]の推定法を式 C を用いて推定した原位置の R_{L20} との比較に用いる。鈴木ら[42]の示した関係には，本書で用いている FS 試料の結果も含まれている。各方法で用いる q_c 値は，次の換算式 (5.19)，式 (5.20) によって σ'_{vo} の影響が除去されている。

$$q_{t1}=[1.7/\{(\sigma'_{vo}/p_a)+0.7\}] \times q_t \tag{5.19}$$

$$q_{t1}=q_t\sqrt{\sigma'_{vo}} \tag{5.20}$$

ここに，q_t は q_c に対して水圧補正した先端抵抗であり，q_{t1} は q_t から土被り圧の影響を除去した換算値である。また，$p_a=98.1$kN/m^2 である。これらの式から求めた q_{t1} 値は $\sigma'_{vo}>30$kN/m^2 であればほぼ同じであることから，本書では同等に扱うものとする。

図 5-83 に，q_{t1} と R_{L20} の関係を示す。この図に示した石原[41]の回帰曲線は FS 試料のプロットや鈴木ら[42]の線から大きく離れ，R_{L20} が大きい位置に描かれる。石原[41]が回帰曲線を得た試料は，初期の水圧ピストンサンプラーである Osterberg サンプラー用いて $N<20$ の地盤から採取している。したがって，この曲線から得る R_{L20} は過大評価されていると推察される。後述の図 7-43 に示す実測の R_{L20} は，q_{t1} に対してほぼ一定である。しかし，鈴木ら[42]の曲線や FS 試料の R_{L20} は q_{t1} に対して右上がりの傾向にあり，45-mm，50-mm のプロットも同じ傾向にある。また，45-mm と 50-mm 試料の R_{L20} が 70-mm と 125T 以外の従来の TS 試料のそれより大きいことは，図 5-82 で示した N_1 に対する関係と同じである。

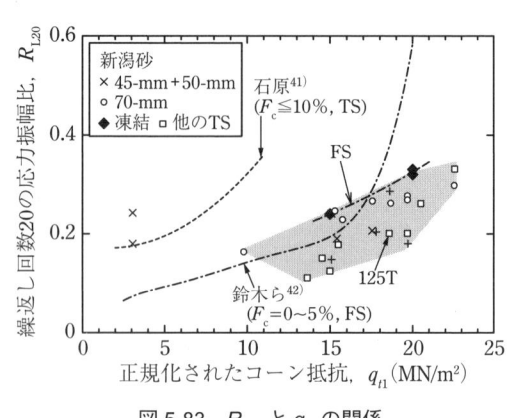

図 5-83　R_{L20} と q_{t1} の関係

(4) PS 検層の V_s から推定した R_{L20} と式 D を用いて推定した原位置 R_{L20} の比較

PS 検層や表面波探査から得た S 波速度 V_s を用いて液状化強度を推定する方法でよく知られているものには，Robertson ら[43]と時松・内田[44]の方法がある。PS 検層による V_s の測定間隔は SPT のそれと同じであるが，特に表面波探査では深度方向だけでなく地表面方向の V_s が得られることから，原位置の液状化強度が推定できれば，作業性と経済性の点で有利である。

Robertson ら[43]の方法は，Imperial Valley で液状化が生じた地盤の計測結果に基づき，式 (5.21) によって σ'_{vo} の影響を除去した正規化 S 波速度 V_{s1} と強震記録から計算される地震動のせん断応力比の関係から提案されている。

$$V_{s1} = V_s / (\sigma'_{vo}/p_a)0.25 \tag{5.21}$$

この V_{s1} を用いて彼らが得た関係図から R_{L20} を推定する。

時松・内田[44]の方法は，室内試験で得る G_{CTX} を式 (5.16) と最小間隙比 e_{min} を用いて正規化剛性率 G_N に統一すれば，試料が不攪乱か再構成土かに関係なく R_{L20} が一本の曲線に一致したという結果に基づき，V_s から計算した原位置の初期剛性率 G_F から液状化強度 R_{L15} を推定する方法である。本書では PS 検層で得た V_s から G_F を計算し，式 (5.22) を用いて G_N に換算した後，彼らの示す曲線から得た R_{L15} を式 (5.18) によって R_{L20} に変換した。

$$G_N = G / [F(e_{min})(\sigma'_m/p_a)^n]$$
$$\sigma'_m = [(1+2K_0)/3] \sigma'_{vo} \tag{5.22}$$

ここに，$F(e_{min})$ は間隙比の関数であり，σ'_m は平均圧密主応力，$K_0=0.75$, $n=2/3$ としている。

原位置試験から得た N 値, q_c, V_s を用いて，以上に述べた時松・吉見[37]，鈴木ら[42]，Robertson ら[43]，時松・内田[44]の方法で推定した原位置の R_{L20} と TS の結果を式 C で補正してプロットした R_{L20} の深度分布を図 5-84 に示す。左図が測定値で右図が補正した結果である。この図の $z<7m$ においては鈴木ら[42]の方法で q_c から推定した R_{L20} が TS のプロットの平均値的な位置にある。$z \geq 7m$ において，Robertson ら[43]の方法で求めた R_{L20} は FS 試料の測定値を比較的よく説明しているが，式 C で補正したプロット ($R_{L20(a)}$) は，これらの値より小さい。

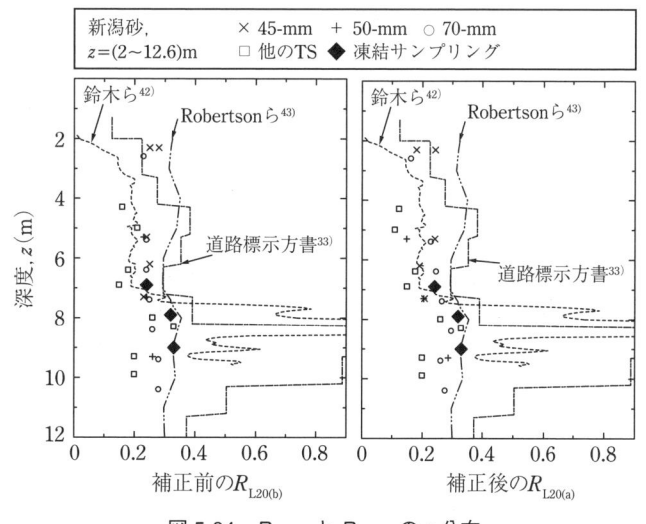

図 5-84 $R_{L20(b)}$ と $R_{L20(a)}$ の z 分布

5.4.6 原位置 G_0 推定法の新潟砂地盤への適用

FS 試料と TS 試料の 1 本のチューブから得た供試体の D_r, G_{CTX} と G_{CTX}/G_F の深度分布を図 5-85 に示す。FS 試料の G_{CTX} のプロットは G_F の深度分布線の近傍に位置している。G_{CTX}/G_F には，45-mm（×）と 50-mm（+）の倍圧サンプラーと 70-mm（○）と他の TS（□）のグループに分けて最小二乗法による回帰線を実線と破線で示している。実線の範囲は 0.9～1.2 で平均値は 0.955，破線のそれらは同じく 0.55～0.7 と 0.63 である。倍圧サンプラーの G_0 は G_F に近いことがわかる。R_{L20} が FS 試料のそれと同等である 45-mm，50-mm 試料の G_{CTX} は，G_F と同等である。また，$z>9$m の 45-mm と 50-mm 試料に加え，他の TS 試料の大部分は D_r が FS 試料のそれより大きいにもかかわらず，G_{CTX} のプロットは G_F より小さい領域に多く位置している。さらに 45-mm と 50-mm 試料の中には，D_r が同じであっても G_{BE} と G_{CTX} が G_F より大きくなっているプロットも見られる。

G_F が正しいと考えた場合，これらはサンプラーの貫入と引抜き，さらに試料のチューブからの押出しに起因する応力変化や D_r が大きくなることによる G の増加と，粒子配列の変化などの構造を崩すことによる G の減少とが複雑に影響している結果と解釈している。

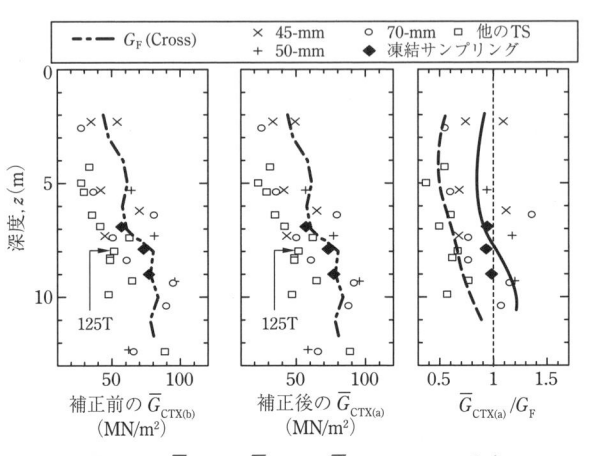

図 5-85　$\overline{G}_{CTX(b)}$，$\overline{G}_{CTX(a)}$，$\overline{G}_{CTX(a)}/G_F$ の z 分布

参考文献

1) Andresen, A. AA. and Kolstad, P.：The NGI 54-mm sampler for undisturbed sampling of clays and representative sampling of coarser materials, *Proceedings of the International Symposium of Soil Sampling*, Singapore, pp. 13-21, 1977.
2) Lacasse, S. and Berre, T.：Triaxial testing methods for soils, Advanced triaxial testing of soil and rock, *ASTM STP 977*, pp. 264-289, 1988.
3) Schmertman, J. H.：The undisturbed consolidation behavior of clay, *Transactions ASCE*, Vol.120, pp.1201-1233, 1955.
4) Shogaki, T. and Kaneko, M.：Effects of sample disturbance on strength and consolidation parameters of soft clay, *Soils and Foundations*, Vol.34, No.3, pp.1-10, 1994.
5) 田中政典・田中洋行・横山裕司・鈴木耕司：異なったサンプラーで得られた試料の品質評価，サンプリングに関するシンポジウム論文集，土質工学会，pp.31-36, 1995.
6) Shogaki, T.：A method for correcting consolidation parameters for sample disturbance using volumetric strain, *Soils and Foundations*, Vol.36, No.3, pp.123-131, 1996.
7) Casagrande, A.：The determination of the preconsolidation load and its practical significance, *Proceedings of the 1st JCSMFE*, Cambridge, Mass., Vol.1, pp.60-64, 1936.
8) Mesri, G., Lo, D.O.K. and Feng, T. W.：Settlement of embankments on soft clays, *Proceedings of Settlement, 94, Vertical and Horizontal Deformations of Foundations and Embankments*, Vo. 1, pp.8-56, 1994.
9) Shogaki, T. and Maruyama, Y.：Estimation of *in-situ* undrained shear strength using disturbed samples within thin-walled samplers, *Geotechnical Site Characterization*, Atlanta, pp.419～424, 1998.

10) Shogaki, T. : An improved method for estimating *in-situ* undrained shear strength of natural deposits, *Soils and Foundations*, Vol. 46, No.2, pp. 1-13, 2006.
11) Bjerrum, L. : Problems of soil mechanics and construction on soft clays and structurally unstable soils, *Proc. 8th ICSMFE*, Vol.3, pp.111-159, 1973.
12) Ladd, C.C. and Foott, R. : New design procedure for stability of soft clays, *ASCE*, Vol.100, No.GT7, pp.763-786, 1974.
13) 半沢秀郎：地盤のローカル性と技術の地域格差を克服するための一つの試み, 第34回土質工学シンポジウム論文集, pp.27-30, 1989.
14) 奥村樹郎：粘土の撹乱とサンプリング方法の改善に関する研究, 港湾技研資料, No.193, pp.145, 1974.
15) Nakase, A., Kusakabe, O. and Nomura, H. : A method for correcting undrained shear strength for sample disturbance, *Soils and Foundation*, Vol.25, No.1, pp.52-64, 1985.
16) 三田地利之・工藤豊・遠藤大輔：残留有効応力によるサンプリング試料の乱れの評価と q_u 値の補正, 土と基礎, Vol.46, No.5, pp.31-33, 1998.
17) Ladd, C.C. and Lambe, F.W. : The strength of "Undisturbed" clay determined from undrained tests, *Laboratory shear testing of soils*, ASTM, STP, No.361, pp.342-371, 1963.
18) Shogaki, T., Maruyama, Y. and Shirakawa, S. : A precision triaxial apparatus using small size specimens and strength properties of soft clay, *Geotechnical Engineering for Transportation Infrastructure*, pp.1151-1157, 1999.
19) Shogaki, T. and Nochikawa, Y. : Triaxial strength properties of natural deposits at K_0 consolidation state using a precision triaxial apparatus with small size specimens, *Soils and Foundations*, Vol.44, No.2, 41-52, 2004.
20) 横堀武夫：強度の一般的特性, 材料強度学, 技報堂出版, pp.1-18, 1974.
21) Matsuo, M. and Shogaki, T. : Effects of plasticity and disturbance on statistical properties of undrained shear strength, *Soils and Foundations*, Vol.28, No.2, pp.14〜24, 1988.
22) 倉田進・藤下利男：砂と粘土の混合土の工学的性質に関する研究, 港湾技術研究所報告, Vol.11, No.9, pp.389〜424, 1961.
23) Nakase, A. and Kamei, T. : Undrained shear strength anisotropy of normally consolidated cohesive soils, *Soils and Foundations*, Vol.23, No.1, pp.91〜101, 1983.
24) Okumura, T., : The variation of mechanical properties of clay samples depending on its degree of distubance, Proc. Special Session on Quality in Sampling, *4 th Asian Regional Conf*, SMFE, pp.73〜81, 1971.
25) 松尾稔・正垣孝晴：q_u 値に影響する数種の撹乱要因の分析, 土質工学会論文報告集, Vol.24, No.3, pp.139〜150, 1984.
26) 松尾稔・森杉寿芳・正垣孝晴：粘性土の一軸圧縮強度に影響する要因の寄与率分析, 土質工学会論文報告集, Vol.25, No.1, pp.125-136, 1985.
27) 松尾稔・上野誠：設計法および地盤の不確実性と設計地盤諸係数の評価, 土と基礎, Vol.34, No.12, pp.78〜83, 1986.
28) Shogaki, T., Sakamoto, R., Nakano, Y. and Shibata, A. : Applicability of the small diameter sampler for Niigata sand deposits, *Soils and Foundations*, 46, (1), 1-14, 2006.
29) Shogaki, T. and Sakamoto, R. : The applicability of a small diameter sampler with a two-chambered hydraulic piston for Japanese clay deposits, *Soils and Foundations*, 44 (1), 114-124, 2004.
30) 正垣孝晴・中野義仁：コーン機能を有する小径倍圧型水圧ピストンサンプラーで採取した試料の品質, 地盤工学ジャーナル, Vol.5, No.2, pp.364-375, 2010.
31) Shogaki, T., Nakano, Y., Shibata, A.: Sample recovery ratios and sampler penetration resistance in tube sampling for Niigata sand, *Soils and Foundations*, 42, (5), 111-120, 2002.
32) Shogaki, T. and, Sato, M. : Estimating *in-situ* dynamic strength properties of sand deposits, *Proceedings of the 14th Asian Regional Conference on Soil Mechanics and Geotechnical Engineering*, Hong Kong, CD Rom, 2011.
33) 日本道路協会：道路橋示方書・同解説 V 耐震設計編, 349-362, 2003.
34) Yoshimi, Y., Tokimatsu, K., Hosaka, Y.: Evaluation of liquefaction resistance of clean sands based

on high-quality undisturbed samples, *Soils and Foundations*, 29, (1), 93-104, 1989.

35) 土質工学会サンプリング委員会：砂質土試料の採取法および品質評価法に関する研究報告書, 71p, 1988.

36) Meyerhof, G., G：Penetration test and Bearing capacity of cohesionless soils, *Proc. of the ASCE, Journal of the soil mech. And Found. Div.*, 82, (SM.1), Paper 866, 1956.

37) Tokimatsu, K. and Yoshimi, Y.：Empirical correlation og soil liquefaction based on SPT N-value and fines content, *Soils and Foundations*, 23, (4), 56-74, 1983.

38) 吉見吉昭：砂の乱さない試料の液状化抵抗〜N値〜相対密度関係, 土と基礎, Vol.42, No.4, pp.63-67, 1994.

39) Tatsuoka, F., Yasuda, S., Iwasaki, T., Tokida, K.：Normalized dynamic undrained strength of sands subjected to cyclic and random loading, *Soils and Foundations*, 20, (3), pp.1-14, 1980.

40) 全国地質調査業協会連合会：「地盤の液状化に関する土木研究所との共同研究」全地連「技術フォーラム'98」講演集別冊, 全地連報告 第1部, 341p, 1998.

41) Ishihara, K.：Stability of natural deposits during earthquakes, *Proc. of 11th ICSMGE*, Vol.1, 321-390, 1985.

42) 鈴木康嗣・時松孝次・田屋裕司・窪田洋司：コーン貫入試験及び標準貫入試験結果と原位置凍結試料の液状化強度との関係, 第30回土質工学研究発表会, 983-984, 1995.

43) Robertson, P.K., Woeller, D.J., and Finn, W.D.L：Seismic cone penetration test for evaluating liquefaction potential under cyclic loading, *Canadian Geotechnical Journal*, 29, pp.285-695, 1992.

44) Tokimatsu, K. and Uchida, A.：Correlation between liquefaction resistance and shear wave velocity, *Soils and foundations*, Vol.30, No.2, 33-42, 1990.

第6章　原位置試験法

6.1　コーン貫入試験とその信頼度分析

6.1.1　概　説

コーン貫入試験（CPT）は，空間的・相対的な地盤情報を得る原位置試験法として地盤工学会で基準化（JGS 1435-2003）[1]されている。コーン先端抵抗q_tと非排水強度を関係づけるコーン指数N_{kt}は，従来q_uの測定値との関係で議論されてきたが，CPT は応力解放のない原位置の試験であることに加え，q_uは試料の乱れに起因して大きく変化することから，原位置の非排水強度との比較が本筋と考える。

本節では茨城の沖積粘土と有機質土，佐渡粘土，関東ロームに加え，国内外で他の研究者が行った文献を整理した結果を統合して，N_{kt}に及ぼす試料撹乱の影響とN_{kt}の統計的性質を示す。q_tと比較する非排水せん断強度c_uは，$q_u/2$と 5.2 節で述べた簡便法で推定した原位置の非排水強度[2]$q_{u(I)}/2$，5.1 節で述べたK_0CUC から得た原位置圧密降伏応力$\sigma'_{p(I)}$[3]下の原位置非排水強度[4]$c_{u(I)}$を用いる。$c_{u(I)}$はK_0圧密時のK_0値の挙動から，$\sigma'_{p(I)}$下の$c_{u(I)}$と判断できる[4]ことが 5.2 節で示された。また，$q_{u(I)}$は有機質土を含む幅広い粘性土[2]に対して，$c_{u(I)}$と同等の値を与えることが 5.2 節で示されたが，関東ロームに対しても同様な扱いが可能であることが，第 15 章でも示される。

有機質土や陸域の沖積粘土，関東ロームの場合，従来から広く知られているN_{kt}とは値が大きく異なることを示す。N_{kt}が不明な新規地盤でq_tからc_uを推定することは困難であるが，q_tの水平方向の自己相関係数の変化を用いて，地盤の均質性の評価やサンプリング位置決定に関する考え方が示される。

6.1.2　調査位置と試験方法

調査地は新潟県佐渡島，北関東の関東ロームで築造されたアースダム堤体，茨城県下の沖積低地である。佐渡島の調査では CPT と JGS 1221-2003 に従うチューブ内径 75mm のサンプラー（75-mm）を用いた試料採取との水平距離は，約 2m であった。また，アースダム堤体[5]では，Cone サンプラーを用いた CPT を 50m 離れた 3 カ所で行った。乱さない試料は CPT 孔の複数の深度と CPT から水平距離で 2m 離れた位置で 45-mm サンプラーを用いて採取した。

茨城の地下水位は$z=-0.5$m，関東ロームは同-4.4m であるが，これ以浅の土の飽和度は，ほぼ 100％の状態であった。佐渡粘土は水深 2m の海底地盤である。

したがって，本節で扱うN_{kt}はすべて飽和粘性土として扱うことにする。茨城県下で行われた CPT と試料採取位置を図 6-1 に示す。CPT は JGS 1435-2003[1]に従い 4 カ所（C1，C2，C3，C4）で

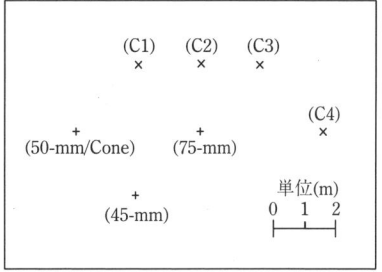

図 6-1　CPT と試料採取位置

行った。乱さない試料は，75-mm と 45-mm/50-mm[6] と Cone サンプラー[7] で採取した。採取試料に対しては，サクション測定を伴う一軸圧縮試験[8]（UCT）と K_0CUC を行った。

6.1.3 CPT と強度試験結果

茨城土の q_t, w_n, ρ_t, q_u, ε_f, E_{50}, S_0 を深度 z に対して図 6-2 に示した。ここで，q_t は煩雑さを避けるため，C2 の結果のみを示している。6.5m 以浅が有機質土，以深が粘性土層である。採取したサンプラーによって記号を変えてプロットしている。佐渡粘土に対しても同様に整理して図 6-3 に示した。佐渡粘土は I_p=28～122 の沖積粘土である。3.1 節で述べた d15mm, h35mm の S（Small）供試体を（+）で示しているが，d35mm, h80mm の O（Ordinary）供試体（×）の試験結果と差がないことは 3.1 節で示した他の粘性土と同様である。

関東ロームに対し，7.3 節で示す Cone サンプラーで得た CPT の結果を図 6-4 に示す。ダム堤体右岸から，Bor. 3, 1, 2 の順で 50m の水平距離があり[9]，図 6-4 中に数字で示す CPT を行わない深度から Cone サンプラーで採取した試料の w_n, ρ_t, $q_u/2$, ε_f, E_{50}, S_0 を図 6-5 に示す。調査孔ごとに記号を変えてプロットしている。

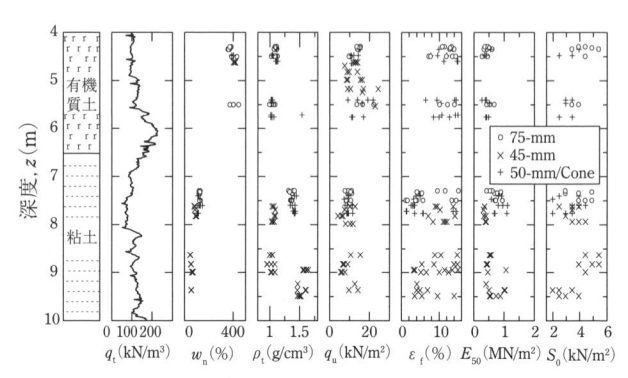

図 6-2 q_t, w_n, ρ_t, q_u, ε_f, E_{50}, S_0 の z 分布（茨城土）

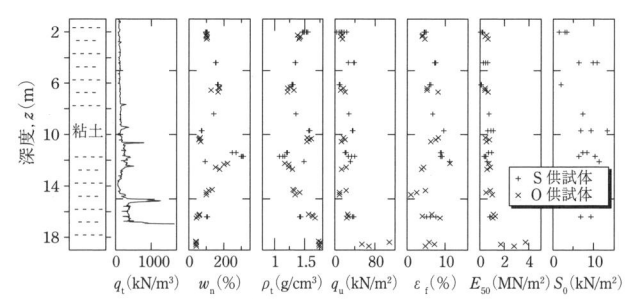

図 6-3 q_t, w_n, ρ_t, q_u, ε_f, E_{50}, S_0 の z 分布（佐渡粘土）

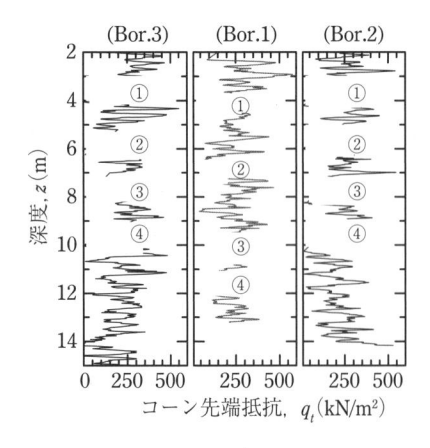

図 6-4 Cone サンプラーで得た CPT の結果（ダム堤体）

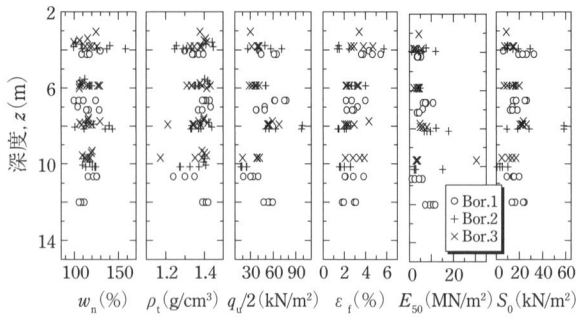

図 6-5 w_n, ρ_t, $q_u/2$, ε_f, E_{50}, S_0 の z 分布（ダム堤体）

飽和粘性土地盤では，CPT の結果から q_t と c_u を関係づける式 (6.1)[1] が提案されている。

$$q_t - \sigma_{v0} = N_{kt} c_u \qquad (6.1)$$

ここに，σ_{v0} は全土被り圧（kN/m^2）である。茨城土に対し，50-mm/Cone サンプラーと 75-mm サンプラーで得た試料に対する強度特性とコーン特性の結果を比較する。

一例として，図 6-1 に示す 75-mm サンプラーによる q_u と C2 の q_t の結果を図 6-6 に示す。図中の N_{kt} と $N_{kt(I)}$ は，それぞれ q_u と 5.2 節の方法で得た $q_{u(I)}$ から式 (6.1) を用いて得たコーン指数である。非排水強度と比較する q_t は，深さ 1cm ごとに得た q_t の変動の影響を小さくするために，深度の異なる 4 つのデータの移動平均の深度曲線上から求めた。図 6-6 において，7m 以深の N_{kt} と $N_{kt(I)}$ は負値となっている。これは，式 (6.1) から理解できるように，q_t が σ_{v0} より小さいことに起因している。深度が大きくなり，σ_{v0} の増加に見合う地盤強度がない場合は q_t が小さく，N_{kt} が負値になる場合があることは十分に留意すべきである。N_{kt} が負値になる原因として，q_t の測定に対する温度補正の問題も考えられるが，コーンの測定は経験豊富な技術者によって行われている。

$q_{u(I)}/2$，$q_{u(I)}*/2$，$c_{u(I)}$ の平均値はほぼ同等であるが，試料の乱れに起因して q_u はこれらの値より 31 〜 43% 小さい。ここで，$q_{u(I)}*/2$ は，正垣の従来法[10]から得た原位置の非排水強度である。試料の乱れに起因する N_{kt} の増加量は，$q_{u(I)}$ の低下量に等しいことが式 (6.1) から理解される。

同様に整理した佐渡粘土と関東ロームの結果を図 6-7 と図 6-8 に示す。関東ロームは盛土築造後 80 年経過した地盤から採取しているが，$c_{u(I)}$ と $q_{u(I)}$ の測定と評価は粘性土と同様に行えること[5]を確認している。

茨城土と佐渡粘土に対して，すべての組合せから同様に得たコーン指数の統計量を表 6-1 にまとめた。表 6-1 には，地盤調査の方法と解説[1]に示された他の研究者による N_{kt} を整理して，その統計量も q_u の欄に

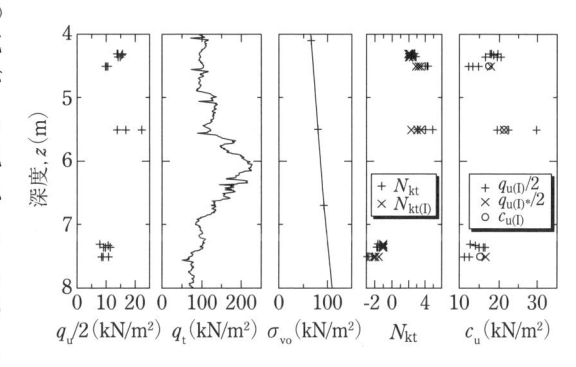

図 6-6　$q_{u(I)}/2$, q_t, σ_{v0}, N_{kt}, c_u の z 分布（茨城土）

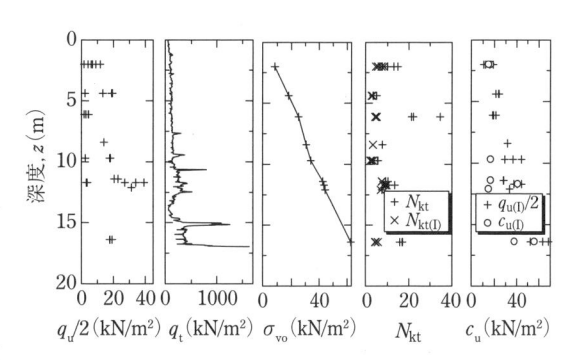

図 6-7　$q_u/2$, q_t, σ_{v0}, N_{kt}, c_u の z 分布（佐渡粘土）

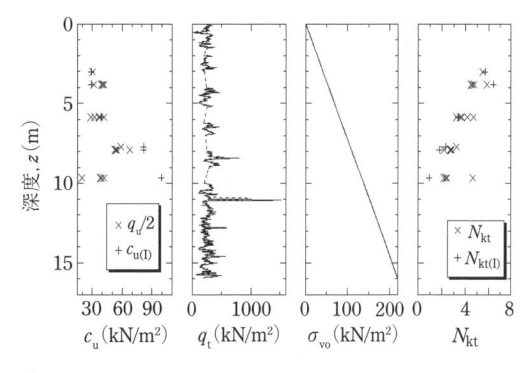

図 6-8　c_u, q_t, σ_{vo}, N_{kt} の z 分布（関東ローム）

併記した。このデータはS_0が測定されていないので$q_{u(I)}$は推定できない。このN_{kt}は2.2〜15.9の範囲で変動するが，I_p=12〜150に対してほぼ一定であり[1]，平均値は11.35である。一方，茨城土のそれらの平均値は，有機質土で3.34〜7.49，粘性土で−1.96〜5.60と前者が大きい。有機質土と粘性土の$q_u/q_{u(I)}$が同等である[2]ことから，有機質土においては植物の繊維成分の影響でq_tを大きく見積もっていることが推察される。有機質土と粘土を統合した結果を「全体」として表6-1に示している。

表6-1 コーン指数の統計量

堆積地	コーン	サンプラー	供試土	q_u 使用			$q_{u(I)}$ 使用		
				n	$\overline{N}_{kt}$	$VN_{kt}(\%)$	n	$\overline{N}_{kt}$	$VN_{kt}(\%)$
茨城	C-1	50-mm/Cone	有機質土	13	7.49	43.8	13	5.24	43.9
			粘土	11	5.64	15.3	11	3.48	18.6
			全体	24	6.64	39.5	24	4.43	43.7
	C-1	75-mm	有機質土	13	4.99	33.2	13	3.79	30.1
			粘土	8	5.39	15.1	8	3.67	17.8
			全体	21	5.14	30	21	3.74	25.8
	C-2		有機質土	13	3.34	25.1	13	2.54	22.7
			粘土	8	−1.96	−154.1	8	−1.35	−117.2
			全体	21	1.32	207.3	21	1.06	189.1
	C-3		有機質土	13	4.58	16.3	13	3.50	16.1
			粘土	8	−1.62	−113.8	8	−1.09	−152.5
			全体	21	2.21	141.8	21	1.75	132.8
	C-4		有機質土	13	3.98	25.2	13	3.03	22.5
			粘土	8	−1.86	−111.9	8	−1.28	−114.2
			全体	21	1.75	172.1	21	1.39	159
佐渡	—		佐渡	23	11.7	62.1	23	5.41	40.7
JGS-1435	—		その他	94	11.35	20.2	推定できない		

n：N_{kt}の数　　$\overline{N}_{kt}$：N_{kt}の平均値　　VN_{kt}：N_{kt}の変動係数

N_{kt}は1.32〜6.64であり，$q_{u(I)}/2$から得た$N_{kt(I)}$=1.06〜4.43の値より25〜50%程度大きい。しかし，N_{kt}と$N_{kt(I)}$の変動係数VN_{kt}は$q_u/2$と$q_{u(I)}/2$で同等であり，26〜44%の範囲である。この値は地盤調査法[1]に示されたプロットを再整理して表6-1に示した値の20.2%より大きい。

茨城と佐渡粘土に対するN_{kt}と$q_u/2$の関係を図6-9に示す。N_{kt}が負値であるプロットは，図6-6で述べた$z \fallingdotseq 7.5\text{m}$の粘性土のそれに対応している。$N_{kt}$は−3〜35の範囲で広く分布し，$q_u$に依存していない。図6-10に$N_{kt(I)}$と$q_{u(I)}/2$の関係を示す。両者とも地盤内のコーン指数と非排水強度の推定値であるが，佐渡粘土のO供試体はサクションを測定していないので図6-10にはプロットしていない。佐渡（＋）の$N_{kt(I)}$の平均値は5.42，茨城土のそれは正値のプロットで3.61，負値は−1.54であ

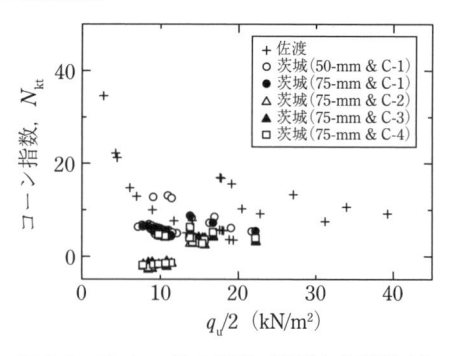

図6-9　N_{kt}と$q_u/2$の関係（茨城と佐渡粘土）

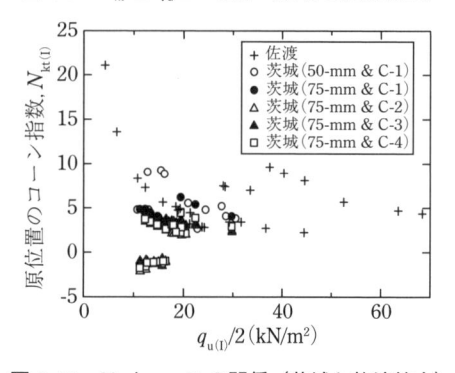

図6-10　N_{kt}と$q_{u(I)}/2$の関係（茨城と佐渡粘土）

る。このことは、$N_{kt(I)}$ が負値の茨城粘性土を含め、コーン指数は非排水強度、土の種類、堆積地によって変化し、特定のパラメータ等を介して一意的に決定することが困難であることを示している。しかし、同じ堆積地内の粘土で両者の関係の相関性が高い場合は、$N_{kt(I)}$ から $q_{u(I)}$ を求めることは可能と考えている。q_t は 2cm ごとに得るので、このような活用ができれば CPT の工学的価値は一層高まることになる。

6.1.4 国内外で測定された N_{kt} の性質

他の研究者が行った結果を含め、q_t と $q_u/2$ の関係を図 6-11 に示す。これらの図には北九州新国際空港の埋立地[11]で浚渫粘土の投入後 4 カ月程度で行った 1 回調査（門司 1 回（△））、その後、4 カ月後の覆土工程中の 2 回調査（門司 2 回（▲））、浚渫土埋立完了後 15 カ月の 3 回調査（門司 3 回（□））に加え、田中ら[12]が示した佐賀、八郎潟、Busan、Bangkok、Singapore、Hai Phong の結果を再整理して示している。門司 1 回では浚渫土による圧密がそれほど進んでいないので、全体的に非排水せん断強さが小さく、門司 2 回、門司 3 回と圧密が進行すると $q_u/2$ と q_t の値が大きくなる。しかし、同じ $q_u/2$ 下の q_t の変動は 200 ～ 300kN/m^2 程度あり、これは $q_u/2$ の値に依存していない。一方、関東ロームの場合、他の自然堆積土に存在する $q_u/2$ が大きくなると q_t も大きくなる傾向は見られない。そして、q_t は 100 ～ 300kN/m^2 の範囲で一定であり、$q_u/2$ に依存していない。本節で用いた関東ロームは北関東のロームに分類されるが、粗粒分を含む締固め土である[5]ことを反映して他の土と異なる傾向にあると推察される。

図 6-11　q_t と $q_u/2$ の関係

図 6-12 に、$q_t-\sigma_{v0}$ と $q_u/2$ の関係を示す。ここで、門司の 3 段階の σ_{v0} は粘土地盤の圧密の進行ならびに覆土材の総量を考慮して設定されている[11]。また、地盤調査の方法と解説[1]に示された N_{kt} が 8 と 16 の直線も図中に示した。関東ロームを除くプロットの回帰直線を破線で示す。しかし、この回帰線は原点からではなく $q_u/2 ≒ 10kN/m^2$ から発している。これは地盤強度が小さいことに起因して q_u と q_t の測定精度に問題があると考えている。海成粘性土を整理した地盤調査の方法と解説[1]の場合、N_{kt} は 8 ～ 16 の範囲にあ

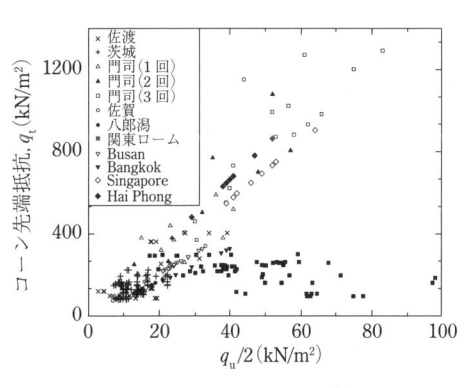

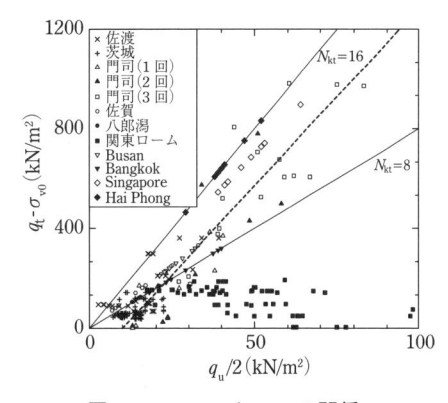

図 6-12　$q_t-\sigma_{v0}$ と $q_u/2$ の関係

るが、浚渫粘土（門司）、佐渡粘土、茨城粘土、関東ロームでは、N_{kt} が 8 よりも小さい領域にかなりの数のデータが位置している。

関東ロームの CPT は 2 割勾配の斜面の法肩で行っている[9]。このため、特に表層部では q_t に含まれる σ_{v0} の効果を過小に見積もる可能性がある。この場合、$(q_t-\sigma_{v0})$ 値は過大評価することになる。しかし、図 6-11 の q_t と $q_u/2$ の関係から判断すると、深さに応じた σ_{v0} 値を全面的に採用しても、$(q_t-\sigma_{v0})$ 値を用いた影響は小さいと推察される。

N_{kt} と I_p の関係を図 6-13 に示す。この図には佐渡粘土，茨城粘土，関東ロームに加え，JGS 1435-2003[1] に示された，久里浜，八郎潟，出雲，桑名，扇島，東雲，玉野の結果を併せてプロットしている。地盤調査の方法と解説[1] に示されたプロットは N_{kt} が 8～16 の範囲にある。しかし，茨城（+）の有機質土（$I_p>200$ のプロット）も粘性土（$I_p<80$ のプロット）も –3～13 の N_{kt} の範囲にあり，$I_p ≒ 75$ の負値（+）を除く平均値は 5.1，負値の平均値は –1.7 である。負値

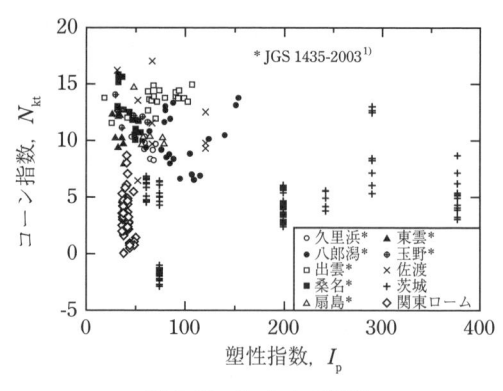

図 6-13 N_{kt} と I_p の関係

を除いても，同じ I_p 下で N_{kt} の変動幅は 10 程度あることを示している。また，関東ローム（◇）も 0～8.6 の N_{kt} の範囲にあり，平均値は 3.1 である。関東ロームの場合，同じ I_p 下で N_{kt} の変動幅は 10 程度あることを示している。式 (6.1) を用いて q_t から c_u を算定する場合，c_u の推定精度は N_{kt} の採用値に支配される。しかし，N_{kt} は地盤強度や，土の種類，浚渫後の圧密の進行等の土の状態により変化し，新規の地盤では一意的に決定することは困難である。

6.1.5　c_u と q_t の水平方向の自己相関係数と最適設計への適用

表 6-2 は，ダム堤体の各 Bor で測定された q_t の統計量を $q_u/2$，$q_{u(I)}/2$，$c_{u(I)}$ を含めて示している。q_t の変動係数は，Bor. 1, 2, 3 でそれぞれ 0.39，0.45，0.49 であり，UCT や K_0CUC から得た q_u と $q_{u(I)}$ のそれらの 0.28～0.48 より大きい。これは，コーン先端部に存在した礫等の値を含むためと考える。自己相関係数（$r_{\Delta h}$）の計算は，式 (6.2) を用いる。

$$r_{\Delta h} = \frac{1}{(n-1) \times s_{①} \times s_{(①+\Delta h)}} \times \sum_{i=1}^{n}(q_{ti①} - m_{①}) \times (q_{ti(①+\Delta h)} - m_{(①+\Delta h)}) \tag{6.2}$$

ここで，Δh は，基準とした場所からの水平距離，s は各サイトでの q_t の標準偏差，$\bar{q}_t$ は各サイトでの q_t の平均値，①は基準を示し，（①+Δh）は他の q_t を示す。

表 6-2　各 Bor で測定された q_t の統計量（ダム堤体）

No.	q_t, c_u	個数	平均値 (kN/m^2)	標準偏差	変動係数
Bor.1	q_t	685	249.3	97.6	0.39
	$q_u/2$	22	51.5	14.4	0.28
	$q_{u(I)}/2$	22	178.5	68.1	0.38
	$c_{u(I)}$	—	—	—	—
Bor.2	q_t	854	236.1	106.5	0.45
	$q_u/2$	19	47.3	22.8	0.48
	$q_{u(I)}/2$	19	129.6	71.4	0.36
	$c_{u(I)}$	5	141.0	21.1	0.15
Bor.3	q_t	1073	232.7	114.8	0.49
	$q_u/2$	18	41.6	12.0	0.29
	$q_{u(I)}/2$	18	146.4	53.5	0.37
	$c_{u(I)}$	4	150.9	42.1	0.28

図6-14は，関東ロームの$r_{\Delta h}$を水平方向の調査間隔Δhに対してプロットし，併せて各プロットの回帰曲線を示している。ここで，ベンチマークはBor. 3とした。図6-14において，q_uと$q_{u(I)}$の$r_{\Delta h}$の値が小さいのは，q_tに比較してnが少ないことに起因している。

図6-14と同様に検討した茨城土の結果を，図6-15に示す。$r_{\Delta h}=0.7$を超えるq_tのΔhは約2.5mであるが，ダムロームの場合も，仮に$r_{\Delta h}=0.7$を基準とすると，q_u，$q_{u(I)}$で50m，15mとなり，q_tは100m以上と大きい。これは，粒径や塑性等が同様な関東ロームを用いて均質施工が行われたことを推察させる。そしてこのことは，図6-5で示したw_n，ρ_t，q_u等が深度やBorに関係なくほぼ同等であることを反映している。

安定問題に対する最適設計へのCPTの適用[13]は，以下のように管理者と使用者双方の設計信頼度が向上できる[14]。

① 設計領域の土性の空間的変動と試料採取位置は，q_tの水平方向の自己相関係数から検討する。

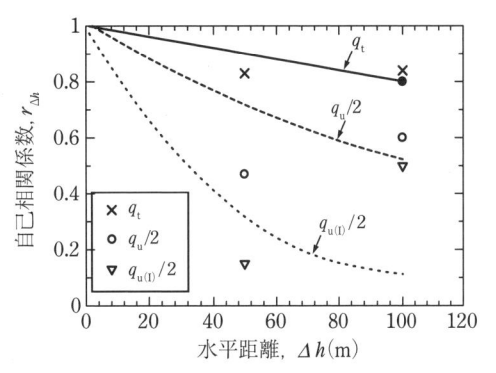

図6-14 $r_{\Delta h}$と水平距離の関係（関東ローム）

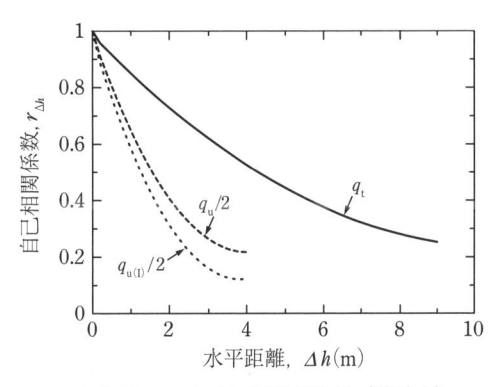

図6-15 $r_{\Delta h}$と水平距離の関係（茨城土）

② Coneサンプラーは削孔なくCPTと乱さない試料が採取できるので，短期間で費用を低減した高精度の地盤調査が行える。

小型供試体を用いてサクション測定によるUCTから，5.2節で示した方法を用いて推定した$q_{u(I)}$の確率密度関数の決定と消費者危険を含む信頼性設計が行えるので，設計信頼度の向上に寄与できる[14]。

6.2 円板引抜き試験法

6.2.1 概説

自然斜面や盛土を構成する土は，一般に不飽和の状態にある。このような地盤の破壊に関する安定性を議論するための強度係数（c, ϕ）は，従来，室内の土質試験か現地のサウンディングにより求めている。しかし，前者は原位置の地盤状態を変化させるプロセスを持ち，試験値の評価やその解釈に，また後者は機械・装置が大型化し，精度上の難点がある。本節では，このような両者の問題点を補う方向として円板引抜き試験法を紹介する。この方法は，地中に埋没した円板の引抜き抵抗力の最大値を測定して，c, ϕを求める試験法であり，装置や試験方法の簡便さに加え，的確な地盤強度の測定が期待できる原位置試験法である。

本節では，不飽和状態にある土に対する円板引抜き試験と一面せん断試験，一軸圧縮試験，三軸圧縮試験から，円板引抜き試験の原位置試験法としての適用性が示される。

6.2.2 円板引抜き試験の位置づけ

　土質調査法は設計法と適切に結び付くことが望ましく，新しく開発された設計法にはそれに適した土質調査法が工夫されるべきである．現在，自然斜面や盛土等を構成する不飽和土に対する土質調査は，サウンディングとしての標準貫入試験SPTや各種コーン貫入試験CPT，また室内土質試験としての一面せん断試験，三軸圧縮試験が一般的である．しかし，SPTやCPTは，大規模な試験装置を必要とするため，山岳地帯の点在箇所の調査では試験装置の搬入や試験の実施段階でも大きな制約を受けることになる．また，試験結果は貫入体周辺部の限られた領域の地盤状況しか反映せず，礫の存在の影響も強く受けるため十分な精度が期待できないことがある．一方，室内の土質試験では，2.1節で詳述したように，試験を行う前の段階で試料の応力の解放や機械的撹乱等の原位置の応力状態を変化させる多くの地盤リスクの原因が介在するため，試験結果の解釈や精度上の問題点を抱えている．したがって，高盛土のように特に高精度の力学的管理を必要とする設計に追随していけないという問題がある．

　また，信頼性設計のような設計法が求める調査としては，地盤内の真値を含むばらつきの大きなデータよりも，たとえ真値との乖離があってもばらつきが小さく，真値との関係づけが可能なデータが得られる試験法が適している．さらに信頼性理論を用いた動学的設計[15]に適した試験法としては，現地で測定した試験結果を直ちに施工に活かせること，また試験機の精度や試験者の技術レベルの影響を受けない試験法であること，なども重要である．

　ここに示す円板引抜き試験は，サウンディングや室内土質試験に認められる従来の欠点を補う新しい試験法として，次のような特徴を持っている．

① 試験装置や操作が簡単である．持ち運びが容易で多くの試験を行うことができるため調査費用が低減できる．
② 得られたcの変動幅が小さいため，1つの設計値を採択する現行設計法にとっても有利である．
③ 例えば，逆T字型基礎が引抜き力を受ける場合は実際の破壊現象そのものである．また，せん断面積が大きいため，部分的な試料の不揃いがあっても平均的な強度が得られる．
④ 盛土の施工管理試験として用いる場合には，施工段階ごとに必要な地盤強度の管理が可能である．また，水砕を添加した混合土のように軽量で材令効果を考慮した強度の管理が可能である．
⑤ 現地で短時間に試験を行うことができ，その場で土のc, ϕが推定できる．したがって，堀削に対する安定問題では，堀削した地盤の状況を判断しながら設計変更ができ，直ちに施工に活用できるなどの動学的な設計が可能となる．

6.2.3 円板引抜き試験の考え方
(1) 着眼点

　地中に埋設した円板を引き抜いた場合，その抵抗が測定でき，しかもc, ϕをパラメータに持つ十分な精度の理論式があれば，得られた引抜き抵抗力を与件値として与えることにより，c, ϕの逆算が可能である．円板引抜き試験で用いる引抜き算定式は，松尾[16]が提案したものであり，室内の小型模型実験や現地の実物大基礎の引抜き実験[17]で良好な精度を持ち，また電気学会においてもすでに30年来，鉄塔基礎の設計式として採用（JFC-127）[18]されている．

(2) 引抜き抵抗力算定の考え方と解析に用いる近似値

松尾[16]は，地中の基礎体が引抜き力を受けるとき，発生するすべり面は基礎床版外端直上にある地表面上の点を通り，地表面と $(45°-\phi/2)$ の角度をなす直線上に中心を持つ対数ら線と，二次元の問題に関する Rankine の受動状態における直線を合成したものであると仮定した。そして引抜き抵抗力は，そのすべり面の内部に含まれるすべり土塊の質量とすべり面上に作用するせん断抵抗力の鉛直分力の和に基礎体自重を加えたものであるとして式(6.3)～式(6.7)を誘導し，小型基礎や実物大基礎の引抜き試験で良好な精度を持つことを示した[16),17)]。

$$R = G + (x - V_3)\gamma_t + yc \tag{6.3}$$

$$\lambda = D/B_1 \tag{6.4}$$

 i) $1 \leq \lambda \leq 3$
$$x = (0.056\phi + 4)B_1^3 \lambda^{(0.016\phi + 1.1)}$$
$$y = (0.027\phi + 7.653)B_1^2 \lambda^{(0.004\phi + 1.103)} \tag{6.5}$$

 ii) $3 < \lambda \leq 10$
$$x = (0.597\phi + 10.4)B_1^3 (\lambda/3)^{(0.023\phi + 1.3)}$$
$$y = (0.013\phi + 6.11)B_1^2 \lambda^{(0.005\phi + 1.334)} \tag{6.6}$$

$$R' = Rk \tag{6.7}$$

ここで，記号は図 6-16 に示す。

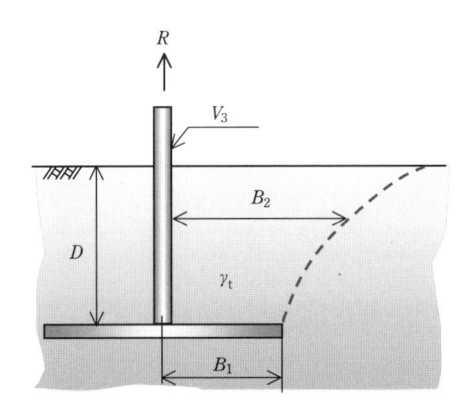

R ：限界引抜き抵抗力 (kgf)
R' ：修正限界引抜き抵抗力 (kgf)
G ：円板の質量 (kg)
V_3 ：円板の柱体部の体積 (cm³)
γ_t ：土の単位体積重量 (gf/cm³)
c ：粘着力 (kN/m²)
ϕ ：内部摩擦角 (°)
λ ：根入れ幅比
k ：補正係数 (実験値に対する計算値の比)

図 6-16 記号の説明

後に示す図 6-24 は，砂試料（C 砂）のすべり面を円板中心断面上において観察したものである。同図より明らかなように，仮定した理論すべり面と実測すべり面は極めて良い一致を示し，松尾の提案した上述のすべり面発生の考え方，および引抜き抵抗力の算定方法の妥当性が改めて確認される。しかし，この算定式はすべり面が地表まで波及する場合の式である点に注意すべきである。したがって，c のない土では，すべり面が地表まで到達することから理論式と実際の現象とはよく一致する（図 6-24 参照）。ところが c の大きな粘性土では，地表面からテンション・クラックが入るため実際の現象と理論式の仮定とは一致せず計算値が実測値より大きくなる。地表面からのテンション・クラックを考慮した理論式[16]もあるが，解析が複雑になるのと土質によって用いる式が異なることは実務上不便である。したがって，粘性土に関しては，過去に行った大多数の小型模型実験を再解析して，実測値に対する式 (6.3) の比として表 6-3 に示す補正係数を算出した。そして得られた R を修正して結果をカバーしていく手法を採用する。

表 6-3 粘性土に対する R の補正係数

λ	2	3	4
k	2	1.6	1.5

図 6-17 はその修正曲線の一例である。また，式 (6.3) ～式 (6.6) を見れば明らかであるが，物性としての土のばらつきや試験の測定誤差，個人誤差がなければ，円板径や埋戻し深さ等の幾何形状の異なる 2 つの限界引抜き抵抗力を得ることで，理論的には c，ϕ の同時決定が可能である。しかし，当面，本試験法は自然斜面や盛土，浅基礎のように破壊が比較的地表面で発生する場合を対象とする。地表面近傍の浅部の引抜き試験の場合，せん断面上の垂直応力はたかだか 10kN/m² 程度である。このことは，ϕ の推定誤差が設計式にも実際の支持力に対しても及ぼす効果は極めて小さく，$\phi = 20°$ としても 25° としても算定される c はほとんど変わらないことを意味する。一般に，経験豊富な技術者が判断する ϕ の推定誤差はせいぜい 5° 程度と考えられる。したがって，土の種類や地盤の締り具合から ϕ を大略的に捉え，与件値として与えることで c を求めることは十分可能であり，この方が実務的である。

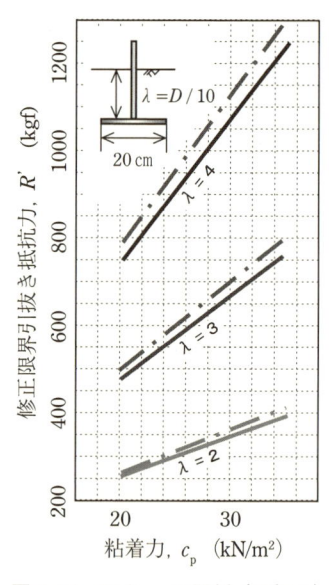

図 6-17　R' と c_p の関係（円板 1）

上述したように，現在，円板引抜き試験は，まだ研究の初期段階にあり，解析に用いる理論式や実験装置も比較的浅部の破壊（調査）を対象としている。したがって，次項以降で取り上げる事例も，盛土の施工管理等の地盤表層部の強度試験法としての適用性を検討している。しかし，理論式や実験装置の改良を行うことにより，軟岩等の大きな強度を持つ自然地盤や深部の破壊，すなわち，図 6-18 に示すように，ボーリング孔を用いて浅部から深部まで連続した地盤強度の推定も将来的には可能であると考えている。もちろん，開削孔底での引抜きや，深部の地層に相当する土質が近傍の斜面で露出してい

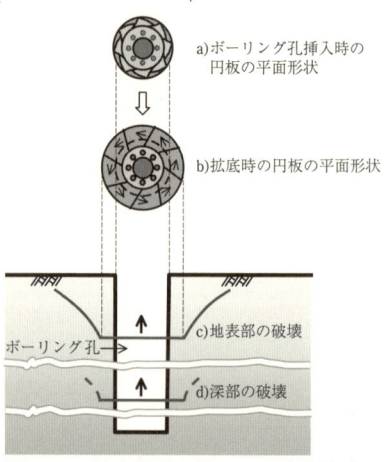

図 6-18　拡底円板を用いた原地盤強度の推定（一試案）

る場合には，本節で提案する浅部の引抜き試験の結果からその地層の c の概略値を推定することも可能である。

6.2.4 円板引抜き試験による不飽和土の強度の推定 [19]

(1) 供試土と円板の形状

供試土は，図 6-19 の粒径加積曲線に示すように，粘性土（A 粘土），砂質土（B 土），砂（C 砂）の 3 種類を準備した。埋設する円板は鉄製であり，その形状は，表 6-4 に示す寸法の円形床版部と直径 20mm の鉄筋からなる 3 種類のものである。埋戻し土は Vibro-rammer を用いて所定の密度，深さになるように締め固めた。締固めの管理は，砂置換法による土の密度試験（JIS A1214）により行い，事前に行った室内一面せん断試験と同じ土質条件のもとで引抜き試験を行った。

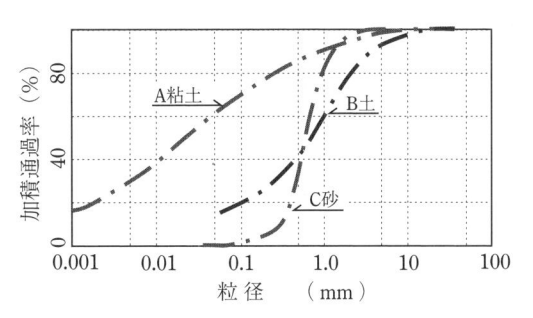

図 6-19 粒径加積曲線

表 6-4 円板の形状

円板	$2B_1$	d	t	H
1	20	2	1.2	40
2	25	2	1.2	50
3	30	2	1.2	60

(2) 円板引抜き試験の装置と引抜きの方法

円板引抜き試験装置の概要を図 6-20 に示す。すなわち，埋設した円板①の引抜きは，シャフト②をハンドル③で上昇させて行うが，その時の引抜き力と変位は，それぞれテンションリング④と変位計⑤で測定する。テンションリングは，最大測定荷重 1tf で測定精度はフルスケールに対して，誤差 1% 以内である。三脚⑥は，円板の引抜きに影響しないよう十分外側に設置し，引抜き速度は 1mm/min の変位制御で鉛直上向に引き抜くものとする。この装置は電気的計測装置を必要とせず，全質量も 10 kg 程度と軽量である。また，操作も簡便なものとなっている。現位置試験法としての適用性の検討（6.2.5 項）や盛土の施工管理試験（第 12 章）にもこの装置を用い，同じ引抜き速度で試験を行っている。

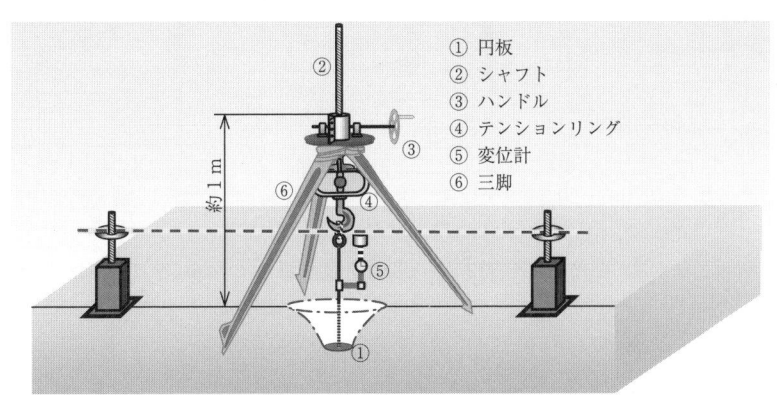

① 円板
② シャフト
③ ハンドル
④ テンションリング
⑤ 変位計
⑥ 三脚

図 6-20 円板引抜き装置の概略図

(3) 実験結果

表6-5は，室内一面せん断試験の結果を示したものである。一面せん断試験は一定垂直圧力の非排水条件であり，各供試土とも5〜6種類の異なった垂直応力のもとで1つのc，ϕを求める試験を4シリーズ行っている。表6-5は，試験結果の最大値と最小値の範囲を示している。

表6-5 一面せん断試験結果

供試土	ρ_s (g/cm³)	w_0 (%)	ρ_t (g/cm³)	S_r (%)	c (kN/m²)	ϕ (°)
粘性土 (A粘土)	2.69	35.0〜38.9	1.60	74.0〜79.8	23.5〜33.0	23.6〜32.0
砂質土 (B土)	2.64	16.5〜18.0	1.60	40.6〜54.6	7.5〜16.9	42.0〜43.9
砂 (C砂)	2.63	8.26〜9.93	1.54	27.6〜30.4	0.0〜5.1	43.0〜44.5

引抜き抵抗力と引抜き量の関係を図6-21，図6-22，図6-23に示す。また，図6-24はC砂の引抜き後の破壊すべり面の形状を円板中心断面上で観察したものである。図6-25は円板引抜き試験より推定した粘着力c_pを根入れ幅比λに対してプロットしたものである。各供試土のc_pは，λや円板の種類によらずほぼ同様な値を与えている。また，図6-26は一面せん断試験より求めた粘着力cと，円板引抜き試験より推定した粘着力c_pを比較している。図中シャドーを施した部分は両試験で得た粘着力の最大値と最小値の範囲であり，試験個数で除した粘着力の平均値も示している。

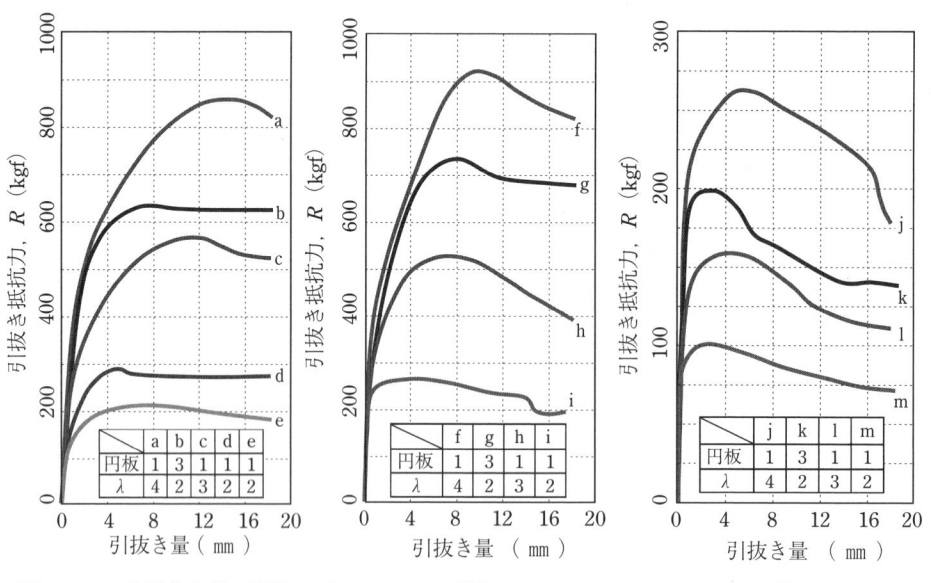

図6-21 Rと引抜き量の関係（A粘土）

図6-22 Rと引抜き量の関係（B土）

図6-23 Rと引抜き量の関係（C砂）

図 6-24　円板中心断面上のすべり面（C 砂）

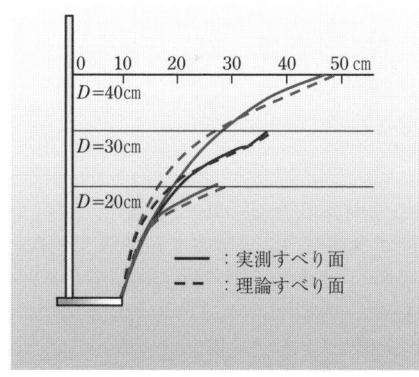

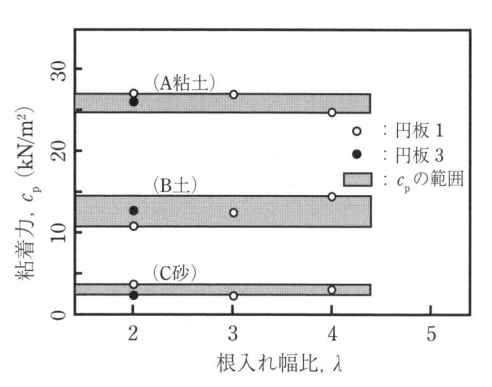

図 6-25　粘着力と根入れ幅比の関係

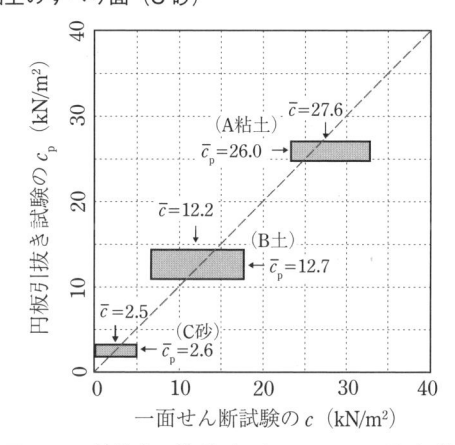

図 6-26　粘着力の比較（円板と一面せん断試験）

　一面せん断試験で得た c の変動幅に着目すると，B 土で最大 $10kN/m^2$ 程度であるが，今日，一般に用いられている一面せん断試験機で得られる変動としては，極めて常識的なものと考えられる。これに対し円板引抜き試験から求めた c_p は，一面せん断試験で得た ϕ を与件値として与えるにしても，一面せん断試験結果の c の範囲にすべて収まり，その変動幅も一面せん断試験の $(20 \sim 30)\%$ 程度と小さい。この理由として考えられることは，両試験法の変形拘束条件，応力状態，せん断面積の大小等の違いが起因しているものと考えられる。以上，図 6-25 と図 6-26 より明らかになった点をまとめると次のようである。

① 式 (6.7) で示す修正限界引抜き抵抗力 R' の概念を必要とするにしても，式 (6.3)～式 (6.6) が円板の引抜き抵抗力の一般解として十分な精度を持つことを証明すると同時に，

② 逆に，現地で円板の限界引抜き抵抗力 R を測定することにより，c を簡便に推定することが可能であることを示している。このように c, ϕ を求める手法は，一般の設計段階で用いるものとしては十分な精度の期待できる試験法であることが次項で示される。

6.2.5　原位置試験法としての適用性の検討 [19]

　前項では，円板引抜き試験が埋戻し土の c, ϕ を推定する試験法として，十分な精度を持つことを示した。しかし，前項の供試土は埋戻し土であるため，自然地盤に対する原位置試験法としての適用性に関しては別途に検討する必要がある。

本項では，乱れのない自然地盤とその埋戻し土に対し，円板引抜き試験と UCT，三軸圧縮試験，一面せん断試験を実施し，円板引抜き試験の原位置試験法としての適用性を検討する。試験地は，名古屋市東部の洪積丘陵地に位置している。

(1) 供試土と試験方法

図 6-27 は，供試土の粒径加積曲線である。供試土は，CL に分類されるローム系の山土であり，細粒土としては，$\rho_t = 1.89 \text{g/cm}^3$ の高い湿潤密度を持ちよく締まった地盤である。円板引抜き試験による原地盤強度の推定は，表 6-4 に示した 20cm の円板 $2B_1$ を用いている。引抜きによる影響範囲を考慮して円板引抜き試験は 2m 離れた A，B の 2 地点で実施した。

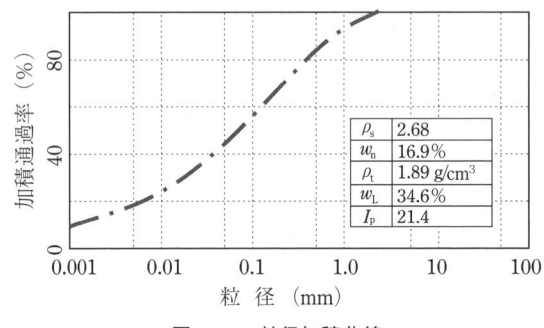

ρ_s	2.68
w_n	16.9%
ρ_t	1.89 g/cm³
w_L	34.6%
I_p	21.4

図 6-27 粒径加積曲線

円板は，ポストホールオーガーを併用して直径 21cm の所定の深度の孔を注意深く掘削し，円板を孔底に設置した後，掘削した土を自然地盤より幾分高めの密度に締め固めて埋設した。円板の引抜き装置や方法は前節と同様である。また，原地盤強度の推定後，それぞれの地点で埋設し土の引抜き試験も行った。埋戻し土の締固めは，Vibro-rammer を用いて所定の密度，深さに締め固めた。締固めの管理は砂置換法による土の密度試験（JIS A 1214）により行った。また，A と B の中間地点から採取したブロックサンプリング試料に対し，一軸圧縮試験，三軸圧縮試験と一面せん断試験（いずれも UU 条件）を行った。

(2) 試験結果と考察

図 6-28 は，引抜き抵抗力と引抜き量の関係を示したものである。A 地点では同じ 30cm の埋設深度 D で自然地盤（No.1）と埋戻し土（No.2）の引抜きを行っている。円板引抜き試験からの c，ϕ の推定は前節と同様の方法によって行っているが，埋戻し土（No.2）の場合，R と c が 6% 程度小さく，また，引抜き力と変位の立上がり勾配も小さい。これは，試料の掘削・締固めによる撹乱の影響に起因している。前項では，R から推定される c は円板径や埋設深度によらずほぼ一定であることが示されたが，B 地点の埋戻し土で c が小さいのは A 地点の場合と同じ理由である。No.1 と No.3 の c の差は，原地盤の物性の差を反映しているものと推察される。

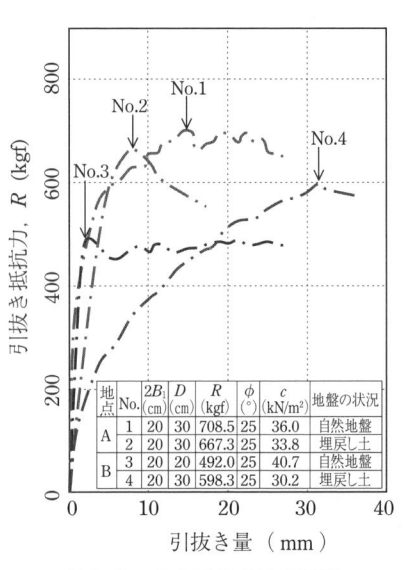

地点	No.	$2B_1$ (cm)	D (cm)	R (kgf)	ϕ (°)	c (kN/m²)	地盤の状況
A	1	20	30	708.5	25	36.0	自然地盤
A	2	20	30	667.3	25	33.8	埋戻し土
B	3	20	20	492.0	25	40.7	自然地盤
B	4	20	30	598.3	25	30.2	埋戻し土

図 6-28 R と引抜き量の関係

図6-29は、A地点の引抜き後の破壊すべり面の形状を円板中心断面上で観察したものである。自然地盤の破壊すべり面の形状は埋戻し土のそれより幾分大きいが、このことが（図6-28で見た）cを大きくした一因である。また、理論すべり面は埋戻し土のすべり面により近い形状を持つが、これは、理論式が埋戻し土に対する実験から誘導されたことと整合している。しかし、この理論式は自然地盤を対象とした実物大基礎の支持力式として

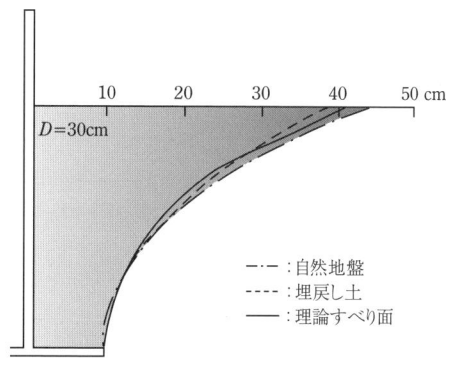

図6-29 円板中心断面上のすべり面（A地点）

も十分な精度を持ち[16] 自然地盤のすべり面の形状ともよく一致している。したがって、式(6.3)～(6.7)は、自然地盤に対する引抜き試験のc値算定式としても十分適用可能であると判断される。

図6-30は、室内せん断試験結果と円板引抜き試験結果を総括して示している。一面せん断試験は、ブロックサンプリングした試料を注意深く成形した供試体と、撹乱してせん断箱の中で締め固めた供試体を同じ垂直圧力のもとでせん断している。撹乱によるcの低下は約30%であり、引抜き試験の場合より大きな値を示している。一面せん断試験と引抜き試験の撹乱による強度低下の差は、供試土の締固め方法や試験時の応力状態の差を反映していると考えられる。

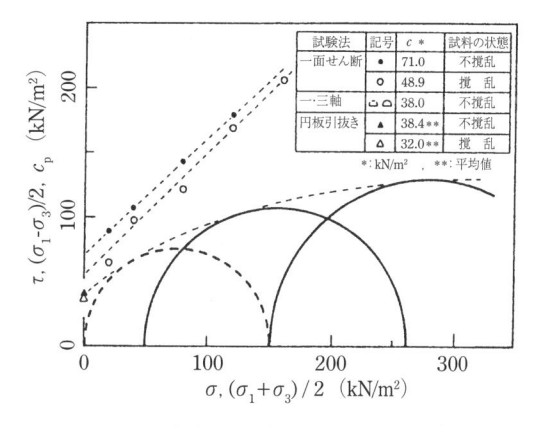

図6-30 室内および円板引抜き試験結果

図6-30の縦軸の切片である粘着力cに着目すると、円板引抜き試験と一軸および三軸圧縮試験の破壊包絡線から得たcはほぼ同じ値を持つが、一面せん断試験のcは両試験に較べ1.5～1.8倍程度大きい。これは、第12章でも詳述されるが、自然含水比が塑性限界に近く、$\rho_t=1.89\mathrm{g/cm^3}$と粘性土としてはよく締まった地盤であり、一面せん断試験機の機構上、①せん断時に供試体が受ける拘束が大きくなり、②せん断時の非排水条件を守りにくいこと、さらに③せん断面の位置を特定すること等が原因と考えられる。

以上の結果は、円板引抜き試験が自然地盤の年代効果等を的確に把握できる原位置試験法として有効なことを示している。円板引抜き試験を用いた道路盛土の施工管理法は、第12章で述べる。

参考文献

1) 電気的静的コーン貫入試験法（JGS 1435-2003），地盤工学会，地盤調査の方法と解説，pp.301-309，2004．
2) Shogaki, T.：An improved method for estimating *in-situ* undrained shear strength of natural deposits, *Soils and Foundations*, 46 (2), pp.109-121, 2006.

3) Shogaki, T. : A method for correcting consolidation parameters for sample disturbance using volumetric strain, *Soils and Foundations*, 36 (.3), pp.123-131, 1996.

4) Shogaki, T. and Nochikawa, Y. : Triaxial strength properties of natural deposits at K_0 consolidation state using a precision triaxial apparatus with small size specimens, *Soils and Foundations*, 45 (2), pp.41-52, 2004.

5) 正垣孝晴・高橋章・熊谷尚久：既設アースダム堤体の耐震性能評価法 —レベル1地震動を想定して—, 地盤工学会誌, 56, (2), pp.24-26, 2008.

6) Shogaki, T. and Sakamoto, R. : The applicability of a small diameter sampler with a two-chambered hydraulic piston for Japanese clay deposits, *Soils and Foundations*, 44(1), pp.113-124, 2004.

7) Shogaki, T, Sakamoto, R, Kondo, E. and Tachibana, H. : Small diameter cone sampler and its applicability for Pleistocene Osaka Ma 12 clay, *Soils and Foundations*, 44 (4), 119-126, 2004.

8) 地盤工学会, サクション測定を伴う一軸圧縮試験マニュアル, 最近の地盤調査・試験法と設計・施工への適用性に関するシンポジウム論文集, pp. 付 1-14, 2006.

9) 正垣孝晴・鶴田滋・高橋章・鈴木朋和・笹島卓也：無線コーン貫入試験の既設ダム堤体への適用, 第42回地盤工学研究発表会, pp.97-98, 2007.

10) Shogaki, T. and Maruyama, Y. : Estimation of *in-situ* undrained shear strength using disturbed samples within thin-walled samples, *Geotechnical Site Characterization*, Balkema, pp.419-429, 1998.

11) 吉田秀樹・束野忠伸・吉本靖俊・山崎真史・村川史朗・吉福司・片桐雅明・寺師昌明：低応力下の粘土地盤のN_{kt}と物理・力学特性の関係, 最近の地盤調査・試験法と設計・施工への適用性に関するシンポジウム論文集, pp. 43-48, 2006.

12) Tanaka, M, Tanaka, H. : An examination of the engineering properties and the cone factor of soils from East Asia, *Proceedings of the ISC-2 on Geotechnical and Geophysical Site Characterization*, pp. 1019-1024, 2004.

13) 高橋章・正垣孝晴：性能規定化を踏まえた調査位置・数量と調査の段階性に関する一考察, 最近の地盤調査・試験法と設計・施工への適用性に関するシンポジウム論文集, pp. 95-98, 2006.

14) Shogaki, T. and Kumagai, N. : A slope stability analysis considering undrained strength anisotropy of natural clay deposits, *Soils and Foundations*, 48 (6), pp.805-819, 2008.

15) 松尾稔：地盤工学—信頼性設計の理念と実際—, 技報堂, 407p, 1984.

16) Matsuo, M. : Study on the Uplift Resistance of Footing (2), *Soils and Foundations*, Vol 8, No.1, pp.18 〜 48, 1968.

17) 松尾稔・新城俊也：粘性土中の引揚抵抗に関する研究, 土木学会論文集, 第137号, pp.1 〜 12, 1967.

18) 電気学会編：送電用支持物設計標準（JFC-127）, 電気規格調査会, pp.136 〜 146, 1979.

19) Matsuo, M. and Shogaki, T. : Evaluation of undrained strength of unsaturated soils by plate uplift test, *Soils and Foundations*, Vol.33, No.1, pp.1-10, 1993.

第 7 章 小径倍圧型サンプラーによる試料採取法

7.1 粘性土と有機質土地盤に対する小径倍圧型サンプラーの適用性

7.1.1 概説

本節では，粘性土と有機質土地盤に対する 3 種類の小径倍圧型水圧ピストンサンプラーの適用性を示す。同じ地盤からこのサンプラーと他のサンプラーで得た試料に対する土質試験結果を比較検討するが，小型供試体を用いた一軸・三軸圧縮試験のほか，供試体のサクション測定やベンダーエレメント試験などの規格・基準外の試験も多数行う。次項では，まず①小径倍圧型水圧ピストンサンプラーをはじめとする本章に登場するサンプラーの紹介と，②本章で用いる試料のうち，中心となる 3 堆積地の試料のサンプリングの概要について述べる。そして③実施した室内試験のうち，規格・基準外の試験や基準には細部が定められていない試験要領について詳述する。

7.1.2 小径倍圧型水圧ピストンサンプラーの概要

本章で扱う小径倍圧型水圧ピストンサンプラーは，サンプリングチューブの形状や機能の違いから以下の 3 つに区別される。

① 45-mm サンプラー：
　サンプリングチューブ内径 45mm の小径倍圧型水圧ピストンサンプラー。
② 50-mm サンプラー：
　45-mm サンプラーと同様の機構を持ち，チューブ内径 50mm で肉厚が異なるサンプラー。
③ Cone サンプラー：
　45-mm サンプラーを発展させたコーン貫入試験の機能を有する小径倍圧型水圧ピストンサンプラー。

これらのサンプラーと比較される主なサンプラーは以下の 3 種類である。

④ 75-mm サンプラー：
　JGS 1221-1995[1] に規定されたチューブ内径 75mm の固定ピストン式シンウォールチューブサンプラー（エクステンションロッド方式と水圧式を区別する場合は，それぞれ 75-mm(E)，75-mm(H) サンプラーと表記）
⑤ 75R サンプラー：JGS 1222-1995[2] に規定されたロータリー式二重管サンプラー。
⑥ 84T サンプラー：JGS 1223-1995[3] に規定されたロータリー式三重管サンプラー。

④と⑥のサンプラーは，用いるチューブの内径に応じて表記を変更（例：70-mm，125T）する。また，他に凍結サンプリング法や世界の各種サンプラーなど，種々なサンプリング法で採取した試料のデータを文献から引用する。

写真 7-1 と写真 7-2 は，それぞれ 45-mm，50-mm と Cone サンプラーの全景であり，図 7-1 は 45-mm と Cone サンプラーの断面図である。また，表 7-1 にこれらのサンプラーと 50-mm，75-mm，75R サンプラーの主要な仕様を示す。

写真 7-1　45-mm と 50-mm サンプラーの全景

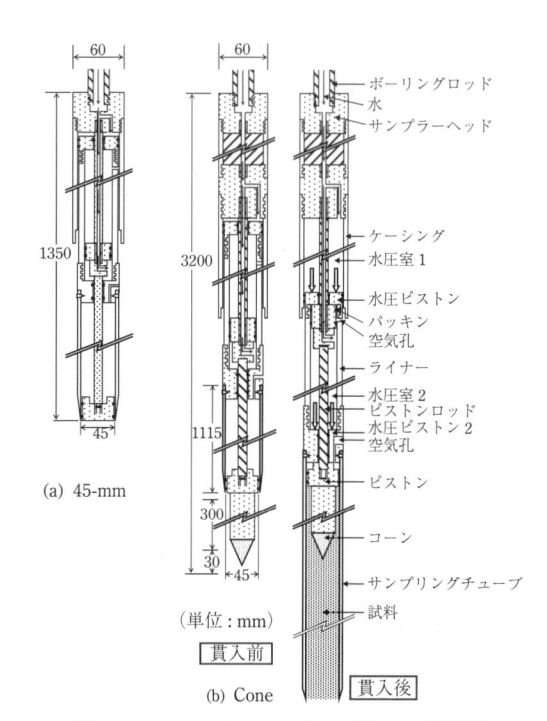

写真 7-2　Cone サンプラーの全景　　図 7-1　45-mm と Cone サンプラーの断面図

表 7-1　Cone,45-mm,50-mm,75-mm,75R,84T サンプラーの仕様

サンプラーの種類	Cone [i]	45-mm [ii]	50-mm [iii]	75-mm [iv]	75R [v]	84T [vi]
サンプラー外径（mm）	60	60	60	89	96	89
サンプリングチューブ内径（mm）	47.8	47.8	50	75	75	84
サンプラー質量（kg）	23.5	10.8	12.7	23.5	25.5	76.4
サンプラー全長（mm）	2931	1350	1680	1155	1365	2040
サンプリングチューブ長さ（mm）	1115	600	800	1000	1000	1000
試料最大採取長（mm）	500	500	735	800	800	800
サンプリングチューブ断面積比, C_a [vii]（%）	13	13	25	8.2	8.2	12

i ）：Cone サンプラー　　　　　　　　　　　iv）：75-mm 水圧式シンウォールサンプラー
ii ）：45-mm 小径倍圧型水圧ピストンサンプラー　v）：75-mm ロータリー式二重管サンプラー
iii）：50-mm 小径倍圧型水圧ピストンサンプラー　vi）：84-mm ロータリー式三重管サンプラー

vii）：$C_a = \dfrac{D_2{}^2 - D_1{}^2}{D_1{}^2} \times 100$（%）　　ここに，$D_1$：サンプリングチューブ刃先内径
　　　　　　　　　　　　　　　　　　　　　　　D_2：サンプリングチューブ最大外径

45-mm サンプラーの特徴と利点は，以下のようである．

① 45-mm サンプラーの場合，サンプラー長と重量が 75-mm(H) のそれぞれ 62％と 46％であり，サンプリング作業の軽減と能率向上への寄与が大きい．Cone サンプラーの長さは 3.2m と長いが，質量が 24kg であり 75-mm サンプラーのそれと同等である．

② ピストン内の中空室を 2 室にして，サンプリングチューブの径を小さくすることで，同じ水圧下で 1 室構造の 75-mm(H) の倍近い貫入力が確保されている．したがって，強度の大きな地盤への適用が可能である．従来のように採取土の種類や強度によって 75-mm，75R，84T サンプラーに変更する必要がないため，作業効率への寄与が大きい．また，チューブ貫入速度も速いため，試料に与える乱れが少なく，高品質な試料の採取が期待できる．

③ チューブが直進的に貫入できるようにアウターチューブが長く設定されているため，高品質な試料の採取が期待できる．

④ ボーリング孔径が標準貫入試験（SPT）のものと同じ 66mm であり，SPT 中に，乱れの少ない試料採取を行う場合はボーリング孔径を変えることなく粘性土の乱れの少ない試料が採取できる．

⑤ 砂礫や玉石が混入した地盤では，掘削の難易と費用はボーリング孔径に大きく支配される．45-mm サンプラーのボーリング孔径は小さいので，掘削が比較的容易であり，試料採取の費用を抑えることが期待できる[4]．

さらに，Cone サンプラーに関しては以下の利点がある．

⑥ サンプリングに要する時間が短く，ボーリング孔を新たに掘ることなく乱れの少ない試料が採取できるため，調査費用を抑えることができる．

⑦ コーン貫入試験中に，異なる層が現れても乱れの少ない粘土や砂試料が直ちに採取できる．

倍圧サンプラーは，採取試料径が 75-mm サンプラーのそれに比べ小さいことから，チューブ壁面摩擦に起因した乱れの領域が 75-mm サンプラーのそれより大きいことが危惧される．本節ではまず国内外の各種サンプラーで得た有明粘土の強度・圧密特性を検討し，チューブ壁面摩擦に起因した乱れの領域を検討するため，同じ有明粘土の 45-mm サンプラーで得た試料（以後，45-mm 試料と表記）の微視的構造と強度・圧密特性の関係を示す．

7.1.3　45-mm サンプラーと世界の各種サンプラーで採取した有明粘土の非排水強度・圧密特性

田中ら[5]は，有明において米国の Shelby チューブサンプラー（以下，Shelby と表記），ノルウェーの NGI サンプラー（同 NGI54），英国の ELE サンプラー（同 ELE100），カナダの Laval サンプラーと Sherbrooke サンプラー（それぞれ，同 Laval と Sherbrooke），そして 75-mm サンプラー（同日本）で採取した試料の一軸圧縮強さ q_u の比較を行った．表 7-2 に，45-mm サンプラーを含むこれらのサンプラーの仕様を示す．田中ら[5]は我が国の実務で通常使われている 75-mm サンプラーで得た試料の q_u や変形係数 E_{50} が Shelby や ELE のそれらより大きく，Laval や Sherbrooke サンプラーのそれらと同等であることを明らかにした．第 2 章で述べたように，自然堆積地盤から採取した粘性土試料の乱れは強度・圧密特性に大きく影響することから，75-mm サンプラーで得た試料は世界の代表的なサンプラーと同等以上の品質を保持していると判断される．

田中ら[5]によるサンプリングと同時に，同じオペレータによって 45-mm サンプラーに

表 7-2 各種サンプラーの諸元（田中ら[5]に加筆）

サンプリングチューブ	内径 (mm)	チューブ長 (mm)	肉厚 (mm)	断面積比 (%)	ピストンの有無
75-mm（日本）	75	1000	1.5	8.2	有
45-mm（日本）	45	600	1.5	13.8	有
LAVAL	208	660	4	7.3	有
Shelby	72	610	1.65	8.6	無
NGI54	54	768	13	54.4	無
ELE100	101	500	1.7	6.4	有
Sherbrooke	350*	250*	—	—	無

*：試料の寸法

よって試料が採取された[6]。したがって，採取した各試料の品質に試料採取者や採取時期の影響はないと判断している。

図 7-2 には，田中ら[5]が示した国内外の各種サンプラーを用いて採取した有明粘土の $q_u/2$ の深度分布に 45-mm 試料の結果を加えた。$z \fallingdotseq 5, 7, 8, 9, 10, 11, 12$ m の 45-mm 試料（●）の $q_u/2$ 値は，各種サンプラーの中で一番大きい値を持つ Sherbrooke 試料（◇）のそれと比較して同等以上の値を示している。すなわち，45-mm サンプラーは Sherbrooke と同等以上の品質を有する試料が採取できたことがわかる。

図 7-3 は，田中ら[5]の示した $z \fallingdotseq 10$ m の各試料に対する UCT の応力 σ と軸ひずみ ε の関係に 45-mm 試料の $z=10.2$ m の結果を加えている。45-mm 試料（●）の q_u は Sherbrooke 試料（◇）のそれより幾分大きく，破壊ひずみ ε_f も若干小さい。自然堆積地盤の土性は不均一であることが多いが，この有明粘土地盤は比較的均質な土が堆積していることが知られている。また，田中ら[5]も指摘しているが，米国で一般的に使用される Shelby（×）や 75-mm サンプラーとほぼ同じ構造で刃先角度と

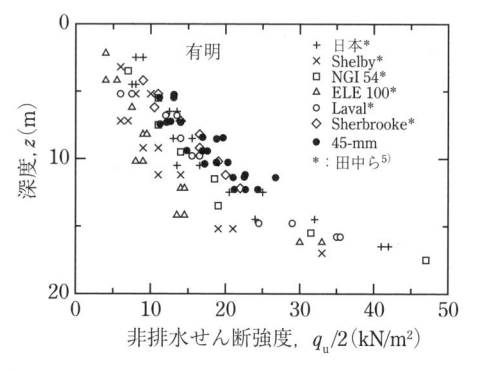

図 7-2 $q_u/2$ の z 分布（田中ら[5]に加筆）

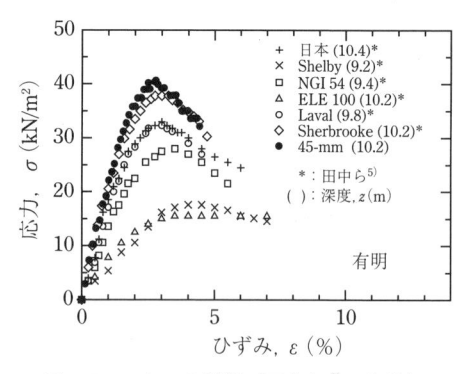

図 7-3 σ と ε の関係（田中ら[5]に加筆）

チューブ径が異なる ELE100（△）の q_u は，45-mm 試料のそれの半分以下である。

7.1.4 45-mm サンプラーで採取した有明粘土の品質評価

5.2 節で示した原位置の非排水強度推定の簡便法を用いて，45-mm サンプラーで採取した試料の品質評価を行った。図 7-4(a) は，$z \fallingdotseq 8$ m の 45-mm 試料から作製した各供試体の w_n，q_u，S_0 をサンプリングチューブ刃先からの距離 D_s に対してプロットしている。また，q_u と S_0 から簡便法によって求めた原位置の非排水強度 $q_{u(l)}$ を推定し，K_0CUC から求めた $2c_{u(l)}$ に対する比と，これらの平均値に対する q_u の比 $q_u/\bar{q}_{u(l)}$ を同様に D_s に対してプロットした。$q_{u(l)}/2c_{u(l)}$ の平均は 1.04 であり，$\bar{q}_{u(l)}$ と $2c_{u(l)}$ がほぼ同じである。このことは，有明粘土に対する $q_{u(l)}$ 推定法の妥当性を示している。これを踏まえて $q_u/\bar{q}_{u(l)}$ を見ると，その平均

値は 0.63 である。

図 7-4(b) は，同様に $z \fallingdotseq 10\mathrm{m}$ の結果である。$q_{u(l)}/2c_{u(l)}$ の平均値は 0.99 であり，$q_u/\bar{q}_{u(l)}$ のそれは 0.61 である。$z \fallingdotseq 8\mathrm{m}$ の 45-mm 試料の結果とほぼ同じである。すなわち，45-mm サンプラーはカナダの Sherbrooke 大学が開発したサンプラーと同等な品質の試料が採取できている。しかし，q_u は原位置非排水強度の 6 割程度の値しか発揮していない。

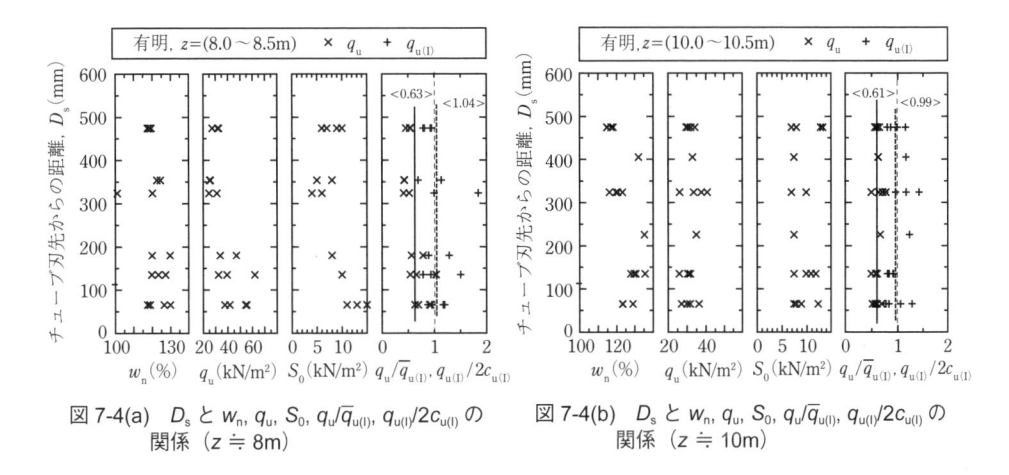

図 7-4(a) D_s と w_n, q_u, S_0, $q_u/\bar{q}_{u(l)}$, $q_{u(l)}/2c_{u(l)}$ の関係 ($z \fallingdotseq 8\mathrm{m}$)

図 7-4(b) D_s と w_n, q_u, S_0, $q_u/\bar{q}_{u(l)}$, $q_{u(l)}/2c_{u(l)}$ の関係 ($z \fallingdotseq 10\mathrm{m}$)

図 7-5 は，45-mm と 75-mm(H), 75-mm(E) 試料に対する UCT と段階載荷圧密試験 (IL) 結果の深度分布である。この図には $z \fallingdotseq 8, 10, 12\mathrm{m}$ の 45-mm 試料に対して，5.1 節で述べた体積ひずみ ε_{vo} を用いて推定した原位置の圧密降伏応力[7] $\sigma'_{p(l)}$ のプロットを加えている。各 z の $\sigma'_{p(l)}$ 値は 63, 62, 105 kN/m^2 であり，測定値（それぞれ 37, 48, 63 kN/m^2)）はこれらの値の 59〜77% であった。

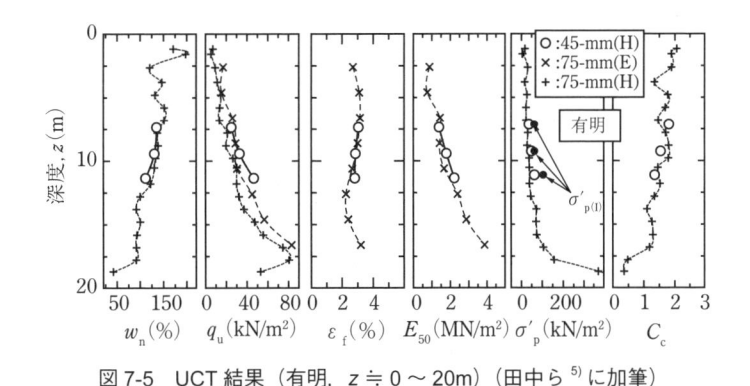

図 7-5 UCT 結果（有明，$z \fallingdotseq 0 \sim 20\mathrm{m}$)（田中ら[5] に加筆）

7.1.5 微視的構造と強度特性に及ぼすチューブの壁面摩擦の影響
(1) サンプリングチューブの壁面摩擦による試料の乱れに関する既往の研究

9.1 節では，75-mm 試料の断面から得た 10 個の S 供試体の UCT 結果から，チューブ断面中央部の供試体とその周辺部の供試体の σ と ε の関係に有意差がないことが示される。このことは，チューブ壁面付近の微視的構造の乱れの観察結果[8] と整合している。すなわち，75-mm サンプラーの押込みと試料の押出し時に生ずる試料の乱れはチューブ壁面から数 mm の範囲である。一方，Baligh ら[9] や Clayton ら[10] は，サンプリングチューブの貫入時に地盤内の試料が受ける深度方向のひずみ量 ε_z を数値解析的に検討し，この ε_z と

チューブの肉厚に対する外径の比との関係を示した．この関係によると，75-mm サンプラーで採取した試料が受ける ε_z は ± 0.4% 程度になるのに対して 45-mm サンプラーのそれは ε_z = ± 1.3% 程度と 3 倍以上に大きくなる．すなわち，チューブ肉厚が同じで径が小さくなれば ε_z が大きくなり，試料の乱れも大きいというものである．

正垣・松尾[8]は，走査型電子顕微鏡 SEM を用いて土の微視的構造と試料の乱れの関係を検討した．その方法は，チューブ壁面からの距離に応じた土粒子の Ped（ペッド）の変化を観察するものであった．しかし，Ped の特定は観察者の判断に左右され，個人誤差が介在する．また，顕鏡試料に対する凍結乾燥が微視構造に及ぼす影響を定量的に評価するのは困難である．超深度形状測定顕微鏡（以後，LTM と表記）は，試料の含水比を変化させることなく微視的構造の観察が可能である．土の微視構造の観察に LTM を用いた検討に，児玉ら[11]の研究がある．しかし，彼らの研究の視点は測定値の定量化に向けられており，自然堆積土の観察や試料の乱れに関する検討は行っていない．

本項では LTM を用いて，45-mm サンプラーで採取した有明粘土の微視的構造に及ぼすチューブ壁面摩擦の影響を，堆積面とその直交面の観察から 3 次元的に検討し，チューブで採取した試料の縦横断位置の力学的性質との関係を検討する[12]．

(2) 供試土

供試土は，7.1.3 項の検討に用いた試料と同じ有明の自然堆積粘土であり，$z \risingdotseq 5$m，8m，10m，12m の 45-mm 試料である．表 7-3 に，供試土の w_n と ρ_t の平均値，I_p，q_u の平均値，有効土被り圧 σ'_{vo} を示す．

表 7-3 顕微鏡観察を行った供試土の I_p, σ'_{vo}, $\bar{w}_n$, $\bar{\rho}_t$, $\bar{q}_u$

深度 (G.L.-m)	I_p	σ'_{vo} (kN/m²)	$\bar{w}_n$ (%)	$\bar{\rho}_t$ (g/cm³)	$\bar{q}_u$ (kN/m²)
5	68	32	131	1.32	25
8	70	42	120	1.36	37
10	73	49	125	1.35	31
12	52	56	103	1.40	35

(3) 微視的構造の観察による乱れの評価法

LTM の観察結果から，JIS B 0601 で定義される表面粗さ S_m を用いて試料の乱れとの関係を表す．S_m は，ある基準長さにおける輪郭曲線要素の平均長さであり，図 7-6 において式 (7.1) で定義される．

$$S_m = \frac{1}{m}\sum_{i=1}^{m} X_{Si} \tag{7.1}$$

ここに，m はある基準長さ L_s における輪郭曲線要素の個数である．また，輪郭曲線要素とは，山とそれに隣り合う谷からなる曲線部分であり，その長さは図 7-6 における X_{Si} として定義される．すなわち，S_m は一定距離における表面形状の凹凸の平均間隔である．LTM による観察に際しては，L_s の設定や観察面の成形方法等の測定条件について種々検討した結果として，以下の方針によった．

① 顕鏡試料は，乾燥・収縮のない自然含水

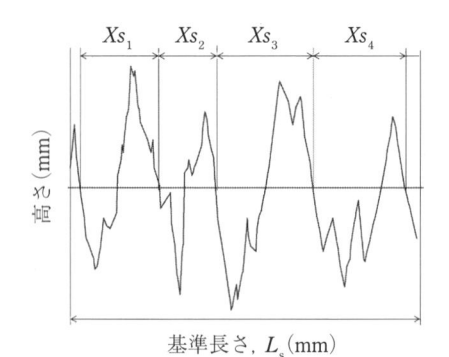

図 7-6 表面の粗さの定義

比の状態とする。
② 試料は太さ 0.15mm のワイヤソーで切断し，その面を顕鏡面とする。
③ 測定分解能を 0.1μm に設定し，L_s は 100μm を基本とする。
④ 5 種類の D_w（チューブ壁面から断面中央への距離）に加え，練返し土も同様に撮影する。

この方針に基づいて $z ≒ 10$m からは 3 試料，$z ≒ 5, 8, 12$m からは各 1 試料の S_m を測定した。顕鏡面は，図 7-7 に示すように土粒子の堆積面（水平断面）で 2 方向（Hh と Hv），その鉛直面（鉛直断面）から 2 方向（Vh と Vv）とした。また撮影位置は，D_w が，0，0.3，2，5 と 22mm の 5 種類とした。D_w=22mm は断面中央部である。

写真 7-3(a) は不撹乱試料の顕鏡面の状態であり，写真 7-3(b) は完全に練返した試料のそれである。(a) に比べ (b) の表面は凹凸が少なく滑らかである。粘性土は，土粒子が団粒状となり Ped 構造を形成し

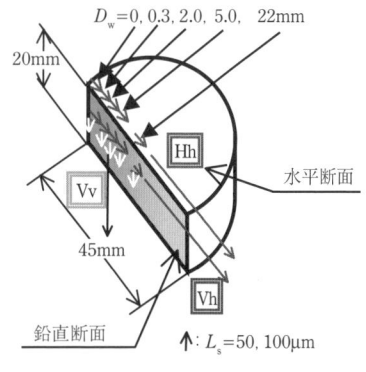

図 7-7 顕鏡面の定義

ている。Ped は粘性土の構造を構成する最小単位と定義され，粘性土に物理・化学的な力が作用する上限単位であり，Ped 内部は安定な状態を保っている。また，Ped 間には力学的な力のみが作用して，外力によって分割されると考えられている[13]。自然堆積した粘性土の表面は，この Ped のために団粒部分は盛り上がり，間隙（Pore）部分はくぼみになって凹凸のある形状を成している。しかし，外力により撹乱を受けると，この Ped が分割されて小さくなり間隙に粘土粒子や細分化された Ped が入り込む。その結果，(b) のように粘性土の表面は凹凸の少ない滑らかな形状になると推察される。したがって，その表面の滑らかさの度合いを S_m の指標を用いて，試料の乱れを定量化して扱うことができると考えている。

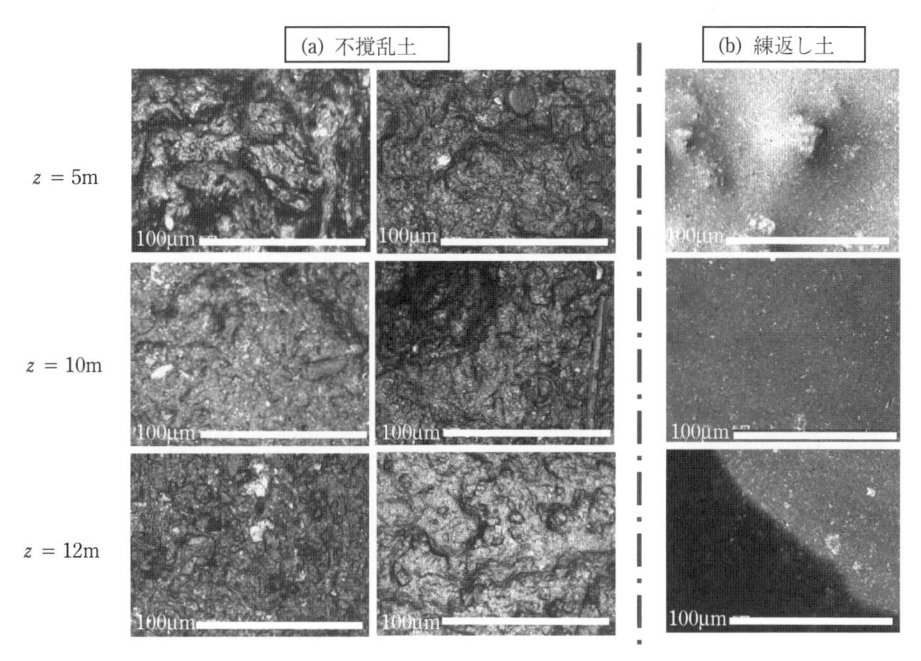

写真 7-3 顕鏡面の観察

(4) チューブ壁面からの距離が S_m 値に及ぼす影響

S_m 値に及ぼすチューブ横断位置の影響を検討するために，チューブ壁面の摩擦の影響が最も小さい $D_w=22$mm（採取試料断面の堆積面の中央部）の S_m の平均値 $\bar{S}_m$ に対する各 D_w のそれらの比 $RS_m(=\bar{S}_{m(Dw)}/\bar{S}_{m(22)})$ を D_w に対して図7-8にプロットした。図7-8(a) は Vh 面の結果であるが，$D_w=0$mm から $D_w=2$mm までは $RS_m>1$ であり，この間の RS_m は，チューブ壁面から内部に向かって小さくなっている。しかし，$D_w>2$mm の領域の RS_m は，$D_w=2$mm で 1.05，$D_w=5$mm で 1.01 である。$D_w>2$mm の領域で各 $\bar{S}_{m(Dw)}$ が $\bar{S}_{m(22)}$ と同等であるのは，この領域では壁面の摩擦に起因した試料の乱れがなく，微視構造に変化が生じていないことを意味している。図7-8(b) と図7-8(c) は，微視構造の変化を図7-8(a) と同様に Vv 面と Hh 面に対して検討した結果である。これらの図で示した RS_m と D_w の関係は，測定方向や図7-7 で述べた観察面の違いにも依存していない。

図7-8(d) と図7-8(e) は $L_s=50$μm で測定した Vh と Vv の結果である。図7-8(a) や図7-8(b) で述べた関係は $L_s=50$μm の場合にも同様である。

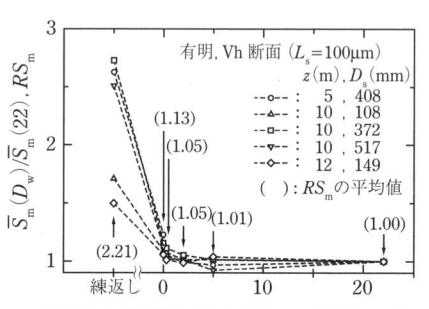

図7-8(a) RS_m と D_w の関係（Vh 面）

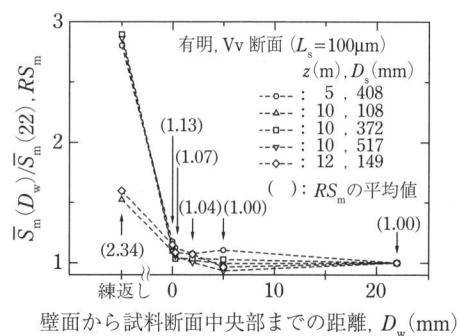

図7-8(b) RS_m と D_w の関係（Vv 面）

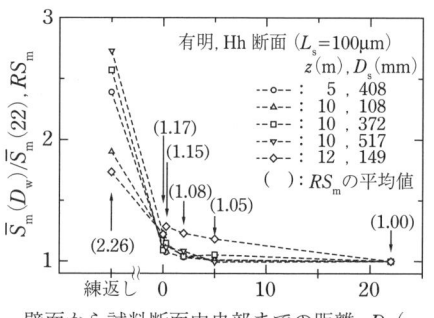

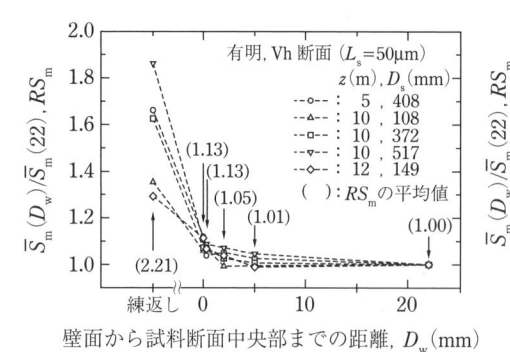

図7-8(c) RS_m と D_w の関係（Hh 面）

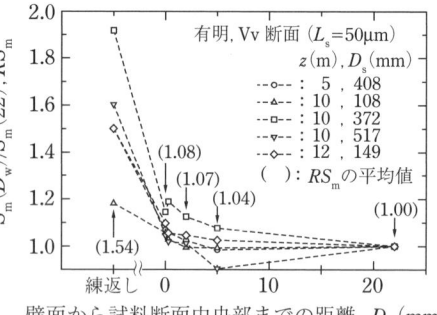

図7-8(d) RS_m と D_w の関係（Vh 面，$L_s=50$μm）

図7-8(e) RS_m と D_w の関係（Vv 面，$L_s=50$μm）

(5) チューブ壁面からの距離が一軸圧縮強度特性に及ぼす影響

45-mm サンプラーで採取した d45mm の試料からは，図7-9 に示すように S 供試体を 4 個作製できる。$z=10$m でチューブ先端からの距離 $D_s=226$mm の断面の中央部から 1 つ作製した S

供試体（d1）と，D_s=135mm から 4 個作製した供試体（b1，b2，b3，b4）の UCT の σ と ε の関係を図 7-10 に，そして試験結果をまとめて表 7-4 に示す。d1 と b1，b2，b3，b4 の σ と ε の関係に加え，ε_f や S_0 に有意差がないことが図 7-10 と表 7-4 から判断される。1 つの断面から 4 個の S 供試体を作製する場合，これらの供試体の周辺部は壁面から 3mm 程度である。図 7-10 と表 7-4 の結果は，D_w>3mm の領域にはチューブ壁面の摩擦に起因した試料の乱れは及んでいないことを示しており，先に述べた LTM による微視構造の結果と整合している。

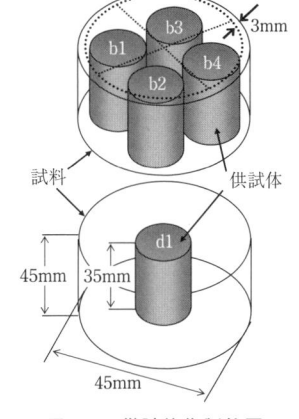

図 7-9 供試体作製位置

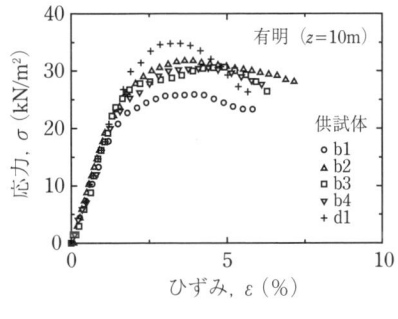

図 7-10 σ と ε の関係

表 7-4 各供試体の UCT 結果（図 7-10）

供試体	D_s (mm)	w_n (%)	q_u (kN/m²)	ε_f (%)	S_0 (kN/m²)	E_{50} (MN/m²)
b1	135	136	26	4.4	7.4	1.4
b2	135	128	32	3.3	9.8	2.0
b3	135	131	31	4.6	11.8	2.5
b4	135	130	31	4.3	10.8	1.4
d1	226	135	35	3.5	7.4	1.6

先に述べた Baligh ら[9] や Clayton ら[10] の解析では，サンプリングチューブ径が小さくなると ε_z が大きくなり，試料が乱れることになるが，7.1.4 項で述べたように 45-mm 試料の品質は 75-mm 試料と同等以上であった。彼らの解析では，地盤を均質（homogeneous）な等方性（isotropic）材料として扱い，土のせん断強度も考慮していない（no shear strength）。Clayton ら[10] の解析が本項で示した結果と異なる理由は，彼らの解析の仮定がサンプラーの形状や実地盤と異なっているためと推察される。

サンプリング試料の品質はサンプラー径を含む多くの要因の結果として現れる。それらの要因の 1 つであるチューブ壁面の摩擦が微視的構造に及ぼす領域とそれが強度特性に及ぼす影響が明らかになった。

7.1.6 大阪 Ma12 粘土に対する Cone サンプラーの適用性

45-mm サンプラーは有明粘土に対して国内外の主要なサンプラーと同等以上の品質の試料が採取できることが 7.1.3 項で示された。45-mm は貫入力が大きいことから，その固定ピストンをコーン形状に変えることでコーン貫入機能を付加した新しい小径倍圧型水圧ピストンサンプラー（Cone サンプラー）の開発が示唆されていた。7.1.2 項で示した Cone サンプラーを用いて，大阪 Ma12 層から洪積粘土のサンプリングを行った[14]。

採取試料の指標的性質を表 7-5 に示す。本項では，大阪 Ma12 洪積粘土に対する Cone サンプラーの適用性が UCT と非圧密非排水三軸試験（TCT）と IL から検討される。

表 7-5 各サンプラーで得た試料の指標的性質と強度・圧密特性（大阪 Ma12）

試料	サンプラー	z (O.P.-m)	w_n (%)	ρ_t (g/cm³)	q_u (kN/m²)	σ'_p (kN/m²)
T-1	45-mm	35.9〜36.4	65.9〜69.1	1.58〜1.59	482〜507	656〜671
T-2	Cone	36.6〜37.1	65.9〜70.8	1.58〜1.61	370〜513	626〜636
T-3	45-mm	37.3〜37.8	67.5〜72.7	1.58〜1.61	442〜584	612〜646
T-4	Cone	38.0〜38.5	67.3〜70.0	1.57〜1.59	488〜524	650〜655
T-5	45-mm	38.7〜39.2	62.9〜65.9	1.60〜1.64	493〜534	697〜719

(1) 硬質粘土の強度特性に及ぼす拘束圧の影響

図 7-11 は, T-3 試料に対する UCT と TCT から得た軸差応力 ($\sigma_1-\sigma_3$) と ε の関係である。ここで σ_1 と σ_3 は, それぞれ最大と最小主応力であり, UCT は $\sigma_3=0$ である。この図には, ビル建設の工事前の調査において, 75R サンプラーで採取された試料に対する TCT 結果も示している。T-3 試料の ($\sigma_1-\sigma_3$) と ε 関係は, 図 7-11 に示す供試体①a と②a の破線のように ε の初期値を (3.1〜3.5)% 原点修正すれば, 供試体③と④はほぼ同様になる。一方, 75R 試料の ($\sigma_1-\sigma_3$) と ε 関係は ε_f が大きく, 曲線の勾配や強度が小さい。図 7-11 で示した各供試体の測定値を表 7-6 に示す。45-mm と 75R 試料の w_n, ρ_t, 初期間隙比 e_0 が同等であることから 75R 試料の強度が小さい原因は試料の乱れであると推察される。

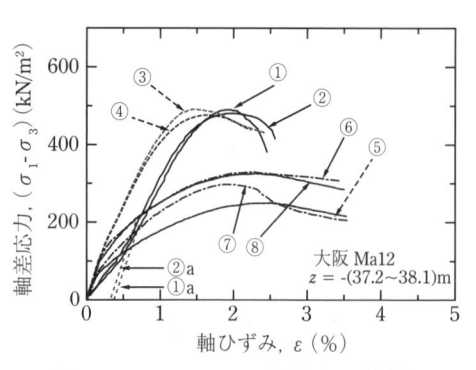

図 7-11 ($\sigma_1-\sigma_3$) と ε の関係 (T-3 試料)

表 7-6 各供試体の試験結果 (図 7-11)

供試体	サンプラー	試験	z (O.P.-m)	σ_3 (kN/m^2)	w_n (%)	ρ_t (g/cm^3)	e_0	$(\sigma_1-\sigma_3)_{max}$ (kN/m^2)	E_{50} (MN/m^2)	ε_f (%)
①	45-mm	UCT	37.8	0	70.9	1.58	1.88	490	28	1.9
②				0	70.9	1.57	1.89	481	30	2.0
③		TCT		298	68.1	1.58	1.84	491	48	1.4
④				298	70.0	1.58	1.87	477	48	1.6
⑤	75R	TCT	37.2	294	69.6	1.58	1.87	297	30	1.9
⑥				392	68.6	1.59	1.83	329	41	2.2
⑦			38.1	196	68.9	1.58	1.88	256	24	2.4
⑧				392	68.6	1.59	1.87	330	37	2.2

(2) Cone サンプラーで採取した大阪 Ma12 粘土の強度・圧密特性

図 7-12 は, Cone 試料 (T-4) と 45-mm 試料 (T-3, T-5) から得た ($\sigma_1-\sigma_3$) と ε の関係である。図 7-12 に示す各供試体の測定値を表 7-7 に示す。表 7-5 に示したように, 45-mm と Cone 試料は 1 つのボーリング孔から異なる z で交互に採取されたことに起因して, 強度特性に及ぼす z の影響が危惧される。しかし, ε_f はいずれも約 2% であり, q_u や E_{50} もサンプラーに関係なくほぼ同等である。

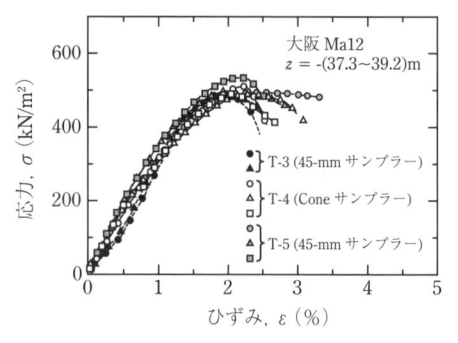

図 7-12 σ と ε の関係 (45-mm と Cone)

表 7-7 各供試体の測定値 (図 7-12)

試料	サンプラー	z (O.P.-m)	w_n (%)	ρ_t (g/cm^3)	q_u (kN/m^2)	ε_f (%)	E_{50} (MN/m^2)
T-3	45-mm	37.8	70.9	1.58	490	1.9	28.1
			70.9	1.57	481	2.0	29.6
T-4	Cone	38.4	69.1	1.58	510	2.2	32.0
			69.8	1.59	489	2.3	33.9
			69.0	1.58	490	2.1	36.6
T-5	45-mm	39.2	62.9	1.61	494	2.4	34.0
			65.1	1.60	499	2.0	39.4
			65.9	1.60	534	2.2	38.2

T-3, T-4, T-5 の試料に対する IL から得た e と圧密圧力 σ'_v の対数の関係（e - log σ'_v 曲線）を図 7-13 に示す。この図に示す各供試体の測定値を表 7-8 に示す。5.1 節で述べたように，e - log σ'_v 曲線の σ'_{vo} に相当する圧密圧力下の体積ひずみ ε_{vo} は試料の乱れの指標となる。これらの図表では，プロットで示す Cone 試料（T-4）の e - log σ'_v 曲線と，一点鎖線と破線で示す 45-mm 試料（T-3 と T-5）のそれらはほぼ一致し，ε_{vo} も同等である。図 7-14 に圧密係数 c_v，体積圧縮係数 m_v と透水係数 k を平均圧密圧力 $\bar{\sigma}'_v$ に対してプロットした。この図においても Cone 試料のプロットは 45-mm 試料のそれらの範囲内にある。したがって，各試料の圧密特性も Cone と 45-mm のサンプラーの違いに依存していないことがわかる。

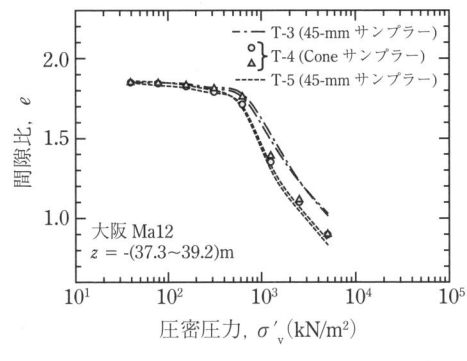

図 7-13　e と logσ'_v の関係（45-mm と Cone）

表 7-8　各供試体の試験結果（図 7-13）

試料	サンプラー	z (O.P.-m)	w_n (%)	e_0	ε_{vo} (%)	σ'_p (kN/m²)	C_c
T-3	45-mm	37.8	70.9	1.96	1.8	612	1.4
			70.9	1.85	2.3	646	1.4
T-4	Cone	38.4	69.1	1.76	2.3	651	1.4
			69.8	1.86	1.3	656	1.5
T-5	45-mm	39.2	62.9	1.66	1.2	697	1.1
			65.9	1.65	1.1	719	1.1

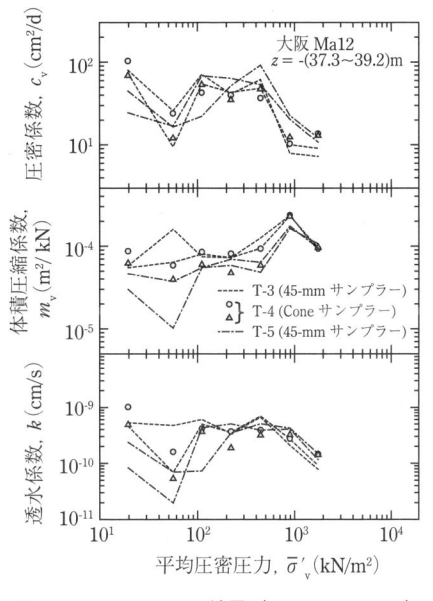

図 7-14　c_v, m_v, k の結果（45-mm と Cone）

Cone, 45-mm, 75R 試料から得たすべての供試体に対する強度試験と圧密試験の結果が図 7-15 と図 7-16 に示される。これらのサンプラーで採取した試料の供試体の w_n, ρ_t, e_0 値が同等であることから，同じ z 下の供試体の性質は同じであると判断できる。Cone と 45-mm 試料は，サンプラーの違いに関係なく同等の強度・圧密特性である。しかし，75R 試料の $2c_u$, E_{50}, $c_u/\bar{\sigma}'_p$（$\bar{\sigma}'_p$ は σ'_p の平均値），σ'_p, C_c と $OCR(=\sigma'_p/\sigma'_{vo})$ は Cone と 45-mm サンプラーのそ

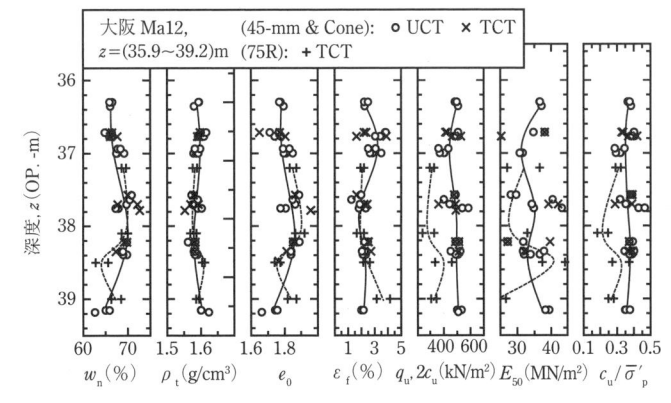

図 7-15　UCT と TCT 結果（大阪 Ma12 粘土）

図7-16 IL 結果（大阪 Ma12 粘土）

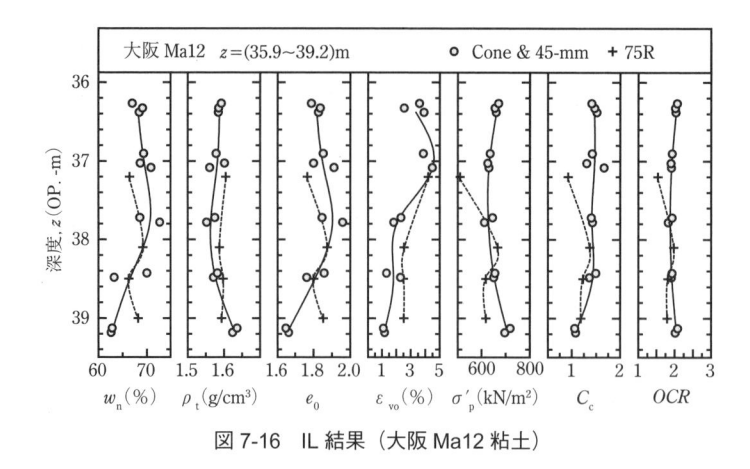

れらより平均値で，それぞれ 31, 25, 28, 8, 15, 9％小さい。すなわち，Cone と 45-mm で採取した試料の品質は同等であり，ともに 75R のそれより良好であると判断される。

名古屋洪積粘土では 75R 試料の q_u と E_{50} は 45-mm 試料のそれらより，それぞれ (11 〜 44)％，(27 〜 47)％小さかった[15]。大阪 Ma12 粘土の 75R 試料と 45-mm 試料との強度差は，名古屋洪積粘土の場合のそれと同等である。

7.1.7 岩井の高有機質土，沖・洪積粘土に対する Cone サンプラーの適用性
(1) 供試土

検討に用いた岩井土の指標的性質と強度特性を**表 7-9** に示す。w_n, q_u はそれぞれ 73.5 〜 487.5％，8 〜 536kN/m² であり，$z=3.4$ 〜 6.7m の腐植土は高有機質土に，$z=6.7$ 〜 10m の沖積粘土と $z=14$ 〜 22.5m の洪積粘土は，両粘土とも高塑性粘土に分類される。

表7-9 各サンプラーで得た試料の指標的性質と強度特性（岩井）

土質	サンプラー	z (G.L.-m)	I_p	w_L (％)	w_n (％)	ρ_t (g/cm³)	q_u (kN/m²)
有機質土	75-mm	4.0 〜 4.8	198.7	379.8	358.6 〜 487.5	1.028 〜 1.122	20 〜 30
	45-mm	4.5 〜 5.0	225.5	417.6	396.9 〜 418.7	1.027 〜 1.072	24 〜 28
	50-mm	4.0 〜 4.7	242.1	405.7	387.3 〜 427.7	1.033 〜 1.058	22 〜 29
沖積粘土	75-mm	7.0 〜 7.8	73.9	118.1	121.1 〜 131.6	1.319 〜 1.420	16 〜 23
	45-mm	7.5 〜 8.0	34.4	66.9	84.1 〜 98.6	1.462 〜 1.523	8 〜 26
	Cone	7.3 〜 7.8	60.7	102.7	103.7 〜 146.7	1.340 〜 1.423	18 〜 23
洪積粘土	84T	16.0 〜 16.8	61.4	102.5	77.6 〜 92.5	1.399 〜 1.509	269 〜 507
	45-mm	16.3 〜 16.8	57.6	101.0	73.5 〜 76.1	1.514 〜 1.528	518 〜 536
	Cone	16.0 〜 16.5	59.9	111.3	79.2 〜 88.9	1.453 〜 1.513	291 〜 408

(2) Cone サンプラーで採取した岩井高有機質土，沖・洪積粘土の強度特性

岩井において各種サンプラーで得た $z ≒ 4.5, 5.5, 7.5, 16.5$m の試料に対する UCT の結果を，それぞれ**図 7-17(a) 〜 (d)** に示す。図 7-17(b) と図 7-17(c) で注釈を加えているプロットの w_n は，他のプロットのそれらと異なっている。図 7-17(b) で注釈の付いた有機質土試料は，同じ z 下の試料に比べ液性限界 w_L が 100 〜 200％程度小さい。この試料の粒度組成は同じであるが，大部分が繊維質であり，その繊維成分の構成が他の試料と異なり木片状であった。また，図 7-17(c) で注釈を加えたプロットは，同じ z のプロットに比べ約 15 〜 25％砂分を多く含み，液性限界 w_L が低い。したがって，これらは同じ z 下の他の

試料とは土の性質が異なっていると判断される。他の試料の粒度分布や w_L, I_p は同等であることを確認している。図 7-18 と図 7-19 は，75-mm，75R，84T で採取した試料の w_n と ρ_t の平均値に対する 45-mm，50-mm，Cone で得た試料のそれらの比較である。上述した土性の異なる試料も注釈を付けて併せてプロットした。これらの図より，注釈を付けないプロットの $\bar{w}_n$ と $\bar{\rho}_t$ 値は各ボーリング孔に関係なく同等であることから，同じ z 下の土の指標的性質は同じであると判断して，引き続き強度特性の比較を行う。

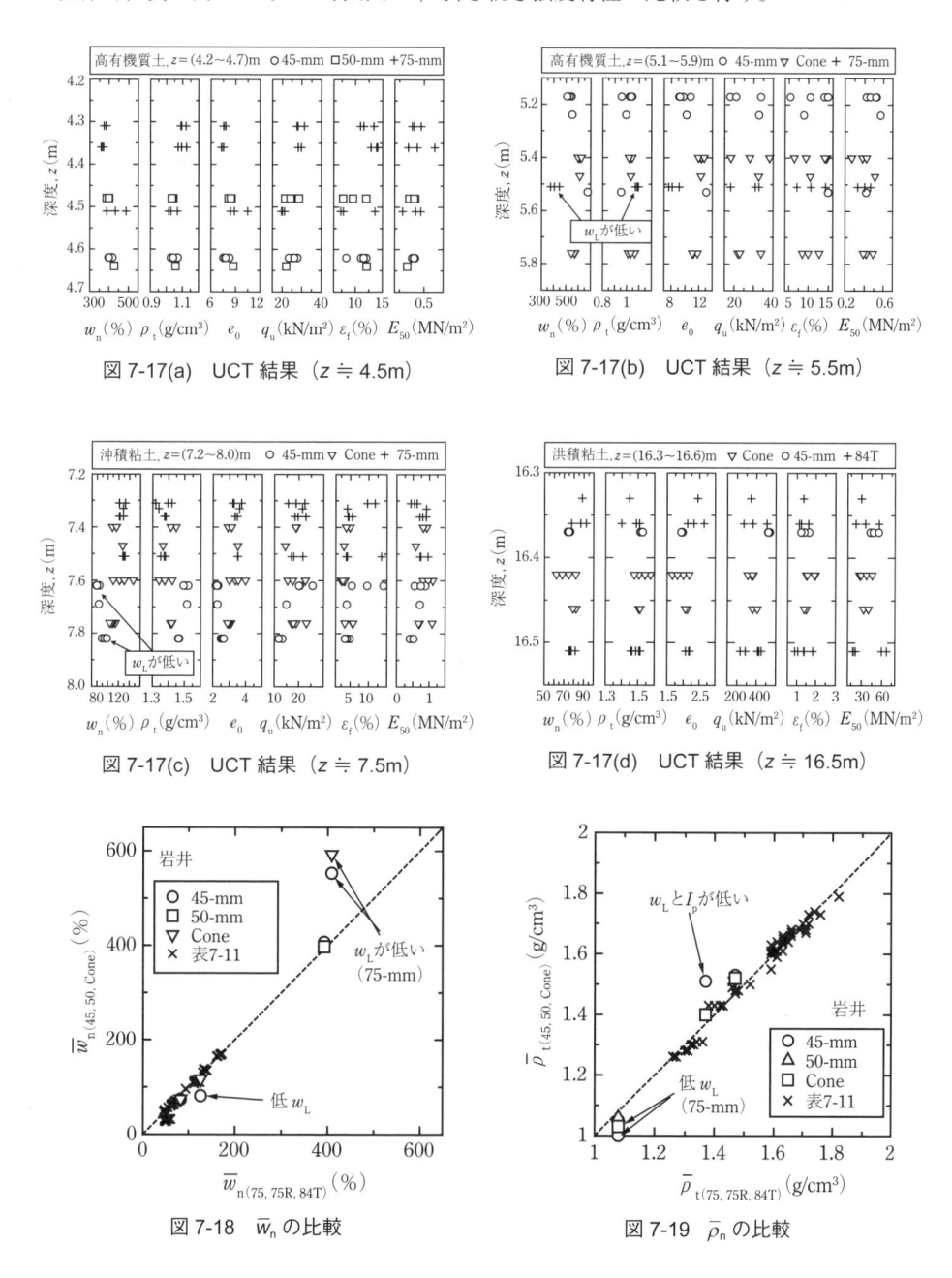

図 7-17(a)　UCT 結果（$z \fallingdotseq 4.5$m）

図 7-17(b)　UCT 結果（$z \fallingdotseq 5.5$m）

図 7-17(c)　UCT 結果（$z \fallingdotseq 7.5$m）

図 7-17(d)　UCT 結果（$z \fallingdotseq 16.5$m）

図 7-18　$\bar{w}_n$ の比較

図 7-19　$\bar{\rho}_n$ の比較

図 7-20(a)，(b)，(c) は，それぞれ $z \fallingdotseq 4.5$m，5.5m，7.5m の有機質土と沖積粘土に対する UCT から得た σ・間隙水圧 u と ε の関係である。また，これらの図に対応する各供試

体の測定値を表7-10に示す。いずれのzの結果の比較でも，σとεの関係やuの挙動，q_uとE_{50}値はサンプラーの違いによらずほぼ同じであることがわかる。

図7-20(a) $\sigma \cdot u$とεの関係（$z \fallingdotseq 4.5$m）

図7-20(b) $\sigma \cdot u$とεの関係（$z \fallingdotseq 5.5$m）

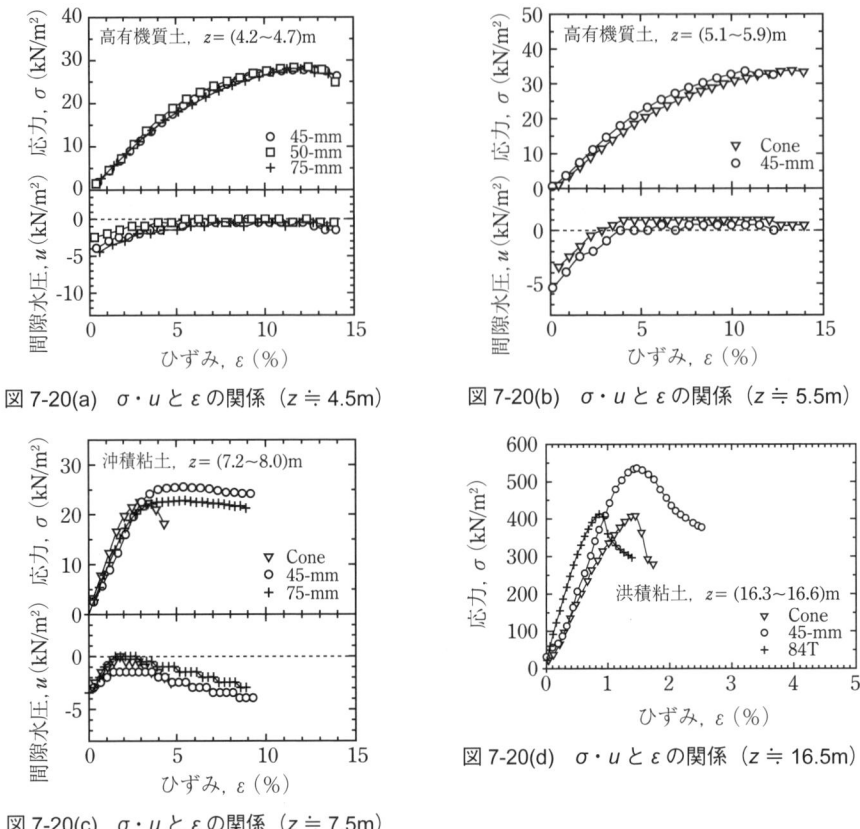

図7-20(c) $\sigma \cdot u$とεの関係（$z \fallingdotseq 7.5$m）

図7-20(d) $\sigma \cdot u$とεの関係（$z \fallingdotseq 16.5$m）

表7-10 各供試体のUCT結果（図7-20）

供試土 (z (m))	記号	サンプラー	w_n (%)	ρ_t (g/cm³)	e_0	q_u (kN/m²)	ε_f (%)	E_{50} (MN/m²)
高有機質土 (4.0〜4.7)	+	75-mm	387	1.12	7.57	28	11.5	0.4
	○	45-mm	397	1.07	7.54	28	12.1	0.4
	▽	50-mm	387	1.04	8.14	29	12.0	0.4
高有機質土 (5.0〜6.0)	○	45-mm	509	1.04	9.23	34	10.5	0.5
	▽	Cone	545	1.03	11.07	34	12.7	0.4
沖積粘土 (7.0〜8.0)	+	75-mm	121	1.37	3.34	23	5.5	0.9
	○	45-mm	80	1.49	2.24	26	5.4	0.7
	▽	Cone	122	1.38	3.35	23	3.3	1.0
洪積粘土 (16.0〜16.8)	+	84T	75	1.51	2.07	413	0.9	67.3
	○	45-mm	76	1.52	1.97	536	1.4	47.3
	▽	Cone	79	1.51	2.06	408	1.4	39.8

$z \fallingdotseq 16.5$mのσとε_aの関係を図7-20(d)に示す。各供試体の測定値は表7-10に併せて示している。この図において45-mm試料のq_u値は536kN/m²であり，84TとConeサンプラーのそれら（それぞれ413kN/m²と408kN/m²）より約30％大きい値となっている。Cone試料のq_u値は84Tサンプラーのそれと同等である。84T試料は，サンプリング時の乱れに起因してヘアクラック等が発生しやすいことが知られている。$z=16$mのCone試料については，サンプリング時にコーン部とその上部のロッド（図7-1(b)に示したピストンロッド）が折れてチューブ内に残留した。このロッドは現地でチューブから引き抜かれたが，その際の作業で試料に乱れを与えた。

7.1.8 高有機質土と粘性土に対する小径倍圧型水圧ピストンサンプラーの適用性

45-mm サンプラーの適用性が，八郎潟，岩井，水戸，佐倉，名古屋，大阪，笠岡，有明の粘性土地盤[6),14)] に対して行われた。図 7-21 はそれらの採取地を示す。

図 7-22(a) ～図 7-24 は 45-mm と 75-mm または 75R サンプラーで採取した試料の UCT 結果を示している。プロットは，それぞれチューブごとの測定値の平均値で表示している。水戸は 4 カ所の異なる z，佐倉は 2 カ所の異なる z で検討されたが，ここではそれぞれ 2 カ所と 1 カ所の z について結果を示した。これらの図と，先に示した図 7-5 の有明粘土において，45-mm サンプラーの z に対応する 75-mm 試料の q_u, E_{50} を，各プロットを結ぶ回帰曲線から読み取り，45-mm 試料で得た値と併せて表 7-11 にまとめた。また，同様に大阪 Ma12 と岩井土の結果も表 7-12 に示す。

図 7-21 供試土の採取位置

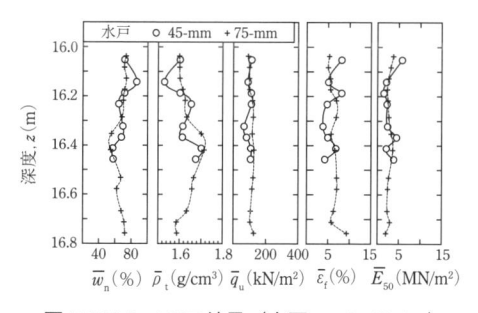

図 7-22(a) UCT 結果（水戸，$z \fallingdotseq 16.4\mathrm{m}$）

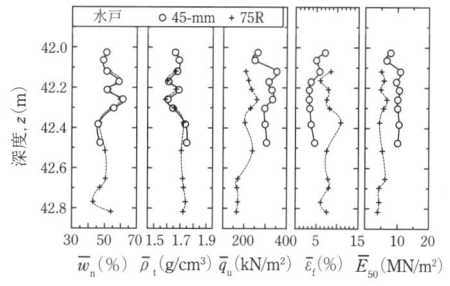

図 7-22(b) UCT 結果（水戸，$z \fallingdotseq 42.4\mathrm{m}$）

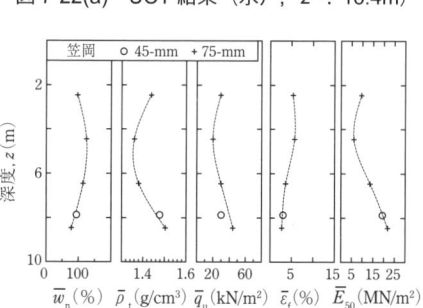

図 7-22(c) UCT 結果（笠岡，$z \fallingdotseq 7.0\mathrm{m}$）

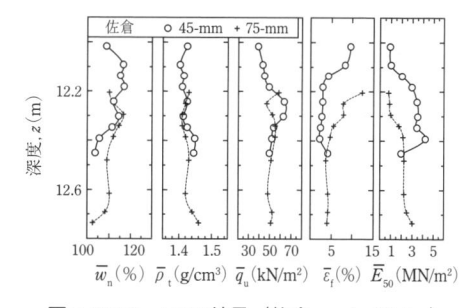

図 7-22(d) UCT 結果（佐倉，$z \fallingdotseq 12.4\mathrm{m}$）

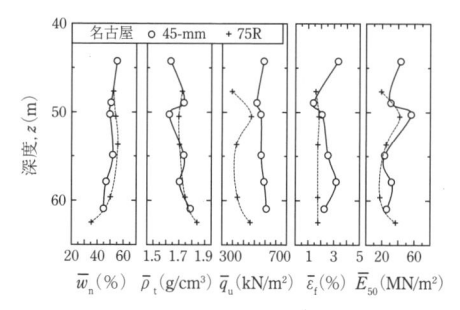

図 7-23 UCT 結果（名古屋，$z \fallingdotseq 45\sim65\mathrm{m}$）

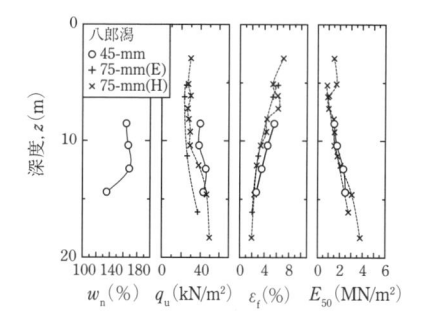

図 7-24 UCT 結果（八郎潟，$z \fallingdotseq 0\sim20\mathrm{m}$）

表 7-11 45-mm, 75-mm, 75R サンプラーの UCT 結果

サンプラー 供試土	z (m)	σ'_{vo} (kN/m²)	I_p	$\overline{w}_n$ (%) 45	75	$\overline{\rho}_t$ (g/cm³) 45	75	$\overline{q}_u$ (kN/m²) 45	75	$\overline{\varepsilon}_f$ (%) 45	75	$\overline{E}_{50}$ (MN/m²) 45	75	Rq_u	RE_{50}
有明1(H)	7.4	39	68	135	140	1.40	1.35	25	18	2.8	3.5	1.4	0.9	1.39	1.56
有明2(H)	9.4	46	54	131	131	1.40	1.37	33	26	2.6	3.3	1.8	1.1	1.27	1.64
有明3(H)	11.4	52	49	110	125	1.40	1.40	48	30	2.1	3.0	2.2	1.7	1.60	1.29
有明1(E)	7.4	39	68	135	138	1.40	1.39	25	29	2.8	3.1	1.4	1.4	0.86	1.00
有明2(E)	9.4	46	54	131	131	1.40	1.39	33	28	2.6	2.9	1.8	1.4	1.18	1.29
有明3(E)	11.4	52	49	110	120	1.40	1.40	48	36	2.1	2.4	2.2	2.0	1.33	1.10
八郎潟1(H)	8.2	50	101	165	161	1.27	1.30	40	23	5.6	4.0	1.5	1.3	1.74	1.15
八郎潟2(H)	10.2	55	110	168	170	1.25	1.27	38	24	4.6	3.2	1.8	1.6	1.58	1.13
八郎潟3(H)	12.2	62	100	170	172	1.23	1.24	46	28	3.7	2.6	2.4	2.0	1.64	1.20
八郎潟4(H)	14.2	67	84	138	135	1.28	1.31	43	32	2.8	2.1	2.5	2.5	1.34	1.00
八郎潟1(E)	8.2	50	101	165	163	1.27	1.29	40	28	5.6	4.1	1.5	1.5	1.43	1.00
八郎潟2(E)	10.2	55	110	168	168	1.25	1.28	38	29	4.6	3.2	1.8	1.5	1.31	1.20
八郎潟3(E)	12.2	62	100	170	169	1.23	1.23	46	40	3.7	2.8	2.4	2.2	0.91	1.09
八郎潟4(E)	14.2	67	84	138	133	1.28	1.33	43	47	2.8	2.3	2.5	3.0	0.91	0.83
名古屋1*	49.0	355	41	50	52	1.70	1.72	520	293	1.6	1.8	31.0	19.0	1.77	1.63
名古屋2*	51.0	355	41	51	53	1.65	1.68	543	465	2.1	1.9	55.0	40.0	1.17	1.38
名古屋3*	54.0	386	43	52	55	1.70	1.72	555	305	2.1	1.7	22.0	21.0	1.82	1.05
名古屋4*	59.0	417	52	47	50	1.65	1.68	589	342	3.1	1.7	32.0	17.0	1.72	1.88
名古屋5*	62.0	448	48	45	50	1.75	1.78	604	375	1.7	2.1	27.0	21.0	1.61	1.29
水戸1	10.1	87	32	66	66	1.58	1.56	92	67	2.5	6.1	7.7	1.8	1.37	4.28
水戸2	10.1	87	32	62	62	1.61	1.60	98	90	3.0	7.4	7.0	3.0	1.09	2.33
水戸3	10.2	87	32	64	62	1.58	1.60	98	85	2.5	6.8	7.5	1.7	1.29	4.41
水戸4	10.2	87	32	64	69	1.60	1.56	95	76	3.0	8.6	7.5	1.6	1.25	4.69
水戸5	10.3	87	32	67	66	1.58	1.58	85	63	2.5	7.4	5.5	1.5	1.35	3.67
水戸6	10.3	87	32	63	62	1.61	1.60	85	77	2.4	7.4	6.5	3.0	1.10	2.17
水戸7	10.4	87	32	60	62	1.63	1.60	98	77	6.1	10.2	5.5	2.5	1.27	2.20
水戸8	10.4	87	32	62	65	1.61	1.58	108	76	4.0	6.8	7.7	2.3	1.42	3.35
水戸9	16.0	123	41	72	72	1.52	1.56	75	90	5.8	2.7	2.5	5.2	0.83	0.48
水戸10	16.2	123	41	70	70	1.56	1.58	110	102	1.4	2.3	8.5	5.5	1.08	1.55
水戸11	16.2	123	41	63	69	1.62	1.60	125	120	2.3	2.3	6.9	7.0	1.04	0.99
水戸12	16.4	123	41	57	55	1.67	1.69	112	128	2.3	3.5	7.2	7.0	0.88	1.03
水戸13*	42.1	340	32	52	52	1.64	1.63	355	201	5.1	8.0	11.0	5.0	1.77	2.20
水戸14*	42.2	340	32	59	59	1.58	1.57	315	214	3.5	5.2	8.9	5.6	1.47	1.59
水戸15*	42.2	340	32	52	53	1.65	1.63	330	228	3.0	7.3	10.8	5.0	1.45	2.16
水戸16*	42.3	340	32	62	60	1.57	1.56	332	243	3.1	6.9	9.8	6.2	1.37	1.58
水戸17*	42.3	340	32	56	55	1.61	1.62	286	250	3.2	7.6	9.8	5.6	1.14	1.75
水戸18*	42.4	340	32	47	48	1.70	1.69	286	220	3.5	10.0	10.0	4.2	1.30	2.38
水戸19*	42.5	340	32	48	49	1.71	1.71	300	220	4.0	6.9	9.8	5.0	1.36	1.96
水戸20*	47.1	371	28	52	52	1.63	1.63	303	236	6.2	3.4	9.2	9.5	1.28	0.97
水戸21*	47.2	371	28	50	52	1.65	1.63	230	202	6.0	3.0	5.0	9.5	1.14	0.53
水戸22*	47.3	371	28	50	49	1.65	1.66	290	267	5.1	3.0	8.8	14.0	1.09	0.63
水戸23*	47.4	371	28	47	46	1.67	1.67	202	250	4.0	2.4	7.8	8.0	0.81	0.98
水戸24*	47.5	371	28	50	45	1.64	1.68	205	290	5.0	4.0	5.0	12.1	0.71	0.41
佐倉1	12.2	74	59	112	112	1.45	1.45	63	47	2.7	7.7	3.4	0.8	1.34	4.25
佐倉2	12.3	74	59	114	116	1.44	1.44	62	52	2.5	7.7	3.5	1.0	1.19	3.50
佐倉3	12.3	74	59	111	114	1.45	1.44	53	55	2.3	5.3	3.4	1.7	0.96	2.00
佐倉4	18.3	101	49	110	112	1.46	1.43	72	76	3.5	5.0	4.1	3.5	0.95	1.17
佐倉5	18.3	101	49	107	112	1.48	1.43	78	76	4.0	5.0	4.5	3.5	1.03	1.29
笠岡	7.5	34	72	96	94	1.47	1.49	24	25	3.0	3.1	13.0	12.7	0.97	1.02

*:75R, H:水圧式サンプラー, E:エキステンションロッド式サンプラー

表 7-12 45-mm, 50-mm, Cone, 75-mm, 75R, 84T サンプラーの試験結果 (大阪 Ma12 と岩井土)

供試土		z (m)	σ'_{vo} (kN/m²)	I_p	$\overline{w}_n$ (%) 45	50/C	75/84	$\overline{\rho}_t$ (g/cm³) 45	50/C	75/84	$\overline{e}_0$ (%) 45	50/C	75/84	$\overline{q}_u$ (kN/m²) 45	50/C	75/84	$\overline{\varepsilon}_f$ (%) 45	50/C	75/84	$\overline{E}_{50}$ (MN/m²) 45	50/C	75/84	Rq_u 45	50/C	RE_{50} 45	50/C
大阪	Ma12-1	36.9	328	77		67	66		1.60	1.60		1.79	1.77		443	313		3.2	2.07		31.2	31.8		1.41		0.98
	Ma12-2	37.6	333	77	69.5		69	1.58		1.59	1.84		1.87	490		398	1.9		1.92	35.1		28.7	1.23		1.22	
	Ma12-3	38.3	339	78		69	66		1.58	1.60		1.85	1.80		496	287		2.2	2.40		33.0	40.8		1.73		0.81
	Ma12-4	39.0	344	74	64.6		68	1.60		1.59	1.73		1.85	509		327	2.2		3.66	37.2		23.6	1.56		1.58	
岩井	1	4.5	14	216	407	397	392	1.05	1.06	1.08	7.85	8.23	8.02	26	25	26	10.8	10.3	11.8	0.4	0.4	0.4	0.98	0.96	0.92	0.94
	2	5.5	14	292	553	593	408	1.00	1.03	1.08	10.3	12.0	8.30	33	30	27	11.4	10.7	10.6	0.5	0.4	0.4	1.22	1.10	1.23	1.02
	3	7.5	18	64	81	117	126	1.51	1.40	1.37	2.25	3.18	3.44	20	19	20	8.2	4.2	7.6	0.7	0.9	0.7	1.04	0.99	0.99	1.20
	4	16.4	67	60	74	75	83	1.53	1.52	1.47	1.92	1.97	2.29	504	358	347	1.3	1.6	1.4	28.6	35.2	28.6	1.45	1.03	1.00	1.23

検討した土の性質が工学的に同じと判断できることは，図 7-18 と図 7-19 で既に示した．図 7-25 と図 7-26 に，45-mm，50-mm，Cone サンプラーから得た試料の q_u と 75-mm と 84T サンプラーのそれらに対する比 Rq_u を，I_p と q_u の平均値 $\bar{q}_{u(45)}$ に対してそれぞれプロットした．図 7-25 と図 7-26 には，図 7-18，図 7-19 と同様に岩井以外の結果を（×）で示し，それらに対する最小二乗法による近似線を描いた．Rq_u のプロットはすべて 0.7 ～ 1.8 の範囲内にある．近似線による Rq_u 値は，I_p と $\bar{q}_{u(45)}$ に対してそれぞれ 1.2 ～ 1.4，1.2 ～ 1.6 の範囲に位置し，$\bar{q}_{u(45)}$ が大きくなると Rq_u も大きくなる．図 7-25 を見ると，$I_p ≒ 220$ ～ 270 の岩井の有機質土は近似線の延長上にはプロットされないが，45-mm，Cone 試料の $\bar{q}_u$ 値は 75-mm 試料のそれと同等あるいは最大で 20％程度大きい．図 7-26 の大阪 Ma12 と岩井の洪積粘土のプロットは，先述の乱れた Cone 試料を除いて，45-mm と Cone サンプラーの違いによらず 1.3 ～ 1.7 の範囲にあり，従来の結果から得た近似線によく対応している．

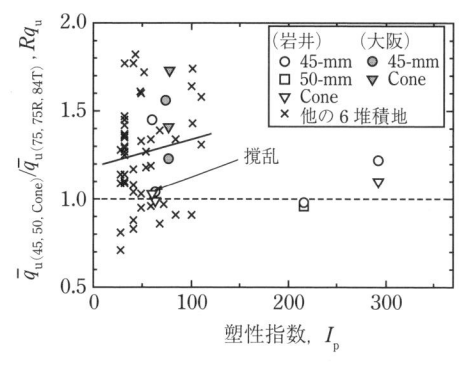

図 7-25 Rq_u と I_p の関係

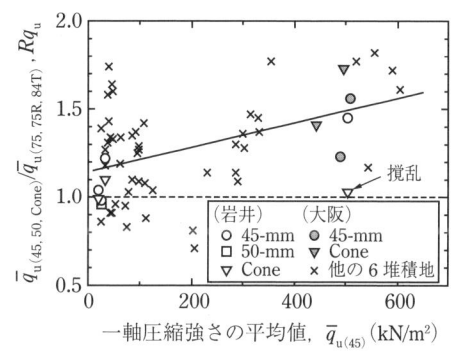

図 7-26 Rq_u と $\bar{q}_u$ の関係

図 7-27 と図 7-28 は，同様に E_{50} の比 RE_{50} を I_p と $\bar{q}_{u(45)}$ に対してプロットしている．図 7-27 において，$I_p = 220$ ～ 290 の有機質土の RE_{50} のプロットは概ね 1 である．図 7-28 に示す大阪 Ma12 と岩井の洪積粘土のプロットもまた，従来と同じ傾向を示している．すべての RE_{50} のプロットは，0.4 ～ 4.8 の範囲内にあり，変動が Rq_u のそれより大きい．また，近似線による RE_{50} は 1.5 ～ 1.7 の範囲内にあり，I_p と $\bar{q}_{u(45)}$ が大きくなると RE_{50} は小さくなる傾向がある．これは，塑性が高く硬質土の σ と ε の関係は，低塑性土や軟弱土のそれに比べ，E_{50} を求めるひずみの領域で σ と ε の曲線の差が比較的小さいことを反映している．ただし，図 7-27 の $I_p > 200$ と図 7-28 の $\bar{q}_{u(45)} ≒ 20$ ～ 30kN/m^2 の岩井のプロットは，大部分が繊維質で構成される有機質土であり，一般の高塑性粘土と同様に解釈することはできない．

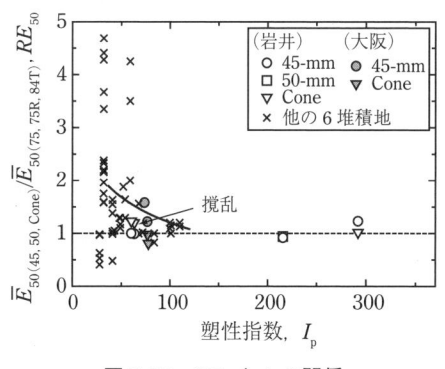

図 7-27 RE_{50} と I_p の関係

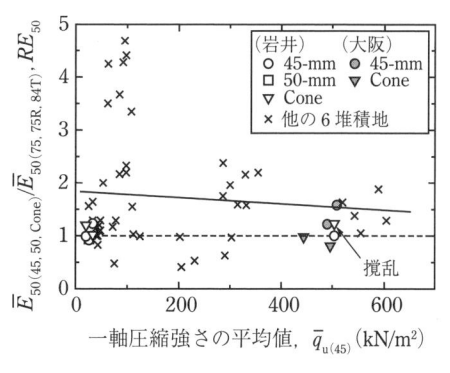

図 7-28 RE_{50} と $\bar{q}_u$ の関係

図7-25〜図7-28の結果は，45-mmやConeサンプラーはI_p=28〜370，q_u=23〜604kN/m^{2}の範囲の自然堆積粘土や有機質土に対して，従来用いられているサンプラーと同等以上の高品質な試料が採取できることを示している。

7.2 砂質地盤に対する小径倍圧型水圧ピストンサンプラーの適用性

7.2.1 概説

地盤材料の動的強度・変形特性に関する研究は，1964年の新潟地震をきっかけに，特に砂地盤に関して精力的に進められ，それらを基に関係各機関の耐震基準と対応する調査・試験法が確立されてきた。しかし，兵庫県南部地震（1995年）や東北地方太平洋沖地震（2011年）では，砂以外の地盤でも液状化現象が観察され，液状化対象地盤の拡大に伴う各種基準・示方書や設計法の改訂・改良のための研究が進展している。

1946年以降の地震・水害・火山・台風・土石流等の大きな自然災害は56件発生しているが，M7程度以上の地震は23件と自然災害の40％を超える[16]。将来予想される東海・東南海・南海地震から，この分野の研究は地盤工学の中でも広く関心を集め続けている。

砂の動的試験に必要な砂質土のサンプリングに関しては，チューブサンプリング（TS）による乱さない試料の採取が難しく，高品質な不撹乱試料が採取できる方法として凍結サンプリング（FS）法[17]が有効な手段であると言われている。しかし，FSはTSと比較して莫大な費用と大掛かりな装置を必要とするため，その採用は重要構造物のための地盤調査等に限定されているのが現状である。大掛かりな装置を必要としない経済的な方法によって高品質な試料採取法が模索されている。例えば，1987年と1988年には（社）地盤工学会（JGS）による砂質土の一斉サンプリング[18),19)]や，1998年の（社）全国地質調査業協会連合会による一斉サンプリング[20]等の多くの精力的な活動が行われてきた。細粒分を含む砂質土ではTSは有効であるが，細粒分の少ない地盤ではFSが優位とされている。JGSの1987年の新潟砂の一斉TS実験[18]では，チューブ貫入長さに対する試料採取長の比で定義される試料採取率R_rが0％のサンプリングが多く発生し，砂質土のサンプリング法に関する多くの課題が報告されている。

本節ではTSを用いて新潟地盤で採取された乱れの少ない砂試料に対する繰返し三軸試験やベンダーエレメント試験の結果と，過去に当該地で採取された凍結サンプリング試料や各種チューブサンプリング試料の試験結果，原位置試験結果から推定した液状化強度等の比較により，小径倍圧型水圧ピストンサンプラーの砂質地盤に対する適用性を検討する。また，砂地盤に静的押し込みでTSを行う際の，チューブ貫入力やポンプ圧と地盤強度の関係に関しても述べる。

7.2.2 新潟沖積砂のサンプリング

2000年に新潟市女池小学校グラウンドにおいて45-mmと50-mmサンプラーによる砂のサンプリングが行われた[21),22)]（以下，2000年調査）。当該地盤は，細粒分含有率F_cが少なく粒径が揃っている砂が粗から密に堆積しており，従来からチューブサンプラーによる不撹乱試料の採取が困難であった。この女池小学校グラウンドでは，1986年に吉見ら[17]によって凍結サンプリング法とロータリー式三重管サンプラーによる試料採取（以下，1986年調査）が行われ，翌1987年に（社）土質工学会（現 地盤工学会）サンプリング研究委員会[18]による各種サンプラーを用いた一斉サンプリング（以下，1987年調査）が行われた。

図7-29は，各調査におけるサンプリング位置を示している。1986年と1987年調査では，試料採取のほか標準貫入試験（SPT），コーン貫入試験（CPT），PS検層（ダウンホール法とクロスホール法），密度検層が行われ，2000年調査では1986年調査の東側5m×2mの範囲でTSとSPT，CPTが行われた。表7-13は，1986年と1987年調査において図7-29の対応する位置で行われた凍結サンプリング法と各種サンプラーの表記とチューブ内径を示している。また，表7-14に，2000年調査に用いられた各種チューブサンプラーの表記と仕様を示す。ここで，45-mmサンプラーは当時チューブ径48mmのものを使用したが，便宜上「45-mm」と表記する。70-mmは75-mmサンプラーと同じ機構でチューブ内径と肉厚が異なるサンプラーである。

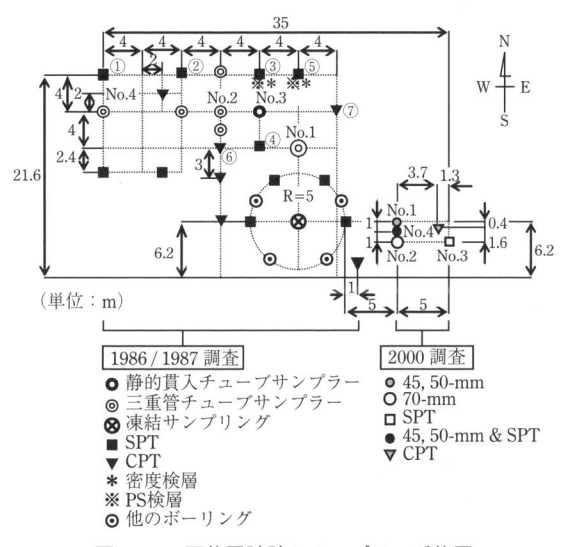

図7-29　原位置試験とサンプリング位置

表7-13　1986年と1987年調査で用いられたサンプラーとサンプリング法

Bor.	サンプリング法/サンプラー	表記	D_1
1	125-mmロータリー三重管サンプラー	125T	125
3	静的貫入チューブサンプラー	50SP, 70SP	50
4	三重管サンプラー（圧力制御型）	81T(P)	81
2	81-mmロータリー三重管サンプラー	81T	81
5	83-mmロータリー三重管サンプラー	83T	83
—	凍結サンプリング	FS	—

D_1：チューブ内径

表7-14　2000年調査で用いられたサンプラーの仕様

サンプラー	45-mm	50-mm	70-mm
サンプラーの全長（mm）	1340	1680	1165
サンプラーの重さ（kgf）	10.6	12.8	21.4
サンプラーの最大外径（mm）	60	60	90
チューブの長さ（mm）	600	800	950
チューブの最大外径，D_2（mm）	52	56	76
チューブの内径，D_1（mm）	48	50	70
チューブの肉厚（mm）	2	3	3
刃先角度（°）	5.4	6.6	31.0
刃先肉厚（mm）	0.2	0.2	0.2
インサイドクリアランス（mm）	0	0	0
断面積比，C_a（%）	17	25	18
試料の最大長（mm）	535	735	796

2000年調査では，SPTによるN値やCPTによるコーン貫入抵抗q_c（水圧補正した先端抵抗はq_tと表記）からチューブ貫入時の反力や圧力ポンプの容量を事前に見積もり，反力補強が適切に行われた（図7-30参照）。また，サンプラー引揚げ時に泥水密度を大きくして，サンプリングチューブ先端が泥水溜の中にある状態でチューブ刃先側の試料端にポーラスストーンで蓋をして試料の脱落を防止する工夫（図7-31参照）が行われた。このことが，45-mmと50-mmサンプラーの試料採取率R_rが85％以上と高かった主因と考えている[21]。

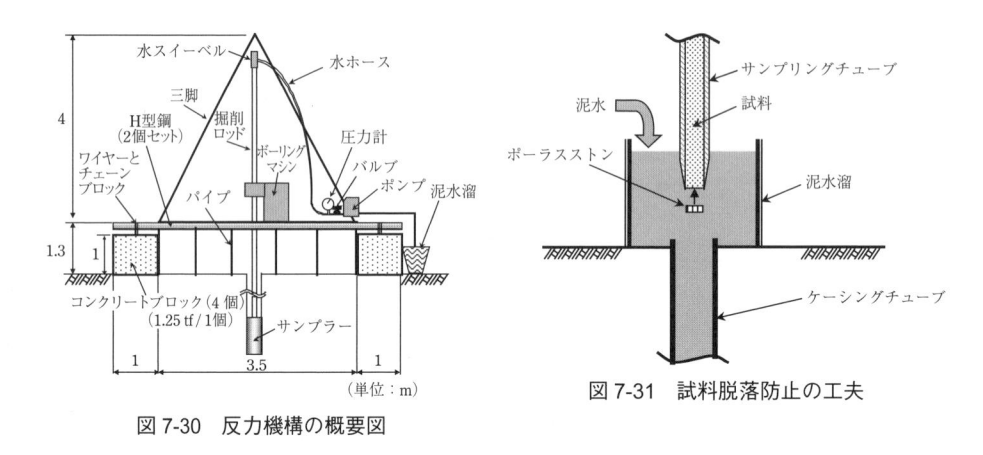

図7-30　反力機構の概要図

図7-31　試料脱落防止の工夫

採取した試料は，1987年調査の時と同様にサンプリングチューブを立てた状態で現地で一晩静置し，ポーラスストーンの蓋を通して間隙水を抜いた後にドライアイスで急速冷凍された。

7.2.3　試料採取位置と原位置試験，供試土の指標的性質

図7-32は，試料の深度方向の採取位置と各種原位置試験の結果である。原位置試験結果として標準貫入試験から得たN値，q_c，PS検層から得たS波速度（V_s）の深度分布を示している。本書において比較に用いる過去の調査結果は，1986年と1987年の調査時期

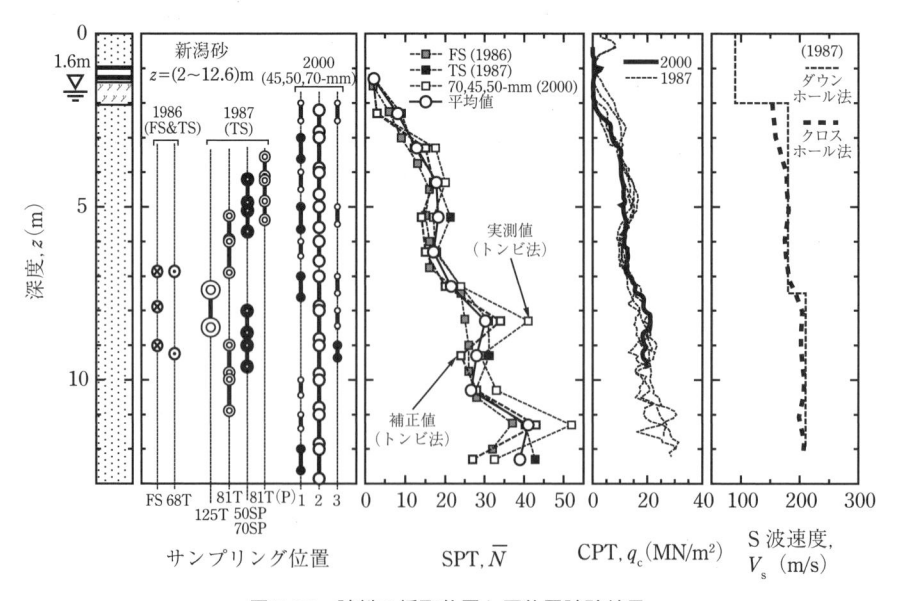

図7-32　試料の採取位置と原位置試験結果

で区分している。1986年調査では3カ所のFS試料と2カ所の68T試料の結果を示した。また，1987年調査では各種サンプラーから得た試料の中で，室内試験が行われた試料の採取深度のみを示している。2000年調査ではすべての採取深度を示している。q_cの深度分布に関しては，1987年と2000年調査で得た値が同じ深度で同様であることから，調査地の土性は同じ深度で同等であると判断される。

図7-33と表7-15に，SPTのスプリットバレル内の試料に対して行った粒度分析試験の粒径加積曲線と結果を示す。採取された砂は，F_cが$z=8$～10mの4～7%を除いて1%程度である。そして，均等係数$U_c \fallingdotseq 1.5$，平均粒径$D_{50} \fallingdotseq 0.25$mmの中砂である。図7-32の$N$値を見ると，2000年調査の$N$値は他のそれらより若干大きい。1986年と1987年調査ではとんび法，2000年調査ではコーンプーリー法でN値が測定された。N値はハンマーの落下エネルギーに対するロッドに伝わるエネルギーの比率（打撃効率）に支配されることがよく知られている。Seedら[23]は，上記2種類の打撃効率を求め，両方法で得たN値の換算式を次式(7.2)のように示した。

$$N_{65} = 1.2 N_{78} \tag{7.2}$$

ここに，N_{65}とN_{78}は，それぞれコーンプーリー法ととんび法で得たN値である。

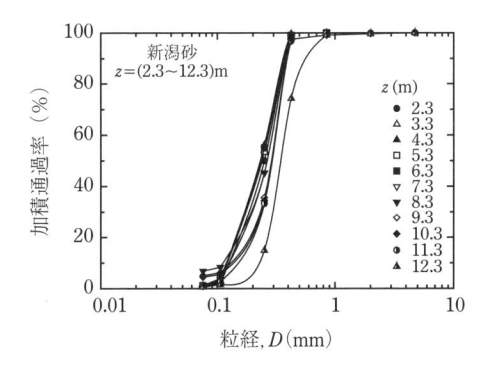

図7-33 粒径加積曲線（SPT試料）

表7-15 粒度試験結果（SPT試料）

z (m)	D_{max} (mm)	礫 (%)	砂 (%)	シルト/粘土 (%)	D_{60} (mm)	D_{50} (mm)	D_{30} (mm)	D_{10} (mm)	U_c	U'_c
1.3	4.75	8.6	75.0	16.4	0.26	0.23	0.16	—	—	—
2.3	0.85	0.0	98.9	1.1	0.27	0.25	0.21	0.15	1.8	1.0
3.3	0.85	0.0	99.1	0.9	0.26	0.24	0.20	0.14	1.9	1.0
4.3	0.85	0.0	98.9	1.1	0.26	0.24	0.20	0.14	1.8	1.1
5.3	0.85	0.0	98.8	1.2	0.26	0.24	0.20	0.14	1.9	1.1
6.3	0.85	0.0	98.9	1.1	0.26	0.24	0.20	0.15	1.8	1.1
7.3	0.85	0.0	98.7	1.3	0.28	0.26	0.22	0.16	1.7	1.1
8.3	0.85	0.0	93.2	6.8	0.28	0.26	0.21	0.13	2.2	1.2
9.3	0.85	0.0	94.9	5.1	0.30	0.28	0.24	0.17	1.7	1.1
10.3	4.75	0.3	95.2	4.5	0.30	0.28	0.24	0.18	1.7	1.1
11.3	4.75	0.1	99.0	0.9	0.29	0.28	0.24	0.19	1.5	1.1
12.3	4.75	0.4	99.0	0.6	0.37	0.34	0.29	0.23	1.6	1.0

式(7.2)を用いて換算したN値（図7-32の□と破線）は，1986年調査のそれに近くなっている。1986年調査位置は2000年調査のそれに近いこともあり，2000年調査によるN値に関しては換算値を用いることにする。各種サンプラーで得た試料は図7-29に示

す調査の全域に位置していることから，以後の検討では1986年と1987年のN値の平均値（図7-32の$\bar{N}$欄の〇）を用いて議論を進める。

V_s値に関しては1987年調査の結果を示している。この調査では，ダウンホール法とクロスホール法でV_sを得ている。後者は前者より測定間隔を小さく設定できるために，深度方向に比較的連続した値が得られる。サンプリングで得た試料は深度方向に連続しているため，供試体から得た初期剛性率の値は後者の方法で得た値と比較する。

7.2.4 相対密度に及ぼすサンプリング方法の影響
(1) 相対密度に及ぼすサンプリングチューブ径の影響

サンプリングチューブ径が小さくなると採取した砂試料の相対密度は大きくなると一般に言われている。図7-34に，70-mmサンプラーのチューブ内の供試体の相対密度の平均値$\bar{D}_{r(70)}$に対する45-mmと50-mm試料のそれら$\bar{D}_{r(45,50)}$の比を$\bar{D}_{r(70)}$に対してプロットしている。$\bar{D}_{r(45,50)}/\bar{D}_{r(70)}$の平均値は0.89であり，$\bar{D}_{r(70)}$には依存していない。45-mmと50-mmサンプラーのR_rが70-mmサンプラーのそれらより大きいことから，45-mmと50-mmサンプラー試料の密度がサンプラー引揚げ時に小さくなった可能性は，70-mm試料のそれより小さい。すなわち，図7-34の結果は前述の通説とは異なっている。この事実は，5.4節で示した室内のモデル試験[24]でも確認しているが，小

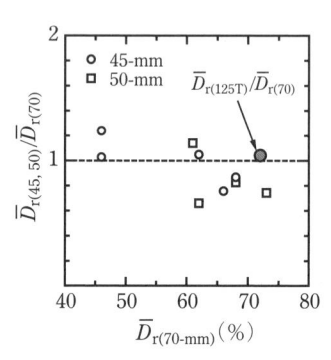

図7-34　45-mmと75-mm試料のD_rの比較

径サンプラーの新潟砂地盤への適用性を示唆している。図7-34に，1987年調査のチューブ径125mmの三重管サンプラー（125T）による採取試料について$\bar{D}_{r(125T)}/\bar{D}_{r(70)}$をプロットした。その値も約1であり，採取試料の$\bar{D}_r$にチューブ径が依存しないことが再確認できる。70-mmサンプラーの$\bar{D}_r$が45-mm，50-mmサンプラーのそれより大きい原因としては，同サンプラーのサンプリングチューブ長が45-mmと50-mmサンプラーのそれらよりも長いことに起因してチューブ貫入時の壁面摩擦の影響を受ける試料長が大きいため，試料の密度が大きくなったと推察している。

(2) 新潟砂の相対密度に及ぼすサンプリング方法の影響

図7-35は，SPTから得たN値とD_rの関係である。N値は有効土被り圧σ'_{vo}の影響を考慮して，道路橋示方書[25]で用いている式(5.12)による換算N値N_1を用いている。この図には1986年と1987年調査で得たFSとTS試料の結果，そしてN値とD_rの関係としてよく知られているMeyerhof（マイヤーホフ）[26]の関係（式(5.13)）をN_1値に換算して示している。

45-mmと50-mm試料を含むTS試料はN_1にほとんど依存して

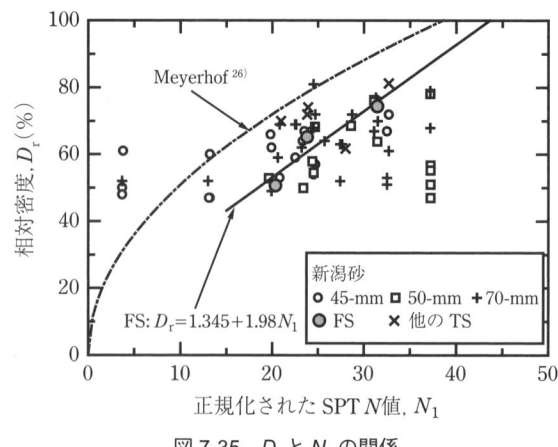

図7-35　D_rとN_1の関係

おらず，$D_r=47 \sim 81\%$の範囲でばらついている。5.4節に述べたようにこれは 45-mm，50-mm，70-mm サンプラーに関係なくすべての TS が，サンプリングの際に試料の D_r を変化させたことによる。

45-mm と 50-mm サンプラーを含む TS 試料に関し，各供試体の圧密後の間隙比 e_c と D_r の深度分布を図 7-36 に示す。この図にはチューブごとの $\overline{D}_r$ の深度分布も併せて示している。D_r と $\overline{D}_r$ の深度分布に示す破線は，図 7-32 で示した各 z の $\overline{N}$ 値から式(5.14)を用いて得た D_r の推定線である。同様に Meyerhof[26] の関係によって計算した D_r も実線で示している。ほとんどのプロットが Meyerhof[26] による実線より小さい領域に位置するのは図 5-79，図 7-35 で見たとおりである。

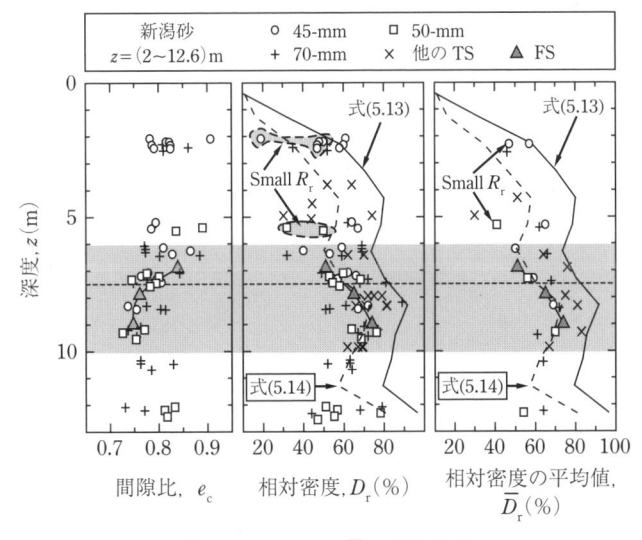

図 7-36 e_c, D_r, $\overline{D}_r$ の深度分布

式(5.14)は，$z=(7 \sim 9)$m の FS 試料の D_r から導いているため，FS 試料のない他の z では式(5.14)の信頼度はよくわからない。しかし，次項以降で液状化試験結果と矛盾しないことが示される。

7.2.5 液状化強度に及ぼすサンプリング方法の影響
(1) 液状化試験結果

図 7-37(a) は，$z \fallingdotseq 2$m の 45-mm 試料の液状化試験結果である。(a), (b), (c) 図がそれぞれ繰返し軸差応力 σ_d，軸ひずみ ε_a，過剰間隙水圧比 $\Delta u/\sigma'_c$（Δu：過剰間隙水圧，σ'_c：有効拘束圧）と繰返し回数 N_c の関係であり，(d) が σ_d と ε_a の関係，(e) が有効応力経路である。同様に，図 7-38 と図 7-39 は $z \fallingdotseq 7$m の

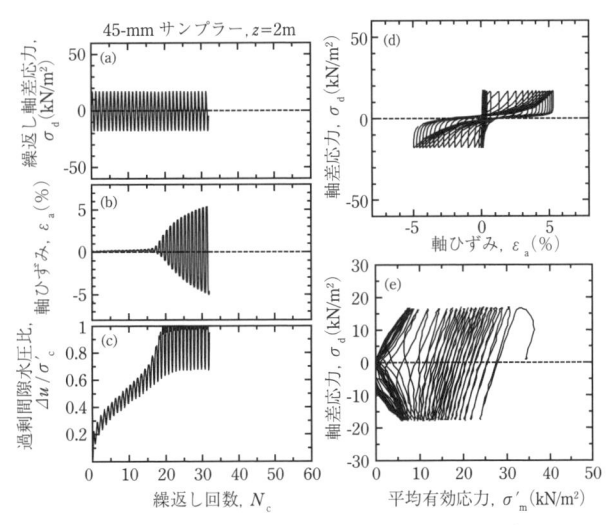

図 7-37 液状化試験結果（45-mm 試料，$z \fallingdotseq 2$m）

45-mm と 70-mm 試料に対する結果である．せん断中の σ_d の制御や測定精度等は JGS の基準内であり，試験は適正に行われていることがわかる．$z \fallingdotseq 2\mathrm{m}$ と 7m の試料とも，各 (e) 図に示されるように有効応力が繰返し載荷に伴い少しずつ漸減していく挙動からやや密な砂であることがわかるが，$z \fallingdotseq 2\mathrm{m}$ の試料は，(b) と (c) 図から Δu が σ'_c に等しくなった時にひずみが急増する「液状化」を起こし，$z \fallingdotseq 7\mathrm{m}$ では Δu が σ'_c に等しくなってもひずみが急激に進行しない「サイクリックモビリティ」を生じていることから $z \fallingdotseq 7\mathrm{m}$ の試料の方が密であることがわかる[27]．

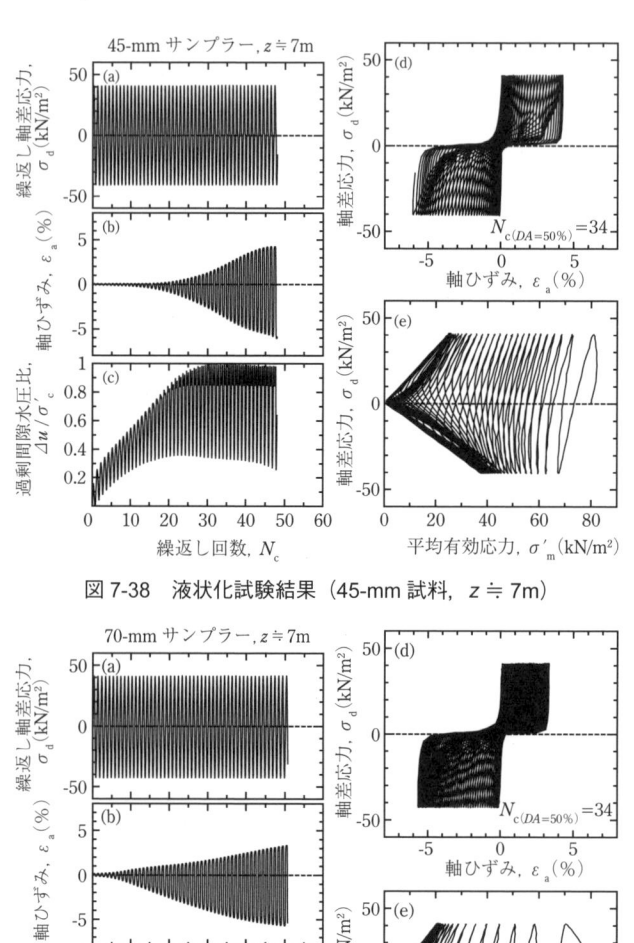

図 7-38　液状化試験結果（45-mm 試料，$z \fallingdotseq 7\mathrm{m}$）

図 7-39　液状化試験結果（70-mm 試料，$z \fallingdotseq 7\mathrm{m}$）

図 7-40(a) 〜 (d) は，$z \fallingdotseq 2, 5, 6, 12\mathrm{m}$ の TS 試料の液状化試験から得た応力振幅比 $R_L (= \sigma_d / 2\sigma'_c)$ と N_c の関係である．また，これらの試料の測定値は表 7-16 に示している．これらの図には，各試料の液状化強度 R_{L20}（$N_c = 20$ における R_L）を決定するための液状化強度曲線と各サンプラーで得た $\overline{D_r}$ を示している．同じチューブ試料内で D_r が他の供試

図 7-40(a)　液状化強度曲線（$z \fallingdotseq 2\text{m}$）

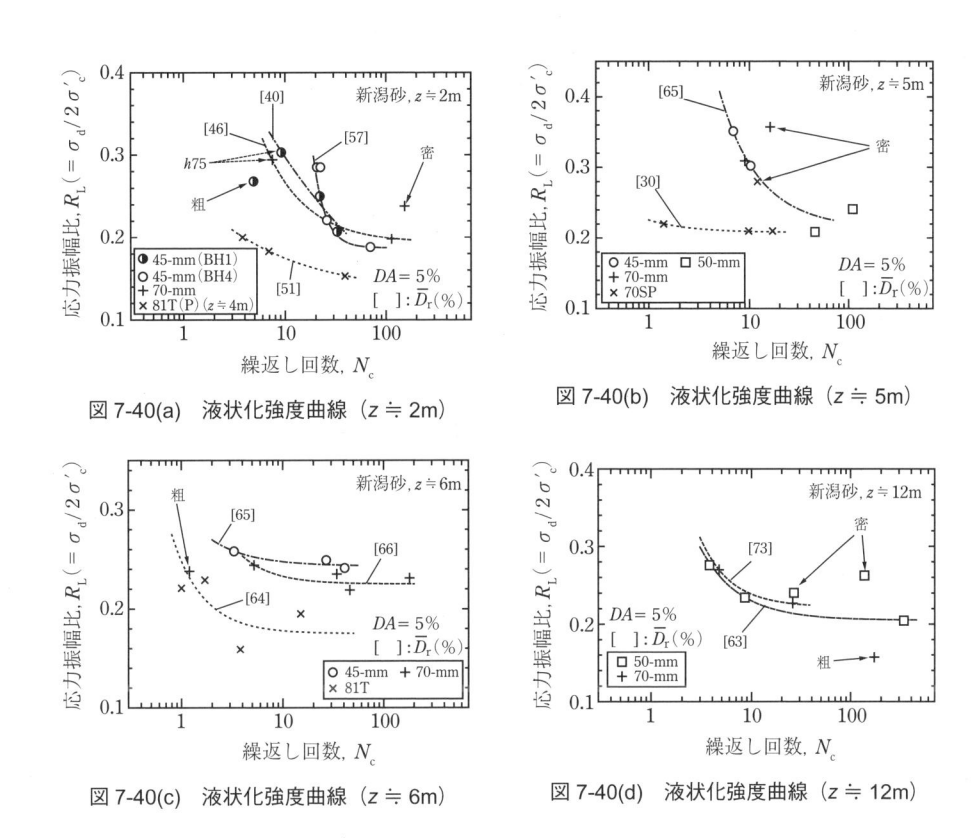

図 7-40(b)　液状化強度曲線（$z \fallingdotseq 5\text{m}$）

図 7-40(c)　液状化強度曲線（$z \fallingdotseq 6\text{m}$）

図 7-40(d)　液状化強度曲線（$z \fallingdotseq 12\text{m}$）

表 7-16　動的試験結果（2000 年調査）

（70-mm）

z (m)	N	N_1	$\overline{D}_r$ (%)	$\overline{V}_s$ (m/s)	$\overline{G}_{BE}$ (MN/m²)	$\overline{G}_{CTX}$ (MN/m²)	R_{L20}	$\overline{G}_{BE}/G_F$	$\overline{G}_{CTX}/G_F$	$\overline{e}_c$	$\overline{e}_0/\overline{e}_c$	R_r (%)
2.6	8	13	46	177	59	28	0.23	1.28	0.62	0.83	1.05	94
5.4	18	24	62	90	30	37	0.24	0.98	0.61	0.79	1.01	95
6.4	17	21	66	215	86	81	0.24	1.47	1.40	0.78	1.01	83
7.4	22	25	68	184	63	51	0.25	0.93	0.76	0.79	1.01	84
8.4	30	33	72	186	49	61	0.26	0.83	0.77	0.75	1.02	92
9.4	30	31	61	229	102	95	0.28	1.24	1.16	0.79	1.04	95
10.4	28	27	64	222	94	90	0.28	1.16	1.11	0.77	1.04	95
12.4	41	36	73	216	89	66	0.23	1.09	0.81	0.75	1.01	88
（45-mm）												
2.3	8	13	57	182	63	35	0.28	1.37	0.78	0.79	1.00	85
2.3	8	13	47	171	55	54	0.25	1.20	1.19	0.82	1.00	97
5.3	18	25	65	180	60	42	0.24	0.99	0.70	0.79	1.01	96
6.2	18	24	50	191	67	70	0.25	1.16	1.21	0.83	1.01	74
7.3	17	21	59	187	64	45	0.23	0.97	0.68	0.79	1.02	94
（50-mm）												
5.3	18	25	41	159	48	64	0.23	0.81	1.07	0.86	1.01	95
7.3	22	25	56	214	86	81	0.24	1.30	1.22	0.79	1.01	96
9.3	30	31	70	229	101	96	0.26	1.27	1.21	0.75	1.07	71
12.3	41	36	54	220	92	62	0.22	1.10	0.75	0.82	1.02	89

体のそれと大きく異なる供試体のプロットには注釈を付け，曲線を求めるプロットから除外している．また，試料の融解等に起因して h が 100mm に足らず，h75mm で試験を行った供試体の結果は，砂の液状化強度と初期剛性率に及ぼす供試体高さの影響に関する

表 7-17 動的試験結果（1986 年と 1987 年調査）

（1986 年調査）

サンプラー	z (m)	N	N_1	$\overline{D}_r$ (%)	$\overline{G}_{CTX}$ (MN/m²)	R_{L20}	$\overline{e}_c$	$\overline{e}_{c0}/\overline{e}_c$	$\overline{G}_{CTX}/G_F$	R_r (%)
FS-1	6.9	17	21	51	57	0.24	0.84	—	0.94	
FS-2	7.9	22	25	65	73	0.32	0.76	—	0.93	100
FS-3	9.0	30	33	74	77	0.33	0.73	—	0.98	
68T-1	6.9	17	21	76	42	0.15	—	—	0.50	—
68T-2	9.3	30	31	83	65	0.20	—	—	0.77	—

（1987 年調査）

サンプラー	z (m)	N	N_1	$\overline{D}_r$ (%)	$\overline{G}_{CTX}$ (MN/m²)	R_{L20}	$\overline{e}_c$	$\overline{e}_{c0}/\overline{e}_c$	$\overline{G}_{CTX}/G_F$	R_r (%)
81T(P)	4.3	13	19	51	34	0.16	0.82	1.01	0.59	78
81T-1	6.4	17	21	64	36	0.18	0.85	1.00	0.62	99
81T-2	9.9	28	31	67	48	0.20	0.76	1.08	0.58	92
125T	8.0	22	25	75	52	0.26	0.75	1.01	0.67	67
70SP	5.0	18	25	30	28	0.21	0.89	1.01	0.46	86
50SP	8.3	30	33	81	49	0.33	0.73	0.99	0.62	99

検討[28] の結果に基づき，R_L への影響分を差し引いてこれらの図に利用した．すなわち，$h75$ 供試体で得られた R_L は 5% 小さくしている．各 z の 45-mm，50-mm，70-mm 試料の R_L と N_c の関係を見ると，これらはサンプリングチューブ径によらずほぼ同じ傾向であり，また $\overline{D}_r$ も同等である．しかしその液状化強度曲線は 1987 年調査の TS 試料のそれらの右上方に位置し，$z \fallingdotseq 2$ と 5m では N_c が小さくなると 1987 年調査のそれらより大きく立ち上がっている．

この理由は以下のように推察している．

① 2000 年調査では，図 7-30 で述べたようにサンプリング時のチューブ貫入を確実にするため，約 10tf の反力を確保した．これは，サンプラー貫入時の直進性や貫入スピードの増加に寄与して，同じ静的貫入方式の 50SP や 70SP（1987 年調査の「ツイストサンプラー」）に比べ，乱れの少ない試料の採取につながった．

② 2000 年調査では，図 7-31 で述べたようにチューブ内の試料の脱落を防止するため，サンプラー引揚げ時に泥水密度を大きくして，サンプリングチューブ先端が泥水溜の中にある状態でチューブ刃先側の試料端にポーラスストーンで蓋をする工夫[21] を行った．2000 年調査が 1987 年調査より高い R_r で試料が採取できたことで，試料脱落のみでなく，チューブ内の試料の移動量も少なく，その結果従来の TS 試料より乱れが少なくなった．

③ ロータリー式三重管サンプラーを用いたサンプリングでは，試料がチューブ内に取り込まれる前にビットの回転によって試料が乱された可能性が容易に推察される．$F_c \leqq 3\%$ の中砂である新潟砂では，特にこの影響が大きかったと推察される．

図 7-41(a) は，$z \fallingdotseq 7m$ の FS と TS 試料の液状化試験結果から得た応力比 R_L と N_c の関係である．図 7-41(b)，(c) は $z \fallingdotseq 8m$ と 9m の結果を同様に示している．図 7-41(a) の 45-mm，50-mm，70-mm 供試体の液状化強度曲線はプロットのばらつきに起因してその決定が難しいが，プロットは FS 試料のそれとほぼ同じ位置にある．45-mm と 50-mm サンプラーの $\overline{D}_r$ も FS 試料のそれらより，それぞれ 8%，5% 大きいが，FS と TS 試料のプロットはばらつきの範囲とも解釈できる．これら 3 つの

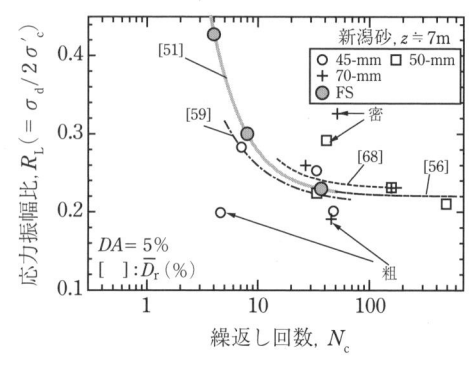

図 7-41(a) 液状化強度曲線（$z \fallingdotseq 7m$）

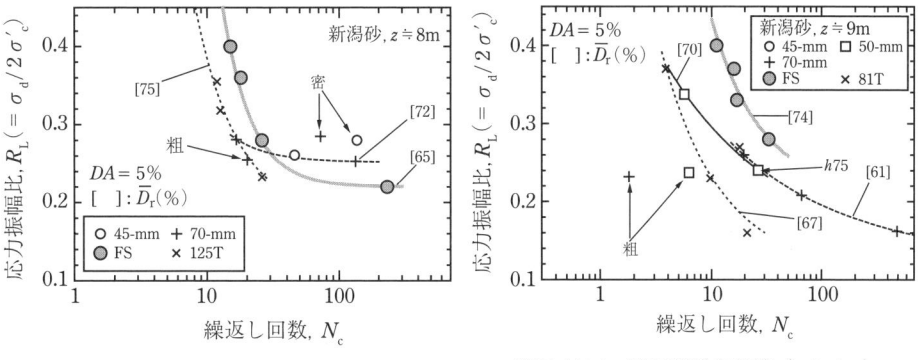

図 7-41(b) 液状化強度曲線 ($z ≒ 8m$)   図 7-41(c) 液状化強度曲線 ($z ≒ 9m$)

図に示す FS 試料は，N_c が小さくなるときに急激に立ち上がっている。一般に，FS 試料と TS 試料では，この領域のこの立ち上がり方に差異があると言われている[27]。図 7-41(a), (b) に示す $z ≒ 7m$, 8m の 45-mm と 50-mm 試料は，個々の D_r のばらつきと供試体数が十分確保できなかったことからこの違いを比較できなかった。図 7-41(c) に示す $z ≒ 9m$ の 50-mm 試料は 70-mm 試料と同じ液状化強度曲線上にプロットされるが，N_c が小さくなったときの立ち上がり方は FS 試料のそれに及ばず，また，R_{L20} も小さい。FS 試料，50-mm 試料，70-mm 試料の z は，表 7-16 に示したとおり，それぞれ 9.0m, 9.3m, 9.4m であることから，z の差による影響はないものと考える。図 7-41(b) の 1987 年調査の 125T 試料は，当時の報告書では最も品質が良いとされたが，その $\overline{D_r}$ が FS 試料のそれより 10% 大きいことから試料を密にしたことによって強度が増加したとも推察できる

これら 3 つの図から検討した 45-mm, 50-mm 試料と FS 試料の液状化強度曲線は，1 本のチューブ試料内の D_r のばらつきに起因してプロットのばらつきが大きく，また比較検討に十分な供試体数を確保できなかったことにも起因して，各深度の 45-mm と 50-mm 試料の品質を定量的に評価することは困難である。TS 試料の D_r のばらつきの原因としては，TS 試料の供試体は z 方向に異なって作製するため，地盤本来のばらつきや，間隙水の脱水の際に生じる密度変化等が考えられる。

(2) 原位置試験結果による液状化強度の推定

原位置試験結果から液状化強度を推定する方法が幾つか提案されている。ここでは，これらの原位置液状化強度推定値と FS と TS 試料から得た CTX の測定値の比較から，採取試料の品質を検討する。

(a) SPT の N 値から推定した R_{L20} と測定値の比較

式 (5.15) と式 (5.16) に示す N_1 と R_{L20} の関係と測定値を図 7-42 に示す。この図には，図 5-82 で述べたように破線で吉見ら[17),29)] が当該地と 1986 年以前に新潟市内の他地域で得た TS 試料に対する結果から得た回帰線も加えて示している。また，吉見・時松ら[17),29),30)] は $N_c=15$ の液状化応力比 R_{L15} で整理しているので，龍岡ら[31)] による式 (5.18) を

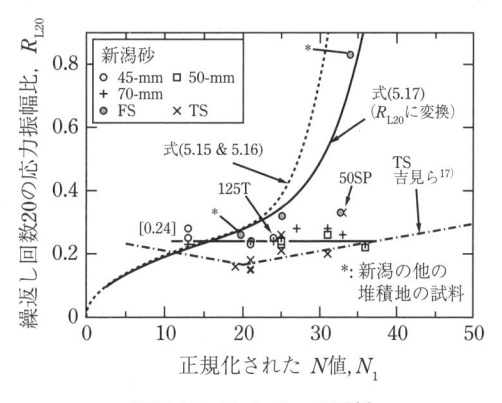

図 7-42 N_1 と R_{L20} の関係

用いて R_{L20} に換算している。

図 7-42 に示した道路橋示方書[25]や吉見[17),30)]の FS 試料の結果から得た R_{L20} は，$N_1=5$ 〜 22 の範囲では緩やかに増加し，$N_1>22$ で指数的に大きくなる。しかし，著者ら[22)]の測定値はこのような傾向を持たない。その特徴は以下のように要約される。

① R_{L20} は N_1 に対してほぼ一定で平均値は 0.24 である。
② $N_1 ≒ 3$ の R_{L20} は吉見ら[17),29)]や道路橋示方書[25)]による推定値より大きい。
③ 同じ N_1 下の FS 試料の R_{L20} は測定値より大きい。
④ 125T 試料の R_{L20} は 45-mm，50-mm，70-mm のそれと同等であり，他の TS 試料はそれより最大 30％小さい。

また，これらに対する原因は，以下のように推察している。

① 45-mm，50-mm，70-mm サンプラーは，$N_1 ≒ 20$ より小さな領域ではサンプリングチューブ貫入時に試料が密になったことに起因して R_{L20} が大きくなり，逆に N_1 の大きな領域では密度低下や撹乱による粒子配列の変化に起因して R_{L20} を過小評価した。
② 図 7-35 に示したように，$N_1=20$ 〜 35 の領域では FS と 45-mm，50-mm，70-mm 試料に大きな密度の差は見られない。しかし，チューブ貫入や引抜きに伴うせん断履歴による粒子構造の小さな変化が R_{L20} や液状化強度曲線の形状に影響した。
③ 45-mm と 50-mm サンプラーが 70-mm サンプラーより高い R_r で試料採取ができたのはそれらの貫入圧や貫入速度の違いに起因していると推察されるが，45-mm と 50-mm 試料の R_{L20} が 70-mm のそれとほぼ同じであることから，45-mm，50-mm サンプラーの倍圧機構によって 125T 試料と同じ R_{L20} になったとはいえない。むしろ先述のサンプリング方法の工夫や，サンプラーがロータリー式でないことが試料の品質の高さを決定した。

しかしながら，45-mm と 50-mm 試料の D_r が FS 試料のそれと同等であり，R_{L20} が 125T と同じであった事実，さらに 7.2.4 項や 5.4 節のモデル試験[24)]の結果を考慮すれば，サンプリングチューブ径を小さくすることによる壁面摩擦の影響であるとは判断できない。

(b) CPT の q_c から推定した R_{L20} と測定値の比較

5.4.5 項で述べたように CPT 結果から液状化強度を推定する方法もまた数多くある。ここでは，図 5-83 と同様に新潟砂の結果を含む石原[32)]と鈴木ら[33)]の推定法を R_{L20} の比較に用いる。図 7-43 に q_{t1} と R_{L20} の関係を示す。図 5-83 で述べたように，鈴木ら[33)]の曲線や FS 試料の R_{L20} は q_{t1} に対して右上がりの傾向にあるが，45-mm，50-mm のプロットにその傾向は見られない。しかし，図 7-41 の液状化強度曲線の結果を反映して，45-mm と

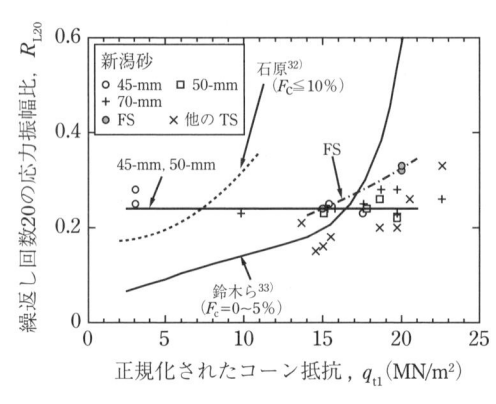

図 7-43 q_{t1} と R_{L20} の関係

50-mm 試料の R_{L20} は FS 試料のそれと同等である。

(c) PS 検層の V_s から推定した R_{L20} と測定値の比較

5.4.5 項で述べたように PS 検層や表面波探査から得た V_s を用いて液状化強度を推定する方法でよく知られているものには，Rovertson ら[34]と時松・内田[35]の方法がある。

原位置試験から得た N 値，q_c，V_s を用いて，以上に述べた吉見[29]，鈴木ら[33]，Robertson ら[34]，時松・内田[35]の方法で推定した原位置の R_{L20} と，本項で決定した R_{L20} の測定値の深度分布を図 7-44 に示す。いずれの方法で得た回帰曲線も平均的に求めているため，目安としての R_{L20} 値を得ることはできるが，R_{L20} 値を精度よく推定することは難しい。これらの原位置試験からの推定値と，TS 試料の液状化試験結果から推定した原位置の R_{L20} との比較は，図 5-35 に示した。

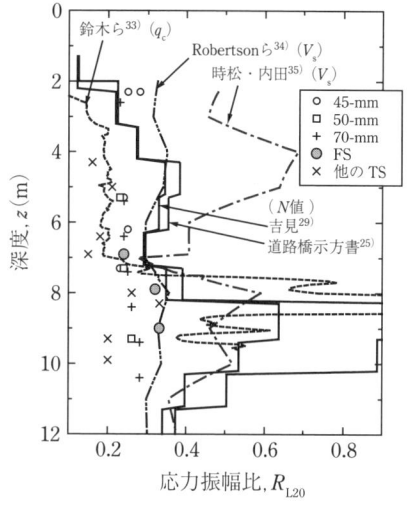

図 7-44 R_{L20} の深度分布

7.2.6 初期剛性率に及ぼすサンプリング方法の影響

本項では，液状化試験の前に測定された各供試体の G_{BE} と G_{CTX} から 45-mm と 50-mm 試料の品質を評価する。図 7-45(a)，(b) は，45-mm と 50-mm 試料の各チューブから得た供試体の G_{BE} と G_{CTX} の平均値を 70-mm 試料のそれらと比較している。各プロットが 45°線の上下どちらかに偏る傾向はなく，チューブ径に起因する G_{BE} と G_{CTX} の明瞭な相違はないと判断される。

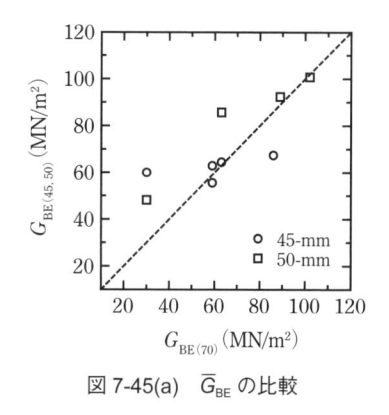

図 7-45(a) $\overline{G}_{BE}$ の比較 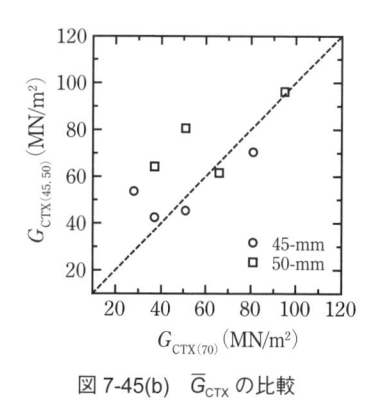   図 7-45(b) $\overline{G}_{CTX}$ の比較

FS 試料と TS 試料の 1 本のチューブから得た供試体の $\overline{D}_r$，$\overline{G}_{BE}$，$\overline{G}_{CTX}$ と G_F，$\overline{G}_{BE}/G_F$，$\overline{G}_{CTX}/G_F$ の深度分布を図 7-46 に示す。FS 試料の G_{CTX} のプロットは G_F の深度分布線の近傍に位置している。一方，図 7-41(a) や図 7-43 に示した R_{L20} が FS 試料のそれと同等な 45-mm，50-mm 試料の $\overline{G}_{CTX}$ は，G_F とは一致していない。また，$z>9$m の 45-mm と 50-mm 試料に加え，他の TS 試料の大部分は D_r が FS 試料のそれより大きいにもかかわらず，$\overline{G}_{CTX}$ のプロットは G_F より小さい領域に多く位置している。さらに 45-mm と 50-mm

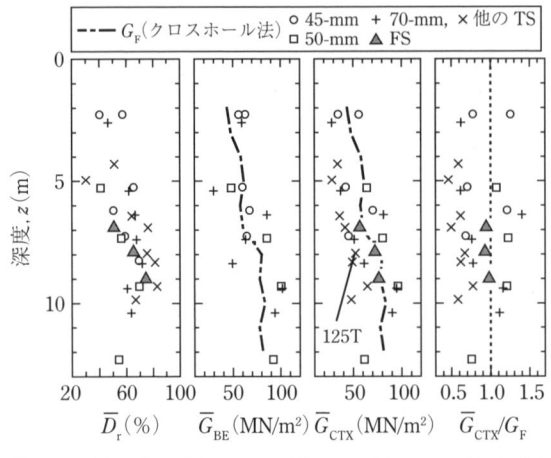

図 7-46 $\overline{D_r}$, $\overline{G}_{BE}$, $\overline{G}_{CTX}$, G_F, $\overline{G}_{BE}/G_F$, $\overline{G}_{CTX}/G_F$ の深度分布

試料の中には，D_r が同じであっても G_{BE} と G_{CTX} が G_F より大きくなっているプロットも見られる。G_F が正しいと考えた場合，これらはサンプラーの貫入と引抜き，さらに試料のチューブからの押出しに起因する応力変化や D_r が大きくなることによる G の増加と，粒子配列の変化や年代効果などの構造を崩すことによる G の減少とが複雑に影響している結果と解釈している。

図 7-47(a), (b) は，それぞれ各供試体の $\overline{G}_{BE}/G_F$，$\overline{G}_{CTX}/G_F$ と G_F の関係である。これらの図には，澁谷ら[36)] が整理した各種室内試験で得た初期剛性率と G_F の関係を併せて示している。これらの図からは以下の結果と考察が得られる。

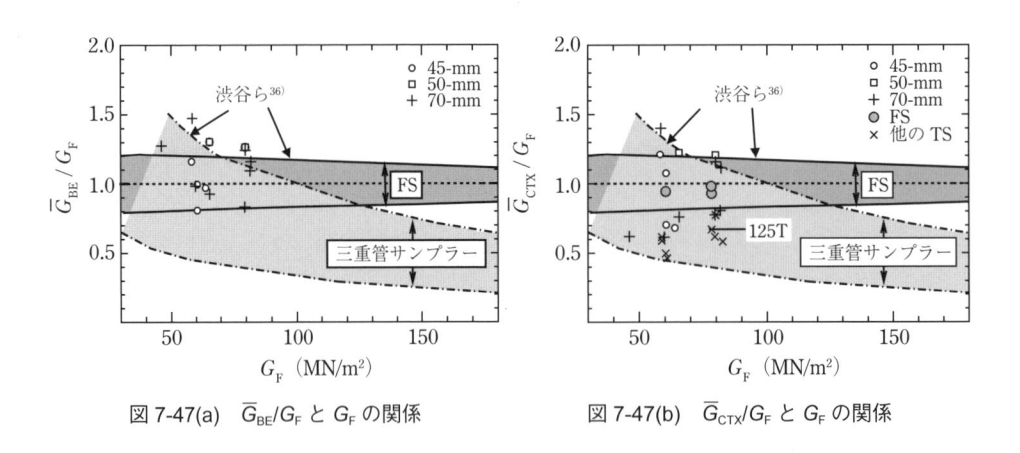

図 7-47(a)　$\overline{G}_{BE}/G_F$ と G_F の関係　　図 7-47(b)　$\overline{G}_{CTX}/G_F$ と G_F の関係

① 45-mm と 50-mm 試料の $\overline{G}_{CTX}/G_F$ は 0.5〜1.3 の範囲にあり，三重管サンプラーで得た試料のそれらの範囲内にあることは，45-mm と 50-mm サンプラー試料の品質は一般的な三重管サンプラーのそれと同等であることを意味する。しかし，新潟砂の採取に用いられた三重管サンプラーで採取した試料の $\overline{G}_{CTX}/G_F$ より 45-mm と 50-mm 試料のそれらは大きい。これは，図 7-41(b) に示した R_{L20} の傾向と同様である。

② 45-mm と 50-mm 試料の $\overline{G}_{BE}/G_F$ は 0.8〜1.3 の範囲にあり，それらのプロットは FS 試料の範囲とその上の領域に位置している。通常測定される G_{BE} は G_{CTX} より大きな値をとることが知られているが，このようになった主な原因として，

ⅰ）試料と試験装置のベディングエラー
ⅱ）G の計算に用いるポアソン比の値の相違
ⅲ）G のひずみレベル依存性の違い

などが一般に言われている。また，プラダン・永淵[37]は，BE の S 波は粒子配列の密度が大きい領域を通過する確率が高いことに起因して，G_{BE} が G_{CTX} より大きくなると考察している。すなわち，BE の S 波は供試体内で G の大きい領域を優先して通過するためにその速度から得た G_{BE} が供試体全体の G である G_{CTX} より大きくなっていると推察できる。しかし，BE の解釈についての更なる検討が必要である。

原位置の液状化強度 R_F に対する R_{L20} の測定値の比 R_{L20}/R_F と G_{CTX}/G_F の関係には，試験前に受けた応力履歴等の条件に関わらず正の相関があると言われており，G_{CTX}/G_F を用いて試料の乱れを評価できる可能性が示されている[20]。

図 7-48 は著者らが得た同様の関係である。ここに，R_F は式 (5.17) で N_1 から推定した値を用いた。また，この図には併せて文献[20]のプロット（●）とその回帰直線を示している。これらは，国内 4 河川の流域の FS と TS 試料の比較から得た結果である[20]。著者らの関係もこの直線によく対応していることがわかるが，文献[20]のプロットと同様にばらつきも大きい。G_{CTX}/G_F によってサンプリングに伴う R_{L20} の変化を説明できれば，砂地盤における TS の適用範囲が大きく拡大できる可能性があるが，この方法の実用化には他のパラメータを考慮してばらつきを抑える補正等の検討が必要であると考える。

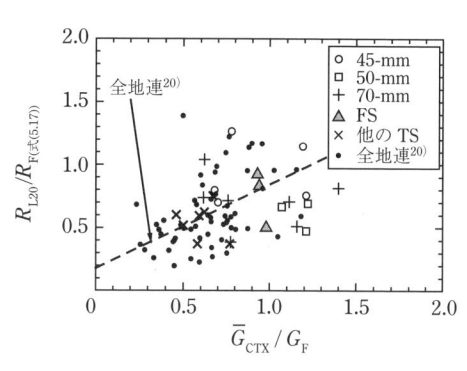

図 7-48 R_{L20}/R_F と $\overline{G}_{CTX}/G_F$ の関係

7.2.7 チューブサンプリングと地盤強度の関係

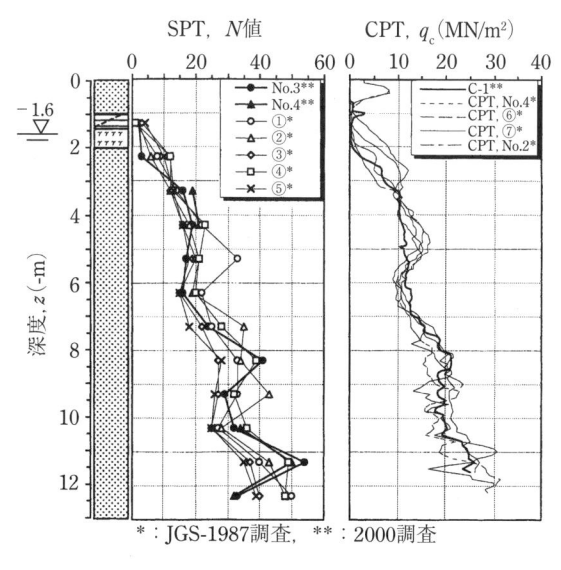

図 7-49 SPT と CPT 結果

(1) N 値と q_c の関係

JGS-1987 年調査を含む N 値と q_c が z に対して図 7-49 にプロットされる。図 7-49 の調査位置は，図 7-29 に示した。N 値と q_c の考察に基づいて，2 ～ 7m の深度は砂丘砂，7m 以深が河川堆積砂と判断された。N 値と q_c は深度とともに大きくなり，図 7-29 に示す 35m × 22m の範囲内の同じ深度のこれらの変動は，$N=10$ ～ 15，$q_c=(3$ ～ $12)\mathrm{MN/m^2}$ である。この範囲の同じ深度の地盤特性は場所による変化は少ないと判断できる。図 7-50 は N 値と q_c の関係である。q_c は図の凡例に示すように，最も近い場所で測定した N 値と比較している。$q_c=0.613N$（$\mathrm{kN/m^2}$）の直線は，最小二乗近似の回帰式である。相関係数 r は 0.916 と高い。

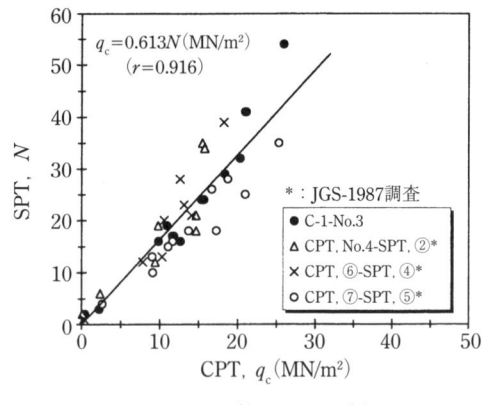

図 7-50 N 値と q_u の関係

(2) チューブの貫入力，ポンプ圧と N 値，q_c の関係

チューブの貫入力 F と N 値の関係が図 7-51 に示される。F は N 値に対して直線的に増加し，この傾向にサンプラーの種類は依存していない。図 7-51 に示す直線は 70-mm と倍圧サンプラー（45-mm と 50-mm）のプロットに対する最小二乗近似から得た。45-mm と 50-mm の F は，70-mm のそれらより，断面積が小さいため(20 ～ 40)％小さい。そして，これらの倍圧サンプラーは，図 7-32 に示すように $N=53$ の砂も採取できている。F はチューブ貫入時の反力に等しいため，図 7-51 の結果は砂地盤の TS の際に，ボーリングマシンが確保すべき必要な反力を推定するのに参考になる。

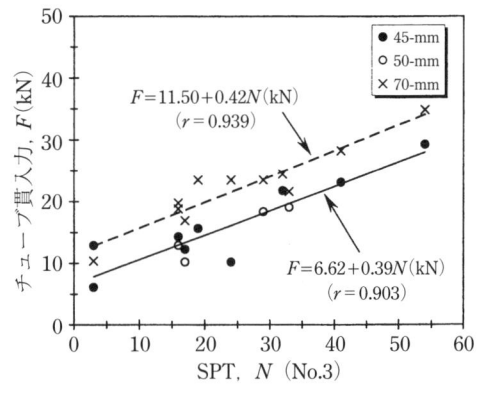

図 7-51 チューブ貫入力と N 値の関係

チューブ貫入時の最大ポンプ圧 p_{max} と N 値，q_c の関係を図 7-52 と図 7-53 に示す。p_{max} は，N 値と q_c の間に正の関係があり，この傾向にサンプラーの種類は依存していない。

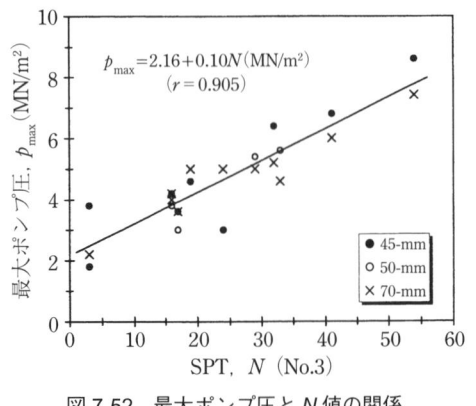

図 7-52 最大ポンプ圧と N 値の関係

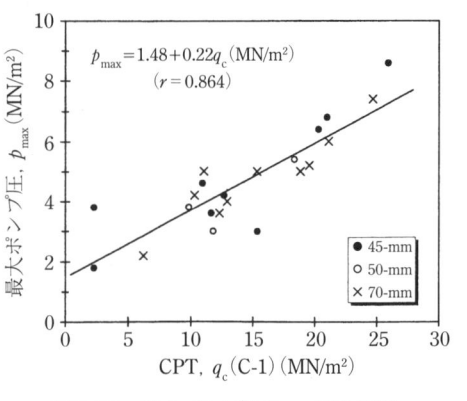

図 7-53 最大ポンプ圧と q_c 値の関係

これらの図の直線はプロットに対する回帰式であるが，砂地盤の TS の際に必要となるポンプ圧の推定に用いることができる。チューブ貫入時に地盤に発生する間隙水圧や砂粒子の移動とチューブ径，貫入速度等の関係に関する具体的な検討[38]も進展している。

7.3 コーン貫入試験の機構を有する倍圧サンプラーの適用性

7.3.1 概　説

電気式静的コーン貫入試験（以後，CPT と略記）[39]は，連続的に地盤情報が得られることから，概括的な原位置試験として一層の利用が期待されている。6.1 節では，最適設計に向けた N_{kt} や q_t の水平方向の自己相関係数の変化を用いて，地盤の均質性の評価やサンプリング位置決定に関する考え方を示した。

本節では，高周波を利用した無線による伝送システムを用いたコーンサンプラー（Cone と表記）の概要が示され，自然堆積した沖積粘性土と既設アースダム堤体への適用性の結果を示す。大阪洪積粘土（Ma12）と有機質土に対しては，Cone は従来の二重管サンプラーと比較して，同等以上の品質の試料が採取できることを 7.1 節で示したが，他の沖積粘性土や洪積粘性土を含む幅広い土に対する適用性を担保することにはならない。チューブサンプラーで得る試料の品質は，土の塑性，強度・変形特性[6),22)]，相対密度[24)]等によって異なるからである。Cone は，通常のサンプラーによるサンプリング方法に加え，ボーリング孔の削孔なしに試料が採取できる。このような利用を行うためには，コーンの地盤への貫入が採取試料の品質に及ぼす影響を検討する必要がある。また，Cone は，45-mm と同様に 2 つの水圧室を持つサンプラーであるので，チューブの貫入力と速度が通常のサンプラーのそれより大きく速い。45-mm ではこの特徴が高品質の試料採取に寄与していると推察されたが，これに関する詳細な検討は，Ma12 粘土以外の土に対する Cone の適用性を含めて体系的に検討されていない。

茨城の有機質土と沖・洪積粘性土地盤に対し，Cone，45-mm，50-mm，75-mm，84T サンプラーで採取した試料に対する一軸圧縮試験 UCT と段階載荷圧密試験 IL 結果より，Cone の適用性を示す。さらに，7.1 節で述べた大阪 Ma12 粘土の結果を統合して，Cone のチューブ貫入速さ（s_p）や試料採取前のコーン貫入が採取試料の品質に及ぼす影響を検討する。Cone で採取した試料の品質は，75-mm，75R，84T サンプラーのそれらと比較して同等以上であり，Eurocode 7，CEN/TC341 に分類されるカテゴリー A のサンプリング方法として利用できることを示す。

7.3.2 コーン情報の伝送システムと試料採取法

コーン情報の伝送システムは，図 7-54 に示すコーンセンサー，バッテリー，基盤，受信器，ノートパソコンから構成される。コーン情報として本節で示すのは，コーン先端抵抗 q_t，周面摩擦 f_s，間隙水圧 u，傾斜 i_c であるが，温度を含む 5 成分がこのシステムから無線で取得できる。図 7-54 に示す基盤は，写真 7-4 に示すように演算増幅器，傾斜計，発信器から構成され，直径 3cm，長さ 10cm 程度であり，コーン本体に収まる。また，バッテリーも同程度の

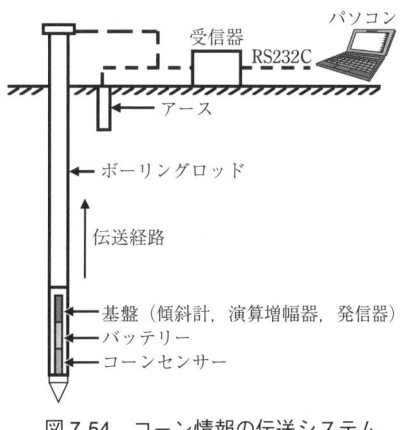

図 7-54　コーン情報の伝送システム

大きさであり，一回の充電で約24時間の連続測定が可能である。コーンセンサーで計測された q_t, f_s, u のアナログデータは演算増幅器によりデジタルデータに変換され，傾斜計で測定された傾斜角とともに高周波のパルス信号により，発信器から地盤を介して地上に伝送される。地上部では，ロッドの先端からわに口を介して信号を受信し，パソコンにデータが収録される。

Cone による CPT とサンプリングは，図 7-55 に示すように以下の順序で実施する。

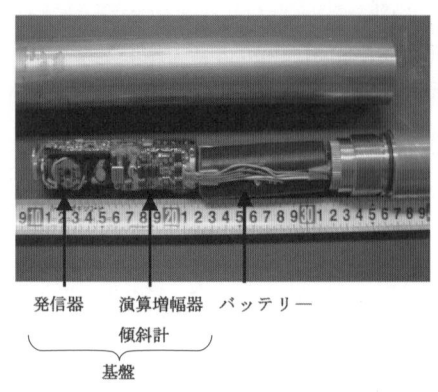

写真 7-4 基盤とバッテリー

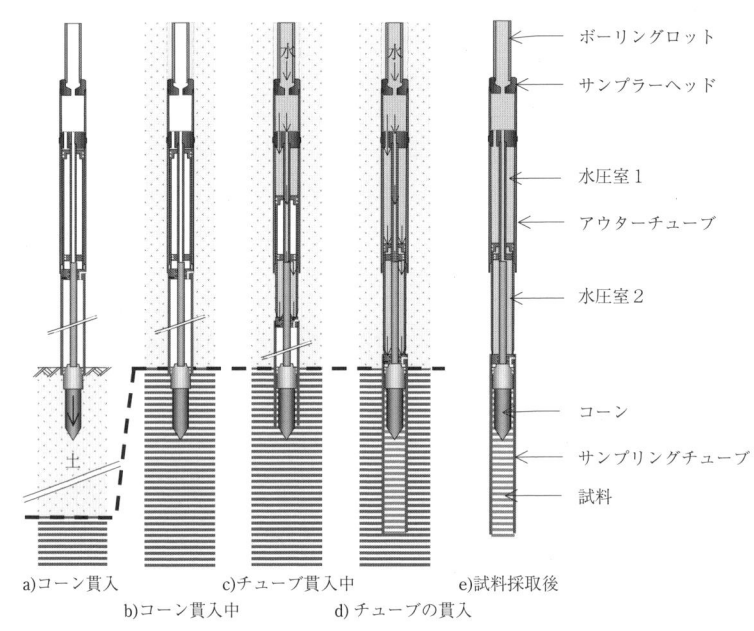

図 7-55 Cone サンプラーによるコーン貫入試験と試料採取

a)コーン貫入　b)コーン貫入中　c)チューブ貫入中　d)チューブの貫入　e)試料採取後

① コーン情報をモニタリングしながら，コーンを地盤に貫入して試料の採取深度に達した時点で CPT を終了する（図 7-55(a), (b)）。

② サンプリングチューブを押し込み，乱れの少ない試料を採取する（図 7-55(c), (d), (e)）。

③ Cone を回収し，サンプリングチューブを取り外した後，新たなサンプリングチューブを取り付ける。Cone をサンプリング深度まで押し込み，CPT を再開する。

Cone のコーン情報の測定精度を，JGS-1435[39] と ISO のクラス 1[40] のそれら

表 7-18 コーン情報の測定精度

コーン情報	Cone サンプラー（無線）			JGS-1435 (2003)	ISO 規格 Class 1
	最大容量	分解能	測定精度		
先端抵抗 q_c (kN/m^2)	20,000	10	30	基準なし	35
周面摩擦 f_s (kN/m^2)	3,000	1.5	4.5	基準なし	5
間隙水圧 u (kN/m^2)	1,000	0.5	1.5	基準なし	10
傾斜 i_c (°)	15	0.015	0.02	基準なし	2

を併せて表7-18に示す。

JGS-1435（2003）には，これらに対する基準値はない。Coneによるコーン情報の測定精度は，ISOのクラス1[40]のそれらを十分に満足している。なお，伝送システムの妥当性は47mの深度まで確認している[41]。

7.3.3 CPTと乱れの少ない試料の採取結果

(1) 沖積地盤に対する適用性

Coneを用いたCPT（無線）とJGS-1435[39]に示されたケーブルによる従来の伝送システム（有線）の両者を沖積粘性土地盤（$I_p=20 \sim 50$，$q_u=10 \sim 80 kN/m^2$）に適用した結果を図7-56に示す。地下水位は地表面であった。両者の水平距離は2mであり，地盤性状の変動があった砂部（$z \fallingdotseq 2m$）を除き，両者のq_t，f_s，uは同等である。また，i_cは$0.1° \sim 0.2°$であり，ISOのクラス1に対する基準値（$2°$）の1割以下と小さい。なお，有線の場合，傾斜計が装着されていないのでi_cは測定していない。

両システムでCPTを行った際の所要時間を表7-19に示す。無線による伝送システムの所要時間は約30分であり，従来のそれの約30％と短い。特に，測定準備と片付けの時間短縮が著しい。これは，ケーブルの長さ（約50m）が測定深度に比較して長かったことに起因するが，測定深度が浅くなれば測定準備と片付けの時間が全体に占める割合は増大することになる。しかし，測定深度に応じたケーブル長が準備されることが少ない実務の現状から判断して，6m程度のCPTに対しても最低50分程度の測定時間の短縮が無線により達成されることになる。

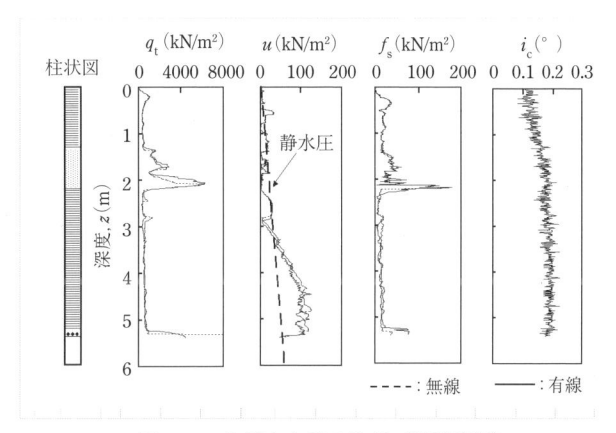

図7-56 無線と有線の比較（沖積地盤）

表7-19 CPTの時間

タイプ	準備 (分)	測定機設置 (分)	測定 (分)	片付け (分)	全体 (分)
無線	0	10	10	10	30
有線	20	15	20	40	95

(2) アースダム堤体に対する適用性

アースダム堤体の天端部の3地点（後述，図15-1）で行ったConeによるCPT[42]の一例（Bor.3）を図7-57に示す。堤体は締め固めた関東ローム（$I_p=36 \sim 47$，$q_u=35 \sim 197 kN/m^2$）である。図7-57のデータのない深度（q_tの①～④）は，Coneサンプラーを用いて乱れの少ない試料を採取した位置である。CPTを実施した区間は，連続したコーン情報が得られており，

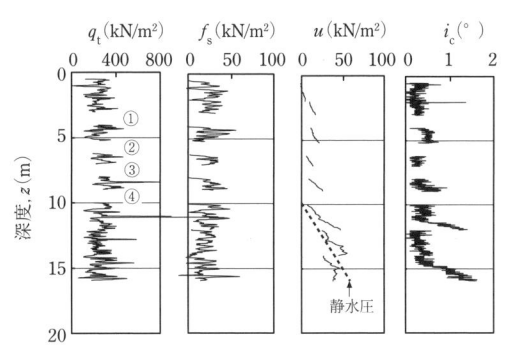

図7-57 CPT結果（アースダム堤体；Bor.3）

無線によるデータ伝送と収録の欠落はない。そして，q_t と f_s の値は深度方向に激しく変化している。この変化は，堤体施工時の締固め精度や粒径の変動を反映していると推察される。

孔内水位から推定した静水圧を，図7-57 の u に破線で示した。u の値の深度分布を見ると，コーン貫入時に発生する間隙水圧の深度変化は，$z=10$m を境に異なっている。i_c は深度12mと15m以深で増大する傾向があるが，最大値が1.6°，平均値は約0.3°であり，ISOのクラス1の基準値（2°）を十分に満足している。

図7-58 は，図7-57 に示す①〜④の深度から採取した試料に対する UCT と K_0CUC 結果から得た Bor.3 の土性図である。すべての試験は，3.1節で述べた d15mm，h35mm の S 供試体を用いている。K_0CUC から推定した原位置の非排水強度 $c_{u(I)}$，サクション S_0 と q_u から推定した原位置の非排水強度 $q_{u(I)}/2$ は，$q_u/2$ より大きいが，特に $z=10$m でこの傾向が顕著である。含水比 w_n の変化が 105〜130% と大きいが，粒径や塑性は同等であり深度に依存していない。

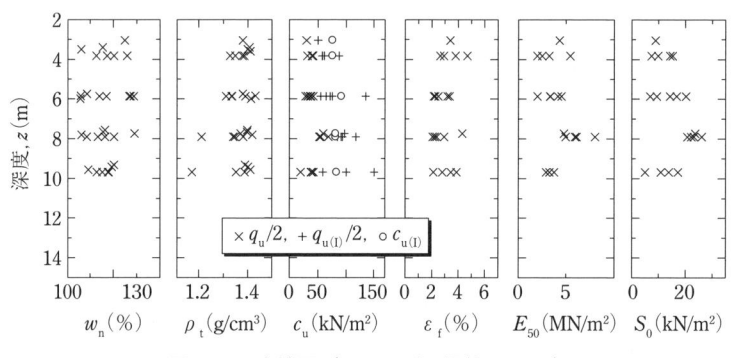

図7-58 土性図（アースダム堤体；Bor.3）

ダム堤体の3地点での各 Cone で要した試験時間を記号を変えて図7-59 にプロットした。同一深度で時間のみが経過している部分は，サンプリング終了後に Cone を回収し，サンプリングチューブを取り外した後，新たなチューブを取り付け，Cone をサンプリング実施深度まで挿入するのに要した時間である。この

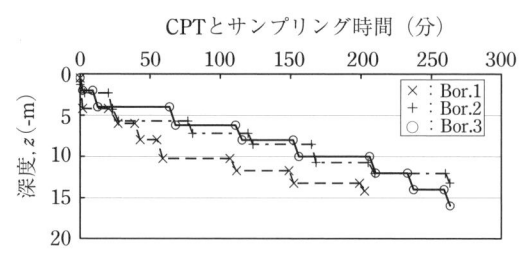

図7-59 CPT とサンプリングに要した時間（アースダム堤体）

時間は平均41分であり，測定深度に依存していない。CPT の測定時間が深度に依存しないのは，無線でコーン情報を測定するため，ケーブルを処理する時間を要しないためである。

ダム堤体のCPTは，地盤表面から深度14〜16m まで行い，4〜5個の乱れの少ない試料を採取した。これらすべてに要した時間は200〜260分程度であり，ボーリング機械の移動を含めても1カ所／日のペースでCPTと乱れの少ない試料の採取が行えた。

7.3.4　Cone のチューブ貫入速さが採取試料の品質に及ぼす影響

7.1節で述べたように茨城県下（岩井）の陸域に堆積した有機質土，沖・洪積粘性土層から，Cone, 45-mm, 50-mm, 75-mm, 84T を用いて乱れの少ない土試料を採取した。試

料採取深度（z）は，地表面下（GL-）4～17m である。これらのサンプリング結果を表7-20 に示す。また，各サンプリングは，相互干渉の影響がないように 2m 程度の水平距離を確保したボーリング孔に対してほぼ同じ深度で行った。

表 7-20　サンプリング結果（岩井）

供試土	サンプラー	採取深度 z (G.L.-m)	試料採取長 (cm)	チューブ最大貫入圧力 p_{max} (MN/m^2)	チューブ貫入速さ s_p (cm/s)	チューブ引抜き力 (kN)	試料の変形* (mm)	試料採取率 (%)
有機質土	75-mm	4.0～4.8	80	0.5	4.0	0.1	無	100
	45-mm	4.5～5.0	50	0.6	5.4	0.1		
	50-mm	4.0～4.7	70	0.9	7.0	0.1		
	Cone	5.3～5.8	50	2.4	4.6	0.3		
沖積粘性土	75-mm	7.0～7.8	80	1.0	2.7	0.3	無	100
	45-mm	7.5～8.0	50	0.7	3.6	0.3		
	Cone	7.3～7.8	50	4.6	3.5	8.0		
洪積粘性土	84T	16.0～16.8	80	0.2	0.1	1.5	無	100
	45-mm	16.3～16.8	50	1.3	2.4	0.8		
	Cone	16.0～16.5	50	4.3	2.6	12.0	無**	

*：チューブ刃先の変形による　　　**：コーンロッド破断

ボーリングマシン，ポンプなどの主要構成品とオペレータは，すべてのサンプリングに対して同じに統一した。サンプリングチューブ頭部の固定ビスに細いワイヤーを取り付け，チューブ貫入に要したワイヤー移動時間からチューブ貫入速さ（s_p）を定義した。s_p は，Cone，45-mm，50-mm に対して 2.4～7.0cm/s であった。また，試料採取率はすべてのサンプリングに対して 100%であった。

岩井における各サンプラーのチューブ貫入速さの平均値（$\bar{s}_p$）を図 7-60 に示す。有機質土，沖積粘性土，洪積粘性土に対する Cone の $\bar{s}_p$ は，それぞれ 4.6cm/s，3.5cm/s，2.6cm/s であり，45-mm，50-mm と同等である。しかし，75-mm の $\bar{s}_p$ は，有機質土，沖積粘性土に対して，それぞれ 4.5cm/s，2.7cm/s である。洪積粘性土に対しては，地盤強度が大きいため 84T を用いたが，その $\bar{s}_p$ はロータリー式サンプラーであることも反映して 0.1cm/s であった。すなわち，84T は 80cm の試料を採取するのに 14 分程度の時間を要している。Cone の $\bar{s}_p$ は，有機質土と沖積粘性土に対して 75-mm よりもそれぞれ 2.2%，29.6%大きく，洪積粘性土では 84T の 26 倍であった。

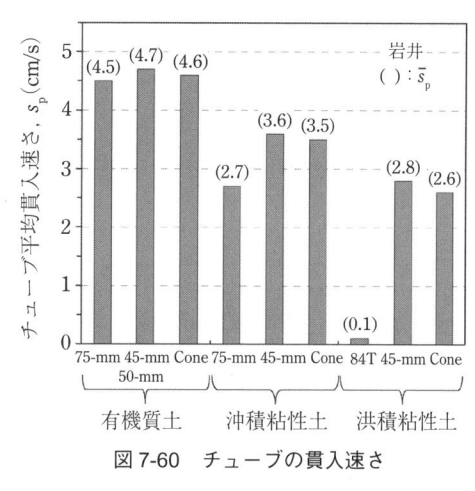

図 7-60　チューブの貫入速さ

図 7-61 は，各サンプラーの s_p と一軸圧縮強さの平均値（$\bar{q}_u$）の関係を整理している。結果の大局的傾向や客観性を検討するため，岩井に加え，新潟の沖積粘性土（I_p=37.3～100.2，w_n=46.3～101.8%，ρ_t=1.395～1.679g/cm^3）の結果も併せてプロットしている。岩井の沖積粘性土の I_p，w_n，ρ_t は，表 7-9 に示したように，新潟の沖積粘性土と同等であり，両粘性土は同様な指標的性質であると判断される。したがって，同じサンプラーで堆積地の異なる粘性土の影響が検討できる。図中の各曲線は，同じ機構のサンプ

ラーとして岩井の有機質土と新潟の沖積粘性土における Cone, 45-mm と 50-mm に対する最小二乗法による回帰曲線であり, r は相関係数である. 岩井と新潟に対する 75-mm のプロット (○) は, Cone, 45-mm と 50-mm の回帰線より下に位置し, $\bar{q}_u$ の増加に対して大きく低下する. しかし, Cone および 45-mm と 50-mm の回帰曲線による s_p は, それぞれ $\bar{q}_u$=19〜359 kN/m^2, 16〜536 kN/m^2 に対して 2.5〜4.5 cm/s の範囲にあり, いずれも s_p の低下はわずかである. 倍圧機構である Cone, 45-mm, 50-mm の $\bar{q}_u$ に対する s_p は

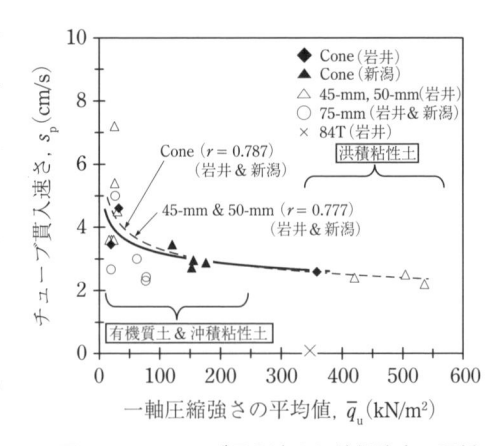

図 7-61 チューブ貫入速さと地盤強度の関係

同等であり, 岩井と新潟の粘性土にも依存していない. 加えて, 同じ $\bar{q}_u$ 下の 75-mm (○) や 84T (×) の s_p より大きい. 75-mm や 84T は, 地盤強度によって使用が制限されるが, s_p も大きく変化することがわかる.

JGS-1221[1)] では, エキステンションロッド式の固定ピストン式サンプラー (75E と略記) の s_p として 20cm/s 程度を推奨している. 図 7-62 は, 奥村[43)] が岡山県錦海湾で行った結果を再整理している. すなわち, 75E の s_p=20 cm/s と s_p=1 cm/s と 5cm/s から採取した試料の q_u を比較している. 図中には s_p=1cm/s と 5 cm/s の各プロットに対する回帰直線も示している. 75E による q_u は, わずかではあるが s_p=1cm/s と 5cm/s の場合よりも s_p=20cm/s のそれが大きく, その差は q_u の増加に対して徐々に大きくなると解釈される.

田中と伊原[44)] は, 有明粘土の不撹乱試料と再構成試料を金属表面に一定圧力で押し付けた状態で, 試料が金属表面上を移動した際の摩擦力を測定し, 試料の移動速度が 20〜50 cm/s 程度の時に摩擦力が最小となることを示した. 奥村[43)] や田中と伊

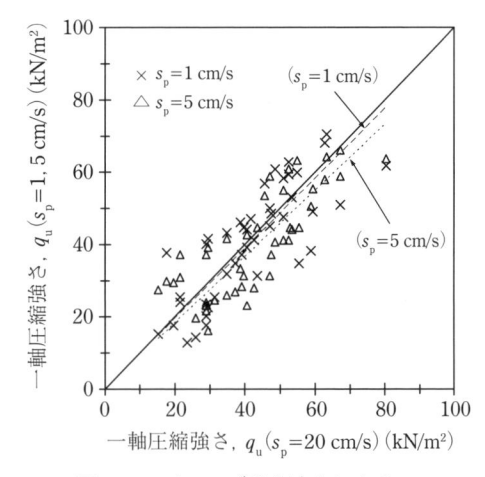

図 7-62 チューブ貫入速さによる q_u

原[44)] の結果は, JGS-1221[1)] の 75E に対する s_p の推奨値が妥当であることを裏付けている. しかし, 水圧式サンプラーの s_p は, 水圧ポンプの能力や反力の大きさに関係した押込み圧力や地盤の硬さ等によって変化するため, 制御することが困難である. また, 実務の現状として, q_u=100〜200 kN/m^2 の土に対し, s_p=1〜7cm/s の値が報告されている[45)].

大野ら[46)] は, 埼玉県と愛知県の沖積粘性土地盤 (q_u ≒ 20〜160 kN/m^2) において, 75E と 75-mm でサンプリングを行い, それらに対する UCT 結果より両サンプラーの試料の品質を検討している. この時の s_p は, 75E が 10cm/s 程度, 75-mm が 5〜6 cm/s であり, s_p が小さい 75-mm の q_u が大きく, 破壊ひずみが小さい結果を報告している. そして, 彼ら[46)] は, 高品質な試料を採取するためには, s_p の大きさに加え, チューブを等速で連続的に押し込むことが重要であると述べている.

著者らが測定したs_p[47]は，サンプリングチューブ頭部の固定ビスに取り付けたワイヤーの移動から測定しているが，チューブ貫入中のs_pは，ほぼ一定速度であった。標準貫入試験のN値が3〜54の新潟砂の場合にも，45-mmと50-mmサンプラーは，ほぼ一定の速度で貫入したことを確認している[21]。図7-61の結果は，Coneおよび45-mm，50-mmのs_pは土の強度に関係なく同等であり，2つの水圧室がポンプ圧を相互干渉する効果が作用して，チューブ貫入中のs_pもほぼ一定になると推察している。また，これら倍圧機構であるCone，45-mm，50-mmは，75-mmや84Tなどの通常サンプラーに比べてs_pが大きく，軟質〜硬質粘性土まで短時間で試料を採取することが可能であり，サンプリング作業の効率化が図れることを示している。

7.3.5 試料採取前のコーン貫入が採取試料の強度特性に及ぼす影響

Coneは，試料採取時に図7-55(b)に示す先端コーンを固定ピストンとするため，先端コーンがチューブ内に採取する試料を乱すことが危惧される。本項では，コーン貫入長が採取試料の品質に及ぼす影響を検討する。

岩井の有機質土，沖・洪積粘性土について，Cone，75-mm，84Tで採取した試料の縦断方向中央部供試体のS_0，q_u，E_{50}の平均値に対する縦断方向の中央部以外の供試体のそれらの比$R\overline{S}_0$，$R\overline{q}_u$，$R\overline{E}_{50}$を試料採取長L_sに対するチューブ刃先からの距離D_sに対してプロットして図7-63に示した。ここで，試料の縦断方向中央部は，$D_s/L_s=0.5$である。図中には，新潟の沖積粘性土に対して同様に得たConeの結果（新潟-1, 2）もプロットしている。岩井でのConeによるサンプリングは，それぞれコーンを1m貫入した後に実施している。また，新潟-1, 2のConeは，それぞれコーン貫入1mと2m後にサンプリングを実施した。岩井の有機質土と沖積粘性土のConeの$R\overline{S}_0$，$R\overline{q}_u$，$R\overline{E}_{50}$は，それぞれ0.73〜1.08，0.81〜1.0，0.71〜1.0の範囲にある。同様に75-mmは，0.67〜1.13，0.67〜1.01，0.59〜1.31の範囲にある。Coneの$R\overline{S}_0$，$R\overline{q}_u$，$R\overline{E}_{50}$と75-mmのそれらに有意差はない。また，新潟-1，新潟-2も岩井と同じ傾向となっている。岩井の洪積粘性土のConeは，図7-20(d)で述べたように，

採取地	サンプラー	コーン貫入長(m)	有機質土	沖積粘性土	洪積粘性土
岩井	Cone	1.0	○	△	□*
	75-mm				
	84T				
新潟-1	Cone	1.0		●	
新潟-2		2.0		▲	

*：コーンロッド破断

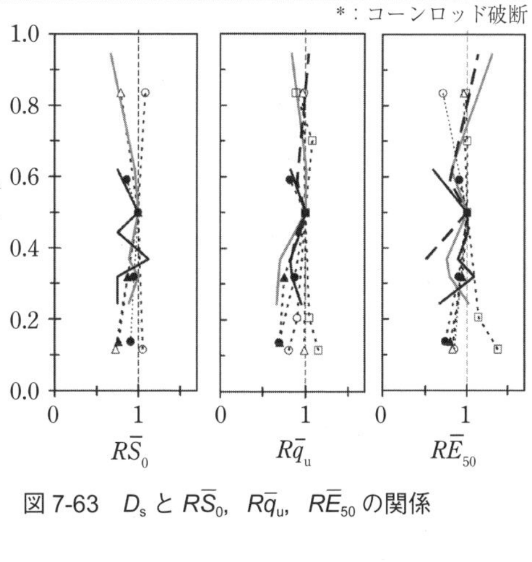

図7-63　D_sと$R\overline{S}_0$，$R\overline{q}_u$，$R\overline{E}_{50}$の関係

コーンロッドが破断し，先端コーン部を取り外す際に採取試料を乱した。しかし，このような試料であっても，Coneの$R\overline{q}_u$，$R\overline{E}_{50}$は，84Tのそれらとほぼ同等である。以上のことから，Coneのチューブ内の試料の品質に及ぼすコーン貫入の影響はないと判断される。

7.3.6 Coneで得た試料の圧密特性

岩井土の強度特性は7.1節と文献[47]に示した。岩井の有機質土，沖積粘性土，洪積粘

性土に対して，ILと小型精密三軸試験機[48]を用いたK_0圧密試験（K_0C）から得た間隙比eと圧密圧力σ_vの関係を，それぞれ図7-64(a), (b), (c)に示す。ここで，K_0圧密は供試体に一定速度で圧縮側の軸ひずみを与え，側方変位をモニターしながら側圧を増減させた（両振り）。この試験機は，後述図9-14に示すように15mmの供試体径の±0.02%以上の精度で側方変位が制御できる。K_0Cの結果はプロットを明瞭に識別するため，破線で示している。すべての供試体の初期間隙比e_0は，供試体の指標的性質の変動によるeの違いを取り除くため，これらの供試体の平均値に合わせている。これらの図より，各サンプラーによる試料の$e \sim \log \sigma_v$関係に有意な差はないと判断される。

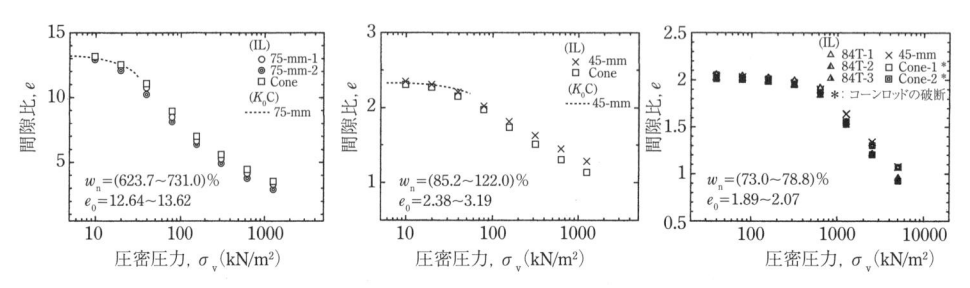

(a) 有機質土，z=(5.2〜6.0)m　　(b) 沖積粘性土，z=(7.2〜8.0)m　　(c) 洪積粘性土，z=(16.0〜16.8)m

図7-64　eとσ'_vの関係

表7-21に，図7-64(a), (b), (c)に示した各供試体のw_n, e_0, 圧密降伏応力σ'_p, 圧縮指数C_c, 体積ひずみε_{vo}を示す。ε_{vo}は試料の乱れによって大きくなり，試料の乱れを示す指標として用いることができることを5.1節に述べた。Andersen & Kolstad[49]は，体積ひずみの用語を用いてこの値が乱れの指標になるとしているが，この値の定義や乱れの指標になる理由については述べていない。

表7-21　z=5, 7, 16m 試料の圧密試験結果（岩井）

z (GL.-m)	試験	試料	供試土	I_p	w_n (%)	e_0	σ'_p (kN/m²)	C_c	ε_{vo} (%)	$R\sigma'_p$	RC_c	$R\varepsilon_{vo}$
5.2〜6.0	IL	75-mm-1	有機質土	289.4	692.5	12.64	16.1	7.56	4.4	0.95	0.89	1.19
		75-mm-2			731.0	13.61	14.5	7.01	6.6	0.86	0.86	1.78
		Cone			664.9	12.61	16.9	8.47	3.7	—	—	—
7.2〜8.0	IL	45-mm	沖積粘性土	34.4	86.4	2.38	36.4	0.66	1.9	—	—	—
		Cone			85.2	2.36	37.4	0.80	1.8	1.03	1.21	0.95
16.0〜16.8	IL	84T-1	洪積粘性土	57.6	75.6	2.07	612	1.24	0.6	0.89	0.90	2.00
		84T-2			73.4	2.01	576	1.08	0.5	0.83	0.78	1.67
		84T-3			73.0	2.03	660	1.14	0.4	0.96	0.83	1.33
		45-mm			73.6	1.89	691	1.38	0.3	—	—	—
		Cone-1*			78.5	2.08	650	1.12	1.0	0.94	0.81	3.33
		Cone-2*			78.8	2.01	592	1.02	0.8	0.86	0.74	2.67

*：コーンロッド破断

有機質土において，Coneで得たσ'_p, C_c, ε_{vo}に対する75-mmのそれらの比$R\sigma'_p$, RC_c, $R\varepsilon_{vo}$を表7-21に併せて示した。$R\sigma'_p$, RC_c, $R\varepsilon_{vo}$は，それぞれ0.86〜0.95, 0.86〜0.89, 1.19〜1.78の範囲にあり，w_n, e_0がほぼ同等である75-mm-1とConeは，σ'_p, C_c, ε_{vo}に大きな差はない。しかし，w_nの差が約70%あるConeと75-mm-2は，これらの値の差も大きい。沖・洪積粘性土では，同様に45-mmに対するCone，84Tの$R\sigma'_p$, RC_c, $R\varepsilon_{vo}$を示している。沖積粘性土におけるConeと45-mmでは，有機質土のConeと75-mm-1と

同様に，w_n と e_0 が同等であることから σ'_p, C_c, ε_{vo} に差はない。洪積粘性土の Cone に対する $R\sigma'_p$, RC_c, $R\varepsilon_{vo}$ は，それぞれ 0.86〜0.94, 0.74〜0.81, 2.67〜3.33 であり，84T に対してはそれぞれ 0.83〜0.96, 0.78〜0.90, 1.33〜2.00 である。σ'_p と C_c については Cone と 84T は同等であるが，ε_{vo} は Cone の方が若干大きい。

図 7-65 は，ε_{vo} と過圧密比（$OCR=\sigma'_p/\sigma'_{vo}$）の関係である。図中には結果の一般性を高めるため茨城土以外に，Lacasse & Berre[50] による結果，そして図 5-8 で示した桑名，羽田，川田，静内，浦安，尼崎，徳山，神戸，泉南，広島から得た 75-mm に対する結果も示している。シャドーは，図 5-8 の 75-mm のプロットの上下限値の範囲であり，Lacasse & Berre[50] による結果は，$OCR=1〜2$ の範囲ではこのシャドーの下限にあり，$OCR>3$ の領域では重なっている。茨城

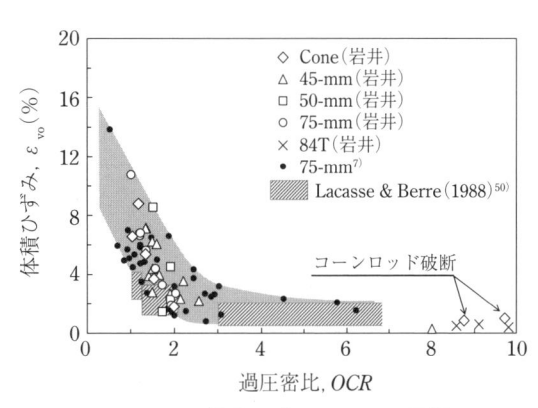

図 7-65 体積ひずみと OCR の関係

における各サンプラーによる試料の ε_{vo} は，$OCR<3$ の領域では 75-mm による範囲にプロットされ，OCR の減少に伴って ε_{vo} は大きくなる。$OCR>8$ の領域におけるプロットは，洪積粘性土の結果であり，ε_{vo} は小さいが，Cone の ε_{vo} は表 7-21 にも示したように，サンプリング中のコーンロッド破断による試料の乱れに起因して 45-mm や 84T よりも若干大きい。45-mm の ε_{vo} は 0.3%，84T のそれらは 0.4〜0.6% であり，45-mm は 84T と同様に品質の良好な試料が採取できている。Lacasse & Berre[50] は，$OCR>7$ の領域で ε_{vo} と OCR の関係を示していないので，この領域のプロットに対しては彼らとの比較はできない。

圧密係数 c_v，体積圧縮係数 m_v，透水係数 k についても同様に検討したが，c_v, m_v, k に対する試料の乱れの効果は，σ'_p や C_c のそれらのように明瞭ではなかった。図 7-64，図 7-65，表 7-21 の結果は，Cone による試料の圧密特性は，洪積粘性土でコーンロッド破断によって試料が乱れたものを除き，75-mm, 84T と同等以上であることを示している。

上述したように Cone は，多機能のサンプラーとしてコーン貫入試験によって原位置試験としても利用できる。Cone は地盤調査精度の向上やコスト縮減を目指す機動的な調査方法として有用である[51]。

7.3.7 試料の品質クラスとサンプリングカテゴリー

使用するサンプラーの機能と採取した試料の品質は，試料採取の目的や建設条件，設計の要求性能により異なる。Eurocode 7[52] と ISO22475-1[53] は，表 7-22，表 7-23，表 7-24 に示すように，土の状態や求める性質に対応した試料採取方法を試料の品質クラスとサンプリングのカテゴリーとして示している。例えば，表 7-22 の「試料品質のクラス」の中で，品質「1」を満足するサンプリング方法はカテゴリー A であり，圧縮性とせん断強度を求める試料は，カテゴリー A に分類されるサンプラーを用いることを規定している。すなわち，圧縮性とせん断強度は，試料の乱れによる影響が大きく，他の土の性質を得る場合に比べ，高品質な土試料が採取できるサンプラーの使用を規定している。したがって，B と C のサンプリングカテゴリーに分類されるサンプラーで採取した土試料は，試料品質のクラス 1 と 2 が要求するサンプラーとしては適合しないことになる。

JGS-1221[1], JGS-1222[2], JGS-1223[3] で規定する我が国の試料採取方法は，Eurocode 7[52],

表 7-22 室内試験のための土試料の品質クラス（Eurocode7[51]）

試料品質のクラス	1	2	3	4	5
変化しない土の性質					
粒径	∗	∗	∗	∗	
含水比	∗	∗	∗		
密度，相対密度，透水性	∗	∗			
圧縮性，せん断強度	∗				
求める性質					
層相	∗	∗	∗	∗	∗
層相の境界 – 概略	∗	∗	∗	∗	
層相の境界 – 詳細	∗	∗			
アッターベルク限界，土粒子の密度					
有機物含有量	∗	∗	∗	∗	
含水比	∗	∗	∗		
密度，相対密度，間隔率，透水性	∗	∗			
圧縮性，せん断強度	∗				
サンプリングカテゴリー	A				
		B			
					C

表 7-23 サンプリングカテゴリーによる採取試料の品質（Eurocode7[51]）

カテゴリー A	試料採取や土試料を扱う中で土の構造の乱れがほとんどないか，ないもの。そして，含水比や間隙比が原位置のそれと等しい。土の構成や化学成分の変化がない。
カテゴリー B	土の構造は乱れているが含水比や構成は原位置のそれと同じである。土層やその構成は特定できる。
カテゴリー C	土の構造が全体的に変化している。土層やその構成が原位置の状態から変化して正確に特定できない。含水比も原位置のそれを反映しない。

表 7-24 土のサンプリングカテゴリー（ISO 22475-1[52]）

土の種類	適用例	サンプリング		
		カテゴリー A	カテゴリー B	カテゴリー C
粘土	剛性，強度 鋭敏性，塑性	PS-PU, OS-T/W-PU[b] OS-T/W-PE[a] OS-TK/W-PE[a,b] CS-DT, CS-TT, LS S-TP, S-BB	OS-T/W-PE OS-TK/W-PE CS-ST, HSAS AS[a]	AS
シルト	剛性，強度 鋭敏性 地下水位	PS, OS-T/W-PU[b] OS-TK/W-PE[a,b] S-TP	CS-DT, CS-TT OS-TK/W-PE HSAS	AS CS-ST
砂	粒径，密度 地下水位	S-TP, OS-T/W-PU[a,b] OS-TK/W-PE[a]	OS-TK/W-PE[b] CS-DT, CS-TT, HSAS	AS CS-ST
礫	粒径，密度 地下水位	S-TP	OS-TK/W-PE[a,b]	AS CS-ST
泥炭	腐食の状態	PS, OS-T/W-PU[b] S-TP	CS-ST, HSAS AS[a]	AS

[a] 状態の良い時のみに使用できる。　　[b] 詳細な形状は，他項（6.4.2.3）を見よ。

凡例
PS-PU　　　　　　ピストンサンプラー，押込み
OS-T/W-PU　　　　オープンチューブサンプラー，薄肉，押込み
OS-T/W-PE　　　　オープンチューブサンプラー，薄肉，動的貫入
OS-TK/W-PE　　　オープンチューブサンプラー，厚肉，動的貫入
PS　　　　　　　　ピストンサンプラー
PS-PU　　　　　　ピストンサンプラー，押込み
LS　　　　　　　　大口径サンプラー
CS-DT　　　　　　ロータリーコアー，単管
CS-DT, CS-TT　　　ロータリーコアー，二または三重管
AS　　　　　　　　オーガー
HSAS　　　　　　　ホローステムオーガー
S-TP　　　　　　　ピットからのサンプリング
S-BB　　　　　　　ボアホールからのサンプリング

ISO22475-1[53)]に分類されるカテゴリーAに相当する試料採取方法であるが，**表7-24**には，他のJGS基準も含めてサンプラーのカテゴリー判定をまとめている。JGS-1221[1)]で示される75-mmと同様に，45-mmから得た試料の品質は，LavalやSherbrookeサンプラーのそれらと同等であることを7.1節で示した。また，45-mmのチューブ貫入速さは，新潟砂（N値=3〜54）に対してサンプリングチューブ内径70mmの水圧式サンプラーの約2倍であり，試料採取率85〜97%で高品質の砂試料も採取できることを7.2節で示した。すなわち，小径倍圧型サンプラーは，粘性土・有機質土・砂質地盤に対してもカテゴリーAに分類されるサンプラーであることがわかった。

表7-22に示したカテゴリーAに分類されるサンプリング方法は，試料品質のクラス1を満足する必要があり，圧縮性とせん断強度特性が要求される。第4章で述べたように，非排水強度，圧密降伏応力，圧縮指数などの値は試料の乱れで低下する[54)]が，これらの値が同等であれば試料の品質も同等と判断される。すなわち，Coneから得た試料の品質をJGS-1221[1)]，JGS-1222[2)]，JGS-1223[3)]による75-mm，75R，84Tから得たそれらと比較し，試料の品質が同等であればConeはカテゴリーAに分類されるサンプラーと判断できる。

原位置の非排水強度[55)]や圧密特性の推定法[7)]を5.2節と5.1節で示し，これらの推定値と測定値との比較から，チューブサンプリングで得た国内外の試料[55),56),57)]の品質評価を前節までに体系的に行ってきた。K_0CUCから得た原位置の圧密降伏応力$\sigma_{p(I)}$[7)]下の非排水強度$c_{u(I)}$[55)]に対する一軸圧縮強さq_uの比の平均値は，75-mmで得た日本の24堆積地[55)]，釜山[56)]，ピサ[57)]の粘土に対して，それぞれ0.64，0.64，0.62であった。カテゴリーAに分類されるサンプラーであっても，サンプリングから試験に至る過程で試料が受ける応力解放と撹乱に起因した強度低下は大きい。しかし，設計値を求めるための各種土質試験は採取試料に対して行うことが有利である。土の指標的性質や強度・圧密特性，応力・排水・せん断条件の影響，ひずみ速度，異方性等を含む各種試験は，サウンディングを含む原位置試験では行えない。また，深部までブロックサンプリングで乱れの少ない試料を採取することも現実的でないからである。チューブサンプリングでは，任意の深さの土を採取して上記の各種試験が行えることに加え，何よりも試料を目視して直接観察できることが大きな利点である。これらの試料によって，微化石分析を含む堆積環境調査[56)]から，堆積年代を含む地層判定が行えるし，その結果から基礎の位置や形式，施工法等に関する総合的・俯瞰的な設計・施工評価も可能となる。

地盤内の強度・変形特性と採取した試料から測定したそれらとの乖離は，例えば第5章で述べた方法で別途求めればよいと考えている。しかし，これらの補正法の適用性を国内外の土に対して幅広く行うことよりも，試料採取法のカテゴリー区分が容易である。このカテゴリー区分によって，採取試料の品質レベルが揃えば，試験結果の変動が小さくでき，設計の信頼度も説明責任も向上するからである。Eurocode，ISO，JGSの規格・基準の狙いもここにある。

45-mmや50-mmは国内外の従来のサンプラーと同等の品質の試料が採取できることは，我が国[6),22),47)]やピサ粘土[57)]で確認している。

$I_p=25$〜291，$q_u=18$〜604kN/m^{2}の幅広い範囲の自然堆積土に対するConeの適用性の検討から，Coneを含む小径倍圧型水圧ピストンサンプラーは，カテゴリーAのサンプラーと扱われている[58)]。

参考文献

1) 地盤工学会：固定ピストン式シンウォールチューブサンプラーによる土の乱さない試料の採取方法（JGS 1221-1995），地盤調査法，pp.152-156，1995.
2) 地盤工学会：ロータリー式二重管サンプラーによる土の乱さない試料の採取方法（JGS 1222-1995），地盤調査法，pp.159-161，1995.
3) 地盤工学会：ロータリー式三重管サンプラーによる土の乱さない試料の採取方法（JGS 1223-1995），地盤調査法，pp.163-165，1995.
4) 矢野慎也・正垣孝晴・中村史則・岡本恵治：小径倍圧型水圧ピストンサンプラーによる砂礫・玉石層下の乱さない粘性土の採取とその品質，第36回地盤工学研究発表会講演集，pp.83-84，2001.
5) 田中洋行・田中政典：世界的に見た日本のサンプリング方法の位置，第44回地盤工学シンポジウム，pp.223-232，1999.
6) Shogaki, T. and Sakamoto, R.：The applicability of a small diameter sampler with a two-chambered hydraulic piston for Japanese clay deposits, *Soils and Foundations*, Vol.44, No. 1, pp. 113-124, 2004.
7) Shogaki, T.：A method for correcting consolidation parameters for sample disturbance using volumetric strain, *Soils and Foundations*, Vol.36, No.3, pp.123-131, 1996.
8) 正垣孝晴，松尾稔：粘性土の強度低下に与える外的要因と微視的構造への影響，昭和60年度サンプリングシンポジウム論文集，pp.109-116，1985.
9) Baligh, M. M., Azzouz, A. S. Chin, C. T.：Disturbance due to ideal tube sampling disturbance. *J. Geotech. Engng Div.*, ASCE 113, No. GT7, pp.739-757, 1987.
10) Clayton, C.R.I., Siddique, A. and Hopper, R.J.：Effects of sampler design on tube sampling disturbance—numerical and analytical investigations—, *Geotechnique*, Vol.48, No.6, pp.847-867, 1998.
11) 児玉潤・足立格一郎：粘土の微視構造とその定量化の試みに関する研究，粘土地盤における最新の研究と実際に関するシンポジウム論文集，地盤工学会，pp.13-18，2002.
12) Shogaki, T.：Microstructure, strength and consolidation properties of Ariake clay deposits obtained from samplers, *Journal of ASTM International*, Vol.3, No.7, pp.98-105, 2006.
13) Matsuo, S. and Kamon, M.：Microscopic study on deformation and strength of clays, *Proc. of 9th Int. Conf. Soil Mechanics and Foundation Engineering*, pp.201-204, 1977.
14) Shogaki, T., Sakamoto, R., Kondo, E. and Tachibana, H.：Small diameter cone sampler and its applicability for Pleistocene Osaka Ma12 clay, *Soils and Foundations*, Vol.44, No. 4, pp. 119-126, 2004.
15) Shogaki, T., Shirakawa, S. and Nakamura, F.：Applicability of the small diameter sampler with two chamber hydraulic pistons for hard soils, *The Geotechnics of Hard Soils—Soft Rocks*, Naples, pp.315-320, 1998.
16) 正垣孝晴・西田博文・大里重人・笹倉剛・中山健二・伊藤和也・上野誠・外狩麻子：地盤工学におけるリスクマネジメント，4. 自然災害・法令・社会情勢の変遷と地盤リスク，地盤工学会誌，Vo.59, No.9, pp.20-28, 2011.
17) Yoshimi, Y., Tokimatsu, K., Hosaka, Y.：Evaluation of liquefaction resistance of clean sands based on high-quality undisturbed samples, *Soils and Foundations*, Vol.29, No.1, pp.93-104, 1989.
18) 土質工学会サンプリング委員会：砂質土試料の採取法および品質評価法に関する研究報告書，71p, 1988.
19) 土質工学会サンプリング委員会：砂質土試料の採取法および品質評価法に関する研究報告書（その2），161p, 1996.
20) 全国地質調査業協会連合会：「地盤の液状化に関する土木研究所との共同研究」全地連「技術フォーラム '98」講演集別冊，全地連報告 第1部，341p, 1998.
21) Shogaki, T., Nakano, Y., Shibata, A.：Sample recovery ratios and sampler penetration resistance in tube sampling for Niigata sand, *Soils and Foundations*, Vol.42, No.5, pp.111-120, 2002.
22) Shogaki, T., Sakamato, S., Nakano, Y. and Shibata, A.：A applicability of the small diameter sampler for Niigata sand deposits, *Soils and Foundations*, Vol.46, No. 1, pp. 1-14, 2006.

23) Seed, H. B., Idriss, I. M. and Arango, I.：Evaluation of liquefaction potential using field peformance data, *Journal of Geotechnical Engineering, ASCE*, Vol.109, No.3, pp.458-482, 1983.
24) Shogaki, T. and Sato, M.：Estimating *in-situ* dynamic strength properties of sand deposits, *Proceedings of the 14th Asian Regional Conference on Soil Mechanics and Geotechnical Engineering*, Hong Kong, CD Rom, 2011.
25) 日本道路協会：道路橋示方書・同解説Ⅴ耐震設計編, pp.349-362, 2003.
26) Meyerhof, G. G：Penetration test and Bearing capacity of cohesionless soils, *Proc. of the ASCE, Journal of the soil mech. And Found. Div.*, Vol.82, No.SM.1, Paper 866, 1956.
27) 地盤工学会：「土の液状化強度特性を求めるための繰返し三軸試験（JGS0541-2000）」基準の解説, 土質試験の方法と解説, pp.642-678, 2000.
28) Shogaki, T. and Sakamoto, R.：Effect of specimen height on dynamic strength properties of Toyoura sand, *Porceeding of the 7th International offshore and polar engineering conference*, pp.1578-1584, 2007.
29) 吉見吉昭：砂の乱さない試料の液状化抵抗～N値～相対密度関係, 土と基礎, Vol.42, No.4, pp.63-67, 1994.
30) Tokimatsu, K. and Yoshimi, Y.：Empirical correlation og soil liquefaction based on SPT N-value and fines content, *Soils and Foundations*, Vol.23, No.4, pp.56-74, 1983.
31) Tatsuoka, F., Yasuda, S., Iwasaki, T. and Tokida, K.：Normalized dynamic undrained strength of sands subjected to cyclic and random loading, *Soils and Foundations*, Vol.20, No.3, pp.1-14, 1980.
32) Ishihara, K.：Stability of natural deposits during earthquakes, *Proc. of 11th ICSMGE*, Vol.1, pp.321-390, 1985.
33) 鈴木康嗣・時松孝次・田屋裕司・窪田洋司：コーン貫入試験及び標準貫入試験結果と原位置凍結試料の液状化強度との関係, 第30回土質工学研究発表会, pp.983-984, 1995.
34) Robertson, P.K., Woeller, D.J. and Finn, W.D.L：Seismic cone penetration test for evaluating liquefaction potential under cyclic loading, *Canadian Geotechnical Journal*, Vol.29, pp.285-695, 1992.
35) Tokimatsu, K. and Uchida, A.：Correlation between liquefaction resistance and shear wave velocity, *Soils and foundations*, Vol.30, No.2, pp.33-42, 1990.
36) 澁谷啓・三田地利之・山下聡・田中洋行・中島雅之・古川卓・稲原英彦：サンプリング方法が地盤材料の微小ひずみの変形特性に及ぼす影響, サンプリングに関するシンポジウム発表論文集, pp.71-78, 1995.
37) プラダン テージ・永淵圭：粘性土のせん断剛性率の異方性, 第32回地盤工学研究発表会, pp.807-808, 1997.
38) 正垣孝晴・今村友昭：チューブサンプリング貫入による試料撹乱のメカニズム, 土木学会第66回年次学術講演会, Ⅲ-361, 2011.
39) 電気的静的コーン貫入試験法（JGS 1435-2003）, 地盤工学会, 地盤調査の方法と解説, pp.301-309, 2004.
40) *Draft International Standard ISO/DIS 22476-1*,：Geotechnical investigation and testing—Field testing—Part1：Electrical cone and piezocone penetration tests, pp.1-15, 2005.
41) 正垣孝晴・佐藤根彰・鈴木敏夫・坂原正浩・片山浩明・中野義仁：コーン情報の無線システムの伝送精度, 第7回地盤工学会関東支部発表会, pp.320-323, 2010.
42) 正垣孝晴・鶴田滋・高橋章・鈴木朋和・笹島卓也：無線コーン貫入試験の既設ダム堤体への適用, 第42回地盤工学研究発表会, pp.97-98, 2007.
43) 奥村樹郎：粘土のかく乱とサンプリング方法の改善に関する研究, 港湾技術研究所資料, No.193, pp.89-122, 1974.
44) 田中政典・伊原章正：サンプリング速度が試料とサンプラーとの摩擦に与える影響, 第40回地盤工学研究発表会講演集, pp.169-170, 2005.
45) 土質工学会：サンプリングマニュアル（第1回改訂版）, pp.60-105, 1986.
46) 大野晴正・山崎陽三郎・稲葉隆一・永木明世・西原澄夫・森山一英：軟らかい粘性土の試料

採取法（水圧式サンプラーと固定ピストン式シンウォールサンプラーの比較），土と基礎，Vol.30，No.8，pp.23-27，1982．

47) 正垣孝晴・中野義仁：コーン機能を有する小径倍圧型水圧ピストンサンプラーで採取した試料の品質，地盤工学ジャーナル，Vol.5，No.2，pp.364-375，2010．

48) Shogaki, T. and Nochikawa, Y.：Triaxial strength properties of natural deposits at K_0 consolidation state using a precision triaxial apparatus with small size specimens, *Soils and Foundations*, 45 (2), pp.41-52, 2004.

49) Andersen, A. AA. and Kolstad, P.：The NGI 54-mm sampler for undisturbed sampling of clays and representative sampling of coarser materials, *Proceedings of the International Symposium of Soil Sampling*, Singapore, pp.13-21, 1997.

50) Lacasse, S. and Berre, T.：Triaxial testing methods for soil, Advanced triaxial testing of soil and rock, *ASTM STP 977*, pp.264-289, 1988.

51) 正垣孝晴・西原彰夫：無線によるコーン情報の伝送システム，土と基礎，Vol.55，No.11，pp.26-28，2007．

52) Eurocode 7：Geotechnical design Part 3, Design assisted by field-testing, *ENV 1997-3*, pp.94-101, 1999.

53) *ISO22475-1*：Geotechnical investigation and testing/sampling—Sampling methods and groundwater measurements, Part 1：Technical principles for excution, pp.1-28, 2006.

54) Shogaki, T. and Kaneko, M.：Effect of sample disturbance on strength and consolidation parameters of soft clay, *Soils and Foundations*, Vol.34, No.3, pp.1-10, 1994.

55) Shogaki, T.：An improved method for estimating *in-situ* undrained shear strength of natural deposits, *Soils and Foundations*, Vol.46, No.2, pp.109〜121, 2006.

56) Shogaki, T., Nochikawa, Y., Jeong, G. H., Suwa, S. and Kitada, N.：Strength and consolidation properties of Busan new port clays, *Soils and Foundations*, Vol.45, No.1, pp.153〜169, 2005.

57) 正垣孝晴・蛭崎大介・菅野康範・中野義仁・北田奈緒子：ピサの斜塔下の粘性土の地盤工学的性質，土と基礎，Vol.53，No.3，pp.27〜29，2005．

58) 地盤工学会，第5編サンプリング，地盤調査の方法と解説，2012．

第8章 土質試験の方法

8.1 飽和粘性土に対する各種せん断試験の非排水強度特性

8.1.1 概 説

　地盤の短期安定問題に用いる粘性土地盤の強度として，我が国では一軸圧縮強さ q_u の 1/2 が多用されている。これは，一軸圧縮試験 UCT が比較的簡単かつ安価な試験であり，$q_u/2$ を用いて安定解析を行うと，実際の破壊現象をよく説明できるためである[1),2)]。しかし，q_u は試料の乱れによって大きく低下することから，q_u に代えて試料の乱れの影響が少ないとされる再圧縮法[3)] で得た非排水強度 c_u を設計強度とする提案がある。しかし，これら強度値の関係や試料の乱れに対する影響を，同じ性質を持つ自然堆積土を用いて厳密に検討した研究は少ない。自然堆積土の各種地盤特性を通常寸法の供試体で実験的に検討するには，多くの乱れの少ない試料が必要である。そして，自然地盤の不均質性からこれらの通常寸法では，供試体の指標的性質や堆積環境，応力状態等の同等性を確保することは一般に困難である。

　本節では，チューブサンプラーで採取した自然堆積土の直径 d75mm，高さ h100mm の試料片から，一軸圧縮強さ，三軸圧縮・伸張強度，一面せん断強度と圧密特性が，第3章で検討した小型供試体を用いて検討される。自然堆積土の強度・圧密特性と試料の乱れ，強度異方性，各種力学試験の強度特性とその評価が示される。

8.1.2 供試土と試験方法

　供試土は国内 11，国外 2 堆積地の沖積低地から採取した 27 種類の乱れの少ない自然堆積土である。その強度・圧密特性を**表 8-1** に示す。I_p=NP～110，q_u=18～538 kN/m² の広い範囲の土を対象にしている。これらの粘性土に対して行った試験方法を**表 8-2** に示す。**図 8-1** には，供試体位置を示す。JGS-1221 で規定されるサンプラーを用いて採取し

表 8-1　供試土の強度・圧密特性

供試土	w_n (%)	I_p	q_u (kN/m²)	σ'_{vo} (kN/m²)	σ'_p (kN/m²)
有明	103～149	49～68	24～41	39～52	40～66
八郎潟	132～178	84～110	35～41	50～67	35～47
熊本	83～105	46～57	70～99	87～143	136～188
水戸	42～61	33	189	163	212
岩国	78～82	59	97	130	182
名古屋	33～55	23～49	468～538	355～438	810～960
青海	90～95	52	172	166	206
佐倉	108～113	62	60	74	85
笠岡	95	72	44	34	40
神戸	31～48	28	129	196	250
河北潟	98～109	88	135	174	207
Bothkennar	61	50	131	102	196
Kimhae	26～66	NP～40	18～106	86～154	128～222

表 8-2 試験方法

試験	圧密条件	せん断速度 (% /min)	せん断条件	非排水強度 (c_u)	供試体寸法 d：直径，h：高さ (mm)
UCT	—	1	非排水	$q_u/2$	d 15, h 35
K_0CUC	K_0 状態 $\sigma'_a = \sigma'_{vo}$ まで圧密	1, 0.05	非排水	$q_{max}/2$	d 15, h 35
K_0CUE	同上	0.05	非排水	$q_{max}/2$	d 15, h 35
DST	$\sigma'_a = \sigma'_{vo}$ で $3t$ 法により圧密	0.2 (mm/min)	定体積	τ_{max}	d 30, h 10
DSST	同上	0.2 (mm/min)	定体積	τ_{max}	d 60, h 20

た d75mm，h100mm の試料片に対し，供試体数量は不攪乱土として，三軸圧縮 K_0CUC と伸張試験 K_0CUE に各 4 個，UCT の鉛直と水平供試体に，それぞれ 3 と 2 個，一面せん断 DST と段階載荷圧密試験 IL に，それぞれ 3 と 2 個である。また，同じ含水比 w_n 下の練返し土に対しても，供試体の削り屑から必要な強度・圧密試験を行った。地盤へのチューブの貫入とチューブからの試料の押出しによるチューブ壁面の壁摩擦に起因する試料の乱れは，図 8-1 に示す供試体位置に及んでいないことを強度試験と微視構造の観察から 7.1.5 項で示した。岩国と熊本粘土に対しては，他の試料片から単純せん断試験 DSST を行ったが，この試験を除きすべて地盤工学会基準 JGS に従って実施した。DSST の供試体寸法は d60mm, h20mm である。UCT, IL, DST の小型供試体と標準寸法の供試体の強度特性に有意差がないことは，第 3 章で述べた。

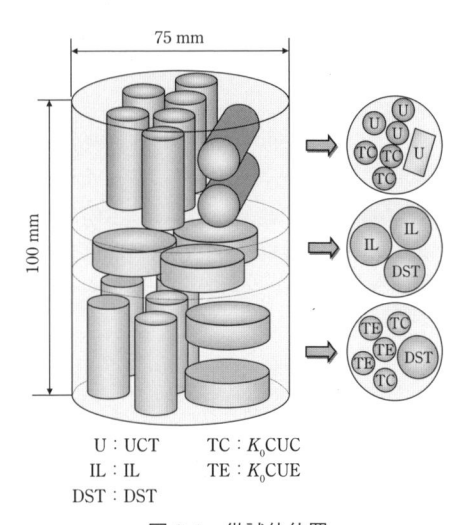

図 8-1 供試体位置

供試体のサクション S_0 測定を伴う UCT[4] と K_0CUC, K_0CUE, DST は，それぞれ携帯型一軸圧縮試験機[5]，小型精密三軸試験機[6]，卓上型一面せん断試験機[7] を用いた。

8.1.3 各種せん断試験から得た非排水強度と乱れの関係

図 8-2 は $c_u/c_{u(I)}(=Rc_u)$ と p_m/S_0 の関係であり，有明，八郎潟，熊本，水戸，岩国，名古屋粘土の結果を示している。ここに，p_m は原位置土の平均圧密圧力であり，$c_{u(I)}$ は 5.1 節で述べた原位置の圧密降伏応力[8] 下の非排水強度である。図中に示したプロットは，以下の4種類の方法で得た。

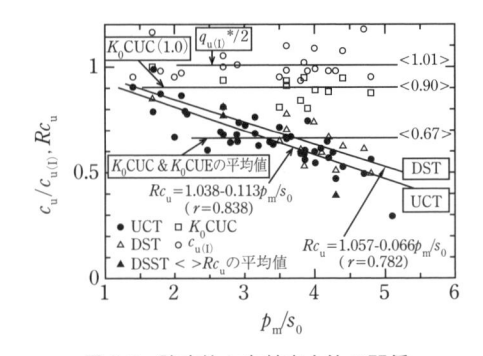

図 8-2 強度比と有効応力比の関係

① K_0CUC の有効土被り圧 σ'_{vo} 下で，せん断時の軸ひずみ速度 $\dot{\varepsilon}_s = 1\%$ /min で得た強度 K_0CUC（1.0）（□）。

② σ'_{vo} 下で，$\dot{\varepsilon}_s = 0.05\%$ /min で得た K_0CUC（0.05）と K_0CUE（0.05）の平均値。図中には "K_0CUC & K_0CUE の平均値" と表記している。

③ 5.2.4項で述べた従来法[9]から推定した原位置の非排水強度$q_{u(I)}$*/2（○）。
④ UCT（●），DST（△）とDSST（▲）より得た非排水強度c_u。

上記②は，図が繁雑になるので平均値のみを示した。図 8-2 の$q_{u(I)}$*/2，K_0CUC（1.0），K_0CUC & K_0CUE の平均値は，それぞれ 1.01，0.90，0.67 であり，試料の乱れの指標であるp_m/S_0値に依存していない。また，UCT の$c_u/c_{u(I)}$（●）は試料が乱れてp_m/S_0が大きくなると直線的に小さくなる。図中には UCT の結果より求めた$Rc_u=1.038–0.113 p_m/S_0$の回帰直線（相関係数 $r=0.838$）を示す。同様に，DST の結果から求めた$Rc_u=1.057–0.066 p_m/S_0$（$r=0.782$）も示す。

DST の$c_u/c_{u(I)}$とp_m/S_0の関係は，UCT のそれと同等であるが，DST と DSST は同じ再圧縮法であるK_0CUC の非排水強度とは異なる。すなわち，同じp_m/S_0下で DST と DSST の強度がK_0CUC のそれらより小さい理由は，圧密終了時の間隙水圧の消散が十分でないことが原因と考えている。また，乱れに対する圧密の効果が DST・DSST とK_0CUC で異なるのは，圧密速度$\dot{\varepsilon}_c$に起因している。すなわち，K_0CUC の$\dot{\varepsilon}_c$は 0.005 %/min であり，圧密中の間隙水圧 u の発生はほとんどなく，圧密終了時には u が消散している。このため，K_0CUC は有効応力の増大に見合う強度増加が発揮された。しかし，DST と DSST の圧密終了時間は JGS 0560-2000 に従って$3t$法で行った。圧密時間が$d30$供試体で約 20 分（$d60$供試体の場合は約 150 分）と短いため，特に供試体中央部のせん断帯近傍の u の消散が十分でなく，再圧縮法に期待される有効応力の増加による強度回復が十分でなかったことが DST・DSST とK_0CUC の比較から推察される。これらのことは，熊本粘土を例示して図 3-60 〜図 3-64 に詳述した。

半沢ら[10]は，試料の乱れの影響が大きいq_uに代えて DST によるc_uを設計強度として採用することを提案している。しかし，DST の圧密終了時間として，半沢らは同じシンポジウムに提出した異なる論文において，$3t$法，10 分，$\sqrt{t}$法の異なる 3 種類の時間を採用している[10]。すなわち，これらの実験では土の種類や設計対象に応じて DST の圧密時間を変えている。DST は，圧密終了と試験結果の解釈の両者に，試験者の豊富な経験が要求される試験法と解釈される。また，渡部・土田[11]は，洪積粘性土の設計強度としてK_0CUC，K_0CUE，DST の結果から$\dot{\varepsilon}_s=0.01$ %/min の場合，深さ z に対する強度増加率として$\Delta s_u/\Delta z=2.09$ kN/m^{2}を提案している。DST の強度特性が圧密時間および圧密終了後の間隙比に大きく影響を受けることは，白川ら[12]によって報告されている。また，図 3-65 〜図 3-69 に筑波粘土を例に詳述した。渡部・土田[11]は DST の結果が UCT のそれに比べて強度の変動が小さいとしている。

三田地ら[13]も，乱さない熱帯性の泥炭に対して定体積条件で DST を実施して三軸試験との比較から DST の有用性を報告している。しかし，間隙比や圧密等が強度に及ぼす影響の検討は彼らの論文には示されていない。したがって，渡部・土田[11]や三田地ら[13]による DST の結果と著者らのそれを直接比較することは困難である。

図 8-2 で用いた試料を含む国内外の土に対するRc_uとp_m/S_0の関係を後述表 9-19 にまとめた。Pisa（ピサ）と Busan new port（釜山新港湾）粘土のRc_uとp_m/S_0の関係は，英国の Bothkenner（ボスケナー），韓国の Kimhae（キメ），我が国の粘土のそれらとは異なるが，5.2 節で述べた方法によって，これらの式を用いてq_uとS_0から$c_{u(I)}$を推定することができる。

8.1.4　各種室内せん断試験法と$q_{u(I)}$の評価

非排水強度測定の観点から，以上の結果を踏まえ各種室内せん断試験法と$q_{u(I)}$の優劣を考察して表 8-3 にまとめた。UCT と DST・DSST はc_uに含まれる乱れの影響の評価が困難であ

る。K_0CUC と K_0CUE は，試験方法が複雑で $d30$ 供試体や S 供試体を用いた場合でも試験時間が長い。したがって，非排水強度測定としては経済性・実用性の観点で劣る。一方，S_0 と q_u から推定した $q_{u(I)}$ は，5.2 節で述べたように K_0CUC による $c_{u(I)}$ と同等の値を与える[14]。更に，S_0 を測定するための時間も数分で済むため，実務的にも十分に受け入れられると考えている。

表 8-3　各種せん断試験法の適用性

試験方法	$q_{u(I)}$ との関係	試験方法の評価
UCT	・$p_m/S_0<3$：約 80% ・$p_m/S_0>3$：p_m/S_0 大： 　　Rc_u は直線的に小	・試験方法：簡便 ・経済性　：優 　　乱れの評価が困難
DST DSST	・$p_m/S_0<3$... 約 80% ・$p_m/S_0>3$... p_m/S_0 大： 　　Rc_u は直線的に小	・$p_m/S_0 ≒ 3～4.5$：K_0CUC と K_0CUE の 　　　平均値：同等 ・$τ_{max}$, $φ'$ に及ぼす圧密時間の影響：大 　　→圧密終了の判断？ 　　→$τ_{max}$, $φ'$ の評価？ ・試験時間：長（1～5 時間 /$d30$ 供試体） 　　乱れの評価が困難
K_0CUC （1%/min）	・$p_m/S_0 ≒ 2.5～4.8$ 　→$σ'_{vo}$ 下：約 90% 　→$σ'_{p(I)}$ 下：約 100%	・試験方法：複雑 ・経済性　：劣 ・試験時間：長（1～4 日 /S 供試体） 　実用性：劣
K_0CUC と K_0CUE の平均 （0.05%/min）	・$p_m/S_0 ≒ 2.5～4.8$ 　→約 60%	・試験方法：複雑 ・経済性　：劣 ・試験時間：長（1～4 日 /S 供試体） 　実用性：劣
UCT （p_m/S_0）	—	・K_0CUC による $c_{u(I)}$：同等 ・試験時間・方法：比較的簡便 　実用性：優

表 8-3 に基づいて，試料の乱れの評価，試験方法，試験時間，経済性を評価項目として，各種室内せん断試験法の適用性を表 8-4 のように評価した[15]。サクション測定を伴う一軸試験法[4]は，これらの評価項目の中で優位にあると考えられる。しかし，現行設計法の中で q_u に代えて直ちに $q_{u(I)}$ を用いることは慎重であるべきである。強度決定法，設計計算式，施工法の中で培われてきた現行設計法のバランスの確認が必要であるからである。しかし，このことが「だから q_u でよい」ことも意味しない。設計法の高度化のために，第 14 章で述べるような現行設計法の中で $q_{u(I)}$ の感度を把握する地道な努力が必要と考えている。

表 8-4　各種せん断試験法の評価

試験法	乱れの評価	試験方法	試験時間	経済性
UCT	C	A	A	A
DST，DSST	B	C	C	C
K_0CUC（1%/min）	B	C	C	C
K_0CUC & K_0CUE の 平均値（0.05%/min）	B	C	C	C
UCT（サクション測定）	A	A	A	A

適用性：A＝高，B＝中，C＝低

各種せん断・応力条件下の強度・圧密特性が $d75mm$，$h100mm$ の試料片から測定できるので，小型供試体は調査・試験費用の削減や CO_2 排出量の低下[16]に加え，第 14 章で述べる調査・設計の精度向上に寄与できる。小型供試体は $d75mm$，$h100mm$ の試料片から，一軸圧縮強さ，三軸圧縮・伸張強度，一面せん断強度と圧密特性に加え，第 10 章で述べる強度異方性も測定できる。

8.2 不飽和土に対する一面せん断試験の実務設計への適用上の留意点

8.2.1 概　説

6.2節では，円板引抜き試験が不飽和土の強度係数を推定する試験法として十分な精度を持つことを示した。しかし，不飽和土の短期安定問題に関するすべての設計問題に，円板引抜き試験を適用することは困難であり，工学的に有効でない場合もある。一般的な構造物で，かつ標準断面が設定されているような設計問題では，UCTや三軸圧縮試験，DSTの結果を，慎重に検討して用いることが有利なことも多い。

DSTは，飽和粘性土に対してUCTが多用されるのと同様に，乱れの少ない試料採取が困難な不飽和土の強度係数 (c, ϕ) を測定する方法として，実務設計では最も汎用的な土質試験法である。DSTが広く用いられている大きな理由は，取り扱いが容易で現地の二次元的破壊をシミュレートする点で優れているためと考えられる。しかし，この試験法はせん断時の拘束が大きく，不飽和土に対して，c, ϕ を過大に見積もりやすいなど，8.1節の飽和粘性土と異なる幾つかの問題点も指摘される。また，これらの問題点が設計結果に与える影響は極めて大きい[17]が，実務設計に適用する場合の試験結果の評価が十分な形で行われていないのが現状である。したがって，DSTの結果を有効に利用することを検討することも工学的な価値が大きい。

本節では，6.2節の円板引抜き試験の成果を踏まえ，一面せん断試験の持つ問題点を整理し，現在まだ解明の進んでいないそのうちの幾つかの事項について議論する。すなわち，砂，砂質土，粘性土に分類される3種類の試料を準備し，DSTと円板引抜き試験を中心とする各種せん断試験を実施する。そして，c, ϕ の統計量の比較から，DSTの問題点を定量的に明らかにするとともに，土質・設計対象を考慮して一面せん断試験の試験法の特徴を適正に活かして実務設計に用いる場合のガイドラインを示す。

8.2.2 一面せん断試験の問題点

DSTの問題点は，特に三軸圧縮試験との比較から指摘されることが多い。これらは，（Ⅰ）試験法を含めた一面せん断試験のメカニズムから派生する問題と，（Ⅱ）結果の解釈に関連した問題に大別され，それぞれ次のようにまとめることができる。

（Ⅰ）試験法を含めたDSTのメカニズムから派生する問題点
① 供試体の応力とひずみが均一でない。
② せん断箱の構造として非排水せん断が難しい。
③ せん断中に主応力の方向が回転する。
④ 進行性破壊の影響が大きい。
⑤ 供試体の体積変化に伴う側面摩擦の影響が大きい。
⑥ せん断面が特定される。
⑦ せん断箱の老朽化が測定値に影響を及ぼす。

（Ⅱ）試験結果の解釈に関する問題点

この問題点については，特に c, ϕ に与える影響が大きいせん断応力 τ を採用する時の水平変位 D_h のとり方について検討する。

原位置調査や室内試験を行って地盤諸係数を求めるプロセスには，2.2節で述べたように，次の6つの地盤リスクの対象が存在し測定値を変動させる原因となっている。(1)計画者の判断の相違，(2)力学的状態量の変化，(3)調査・試験法の不確実性，(4)調査・試験に伴う人為的誤差，(5)測定値から設計値を決定する際に生ずる誤差，(6)サンプル数に

依存する推定誤差。

上述の問題点（Ⅰ），（Ⅱ）は，これら6つ誤差要因の中で，それぞれ(3)調査・試験方法の相違と，(5)測定値に基づき設計値を決定する際に生ずる不確実性に分類される。

問題点（Ⅰ）は，一面せん断試験が持つ欠点として避けることができないが，三笠・高田[18]は，（Ⅰ）の①について単純せん断試験との比較で結果に差がないことから実用的には問題がないとしている。また，②に関しては一定体積せん断試験（以後，定体積DSTと表記）への変更で回避できるとし，③については，主応力ははっきりしないが，せん断面上の応力状態がわかるので特に問題はないとしている。このような三笠らの見解は実証的なものであり，正当な意見と考えられる。④の対策としては，加圧板の歯形の高さや供試体の寸法が平均粒径等との関係で調べられ，参考値が示されている[19]。これらの参考値も実証的な根拠があり妥当なものと考えられる。これに対し，⑤，⑥，⑦および（Ⅱ）については，個々の要因が試験結果に与える影響の定量的評価が種々の土質と対応づけて十分解明されていないのが現状である。

8.2.3項では，⑦の一例として，使用頻度の異なる2つのせん断箱を用いてc, ϕに与える影響を実験的に明らかにする。また，⑤，⑥および（Ⅱ）については，各要因個別の影響度を定量的に明らかにすることは困難であるが，そのような影響のない円板引抜き試験の結果と比較することにより検討する。

8.2.3 一面せん断試験のばらつきの実態とそれに対処する方法
(1) 一面せん断試験機の使用頻度がc, ϕに与える影響

土質試験機を新規購入すると，それが生み出す結果はいつまでも変わらない同品質のものであると思われるきらいがある。しかし，使用頻度や供試土の種類によって試験結果の品質が変化することに注目すべきである。ここでは2つの供試土を対象にして，使用頻度大，小2つの一面せん断試験機（それぞれ，O機，N機と表記）がc, ϕに与える影響の実態を示す。

図8-3は，O機の上下せん断箱の接触部の磨耗の程度を示したものである。このせん断箱は使用期間10数年で，特に上下せん断箱の接触部の磨滅が著しい。せん断箱を組み立てたとき，上下接触部において，鉛直方向に最大0.7mm，水平方向に最大0.4mm（N機では約0.1mm）の隙間ができる。このため，せん断中にせん断箱が偏心するなどの老朽化の影響が著しい。この程度の磨耗度を持つせん断箱は，結果の精度が要求される研究目的には耐えられないが，実務レベルでは使用されている可能性がある。これに対し，N機は新規購入直後であり，図には示していないが，O機に見られるようなせん断箱の磨滅等はなく，研究目的にも十分耐え得るものである。なお，両試験機とも在来型であり，せん断箱は下部可動型（上部についても固定されていない）の同じ機能を持つものである。

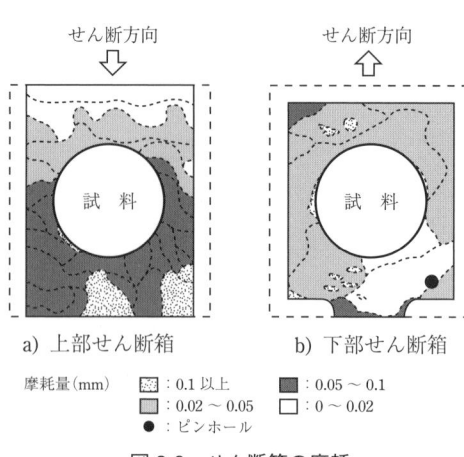

図8-3 せん断箱の磨耗

a) 上部せん断箱　　b) 下部せん断箱

摩耗量(mm)　■: 0.1以上　■: 0.05〜0.1　□: 0.02〜0.05　□: 0〜0.02　●: ピンホール

供試体は，図8-4の粒径加積曲線に示す3試料のうちSoil.1, 2の2試料であり，日本統一土質分類によれば，それぞれ砂質土，細粒分混じり砂に分類される。乾燥密度ρ_dを

Soil.1；(1.67 〜 2.06)g/cm^3，Soil.2；(1.42 〜 1.76)g/cm^3，また，飽和度 S_r を Soil.1；(31.6 〜 100.0)％，Soil.2；(46.1 〜 100.0)％の範囲で変化させ S_r，ρ_d の異なる 11 〜 12 種類の供試体をせん断箱の中で締め固めた。供試体寸法は直径 60mm，高さ 20mm であり，初期垂直荷重による圧密終了後 1mm/min の変位速度でせん断した。c，ϕ の決定は，応力 - ひずみ曲線のピーク強度 τ_f（ピークがない場合は水平変位 D_h=6mm の τ）と垂直荷重 σ_N を，τ_f と σ_N の関係にプロットし，それを最小二乗近似して求めた。図 8-5 と図 8-6 は，結果の一例として，それぞれ Soil.1，Soil.2 の τ_f と σ_N の関係を示したものであるが，σ_N の大部分の領域で O 機が N 機より大きな τ_f を与えている。両図はそれぞれ S_r が 43.2％と 90.0％の場合であるが，このような傾向は S_r（あるいは ρ_d）の大小に依存しない。また，ダイレイタンシー特性（図 8-7）を見ると，すべての σ_N のもとで O 機の体積膨張が大きい。すなわち，体積変化に対するせん断時の拘束は N 機より小さいにもかかわらず，大きな τ_f（図 8-6）を与えている。このことから判断しても，せん断箱の摩擦に起因するせん断応力の増加は明らかである。

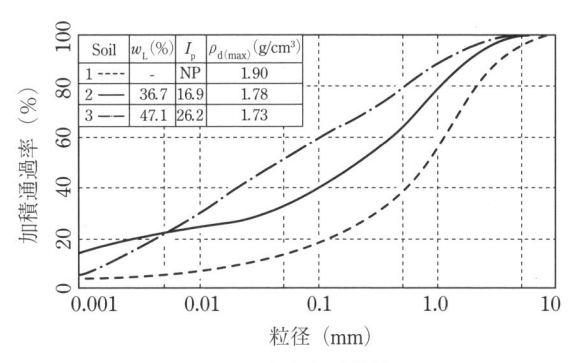

図 8-4 粒径加積曲線

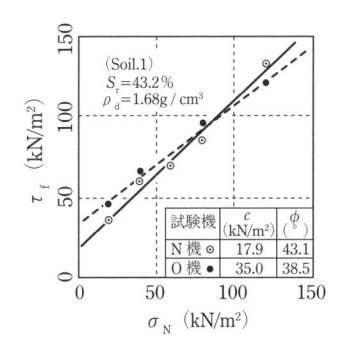

Soil	w_L(%)	I_p	$\rho_{d(max)}$(g/cm^3)
1 ----	-	NP	1.90
2 —	36.7	16.9	1.78
3 ---	47.1	26.2	1.73

図 8-5 τ_f と σ_N の関係（Soil.1）

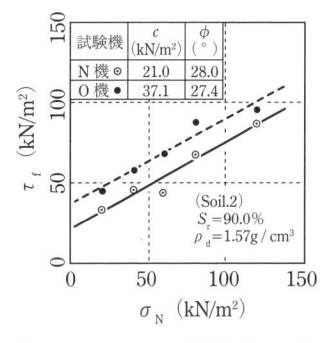

(Soil.1) S_r=43.2％ ρ_d=1.68g/cm^3

試験機	c (kN/m^2)	ϕ (°)
N 機 ⊙	17.9	43.1
O 機 ●	35.0	38.5

図 8-6 τ_f と σ_N の関係（Soil.2）

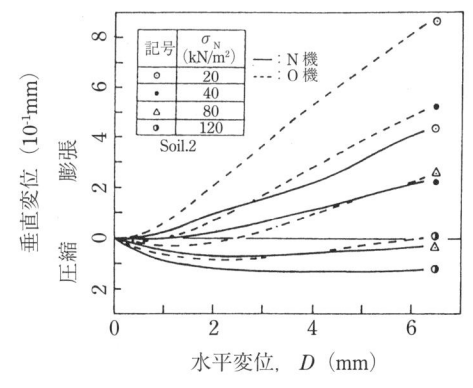

(Soil.2) S_r=90.0％ ρ_d=1.57g/cm^3

試験機	c (kN/m^2)	ϕ (°)
N 機 ⊙	21.0	28.0
O 機 ●	37.1	27.4

図 8-7 垂直変位と水平変位の関係

記号	σ_N (kN/m^2)
○	20
●	40
△	80
▲	120

― N 機　--- O 機　Soil.2

図2-10と図2-11は，それぞれ同じ土質条件下で行った両試験機から得た c, ϕ を比較したものである。図8-5，図8-6で見られたO機で大きな c を与える傾向は図8-7からも明らかである。O機が過大に見積もる c はSoil.1では平均25％程度である。Soil.2では $S_r=75$％を境に有意差が認められたため，それらを区別して整理したところ，$S_r>75$％で40％，$S_r<75$％で10％程度O機の c が大きい（図2-10）。一方，ϕ（図2-11）に関してはSoil1.1でO機が幾分小さいが，これは σ_N の小さな領域で磨滅の影響が大きかったためと推察される。Soil.2では両者の ϕ に傾向的な差はないが，ϕ の変動係数 V_ϕ は両供試土ともO機ではやはり大きく，測定値の変動が大きくなっている。

従来，一面せん断試験機に関して，供試体作製方法やせん断箱の型式が c, ϕ に与える影響は幾つか報告されている[20]。しかし，試験機の使用頻度の差が c, ϕ に与える影響については見当たらない。この種の問題は地味な研究であるがゆえに従来見過ごされることが多かった。しかし，設計結果を直接的に支配する要因であるので重要な問題である。試験機の使用頻度が c, ϕ に与える影響は，せん断箱の磨耗の程度や，同じ磨耗度でも供試土の種類や土質条件によって異なると考えられる。設計入力値の精度を考慮した試験機の整備，また使用年数に関する指針化が必要である。

(2) 土質試験結果の整理方法による差

一般の不飽和土や締固め土等では，水平変位量 D_h の著しい増大にもかかわらず，せん断応力 τ が増大し，ひずみ軟化しない（ひずみ硬化）ことがある。このような場合，いかなる大きさの D_h に対する τ を用いるかによって，得られる c, ϕ は大きく異なってくる。地盤工学会は，τ にピークがなく漸増する場合には8mm（直径60mmの供試体の場合）の D_h，あるいはせん断開始時の供試体厚さの50％のいずれか小さいほうの値を用いる[19]としている。しかし，これは現時点でのひとつの便宜的な方法であり，実際の破壊メカニズムの複雑さや，それをシミュレートすべき室内せん断試験法の問題点など，今後解決すべき多くの問題を包含している。

一般に浅い地滑りや斜面破壊，また構造物の浅基礎のような多くの工学問題においては，破壊時の体積の増減に対する拘束が極めて小さいと考えられる。しかしDSTでは，8.2.2項で述べたように試験方法や試験機の構造上の問題として，実際地盤の状況より大きな拘束力を与え，その結果地盤工学会の定める D_h では，大きめの c, ϕ を与えることが多い。実際の破壊現象を説明するDSTの τ が，いかなる大きさの D_h に相当するのかを普遍的に知ることは不可能である。なぜならば，ある1つの破壊現象を解釈するためにDSTを行った場合，その破壊現象に対応する D_h は1つしか存在せず，それが，他の破壊を説明できないからである。松尾・軽部[21]は，乱した関東ローム（$w_0=(93\sim98)$％，$\rho_t=(1.2\sim1.3)$g/cm^3）に対し，定体積DSTを行った結果，応力が完全に動員された点（以後，M（Mobilize）点と表記）に対応する D_h は，せん断中に体積膨張が生ずる小さな σ_N の領域では $D_h \fallingdotseq 2$mm，体積圧縮が生ずる大きな σ_N の領域では $D_h \fallingdotseq 6$mm であることを報告している。そして，地中に埋設された基礎体の引抜き抵抗力を説明するためには，せん断中の体積変化に注目して，M点に対応する D_h を用いて整理することの合理性を示した[21]。また，この方法は電気協同研究会の「送電用鉄塔基礎の地盤調査」においても推奨されている[22]。M点は定体積状態で試料が塑性化していると考えられる。しかし，このM点より小さな D_h を，DSTの結果の整理に用いればよいと言えるほどの精度は，定体積DSTにもないと思われる。

図8-8は定体積DSTの結果である。図8-8(a), (b), (c)は，それぞれSoil.1, 2, 3の結果

であり，各供試土のρ_dは突固めによる締固め試験（JIS A 1210）の最大乾燥密度$\rho_{d\,max}$の90％程度である．また，（ ）内の数字はM点に対するD_hを示している．このD_hに着目すると，試験時の垂直応力に対して過圧密比が大きいSoil.1では，せん断中の体積膨張が特に著しいためD_hが小さいが，他はD_h≒1mm程度の値を示し，高含水比で低密度の供試体で行った関東ロームの場合の体積膨張時のD_h≒2mm[21]より小さな値を示している．このようにM点に対応するD_hは，供試土や締固め度等によって異なり，M点のD_hとDSTの最大せん断応力$\tau_{f\,max}$の変位量の間にも直接的な関係は認められなかった．また，$D_h=0.1$～1mmというせん断開始直後の不安定なD_hを円板引抜き試験の整理に用いるのにも疑問がある．したがって，このように締固め度が高く体積膨張の著しい土に対しては，破壊現象を説明できるDSTの解釈を慎重に検討することが必要である．

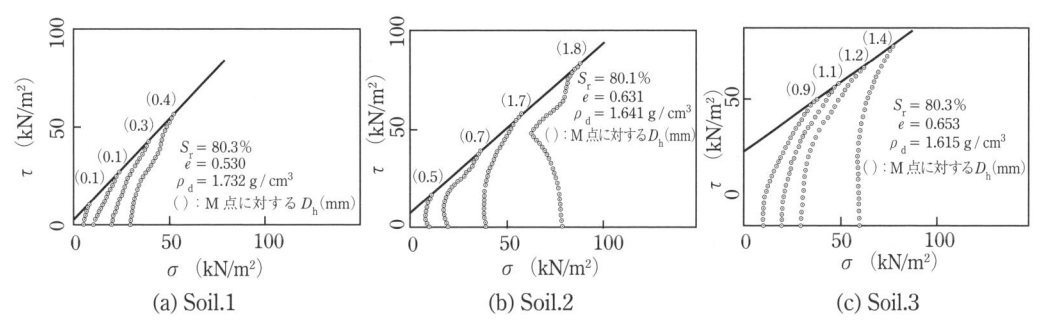

図8-8　定体積一面せん断試験結果

一方，道路用盛土等では，通常$\rho_{d\,max}$に近い密度で締固めの管理が行われる．このような条件下の供試体では，不飽和土であっても比較的小さな変形で全般せん断的な破壊が生じることが多い．そして，σ_Nの小さな領域でもτにピークが現れやすく，技術者は通常このピークのτをτ_fとしてc，ϕを決定している．しかし，DSTは8.2.2項で述べたように，変形に対する拘束が大きいため，締固め度が高く，せん断時の体積膨張が著しい場合にはピーク強度で決定したcでも過大な強度を与えることになる．したがって，このような場合は8.2.5項で提案する方法により，締固め度や細粒分含有率を考慮して得られたcを低減して用いればよいと考えている．

(3) 試験方法の差がcに与える影響

図8-9は，DST，UCT，三軸圧縮試験（UU条件），円板引抜き試験の結果を総括して示している．供試土はSoil.2であり，図8-8(b)と同じS_r，ρ_dに調整している．一面せん断試験の結果の整理には，自然斜面の崩壊などの実際の破壊現象を考慮してせん断の進行に伴う断面補正とダイレイタンシー補正は行わず，c，ϕは(1)と同じ方法で求めている．また，円板引抜き試験の埋戻し土は，振動ランマーを用いて所定の密度，深さになるように締め固めた．円板は，図6-20に

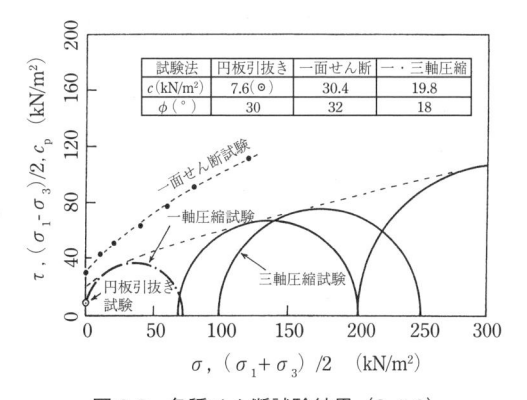

試験法	円板引抜き	一面せん断	三軸圧縮
c(kN/m^2)	7.6(◎)	30.4	19.8
ϕ(°)	30	32	18

図8-9　各種せん断試験結果（Soil.2）

示した引抜き装置を用いて 1mm/min の変位制御で鉛直上方に引き抜いた。また，円板引抜き試験からの c, ϕ の推定は，6.2.4 項と同様に行っている。図 8-9 の縦軸の切片である c に着目すると，UCT，三軸圧縮試験および DST の c は円板引抜き試験に比べて，それぞれ 4.6，4.3，3.5 倍程度大きい。またこの傾向は，この試料と同じ S_r, $\rho_{d\,max}$ で行った Soil.1, 3（図 8-8(c)）の場合も同様であった。試験法による c の差は，供試土の締固め方法や試験時の応力状態の差等を反映していると考えられる。自然堆積土や締固め土でも正規圧密状態に近い場合には，DST の c は，円板引抜き試験からの c とよく一致した[23),24),25)]。一般に，直立のり面が平面すべりで破壊する場合の限界自立高 H_c は次式 (8.1) で与えられる。

$$H_c = \frac{4c}{\gamma} \tan(45° + \phi/2) \tag{8.1}$$

　DST の c が供試土の正しい値であるとすれば，図 8-9 で示した Soil.2 の場合，H_c は 11.3m（円板引抜き試験の c では H_c=2.7m）となり，砂質土の c としては常識をはずれるほどの大きな値となる。DST では，σ_N=120 kN/m^2 という比較的大きな荷重レベルのもとでもせん断中に体積が膨張しており，$\rho_d/\rho_{d\,max}$ が 0.94 と高く，せん断時の拘束が大きなことが過大な c を与えた原因であると推察される。そこで，このような問題点のない円板引抜き試験を取り上げ，$\rho_d/\rho_{d\,max}$ が比較的高い通常の土工問題を想定して，図 8-10 に示す S_r と ρ_d の範囲で，円板引抜き試験と DST を実施して両者の c を比較した。

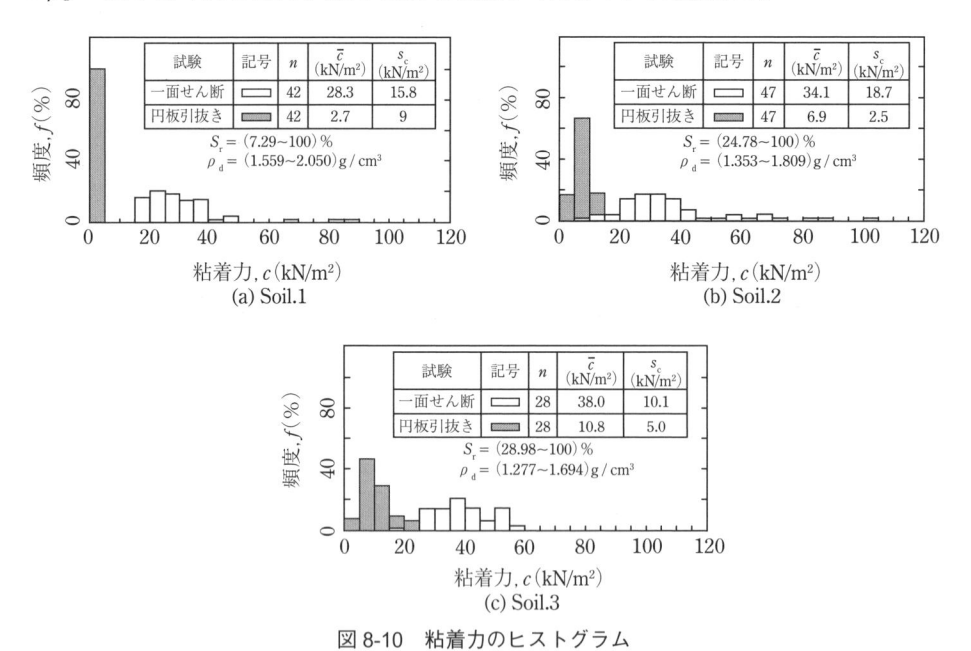

(a) Soil.1

試験	記号	n	$\bar{c}$ (kN/m^2)	s_c (kN/m^2)
一面せん断	□	42	28.3	15.8
円板引抜き	■	42	2.7	9

S_r = (7.29〜100)%
ρ_d = (1.559〜2.050) g/cm^3

(b) Soil.2

試験	記号	n	$\bar{c}$ (kN/m^2)	s_c (kN/m^2)
一面せん断	□	47	34.1	18.7
円板引抜き	■	47	6.9	2.5

S_r = (24.78〜100)%
ρ_d = (1.353〜1.809) g/cm^3

(c) Soil.3

試験	記号	n	$\bar{c}$ (kN/m^2)	s_c (kN/m^2)
一面せん断	□	28	38.0	10.1
円板引抜き	■	28	10.8	5.0

S_r = (28.98〜100)%
ρ_d = (1.277〜1.694) g/cm^3

図 8-10　粘着力のヒストグラム

　図 8-10 は，同じ S_r, ρ_d の条件下で実施した円板引抜き試験と DST から得た c のヒストグラムを示している。図中の表には両者の統計量も併せて示しているが，供試土によらず c の平均値 $\bar{c}$ と，標準偏差 s_c ともに，DST の値がはるかに大きい。c の変動幅に着目すると，円板引抜き試験と DST の値は，それぞれ (0〜20)kN/m^2，(10〜100)kN/m^2 程度であり，前者が 1 オーダー小さい。このことは，6.2 節で述べた粘性土，砂質土，砂に対する結果と同じ傾向であり，ばらついた試験結果の中から，ただ 1 つの値を設計値として用い

る現行設計法にとっても円板引抜き試験は有利であり，また，得られた c のばらつきが小さいことは，信頼性設計を行ううえでも大きな利点である。すなわち，信頼性設計では小さな破壊確率 P_F を基に意思決定を行うことが多い。P_F 算定のベースになる地盤強度の確率分布のばらつき（変動係数）が大きいと，設計結果の信頼度が低下するのみならず誤った結果を与えることがあるからである。円板引抜き試験から得た c のばらつきが小さいのは，8.2.2 項で述べたようにせん断面積が大きく，せん断面上の部分的な試料の不揃いによる影響が小さいこと，さらに，試験装置や操作が簡単で機械誤差や個人的な技術力の差が入りにくいことなどが理由と考えられる。

図 8-11 は，8.2.2 項と本項で得たデータを総括して，DST に対する円板引抜き試験の c の比と $\rho_d/\rho_{d\,max}$ の関係を示している。Soil.1, 2, 3 を除く供試土は締固め土であってもせん断中のダイレイタンシー特性から正規圧密状態に近い試料であり，両試験から得た c は比較的よく一致している。しかし，締固め度が高くせん断中の体積膨張が著しい Soil.1, 2, 3 の場合には，細粒分含有率 F_c の減少とともに一面せん断試験の c が大きくなり，$F_c=15\%$ の Soil.1 では平均で 14 倍程度大きな値となっている。

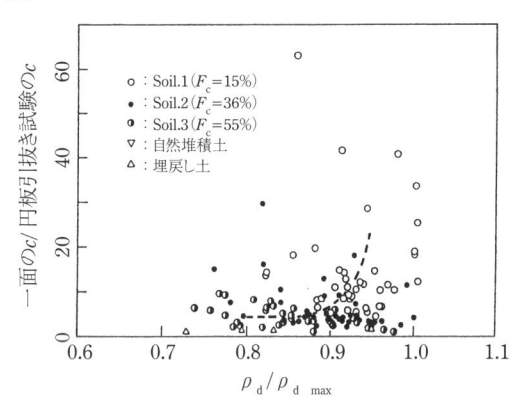

図 8-11 円板引抜き試験に対する一面せん断試験の粘着力の比と乾燥密度比の関係

図 8-11 の破線は Soil.1, 2, 3 に関して，それぞれ DST，円板引抜き試験の比と $\rho_d/\rho_{d\,max}$ の平均値を計算し，その値を結ぶ平均値線である。供試土の締固め度（$\rho_d/\rho_{d\,max}$）がわかると，この破線から円板引抜き試験に対する一面せん断試験の c の増加比を知ることができる。図 8-11 は，DST から設計値を決定する場合の c の低減について，1 つの目安を与えるものと考えている。

8.2.4 設計に関する事例研究

前項までに DST の問題点を整理し，その中で解明が十分でない事項の実態を定性的・定量的に検討した。これらの要因に起因する強度係数（c, ϕ）の差が，実際の設計結果にいかなる影響を与えるかを概念的にでも把握しておくことは，合理的な設計結果に向けた適正な調査・試験を行うために必須である。

本項は，このような観点から 8.2.3 項で取り上げた 3 つの検討事項のうち，①一面せん断試験機の使用頻度の差，②一面せん断試験と円板引抜き試験の差の 2 つの要因に着目して，送電用鉄塔基礎（逆 T 型基礎）の信頼性設計結果に与える影響を検討する。なお，ここで数値計算の対象として送電用鉄塔基礎の信頼性設計を取り上げる理由は，仕様や設計外力，費用の見積り等の設計条件として，明示された研究成果[26]があるためである。

(1) 送電用鉄塔基礎の信頼性設計の方法

松尾・上野は[26]，平地に建設される送電用鉄塔基礎の信頼性設計の手法を提案している。ここでは，本項の構成上最小限の記述が必要と考えるのでごく簡単に示すことにする。

本項の事例研究の目的は，上述の要因①，②による c, ϕ の差が設計結果に与える影響

を相対的に明らかにすることである．したがって，送電用鉄塔の仕様や設計外力，費用の見積り，また，便益や現在価値の算定等は，松尾・上野が示したものと同様にする．図 8-12 と表 8-5 は，それぞれ送電用鉄塔および基礎の形状と仕様を示している．

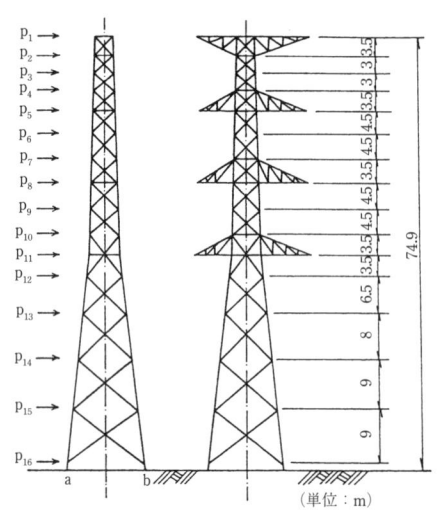

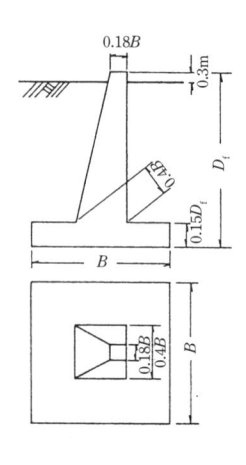

a) 送電用鉄塔の形状　　　　b) 送電用鉄塔基礎の形状

図 8-12　送電用鉄塔と基礎の形状（松尾・上野[26]による）

表 8-5　送電用鉄塔の仕様（松尾・上野[26]による）

公称電圧	500 kv
電源容量	1500 Mv
回線数	2 回線
負荷径間	350 m
電力線	外径 28.5 mm
架空地線	外径 17.5 mm
がいし（1 連）	320mm 懸垂がいし 30 個
使用鋼材	SS41, SS55, STK41

数値計算では根入れ深さ D_f をパラメータとして基礎幅 B に対する現在価値 PV を計算し，$PV_{(max)}$ を与える B を最適設計結果とした．なお，$PV(\tau)$ は次式 (8.2) によって与えられる．

$$PV(\tau) = \sum_{t=0}^{\tau} \frac{1}{(1+r)^t} \{B_e(t) - C_F(t)P_F(t) - P_r(t)C_r(t)\} - C_c \tag{8.2}$$

ここに，
　　$B_e(t)$ ：便益
　　$C_F(t)$ ：破壊損失費
　　$P_F(t)$ ：時刻 t で外力が作用した時の構造物の破壊確率
　　$P_r(t)$ ：構造物の老朽化確率
　　$C_r(t)$ ：老朽化に伴う取り替え費用
　　C_c ：初期建設費
　　r ：割引率

(2) 送電用鉄塔基礎の信頼性設計結果

(a) 一面せん断試験機の使用頻度が設計結果に与える影響

表 8-6 は，使用頻度大，小 2 つの一面せん断試験機（それぞれ O 機，N 機と表記）から得た c の統計量である。JEC-127 [22] によれば，送電用鉄塔基礎の設計に用いる c は得られた値を 1.5 で除して設計値とすることになっている。**表 8-6** は，この仕様に従って採用した設計値も併せて示している。**表 8-7** は設計結果を示している。同じ D_f に対する B を比較すると，Soil.2（$S_r<75\%$）を除いて O 機が (0.3 ～ 0.6)m 程度小さく，O 機の B を用いると危険側の設計になることがわかる。また，PV に着目すると，O 機が N 機より過大に見積もる PV の平均値は，鉄塔 1 基当たり T 年間（最適耐用期間：構造物が最大の純便益を期待できる期間）で 1,300 万円（Soil.1），1,900 万円（Soil.2（$S_r \geq 75\%$）），600 万円（Soil.3（$S_r<75\%$））となる。

送電用鉄塔の高さや基礎の形状は，鉄塔が敷設される地形や地盤条件によって異なるのは当然である。今，平均的なものとして，**図 8-12** と**表 8-5** に示す鉄塔を考え，送電線の総延長 100km に 286 基の鉄塔を敷設した場合の PV の差を概算すると，例えば，Soil.2（$S_r \geq 75\%$）の場合では，T 年間で 54 億 3,400 万円 /286 基となる。実際の設計では，B と T 年間が同時に決定されることになる。最適耐用期間は老朽化関数の影響を受けるが，**表 8-7** の T 年 =(30 ～ 40) 年は従来の研究成果 [26] とほぼ同様の値である。

表 8-6 送電用鉄塔基礎の信頼性設計に用いる設計値

供試土	N 機		O 機		N 機の c/1.5		O 機の c/1.5	
	$\bar{c}$ (kN/m²)	s_c (kN/m²)	$\bar{c}$ (kN/m²)	s_c (kN/m²)	$\bar{c}$ (kN/m²)	s_c (kN/m²)	$\bar{c}$ (kN/m²)	s_c (kN/m²)
Soil.1	25	8	33	10	17	5	22	7
Soil.2 ($S_r \geq 75$)	15	5	24	7	10	3	16	5
Soil.3 ($S_r<75$)	30	9	33	10	20	6	22	7

表 8-7 一面せん断試験機の使用頻度が異なる場合の最適設計結果

供試土	N 機					O 機					N 機の c/1.5					O 機の c/1.5				
	$\bar{c}, s_c$ kN/m²	B m	D_f m	PV 10^8円	T 年	$\bar{c}, s_c$ kN/m²	B m	D_f m	PV 10^8円	T 年	$\bar{c}, s_c$ kN/m²	B m	D_f m	PV 10^8円	T 年	$\bar{c}, s_c$ kN/m²	B m	D_f m	PV 10^8円	T 年
Soil.1		3.5	5.0	5.78	39		3.2	5.0	5.87	40		3.8	5.0	5.60	37		3.8	5.0	5.67	38
	$\bar{c}=25$	3.2	5.5	5.87	40	$\bar{c}=33$	2.9	5.5	5.97	41	$\bar{c}=17$	3.5	5.5	5.70	38	$\bar{c}=22$	3.2	5.5	5.84	40
	$s_c=8$	2.9	6.0	5.97	41	$s_c=10$	2.6	6.0	6.07	42	$s_c=5$	3.2	6.0	6.79	39	$s_c=7$	2.9	6.0	6.94	41
		2.6	6.5	6.07	42		2.3	6.5	6.16	43		2.9	6.5	5.89	40		2.6	6.5	6.05	42
Soil.2 ($S_r \geq 75$)		4.4	5.0	5.25	34		3.8	5.0	5.47	36		4.7	5.0	5.09	32		4.1	5.0	5.31	35
	$\bar{c}=15$	3.8	5.5	5.41	35	$\bar{c}=24$	3.5	5.5	5.66	38	$\bar{c}=10$	4.1	5.5	5.23	34	$\bar{c}=16$	3.8	5.5	5.42	36
	$s_c=5$	3.5	6.0	5.55	37	$s_c=7$	3.2	6.0	5.79	39	$s_c=3$	3.8	6.0	5.38	35	$s_c=5$	3.5	6.0	5.58	37
		3.2	6.5	5.67	38		2.9	6.5	5.89	40		3.5	6.5	5.51	36		3.2	6.5	5.67	38
Soil.3 ($S_r<75$)		3.8	5.0	5.66	37		3.5	5.0	5.70	38		4.1	5.0	5.40	35		4.1	5.0	5.45	36
	$\bar{c}=30$	3.2	5.5	5.77	39	$\bar{c}=33$	3.2	5.5	5.79	39	$\bar{c}=20$	3.8	5.5	5.53	36	$\bar{c}=22$	3.5	5.5	5.59	37
	$s_c=9$	2.9	6.0	5.87	40	$s_c=10$	2.9	6.0	5.91	40	$s_c=6$	3.2	6.0	5.65	38	$s_c=7$	3.2	6.0	5.73	38
		2.6	6.5	5.98	41		2.6	6.5	6.00	41		2.9	6.5	5.81	39		2.9	6.5	5.87	40

(b) 土質試験方法の違いが設計結果に与える影響

土質試験方法として，円板引抜き試験と DST を取り上げ，両者の強度係数の差が設計結果に与える影響を検討する。1.2 節の**表 1-2** は設計値をまとめたものである。DST については，(a) と同様に JEC-127 に従い 1.5 で除した値（DST/1.5）を，また，**表 1-2** の最右

欄には便宜的に決定した安全側の設計値（以後，設計標準値と表記）が示されている。この設計標準値とは，十分な地盤調査が行われていない場合に，N 値と γ_t および c, ϕ の関係の一般的目安として，JEC-127 で示されている**表 8-8**[22] に示されている値である。すなわち，砂質土（Soil.1, 2）に対しては ϕ だけを考慮（$c=0$）し，逆に粘性土（Soil. 3）に対しては，DST で得た c を 1.5 で除した c（$\phi=0$）を設計値として採用することになる。Soil.1, 2, 3 は，締固め度が高くせん断時の拘束の影響が大きな供試土である。このような場合，8.2.3 項で述べたように DST では過大な c を与えることがわかっている。したがって，ここでは円板引抜き試験が土の実状に最も近い値を与える試験法であるという立場に立ち，円板引抜き試験，(DST/1.5)，設計標準値のそれぞれを設計値とした場合の設計結果を示す。一面せん断試験から得た c を設計値とする場合は，1.5 で除す JEC-127 の基準は，今日でもそのまま採用されている。

表 8-8　N 値と γ_t および ϕ，c の関係（JEC-127[22] による）

	砂質土					粘性土				
	極ゆるい	ゆるい	締まった	密な	極密な	非常に軟らかい	軟らかい	中位の	硬い	非常に硬い
標準貫入試験による N 値	0～4	4～10	10～30	30～50	50 以上	2 以下	2～4	4～8	8～15	15～30
土の単体体積重量 γ_t (g/cm^3)	1.5 以下	1.6	1.7	1.8	1.9 以上	1.5 以下	1.55	1.6	1.65	1.7 以上
土の内部摩擦角 ϕ (°)	30 以下	30～35	35～40	40～45	45 以上	0	0	0	0	0
土の粘性力 c (kN/m^2)	0	0	0	0	0	10 以下	10～25	25～50	50～100	100～200

表 8-9 は，各設計値から得た最適設計結果である。**表 8-9** からは次の 2 つの結論が要約される。

① （DST/1.5）の設計値を用いた設計結果は，円板引抜き試験の場合のそれに比べて B を (0.5～1.0)m 程度小さく見積もる。また，PV は供試土によらず，T 年で 1 基当たり 4,500 万円程度過大評価することになる。その結果，（DST/1.5）の設計値は危険側の設計結果を与える。

② 設計標準値を設計値とした場合の設計結果は，円板引抜き試験のそれに比べて B を (0～0.5)m 程度大きく見積もり，PV は T 年で 1 基当たり平均 1,600 万円（Soil.1），

表 8-9　土質調査の方法が異なる場合の最適設計結果

供試土	円板引抜き試験					一面せん断試験 /1.5					設計標準値				
	$\bar{c}$, s_c kN/m^2	B m	D_f m	PV 10^8 円	T 年	$\bar{c}$, s_c kN/m^2	B m	D_f m	PV 10^8 円	T 年	$\bar{c}$, s_c kN/m^2	B m	D_f m	PV 10^8 円	T 年
Soil.1	$\bar{c}=3$ $s_c=1$	4.5	5.0	5.12	33	$\bar{c}=19$ $s_c=6$	4.0	5.0	5.56	37	$\bar{c}=0$ $s_c=0$	5.0	5.0	4.94	31
		4.0	5.5	5.75	34		3.5	5.5	5.71	39		4.5	5.5	5.08	32
		4.0	6.0	5.32	34		3.0	6.0	5.87	40		4.0	6.0	5.23	34
		3.5	6.5	5.48	36		3.0	6.5	5.85	40		3.5	6.5	5.30	35
Soil.2	$\bar{c}=7$ $s_c=2$	4.5	5.0	4.97	32	$\bar{c}=23$ $s_c=7$	4.0	5.0	5.47	36	$\bar{c}=0$ $s_c=0$	5.0	5.0	4.64	30
		4.5	5.5	5.11	33		3.5	5.5	5.62	37		5.0	5.5	4.77	30
		4.0	6.0	5.31	34		3.5	6.0	5.66	37		4.5	6.0	4.92	31
		4.0	6.5	5.37	35		3.0	6.5	5.83	40		4.5	6.5	5.06	32
Soil.3	$\bar{c}=11$ $s_c=3$	5.0	5.0	4.77	30	$\bar{c}=25$ $s_c=8$	4.5	5.0	5.21	33	$\bar{c}=25$ $s_c=8$ $\bar{\phi}=0$ $S_\phi=0$	5.0	5.0	4.70	30
		4.5	5.5	4.85	31		4.0	5.5	5.31	35		5.0	5.5	4.77	30
		4.5	6.0	4.96	31		4.0	6.0	5.35	35		4.5	6.0	4.82	31
		4.0	6.5	5.07	33		3.5	6.5	5.52	36		4.5	6.5	4.87	31

3,400万円（Soil.2），1,200万円（Soil.3）過小評価する。その結果，設計標準値は過大設計になる。

1.2節の図1-2は，Soil.1の3つの設計値を用いてD_f=6.5mの場合のBとPVの関係を示している。設計値として大きなcを採用するほどPVは大きくなり，逆にBは小さくなっている。Soil.2を例にして，送電線の総延長100km，T年間でのPVの平均値の差を見ると，1.2節で述べたようにDSTを用いた場合では実に128億7,000万円/286基も過大評価し，設計標準値では97億2,400万円/286基も過小評価することになる。

ここで対象とした送電用鉄塔基礎の信頼性設計では，全体の設計システムが大きいため，要因として取り上げた強度係数の差が極めて大きなPVの差となっている。このような設計問題では，特に土のc，ϕを的確に知ることが，合理的な設計結果を得る基本であることがわかる。なお，ここでいう設計結果とは，調査・設計計算式・施工の三者を含めた設計法に加え，例えば投資効果をも勘案した信頼性設計のように，全体を1つのシステムとした場合の設計結果を考えている。次項で述べるように，供試土の状態や設計対象によって各種のせん断試験法を使い分け，その試験結果を慎重に用いることが必須である。

8.2.5　DSTを実務設計に適用する場合の考え方

本項では，短期安定問題を対象とする設計を念頭に置き，試料の状態や設計対象を考慮してDST，UCT，三軸圧縮試験，円板引抜き試験の特徴を適切に活かして実務設計に適用する場合の注意点について簡単にふれておきたい。

ブロックサンプリングや各種チューブサンプラーを用いて乱れの少ない試料を採取した場合は，採取試料を成形してUCTを行うのが一般的である。5.3節で示したようにUCTから得た$q_u/2$は，圧密圧力や塑性の広い範囲で三軸試験（UU条件）から得たcと同様な値を与える[27]。しかし，潜在クラックが存在する硬質土や砂分の多い粘性土の場合，材料物性としての脆性化が原因となりq_uは地盤強度を過小評価することになる。したがって，このような場合は5.2と5.3節で示した方法でq_uを補正したり三軸圧縮試験（UU条件）への変更が必要となる。

一方，乱さない試料採取が困難な不飽和土等では，通常，採取試料を原位置の地盤と同じ密度，含水比に調整して締め固めた供試体でDSTが行われる。その場合，正規圧密状態に近い自然堆積土のような供試土では，せん断時の拘束圧の影響が比較的小さい。そのため，8.2.3項で述べたようなDSTの問題点も少なく，一般国道の低い山留め工等のように，設定された幾つかの標準断面から実施案を採択するような設計問題ではDSTが有効となる。しかし，締固め度が高くせん断時の拘束の影響が大きい供試土では，図8-11を参考にしてcの低減を行うことが必要である。円板引抜き試験は，試験装置や操作が簡便であり原位置試験法として用いることができるため，8.2.3項で述べたような室内試験に認められる問題点も少ない。上述したようにせん断時の拘束の影響が小さい場合や手慣れた構造物，かつ標準断面が設定されているような問題では，経費や時間の点でUCTや三軸圧縮試験，DSTの結果を慎重に検討して用いていく方が有利なことも多い。しかし，重要構造物の設計や信頼性設計のように，得られたcのばらつきが設計効果に大きく影響する場合には，cの変動が小さい円板引抜き試験を併用することが望ましい。

6.2節でも述べたように，円板引抜き試験は，現在まだ研究の初期段階にあり，解析に用いる理論式や実験装置も比較的浅部の破壊（調査）を対象としている。しかし，理論式や実験装置の改良を行うことにより，図6-18に示したようにボーリング孔を用いて浅部から深部まで連続した地盤強度の推定も，将来的には可能であると考えている。

参考文献

1) Matsuo, M. and Asaoka, A.：A statistical study on a conventional "Safety Factor Method", *Soils and Foundations*, 16(1), pp.75-90, 1976.
2) 正垣孝晴・茂籠勇人・松尾稔：自然堆積土の非排水強度異方性と斜面安定解析法, 土と基礎, 45(8), pp.13-16, 1997.
3) Berre, T. and Bjerum, L.：Shear strength of normally consolidated clays, *Proc. of 8th ICSMFE*, Vol.1, Moscow, pp.39-49, 1973.
4) 地盤工学会：サクション測定を伴う一軸圧縮試験マニュアル, 最近の地盤調査・試験法と設計・施工への適用に関するシンポジウム論文集, pp. 付 1-14, 2006.
5) Shogaki, T.：Strength properties of clay by portable unconfined compression apparatus, *Proc. Int. Conf. on Geotechnical Engineering for Coastal Development*, Yokohama, pp.85-88, 1991.
6) Shogaki, T. and Nochikawa, Y.：Triaxial strength properties of natural deposits at K_0 consolidation state using a precision triaxial apparatus with small size specimens, *Soils and Foundations*, 44(2), pp.41-52, 2004.
7) Shogaki, T. and Shirakawa, S.：Undrained strength from various shear tests for undisturbed Kumamoto clay, *Characterization of Soft Marine Clays*, Balkema, pp.215-228, 1999.
8) Shogaki, T.：A method for correcting consolidation parameters for sample disturbance using volumetric strain, *Soils and Foundations*, 36(3), pp.123-131, 1996.
9) Shogaki, T. and Maruyama, Y.：Estimation of *in-situ* undrained shear strength using disturbed samples within thin-walled samplers, *Geotechnical Site Characterization*, Balkema, pp.419-424, 1998.
10) 半沢秀郎：土の一面せん断試験結果の実際への適用・他2編, 直接型せん断試験の方法と適用に関するシンポジウム論文集, pp.87-94, pp.193-198, pp.199-202, 1995.
11) Watabe, Y. and Tsuchida, T.：Comparative study on undrained shear strength of Osaka bay Pleistocene clay determined by several kinds of laboratory test, Soils and Foundations, 41(5), pp.47-59, 2001.
12) 白川修治・川田誠吾・正垣孝晴：一面せん断試験の強度特性に及ぼす圧密度の影響, 第33回地盤工学研究発表会, pp.571-572, 1998.
13) 三田地利之・工藤豊・真田昌慶・荻野俊寛・神谷光彦：ベンダーエレメント併用一面せん断試験による熱帯性泥炭の強度・変形特性, 第56回年次学術講演会, Ⅲ 310, 2001.
14) Shogaki, T.：An improved method for estimating *in-situ* undrained shear strength of natural deposits, Soils and Foundations, 46(2), pp.1-13, 2006.
15) 正垣孝晴・佐藤大介：小型供試体を用いた自然堆積土の非排水強度の評価, 土と基礎, Vo.54, No.8, pp.14-16, 2006.
16) 近藤悦吉・向谷彦夫・梅崎健夫・中野義仁：最近の地盤調査・試験法の適用性－軟弱地盤上の盛土構築を例示して－, 地盤工学会誌, Vol.54, No.8, pp.29-31, 2006.
17) 正垣孝晴・松尾稔・橋爪昭広：一面せん断試験機の使用頻度が c, ϕ に与える影響, 土木学会第41回年次学術講演会講演概要集, pp.653～654, 1986.
18) 三笠正人・高田直俊：大型直接せん断試験, 地質と調査, 80, No.4, pp.41～45, 1980.
19) 土質工学会編：土質試験法（第2回改訂版）, 土質工学会, pp.433～461, 1979.
20) せん断試験法委員会：土のせん断試験法に関する基礎的研究, 土質工学会, pp.3～7, 1967.
21) 松尾稔・軽部大蔵：室内せん断試験結果の設計への適用に際する2, 3の問題点, 第11回土質工学シンポジウム論文集, pp.91～100, 1966.
22) 電気学会編：送電用鉄塔設計標準, 電気書院, pp.13～61, 1965.
23) 松尾稔・阪部貞夫・正垣孝晴：新しいサウンディング方法としてのプレートの引抜き抵抗に関する研究, 第13回土質工学研究発表会講演集, pp.49～52, 1978.
24) 松尾稔・正垣孝晴：円板引抜き試験による不飽和土の強度の推定と盛土施工管理への適用, 不飽和土の工学的性質研究の現状, シンポジウム論文集, pp.347～356, 1987.
25) 正垣孝晴・松尾稔：円板引抜き試験の原位置試験法としての適用性に関する研究, 昭和62年度土木学会中部支部研究発表会講演概要集, pp.284～285, 1988.
26) 松尾稔・上野誠：構造物の耐用期間内に生起する外力の不確実性を考慮した信頼性設計法,

土木学会論文報告集, Vol.289, pp.89〜98, 1979.
27) Matsuo, M. and Shogaki, T.: Effects of plasticity and disturbance on statistical properties of undrained shear strength, *Soils and Foundations*, Vol.28, No.2, pp.14〜24. 1988.

第 9 章　自然堆積土の強度・圧密特性

9.1　自然堆積粘性土の土質データの統計的性質

9.1.1　概　説

　本節では，チューブサンプリングで得た試料のサンプリング等に起因する試料の乱れが強度特性に及ぼす影響とサンプラー内の試料の指標的性質を明らかにするため，内径75mm の固定ピストン式シンウォールチューブサンプラーで採取した試料（直径 d75mm，試料長 800mm）から約 150 個の 3.1 節で示した S 供試体を作製して一軸圧縮試験を行い，サンプラーの縦・横断方向に関する土質データの統計的性質を明らかにする。

9.1.2　供試土と実験方法

　供試土は，尼崎市と浦安市の臨海部から採取した沖積海成粘性土である。両粘性土は，試料採取地点近傍に大きな河川等のない地形的に穏やかな環境下で堆積しており，均質性に富み貝殻の混入もほとんどない。尼崎粘土の場合，同じボーリング孔から深度の異なる 3 試料（尼崎 -5，尼崎 -9，尼崎 -13）を d75mm の試料が採取できるエキステンションロッド固定式のシンウォールチューブサンプラー[1]を用いて採取した。浦安粘土（浦安 -14）の採取に対しては，d75mm の試料が採取できる水圧式の固定ピストン式シンウォールチューブサンプラー[1]を用いた。

　試料の採取長は，浦安粘土と尼崎粘土でそれぞれ約 800mm と 600mm であった。また，試料採取率は両者ともにほぼ 100% であった。試料端部のパラフィンによるコーティング厚は，すべての採取試料に対して約 20mm であった。刃先側 20mm の土を切り捨てた後，長さ 45mm の試料片を切り出した。各試料片は刃先側から順にアルファベットを付けて他の試料片と区別した。

　尼崎粘土，浦安粘土の指標的性質を表 9-1 に示す。表 9-1(a) 〜 (d) は，それぞれ尼崎 5，尼崎 9，尼崎 13，浦安 14 の結果である。$\bar{w}_n$, $\bar{\rho}_t$, $\bar{q}_u$, $\bar{E}_{50}$ は，自然含水比 w_n，湿潤密度 ρ_t，一軸圧縮強さ q_u，変形係数 E_{50} の平均値である。塑性指数 I_p と $\bar{q}_u$ は，それぞれ尼崎 5 で (68 〜 74) と (107 〜 126)kN/m^2，尼崎 9 で (68 〜 79) と (116 〜 137)kN/m^2，尼崎 13 で (50 〜 64) と (132 〜 165)kN/m^2，浦安 14 で (54 〜 65) と (129 〜 161)kN/m^2 の範囲である。供試土は，我が国の一般的な沖積海成粘土であることがわかる。

表 9-1 供試土の指標的性質

(a) 尼崎 5

位置	A, B	C	D, E	F, G	H, I	J
砂（%）	2.4	6.1	2.8	3.1	3.3	3.8
シルト（%）	35.6	51.7	34.4	30.6	33.0	30.6
粘土（%）	64.4	48.3	65.6	69.4	67.0	69.4
$\bar{w}_n$（%）	64.94	66.30	66.22	63.19	64.75	64.27
I_p	69.6	74.8	67.9	70.4	68.4	70.3
$\bar{\rho}_t$ (g/cm^3)	1.586	1.578	1.605	1.605	1.620	1.616
$\bar{q}_u$ (kN/m^2)	106.6	114.4	107.4	125.7	126.2	115.5
$\bar{E}_{50}$ (MN/m^2)	7.54	4.54	6.36	7.85	7.53	7.26

(b) 尼崎 9

位置	A	B	C, D	E, F	G, H	I
砂（%）	0.0	0.0	0.0	0.0	0.0	0.0
シルト（%）	34.5	34.4	31.3	24.4	30.0	24.1
粘土（%）	65.5	65.6	68.7	75.6	70.0	75.9
$\bar{w}_n$（%）	68.21	68.14	67.97	67.57	67.57	68.12
I_p	68.4	72.7	74.0	78.8	75.7	74.7
$\bar{\rho}_t$ (g/cm^3)	1.565	1.557	1.573	1.564	1.574	1.596
$\bar{q}_u$ (kN/m^2)	116.3	130.2	136.8	126.6	135.4	120.3
$\bar{E}_{50}$ (MN/m^2)	7.71	5.92	10.19	7.72	8.12	5.57

(c) 尼崎 13

位置	A, B	C	D, E	F, G	H
砂（%）	5.7	4.2	2.5	4.0	3.1
シルト（%）	36.0	34.6	40.9	32.0	32.2
粘土（%）	58.3	61.2	56.7	64.0	64.7
$\bar{w}_n$（%）	53.50	52.95	61.82	58.33	58.83
I_p	49.6	52.2	53.6	53.8	64.0
$\bar{\rho}_t$ (g/cm^3)	1.687	1.675	1.656	1.656	1.653
$\bar{q}_u$ (kN/m^2)	150.1	163.8	165.0	163.4	132.0
$\bar{E}_{50}$ (MN/m^2)	11.14	7.44	13.64	11.30	7.10

(d) 浦安 14

位置	A, B	C, D	E, F	G, H	I	J, K	L, M, N
砂（%）	2.2	1.2	0.0	0.2	2.2	0.0	0.0
シルト（%）	30.8	31.8	34.3	34.0	33.7	36.8	38.2
粘土（%）	67.0	67.0	65.7	65.8	64.1	63.2	61.8
$\bar{w}_n$（%）	84.50	77.22	74.23	75.18	75.15	76.69	75.15
I_p	65.2	59.7	53.6	58.5	58.1	58.8	56.7
$\bar{\rho}_t$ (g/cm^3)	1.458	1.504	1.514	1.533	1.535	1.538	1.529
$\bar{q}_u$ (kN/m^2)	130.3	148.1	137.3	160.8	145.0	131.2	128.7
$\bar{E}_{50}$ (MN/m^2)	4.70	6.13	5.49	6.80	4.99	3.93	4.44

図 9-1(a) ～ (d) に各試料の土性図を示す。$\bar{\rho}_t$, $\bar{q}_u$, $\bar{E}_{50}$, 破壊ひずみの平均値 $\bar{\varepsilon}_f$ は，各試料片から得たデータの平均値であり，チューブ刃先からの距離 D_s に対してプロットしている。チューブ内の縦断位置による粒度組成の変化を反映して，含水比等の指標的性質もわずかに変化している。

3.1 節で示した携帯型一軸圧縮試験機と S 供試体を用いて 1%/min の軸ひずみ速度でせん断した。q_u は 15% 以下の軸ひずみ ε に対する最大応力から求めている。E_{50} は $q_u/2\varepsilon_{50}$ と定義している。ここに，ε_{50} は $q_u/2$ に対する軸ひずみである。

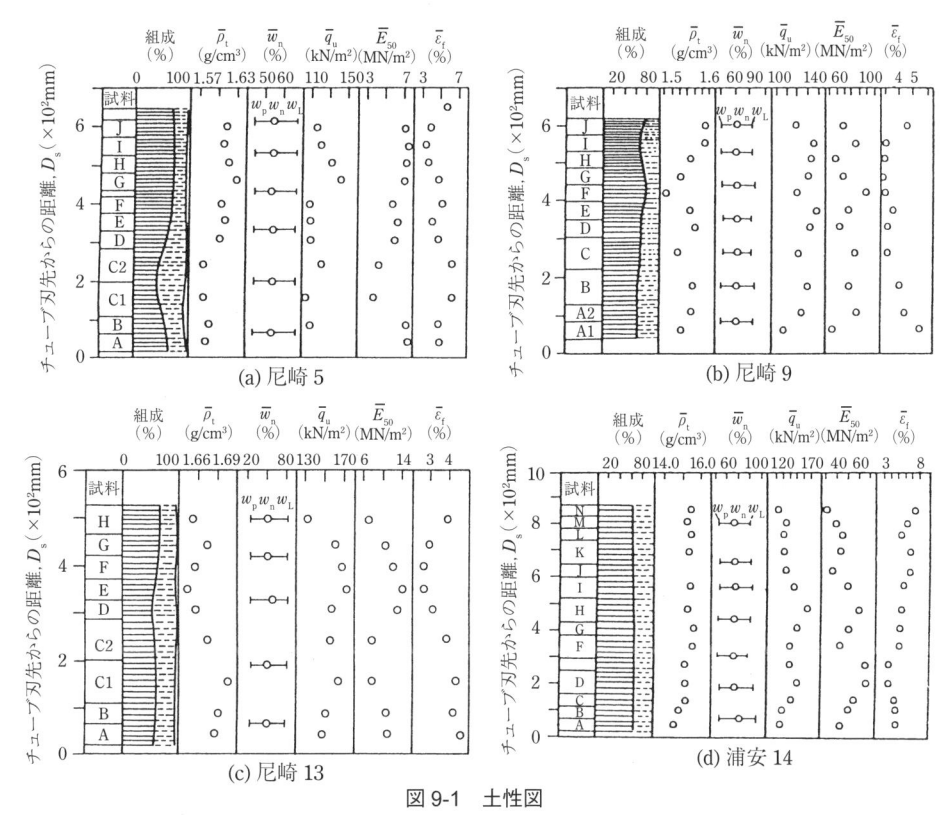

第 9 章　自然堆積土の強度・圧密特性

図 9-1　土性図

図 9-2 に供試体位置平面図を示す．$d75mm$,
$h45mm$ の試料片から，図 9-2 に示すように
$d15mm$, $h35mm$ の S 供試体を 10 個作製した．
サンプラーの損傷やチューブの変形は全くな
かったが，各試料片から得た供試体位置と番号
は，図 9-2 に示す数字で統一している．

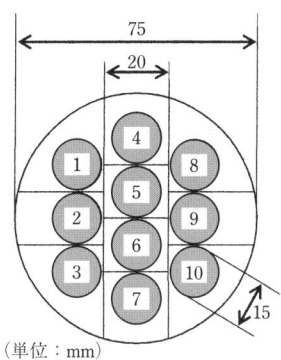

図 9-2　供試体位置平面図

9.1.3　サンプラー内の土質データの統計的性質
(1) サンプラーの横断方向に関する土質データの統計的性質

表 9-2 に，図 9-3 にプロットする記号をまとめて示す．
図 9-3(a)，(b)，(c)，(d)，(e) は，尼崎 13 の供試体のそれ
ぞれ w_n，ρ_t，q_u，E_{50}，ε_f をチューブ刃先からの距離 D_s に
対してプロットしている．D_s が小さく刃先に近づくと w_n
は小さくなり，ρ_t は大きくなっている．これらの値は，
$(53～62)\%$，$(1.65～1.69)g/cm^3$ の変動幅を持つが，各供
試体の w_n，ρ_t はチューブ内の供試体位置に対し，一定の
傾向を持つことはない．すなわち，これらの変動は地盤が
本来的に持つ物性の変動を現したものと判断される．

表 9-2　図 9-3 の記号凡例

記号	**
-	1
+	2
*	3
○	4
×	5
─	6
●	7
□	8
■	9
○	10

＊＊：図 9-2 の供試体

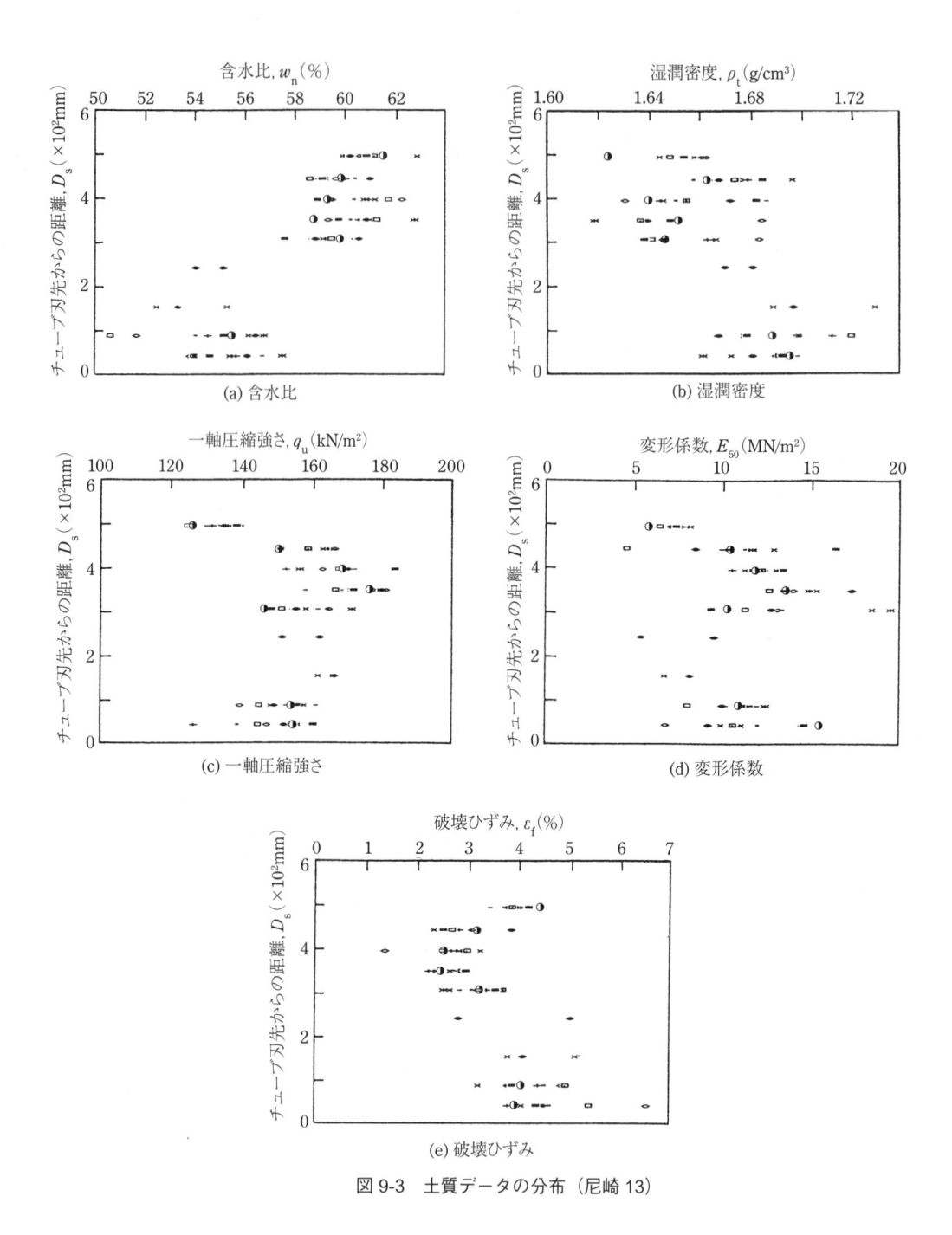

図 9-3 土質データの分布（尼崎 13）

図 9-3(c), (d) の q_u, E_{50} を見ると，チューブの押込みとチューブからの試料の押出しに起因して，$D_s=(0 \sim 100)$mm と $D_s \fallingdotseq 500$mm の領域の値が他のそれらより小さくなっている。しかし，各供試体の q_u と E_{50} 値は，チューブの横断面の位置による特徴的な傾向はない。q_u と E_{50} の低下を反映して，図 9-3(e) に示すこの領域の ε_f は他の領域のそれより大きい。しかし，ε_f に関しても q_u, E_{50} と同様に供試体位置による傾向的な差は見られない。

図9-4は，尼崎13の試料片D（D_s=(300〜345)mm）の応力σとひずみεの関係である。1から10のすべての供試体の結果をプロットしている。サンプラーの壁面近傍の供試体は，チューブ断面中央部の供試体5，6と同じσ-ε関係を与えている。このことは，サンプラー壁面の摩擦による試料の乱れは，図9-2に示したすべての供試体位置に及んでいないことを意味する。

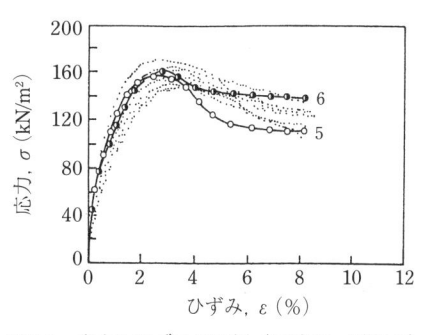

図9-4 応力とひずみの関係（尼崎13，試料D）

図9-5は，d75mmの試料片中央部に位置する供試体5，6のq_uの平均値（$\bar{q}_u$(5, 6)）に対する供試体5，6を除く他の供試体のq_u（q_u(5, 6以外)）の比（q_u(5, 6以外)/$\bar{q}_u$(5, 6)）の平均値（$R\bar{q}_u$（平面））とD_sの関係である。また，図9-6はE_{50}について図9-5と同様に整理したものである。尼崎-5のD_s=50mmと尼崎-9のD_s=600mmのプロットを除き，浦安粘土，尼崎粘土ともに$R\bar{q}_u$（平面）は，D_s=(0〜100)mmとD_s>600mmの領域で1.0より小さい値を示している。図9-6に示すように，この領域の$R\bar{E}_{50}$（平面）もまた1.0より小さい。したがって，チューブの押込みとチューブからの試料の押出しに伴う試料の乱れがチューブ壁近傍の供試体に生じたものと推察される。この傾向は，水圧式および従来のエキステンションロッド固定式のサンプラーの種類に依存しない。

図9-5 $\bar{q}_u$（平面）とD_sの関係

図9-6 $\bar{E}_{50}$（平面）とD_sの関係

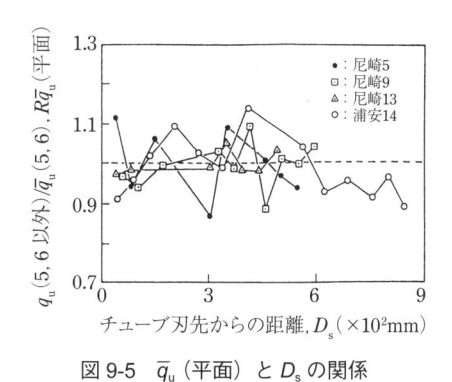

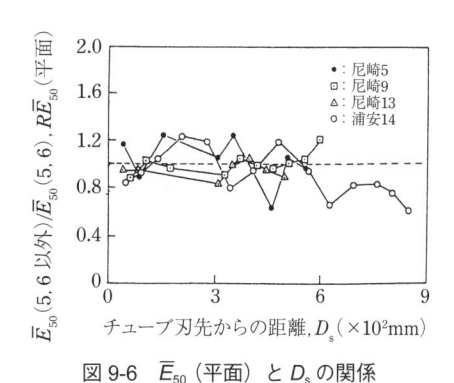

図9-5と図9-6の尼崎5のD_s=50mmと尼崎-9のD_s=600mmのプロットは，$R\bar{q}_u$（平面），$R\bar{E}_{50}$（平面）ともに1.0以上であり，試料の押出しに伴う試料の乱れの影響を受けていないと推察される。しかし，D_s=(100〜600)mmの領域では，$R\bar{q}_u$（平面）は概ね1.0の値を持つ。断面中央部の供試体に貝殻片等が混入した場合を除き，チューブ中央部の供試体が周辺部のそれより大きな乱れを受けることはない。したがって，チューブの断面中央部の供試体のq_uと周辺部のそれはほぼ同じ値を持ち，図9-5と図9-6の$R\bar{q}_u$（平面），$R\bar{E}_{50}$（平面）の変動は，土の本来的な物性のばらつきを反映したものであると判断される。

表9-3は，尼崎5, 9, 13, 浦安14に対してw_n, ρ_t, q_u, E_{50}, ε_fの統計量を，供試体5, 6とその周辺部の供試体に区分してまとめたものである。チューブ断面中央部の供試体5, 6とその周辺部の供試体の統計量に有意差がないことがわかる。すなわち，水圧式および従来のエキステンションロッド固定式のサンプラーの種類によらず，図9-3に示すすべての供試体は，チューブの押込みとチューブからの試料の押出し時に生ずるチューブ壁面の摩擦による乱れを受けていないことがわかる。

正垣・松尾[2]は，シンウォールチューブの押込みと試料の押出し時に生ずる試料の乱れを走査型電子顕微鏡を用いた微視的構造の観点から検討している。用いた試料は，4.1.6項で用いた乱さない四日市粘土とそれをスラリー状にして，圧密圧力 σ'_v=100 kN/m², 300 kN/m² で再圧密した粘性土（A粘性土；I_p=43.7, 鋭敏比 $S_t \fallingdotseq 8$）であり，本節で用いた尼崎，浦安粘土と同様な塑性を持つ粘性土である。それによると，シンウォールチューブの押込みと試料の押出し時に生ずる試料の乱れは，チューブ壁面から数 mm の範囲であった。このことは，7.1.5項で述べた超深度形状測定顕微鏡による微視構造の観察結果とも符合するが，図 9-5，図 9-6 と表 9-3 に基づいて分析した結果とも整合している。

表 9-3　土質データの統計的性質

供試土	統計量	w_n (%)		ρ_t (g/cm³)		q_u (kN/m²)		E_{50} (MN/m²)		ε_f (%)	
		5.6	*	5.6	*	5.6	*	5.6	*	5.6	*
尼崎5	供試体数	9	68	9	67	9	68	8	68	9	68
	平均値	67.08	67.06	1.595	1.606	116.9	115.1	5.87	6.94	4.7	4.6
	変動係数	0.023	0.020	0.017	0.013	0.187	0.136	0.357	0.223	0.322	0.338
尼崎9	供試体数	17	69	17	69	16	67	16	66	16	67
	平均値	70.48	70.30	1.575	1.576	128.3	127.1	7.63	7.64	3.8	3.8
	変動係数	0.023	0.022	0.010	0.013	0.106	0.092	0.243	0.285	0.25	0.28
尼崎13	供試体数	16	59	16	59	16	59	16	59	16	59
	平均値	58.44	58.32	1.674	1.667	156.9	155.7	11.44	10.97	3.4	3.5
	変動係数	0.048	0.050	0.015	0.013	0.083	0.092	0.269	0.272	0.253	0.260
浦安14	供試体数	22	102	22	102	22	99	21	97	22	101
	平均値	69.57	69.88	1.519	1.521	138.6	137.8	5.04	4.80	5.2	5.3
	変動係数	0.087	0.080	0.019	0.021	0.116	0.110	0.339	0.270	0.34	0.27

※：5.6 以外の供試体

以上の考察は，統計的棄却検定の結果からも補強される。すなわち，チューブ横断方向の q_u と E_{50} の供試体位置による有意差検定のために，D_s=(100〜600)mm の領域で得た供試体に対して，$\bar{q}_u$ と $\bar{E}_{50}$ の差に関する仮説検定を行った。統計処理に耐え得る標本数を得るために，図 9-2 に示す供試体 5，6 と 1，2，3，4 そして，7，8，9，10 に 3 区分して，各々の母平均に対して仮説検定を行った。仮説検定では，通常両側危険率 5% が採用されることが多いが，有意水準を両側危険率 10% に設定して検討した。q_u の母平均の仮説検定結果を表 9-4 に示す。表 9-4 を見ると，各試料の $\bar{q}_u$ は各区分によって (0〜7)kN/m² の差があるが，母平均に有意差はない。表 9-5 は，E_{50} に対して表 9-4 と同様に仮説検定を行った結果である。$\bar{q}_u$ に対する検定結果と同様に各試料の E_{50} の母平均は，3 つに区分した供試体間で有意な差はなかった。また，1，2，3，4 と 7，8，9，10 に区分した $\bar{q}_u$ と $\bar{E}_{50}$ 値の間にも有意差はなかった。したがって，チューブの横断方向の 10 個の供試体の q_u と E_{50} 値は，統計的にも有意差がないと判断される。

表 9-4　$\bar{q}_u$ 値の差の仮説検定結果（横断方向）

供試土	統計量	1,2,3,4	5,6	7,8,9,10
尼崎5	供試体数	27	12	28
	平均値	111	118	118
	検定結果	○	基準点	○
尼崎9	供試体数	32	15	29
	平均値	126	130	129
	検定結果	○	基準点	○
尼崎13	供試体数	24	14	27
	平均値	155	154	153
	検定結果	○	基準点	○
浦安14	供試体数	27	12	25
	平均値	140	147	143
	検定結果	○	基準点	○

○：有意差なし

表 9-5　$\overline{E}_{50}$ 値の差の仮説検定結果（横断方向）

供試土	統計量	1,2,3,4	5,6	7,8,9,10
尼崎 5	供試体数	27	12	28
	平均値	6.4	7.4	7.1
	検定結果	○	基準点	○
尼崎 9	供試体数	32	15	29
	平均値	8.4	7.6	7.6
	検定結果	○	基準点	○
尼崎 13	供試体数	24	14	27
	平均値	11.3	11.1	10.2
	検定結果	○	基準点	○
浦安 14	供試体数	27	12	25
	平均値	5.0	7.4	5.4
	検定結果	○	基準点	○

○：有意差なし

(2) サンプラーの縦断方向に関する土質データの統計的性質

図 9-7 は各試料の $\overline{q}_u$（平面）の最大値 $\overline{q}_u$(max) に対する $\overline{q}_u$（平面）の比（相対強度；$\overline{q}_u$（平面）/$\overline{q}_u$(max)）と D_s の関係である。尼崎粘土の場合，試料採取長が 600mm であるため $D_s > 600$mm のプロットはないが，図 9-5 と図 9-6 の結果を反映して $D_s = (0 \sim 100)$mm と $D_s > 600$mm の領域で相対強度は 0.75～0.8 の値を示し，他の領域のそれよりも小さい。

図 9-8 は，E_{50} に対して図 9-7 と同様に整理したものである。相対変形係数（$\overline{E}_{50}$（平面）/$\overline{E}_{50}$(max)）の D_s に対する分布の傾向は，図 9-9 に示す相対強度のそれとほぼ同じである。

刃先側 100mm と (600～900)mm の領域で $\overline{q}_u$（平面）/$\overline{q}_u$(max) ≒ 0.75～0.80 である。図 9-8 の $\overline{E}_{50}$（平面）/$\overline{E}_{50}$(max) において，(600～900)mm の領域では $\overline{E}_{50}$（平面）/$\overline{E}_{50}$(max) ≒ 0.45～0.65 と小さい。これは試料の乱れに起因したものである。浦安粘土，尼崎粘土ともに D_s ≒ (300～500)mm の領域の q_u が最も大きな値を示すが，

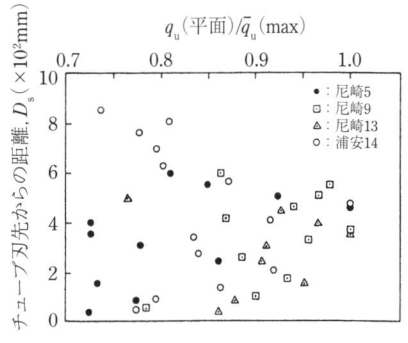

図 9-7　相対強度と D_s の関係

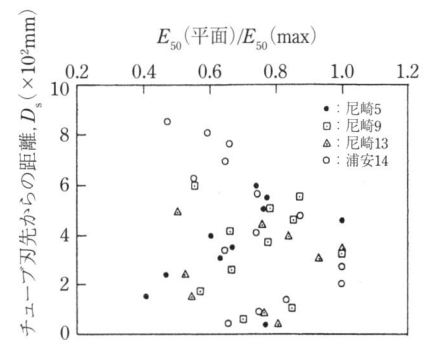

図 9-8　相対変形係数と D_s の関係

$D_s = (100 \sim 600)$mm の領域の相対強度，相対変形係数の変動は，先に述べた理由から土が本来的に持つ物性のばらつきに起因したものと考えている。

松本ら[3]は，岡山県錦海湾の干拓堤防内の軟弱な海成粘性土地盤を対象に一連のサンプリング実験を行っている。そして，1968 年までの調査で $D_s < 300$mm と $D_s > 700$mm の領域の試料に乱れがあることを示している。図 9-7 と図 9-8 の結果は，この乱れの領域が時代が進み今日に至るほど小さくなることを示している。図 9-7 と図 9-8 に示す乱れの領域が，松本ら[3]がまとめたそれより小さい理由は，現地のサンプリングから室内の試験に至る技術の改善と向上によるものと推察される。

各試料片から得た10個の供試体に対するq_u, E_{50}の変動係数とD_sの関係を，それぞれ図9-9と図9-10に示す。q_uの変動係数Vq_uは概ね0.1以下の値であり，5.5節で述べた均質な沖積海成粘性土の一般値$Vq_u ≒ (0.2 ~ 0.3)$[4]よりかなり小さい。また，東海地域の臨海部から採取した沖積海成粘性土を0.25mmフルイに通した。この再構成粘土のVq_uは，$(0.04 ~ 0.12)$の範囲[5]であった。d75mm，h45mmの試料片から得た10個の供試体のVq_uは，均質な沖積海成粘性土の再構成土のそれと同程度であることがわかる。

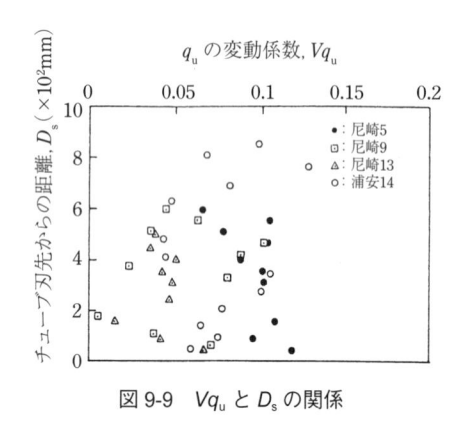

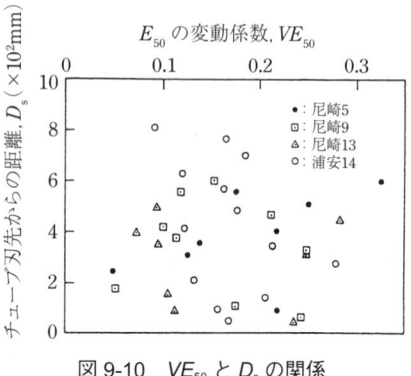

図9-9　Vq_uとD_sの関係　　　　図9-10　VE_{50}とD_sの関係

図9-9に示したように，相対強度が低下する$D_s=(600 ~ 900)$mmの領域のVq_uは，他の領域のそれよりも大きいが，この領域のE_{50}の変動係数VE_{50}値は他の領域のそれと同等である。5.3節で述べたように，土が撹乱を受けるとq_uが低下しVq_uは大きくなる[4]が，VE_{50}には影響しないことが多い[5]。このような事実は，自然地盤に対する実態調査[6]や現地実験[6]の分析から明らかにされた事実であるが，1本のシンウォールチューブ内の試料に対しても同じく整合している。

チューブ縦断方向のq_uとE_{50}値の統計的性質を同様に検討するために，サンプリングチューブ内のq_u, E_{50}値をD_sが10cmごとの試料片のグループに区分し，各グループの$\bar{q}_u$と$\bar{E}_{50}$値の仮説検定を有意水準10％で行った。表9-6に，$D_s=(300 ~ 400)$mmから得た$\bar{q}_u$に対する他のグループごとの$\bar{q}_u$値の差に関する仮説検定の結果を示す。$D_s=(300 ~ 400)$mmの$\bar{q}_u$を基準にした理由は，図9-7で示したように相対強度が最も大きく，試料の乱れが少ない領域であることを踏まえた結果である。尼崎9，尼崎13は$D_s=(0 ~ 100)$mmの領域で他の領域の$\bar{q}_u$値とは統計学的な差がある。これは，図9-5と図9-6で検討したように，この領域における試料の乱れを反映している。また，尼崎5，尼崎13の$D_s=(500 ~ 600)$mmの領域にも試料の乱れに起因して有意差がある。

表9-7は，E_{50}に関して表9-6と同様に仮説検定を行った結果をまとめている。尼崎13の$D_s=(500 ~ 600)$mmの領域は，$\bar{E}_{50}$値に有意差があるが，尼崎5のそれには有意差はない。また，浦安14の$D_s=(600 ~ 900)$mmのブロックは，他のブロックの$\bar{E}_{50}$値よりも小さい。これは試料の乱れに起因したものである。表9-6と表9-7に基づく以上の考察は，図9-7~図9-10で述べた結果を平均値の差に関する仮説検定の結果から補強するものである。

表 9-6　$\bar{q}_u$ 値の差の仮説検定結果（縦断方向）

供試土	統計量	0〜1*	1〜3*	3〜4*	4〜5*	5〜6*	6〜8*	8〜9*
尼崎 5	供試体数	10	23	20	11	20	—	—
	平均値	102	109	113	115	122	—	—
	検定結果	○	○	基準点	○	×	—	—
尼崎 9	供試体数	10	12	21	20	19	—	—
	平均値	107	124	126	130	125	—	—
	検定結果	×	○	基準点	○	○	—	—
尼崎 13	供試体数	10	15	20	20	10	—	—
	平均値	145	152	153	160	129	—	—
	検定結果	×	○	基準点	○	×	—	—
浦安 14	供試体数	18	18	19	27	基準点	16	19
	平均値	125	145	135	144	基準点	123	124
	検定結果	×	○	基準点	○	基準点	×	×

*：D_s（×10^2 mm），○：有意差なし，×：有意差あり

表 9-7　$\bar{E}_{50}$ 値の差の仮説検定結果（縦断方向）

供試土	統計量	0〜1*	1〜3*	3〜4*	4〜5*	5〜6*	6〜8*	8〜9*
尼崎 5	供試体数	10	23	20	11	20	—	—
	平均値	6.7	6.7	6.2	6.0	7.3	—	—
	検定結果	○	○	基準点	○	○	—	—
尼崎 9	供試体数	10	12	21	20	19	—	—
	平均値	6.9	7.5	8.5	8.1	6.8	—	—
	検定結果	○	○	基準点	○	×	—	—
尼崎 13	供試体数	10	15	20	20	10	—	—
	平均値	11.2	9.6	13.4	11.1	7.0	—	—
	検定結果	○	×	基準点	○	×	—	—
浦安 14	供試体数	18	18	19	27	基準点	16	19
	平均値	4.5	5.7	5.4	5.2	基準点	4.1	3.8
	検定結果	○	○	基準点	○	基準点	×	×

*：D_s（×10^2 mm），○：有意差なし，×：有意差あり

　D_s=(100〜600)mm の領域に含まれる尼崎 5, 9, 13，浦安 14 のすべての供試体から求めた Vq_u は，それぞれ 0.14，0.08，0.10，0.17 と小さな値を示し，この領域から得た q_u 値の変動は極めて小さい。このことは，D_s=(100〜600)mm の領域の試料が強度特性の観点からも均質であり，この領域から得た供試体に対し，10.1 節と 10.2 節で述べる堆積方向からの供試体の切り出し角度 β を変化させた一軸圧縮試験や圧密試験結果は，強度・圧密特性に及ぼす β の影響を抽出できることを示している[7]。すなわち，以上の結果は，チューブサンプリングで採取した自然堆積粘土に対し，β を変化させた一軸圧縮試験や標準圧密試験から初期異方性を測定することの妥当性を支持している。

9.2　釜山粘土の強度・圧密特性

9.2.1　概　説

　大韓民国（以後，韓国と表記）の南部，Busan（プサン）市のほぼ中央を南流する Nakdong（ナクドン）江は，長い年月を経て河口に細粒土を堆積し，Kimhae（キメ）平野と呼ばれるデルタ地帯を形成している。Kimhae 平野は基幹産業や新港の重要な開発地域として注目され，1990 年代初頭から国の政策として大規模な埋立て工事が始まっ

た。図9-11にBusan new port（以後，BNPと表記）の位置を示す。BNPはこのKimhae平野の南西部に位置し，韓国の国際貿易における競争力強化を果たす拠点（北東アジアのハブ港湾）として国家プロジェクトに指定され，2007年開港を目指して岸壁・護岸・埋立てが行われていた。ところが，Kimhae平野の埋立て工事に伴う沈下などのデータが蓄積されるにつれて，一部の地域の沖積粘土層で予測沈下量を大きく超える圧密沈下が観測されている。例えば，Myeongji（ミョンギ）地区では予測沈下量の1.4倍，Shinho（シノ）地区では2.8倍の圧密沈下量が生じ大きな社会問題となっていた[8]。このように，Kimhae平野に厚く堆積する沖積粘土の地盤工学的性質の解明は十分でなく，沈下・安定問題に関する設計の精緻化や合理化が地盤工学の大きな問題となっていた[9]。

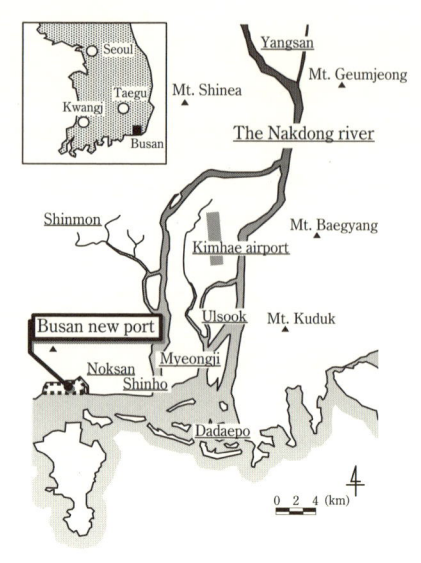

図9-11　Busan new portの位置

Kim, S. K.[9]は有効土被り圧σ'_{vo}に対する圧密降伏応力σ'_pの比で定義する過圧密比OCRが地盤下層部で1より小さいことから，粘土層厚と堆積速度が大きいことに起因して地盤が未圧密の状態にあると推察した。一方，Kim, S. R.[10]は，新港建設のために採取されたBNP粘土に対して，段階載荷圧密試験IL，三軸圧縮試験，一軸圧縮試験UCT等を体系的に行い，その指標的性質や強度・圧密特性を検討した。その結果，BNP粘土は未圧密粘土の挙動を示すが，粘土が鋭敏であり採取試料に乱れがあることから，この粘土は正規圧密粘土であるとした。

田中ら[11]は，Kimhae平野のOCRが小さい原因を検討するため，日本のサンプラーとサンプリング法で採取したYangsan（ヤンサン：図9-11に示すNakdong江上流域）粘土に対して定ひずみ速度圧密試験CRとILを行った。その結果，日本や英国に堆積する粘土と比較するとσ'_pは小さいが，Yangsan粘土は未圧密粘土ではなく正規圧密粘土であるとした。

第2章で述べたように，土質試験を行うための供試体は，ボーリングから室内試験に至る過程で応力解放や機械的撹乱に起因して複雑な応力・変形履歴を受ける。そして，これらの履歴を受けた供試体から得た強度・圧密特性は，第5章で述べたように，原位置のそれらとは異なる。Kimhae平野に堆積する粘性土を対象とした上述の研究の中で，Kim, S. R.[10]は不撹乱土と乱れを与えた試料の強度・圧密特性の検討を行っている。しかし，乱れの定量的評価や試料の乱れが結果に及ぼす影響の検討は行っていない。

本節は，BNP粘土の強度・圧密特性を体系的に示し，我が国や英国の自然堆積粘土の地盤工学的性質との比較から，BNP粘土の位置を明らかにする。

9.2.2　供試土と試験方法

供試土は，韓国で通常用いられている固定ピストンサンプラーで採取された自然堆積土である。図9-12は粒度組成，コンシステンシー限界，w_nを深度に対してプロットしている。$z=34.1$mの試料は日本統一土質分類によれば，砂混じり細粒土，その他は細粒土に分類される。塑性指数I_pは22.8（$z=34.1$m）〜53.5（$z=20.6$m）の範囲であり，

$z=34.1\mathrm{m}$ が低塑性粘性土（CL）に分類される以外は高塑性粘性土（CH）である。w_n は 37.1 〜 73.4％の範囲である。w_n には同じボーリング孔から得た試料に対して，韓国で行われた非圧密非排水三軸圧縮試験（UU 試験）の供試体の w_n の結果（○）[12] も併せてプロットしている。両者の w_n の深度分布は同等である。また，これらの結果は Kim, S. R.[10] が行った BNP の結果とも同等である。

表 9-8 に，K_0 圧密三軸圧縮試験 K_0CUC の試験条件を示す。表 9-8 には，比較のために一軸圧縮試験（UCT）の試験条件も示した。K_0 圧密は，有効拘束圧 σ'_r を増減させる方式（両振り）で 0.005％/min の軸ひずみ速度 $\dot{\varepsilon}_c$ で σ'_{vo} の 1, 2, 3, 4 倍とした。非排水の圧縮試験は，$\dot{\varepsilon}_s$ を 1.0％/min，0.05％/min の 2 種類とし，伸張試験 K_0CUE は 0.05％/min とした。圧縮試験の圧縮強さ $q_{(max)}$ は，15％以下の軸ひずみ ε_a の有効軸応力 $(\sigma'_a-\sigma'_r)$ の最大値とした。伸張試験の伸張強さ $q_{(min)}$ は，15％以下の ε_a の有効軸応力 $(\sigma'_a-\sigma'_r)$ の最小値とした。有効内部摩擦角 ϕ'_c は，有効応力経路の主応力比最大 $(\sigma'_a/\sigma'_r)_{max}$ 点と原点を結ぶ直線の勾配とした。

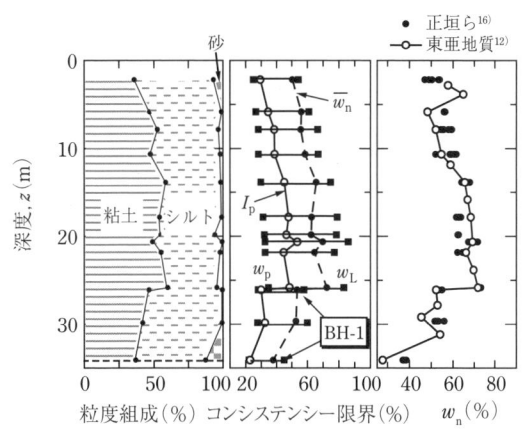

図 9-12 供試土の指標的性質

表 9-8 K_0 圧密三軸試験と UCT の試験条件

試験	K_0 圧密	$\dot{\varepsilon}_s$ (％/min)	排水条件	c_u	供試体寸法 (mm)
K_0CUC	$\dot{\varepsilon}_c = 0.005％/min$ $\sigma'_a = (1\sim4)\sigma'_{vo}$	1.0, 0.05	非排水	$q_{max}/2$	$d15, h35$
K_0CUE	$\dot{\varepsilon}_c = 0.005％/min$ $\sigma'_a = (1\sim4)\sigma'_{vo}$	0.05	非排水	$|q_{min}|/2$	$d15, h35$
UCT	—	1.0	非排水	$q_u/2$	$d15, h35$

9.2.3 K_0 圧密中の K_0 値に及ぼす圧密圧力と試料練返しの影響

一例として，図 9-13 に 45 サンプラーで採取した $z=20.6\mathrm{m}$ の試料の K_0 圧密中に測定した K_0 値を有効軸応力 σ'_a に対してプロットしている。図 9-14 は，図 9-13 中の $\sigma'_p/\sigma'_{vo}=4$ となる供試体の K_0 圧密中の側方ひずみ ε_r と時間 t の関係である。JGS 0525-2000[13] は，ε_r として ±0.025％以下であることを規定している。ε_r は概ね $(-0.012 \sim 0.007)％$ の範囲にあり最大値は $-0.024％$ である。このことは，K_0 圧密が適正に行われたことを意味する。図 9-13 には，後述図 9-15(a) から推定した原位置の圧密降伏応力 $\sigma'_{p(I)}$ と σ'_{vo} の 1, 2, 3, 4 倍に対応する σ'_a を矢印で示している。K_0 は圧密の進行によって 1.0 から減少し，$\sigma'_{p(I)}$ より大きい領域ではほぼ 0.5 の一定値に収束する。$\sigma'_{p(I)}$ より小さい領域の K_0 は 0.5 より小さい。そして，この領域の K_0 は供試体によって大きく異なっている。σ'_a が σ'_{vo} 以下の領域では，試料が乱れ ε_{vo} が大きいほど K_0 値が小さいのが理由である。ここで，ε_{vo} は 5.1 節で述べた体積ひずみであり，供試体の乱れを示す指標として用いることができる[14]。

図9-13　K_0 と σ'_a の関係

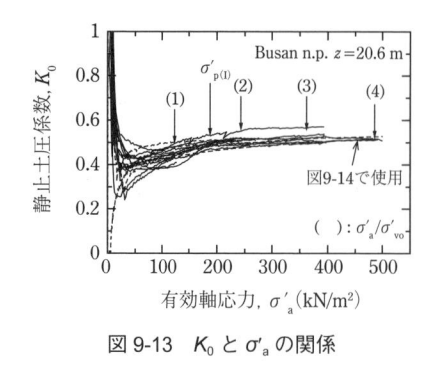

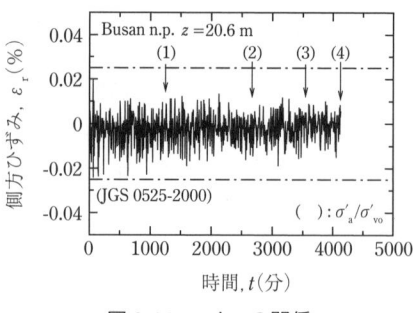

図9-14　ε_r と t の関係

　図9-15の(a), (b)は, それぞれσ'_pと圧縮指数C_cをε_{vo}に対してプロットしている。ここで, K_0は三軸K_0圧密, ILは段階載荷圧密試験を意味する。σ'_pとC_cは, K_0圧密中の供試体の間隙比eと$\log \sigma'_a$の関係から三笠法[15]で求めた。図9-15には, 不撹乱土と練返し土がプロットされている。$\varepsilon_{vo}>13$%のプロット(●, ▲)は練返し土であり, これらのプロットのσ'_pとC_cは, 不撹乱土のそれらより小さい。またσ'_aがσ'_pに対して十分に小さい$1\sigma'_{vo}$のプロットは, σ'_pを超えた領域で見られるeの急激な減少がないため, σ'_pとC_cは整理上小さく見積もられる。したがって, $(2 \sim 4)\sigma'_{vo}$のプロットを近似する曲線から$\varepsilon_{vo}=0$の値として$\sigma'_{p(I)}=193$ kN/m^{2}と原位置の圧縮指数$C_{c(I)}=1.7$を推定した。図9-13に示す$\sigma'_{p(I)}$の矢印は, この値に相当するσ'_aを示している。ILに関しては9.2.5項で詳述するが, この試料においては供試体寸法や載荷速度(荷重増分比), 周面摩擦などの試験条件が異なるにもかかわらず, K_0圧密と同様の傾向を示している。

図9-15(a)　σ'_p と ε_{vo} の関係

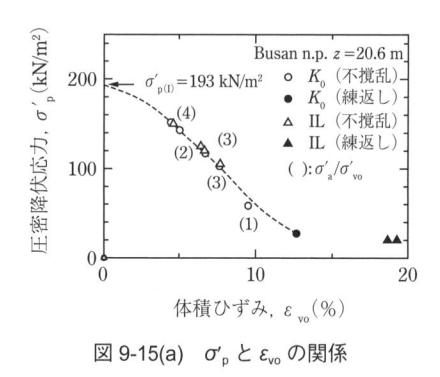

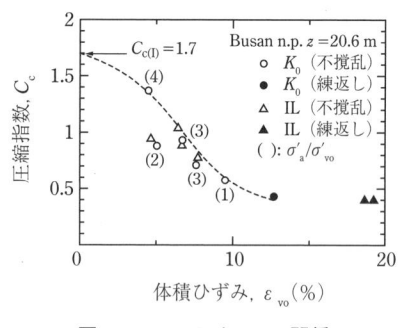

図9-15(b)　C_c と ε_{vo} の関係

　図9-16は間隙比eとK_0をσ'_aの対数に対してプロットしている。なお, 図9-16において, 供試体による指標的性質の変動に起因したeの差を取り除くため, すべての供試体のe_0はこれらの供試体の平均値$\bar{e}_0=1.855$に合わせている。

　図9-16には, 図9-15で求めた$\sigma'_{p(I)}$と$C_{c(I)}$に加え, ILで得た膨張指数C_s (σ'_{vo}と$\sigma'_{p(I)}$の間の勾配)を用いて推定した原位置のeと$\log \sigma'_a$の関係も示している。図9-16の供試体のうち代表的な5つの供試体のw_n, e_0, ε_{vo}, σ'_p, C_cの値を表9-9にまとめた。試料の乱れが大きくε_{vo}が大きくなると, σ'_pとC_cが小さくなる傾向がある。図9-16に示した原位置のe-$\log \sigma'_a$関係は, 16個の供試体のe-$\log \sigma'_a$曲線との比較から妥当であると判断される。

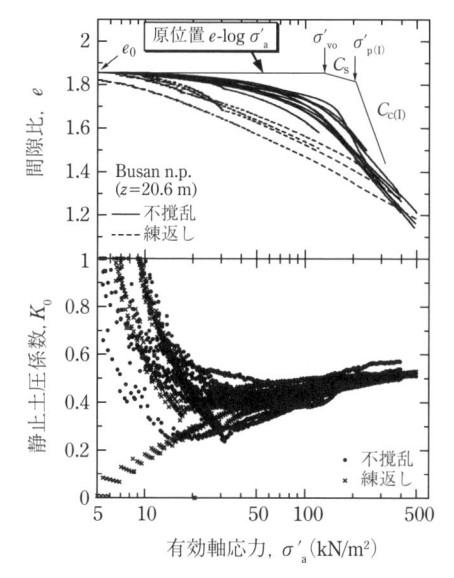

図9-16　e, K_0 と σ'_a の関係

表9-9　図9-16の供試体の指標的性質

土の状態	w_n (%)	e_0	ε_{vo} (%)	σ'_p (kN/m²)	C_c
不撹乱	74.3	1.99	6.72	394.2	0.93
	74.0	1.97	4.48	484.3	1.37
	72.8	1.90	6.63	396.1	0.71
練返し	73.4	1.92	12.7	27.5	0.43

図9-17は，各 σ'_a 下で得た K_0 を深度 z に対してプロットしている。$\sigma'_a/\sigma'_{vo}=1$ の供試体の中でも $z<14$m の比較的浅部の K_0 は，K_0 圧密開始の早い時期に $1\sigma'_{vo}$ の設定圧に達するため K_0 の変動が大きい。しかし，$\sigma'_a/\sigma'_{vo}=2, 3, 4$ 下の K_0 は，0.42 〜 0.57 の範囲内にあり深度に依存していない。$\sigma'_a/\sigma'_{vo}=3, 4$ 下の K_0 の平均値は 0.495 である。

図9-18は，K_0 と I_p の関係である。また，表9-10に図9-18で用いるプロットの凡例を示す。図9-18には，BNP粘土の結果[16]に

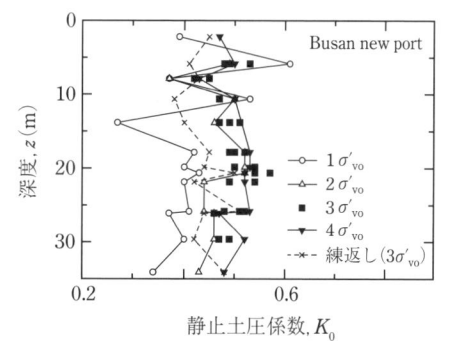

図9-17　K_0 の z 分布

加え，日本（△），韓国 Kimhae（◇），英国 Bothkennar（▽）粘土の正規圧密領域で求めた不撹乱土の K_0 値[17]と，Laddら[18]による同領域の不撹乱土（⊗）とその練返し土（⊕）の K_0 値，土田[19]らが行った $I_p=40 \sim 70$ の我が国の港湾地域粘土の結果（□），さらに澁谷ら[20]が不撹乱土に対して σ'_{vo} 下で得た K_0 値をプロットしている。Alpan[21]が Kenney[22]の実験結果を整理して得た回帰曲線も図9-18に併せて示した。澁谷ら[20]は，Bothkennar（▼）と Louiseville（■）の2つのプロットの K_0 が大きい理由として，セメンテーションの効果を挙げている。著者や澁谷ら[20]の結果（K_0 の高い（▼）と（■）を除く）は，概ね Alphan[21]の回帰式の下位に位置している。しかし，Laddら[18]のプロットは上位に位置している。これらの差は，供試土の指標的性質や試験方法を含む応力履歴等の差に起因していると推察するが，これを検討する詳細な情報は彼らの論文にはない。図9-18に示した2本の回帰式のうち，上に位置する破線は BNP 粘土と Kimhae 粘土の不撹乱土の正規圧密領域における K_0 に対する回帰直線（r は相関係数）であり，下に位置する実線は日本と英国の同領域におけるプロットから求めたそれである。BNP 粘土と Kimhae 粘土の K_0 は，日本と英国のそれらより 20% ほど大きい。また，K_0 は I_p とともに大きくなる傾向がある。

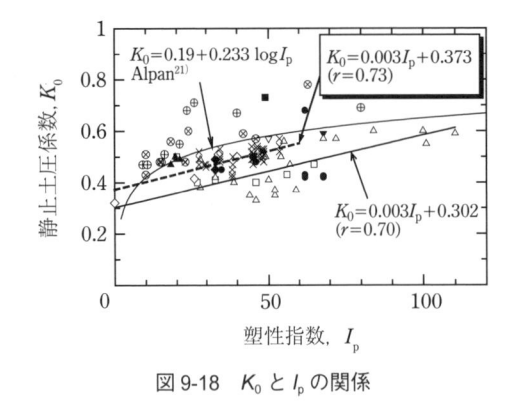

図9-18 K_0 と I_p の関係

表9-10 図9-18の記号凡例

記号	供試土	文献
×	Busan new port	正垣ら [16]
⊗	U.S.A 他（不攪乱）	Ladd ら [18]
⊕	U.S.A 他（練返し）	
□	日本	土田 [19]
△	日本	
▽	Bothkennar	正垣・後川 [17]
◇	Kimhae	
●	日本	澁谷ら [20]
▲	Drammen	
■	Louiseville	
▼	Bothkennar	
◆	Busan	

9.2.4 三軸強度特性に及ぼす圧密圧力，ひずみ速度と試料練返しの影響

(1) 非排水せん断強度特性に及ぼす圧密圧力の影響

図9-19はBNP粘土の非排水せん断強度 c_u と z の関係である．図中には $\sigma'_{p(I)}$ 下で得た K_0CUCの c_u に相当する原位置の非排水せん断強度 $c_{u(I)}$（□）も併せて示している．これらはすべて $\dot{\varepsilon}_s=1.0\%/\text{min}$ の結果である． σ'_a/σ'_{vo} が同じ下で得た c_u は z が増大すると直線的に大きくなっている．練返し土の c_u （×）は，各深度で不攪乱土と同等以上の強度を有している．この理由は後述する． $c_{u(I)}$ は， $\sigma'_a/\sigma'_{vo}=1\sim2$ で得た c_u の間に位置している．これは， $\sigma'_{p(I)}$ が $\sigma'_a/\sigma'_{vo}=1\sim2$ の範囲内にあることを反映している．

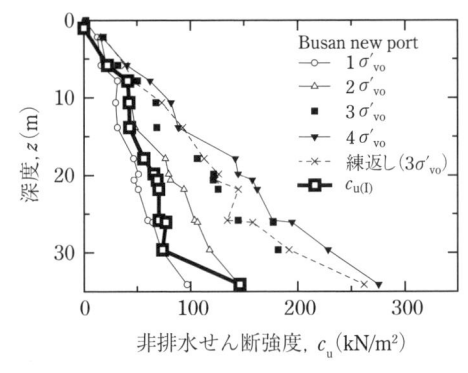

図9-20は，強度増加率 c_u/p と z の関係である．ここで， p は σ'_a と同じである． σ'_a/σ'_{vo} が小さいほど c_u/p は大きいが，これは供試体が過圧密状態であるのが理由である．地盤表層部の $z=2.2$m の値を除き， $\sigma'_a/\sigma'_{vo}=3, 4$ の c_u/p は $0.29\sim0.38$ の範囲で z が大きくなるとわずかに小さくなる傾向がある．平均値は0.33である．

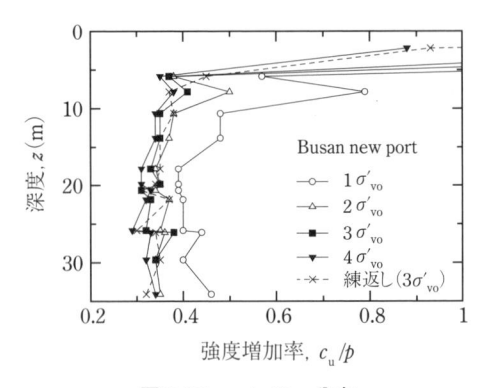

図9-21は，すべての供試体の c_u/p を σ'_a に対してプロットしている．各深度の供試体は，それぞれ σ'_a を σ'_{vo} の (1, 2, 3, 4) 倍で圧密した後， $\dot{\varepsilon}_s=1.0\%/\text{min}$ でせん断している．図9-12に示したように深度によって w_n が変化しているが， $z=26.1$m, 34.1m の結果を含め， c_u/p は σ'_a に対して一意的な関係にある．

図9-22は，すべての供試体の c_u/p を σ'_a/σ'_{vo} に対してプロットしている． $z=2.2$m, 5.8m, 7.8m の地盤表層部の c_u/p は大きいが，これらを除くと $\sigma'_a/\sigma'_{vo}=1$ 下の c_u/p は $0.29\sim0.41$ である． c_u/p は σ'_a/σ'_{vo} が大きくなるとわずかに小さくなるが， $\sigma'_a/\sigma'_{vo}=3, 4$ の c_u/p は $0.29\sim0.41$ の範囲にある．

図9-19 c_u の z 分布

図9-20 c_u/p の z 分布

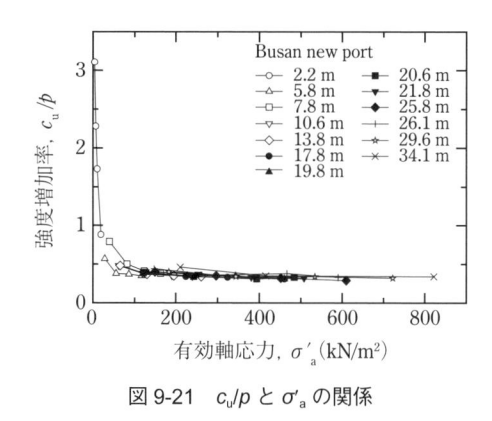

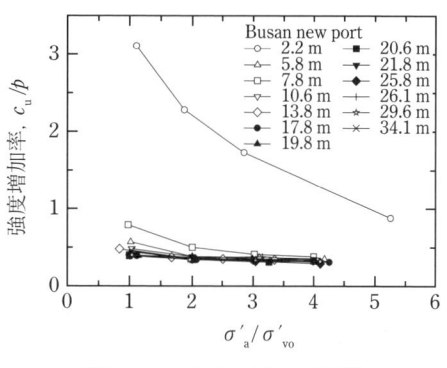

図 9-21　c_u/p と σ'_a の関係

図 9-22　c_u/p と σ'_a/σ'_{vo} の関係

(2) 圧縮・伸張強度特性に及ぼすひずみ速度と試料練返しの影響

図 9-23 は，一例として z=20.6m の軸差応力 q と軸ひずみ ε_a の関係である。図 9-23 の K_0CUC には，$\dot{\varepsilon}_s$ が 1.0% /min と 0.05% /min の 2 種類の q と ε_a の関係を示している。K_0CUE は $\dot{\varepsilon}_s$=0.05% /min のみである。ここに，軸差応力 q は $(\sigma'_a - \sigma'_r)$ である。括弧で示す数字は σ'_a/σ'_{vo} の値である。σ'_a/σ'_{vo} が大きくなると q も大きくなる。また，K_0CUC の q は $q_{(max)}$ となる破壊ひずみ ε_f の後にひずみ軟化して小さくなっている。$\dot{\varepsilon}_s$=1.0% /min の圧縮せん断による ε_f は，σ'_a/σ'_{vo}=1, 2, 3, 4 に対して，それぞれ 2.9%，1.4%，1.8%，2.5% である。$q_{(max)}$ は $\dot{\varepsilon}_s$=0.05% /min の値より $\dot{\varepsilon}_s$=1.0% /min の方が大きい。このような傾向は，BNP 粘土の他の試料に対しても同様であることを確認している。

図 9-24 は $\dot{\varepsilon}_s$=1.0% /min の非排水せん断強度 $c_u(=q_{(max)}/2)$ に対する各 $\dot{\varepsilon}_s$ の c_u の比 Rc_u を $\dot{\varepsilon}_s$ に対してプロットしている。BNP 粘土の $\dot{\varepsilon}_s$=0.05% /min の Rc_u は 0.81 ～ 0.94 の範囲であり，この値は供試土の深度や I_p には依存していなかった。図 9-24 には，日本と Kimhae 粘土の正規圧密領域のプロットに加え，$3\sigma'_{vo}$ 下で等方圧密した乱さない Bothkennar 粘土[23]，Boston blue clay[24] と I_p=40 ～ 70 の我が国の港湾地域粘土[19] の結果も併せて示している。Boston blue clay[24] と我

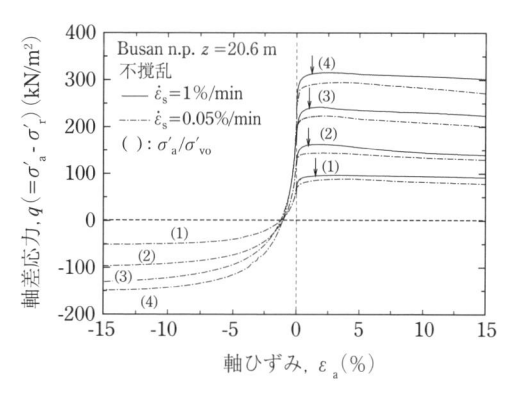

図 9-23　q と ε_a の関係（ε_a の影響）

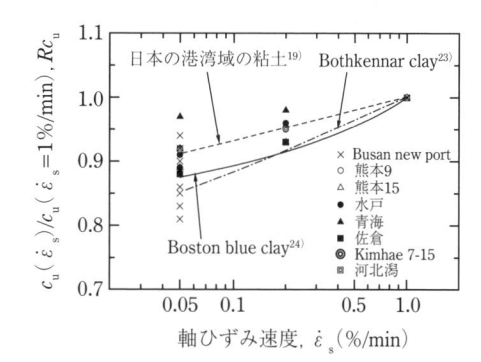

図 9-24　Rc_u と $\dot{\varepsilon}_s$ の関係

が国の港湾地域粘土[19] に関しては，試験条件等の詳細は彼らの論文には示されていない。図 9-24 から，BNP 粘土は Bothkennar 粘土[23]，Boston blue clay[24] と我が国の港湾地域の粘土[19] に比べて，c_u に及ぼす $\dot{\varepsilon}_s$ の影響が 10% 程度大きいプロットも見られるが，平均的には同等と判断される。

図9-25は，$z=20.6$m の不撹乱土と練返し土の q と ε_a の関係を示している。実線は不撹乱土，破線は練返し土の結果である。練返し土の $q_{(max)}$ は，$\sigma'_a/\sigma'_{vo}=4$ を除き不撹乱土のそれと同等である。試料が乱れると同じ間隙比下で強度が低下するが，K_0 圧密によって練返し土の圧密後の間隙比 e_c が不撹乱土のそれの (6～18)% 程度小さくなることによる強度増加が影響した結果である。練返し土の $\sigma'_a/\sigma'_{vo}=4$ の $q_{(max)}$ が不撹乱土に比べて小さいのは，練返し土の圧密後の供試体が横方向に大きく変形したのが理由である。圧縮せん断下の ε_f は，不撹乱土で (1.4～2.9)%，練返し土で (0.3～15)% であり，$\sigma'_a/\sigma'_{vo}=1$ を除き後者が小さい。BNP粘土の他の深度に関してもこれと同様な傾向であることを確認している。

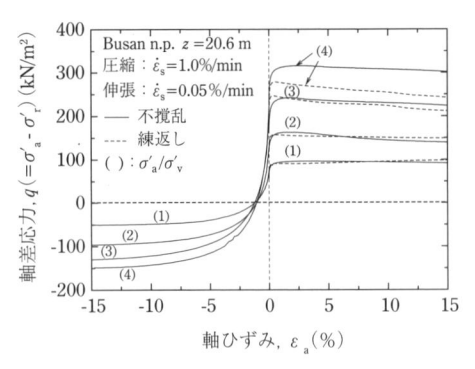

図9-25 q と ε_a の関係（試料練返しの影響）

図9-26は，K_0CUC と K_0CUE 下で得た c_u/p と I_p の関係を示している。また，表9-11 に図9-26 で用いた記号の凡例を示す。図9-26には，土田ら[19] が求めた正規圧密領域（NC）の c_u/p（□）と澁谷ら[20] が求めた σ'_{vo} 下の c_u/p（●，▲，■，▼，◆，◁）を示している。また，図中の破線は，日本と Kimhae，Bothkennar 粘土に対する正規圧密領域下で得た c_u/p の範囲を示している。Bjerrum & Simons[25] が正規圧密領域より求めた値の範囲も図9-26 に実線として示した。σ'_{vo} 下の c_u/p（+）は，0.4～3.1 の範囲にあり，同じ供試体に対する正規圧密領域下の $c_u/p=0.3～1.7$ の値より大きい。過圧密領域下の c_u/p が大きいのは試料採取に伴う応力解放，試料撹乱，年代効果等に起因してせん断変形を受けた供試体が過圧密的な挙動を示すためである。σ'_{vo} 下で得た澁谷ら[20] の結果（●，▲，■，▼，◆，◁）も，BNP粘土の結果と同様に大きな c_u/p を示している。一方，Bjerrum & Simons[25] が得た c_u/p の範囲は，著者や土田[19] が得た値より幾分小さい。

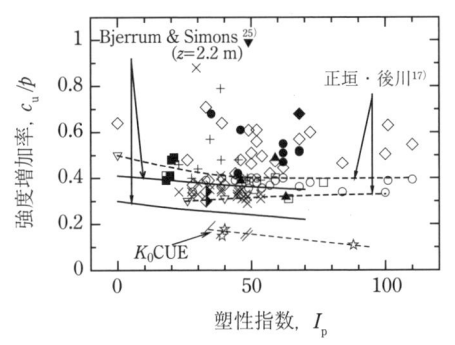

図9-26 c_u/p と I_p の関係

表9-11 図9-26の記号凡例

記号	供試土	文献
+	Busan new port（$1\sigma'_{vo}$）	正垣ら[16]
×	Busan new port（NC）	
/	Busan new port（K_0CUE）	
□	日本	土田[19]
◇	日本（$1\sigma'_{vo}$）	正垣・後川[17]
○	日本（NC）	
△	Bothkennar（NC）	
▽	Kimhae（NC）	
☆	日本（K_0CUE）	
●	日本	澁谷ら[20]
▲	Bangkok	
■	Drammen	
▼	Louiseville	
◆	Bothkennar	
◁	Busan	

K_0CUE による正規圧密領域下で得た c_u/p は，0.11～0.18 の範囲であり K_0CUC のそれらより 0.2 程度小さい。BNP粘土の K_0CUE の c_u/p は，河北潟，水戸，Kimhae 粘土の結果（☆）と同等である。また，これらの c_u/p は I_p が大きくなると小さくなる傾向がある。

(3) 有効応力経路と有効内部摩擦角に及ぼす圧密圧力，$\dot{\varepsilon}_s$ と試料練返しの影響

図 9-27(a) に一例として，$z=20.6$m の試料の $\dot{\varepsilon}_s=1.0$ %/min の K_0CUC と K_0CUE の有効応力経路を示す。（●）が不攪乱土，（＋）がその練返し土の結果である。図 9-27 には，主応力比最大 $(\sigma'_a/\sigma'_r)_{max}$ のプロット（□）と原点を通る直線が最小二乗法によって描かれている。実線が不攪乱土，破線が練返し土である。圧縮せん断下の有効内部摩擦角 ϕ'_c は，試料の練返しによって 11° 小さくなっている。また伸張せん断下の有効内部摩擦角 ϕ'_e は ϕ'_c と比べて 7° 小さい。

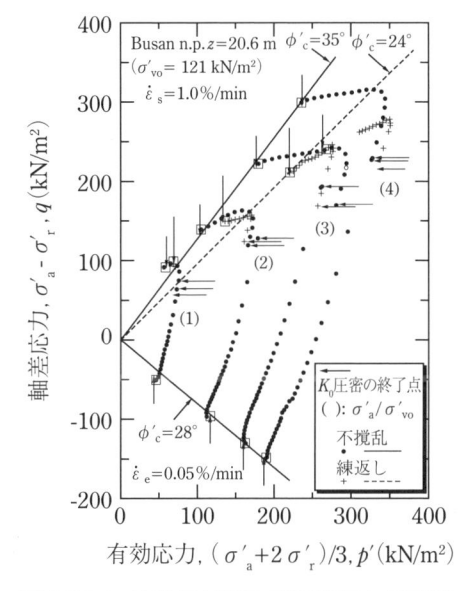

図 9-27(a)　有効応力経路（試料練返しの影響）　　図 9-27(b)　有効応力経路（$\dot{\varepsilon}_s$ の影響）

図 9-27(b) は，図 9-27(a) と同様に $z=20.6$m の不攪乱試料に対して，$\dot{\varepsilon}_s=1.0$ %/min と $\dot{\varepsilon}_s=0.05$ %/min 下で得た K_0CUC と K_0CUE の有効応力経路を示している。（●）が $\dot{\varepsilon}_s=1.0$ %/min，（○）が $\dot{\varepsilon}_s=0.05$ %/min に対するものである。同じ $\dot{\varepsilon}_s$ 下の各有効応力経路は $\sigma'_a/\sigma'_{vo}=1$ を除き良い相似形を示している。また $\dot{\varepsilon}_s$ が大きくなると有効応力経路は右上側に膨らむ傾向が見られる。今泉ら[26] が述べているように，この現象は供試体中央部の破壊領域で発生している間隙水圧 u の伝達の時間遅れ（migration）に起因して供試体下端で測定する u が小さくなった結果，平均有効主応力 p' を過大に評価したことが主因であると考えている。3.1.5 節で述べた一軸供試体と同じ挙動が三軸供試体でも現れている。図 9-27(b) には，各 σ'_a/σ'_{vo} の $\dot{\varepsilon}_s=1.0$ %/min と 0.05 %/min の主応力比最大点 $(\sigma'_a/\sigma'_r)_{max}$ に対して，原点を通るように最小二乗法によって直線近似して求めた直線を示している。不攪乱土において $\dot{\varepsilon}_s=0.05$ %/min の $\phi'=35°$ は，$\dot{\varepsilon}_s=1$ %/min の $\phi'=32°$ より約 9% 大きい。

図 9-28 は，各圧密圧力下で得た $(\sigma'_a/\sigma'_r)_{max}$ 時の ϕ'_c を z に対してプロットしている。各プロットは図 9-17，図 9-19，図 9-20 で用いた供試体のそれと対応している。ϕ' は，σ'_a と z が大きくなると小さくなる傾向がある。$\sigma'_a/\sigma'_{vo}=3,4$ の正規圧密領域の ϕ' は同じ z 下で同等の値となる。

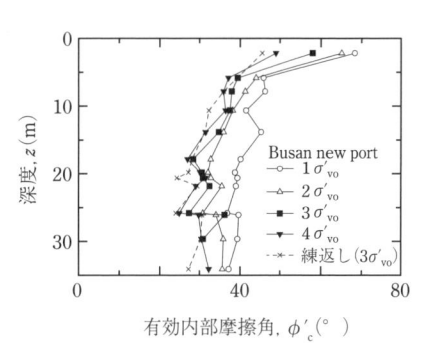

図 9-28　ϕ'_c の z 分布

図9-29は，K_0CUC の $\dot{\varepsilon}_s=0.05\%$/min の ϕ'_c に対する各 $\dot{\varepsilon}_s$ 下の ϕ'_c の比 $R\phi'_c$ を $\dot{\varepsilon}_s$ に対してプロットしている。図9-29には，BNP粘土に加えて熊本9，熊本15，河北潟，Kimhae7-15と水戸粘土の正規圧密領域下で得た結果[17]を併せてプロットしている。BNP粘土の $\dot{\varepsilon}_s=1.0\%$/min 下の ϕ'_c は，$\dot{\varepsilon}_s=0.05\%$/min のそれらより，最大で17%小さい。BNP粘土の ϕ' に及ぼすせん断ひずみ速度効果は他の試料のそれとほぼ同等である。

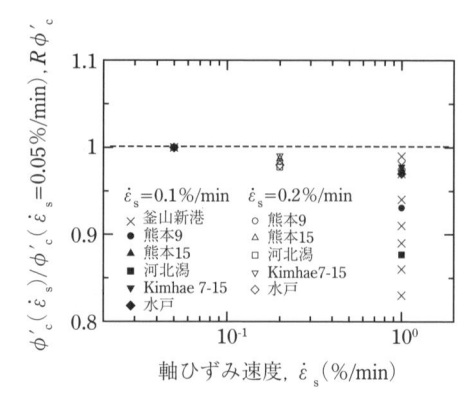

図9-30は，$R\phi'_c$ を I_p に対してプロットしている。図中のプロットは，図9-29で示した $\dot{\varepsilon}_s=0.2\%$/min と $\dot{\varepsilon}_s=1\%$/min でせん断した6種類の不撹乱土の結果である。$\dot{\varepsilon}_s=0.2\%$/min の $R\phi'_c$ は I_p に依らずほぼ一定であるが，$\dot{\varepsilon}_s=1.0\%$/min の $R\phi'_c$ は I_p が大きくなると小さくなる傾向にある。これは，I_p が大きく高塑性になると，u の migration の時間遅れの影響が大きくなるためである。

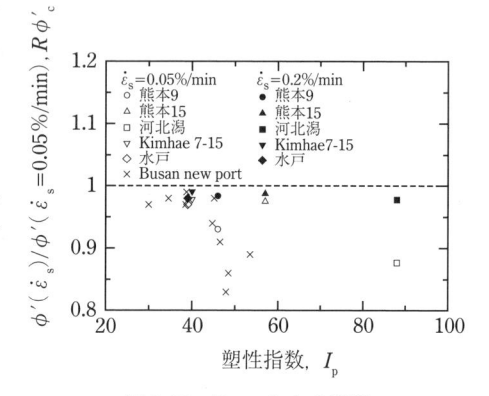

図9-31は，$(\sigma'_a/\sigma'_r)_{max}$ で得た ϕ'_c と I_p の関係である。また，表9-12に図9-31で用いたプロットの凡例を示す。図9-31には，BNP

図9-29　$R\phi'_c$ と $\dot{\varepsilon}_s$ の関係

図9-30　$R\phi'_c$ と I_p の関係

粘土の $\dot{\varepsilon}_s=1\%$/min の σ'_{vo} 下と正規圧密領域下で求めた不撹乱土の ϕ'_c，澁谷ら[20] が不撹乱土に対して σ'_{vo} 下で得た ϕ'_c と田中ら[27] が $3\sigma'_{vo}$ 以上で求めた ϕ'_c をプロットした。BNP粘土の σ'_{vo} 下の ϕ'_c（＋）は（37°〜68°）の範囲にあり，澁谷ら[20] が σ'_{vo} 下で得た結果と同等であった。一方，BNP粘土の正規圧密領域下の ϕ'_c（×）は（25°〜58°）の範囲であり，σ'_{vo} 下の（＋）より小さい。これは，田中ら[27] の結果と同等である。また，Kenny[22] と Bjerrum & Simons[25] が正規圧密領域下で得た ϕ'_c の回帰曲線をそれぞれ，一点鎖線と破線で示した。BNP粘土の ϕ'_c は両回帰式より大きいが，I_p が大きくなると ϕ'_c が小さくなる傾向は彼らの回帰式と同じである。

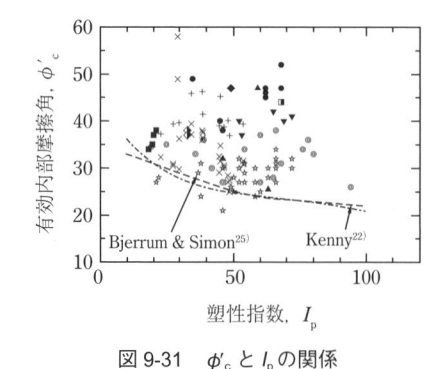

図9-31　ϕ'_c と I_p の関係

表9-12　図9-31の記号凡例

記号	供試土	文献
＋	Busan new port（$1\sigma'_{vo}$）	正垣ら[34]
×	Busan new port（NC）	
●	有明（$1\sigma'_{vo}$）	澁谷ら[19]
▼	尼崎（$1\sigma'_{vo}$）	
▲	Bangkok（$1\sigma'_{vo}$）	
■	Drammen（$1\sigma'_{vo}$）	
◆	Louiseville（$1\sigma'_{vo}$）	
▬	Bothkennar（$1\sigma'_{vo}$）	
◇	Busan（$1\sigma'_{vo}$）	
◎	沖積粘土（NC）	田中ら[26]
☆	洪積粘土（NC）	

図 9-32 は，K_0 と $(\sigma'_a/\sigma'_r)_{max}$ の応力点で整理した ϕ'_c の関係である。表 9-13 に，図 9-32 で用いたプロットの凡例を示す。図中には，BNP 粘土に加えて $\dot{\varepsilon}_s$=0.05 % /min で整理した日本，Kimhae，Bothkennar 粘土の結果をプロットしている。また，Jaky[28]，Brooker & Ireland[29]，山内・安原[30] が提案した式も併せて示している。BNP 粘土は，不撹乱土の σ'_a/σ'_{vo}=3 （×）と練返し土（+）の結果である。σ'_a/σ'_{vo}=3 下のプロット（×）は，Jaky[28] の式よりも K_0 が大きい。BNP 粘土のプロットに対しては K_0=0.856-0.010ϕ'_c を得た。相関係数 r は 0.70 である。この値は有明，八郎潟粘土を除く不撹乱土のプロットに対する回帰式 K_0=0.912-0.012ϕ'_c （r=0.83）[17] とほぼ同等である。すなわち，BNP 粘土の K_0 と ϕ'_c の関係は，同じ応力条件で得た日本，Kimhae，Bothkennar 粘土のそれと同等である。

一方，練返し土の K_0 は，他の試料のそれと同様に Brooker & Ireland[29] や山内・安原[30] の範囲にプロットされる。彼らが用いた試料の状態や試験条件等の細部は彼らの論文には示されていないが，練返し土の K_0 と ϕ'_c の関係は彼らの提案式でよく説明できた。

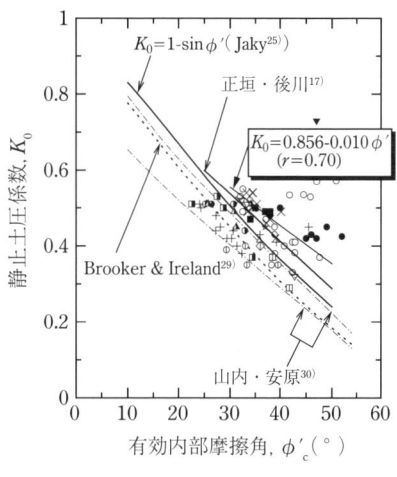

図 9-32 K_0 と ϕ'_c の関係

表 9-13 図 9-32 の記号凡例

土の状態	記号	供試土	$\dot{\varepsilon}_s$ (% /min)	σ'_a/σ'_{vo}	文献
不撹乱	×	Busan new port	0.05	3	正垣ら[34]
	○	日本	0.05	3～4	正垣・後川[16]
	△	Bothkennar			
	▽	Kimhae			
練返し	+	Busan new port	1	3	正垣ら[34]
	◐	Kimhae	1	3～4	正垣・後川[16]
	▲	Kimhae	0.2		
	■	Kimhae	0.05		
	◑	河北潟	1		
	⟁	河北潟	0.2		
	⊟	河北潟	0.05		
	◇	水戸	0.05		
	●	有明	?	1	澁谷ら[19]
	■	Drammen			
	▼	Louiseville			
	◆	Bothkennar			
	◈	Busan			

9.2.5 一軸圧縮強度・圧密特性

一軸圧縮強度特性に及ぼす BNP 粘土の供試体寸法の影響は 3.1 節で検討され，d15mm，h35mm の S（Small size）供試体の強度特性は，d35mm，h80mm の O（Ordinary size）供試体のそれと同等であることを示した。また，3.2 節では，d30 供試体（d30mm，h10mm）と d60 供試体（d60mm，h20mm）の 2 種類の供試体寸法は，圧密降伏応力 σ'_p，圧縮指数 C_c，膨張指数 C_s，圧密係数 c_v，体積圧縮係数 m_v 等の圧密パラメータに影響しないことを示した。

以上の成果を踏まえて，本項では，S 供試体を用いた UCT と d30 供試体を用いた IL を行う。そして，前項で得た原位置の非排水強度 $c_{u(f)}$ を踏まえ，試料の乱れを補正して原位置の強度・圧密特性を推定し，圧密挙動の予測に及ぼす影響を示す。

(1) 強度特性

図9-33は、ε_f, q_u, S_0, E_{50} を深度 z に対してプロットしている。45-mm サンプラーで採取した $z=10.6$m, 20.6m, 29.6m のプロットにはシャドーを付けて、74-mm サンプラーのそれらと区別している。不撹乱土の供試体数は、74-mm サンプラーから採取した試料に対しては各深度2〜7個、45-mm サンプラーのそれは7〜9個であった。図中の実線は各深度の平均値を結んでいる。供試体によるばらつきはあるが、平均値の深度分布を見ると、S_0 が大きい深度では q_u と E_{50} が大きくなり、乱れの観点から整合している。45-mm サンプラーで採取した $z=20.6$m はサンプリングチューブ内面に付着したパラフィンが押出し時に試料を圧迫して乱れが生じた。

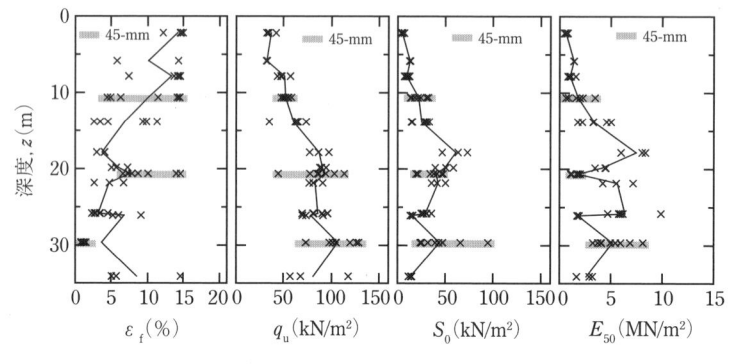

図 9-33 ε_f, q_u, S_0, E_{50} の深度分布

図9-34は、$z=20.6$m の供試体に対するサクション S と時間 t の関係である。時間軸の原点はセラミックディスク表面の水を拭き取った時である。$z=20.6$m の S は供試体をセラミックディスクに載せて3〜4分程度で一定値(5〜47)kN/m² を示している。この値を供試体が保持するサクション S_0 とした。S_0 測定とその後のせん断過程による供試体の含水比低下は(0.5〜1.8)%であったことから、S_0 測定が q_u に及ぼす影響は小さいと判断される。図9-35は、σ と u を ε に対してプロットしている。せん断時の S は正圧になることがあるため S を u としている。S_0 が小さくなると q_u, E_{50} も小さくなることが読み取れるが、特にチューブ刃先からの供試体位置 D_s が 430mm の、45-mm サンプラーとしてはチューブ端面に近い供試体(◇)で、q_u と E_{50} が小さい。

図9-36は、図9-35で示した $q_{u(max)}$ に対する各供試体の q_u の比 Rq_u と p_m/S_0 の関係である。試料の乱れが大きく S_0 と q_u が小さくなると、p_m/S_0 が大きくなり、Rq_u は小さくなる。原位置非排水強度推定の従来法[31]に従い、プロットを近似する曲線から p_m/S_0 が1となる値を外挿して $Rq_u^*=1.36$ を得る。$q_{u(I)}^*$ はこの値に $q_{u(max)}$ を乗じて 139.6 kN/m² となる。しかし、この方法は $q_{u(I)}^*$ 推定のために乱れの程

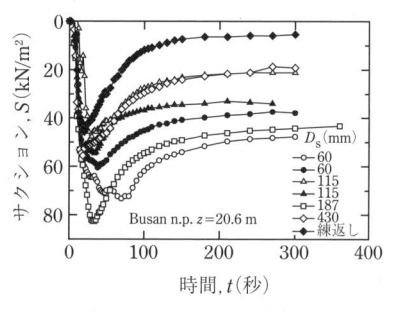

図 9-34 S と t の関係

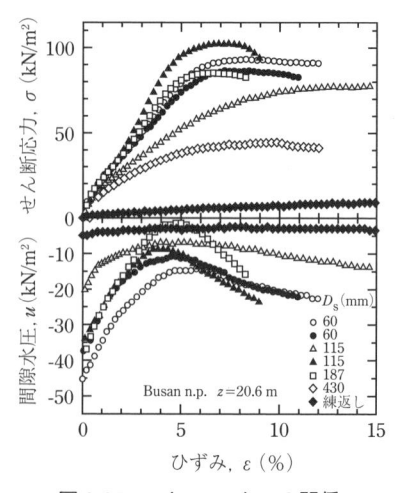

図 9-35 σ と ε, u と ε の関係

度の異なる複数個の供試体が必要になる。このような難点のない簡便法として，5.2節でp_m/S_0と$q_u/2c_{u(I)}$に関する回帰式を求め，p_mと測定したS_0をこの回帰式に代入して得た値の逆数を，測定したq_uに乗ずることで原位置の非排水強度$q_{u(I)}$を推定する方法を示した。ここで，$c_{u(I)}$はK_0CUCで得た原位置の圧密降伏応力下の非排水強度c_uであり，5.2節で述べたように，原位置の非排水強度として妥当と考えられている[32]。前項では，K_0CUCの圧密圧力やせん断ひずみ速度，不撹乱土と練返し土等の強度特性が整合していることを示した。したがって，基準強度としての扱いが可能と判断し，本項でもc_uを原位置の非排水強度の基準強度として用いる。

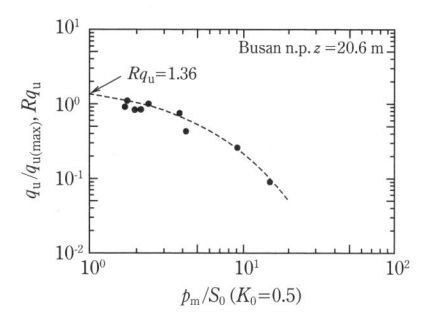

図 9-37 は，BNP粘土の$2c_{u(I)}$に対するq_u（×），$q_{u(I)}$（○），$q_{u(I)}^*$（●）とp_m/S_0の関係である。試料が乱れてp_m/S_0が大きくなるとq_uは直線的に小さくなっている。UCT のプロット（×）に対する回帰直線として$Rq_u=0.793-0.045p_m/S_0$を得る。相関係数rは 0.74 である。この回帰式は英国 Bothkennar や我が国の 11 堆積地から得た$Rq_u=1.038-0.113p_m/S_0$（rは 0.84）[32]とは若干異なり，地域性が存在している。

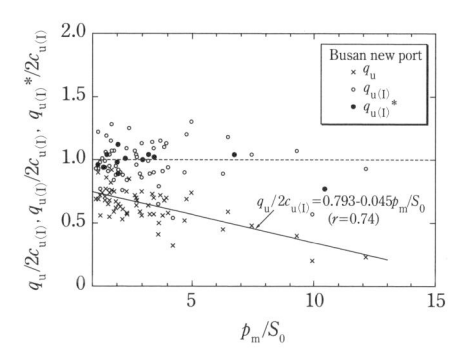

図 9-38 は，図 9-37 の$2c_{u(I)}$に対するq_u，$q_{u(I)}$，$q_{u(I)}^*$をzに対してプロットしている。$q_u/2$（×）は$c_{u(I)}$の 20～86%であり，zに依存していない。一方，$q_{u(I)}/2$（○）は$c_{u(I)}$の 54～129%の範囲で変動している。図中の破線は各深度の$q_{u(I)}/2c_{u(I)}$の平均値を結んだ線でありこの破線も 0.8～1.2 の範囲で変動し，やはり深度に依存していない。

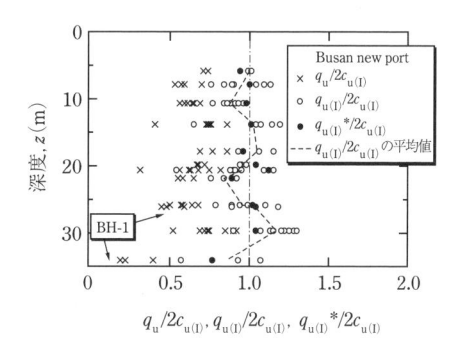

図 9-39 は，図 9-38 で示した$2c_{u(I)}$に対するq_u，$q_{u(I)}$，$q_{u(I)}^*$の比を統計的に検討したものである。個数は供試体数であり，これらの比の平均値と変動係数も示している。q_u，$q_{u(I)}$，$q_{u(I)}^*$の平均値は，それぞれ 0.640，0.980，0.985 であり，変動係数は 0.226，0.166 と 0.091 である。$q_{u(I)}^*$の変動係数が$q_{u(I)}$のそれの約半分と小さいのは複数個の供試体の平均的な値として推定しているためであるが，強度の変動係数として 0.166 はガラスや軟鉄のそれ[33]と同等であり大きくない。また，両者の平均値はほぼ同等であり$2c_{u(I)}$とも差がない。このことは，図 9-37 の回帰式を用いて$q_{u(I)}$を推定する簡便法の妥当性を示唆する。

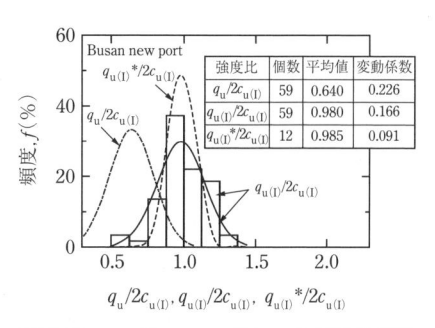

図 9-36 Rq_uとp_m/S_0の関係

図 9-37 $q_u/2c_{u(I)}$，$q_{u(I)}/2c_{u(I)}$，$q_{u(I)}^*/2c_{u(I)}$とp_m/S_0の関係

図 9-38 $q_u/2c_{u(I)}$，$q_{u(I)}/2c_{u(I)}$，$q_{u(I)}^*/2c_{u(I)}$の深度分布

図 9-39 $q_{u(I)}/2c_{u(I)}$，$q_{u(I)}^*/2c_{u(I)}$の統計的性質

強度比	個数	平均値	変動係数
$q_u/2c_{u(I)}$	59	0.640	0.226
$q_{u(I)}/2c_{u(I)}$	59	0.980	0.166
$q_{u(I)}^*/2c_{u(I)}$	12	0.985	0.091

図9-40は，図9-37に示した供試体に対応する非排水強度をzに対してプロットしている。図には韓国で行われたUU試験の結果[12]と$c_{u(I)}$を，それぞれ破線と実線で結んでいる。UU試験の結果は，K_0CUCから推定した強度よりも小さく，$q_u/2$のプロット（×）の近傍に位置している。

非排水強度異方性を検討するために，10.1節で詳述する堆積方向からの供試体の切出し角度βを変えてUCTを行った。試料はz=10.6m，20.6m，29.6mの不撹乱試料である。

図9-41は，一例としてz=29.6mのσとεの関係である。βが90°のq_uはβ=0°のそれの68％でありε_fも10.4％と大きい。図9-42は，β=0°のq_uに対するβ=90°の比とI_pの関係である。我が国の8堆積地の結果を同様にプロットしている。BNP粘土はプロットの下方に位置し，強度異方性が他の試料のそれらより若干大きい。

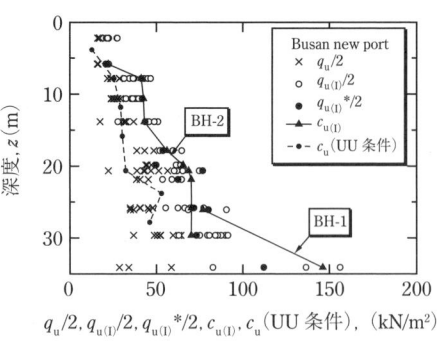

図9-40　各種方法による非排水強度の深度分布

図9-41　σとεの関係

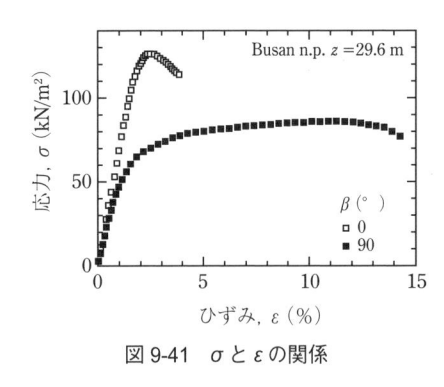

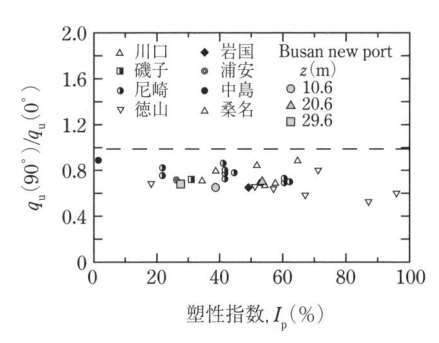

図9-42　$q_u(\beta=90°)/q_u(\beta=0°)$と$I_p$の関係

(2) 圧密特性

図9-43は，BNP粘土の圧密パラメータに関する土性図である。圧密沈下計算で問題となる荷重レベルはσ'_pの2倍程度である。したがって，$2\sigma'_p$近傍の応力レベルで得たc_vを用いて，原位置の圧密係数$c_{v(I)}$を図9-15と同じ要領で推定した。図9-43の$c_{v(I)}$はこの値である。なお，m_vはBNP粘土に対しては乱れによる明瞭な変化は見られなかった。したがって，原位置の推定も行っていない。$\sigma'_{p(I)}$, $c_{c(I)}$, $c_{v(I)}$の原位置の推定値を結んだ直線は，各zのプロット

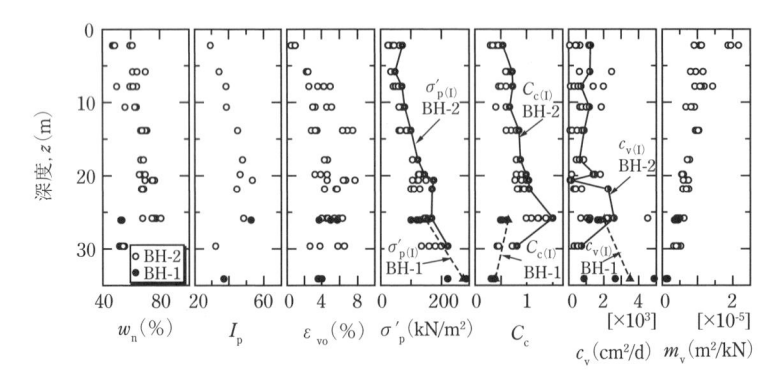

図9-43　圧密パラメータの深度分布

の概ね右端にあることから，測定値は原位置のそれらの値を過小評価していることが推察される。

図 9-44 は，図 9-43 に示した ε_{vo}, σ'_p, C_c を抽出して z に対してプロットしている。$z=2.2$m の供試体の ε_{vo} は 1.0% 以下であるが，他の深度では $\varepsilon_{vo}=(2\sim8)$% の値である。シャドーが付いているのは $\sigma'_p<\sigma'_{vo}$ の供試体である。これらの供試体は，ε_{vo} が大きく C_c が小さくなっている。$\sigma'_{p(I)}/\sigma'_{vo}$ は，OCR の大きい表層部の $z=2.2$m を除き，1.0〜1.7 の範囲にあり平均値は約 1.3 である。$\sigma'_{p(I)}/\sigma'_{vo} \fallingdotseq 1.3$ は日本の正規圧密された沖積粘性土地盤のそれと同等である。

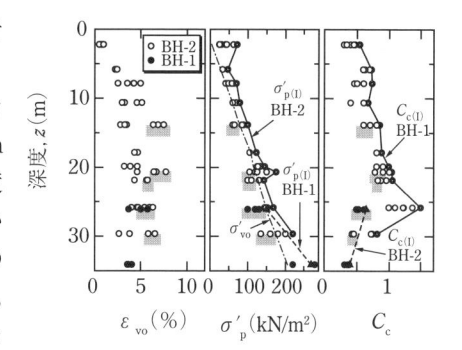

図 9-45 に，$\sigma'_p/\sigma'_{p(I)}$, $C_c/C_{c(I)}$, $c_v/c_{v(I)}$ を z に対してプロットしている。図中の破線は各 z の測定値の平均値を結んでいる。σ'_p の平均値は $\sigma'_{p(I)}$ の $(52\sim89)$% の範囲であり，その平均値は 78% である。同様に C_c, c_v の平均値は，それぞれ $(71\sim90)$%, $(46\sim105)$% であり，それらの平均値は，原位置の推定値のそれぞれ 82%, 77% である。

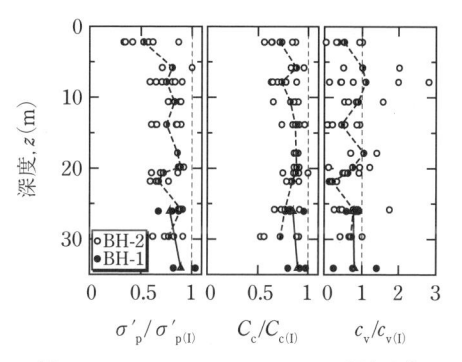

圧密沈下量 S_c の計算は，圧密試験から得られる e-$\log \sigma'_p$ 関係, C_c, m_v を用いる以下の 3 つの方法がある。

図 9-44 ε_{vo}, σ'_p, C_c の深度分布

図 9-45 $\sigma'_p/\sigma'_{p(I)}$, $C_c/C_{c(I)}$, $c_v/c_{v(I)}$ の深度分布

① $$S_c = \frac{\Delta e}{1+e_0} H \tag{9.1}$$

② $$S_c = \frac{C_c}{1+e_0} \log \frac{\sigma'_{vo}+\Delta p}{\sigma'_{vo}} H \tag{9.2}$$

③ $$S_c = m_v \Delta p H \tag{9.3}$$

ここで，H は粘土層厚，Δe は圧密による間隙比の減少量，e_0 は初期間隙比，Δp は荷重の増加量である。

圧密沈下量と沈下時間の予測精度は，予測に用いる C_c（沈下量）と c_v（沈下時間）の測定精度に直接的に支配される。すなわち，試料の乱れに起因して C_c が $C_{c(I)}$ より 50% 小さくなると，C_c を用いた沈下量の予測値は実際の沈下量を 50% 過小評価することになる。

圧密沈下挙動の事前予測の精度に含まれる誤差要因には，試料の乱れ以外にも載荷面積と粘土層厚の関係（圧密沈下の一次元性），最大排水距離 H の推定誤差（圧密時間），地盤に対する圧密供試体の代表性，二次圧密挙動の扱い，圧密計算に用いる理論式の誘導過程に含まれる仮定と実際の乖離等多くの要因がある。また，諏訪ら[34] が指摘している，圧密沈下解析に用いるパラメータの決定方法の問題もある。

韓国で社会問題になった予測沈下量を大きく超える圧密沈下の発生は，採取試料の乱れに起因して C_c と c_v を過小評価しているのが要因の一つであると推察された。

(3) 堆積環境が強度・圧密特性に及ぼす影響

堆積環境が強度・圧密特性に及ぼす影響を検討するために，図9-12に示した指標的性質に堆積環境の推定結果をまとめ，図9-46に示す。$z=26.1$mと34.1mがBH-1，他がBH-2の結果である。堆積環境の検討[16]で汽水成と淡水成粘土に推定された$z=7.8$m以浅と30.1m以深の粒度組成を見ると，砂分とシルト分の割合が多い。一方，海水成粘土と推定された$z=(13.8\sim28.1)$mでは，粘土分の含有量が多い。$z=19.8$mは砂分の含有量が多いが，これは細かい貝殻片が多く含まれていることに起因している。粒度組成に対応して，I_pとw_nは$z=(13.8\sim28.1)$mで大きな値となる。海退時の淡水環境下で堆積したと考えられる$z=(30\sim35)$mは低塑性粘土であり，それ以浅の汽水成と海水成の堆積環境では高塑性粘土である。すなわち，粒度組成と堆積環境はよく整合している。土は同じ応力下で液性限界w_Lが大きくなるほど圧縮性が増し，I_pが大きくなると粘性も大きくなる傾向がある。図9-43に示す$C_{c(I)}$が，$z=(20\sim26)$mで大きいのは，このためと考えている。

BNP粘土の堆積速度は$3.7\sim7.8$mm/年であり，サンフランシスコ湾粘土（$0.3\sim1.3$mm/年）や神戸粘土（$1.9\sim3.9$mm/年）と比較して大きいこと[16]が知られている。堆積速度が大きいことが強度・圧密特性にどのように影響しているのかを定量化することは困難である。しかし，w_n，w_L，e_0等の指標的性質やC_c，荷重増加に対するm_vの圧縮性が日本の土のそれらと差がないことから，堆積速度が強度・圧密特性に及ぼす影響は少ない[16]と推察される。また，BNP粘土に含まれる珪藻化石の量が一般の海水成粘土に比べて非常に少ないことから，珪藻化石が非排水強度に及ぼす影響も少ないと判断される。

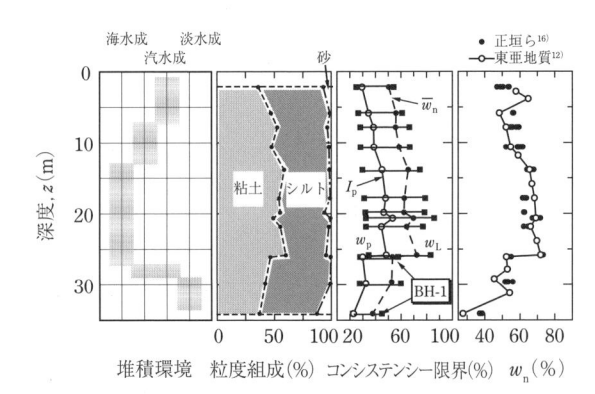

図9-46 堆積環境と供試土の指標的性質

9.3 ピサ粘土の強度・圧密特性

9.3.1 概説

ピサの斜塔（以下，斜塔と表記）下の粘性土の地盤工学的性質は，斜塔の安定化に関係して多くの研究機関や研究者によって検討されてきた[35),36),37]。しかし，これらの研究は採取試料の品質評価を踏まえた強度・圧密特性の解釈に関するものでないため，地盤挙動の解釈の精度や解析の信頼度はよくわからない。

本節では，ピサの斜塔下の粘性土の強度・圧密特性に及ぼす試料の乱れの影響が，サクション測定を伴う一軸圧縮試験UCT，K_0圧密非排水三軸圧縮試験K_0CUC，段階載荷圧密試験ILから検討される。また，微化石総合分析やX線回折等の堆積環境学的調査から，それらの結果の解釈が補強される。

9.3.2 試料採取と検討方法

斜塔周辺で行われた試料採取と原位置試験の平面位置を図 9-47 に示す。これらの調査は 1965 年以降継続的に行われてきたが，（独）港湾空港研究所は，2003 年秋斜塔の南側約 15m の場所で JGS1221-2003 に規定するチューブ内径 75-mm の固定ピストン式シンウォールサンプラー（75-mm），イタリアで通常用いられている Shelby チューブ（SS）と Osterberg サンプラー（OS）を用いた試料採取と各種原位置試験を行った[38]（PARI-2003 調査）。この時，著者らは時間的な制約下の洪積粘土の試料採取に，7.1 節で述べた小径倍圧型水圧ピストンサンプラー[39]（試料径によって，45-mm，50-mm サンプラーと表記）を用いて，PARI-2003 調査と平行して同じオペレータとボーリングマシンによって乱れの少ない土試料を採取した[40]。このサンプリング位置（NDA-2003 調査）は，図 9-47 に示す PARI-2003 調査の位置から 4m 程度斜塔側に離れている。

UCT と K_0CUC の供試体寸法は d15mm，h35mm（K_0CUC は圧密後の h）であり，IL は d30mm，h10mm である。これらの寸法の供試体の強度・圧密特性が標準寸法のそれらと同等であることは 3 章で述べた。

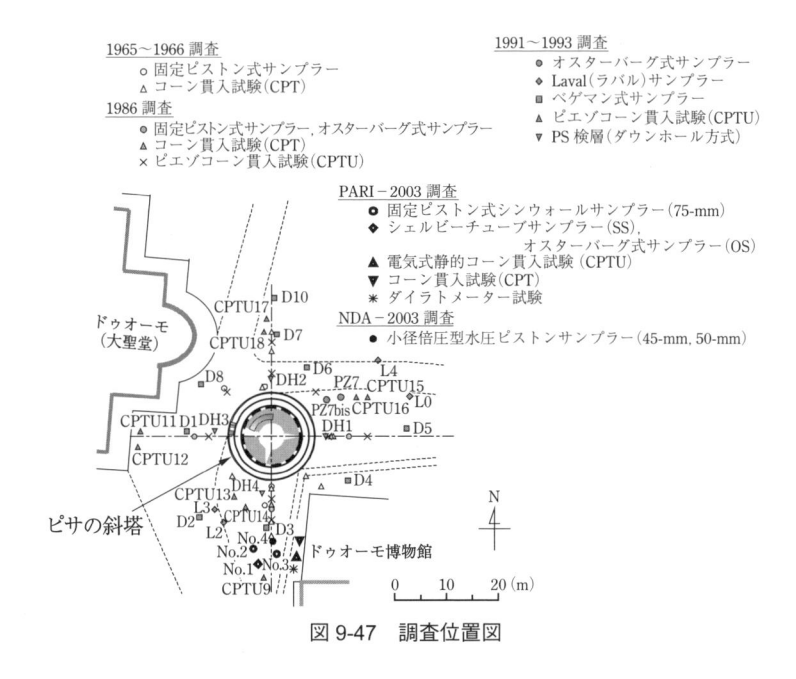

図 9-47 調査位置図

9.3.3 供試土の性質

図 9-48 に，粒度組成，含水比 w_n，コンシステンシー限界を z に対してプロットしている。$z=(10 \sim 21)$m が沖積粘土，$z=(29 \sim 40)$m が洪積粘土である。なお，表層から $z=10$m までは沖積の砂層であり，試料採取は行っていない。粘土分含有量が図 9-48 に示す沖積で $(61 \sim 83)$％，洪積で $(46 \sim 64)$％であることを反映して，塑性指数 I_p も，それぞれ $(35 \sim 71)$，$(12 \sim 50)$ と高い。図 9-49 に Pisa 粘土の塑性図を示す。$z=25$m，29m，32m の試料が低塑性粘性土（CL）に分類される以外は高塑性粘土（CH）である。図 9-50 は，45-mm/50-mm サンプラーで採取した試料の w_n，ρ_s，e_0，飽和度 S_r を z に対してプロットしている。ρ_s は $2.67 \sim 2.80$g/cm^3 と高いが，これは，後述するように，Pisa 粘土が粘土鉱物ではなく岩石鉱物を主体にしていることを反映している。

図 9-48 粒度組成とコンシステンシー限界

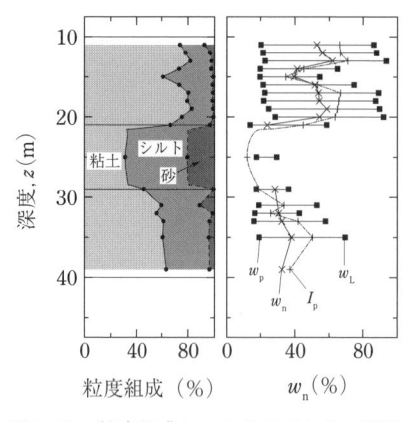

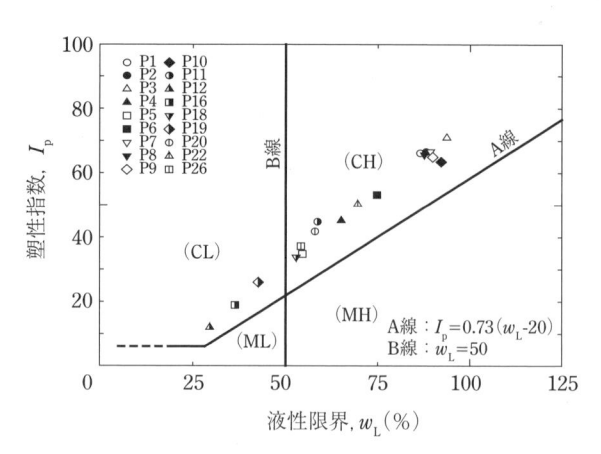

図 9-49 塑性図（Pisa 粘土）

　図 9-51 は w_n, ρ_s, I_p の z 分布であるが，Presti ら[41]が行った試験結果の範囲をシャドーで示している。Presti ら[41]の試料は，1966 年に図 9-47 の中に（○）で示される場所で採取された。著者の試料の NDA-2003 調査の場所とは，水平距離で (10～30)m 離れている。NDA-2003 調査の試料の w_n は，Presti ら[41]の試料のそれと比較して，$z=(11～12)$m，$(18～20)$m，31m，35m，39m で，それぞれ (5～6)％，(18～24)％，8％，20％，2％高く，$z=(14～15)$m，25m では，それぞれ (5～23)％，4％低い。$z=(16～17)$m，21m，29m，$(32～33)$m では，ほぼ同じ値である。NDA-2003 調査の試料の ρ_s は，Presti ら[41]の試料のそれと比較して，$z=19$m，$(31～32)$m，39m で，それぞれ 0.05g/cm³，$(0.01～0.03)$g/cm³，0.06g/cm³ 高く，$z=29$m，35m で，それぞれ 0.04g/cm³，0.07g/cm³ 低い。$z=(10～18)$m，$(20～25)$m，33m では，ほぼ同じ値である。I_p に関しては，著者の試料は Presti ら[41]の試料と比較して，沖積層で大きくなり，洪積層ではほぼ同じ値である。堆積環境の違いから見ると，NDA-2003 調査では $z=(14～15)$m にシルト質粘土が堆積しており，この影響で w_n，I_p が低くなっていると推察される。また，$z=(19～20)$m に堆積している非海成の有機質土が高い w_n に影響していると推察される。このような値の差は，地質学的，地盤工学的性質に直接影響することになる。

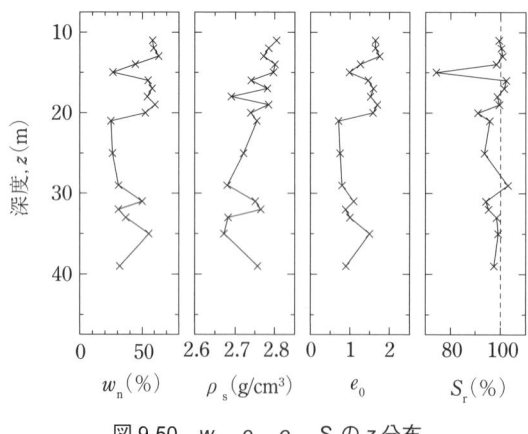

図 9-50 w_n, ρ_s, e_0, S_r の z 分布

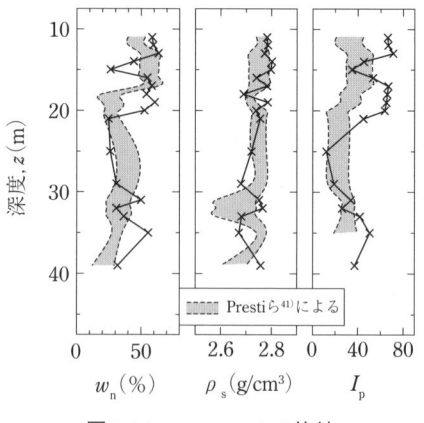

図 9-51 w_n, ρ_s, I_p の比較

9.3.4 X線回折結果

$z=10$m, 20m, 29m の試料のX線回折分析の結果を, 図9-52(a), (b), (c) にそれぞれ示す。また, ピークの帰属をそれぞれ表9-14(a), (b), (c) に示す。これらの図と表から読み取れる各試料の構成鉱物を以下に示す。

① 10m の試料：石英, 緑泥岩, 雲母鉱物, 石膏, 赤鉄鉱
② 20m の試料：石英, 緑泥岩, 雲母鉱物, 石膏, 赤鉄鉱
③ 29m の試料：石英, 斜長石, 緑泥岩, 雲母鉱物, 緑泥岩・モンモリロナイト混合層鉱物

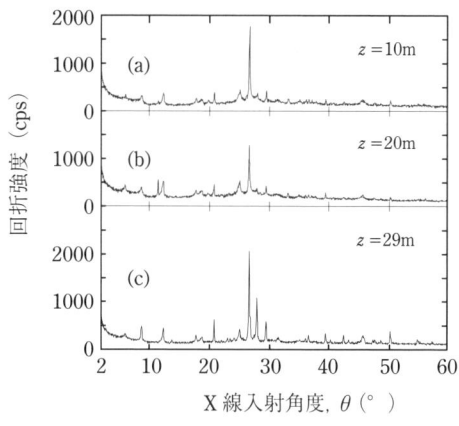

図9-52 X線回折分析の結果

表9-14(a) ピークの帰属（z=10m）

	検出ピーク 2θ	d (Å)	相対強度	ピークの帰属
1	6.220	14.1973	20	Chl
2	8.860	9.9720	20	Ms
3	11.560	7.6483	13	Gp
4	12.440	7.1091	23	Chl
5	17.820	4.9731	17	Ms
6	18.760	4.7260	15	Chl
7	19.820	4.4756	15	Ms
8	20.860	4.2547	24	Qtz
9	24.840	3.5813	22	Ms
10	25.180	3.5337	27	Chl
11	26.260	3.3908	21	
12	26.660	3.3408	100	Qtz
13	27.960	3.1883	21	Gp, Ms
14	29.460	3.0293	26	Ms
15	31.280	2.8571	16	Chl, Gp
16	33.060	2.7072	17	Hem, Gp
17	34.980	2.5629	16	Chl, Ms
18	36.100	2.4859	16	Gp
19	36.540	2.4570	17	Qtz
20	37.060	2.4237	16	Chl
21	39.480	2.2805	15	Qtz
22	42.480	2.1261	14	Qtz
23	45.500	1.9918	16	Gp
24	47.500	1.9125	13	
25	50.120	1.8185	16	Qtz
26	59.960	1.5414	15	Qtz

Qtz（石英）, Chl（緑泥石）, Ms（雲母鉱物）
Pl（斜長石）, Gp（石膏）, Hem（Hematite, 赤鉄鉱）

表9-14(b) ピークの帰属（z=20m）

	検出ピーク 2θ	d (Å)	相対強度	ピークの帰属
1	6.140	14.3821	36	Chl
2	8.860	9.9720	31	Ms
3	11.620	7.6089	44	Gp
4	12.440	7.1091	41	Chl
5	17.780	4.9842	26	Ms
6	18.760	4.7260	26	Gp, Chl
7	19.880	4.4622	21	Ms
8	20.840	4.2588	37	Qtz
9	25.160	3.5365	43	Chl
10	26.640	3.3433	100	Qtz
11	27.420	3.2499	28	
12	27.960	3.1883	30	Ms
13	28.480	3.1313	24	Ms
14	29.440	3.0313	34	Ms
15	31.320	2.8535	21	Chl
16	33.020	2.7104	23	Hem
17	34.960	2.5643	20	Chl, Ms
18	36.060	2.4886	19	Gp
19	36.540	2.4570	20	Qtz
20	39.480	2.2805	24	Qtz
21	42.480	2.1261	15	Qtz
22	45.540	1.9901	21	Gp
23	47.540	1.9110	16	
24	50.140	1.8178	18	Qtz
25	59.940	1.5419	15	Qtz

Qtz（石英）, Chl（緑泥石）, Ms（雲母鉱物）
Pl（斜長石）, Mnt（モンモリロナイト）
Gp（石膏）, Hem（Hematite, 赤鉄鉱）

表 9-14(c)　ピークの帰属（z=29m）

検出ピーク番号	検出ピーク 2θ	d (Å)	相対強度	ピークの帰属
1	2.860	30.8648	19	(Chl + Mnt) mix
2	6.180	14.2892	14	Chl
3	8.900	9.9273	22	(Chl + Mnt) mix
4	12.460	7.0978	21	Chl
5	13.880	6.3747	8	Pl
6	17.780	4.9842	14	(Chl + Mnt) mix
7	18.780	4.7210	12	Chl
8	20.880	4.2507	30	Qtz
9	22.080	4.0223	9	Pl
10	23.180	3.8339	11	Pl
11	23.580	3.7697	11	Pl
12	24.220	3.6715	11	Chl
13	25.140	3.5392	20	Chl
14	26.660	3.3408	100	Qtz
15	27.540	3.2360	15	
16	27.920	3.1928	53	Pl
17	29.460	3.0293	28	Pl
18	31.460	2.8412	11	Chl
19	35.040	2.5586	1	Chl, Ms
20	36.040	2.4899	11	
21	36.540	2.4570	15	Qtz
22	37.520	2.3950	9	Chl
23	39.480	2.2805	16	Qtz
24	40.320	2.2349	10	Qtz
25	42.460	2.1271	15	Qtz
26	43.260	2.0896	10	Chl
27	45.580	1.9885	15	Qtz
28	47.240	1.9224	10	Pl
29	47.600	1.9087	10	
30	48.560	1.8732	10	Pl
31	50.160	1.8171	19	Qtz
32	54.900	1.6709	11	Qtz
33	60.000	1.5405	14	Qtz

Qtz（石英），Chl（緑泥石），Ms（雲母鉱物）
Pl（斜長石），
(Chl + Mnt) mix（緑泥石・モンモリロナイト混合層鉱物）

z=10m と 20m の試料に見いだされた赤鉄鉱は微量であるが，サンプリング時に使用機械によって混入した外来物であると推察される。また，10m および 20m の構成鉱物は同等であり，同一の地層から採取された試料と考えられる。ピサ市はアルノ川の河口域にあり，上流や周辺は変成岩（炭酸カルシウム系頁岩，砂岩），頁岩と砂岩の互層を呈するフリッシュが母岩である。

これらの X 線回折の結果を見ると，細粒の粘土粒子であるにもかかわらず，X 線のチャートではスパイク状のピーク（一般に鉱物の回折によって出現する）が多く検出され，粘土（二次）鉱物が非常に少ないことがわかる。粘土鉱物が多いとスパイク状のピークが少なく，全体のベースの変化も低角度で高くなる傾向がある。特に低角度の部分に出現するピークは粘土鉱物特有のピークであり，これを用いて粘土鉱物の特定を行う。しかし，Pisa 粘土にはこのようなベース値の高まりや低角度でのピークは緑泥岩程度である。

Mesri ら[42]は，図 9-47 に示した L0 ～ L4 から採取した試料に対して，z=13m 付近の化学鉱物と構成物の詳細な検討を行っている。これによれば，粘土鉱物が非常に多く含まれており（73%），特に粘土鉱物でもイライト（60%），クロライト（16%），イライト/スメクタイト（17%），クロライト/スメクタイト（7%）と分析している。

図 9-53 に，$z=10$m，20m，29m の試料の蛍光 X 線分析（XRF）の結果を示す。表 9-15 は，図 9-53 に示される成分とその含有量を表している。3つの試料はどの成分もほぼ同じ含有量であるが，$z=20$m の試料の CaO の含有量は他の試料の 30％程度と少ない。したがって，$z=20$m の層は非海成であることがわかる。

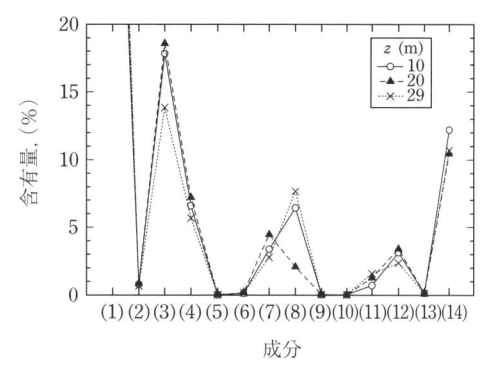

図 9-53 蛍光 X 線分析の結果

表 9-15 図 9-53 の成分とその含有量（％）

z(m)	(1) SiO$_2$	(2) TiO$_2$	(3) Al$_2$O$_3$	(4) Fe$_2$O$_3$	(5) Cr$_2$O$_3$	(6) MnO	(7) MgO	(8) CaO	(9) BaO	(10) SrO	(11) Na$_2$O	(12) K$_2$O	(13) P$_2$O$_5$	(14) LOI
10	47.50	0.78	17.83	6.57	0.02	0.13	3.38	6.42	0.03	0.03	0.71	3.14	0.14	12.20
20	51.10	0.85	18.59	7.19	0.03	0.17	4.47	2.08	0.05	0.01	1.27	3.41	0.14	10.45
29	54.40	0.67	13.84	5.67	0.02	0.16	2.77	7.65	0.04	0.02	1.59	2.36	0.14	10.70

9.3.5 K_0 圧密中の K_0 値に及ぼす圧密圧力の影響

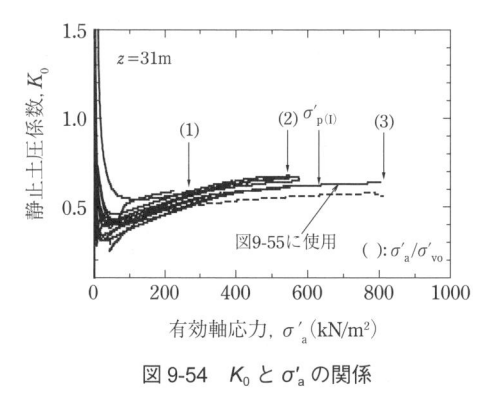

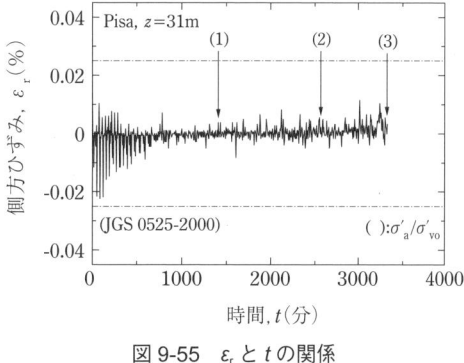

$z=31$m の試料を例示して，図 9-54 に小型精密三軸圧縮試験機[17]を用いた K_0 圧密中の K_0 値を有効軸応力 σ'_a に対してプロットしている。図 9-55 は，図 9-54 中の $\sigma'_p/\sigma'_{vo} \fallingdotseq 3$ となる供試体の K_0 圧密中の側方ひずみ ε_r と時間 t の関係である。JGS 0525-2000[13]は，ε_r として±0.025％以下であることを規定している。ε_r は圧密初期で最大 0.02％の値であるが，$t \fallingdotseq 600$ 分以降は概ね± 0.004％であり，最大値は +0.01％である。Presti ら[41]の K_0C 試験は，K_0 状態を± 0.5μm(=0.0005mm) の精度で行っている。図 9-55 から ε_r の平均値を 0.002 として読み取ると，著者の精度は 0.0007mm であった。このことは S 供試体を用いても K_0 圧密が適正に行われていることを意味する。図 9-54 には，$\sigma'_{p(I)}/\sigma'_{vo}=1, 2, 3, 4$ 倍に対応する σ'_a を矢印で示している。K_0 は圧密の進行によって 1.0 から減少し，$\sigma'_{p(I)}$ より大きい領域ではほぼ 0.65 の一定値に収束する。このような K_0 の挙動は，我が国[17]や図 9-13 の BNP と同様である。

図 9-54 K_0 と σ'_a の関係

図 9-55 ε_r と t の関係

図 9-56 は，各 σ'_a 下で得た K_0 を深度 z に対してプロットしている。$\sigma'_a/\sigma'_{vo}=2, 3, 4$ 下の K_0 は 0.46 〜 0.68 の範囲内にあり，$\sigma'_a/\sigma'_{vo}=3, 4$ 下の K_0 の平均値は 0.58 である。図 9-57 は，K_0 と z の関係を示している。不攪乱土（×）の平均値と練返し土（◇）のプロット

を，それぞれ破線と一点鎖線で結んでいる。練返し土のK_0は，不攪乱土のそれの(19～114)%の範囲で，平均値は78%である。また，図9-57には著者の結果に加えて，Prestiら[41]が整理したLavalサンプラー（■）とOsterbergサンプラー（○）で採取した試料のK_0，Mesri & Choi[43]が整理したK_0とzの関係も示している。著者の結果とLavalサンプルに対する三軸試験から得た結果はほぼ同じである。サンプラーや試験条件に関係なく，深度が大きくなるに従ってK_0の値は小さくなる傾向にある。

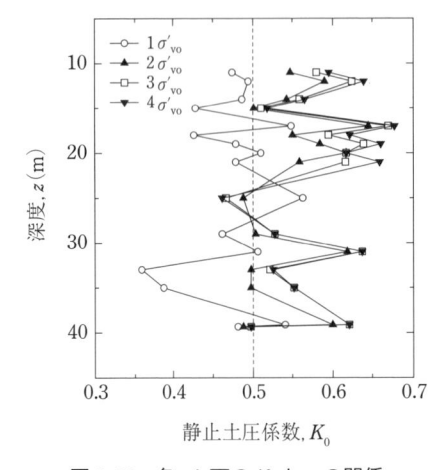

図9-56　各σ'_a下のK_0とzの関係

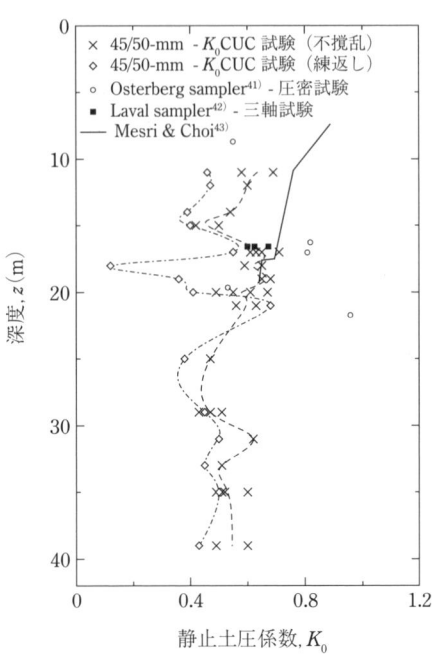

図9-57　K_0とzの関係

図9-58はK_0とI_pの関係である。また，表9-16に図9-58で用いたプロットの凡例を示す。図9-58には，$\sigma'_a/\sigma'_{vo}=3$以上のPisa粘土の結果の平均値に加え，9.2節で述べた韓国BNP（×），日本（△），韓国Kimhae（◇），英国Bothkennar粘土（▽）の正規圧密(NC)領域で求めた不攪乱土のK_0値，Laddら[18]によるNC領域の不攪乱土（⊗）とその練返し土（⊕）のK_0値，土田[19]が行った$I_p=40$～70の我が国の港湾地域粘土の結果（□），さらに澁谷ら[20]が不攪乱土に対してσ'_{vo}下で得たK_0値をプロットしている。9.2節で述べたBNPの回帰曲線と，Alpan[21]がKenney[22]の実験結果を整理して得た回帰曲線も，図9-58に併せて示した。Pisa粘土のプロットに対する回帰式を破線で示している。

図9-58　K_0とI_pの関係

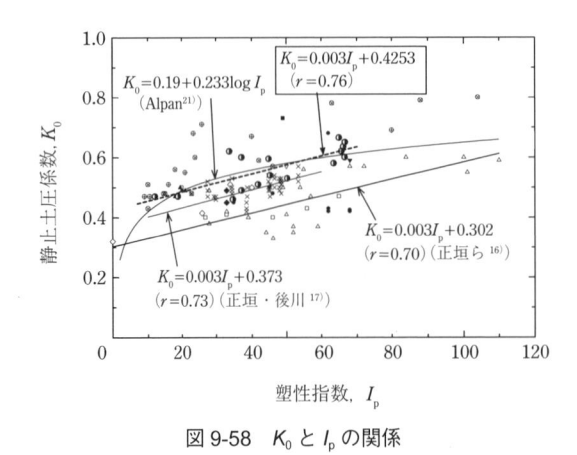

表9-16　図9-58の凡例

記号	供試土	文献
◐	Pisa	正垣ら[40]
×	Busan new port	正垣ら[16]
⊗	U.S.A 他（不攪乱）	Laddら[18]
⊕	U.S.A 他（練返し）	
□	日本	土田[19]
△	日本	正垣・後川[17]
▽	Bothkennar	
◇	Kimhae	
●	日本	澁谷ら[20]
▲	Drammen	
■	Louisville	
▼	Bothkennar	
◆	Busan	

澁谷ら[20]は，Bothkennar（▼）と Louiseville（■）の2つのプロットの K_0 が大きい理由として，セメンテーションの効果を挙げている．正垣ら[16]や澁谷ら[20]の結果（K_0 の高い（▼）と（■）を除く）は，概ね Alphan[21] の回帰式の下位に位置している．しかし，Ladd ら[18]のプロットは上位に位置している．これらの差は，供試土の指標的性質や試験方法を含む応力履歴等の差に起因していると推察するが，これを検討する詳細な情報は彼らの論文には示されていない．図 9-58 に示した3本の回帰式のうち下から2番目の実線は，9.2 節で示した BNP 粘土と Kimhae 粘土の不撹乱土の正規圧密領域における K_0 に対する回帰直線（r は相関係数）であり，下に位置する実線は，日本と英国の同領域におけるプロットから求めたそれである．Pisa 粘土の K_0 は，日本と英国のそれらより 20% ほど大きく，Alphan[21] の曲線がその平均値的な傾向を示している．また，Pisa 粘土の K_0 は他のそれらと同様に I_p とともに大きくなる傾向がある．

9.3.6 三軸強度特性に及ぼす圧密圧力とひずみ速度の影響
(1) 非排水せん断強度特性に及ぼす圧密圧力の影響

Pisa 粘土の非排水せん断強度 c_u と z の関係を図 9-59 に示す．併せて Presti ら[41]の得た Osterberg サンプラー（▽）と固定ピストンサンプラー（▲）で採取した試料の結果も示している．図中には，$\sigma'_{p(I)}$ 下で得た $K_0 CUC$ の c_u に相当する原位置の非排水せん断強度 $c_{u(I)}$ も併せて示した．これらはすべて $\dot{\varepsilon}_s = 1.0\%/\text{min}$ の結果である．同じ σ'_a/σ'_{vo} 下で得た c_u は，中間砂層である $z=25\text{m}$ の試料を除いて，z が増大すると概ね直線的に大きくなっている．

図 9-60 は，強度増加率 c_u/p と z の関係である．ここで，p は σ'_a と同じである．σ'_a/σ'_{vo} が小さいほど c_u/p は大きいが，これは供試体が過圧密状態であるのが原

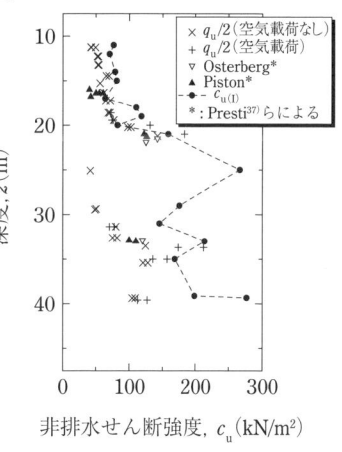

図 9-59 c_u と z の関係

因である．中間砂層の $z=25\text{m}$ を除き，$\sigma'_a/\sigma'_{vo}=3, 4$ の c_u/p は 0.19〜0.35 の範囲で，平均値は 0.26 である．図 9-61 は，$\sigma'_a/\sigma'_{p(I)}$ と c_u/p の関係を示している．$\sigma'_a/\sigma'_{p(I)}$ が大きくなるにつれて，c_u/p の値は小さくなっている．$\sigma'_a/\sigma'_{p(I)}=1〜2$ の間では，$z=25$ の試料を除いて，c_u/p は (0.20〜0.26) の範囲である．

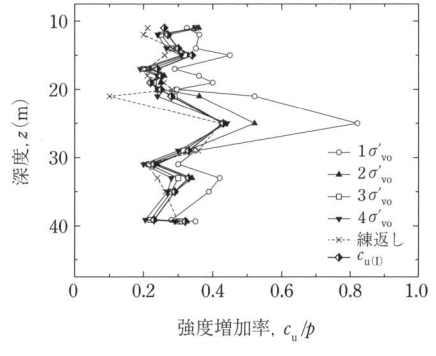

図 9-60　各 σ'_a 下で得た c_u/p

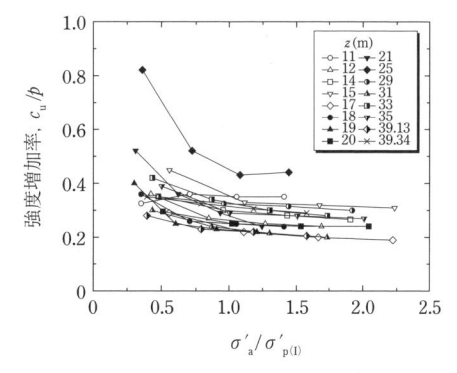

図 9-61　c_u/p と $\sigma'_a/\sigma'_{p(I)}$ の関係

図9-62に, $\dot{\varepsilon}_s=1.0\%$/min に対する各 $\dot{\varepsilon}_s$ 下の c_u の比 Rc_u と $\dot{\varepsilon}_s$ の関係を示す。図9-62には, 9.2節で示したBNP粘土, 日本とKimhae粘土の正規圧密領域のプロット, $3\sigma'_{vo}$ 下で等方圧密した乱さないBothkenner粘土[25], Boston blue clay[24] と $I_p=40\sim70$ の我が国の港湾地域粘土[19] の結果も併せて示している。我が国の港湾地域粘土[19] に関しては, 試験条件等の詳細は彼らの論文には示されていない。Pisa粘土の $\dot{\varepsilon}_s=0.05\%$/min の Rc_u は $0.65\sim0.96$ であった。この結果は深度や I_p には依存していない。Pisa粘土はBothkenner粘土[25], Boston blue clay[24] と我が国の港湾地域粘土に比べて c_u に及ぼす $\dot{\varepsilon}_s$ の影響が大きいプロットもあるが, 平均的には同等と判断される。

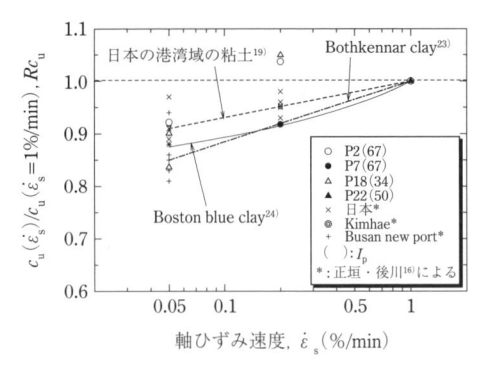

図9-62 Rc_u と $\dot{\varepsilon}_s$ の関係

図9-63は, K_0CUCとK_0CUE下で得た c_u/p と I_p の関係を示している。また, 表9-17に図9-63で用いた記号の凡例を示す。図9-63には, 土田ら[19] が求めた正規圧密領域(NC)の c_u/p (□) と澁谷ら[20] が求めた σ'_{vo} 下の c_u/p (●, ▲, ■, ▼, ◆, ◇) を示している。また, 図中の破線は, 日本とKimhae, Bothkennar粘土に対するNC下で得た c_u/p の範囲を示している。Bjerrum & Simons[25] がNCより求めた値の範囲も実線として示した。σ'_{vo} 下の c_u/p (+) は, $0.3\sim0.8$ の範囲にあり, 同じ供試体に対するNC下の $c_u/p=0.2\sim0.4$ の値より大きい。過圧密領域下の c_u/p が大きいのは試料採取に伴う応力解放, 試料撹乱, 年代効果等に起因してせん断変形を受けた供試体が過圧密的な挙動を示すためである。σ'_{vo} 下で得た澁谷ら[20] の結果 (●, ▲, ■, ▼, ◆, ◇) も, Pisa粘土の結果と同様に大きな c_u/p を示している。正規圧密領域の Pisa 粘土の c_u/p の範囲は, $0.2\sim0.4$ であり, I_p が大きくなると小さくなる傾向にある。

K_0CUE による正規圧密領域下で得た c_u/p (▲) は $0.14\sim0.30$ の範囲であり, K_0CUC のそれらより 0.1 程度小さい。図9-63には 9.2節で示した Kimhae 粘土の結果 (▽) とBNP粘土の結果 (/) を併せて示している。Pisa 粘土の K_0CUE の c_u/p は他の粘土の結果と比べて小さい値を示している。これは, 試料が硬く, 16%までのひずみでは伸張破壊していないためである。

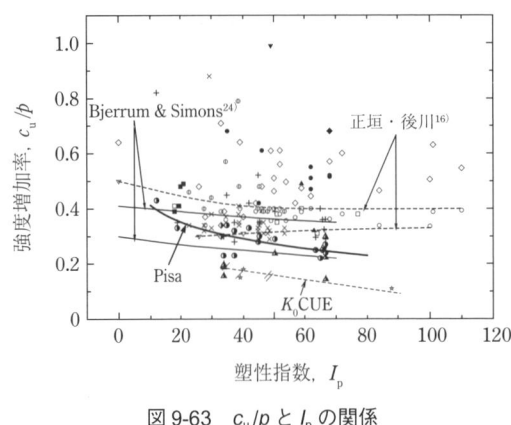

図9-63 c_u/p と I_p の関係

表9-17 図9-63の凡例

記号	供試土	文献
+	Pisa ($1\sigma'_{vo}$)	正垣ら[40]
◑	Pisa (NC)	
▲	Pisa (K_0CUE)	
⊕	Busan new port ($1\sigma'_{vo}$)	正垣ら[34]
×	Busan new port (NC)	
/	Busan new port (K_0CUE)	
□	日本	土田[17]
◇	日本 ($1\sigma'_{vo}$)	正垣・後川[16]
○	日本 (NC)	
△	Bothkennar (NC)	
▽	Kimhae (NC)	
☆	日本 (K_0CUE)	
●	日本	澁谷ら[20]
▲	Bangkok	
■	Drammen	
▼	Louiseville	
◆	Bothkennar	
◇	Busan	

(2) 有効応力経路と有効内部摩擦角に及ぼす圧密圧力の影響

図 9-64 に，$z=31\text{m}$ の試料の $K_0\text{CUC}$ と $K_0\text{CUE}$，UCT の有効応力経路を示す。$K_0\text{CUC}$ と $K_0\text{CUE}$ に関しては，$\dot{\varepsilon}_s=1.0\%/\text{min}$ と $0.05\%/\text{min}$ の結果をそれぞれ実線と破線で示している。また，主応力比最大点 $(\sigma'_a/\sigma'_r)_{max}$（□）もプロットし，$\sigma'_p$ を超える NC 領域の結果の $(\sigma'_a/\sigma'_r)_{max}$ と原点を結ぶ直線も併せて示す。$(\sigma'_a/\sigma'_r)_{max}$ 点が複数ある場合は，最小二乗法で描いている。

同じ $\dot{\varepsilon}_s$ 下の有効応力経路はよい相似形を示している。また，$\dot{\varepsilon}_s$ が大きくなると有効応力経路は右上側に膨らむ傾向が見られる。9.2 節の BNP 粘土で示した u の migration の時間遅れに起因して供試体下端で測定する u が小さくなった結果，p' を過大に評価したことが主因であると考えている。

一方，UCT は（＋）でプロットし，実線で結んでいる。UCT の q は同じ p' での CK_0UC の結果の 60%程度である。UCT の結果が $K_0\text{CUC}$ の結果よりも小さくなる傾向は，他の深度の試料でも同様である。UCT は大気圧下の試験である。したがって，過圧密的な有効応力経路を示し，非排水強度も NC 領域から得たそれよりも大きいことを図 5-44 に示した。Pisa 粘土がこのようにならないのは，Pisa 粘土は造岩鉱物が主であり，拘束圧を与えない UCT では応力解放の影響が大きくなり，強度を過小に測定するためであると推察している。しかし，詳細な検討は今後の課題である。

図 9-65 に，$z=31\text{m}$ の試料の $K_0\text{CUC}$ と $K_0\text{CUE}$ の有効応力経路を，$\dot{\varepsilon}_s$ を区別して示している。すなわち，$\dot{\varepsilon}_s=1.0\%/\text{min}$，$0.2\%/\text{min}$，$0.05\%/\text{min}$ の

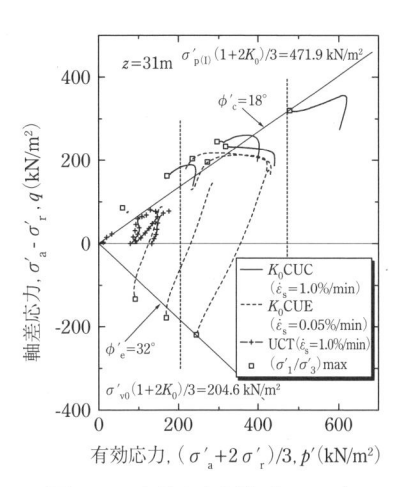

図 9-64 有効応力経路（$z=31\text{m}$）

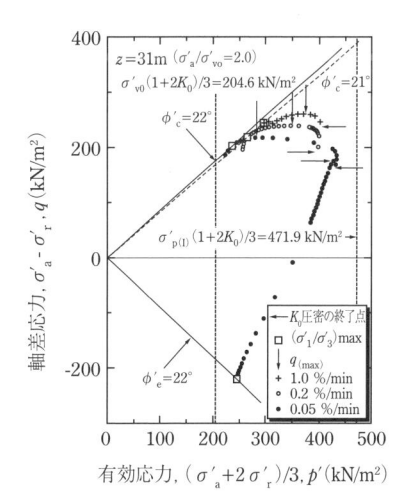

図 9-65 ひずみ速度の影響（$z=31\text{m}$）

有効応力経路は，それぞれ（＋），（〇），（●）で示している。また，横方向の矢印で K_0C の終了点，縦方向の矢印で $q_{(max)}$ を表している。$\dot{\varepsilon}_s=0.05\%/\text{min}$ の ϕ'_c は $\dot{\varepsilon}_s=1.0\%/\text{min}$ のそれよりも約 1°大きくなっている。他の深度においても同様の傾向であるが，u の migration の時間遅れに起因していると考えている。

図 9-66 は，$(\sigma'_a/\sigma'_r)_{max}$ の応力点で整理した ϕ'_c と K_0 の関係である。表 9-18 に図 9-66 で用いたプロットの凡例を示す。図中には Pisa 粘土に加えて，9.2 節で示した BNP 粘土，日本，Kimhae，Bothkennar の粘土の結果をプロットしている。また，Jaky[28]，Brooker & Ireland[29]，山内・安原[30] が提案した式も併せて示している。Pisa 粘土は，不撹乱土（◇）と練返し土（◎）である。Pisa 粘土のプロットに対しては $K_0=0.735-0.006\phi'_c$ を得た。r は 0.91 である。この値は有明，八郎潟粘土を除く不撹乱土のプロットに対する回帰式 $K_0=0.912-0.012\phi'_c$（$r=0.83$）[16] よりも傾きが小さい。すなわち，Pisa 粘土の K_0 と ϕ'_c の関係は，9.2 節で示した BNP 粘土，日本，Kimhae，Bothkennar 粘土のそれらと比べて，ϕ'_c の増加に対する K_0 の減少が小さいことがわかる。

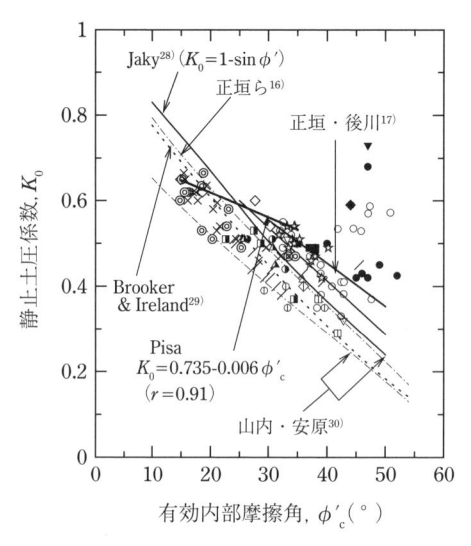

図 9-66　K_0 と ϕ'_c の関係

表 9-18　図 9-66 の凡例

土の状態	記号	供試土	$\dot{\varepsilon}_s$ (%/min)	σ'_a/σ'_{vo}	文献
不撹乱	◇	Pisa	0.05	3〜4	
	×	Pisa	1		
	☆	Busan new port	0.05	3	正垣ら [16]
	○	日本			
	△	Bothkennar	0.05	3〜4	正垣・後川 [17]
	▽	Kimhae			
練返し	◎	Pisa	0.05	4〜	
	/	Busan new port	1	3	正垣ら [16]
	◐	Kimhae	1		
	▲	Kimhae	0.2		
	■	Kimhae	0.05		
	◍	河北潟	1	3〜4	正垣・後川 [17]
	△	河北潟	0.2		
	⊓	河北潟	0.05		
	◇	水戸	0.05		
	●	有明			
	■	Drammen			
	▼	Louiseville	?	1	澁谷ら [20]
	◆	Bothkennar			
	◈	Busan			

　一方，練返し土の K_0 は，他の試料のそれと同様に Brooker & Ireland [29] や山内・安原 [30] の範囲にプロットされる．彼らが用いた試料の状態や試験条件の詳細は彼らの論文には示されていないが，Pisa 粘土の練返し土の K_0 と ϕ'_c の関係は，彼らの提案式でよく説明できる．

(3) 一軸圧縮強度特性

　図 9-67(a), (b) は，サクション S 測定を伴う UCT から得た S と時間 t の関係であり，それぞれ $z=20$m と 31m の結果を示している．図 9-67(a) の右側の図は，$z=20$m の供試体に対し空気圧を載荷して S_0 を測定した結果である．図の左に示す白抜きのプロットは，空気圧を載荷しない状態で S_0 を測定したものであり，S は 90 kN/m^2 で一定値になり，この供試体の S_0 が大気圧よりも大きいことが予想された．したがって，a1（●）と a2（▲）

の供試体には測定開始 4 分後に，それぞれ 140 kN/m² と 120 kN/m² の空気圧を載荷した．空気圧載荷後 8 分程度のサクションは，それぞれ 140 kN/m² と 124 kN/m² で一定値になった．すなわち，空気圧の載荷によって 100 kN/m² 以上の S_0 が測定できたことになる．80 kN/m² 以上の大きな S_0 を有する供試体に対しては，空気圧を載荷して試験を行った．

図 9-67(a)　S と t の関係 ($z=20$m)

図 9-67(b)　S と t の関係 ($z=31$m)

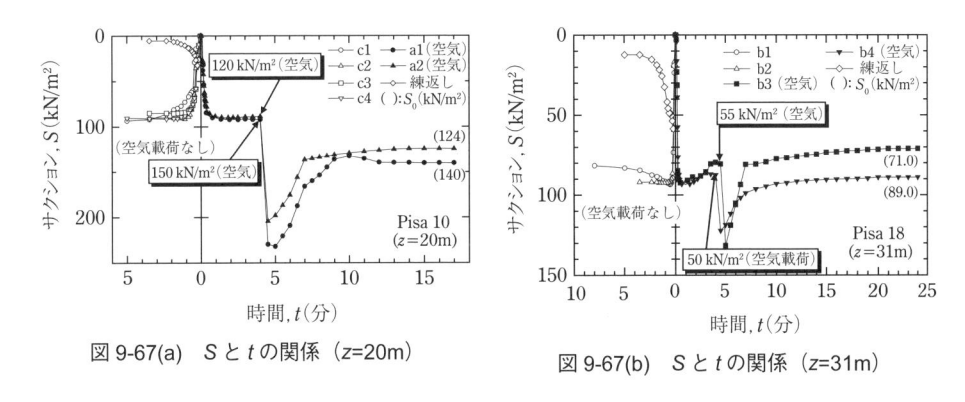

図 9-67(b) に $z=31$m の試験結果を同様に示す．測定開始 4 分後に空気圧を載荷したが，空気圧載荷後 6 分程度で空気圧を載荷していない場合とほぼ同じ値で一定になった．空気圧を載荷していない場合の S_0 は $(81～92)$kN/m² で，空気圧を載荷した場合の S_0 は $(71～89)$kN/m² であった．これは，空気圧をかけても正確な S_0 が測定できることを示している．

図 9-68 は，ε_f, q_u, S_0, E_{50} を深度 z に対してプロットしている．(+) は空気圧を載荷した結果である．不撹乱土の供試体数は，各深度 4～6 個である．プロットの深度分布を見ると，q_u, S_0, E_{50} の z に対する傾向は同じであり，これらは乱れの観点から整合している．$z=25$m の試料は値が小さくなっているが，これは，この部分が中間砂層であるので応力解放の影響が大きくなったと考えられる．Pisa 粘土は沖積粘土 ($z=21$m) でも 200 kN/m² 程度の S_0 を持つことが，図 9-68 からわかる．

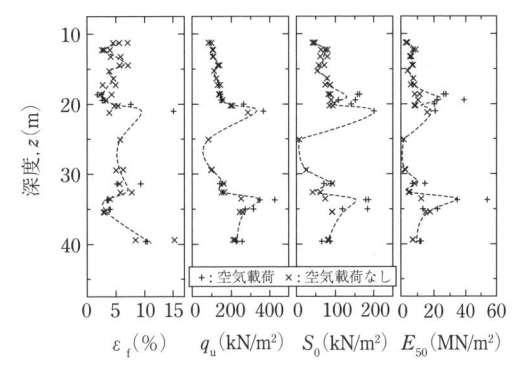

図 9-68　強度特性の z 分布

原位置の非排水せん断強度 $c_{u(I)}$ に対する $q_u/2$ ($=c_u$) の比 Rc_u と p_m/S_0 の関係を図 9-69 に示す．試料が乱れて p_m/S_0 が大きくなると，q_u は直線的に小さくなっている．UCT のプロット (×) に対する回帰式として，$(1.5<(p_m/S_0) \leq 20)$ の範囲で $Rc_u=(p_m/S_0)^{-1.0718}$，$(1 \leq (p_m/S_0) \leq 1.5)$ の範囲に対しては $Rc_u=0.8237(p_m/S_0)^{-0.5935}$ を得た．前者の r は 0.94 である．図 9-69 には，図 5-24 で示した Bothkennar, Kimhae を含む我が国の 11 堆積地 (24 試料) から得た直線 (3) と図 9-37 で示した BNP 粘土に対する曲線 (4) も併せて示している．これらの回帰式の詳細は表 9-19 に示した．Pisa 粘土の回帰式は p_m/S_0 が大きくなると q_u が急激に小さくなり，他の粘土とは異なる結果となった．しかし，この回帰式は練返し土に対してもよく説明できていることがわかる．

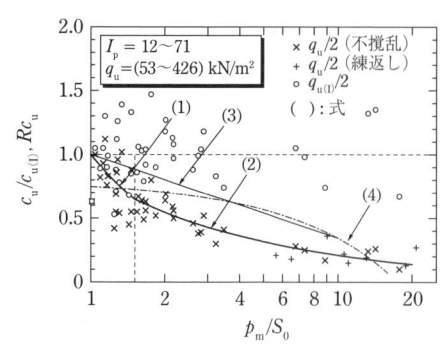

図 9-69　p_m/S_0 と Rc_u の関係

表 9-19　図 9-69 の回帰式

式	$q_u/2c_{u(I)}(=Rc_u)$	*	供試土
1	$(p_m/S_0)^{-1.0718}$	—	Pisa
2	$0.8237(p_m/S_0)^{-0.5935}$	0.94	Pisa
3	$1-0.285\ln(p_m/S_0)$	0.75	Bothkennar, Kimhae, 日本
4	$0.793-0.045(p_m/S_0)$	0.74	Busan new port

*：相関係数

図 9-70 は，図 9-69 の $c_{u(I)}$ に対する $q_u/2$，$q_{u(I)}/2$ を z に対してプロットしている。$q_u/2$（×）と $q_{u(I)}/2$（○）の平均値をそれぞれ破線と実線で結んでいる。ただし，$z=20$m と 21m の $q_u/2c_{u(I)}>1$ の 2 つのプロット（×）は，$c_{u(I)}$ を得た供試体の w_n より一軸供試体のそれが 20％小さく，大きな q_u を与えた。このプロットを除く比の平均値は q_u で 0.10～1.14，$q_{u(I)}$ で 0.41～1.39 の範囲に位置しており，深度に依存していない。

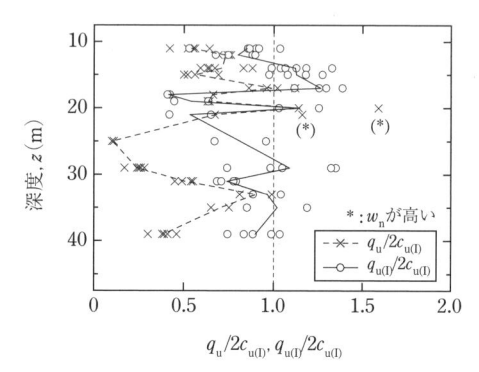

図 9-70　$c_{u(I)}$ に対する $q_u/2$ と $q_{u(I)}/2$ の深度分布

図 9-71(a)，(b)，(c) は，図 9-69 で示した $2c_{u(I)}$ に対する q_u と $q_{u(I)}$ の比の頻度分布と適合する正規分布曲線である。表 9-20 に図 9-71 の統計量を示した。ここに，個数は供試体数であり，平均値と標準偏差も示している。q_u と $q_{u(I)}$ の平均値は，$c_{u(I)}$ のそれぞれ 0.622 と 0.929 であり，標準偏差は 0.285 と 0.256 である。

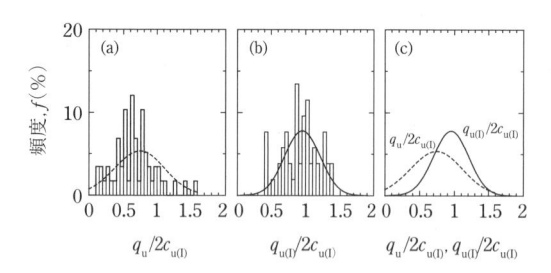

図 9-71　q_u，$q_{u(I)}$ の比の頻度分布と正規分布曲線

表 9-20　図 9-71 の統計量

強度比	個数	平均値	標準偏差
$q_u/2c_{u(I)}$	52	0.622	0.285
$q_{u(I)}/2c_{u(I)}$	52	0.929	0.256

図 9-72(a)，(b)，(c) は，$2c_{u(I)}$ に対する $q_{u(I)}$ の比を p_m/S_0 で区分した 2 つの領域のデータで検討したものである。表 9-21 に図 9-72 の統計量を示す。$(1.0 \leq (p_m/S_0) \leq 1.5)$ と $(1.5 < (p_m/S_0) \leq 20)$ で区分した $q_{u(I)}/2c_{u(I)}$ の標準偏差は，それぞれ 0.257 と 0.179 である。また，図 9-72(c) には $(1.0 \leq (p_m/S_0) \leq 20)$ の正規分布曲線も併せて示している。この図から，乱れの大きな試料では特によく説明できることがわかる。$(1.0 \leq (p_m/S_0) \leq 20)$ の個数は $(0 \leq (p_m/S_0) < 1.0)$ の結果が含まれていないため，表 9-20 と表 9-21 の個数と値が異なっている。

第9章 自然堆積土の強度・圧密特性　249

図 9-72　$q_{u(I)}$ の比の頻度分布と正規分布曲線

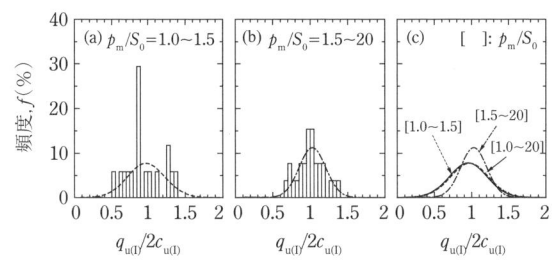

表 9-21　図 9-72 の統計量

p_m/S_0	個数	平均値	標準偏差
1.0～1.5	17	0.947	0.257
1.5～20	26	1.006	0.179
1.0～20	43	0.983	0.212

図 9-73(a), (b) は，$2c_{u(I)}$ に対する $q_{u(I)}$ の比の頻度分布と適合する正規分布曲線を，沖積粘土と洪積粘土に対して示している。図 9-73(c) に，それらの正規分布曲線をまとめた。表 9-22 に図 9-73 の統計量を示す。沖積粘土と洪積粘土の平均値はそれぞれ 0.932 と 0.924 で，標準偏差はそれぞれ 0.288 と 0.199 である。両粘土とも標準偏差が小さく，値がよくまとまっている。

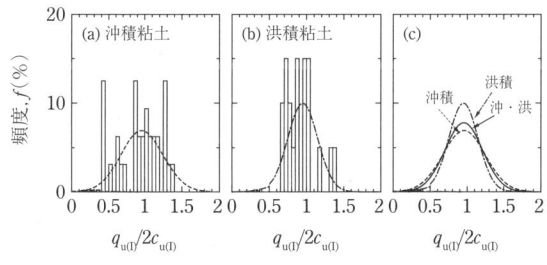

図 9-73　$q_{u(I)}$ の比の頻度分布と正規分布曲線（沖積と洪積で区別）

表 9-22　図 9-73 の統計量

	個数	平均値	標準偏差
沖積	32	0.932	0.288
洪積	20	0.924	0.199
沖・洪	52	0.929	0.256

図 9-74 には，Pisa 粘土に加え，図 5-26 で示した日本の 11 堆積地（24 試料）の粘土の正規分布曲線を併せて示している。表 9-23 に図 9-74 の統計量をまとめた。Pisa 粘土の $c_{u(I)}$ に対する $q_u/2$ と $q_{u(I)}/2$ の平均値はそれぞれ 0.622 と 0.929 であり，他の 24 堆積地（$p_m/S_0=1.0～8.7$）の $q_{u(I)}/2c_{u(I)}$ の平均値 1.007 より小さい。Pisa 粘土の比の平均値は $p_m/S_0<1.5$ で 0.947，$p_m/S_0>1.5$ で 1.006 であったことから，$p_m/S_0<1.5$ で得た表 9-19 の式(1)がプロットの近似を過小評価していることが $q_{u(I)}/2=0.929$ と小さい理由である。また，Pisa 粘土の場合 $q_{u(I)}$ の

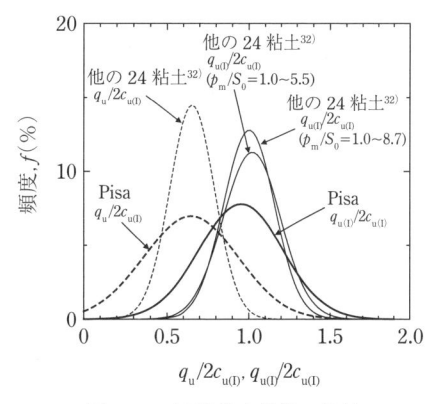

図 9-74　正規分布曲線の比較

標準偏差は q_u のそれより小さい。これは，原位置強度の推定によって強度の変動が小さくなり，5.3 節で述べた試料の乱れは強度の変動を大きくする[5]ことと符合している。

表 9-23 図 9-74 の統計量

供試土	強度比	個数	平均値	標準偏差
Pisa	$q_u/2c_{u(I)}$	52	0.622	0.285
	$q_{u(I)}/2c_{u(I)}$	52	0.929	0.256
他の24粘土[32]	$q_u/2c_{u(I)}$	231	0.629	0.137
	$q_{u(I)}/2c_{u(I)}$ ($p_m/S_0=1\sim5.5$)	199	0.977	0.166
	$q_{u(I)}/2c_{u(I)}$ ($p_m/S_0=1\sim8.7$)	231	1.007	0.176

図 9-75 に，$c_u(\sigma'_{vo})$ で示す有効土被り圧下の c_u（▼），三軸圧縮試験と伸張試験の平均値（☆），回帰式で推定した $q_{u(I)}/2$（○）を，それぞれ $c_{u(I)}$ に対してプロットしている。平均値はそれぞれ 0.57，0.87，0.94 である。$c_u(\sigma'_{vo})$ は乱れに依存せず一定値を示しているが，$c_{u(I)}$ の 57％程度の値しか得ていない。$(K_0CUC+K_0CUE)/2$ は $c_{u(I)}$ の 87％程度であり，やはり乱れに依存していない。これらの値や傾向は，図 8-2 に示した日本，Bothkenner，Kimhae と同等である。K_0CUC と K_0CUE[44] は，UCT に比較して試験機が大型で，費用と時間が掛かる。$q_{u(I)}/2$ は試料の乱れに関係なく，安定して $c_{u(I)}$ の 94％程度の値（図 8-2 では 101％）を推定することができる。（○）のプロットのばらつきは，基本的には測定した c_u（×）のばらつきを反映していると考えている。このことは，一軸圧縮試験の結果と p_m/S_0 の回帰式を用いることで乱れを取り除き，原位置の非排水強度を推定することの妥当性を示している。

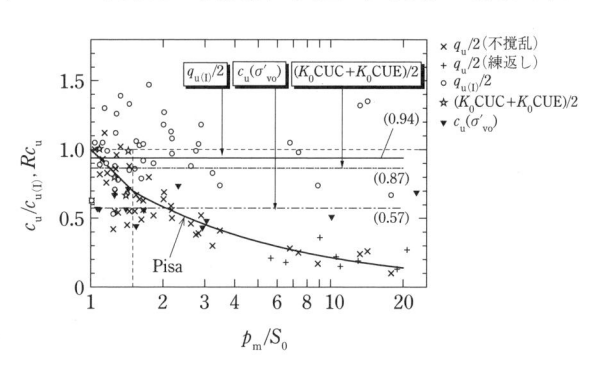

図 9-75 強度比と有効応力比の関係（Pisa 粘土）

K_0 を 0.5 と仮定して $q_{u(I)}$ を推定すると，実測した K_0 値から推定したそれよりも 3％程度小さく見積もる。しかし，$p_m/S_0=1.5\sim20$ のピサ粘土の $q_{u(I)}/2c_{u(I)}$ の平均値は 1.006（表 9-21）であり，実測した K_0 値で $q_{u(I)}$ を推定すると原位置の強度を過大評価することになる。したがって K_0 を 0.5 と仮定するのは安全側の設計を行うことになる。

欧州では，UCT の結果を設計に直接使うことはない。UCT は Eurocode 7[45],[46] でも非排水強度の Index としての扱いである。図 9-64 の有効応力経路を見ても，UCT と K_0CUC の挙動は大きく異なっており，c_u の差も際立って大きい。このような氷河性の粘土に通常の UCT を行うメリットは，Index 以上の価値を見いだすことは，やはり困難である。しかし，サクションの測定から供試体の残留有効応力（試料の撹乱）を評価して q_u を得れば，$c_{u(I)}$ が推定できるメリットは実務的・工学的に大きい。これは，欧州に堆積する Pisa のような粘土に対しても UCT が適用できることを示している。

Pisa 粘土の指標的性質，原位置強度・圧密特性を総括して図 9-76 に示す。すなわち，図 9-76 は粒度組成，w_n，σ'_p，σ'_p/σ'_{vo}，C_c，$c_{u(I)}$，$\sigma'_{p(I)}$，$\sigma'_{p(I)}/\sigma'_{vo}$，$c_{u(I)}/p$，$\phi'$，$K_0$ を z に対してプロットしている。右 6 つの図の破線で示した原位置状態の推定値は，それぞれ良い相似形，もしくは線対称になっている。堆積年代，粒度，塑性等の差を反映してこれらの値は z に対して変動するが，強度・圧密パラメータ相互の関係は同一深度や異なった深度でも整合していると考えられる。図 9-77 には，鋭敏比 S_t として，練返し土の $q_u(=q_{u(r)})$ に対する q_u と $2c_{u(I)}$ で求めた S_t もプロットしている。q_u で定義した S_t は沖・洪積粘土に関係

なく，0.9～6.4 の値を示し，I_p の大きな自然堆積粘土としては極端に小さい。$2c_{u(I)}$ で定義した S_t は 3～19 であるが，例えば，大阪の沖積粘土（Ma13）や洪積粘土（Ma12）のそれは 10～20 の値[47]であることが知られている。

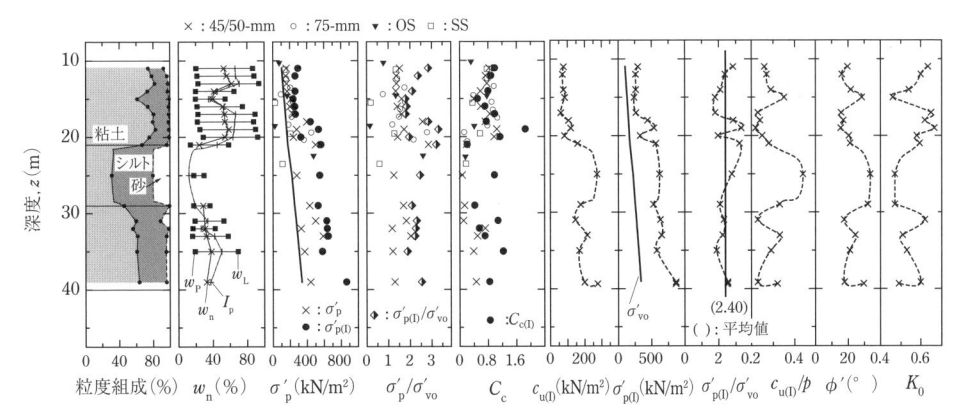

図 9-76　ピサ粘土の地盤工学的性質と原位置の値の推定値

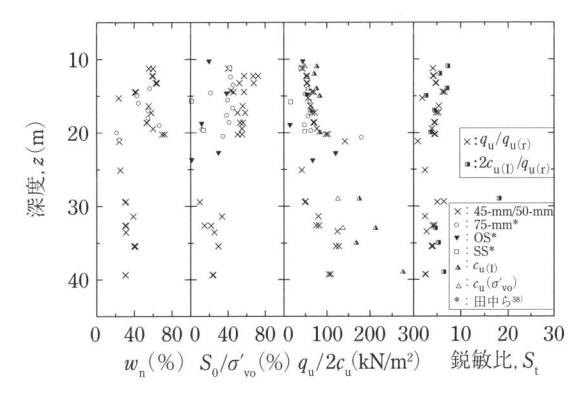

図 9-77　強度試験結果と鋭敏比

図 9-78 は I_p と 2μm 以下の粘土含有量の関係である。Skempton[48] が示した Shellhaven（シェルハーベン），London（ロンドン），Weald（ウィールド），Horten（ホーテン）粘土と代表的な粘土鉱物の関係も併せて示している。ピサ粘土はロンドン粘土からウィールド粘土のプロットの範囲に位置し，活性度 A_c もこれらの範囲内にある。Pisa 粘土がイライト鉱物の関係線の近傍に近いのは雲母鉱物に属する結晶度の高いイライトを反映している。A_c が小さく造岩鉱物を主体とした低位な構造であることが，S_t が小さい理由である。これらの点が我が国の大阪粘土と大きく異なっている。c_u/p が小さいのは，やはり造岩鉱物と低位構造に起因して，圧密圧力の増加に伴う c_u の増加が大きくないことに起因していると推察している。

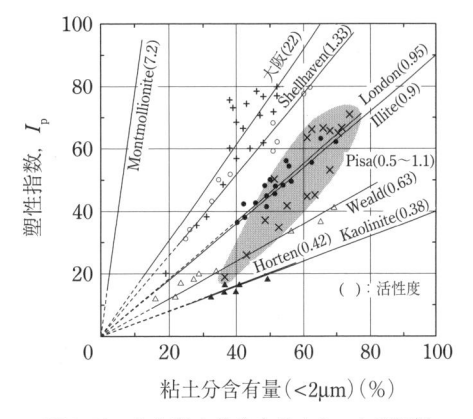

図 9-78　I_p と粘土含有量（<2μm）の関係

Terzaghiら[49]は，高位構造が読み取れる優れた走査型電子顕微鏡SEM写真を示している。しかし，このSEM写真は，同じく$z=13m$の粘土に対するSEM写真（**写真9-1**）とは鉱物組成や微視構造等のあらゆる点で異なっている。Mesriら[50]の供試体は，1991〜1993年調査のLavalサンプラー（◆）で得た試料であるが，図9-47に示したL0〜L4のどの位置から採取した試料であるのかはわからない。

(a) $z=13m$（×1,000）

(b) $z=20m$（×1,000）

(c) $z=20m$（×5,000）

(d) $z=20m$（×10,000）

写真9-1　走査型電子顕微鏡写真（Pisa粘土）

　ピサ市はArno（アルノ）川の河口域にあり，上流や周辺は変成岩（炭酸カルシューム系頁岩，砂岩），頁岩と砂岩の互層を呈するFlysch（フリッシュ）が母岩である。これらの風化砕屑物が著者らの試料の造岩鉱物の起源であるが，斜塔を含む周辺の堆積場の地形は，現在平坦で起伏がない。限られた斜塔の敷地内で，平面位置の違いによる沖・洪積粘土の構成鉱物の違いを説明する土質や堆積学的な情報を著者は有していない。しかし，斜塔と同じ敷地内に建設されたCattedrale（大聖堂）やBattistero（礼拝堂）の柱・壁の傾きは，やはり一見して目立つほど大きい（**写真9-2**）。これらの建物の傾斜や不等沈下の大きさを目の当たりにすると，これらがアルノ川に起因した複雑な堆積環境を反映して，位置的な地盤の不均質性も大いに関係していることは容易に推察できる。

写真9-2　ピサの斜塔と大聖堂

9.4 火山灰質粘性土の強度・圧密特性のシキソトロピー効果

9.4.1 概説

土工の難質材料である火山灰質ロームは，シキソトロピーによる強度回復が知られているが，設計・施工の中で，その量を積極的に見積もることは行われていない。シキソトロピーによる強度発現のメカニズムが明確になっていないことに加え，強度発現の定量的評価が行えないことが大きな理由である。関東ロームを用いて約80年前に築造されたアースダム堤体から得たブロックサンプリング試料の一軸圧縮強さ q_u は 130 kN/m² 程度であり，その練返し土の q_u は 10 kN/m² と小さかった[51]。アースダムの施工状況を考えると，ダム築造時は 10 kN/m² の練返し強度が 80 年の歳月で 130 kN/m² の強度（鋭敏比：3）を発現したことになる。本節では，関東ロームを練り返して同じ含水比下で強度発現するシキソトロピーのメカニズムの解明を目指して，当該ダム堤体の関東ローム（Dam ローム）と同じ堆積年代の関東ロームとして横須賀市に堆積する関東ローム（NDA ローム）に対し，一定温度と含水比下で発現される練り返した関東ロームの強度・圧密特性の変化を示す。

9.4.2 供試土と実験方法

Dam と NDA ロームの指標的性質を表 9-24 に示す。両ロームは粒度や塑性の点で同様であることがわかる。塑性指数 I_p とブロックサンプリングで採取した試料の q_u は，両ロームともに 38，130 kN/m² 程度である。

含水比 w の変化がないように練り返した試料は，写真 9-3 に示すように，養生中の乾燥による w の変化がないようパラフィンコーティングを施して 17℃ の恒温室で静置養生した。Dam 試料はダムの天端部の深さ 1m から採取したが，w，湿潤密度，粒度特性，q_u 等の土質データは深さに依存していなかった[51]。したがって，ダム堤体の現状の w 下のシキソトロピー効果を検討する。

図 9-79 は，一軸圧縮試験 UCT と段階載荷圧密試験 IL の供試体位置を示している。UCT の供試体寸法は，3.1 節で示した d15mm，h35mm の S 供試体である。また，IL の供試体寸法は，3.2 節で示した d30mm，h10mm の d30 供試体である。写真 9-3 に示す養生試料の長手方向に，6cm ごとに切断した試料片から UCT，IL ともに最大 3 個の供試体が作製できる。これらの寸法と通常寸法の関東ロームの強度・圧密特性に有意差がないことは第 3 章で示した。

UCT はセラミックディスクを装着した携帯型一軸圧縮試験機[52]で行った。セラミックディスクの空気進入値は 200 kN/m² であり，供試体のサクション S_0 は地盤工学会のマニュアル[53]に従って測定した。

表 9-24 関東ロームの指標的性質

供試土	Dam	NDA
土粒子密度 ρ_s (g/cm³)	2.824	2.790
自然含水比 w_n (%)	102 ～ 109	97
液性限界 w_L (%)	108	98
塑性指数 I_p	38	38
粘土分 (%)	46	55
シルト分 (%)	32	37
砂分 (%)	22	8

写真 9-3 パラフィンコーティングを施した養生試料

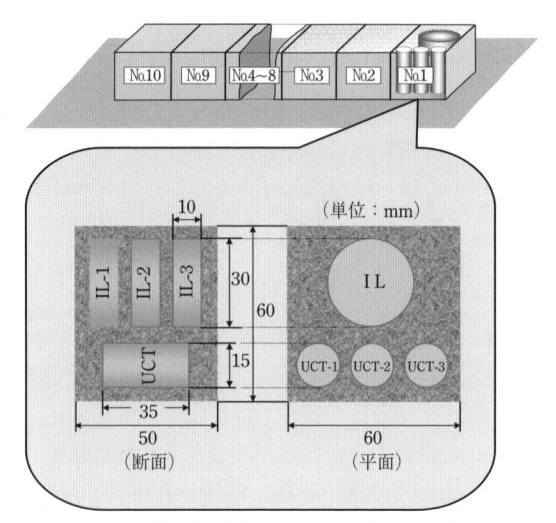

図 9-79　一軸圧縮試験と標準圧密試験の供試体位置

9.4.3　関東ロームの強度・圧密特性に及ぼす養生期間の影響

図 9-80(a) と (b) は，Dam と NDA ロームの UCT から得た応力 σ とひずみ ε の関係である。養生期間が 435 日までの各日数を代表する結果が示されている。これらの図には，ブロックサンプリングで得た試料から成型した供試体を，不撹乱試料と表記している。σ の最大値である q_u や σ と ε の関係は，養生期間の進行とともに不撹乱のそれらに近づいている。図 9-81(a) と (b) は，UCT の供試体から測定した S_0 を養生期間に対してプロットしている。飽和粘土の非排水強度は有効応力の観点からサクションと表裏の関係にある。S_0 は不撹乱試料で 10 kN/m^2 程度であるが，養生期間の進行とともに大きくなり，435 日で 6 kN/m^2 程度の値を有している。図 9-80(a) と (b) で示した q_u の増大は，S_0 の増加を反映していると理解される。

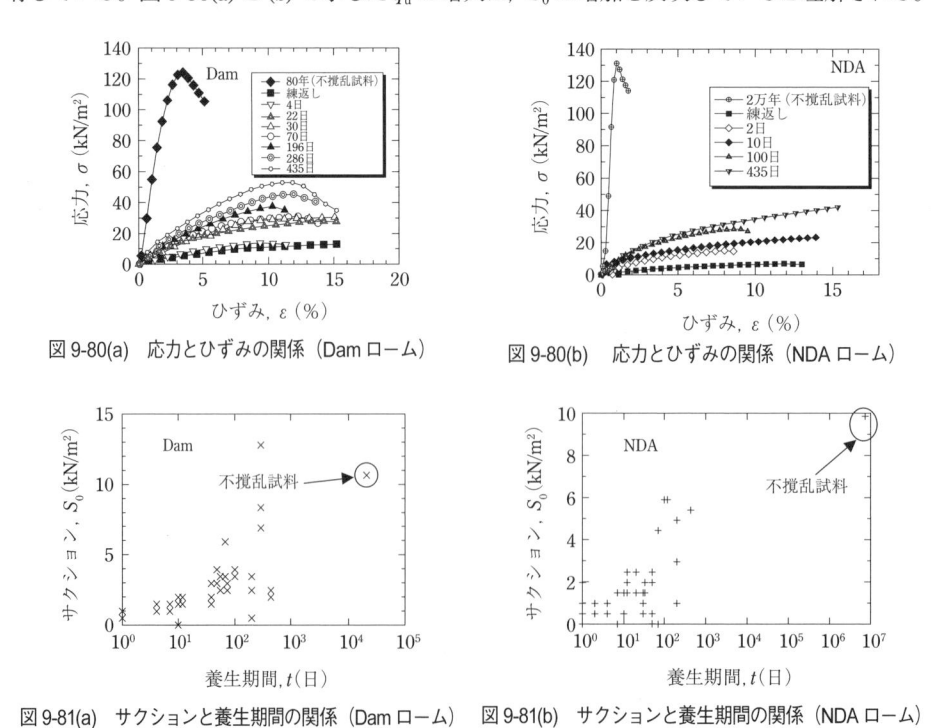

図 9-80(a)　応力とひずみの関係（Dam ローム）
図 9-80(b)　応力とひずみの関係（NDA ローム）

図 9-81(a)　サクションと養生期間の関係（Dam ローム）
図 9-81(b)　サクションと養生期間の関係（NDA ローム）

図 9-82 は，q_u と養生期間の関係である。Dam ロームはダム築造後 80 年，NDA ロームは堆積して 2 万年が経過していると仮定して，図 9-80(a) と (b) で述べた不撹乱試料の q_u を 80 年と 2 万年の時間軸にプロットしている。Zeevaert（ジバート）[54] は，約 1 万年の堆積期間を有するメキシコ粘土の不撹乱試料の q_u が 113 kN/m^2 であることを示している。そして，200 日までのシキソトロピーに起因する強度回復の延長線上に，この 113 kN/m^2 が位置するとしている。Dam や NDA ロームでは，メキシコ粘土の養生 1 日と 2 万年を結ぶ線より大きな強度回復を示している。宋・応[55] は，養生期間が強度特性に及ぼす影響を定量的に検討し，練返し試料の静置養生による強度回復は，養生 14 日で終了することを示し，島[56] の結果とも一致するとしている。しかし，Dam と NDA ロームともにこれらの養生日数を過ぎても強度が大きくなっている。メキシコ粘土と関東ロームは土の塑性や含有鉱物を含む基本的な性質は異なると推察されるが，我が国の海成粘土を含む詳細な検討は今後の課題である。

図 9-83 と図 9-84 は，同じ養生期間で得た σ'_p と C_c を q_u に対してプロットしている。σ'_p と C_c は，q_u と正の関係にあり，養生期間の進行によって，大きくなる。そして，この傾向は Dam と NDA ロームに共通している。図 9-85 と図 9-86 は，UCT の供試体から測定した w と養生期間の関係である。w の低下は，435 日の養生期間で Dam ロームで平均 2 %，NDA ロームで同 3 %程度である。養生期間中の w を一定に保つためのパラフィンコーティングに問題はないと考えているが，w の低下と強度の発現メカニズムの関係は今後の詳細な検討が必要である。

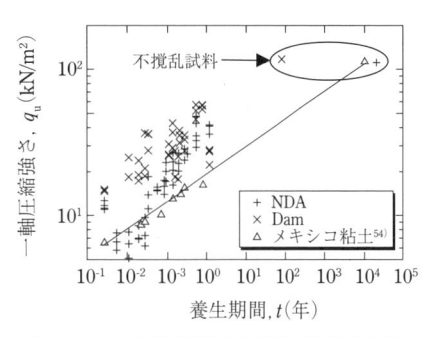

図 9-82　一軸圧縮強さと養生期間の関係

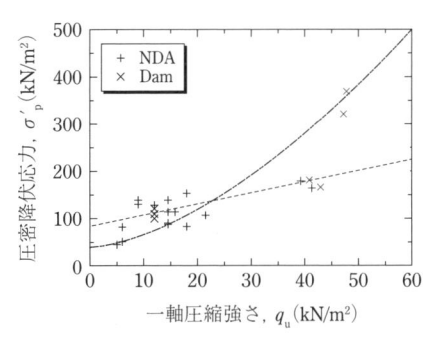

図 9-83　圧密降伏応力と一軸圧縮強さの関係

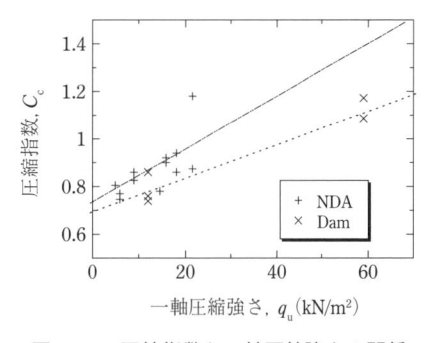

図 9-84　圧縮指数と一軸圧縮強さの関係

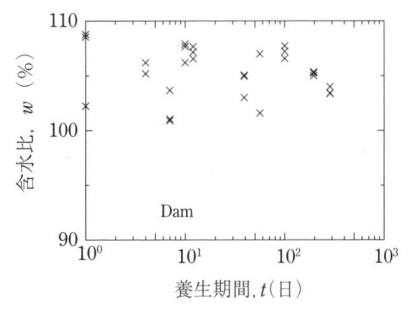

図 9-85　含水比と養生期間（Dam ローム）

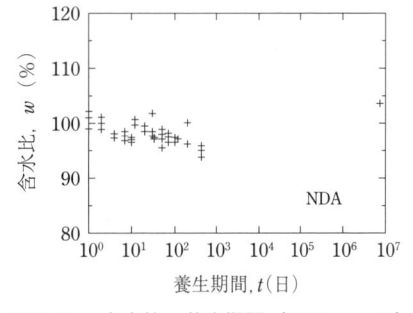

図 9-86　含水比と養生期間（NDA ローム）

9.4.4 微視構造に及ぼす養生期間の影響

写真 9-4 は，Dam と NDA ロームの不撹乱，練返し直後，養生期間 12 日，200 日の顕微鏡写真を示している。養生期間が増すと 2μm 程度の粒子が集約し，101 日ではペッド（Ped）のような団粒構造を形成している。表 9-25 に，微視構造の変化をまとめた。養生期間の増加による微視構造の変化は，図 9-80 ～図 9-84 に示した強度・圧密特性の変化と整合している。

写真 9-4 養生期間の進展による微視構造の変化（走査型電子顕微鏡写真）

表 9-25 微視構造の変化

養生期間（日）	Dam ローム	NDA ローム
不撹乱試料	2 μm 程度のほぼ均一な粒径の結晶が集約し，ベッドのような団粒構造を形成している。	様々な大きさの結晶が複雑に絡みあっており，エトリンガイトのような針状構造も観察される。
練返し試料	結晶構造は見られず，糊のようにべっとりしている。	
4	練返し試料からの大きな変化は見られない。	
10	随所に 0.5 μm 程度の小さな結晶のようなものができ始める。しかし，全体的に見ると，大きな結晶や，密集したものは見られない。	
20	多用なサイズの結晶ができ始めることに加え，土粒子相互の間隙が目立ってくる。	
101	2 μm 程度の粒子が集約し，ベッドのような団粒構造を形成している。	
435	団粒化が著しい。	結晶化と団粒化が著しい。

9.4.5 関東ロームのシキソトロピー現象の鉱物学的解釈

新規ロームの主成分と考えられているアロフェンが（加水）ハロイサイトに変化する過程に着目して，EPMA（Electron Probe Microanalyzer）の EDS（エネルギー分散）法による成分分析の変化から，関東ロームの強度・圧密特性のシキソトロピー現象のメカニズムを検討する。EDS 分析では，Si, Al, Fe, Ca, Mg 等を定量分析した。二次電子像の撮影に加え，点分析は基質（マトリックス）を代表する場所から無作為に 5 点程を抽出して測定した。

(1) 各元素の酸化物の量に及ぼす養生期間の影響

関東ロームは，火山ガラスを含む凝灰質物質を母材とする。火山ガラスや斜長石の表面が雨水や地下水によって分解され，Si, Al, Fe, Mg 等がイオンとなって溶脱する過程で Si と Al が水と結合して非晶質やそれに近い粘土鉱物のアロフェンが形成される。続成作用や風化作用に伴う化学変化によって，アロフェンは加水ハロイサイトとなり，ハロイサイトに変化して安定した結晶になると考えられる。

分析した元素を，地質学的分析の慣例に従い酸化物で対応して述べる。NDA ロームの養生 10 日の測定点の 1 つを例示すると，SiO_2（24 %），Al_2O_3（22 %），FeO（3 %），K_2O（2 %），MgO（1 %），他の酸化物は 0 %であり，関東ロームであることを反映して，SiO_2 と Al_2O_3 が主要構成酸化物であった。Dam を含む他の養生期間においてもこの傾向は同様である。

図 9-87 と 図 9-88 は，SiO_2 と Al_2O_3 の含有量を養生期間に対してプロットしている。これらの図には養生期間の平均値を結ぶ線も示している。各プロットは，測定点に含まれる構成酸化物の変動を反映してばらつくが，NDA の平均値は養生期間とともに小さくなり，Dam の Al_2O_3 は逆に大きくなる傾向がある。Al_2O_3 に対する SiO_2 の比は，珪ばん比 R_r と呼ばれている。アロフェンは，通常 R_r が 1 〜 2 の範囲のものを指すことが多い。須藤[57]

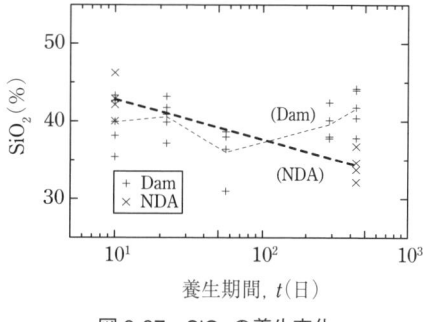

図 9-87 SiO_2 の養生変化

は，アロフェンとハロイサイトの R_r として 1.27 と 1.13 を示し，ハロイサイトの R_r が小さいことを報告している．また，Deer ら[58] も，ハロイサイトの R_r として 1.14 を報告している．NDA と Dam ロームの R_r を養生期間に対して図 9-89 にプロットしている．SiO_2 と Al_2O_3 の変動を反映して R_r もばらつくが，平均値を結ぶ線は右下がりであり，R_r は養生とともに低下してアロフェンからハロイサイトへの結晶化が進んでいると推察される．

図 9-88　Al_2O_3 の養生変化

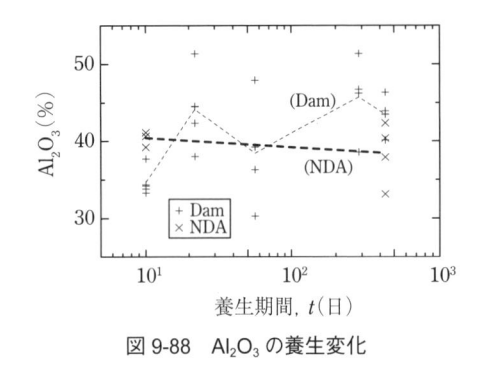

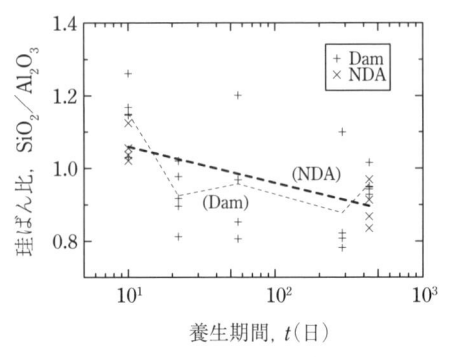

図 9-89　珪ばん比（SiO_2/Al_2O_3）の養生変化

(2) ハロイサイトへの結晶化が強度・圧密特性に及ぼす影響

図 9-90 は，R_r と q_u の平均値 $\bar{q}_u$ の関係である．$\bar{q}_u$ は既報[59] に示す結果を用いている．R_r の低下によって $\bar{q}_u$ が大きくなる傾向が読み取れる．アロフェンがハロイサイトに結晶化することによって R_r が低下するとの立場に立てば，シキソトロピーによる強度発現はこの結晶化も起因していると判断される．養生試料はパラフィンコーティングが施され，一定温度・含水比下の閉鎖系である．これらの酸化物の総量変化はないが，試料の練り返しによって均質になった基質部が，養生による結晶化等による物質移動によって R_r の変化に帰結していることも考えられる．また，養生による微視構造の変化も強度増加への寄与が大きいと推察される[59] ことを述べたが，この微視構造の変化にも結晶化が影響していると推察される．

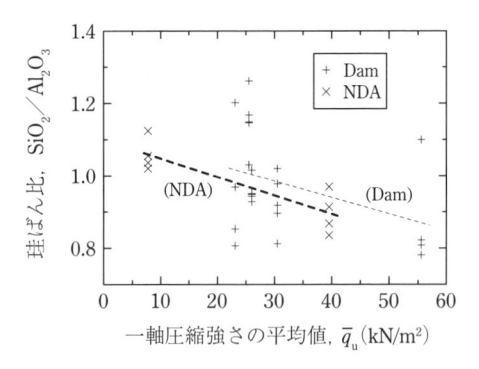

図 9-90　珪ばん比（SiO_2/Al_2O_3）と $\bar{q}_u$ の関係

練返し強度 S_R に対する養生後の強度 S_A をシキソトロピー強度比 R_t として Mitchell[60] が定義している．R_t を養生期間に対して図 9-91 にプロットした．同図には，カオリンとベントナイトの結果[60] も実線と破線で示している．メキシコ粘土（△）[54] は同じ養生期間に対してカオリンとベントナイトの中間的な R_t を有しているが，関東ロームの R_t はこれらの粘土より大きい．Dam の R_t は同じ養生期間に対して NDA のそれより大きい

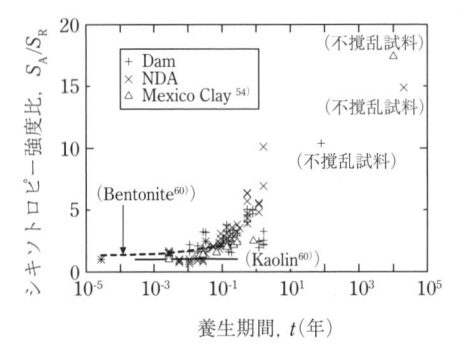

図 9-91　シキソトロピー強度比の養生変化

が，DamのR$_r$が小さく結晶化が進んだと考えると図9-82と図9-90の強度の結果とも整合する．

関東ロームはSiO$_2$とAl$_2$O$_3$が主要構成酸化物であり，養生とともにAl$_2$O$_3$に対するSiO$_2$の比は減少した．シキソトロピーによる強度発現は，結晶化等による物質移動や微視構造の変化が複雑に影響していると推察される．

参考文献

1) 地盤工学会：固定ピストン式シンウォールチューブサンプラーによる土の乱さない試料の採取方法（JGS 1221-1995），地盤調査法，pp.152-156，1995．
2) 正垣孝晴・松尾稔：粘性土の強度低下に与える外的要因と微視的構造特性への影響，サンプリングシンポジウム発表論文集，pp.109-116，1985．
3) 松本一明・堀江宏保・山村真佐明：沖積粘土のボーリング及びサンプリングに関する研究（第3報），港湾技術研究所報告，第7巻第2号，pp.95-113，1968．
4) 松尾稔・正垣孝晴：q_u値に影響する数種の撹乱要因の分析，土質工学論文報告集，Vol.24，No.3，pp.139-150，1984．
5) Matsuo, M. and Shogaki, T.：Effect of plasticity and disturbance on statistical properties of undrained shear strength, *Soils and Foudations*, Vol.28, No.2, pp.14-24, 1988.
6) Shogaki, T.：Effects of sample disturbance on strength and consolidation, *Proc. of 9th Asian Regional Conf. on ISSMFE*, pp.67-70, 1991.
7) Shogaki, T. and Moro, H.：Statistical properties of soil data within thinwalled samplers, *Proc. of 5th Int. Offshore and Polar Eng. Conf.*, pp.406-413, 1995.
8) Chan Soo, J.：Arguments for the analysis on the characteristics of sedimentary soils from the lower Nakdong river, presentation, *Is-Yokohama*, 2000.
9) Kim, S.K.：韓国ナクドン河デルタ地盤における工学上の問題，地盤工学会創立50周年国際記念講演会，地盤工学会，pp.7-8，1999．
10) Kim, S.R.：Some factors affecting the ground improvement design for the Pusan new port project, *Thick deltaic deposits*, *11th ARC SMGA Seoul Korea*, pp.65-91, 1999.
11) Tanaka, H., Mishima, O., Tanaka, M., Park, S.Z, Jeong, G.H., and Locat, J.：Characterization of Yangsan clay, Pusan, Korea, *Soils and Foundations*, Vol.41, No.2, pp.89-104, 2001.
12) 東亜地質：Pusan new port 粘土の土質試験結果報告書，2002（in Korean）．
13) 地盤工学会，土質試験の方法と解説：土のK_0圧密非排水三軸圧縮（K_0CUC）試験方法（JGS 0525-2000），pp.501-524，2000．
14) Shogaki, T.：A method for correcting consolidation parameters for sample disturbance using volumetric strain, *Soils and Foundations*, Vol.36, No.3, pp.123-131, 1996.
15) 三笠正人：圧密試験の整理法について，土木学会第19回年次学術講演会講演概要集，Ⅲ-7，pp.29-32，1964．
16) Shogaki, T., Nochikawa, Y., Jeong, G.H., Suwa, S. and Kitada, N. (2005)：Strength and consolidation properties of Busan New Port clays, *Soils and Foundations*, 45(1), 153-169.
17) Shogaki, T. and Nochikawa, Y.,：Triaxial strength properties of natural deposits at K_0 consolidation state using a precision triaxial apparatus with small size specimens, *Soils and Foundations*, Vol.44, No.2, pp.41-52, 2004.
18) Ladd, C. C., Foott, R. Ishihara, K., Schlosser, F. and Poulous, H. G：Stress-deformation and strength characteristics, *State of the Art report*, *Proc. of 9th ISFMFE*, Vol.4, pp.421-494, 1977.
19) 土田孝：三軸試験による自然粘性土地盤の強度決定法に関する研究，港湾技研資料，No.688，pp.155-159，1990．
20) 澁谷啓，天満稔，三田地利之：世界の自然堆積粘性土の力学的諸性質とコンシステンシー限界の関連，第36回地盤工学研究発表会概要集，pp.271-272，2001．
21) Alpan, I.：The empirical evaluation of the coefficient K_0 and $K_{0,R}$, *Soils and Foundations*, Vol.7, No.1, pp.31-40, 1967.

22) Kenney, C.：Discussion on Geotechnical properties of glacial lake clays, *Soil and Foundations*, Vol.7, No.1, pp.31-40, 1967.
23) 田中洋行, 田中正典, 半沢秀郎：Drammen粘土, Bothkennar粘土と有明粘土の工学的特性の比較, 第40回土質工学シンポジウム, pp.153-160, 1995.
24) Skempton, A.W. and Bishop, A.W.：Soils, Chapter 10 of Building Materials, *North Holland Publishing* Co., pp.417-482, 1954.
25) Bjerrum, L. and Simons, N.E：Comparison of shear Strength Characteristics of Normally Consolidated Clays, *Proc. ASCE Research Conf. on Shear Strength of Coheasive Soils*, pp.711-726, 1960.
26) 今泉繁良, 正垣孝晴, 安井成豊, 山口柏樹：塑性の異なる飽和粘性土のCICUにおける強度・変形特性, 第21回土質工学研究発表会概要集, pp.379-380, 1986.
27) 田中洋行, Jacquwa, L.：塑性指数に関する再考察, 土と基礎, Vol.46, No.4, pp.9-12, 1998.
28) Jaky, J：Tajemechanika (Soil Mechanics in Hungarian), *J. Hungarian Arch. and Engs.*, Budapest, pp.355-358, 1944.
29) Brooker, E.W. and Ireland, H.O：Earth pressure at rest related to stress history, *Canadian Geotechnical journal*, Vol.2, No.1, pp.1-5, 1965.
30) 山内豊聰, 安原一哉：粘性土の静止土圧係数に関する一考察, 土質工学論文報告集, Vol.14, No.2, pp.113-118, 1974.
31) Shogaki, T. and Maruyama, Y.：Estimation of *in-situ* undrained shear strength using disturbed samples within thin-walled samplers, *Geotechnical Site Characterization*, Atlanta, pp.419～424, 1998.
32) Shogaki, T.：An improved method for estimating *in-situ* undrained shear strength of natural deposits, *Soils and Foundations*, 46 (2), pp.109-121, 2006.
33) 横堀武夫：強度の一般的特性, 材料強度学, 技報堂出版, pp.1-18, 1974.
34) Suwa, S. and ShimonodanT.：Inspection of accuracy of coefficient of consolidation at overconsolidation pressure level, *Proceeding of the international symposium on lowland technology*, pp.107-112, 2002.
35) Jamiolkowski, M.：The leaning tower of Pisa：end of an Odyssey, *Terzhaghi Oration*, *Proc. 15th ICSMGE*, *Vol.5*, pp.2979-2996, 2001.
36) Burland, J.B., Jamiolrowski, M. and Viggiani, C.：The stabilization of the leaning tower of Pisa, *Soils and Foundations*, Vol.43, No.5, pp.63-80, 2003.
37) Presti, D., Jamiolkowski, M. and Pepe, M.：Geotechnical characterization of the subsoil in Pisa, *Characterization and Engineering Properties of Natural Soils-Tan et al.(eds.)*, *Vol.1*, pp.909-949, 2003.
38) 田中政典・渡部要一・椎名貴彦・白石保律・村上智英：ピサにおける地盤調査（その2）, 第39回地盤工学研究発表会.pp. 151-152, 2004.
39) Shogaki, T. and Sakamoto, R.：The applicability of a small diameter sampler with a two-chambered hydraulic piston for Japanese clay deposits, *Soils and Foundations*, Vol.44, No.1, pp.113-124, 2004.
40) 正垣孝晴・蛭崎大介・菅野康範・中野義仁・北田奈緒子：ピサの斜塔下の粘性土の地盤工学的性質, 地盤工学会誌, Vol.53, No.3, pp.27-29, 2005.
41) Lo Presti, D.C.F., Jamiolkowski, M. and Pepe, M.：Geotechnical characterization of the subsoil of Pisa Tower, *Characterization and Engineering Properties of Natural Soils-Tan et al. (eds.)*, pp.918～923, 2003.
42) Mesri, G., Shahien, M. and Hedien, J.E.：Geotechnical characteristics and compression of Pisa clay, *Proc. 14th ICSMGE*, Hamburg, September 1997, Rotterdam, pp.373～376, 1997.
43) Mesri, G. and Choi, Y.K.：Settlements analysis of embankments on soft clays, *Journal of Geotechnical Engineering*, ASCE111 (4), pp.441～464, 1985.
44) 地盤工学会：土のK_0圧密非排水三軸伸張（K_0CUE）試験方法（JGS 0526-2000）, 土質試験の方法と解説, pp.507～524, 2000.
45) Eurocode 7, ENV-1997-1.：Geotechnical design-part1, General rules, *CEN/TC250*, 1994.

46) Eurocode 7, Draft of EN 1990.：Basis of design, *CEN/TC250*, 1999.
47) Shogaki, T.,：Effects of sample disturbance on strength and consolidation parameters of soft clay, *Soils and Foundations*, Vol.35, No.4, pp.134-136, 1995.
48) Skemptom, A.W., The colloidal activity of clays, *Proc. of 3rd ICSMFE*, Switzerland, Vol.1, p.57, 1953.
49) Terzaghi, K., Peck, R. and Mesri, G., Soil mechanics in engineering practice, Third edition, *Jone Wiley & Sons*, pp.12-16, 1996.
50) Mesri, G., Shahien, M. and Hedien, J. E., Geotechnical characteristics and compression of Pisa clay, *Proc. XIV ICSMFE*, Hamburg, pp.373-376, 1997.
51) 正垣孝晴・高橋章・熊谷尚久：既設アースダム堤体の耐震性能評価法－レベル1地震動を想定して－, 地盤工学会誌, Vol.56, No.2, pp.24-26, 2008.
52) Shogaki, T.：Effects of size on unconfined compressive strength properties of natural deposits, *Soils and Foundations*, Vol.47, No.1, pp. 119-129, 2007
53) 地盤工学会：サクション測定を伴う一軸圧縮試験マニュアル, 最近の地盤調査・試験法と設計・施工への適用に関するシンポジウム, pp. 付1-14, 2006.
54) Zeevaert, L.：An investigation of the engineering characteristics of the volcanic lacustrine clay deposits beneath Mexico City. *Ph.D. thesis*, *University of Illinois at Urbana-Champaign*, 1949.
55) 宋永焜・応長雲：関東ロームのアロフェン含有量石灰・石膏安定処理土に及ぼす影響, 土質工学会論文報告集, pp.141-151, 1994.
56) 島博保：関東ロームの強度特性について, 関東ロームに関するシンポジウム, 土質工学会, pp.21～28, 1970.
57) 須藤俊男：粘土鉱物学, 岩波書店, 1974.
58) Deer, W.A., Howie, R.A. and Zussman, J., *Rck-forming minerals*, pp.202-203, Longmasns.
59) 正垣孝晴・吉津考浩・長坂麻衣子・金田一広：関東ロームのシキソトロピーによる強度・圧密特性の変化, 地盤工学会誌, Vol.57, No.11, pp.24-26, 2009.
60) Mitchell, J, K.：Fundamaental aspects of thixotropy in soils, *ASCE*, SM3, pp.19-52, 1960.

第10章　自然堆積粘性土の強度・圧密特性の異方性

　非排水強度を用いる $\phi_u=0$・円弧すべり法の場合，抵抗モーメントは，円弧すべり面を仮定して，設計対象領域から採取した試料の一軸圧縮強さ q_u の平均値から計算されることが多い。しかし，自然堆積地盤は，第2章で述べたように土の粒子形状や堆積環境に起因した初期異方性を有しており，円弧すべり面上では主応力方向が回転し，円弧すべり面の位置により異なったせん断強度を示す[1]。初期異方性は，その成因から地域性を有することが容易に推察される。したがって，設計結果の合理性を追求するためには，安全率に及ぼす初期異方性の影響を検討することが必要である。しかし，自然堆積地盤の非排水強度に関する初期異方性を簡便に測定する方法がなく，初期異方性を考慮した $\phi_u=0$・円弧すべり法の開発を困難にしている。また，第4章で示したように，粘性土の非排水強度・圧密特性は試料の乱れにより変化する。したがって，バーチカルドレーン VD が打設された地盤のように撹乱を受けた地盤では，粘性土の非排水強度・圧密特性に関する初期異方性が変化することになり，このような地盤では，非排水強度・圧密特性に関する初期異方性に及ぼす撹乱の影響を明らかにすることが必要である。

10.1　粘性土の非排水強度特性の初期異方性

10.1.1　概　説

　本節では，自然堆積地盤の非排水強度特性に関する初期異方性の測定法を新たに示し，我が国各地の自然堆積地盤から採取した試料の非排水強度特性の初期異方性に及ぼす堆積地，塑性，強度，過圧密比の影響を明らかにする。

　9.1節では，固定ピストン式シンウォールサンプラーを用いて自然堆積地盤から採取した $d75mm$, $h700mm$ 程度の試料に対し，約150個の S 供試体（$d15mm$, $h35mm$）から一軸圧縮試験を行い，サンプリングチューブ内の土質データの統計的性質を明らかにした。そして，堆積方向からの供試体の切り出し角度 β を変化させた一軸圧縮試験 UCT のために，指標的，力学的に同等の品質の供試体が準備できることを示した。本節では，シンウォールサンプラーで採取した $d75mm$, $h100mm$ の試料片を用いて，β を変化させた UCT から非排水強度特性の初期異方性の測定法を示し，初期異方性に及ぼす堆積地，塑性，強度，過圧密比の影響を日本各地から採取した自然堆積土の結果を 10.1.5 項で示す。また，同じ堆積地盤であっても，平面位置，深度によって塑性，強度，過圧密比が異なるため，非排水強度特性に関する初期異方性も空間的に変化する。(2.5×1.0)km の範囲で行った7本のチューブサンプリングから得た試料を用いて非排水強度特性に関する初期異方性の空間的な性質が 10.1.6 項に示される。

　10.1.7 項では，10.1.3 項で提案した非排水強度に関する初期異方性の測定法の適用例として，地質学的な応力履歴を受けた地盤の非排水強度特性に関する初期異方性を測定し，人工的に応力・変形履歴を与えた再構成粘土から，応力・変形履歴の方向と強度・変形異方性の関係も示される。

10.1.2 既往の研究

自然地盤は堆積過程あるいは応力履歴に起因した異方性を有しており，再構成の等方に近い土とは異なった強度・変形特性を示すことが知られている。土の異方性は，通常，構造異方性と応力誘導異方性に分類され，Casagrande & Carrilo[2]は，土粒子の堆積時の粒子配列に起因する異方性を構造異方性，異方的な応力履歴によって発生するものを応力誘導異方性と定義した。

地盤の初期異方性を評価するためにLo[3]，Aas[4]，Bjerrum[5]，三笠ら[6]等の数多くの研究者が種々の実験的検討を行った。例えば，Lo[3]は，ブロックサンプリングで得たWellandとOntario粘土に対して，堆積方向に対するO供試体（d35mm，h80mm）の切り出し角度βを変えたUCTから，水平供試体の非排水強度は垂直供試体のそれの64～80％であることを示した。Aas[4]は，ベーンの形状を変化させた原位置ベーンせん断試験から非排水強度異方性の測定を行った。Bjerrum[5]は，6種類の異なる自然堆積粘土に対して三軸圧縮と伸張試験を行い，有効土被り圧σ'_{vo}で圧密した三軸圧縮強度に対する伸張強度の比が0.18～0.73であることを示した。三笠ら[6]は，大阪湾で得た沖積粘性土の再構成粘土を用いて，βを変化させた一面せん断試験を行った。その際，円弧すべり面を主働土圧領域と受働土圧領域に分割し，それぞれの領域のせん断強度を主働せん断強度と受働せん断強度に区別した。そして，主働せん断強度の値が大きいことを示した。しかし，これらの方法は以下の問題点を持つとされている。

すなわち，Lo[3]によるO供試体を用いたUCTでは，我が国で一般的に用いられているd75mmの固定ピストン式シンウォールチューブサンプラーで採取した試料からβを変化させた供試体を作製することはできない。ベーンせん断試験による強度異方性の測定では，円弧すべりの実際の破壊時の応力状態を再現できないし，三軸圧縮・伸張強度の比では，任意のβにおける異方強度を測定することができない。また，三笠ら[6]によるβを変化させた一面せん断試験では，試験時の堆積面に対する拘束圧の方向が原位置のそれと異なることになる。

10.1.3項では，以上の問題点を補う方法として，75-mmサンプラーで採取した試料からβを変化させたS供試体を作製し，UCTから非排水強度の初期異方性を測定する。

10.1.3 粘性土の非排水強度特性に関する初期異方性の測定法

9.1節では，シンウォールチューブ内の土質データの統計的性質を約150個のS供試体によるUCTから検討し，シンウォールチューブ内のq_uの変動係数Vq_uが0.1以下であり，再構成土のそれと比較しても高い均質性を持つことを示した。また，7.1節ではシンウォールチューブの押込みと試料の押出し時に生ずる試料の乱れは，チューブ壁面から数mmの範囲であることを明らかにした。

図10-1は，自然堆積地盤から固定ピストン式シンウォールサンプラーで採取したd75mm，h100mmの試料片から成形するS供試体の位置を示している。d75mm，h100mmの試料片からは，βを0°，30°，60°，90°と変化させた供試体がそれぞれ3

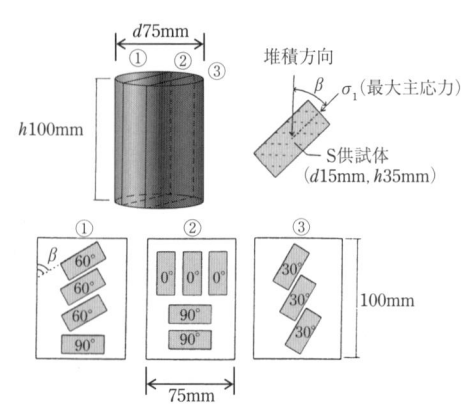

図10-1　供試体位置平面図

個ずつ作製できる。試料片の端に近い供試体においても端から数 mm の距離を保ち成形することができる。9.1 節の結果は，図 10-1 に示す要領で作製された供試体から，非排水強度の初期異方性を測定することの妥当性を支持している。このような非排水強度の初期異方性の測定方法は，通常の固定ピストン式シンウォールサンプラーから得た試料に対して測定できるため，実務でも容易に行うことができる。

UCT は，携帯型一軸圧縮試験機[7]を用いて 1%/min で圧縮した。$\bar{q}_u$ は 3 個の供試体の q_u の平均値である。

10.1.4　非排水強度特性の初期異方性に及ぼす試料の乱れの影響

粘性土の非排水強度特性が，試料の乱れにより変化することが第 4 章で示された。そして，バーチカルドレーンが打設された地盤のように撹乱を受けた地盤では，粘性土の非排水強度特性の初期異方性が変化することが推察される。このような地盤の安定問題では，非排水強度特性の初期異方性に及ぼす撹乱の影響を明らかにすることが必要である。

本節では，人工的に撹乱を与えた試料に対して 10.1.3 項で提案した測定法を用いて，非排水強度特性の初期異方性に及ぼす撹乱の影響を定量的に検討する。

(1) 試料の撹乱方法

試料の撹乱は，図 4-26 に示したサンプリングチューブの刃先に試料変形装置を装着した後に，試料を押し出すことにより与えた。この方法で得た試料の強度・変形特性は，現地のサンプリングから室内試験に至る過程で発生する要因によって乱された試料のそれと同じ傾向を持つことは 5.3 節で確認されている。

供試土は，尼崎市と岩国市の臨海部からチューブサンプラーで採取した乱れの少ない沖積粘性土である。これらの供試土の指標的性質を表 10-1 に示す。$I_p=(30\sim62)$，$q_u=(130\sim169)\text{kN/m}^2$ であり，沖積粘性土としては一般的な土である。

図 10-2 は，岩国粘土の各 β に対する UCT の応力 σ とひずみ ε の関係である。β が大きくなると q_u と曲線の立ち上がり勾配は小さくなり，破壊ひずみ ε_f は大きくなる。特に $\beta=60°$ と 90° の場合，σ のピークは明瞭に乱れない。

表 10-1　供試土の指標的性質

供試土	尼崎				岩国
	T-4	T-6	T-8	T-10	T-2
深さ (m)	17.4	19.4	23.4	25.4	16.4
砂 (%)	0	0	1	1	0
シルト (%)	54	29	31	37	31
粘土 (%)	46	71	68	62	69
w_L (%)	58	86	100	104	81
I_p	30	51	61	62	59
q_u (kN/m^2)	136	138	135	130	169
σ'_p (kN/m^2)	260	188	202	164	133
OCR	1.36	0.91	0.88	0.68	1.13

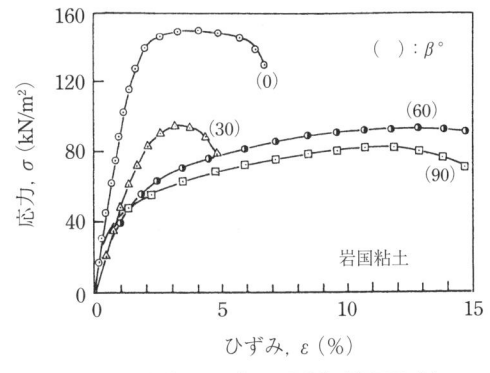

図 10-2　応力とひずみの関係（岩国粘土）

図 10-3(a)，(b) は，それぞれ岩国粘土に対する $\beta=0°$ の供試体（v 供試体），$\beta=90°$ の供試体（h 供試体）の UCT の σ と ε の関係である。撹乱の程度が大きくなるに従って，曲線の立ち上がり勾配と q_u は小さくなり，ε_f は増大する。このような傾向は $\beta=0°$，$\beta=90°$ の供試体に関係なく同じ傾向である。

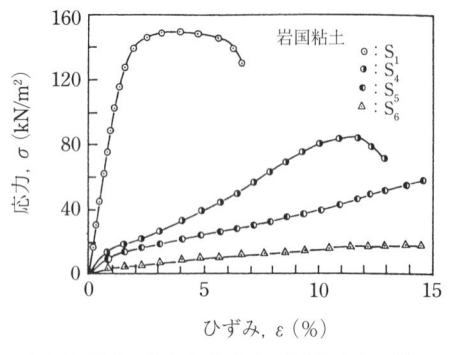

図 10-3(a)　応力とひずみの関係（$\beta=0°$）

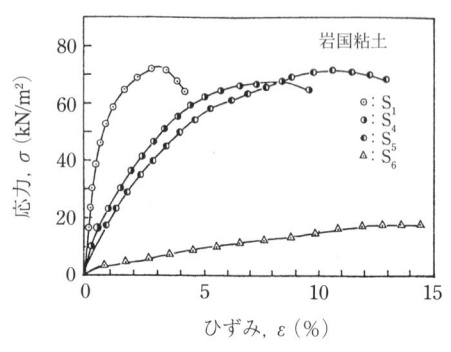

図 10-3(b)　応力とひずみの関係（$\beta=90°$）

図 10-4 に，$R(q_u)$ と $\beta=0°$ の $\overline{E}_{50}$ に対する $\beta=90°$ のそれとの比（$\overline{E}_{50}(90°)/\overline{E}_{50}(0°)$）の関係を示す。ここで，$R(q_u)$ は乱さない S_1 試料の $\overline{q}_u$ に対する乱した試料の $\overline{q}_u$ の比である。$R(q_u)=1.0$ の乱さない試料の場合，$\overline{E}_{50}(90°)/\overline{E}_{50}(0°)$ 値は $(0.40 \sim 1.05)$ の範囲にあり，平均値は 0.60 である。しかし，撹乱を与えた $R(q_u)<1.00$ の領域において，$\overline{E}_{50}(90°)/\overline{E}_{50}(0°)$ 値の変動は大きいが，$\beta=90°$ と $\beta=0°$ の E_{50} 値に差がないと判断される。

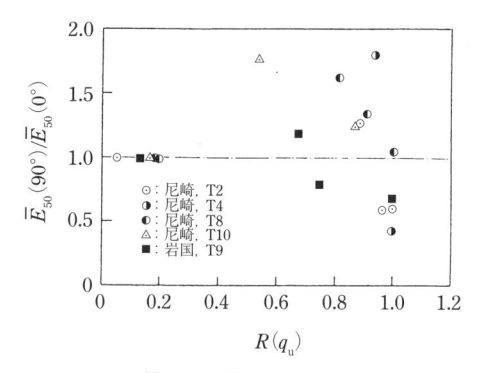

図 10-5 は，$\beta=0°$ の $\overline{q}_u$ に対する $\beta=90°$ のそれの比（$\overline{q}_u(90°)/\overline{q}_u(0°)$）と $R(q_u)$ の関係を示す。尼崎粘土と岩国粘土は，$R(q_u)=1.0$ を除く同じ $R(q_u)$ の下でほぼ同じ値を示している。$R(q_u)=1.0$ の乱さない粘土の場合，$\overline{q}_u(90°)/\overline{q}_u(0°)$ は $(0.61 \sim 0.84)$ の範囲にある。図中の実線はプロットに対する近似曲線を示す。近似曲線は $R(q_u) ≒ 0.50$ で 1.0 となる。すなわち，q_u が 50％低下すると非排水強度の初期異方性が消滅することを意味している。$R(q_u)$ と $\overline{q}_u(90°)/\overline{q}_u(0°)$ 値の関係は，I_p，q_u，過圧密比 $OCR(=\sigma'_p/\sigma'_{vo})$ に依存していない。非排水強度の初期異方性と撹乱は，$R(q_u)$ の関数として表すことができる。$R(q_u)<1.00$ の領域において，$\overline{q}_u(90°)/\overline{q}_u(0°)$ 値は式 (10.1) で与えられる。

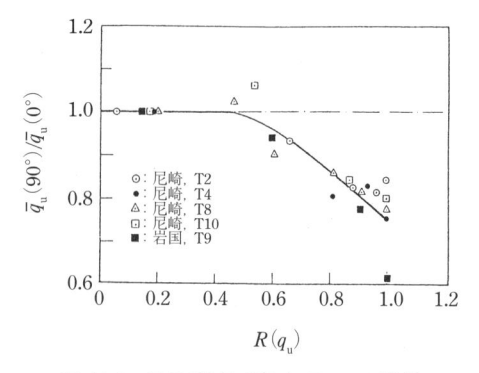

図 10-4　$\overline{E}_{50}(90°)/\overline{E}_{50}(0°)$ と $R(q_u)$ の関係

図 10-5　$\overline{q}_u(90°)/\overline{q}_u(0°)$ と $R(q_u)$ の関係

$$\overline{q}_u(90°)/\overline{q}_u(0°)=1.17-0.26(R(q_u))+0.16(R(q_u))^2 \tag{10.1}$$

10.1.5 堆積地，塑性，強度，過圧密比が非排水強度特性の初期異方性に及ぼす影響

自然堆積土の初期異方性は，堆積した年代，堆積した地域，粘土鉱物の種類やその配向，微視的構造（ペッドとポアの配向），含有物の化学的な性質，原位置での応力状態，応力履歴等の要因によって生成される。従来の研究では，これらの要因を表す指標として堆積地[1]，塑性指数[5]，粘土鉱物の含有量[8]，配向度[9]，強度[10]，K_0[11]，OCR[12]等と初期異方性を関連付けて考えられてきた。本項では，実務において頻繁に使われる堆積地，塑性指数，強度，OCRに着目し，これらが粘性土の非排水強度特性の初期異方性に及ぼす影響を我が国の堆積地から採取した乱さない試料を用いて検討する。

供試土は，横浜市磯子，浦安市，川口市，中島，桑名市，芦屋市，尼崎市，徳山市，岩国市の臨海部から採取した乱さない沖積粘性土である。表10-2に，これらの粘性土の指標的性質を示す。I_pは，19～96，q_uは(23～337)kN/m^2，OCRは0.6～2.1の範囲である。OCRが1.0以下の供試土は埋め立て荷重による圧密が終了していない未圧密地盤から採取した試料である。

表10-2 供試土の指標的性質

供試土	w_L(%)	I_p	$CF^\ast$(%)	q_u(kN/m^2)	σ'_p(kN/m^2)	σ'_{vo}(kN/m^2)	OCR
桑名	53～100	27～42	3～30	72～337	133～255	98～198	1.1～1.3
芦屋	96～111	59～71	32～42	23～57	29～86	51～92	0.6～0.9
尼崎	45～102	22～63	30～54	121～164	177～280	184～259	0.8～1.5
徳山	33～138	19～96	36～42	27～113	11～111	9～54	1.2～2.1
磯子	64	31	32	106	137	120	1.1
岩国	61～85	30～49	22～45	97～132	90～194	83～173	1.1
浦安	47～114	27～65	50～52	96～174	185～538	148～157	1.2
中島	46	—	10	37～73	—	14～33	
川口	53	31	20	23～80	146	75	1.95

※2μm以下の粘土分の割合

図10-6は，一例として桑名粘土についてβがUCTのσとεの関係に及ぼす影響を示したものである。桑名粘土のI_p，$\beta=0°$の$\bar{q}_u$は，それぞれ52 kN/m^{2}と220 kN/m^{2}である。βの増大によって曲線の立ち上がり勾配が低下し，ε_fが大きくなっている。特に$\beta=60°$と90°ではσの明瞭なピークが現れない。これらの傾向は堆積地，塑性，強度の違いによらず共通している。同様な結果は，βを変化させてUCTを行ったLo[3]，Duncan & Seed[13]，三笠ら[14]によっても報告されている。

図10-7は，各試料について$\beta=0°$の供試体の$\bar{q}_u$に対する各βの供試体のそれの比($\bar{q}_u(\beta)/\bar{q}_u(0°)$)と$\beta$の関係である。$\bar{q}_u(\beta)/\bar{q}_u(0°)$は$\beta$が大きくなると低下し，$\beta=90°$で概ね最小となる。しかし，芦屋粘土の場合，$\bar{q}_u(\beta)/\bar{q}_u(0°)$は約1.0であり，他の堆積地と異なる傾向を示している。図10-5では，乱れの程度の異なる試料に対して，βを変化させたUCTから，$\bar{q}_u$が50%

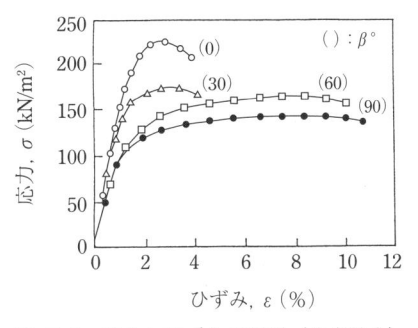

図10-6 応力とひずみの関係（桑名粘土）

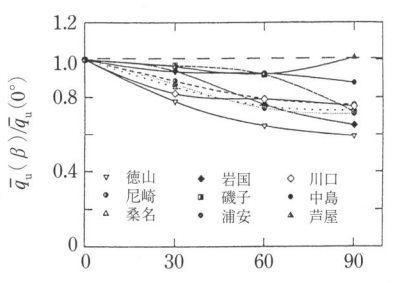

図10-7 $\bar{q}_u(\beta°)/\bar{q}_u(0°)$と$\beta$の関係

低下する試料の乱れの領域で非排水強度の初期異方性が消滅することを示した。芦屋粘土は未圧密地盤であり，荷重増加に伴い発生した過剰間隙水圧が消散する過程で粘土が変形（塑性化）し，非排水強度の初期異方性が消滅したことが推察される。

徳山粘土と岩国粘土の場合，$\bar{q}_u(90°)/\bar{q}_u(0°)$ 値は，それぞれ 0.60 と 0.65 であり，他の堆積地のそれらの範囲 (0.70〜0.80) に比べて小さい。これは，非排水強度の初期異方性は，堆積地によって異なることを意味する。そして，徳山粘土と岩国粘土の堆積地では，安定解析を行う時に他の堆積地と同じ安全率を用いると危険側の設計を行う可能性があることを示唆している。

図 10-8 に，$\beta=0°$ の供試体の $\bar{q}_u$ に対する $\beta=90°$ の供試体のそれの比 $(\bar{q}_u(90°)/\bar{q}_u(0°))$ と I_p の関係を示す。図中に示す破線は，Mesri[15] によって測定された自然堆積土の三軸圧縮強度と伸張強度に対する曲線を再整理して得た曲線である。Bjerrum[5] や Ladd ら[12] は，非排水圧縮強度と伸張強度の比で定義した強度異方性が低塑性土になるほど著しくなるとしている。図 9-18 に示したように，低塑性土の方が K_0 値が小さく，一次元圧密状態における応力状態の異方性の程度が大きいのが理由である。しかし，図 10-8 のプロットはこのような傾向を持つことはなく，I_p に関してほぼ一定値と判断される。

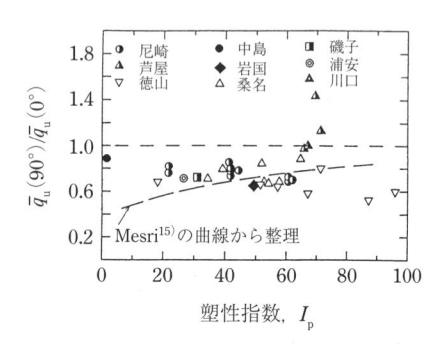

図 10-8 $\bar{q}_u(90°)/\bar{q}_u(0°)$ と I_p の関係

半沢と田中[16] は，日本・インドネシア・アラビア湾の粘土に対する三軸圧縮・伸張強度の比を I_p に対してプロットし，それらの比が一定であることを報告している。β を変えた UCT で得た本研究の結果は，半沢と田中[16] のそれと同じ結果である。

図 10-9 に，$\bar{q}_u(90°)/\bar{q}_u(0°)$ と $\beta=0°$ の供試体の $\bar{q}_u$ の関係を示す。未圧密地盤の芦屋粘土の $\bar{q}_u(90°)/\bar{q}_u(0°)$ 値は，(0.7〜1.5) の範囲に分布し平均値は約 1.0 である。他の粘土の $\bar{q}_u(90°)/\bar{q}_u(0°)$ 値は，堆積地によってその値が異なるが，$\bar{q}_u$ 値に依存することなくほぼ一定値である。

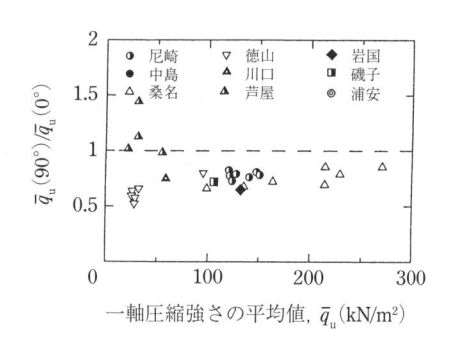

図 10-10 に，すべての試料に対する $\bar{q}_u(\beta)/\bar{q}_u(0°)$ 値と OCR の関係を示す。OCR が大きくなると，$q_u(90°)$ 値は $q_u(0°)$ 値より大きくなることが知られている[17]。図中の曲線は Ladd ら[12] が Boston blue clay と AGS CH clay に対して行った K_0 圧密三軸圧縮に対する伸張強度の比と OCR の関係である。$OCR>1$ の領域で，$\bar{q}_u(90°)/\bar{q}_u(0°)$ 値は Ladd ら[12] の示した曲線と同様である。しかし，$OCR<1$ の領域の $\bar{q}_u(90°)/\bar{q}_u(0°)$ 値と OCR の関係や 30°，60° 等の他の β と OCR の関係は Ladd ら[12] の結果からも知ることができない。

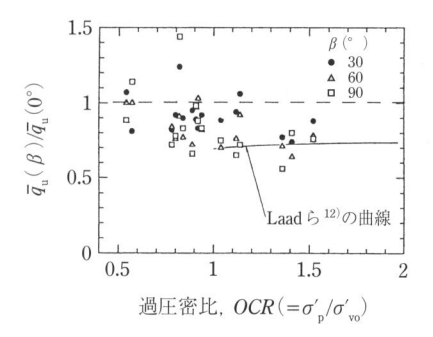

以上の考察は，強度特性に与える初期異方性の要因とそれが結果に及ぼす程度は複雑であ

図 10-9 $\bar{q}_u(90°)/\bar{q}_u(0°)$ と $\bar{q}_u$ の関係

図 10-10 $\bar{q}_u(90°)/\bar{q}_u(0°)$ と OCR の関係

り，I_p や OCR のような特定のパラメータから一義的に初期異方性を求めることは現時点では困難であることを示している。

10.1.6 非排水強度特性に関する初期異方性の空間的な性質

10.1.5項では，1本のボーリング孔から採取した試料を用いて非排水強度の初期異方性を測定した。実際の設計では，設計対象領域における非排水強度に関する初期異方性の空間的な性質を知ることが必要である。しかし，このような観点に立つ研究は従来なかった。本項では，防府市臨海部で行った7本のボーリング孔から採取した深度の異なる試料の非排水強度に関する初期異方性を測定し，非排水強度に関する初期異方性の空間的な性質や初期異方性と I_p，q_u，OCR 等の関係を検討する。

(1) 堆積地の地盤概要

図 10-11 は，防府市臨海部の (2.5×1.0)km の範囲で行った7本の試料採取の平面位置図である。各ボーリング孔からは，深度の異なる1～5の試料を75-mm サンプラーで採取した。表 10-3 に，これらの供試土の指標的性質を示す。図 10-12 は，$\beta=0°$ の供試体から得た I_p, $\bar{q}_u$, $\bar{\varepsilon}_f$, $\bar{E}_{50}$ を深度 z に対してプロットしている。ここで，$\bar{\varepsilon}_f$, $\bar{E}_{50}$ はそれぞれ ε_f, E_{50} の平均値を意味し，各プロットの z は同じ標高で整理している。z が大きくなると I_p が減少し，$\bar{q}_u$

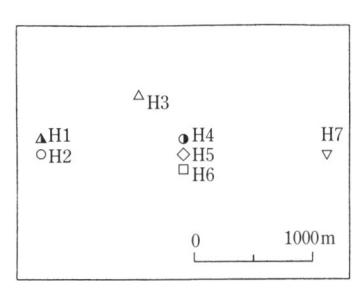

図 10-11 試料採取の平面位置図

と $\bar{E}_{50}$ が大きくなる地盤であるが，I_p に平面位置の差は少なく調査対象地域の同じ深度の土はほぼ同じ指標的性質を持つと判断される。

表 10-3 供試土の指標的性質

供試土	深さ (m)	w_L (%)	I_p	q_u (kN/m²)	σ'_p (kN/m²)	σ'_{vo} (kN/m²)	OCR (σ'_p/σ'_{vo})
H1	21.0～31.0	77～91	48～56	16～39	75	71	1.1
H2	18.5～30.5	42～144	19～49	12～52	20～110	8～79	1.1～2.4
H3	19.4～25.4	104～138	70～92	34～54	30～70	24～50	1.0～1.4
H4	28.5	47	26	148	53	46	1.2
H5	24.7	76	48	42	87	50	1.7
H6	16.6～28.6	33～138	19～96	27～111	20～69	9～53	1.4～2.3
H7	16.8～22.8	76～146	48～98	13～34	17～78	8～34	2.0～2.3

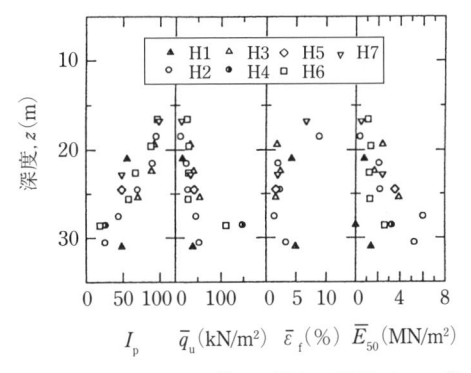

図 10-12 I_p, $\bar{q}_u$, $\bar{\varepsilon}_f$, $\bar{E}_{50}$ と深度の関係（$\beta=0°$）

(2) 堆積地の非排水強度特性に関する初期異方性の空間的な性質

図 10-13 は，$\bar{q}_u(\beta°)/\bar{q}_u(0°)$ の平均値と β の関係である．図中には，図 10-7 で示した芦屋粘土を除く $\bar{q}_u(\beta°)/\bar{q}_u(0°)$ の上・下限の範囲をシャドーで示している．β が大きくなると $\bar{q}_u(\beta°)/\bar{q}_u(0°)$ は小さくなり，$\beta=90°$ で概ね最小となる傾向は，図 10-7 と同様であるが，H3，H4 地点の $\bar{q}_u(\beta°)/\bar{q}_u(0°)$ は図 10-7 の範囲より小さい．各供試土の $\bar{q}_u(90°)/\bar{q}_u(0°)$ は 0.39 ～ 0.84 の範囲であり，平面位置によりその値が大きく異なっている．

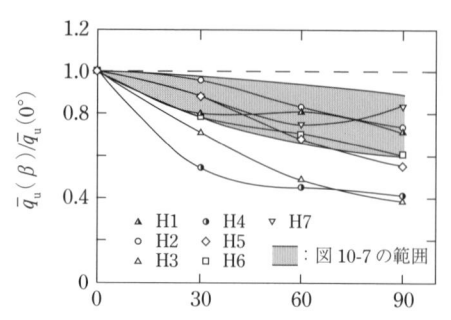

図 10-14 に，各ボーリング孔から得た $\beta=30°$，$60°$，$90°$ に対応する $\bar{q}_u(\beta°)/\bar{q}_u(0°)$ を z に対してプロットした．同じ標高の I_p に平面位置による差が少ないのは図 10-12 で示したとおりであるが，各 β における $\bar{q}_u(\beta°)/\bar{q}_u(0°)$ は大きく異なる．$z=(20～30)$m の $\bar{q}_u(90°)/\bar{q}_u(0°)$ は，z とともに大きくなるが，$z=(15～20)$m の $\bar{q}_u(90°)/\bar{q}_u(0°)$ は，$z=(20～25)$m のそれとほぼ同じ値を示す．

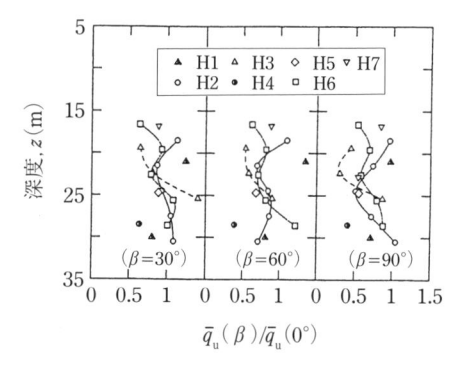

図 10-15 は，$\bar{q}_u(90°)/\bar{q}_u(0°)$ 値と I_p の関係である．$I_p>90$ の H2，H6，H7 のプロットは $z=(15～20)$m の試料から得たものである．$OCR=2.0～2.4$ の若干過圧密な粘土であるために，これらのプロットの $\bar{q}_u(90°)/\bar{q}_u(0°)$ は大きな値を示したと考えられる．$z=(15～20)$m 以外の $\bar{q}_u(90°)/\bar{q}_u(0°)$ は I_p が大きくなると小さくなる傾向がある．

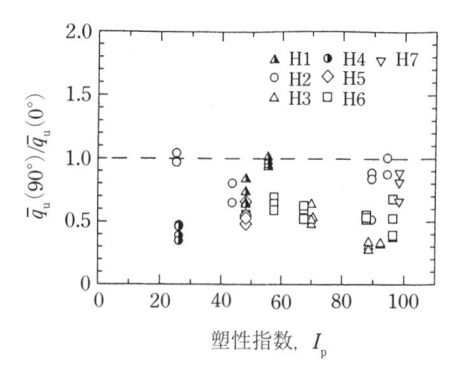

図 10-16 は，$\bar{q}_u(90°)/\bar{q}_u(0°)$ と $\beta=0°$ の供試体の $\bar{q}_u$ の関係である．風間ら[10] は，電子顕微鏡によるペッドの観察から，圧密応力や圧密時間の増大に伴い，ペッドの長軸方向が堆積面の方向に配向し，異方性が顕著になることを示した．図 10-16 の $\bar{q}_u(90°)/\bar{q}_u(0°)$ は，$\bar{q}_u$ の増加に伴い小さくなるが，圧密の進行に伴い非排水強度の初期異方性の発達が進展しているとも解釈される．

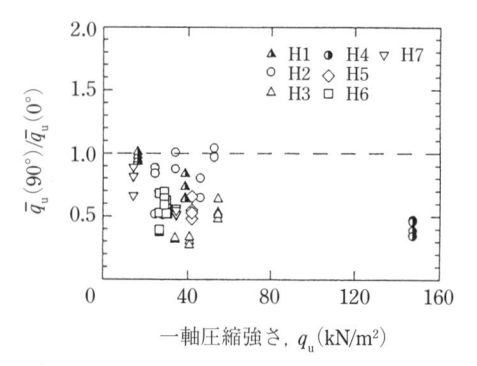

図 10-13　$\bar{q}_u(\beta°)/\bar{q}_u(0°)$ と β の関係

図 10-14　$\bar{q}_u(\beta°)/\bar{q}_u(0°)$ と深度の関係

図 10-15　$\bar{q}_u(90°)/\bar{q}_u(0°)$ と I_p の関係

図 10-16　$\bar{q}_u(90°)/\bar{q}_u(0°)$ と $\bar{q}_u$ の関係

図 10-17 は，$\bar{q}_u(\beta°)/\bar{q}_u(0°)$ と OCR の関係である．図中に示す直線は，各 β のプロットに関する近似直線である．$\bar{q}_u(90°)/\bar{q}_u(0°)$ は，OCR が大きくなるとほぼ直線的に大きくなる．D'Appolonia & Saada[17] は，OCR の異なる再構成粘土を準備して β を変化させた三軸 UU 試験を行い，OCR=16 で $\bar{q}_u(90°)/\bar{q}_u(0°)$=1.0 となることを示した．自然堆積粘土である防府粘土の場合，OCR ≒ 3.5 で $\bar{q}_u(90°)/\bar{q}_u(0°)$=1.0 となる．

図 10-11 に示す設計領域において，非排水強度に関する初期異方性の程度は空間位置によって複雑に変化している．

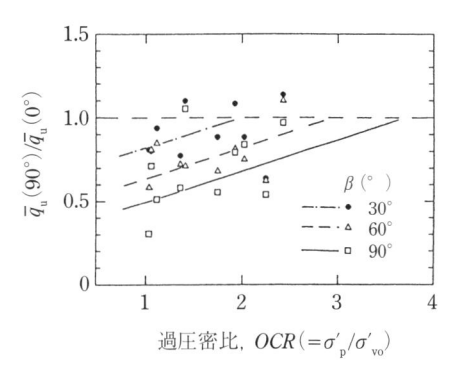

図 10-17　$\bar{q}_u(90°)/\bar{q}_u(0°)$ と OCR の関係

10.1.7 応力・変形履歴を受けた地盤の非排水強度の初期異方性

地質学的な地盤応力を受けた土は，この応力に起因して三次元的な応力・変形異方性を持つことが知られている[14]．大阪湾周辺の地盤は，大阪湾の短軸方向（北西-南東方向）に対し，地質学的な地盤応力に起因した水平方向の圧縮応力を受けていることが知られている[18]．和泉丘陵付近では，複雑な背斜・向斜構造を反映して，走向と傾斜が複雑に変化している．そして，土の三次元的な応力・変形異方性は地質の走向・傾斜の方向と関係していることが推察される．本項では，10.1.3 項で提案した非排水強度特性に関する初期異方性の測定法を用いて，大阪府和泉丘陵から採取した洪積粘性土（Ma2 と Ma3）と二次元的な応力・変形履歴を受けた非排水強度の初期異方性を示す．

(1) 地質学的な応力履歴を受けた地盤の非排水強度の初期異方性

図 10-18 に，試料採取位置を示す．大阪府和泉丘陵付近では，複雑な背斜・向斜構造を反映して，走向と傾斜が複雑に変化している．背斜軸付近の地盤では，地質学的な地盤応力に起因して地層の傾斜に沿う方向に圧縮応力を受けていることが推察される．

供試土は，和泉丘陵の標高 55.9m と 56.8m の 2 地点から，それぞれブロックサンプリングと二重管式サンプラーによって試料を採取した．これらの試料は，"あずき火山灰層"の下位である Ma2，また上位にある Ma3 に相当する．本項ではこれらの試料をそれぞれ和泉 Ma2，和泉 Ma3 と表記する．両試料は水平距離で約 500m 離れているが，特に和泉 Ma2 は背斜軸上に位置している．試料採取地では，背斜軸と地層の走向方向がほぼ一致していた．採取地の近傍で測定した Ma2 と Ma3 の走向と傾斜は，それぞれ N20E，(4〜10)°W と N50W，10°であった．

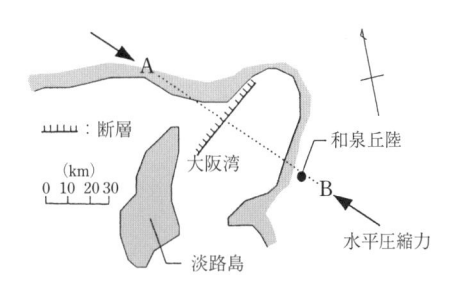

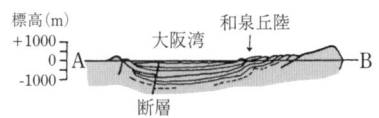

図 10-18　試料採取位置

Ma2 の供試土からは，同じ標高で水平距離で 4m 離れた 2 地点から，それぞれ 1 辺が約 30cm の立方体の試料をブロックで採取した．これらの試料の指標的性質や走向，傾斜に

差はないが,空間的な強度・変形異方性を検討するため,それぞれMa2-1とMa2-2として区別した。表10-4に供試土の性質を示す。地質学的な地盤応力に起因する土の三次元的な応力・変形異方性を測定するために,地層の走向と傾斜の方向から,堆積方向からの供試体のβを変化させて供試体を作製した。図10-19は,その概念図である。走向軸に沿うS面と傾斜軸に沿うD面から,βを0°,30°,60°,90°に変化させて,それぞれ2〜3個の一軸供試体を作製した。本項ではSとD面から得た$\beta=30°$の供試体を,それぞれS30,D30と表記する。

表10-4 供試土の性質

試料	和泉A	和泉B
深度 (m)	4.5	2.0
砂 (%)	11	0
シルト (%)	67	22
粘土 (%)	22	78
w_L (%)	49	96
I_p	27	68
q_u (kN/m²)	578	347
σ'_p (kN/m²)	—	1030
OCR	—	78.1

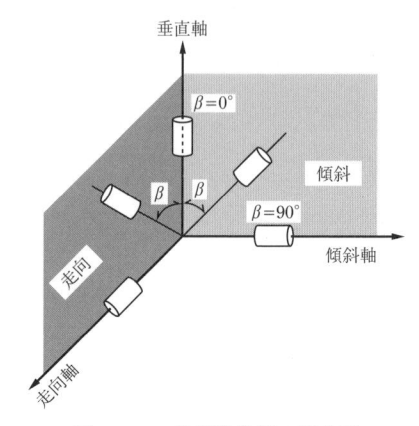

図10-19 供試体作製の概念図

図10-20は,和泉Ma2の段階載荷圧密試験ILによるeと$\log \sigma'_v$の関係である。図中にはσ'_p,圧縮指数C_c,膨張指数C_s,σ'_{vo}下の体積ひずみε_{vo}の値も併せて示している。和泉Ma2のε_{vo}は1.15%と小さく,乱れに対して良好な品質を持つ試料であることがわかる。

図10-21,図10-22,図10-23は,それぞれ和泉Ma3,Ma2-1,Ma2-2のUCTのσとεの関係である。また,図10-21,図10-22,図10-23の(a)と(b)図は,それ

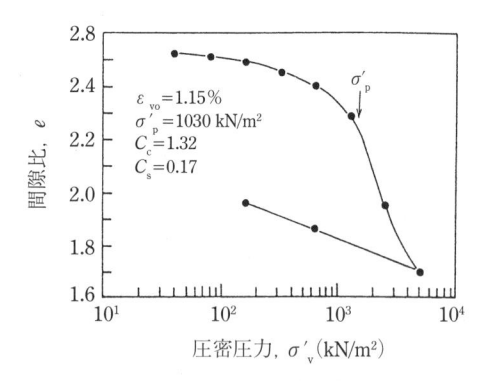

図10-20 eと$\log \sigma'_v$の関係(和泉Ma2)

ぞれSとD面に対する各βを代表する供試体のσ-ε曲線を示している。図10-21に示す和泉Ma3のσ-ε曲線は,βが大きくなるとq_uとE_{50}が小さくなり,$\beta=90°$で最も小さな値となる。このような傾向は10.1.5項で述べた一般の沖積粘性土のそれと同じである。一方,図10-22,図10-23のMa2-1,Ma2-2の場合,$\beta=(0〜60°)$の範囲において,βが大きくなるとq_uは小さくなるが,$\beta=90°$のq_uは他のβのそれより大きい。和泉Ma2のOCRが78.1と大きいのがその理由であると考えている。D'Appolonia & Saada[17]は,OCR≒18のBoston blue clayに対し,三軸圧縮に対する伸張強度の比が$\beta=90°$の場合に約1.3の値を報告している。

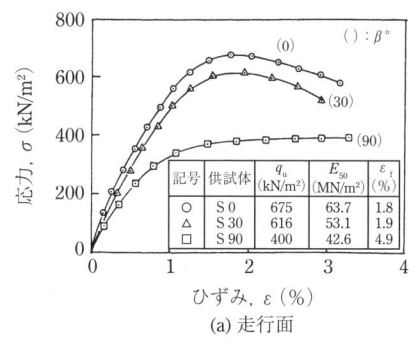

第10章 自然堆積粘性土の強度・圧密特性の異方性

図10-21(a) 応力とひずみの関係（和泉Ma3）走行面

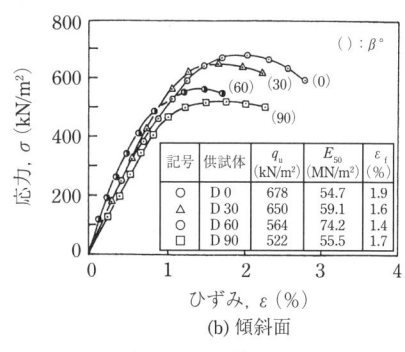

記号	供試体	q_u (kN/m²)	E_{50} (MN/m²)	ε_f (%)
○	S 0	675	63.7	1.8
△	S 30	616	53.1	1.9
□	S 90	400	42.6	4.9

図10-21(b) 応力とひずみの関係（和泉Ma3）傾斜面

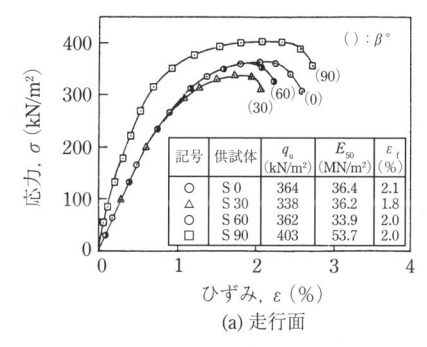

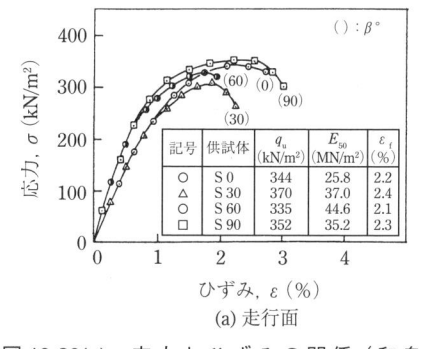

記号	供試体	q_u (kN/m²)	E_{50} (MN/m²)	ε_f (%)
○	D 0	678	54.7	1.9
△	D 30	650	59.1	1.6
○	D 60	564	74.2	1.4
□	D 90	522	55.5	1.7

図10-22(a) 応力とひずみの関係（和泉Ma2-1）走行面

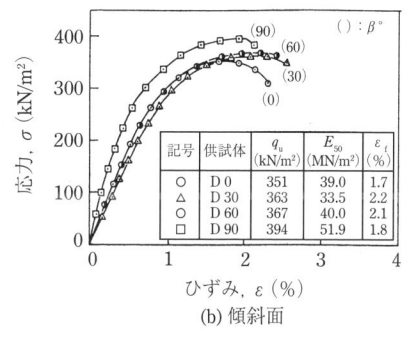

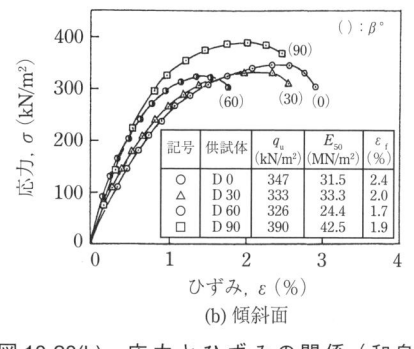

記号	供試体	q_u (kN/m²)	E_{50} (MN/m²)	ε_f (%)
○	S 0	364	36.4	2.1
△	S 30	338	36.2	1.8
○	S 60	362	33.9	2.0
□	S 90	403	53.7	2.0

図10-22(b) 応力とひずみの関係（和泉Ma2-1）傾斜面

記号	供試体	q_u (kN/m²)	E_{50} (MN/m²)	ε_f (%)
○	D 0	351	39.0	1.7
△	D 30	363	33.5	2.2
○	D 60	367	40.0	2.1
□	D 90	394	51.9	1.8

図10-23(a) 応力とひずみの関係（和泉Ma2-2）走行面

記号	供試体	q_u (kN/m²)	E_{50} (MN/m²)	ε_f (%)
○	S 0	344	25.8	2.2
△	S 30	370	37.0	2.4
○	S 60	335	44.6	2.1
□	S 90	352	35.2	2.3

図10-23(b) 応力とひずみの関係（和泉Ma2-2）傾斜面

記号	供試体	q_u (kN/m²)	E_{50} (MN/m²)	ε_f (%)
○	D 0	347	31.5	2.4
△	D 30	333	33.3	2.0
○	D 60	326	24.4	1.7
□	D 90	390	42.5	1.9

図10-24は，$\overline{q}_u(\beta)/\overline{q}_u(0°)$と$\beta$の関係を示す。同じ$\beta$下の$\overline{q}_u(\beta)/\overline{q}_u(0)$や$\beta$に対する$\overline{q}_u(\beta)/\overline{q}_u(0)$の変化の傾向は，和泉Ma2，Ma3によって異なる。これらは，OCR以外にも静止土圧係数K_0，塑性，粘土粒子の配向度，地質学的な地盤応力の大きさや方向等にも関係していると考えられる。これらを定量的に把握するためには，種々の実験を含む詳細な検討が必要である。

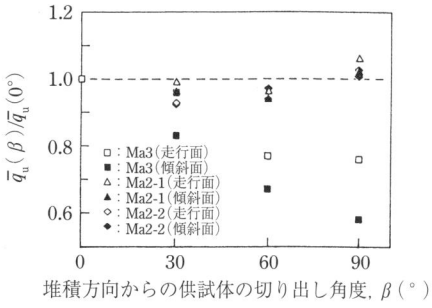

図10-24 $\overline{q}_u(\beta)/\overline{q}_u(0°)$と$\beta$の関係

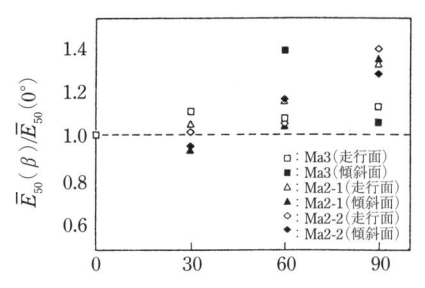

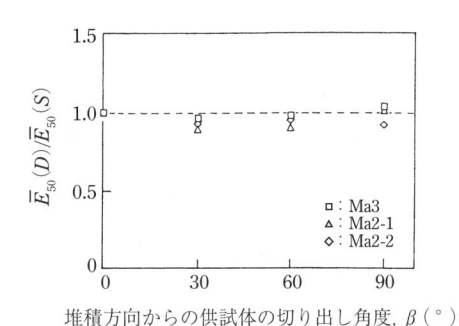

図 10-25 は，同様に $\overline{E}_{50}(\beta)/\overline{E}_{50}(0°)$ 値と β の関係である。$\overline{E}_{50}(\beta)/\overline{E}_{50}(0°)$ は β が大きくなると大きくなり，概ね 1 以上の値を持つ。$\beta=90°$ において，和泉 Ma3 の $\overline{E}_{50}(\beta)/\overline{E}_{50}(0°)$ が (1.05〜1.15) であるのに対し，和泉 Ma2 のそれは (1.25〜1.40) と大きい。これは，$\beta=90°$ の $\overline{q}_u(\beta)/\overline{q}_u(0°)$ において，和泉 Ma2 の値が大きいことと符合している。

図 10-26 は，同じ β 下で得た S 面の $\overline{q}_u(\overline{q}_u(S))$ に対する D 面の $\overline{q}_u(\overline{q}_u(D))$ の比 ($\overline{q}_u(D)/\overline{q}_u(S)$) と β の関係を示す。また，図 10-27 は，図 10-26 と同様に整理した $\overline{E}_{50}(D)/\overline{E}_{50}(S)$ と β の関係である。$\overline{q}_u(D)/\overline{q}_u(S)$ 値が試料によって大きく異なるのは，図 10-24 の $\overline{q}_u(\beta)/\overline{q}_u(0°)$ 値が試料によって異なることと同じ理由によるものと考えている。$\overline{q}_u(D)/\overline{q}_u(S)$ 値は 1 より小さく，β が大きくなると小さくなる。このような傾向は，和泉 Ma2，Ma3，また同じ和泉 Ma2 であっても 4m の水平距離を持つ Ma2-1 と Ma2-2 に対しても同じである。

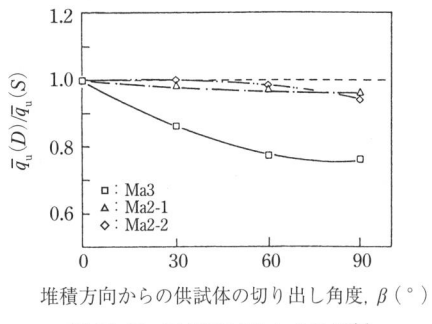

図 10-25 $\overline{E}_{50}(\beta)/\overline{E}_{50}(0°)$ と β の関係

図 10-26 $\overline{q}_u(D)/\overline{q}_u(S)$ と β の関係

図 10-27 $\overline{E}_{50}(D)/\overline{E}_{50}(S)$ と β の関係

$\overline{q}_u$ のこのような低下は，β が大きくなるほど大きくなる。$\overline{q}_u(D)/\overline{q}_u(S)$ 値が 1 より小さいことや，β の増大によりこの比が小さくなる理由は，D 面に沿う方向から地質学的な圧縮応力の履歴を受けたことを示唆している。図 10-27 の $\overline{E}_{50}(D)/\overline{E}_{50}(S)$ が β に関係なく概ね 1 以下の値を示すことも，この推論の妥当性を強くする。

(2) 2 次元的な応力・変形履歴を受けた粘土の非排水強度の初期異方性

地層の走向・傾斜の方向と非排水強度・変形の初期異方性が強く関係していることが示された。ここでは，人工的に作製した練返し再構成粘土を用いて，これらをシミュレートした実験を試みた。

地質学的な地盤応力を受けた土の強度・変形の初期異方性を理解するため，東京湾から採取した沖積粘性土を $2w_L$ 以上の含水比下で大型のソイルミキサーで 24 時間以上撹拌し，内径 165mm，高さ 500mm の圧密土槽で一次元的に圧密した。450 kN/m² の圧密圧力 σ'_v で約 2 年間圧密した後（圧密度 100%），$\sigma'_v=100$ kN/m² の圧力下で約 1 年間一次元膨張させて OCR が 3.6 の再圧密土（東京粘土）を準備した。表 10-5 に，再構成土の性質を示す。

表 10-5 再構成土の性質

供試土	東京
砂（%）	3
シルト（%）	44
粘土（%）	53
w_L（%）	82
I_p	50
q_u (kN/m²)	241
σ'_p (kN/m²)	363
OCR	3.6

σ'_v=450 kN/m^2 の圧密後，100 kN/m^2 下の膨張が終了した東京粘土を圧密土槽から5cm押し出し，d165mm，h50mm の乱さない試料を準備した。図10-28 は，UCT と IL のための供試体位置平面図を示している。図中の数字は β 値である。一軸供試体は区分けされた小ブロック内でそれぞれ2個作製した。すべての供試体に対し，w_0 と ρ_t の変動幅は，それぞれ(53 ～ 56)%，(1.65 ～ 1.68)g/cm^3 と小さく，供試体位置に依存していない。したがって，これらの供試体は工学的にほぼ同じ指標的性質を持つ試料であると判断される。

図 10-28 のシャドーを付けたブロックに対しては，図 10-29 に示すように上下方向から一次元的な応力を付加し，和泉 Ma2，Ma3 が受けたと推察される地質学的な地盤応力をシミュレートした。また，図 10-28 に示す白抜きのブロックの供試体は，これらの応力を受けない "乱さない試料" とする。

図 10-29 に示す数字は β であり，S と D は図10-19 のそれと同じである。すなわち，図 10-29 では応力を付加した方向を地層の傾斜方向と考えている。乱さない β=0°と 90°の供試体に対する一軸圧縮試験結果を詳細に検討して，表 10-6 に示す7段階の軸ひずみで載荷・除荷を繰り返した。ひずみ速度は試料に対するひずみの均一化を考慮して，すべての段階に対して 0.5%/min で行った。7段階のすべての載荷・除荷に要した時間は約 20 分である。

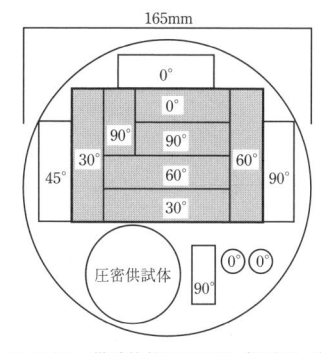

図 10-28 供試体位置平面図（数字は β）

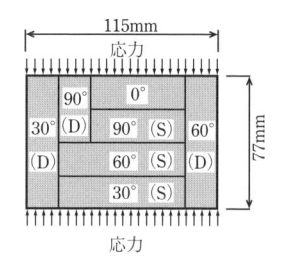

図 10-29 一軸供試体位置平面図と応力の方向

表 10-6 東京粘土に付加した応力・変形履歴

段階	ひずみ（%）	応力（kN/m^2）
①	0.5	105
②	0.5	105
③	1.0	177
④	1.0	177
⑤	1.0	177
⑥	1.2	195
⑦	1.2	195

図 10-30 は，東京粘土の乱さない試料に対する e と $\log \sigma'_v$ の関係である。ε_{vo}=1.05% であり，和泉 Ma2 のそれとほぼ同じ値を持つ。図 10-31(a)，(b)，(c) は，それぞれ乱さない東京粘土，変形を与えた S と D 面の，各 β を代表する σ-ε 曲線である。ここで，図 10-31(b)，(c) 図の β=0°の σ-ε 曲線は，同じ供試体のそれを用いている。β が大きくなると q_u と E_{50} が低下する傾向は，試料の乱れ，試料が受けた応力履歴の方向に依存しないことが図 10-31(a)，(b)，(c) からわかる。このような傾向は，和泉 Ma3 のそれと同じである。

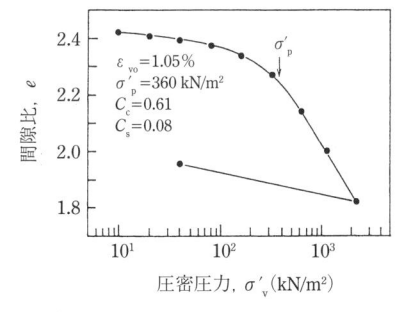

図 10-30 e と σ'_v の関係（東京粘土）

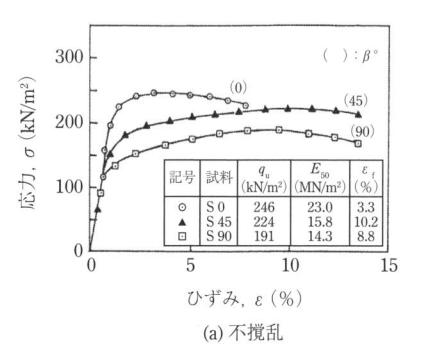

図 10-31(a) 応力とひずみの関係（東京粘土）

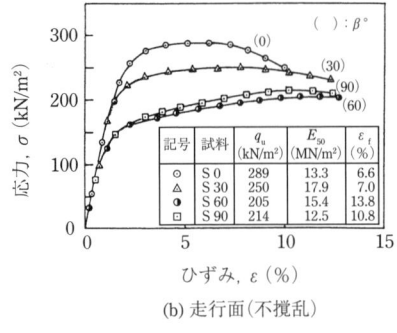

図10-31(b) 応力とひずみの関係（東京粘土）

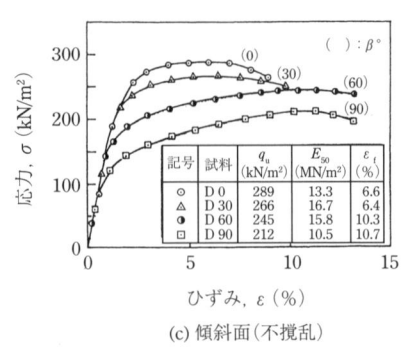

図10-31(c) 応力とひずみの関係（東京粘土）

　図10-32は，$\bar{q}_u(\beta)/\bar{q}_u(0°)$ と β の関係である。また，図10-33は，同様に $\bar{E}_{50}(\beta)/\bar{E}_{50}(0°)$ と β の関係である。$\bar{q}_u(\beta)/\bar{q}_u(0°)$ は β が大きくなると小さくなるが，SとD面に対する $\bar{E}_{50}(\beta)/\bar{E}_{50}(0°)$ 値は β に対して一定の傾向を持たない。これは，応力履歴が変形特性に複雑な影響を与えたからである。この影響の程度は，応力履歴の大きさや方向，種類によって変化するが，試料の OCR，塑性によっても異なる。

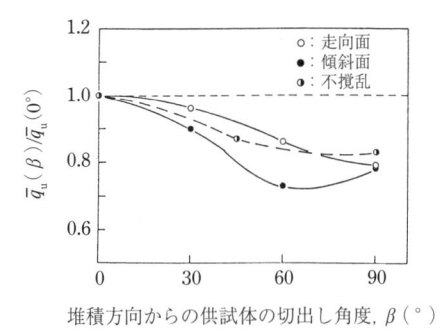

図10-32　$\bar{q}_u(\beta)/\bar{q}_u(0°)$ と β の関係

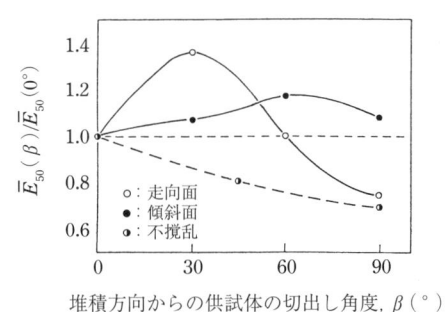

図10-33　$\bar{E}_{50}(\beta)/\bar{E}_{50}(0°)$ と β の関係

　図10-34，図10-35は，それぞれ $\bar{q}_u(D)/\bar{q}_u(S)$，$\bar{E}_{50}(D)/\bar{E}_{50}(S)$ と β の関係である。$\bar{q}_u(D)/\bar{q}_u(S)$ は1より小さく，これは応力を作用した方向に沿う供試体の q_u が小さいことを示している。すなわち，D面に沿う供試体の q_u は，S面に沿う供試体のそれより小さい q_u を与えた和泉Ma2，Ma3（図10-27）と同じ結果である。このことは，地層の傾斜方向から地質学的な圧縮応力を受けて背斜軸が形成されたという一般認識を支持する。

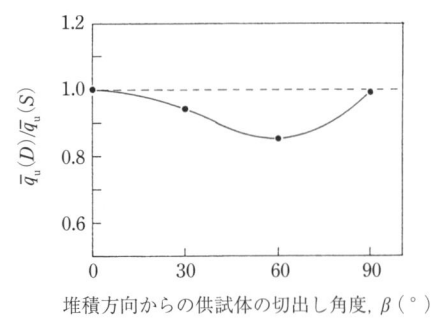

図10-34　$\bar{q}_u(D)/\bar{q}_u(S)$ と β の関係

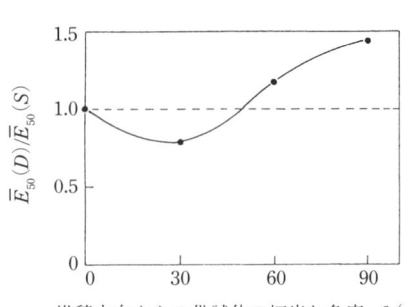

図10-35　$\bar{E}_{50}(D)/\bar{E}_{50}(S)$ と β の関係

本項の結果は，断層や地滑り地の土に対しても非排水強度・変形の初期異方性を三次元的に調べることができることを示している。また，掘削や盛土等による安定問題の設計・施工精度の向上にも寄与できる。d15mm，h35mm の S 供試体と携帯型一軸圧縮試験機による非排水強度・変形の初期異方性の測定[19]は，地盤工学と地質学の両者に対して有効に利用できる。

10.2 粘性土の圧密特性の異方性

10.2.1 概　説

前節では，粘性土の非排水強度特性の異方性に及ぼす堆積地，強度，塑性，過圧密比，2次元的な応力・変形履歴の影響を検討した。しかし，土の異方性は強度特性のみでなく圧密特性にも存在することが知られている。バーチカルドレーン VD が打設された地盤では水平方向の排水が鉛直方向のそれより卓越する。そして，水平方向の圧密係数 c_h が鉛直方向のそれの数倍になることが指摘されている[20]～[22]。

VD は，砂等の排水材を地盤へ鉛直に打設し，水平方向の排水を促すことによって鉛直方向の圧密を促進する工法である。VD が打設された地盤では，水平方向の排水が鉛直方向のそれより卓越するため，実際の圧密沈下解析においては，鉛直方向の排水を無視している。すなわち，VD が打設された地盤の圧密沈下を解析する場合，鉛直方向の圧密係数 c_v よりも c_h が重要なパラメータとなる。このように，VD が打設された地盤の圧密沈下解析は，圧密特性に関する異方性を考慮する代表的な設計問題である。したがって，本節では，VD が打設された地盤の圧密沈下解析に着目して，粘性土の圧密特性に及ぼす異方性の影響を検討する。

Barron[23]は，VD が打設された地盤の圧密沈下解析法を提案した。Barron[23]の提案した沈下解析法は，簡便であるため，現在でも実務で多用されている。この解析法では鉛直方向の排水を無視し，水平方向の排水のみを仮定しているため，c_h が重要なパラメータとなっている。また，Barron[23]はドレーン打設に伴いドレーン周辺に乱れた領域（Smeared zone：以後，撹乱帯と表記する）が生成されることを指摘し，ドレーンの有する圧密の促進効果が撹乱帯によって低減されることを示した。しかし，ドレーン周辺の撹乱帯における撹乱の程度を定量的に評価することは困難であるため，彼は練り返した試料に対する圧密試験結果から撹乱帯の圧密特性を推定していた。4.2 節で述べたように，圧密特性は土の乱れの程度に強く依存するため[24]，撹乱帯の c_h は撹乱帯の中でもドレーンからの距離によって変化する[25]。したがって，VD が打設された粘性土地盤の圧密沈下解析を厳密に行うためには，粘性土の圧密特性の異方性とそれに及ぼす撹乱の影響を考慮した計算が必要となる。

10.2.2 粘性土の圧密パラメータの異方性に及ぼす撹乱の影響

(1) 供試土と実験方法

供試土は，浦安市，尼崎市，徳山市，岩国市の臨海部から採取した乱さない沖積粘性土である。試料採取は 75-mm サンプラーによって注意深く行われた。これらの粘性土の性質を表 10-7 に示す。I_p は (30～98)，q_u は (14～177)kN/m² である。我が国の臨海部に堆積する一般的な沖積粘性土を対象にしている。

表 10-7 供試土の性質

供試土	w_n (%)	w_L (%)	w_p (%)	I_p	CF^* (%)	σ'_{vo} (kN/m²)	σ'_p/σ'_{vo}	q_u (kN/m²)
浦安 16	85	113	49	64	68	236	1.18	177
尼崎 12	47	58	28	30	46	191	1.36	136
尼崎 4	64	86	35	51	71	190	0.91	138
尼崎 8	71	100	39	61	68	230	0.88	135
徳山 1	120	145	48	97	54	8	2.13	14
徳山 3	88	75	28	47	72	26	3.04	34
岩国 6-A	62	80	37	43	43	165	1.25	101
岩国 6-B	70	84	36	48	45	182	1.02	132
磯子 5	49	64	33	31	41	120	1.14	107

＊：2μm 以下の粘土分の量

本節では，試料に対する撹乱は 4.2 節で述べた方法を用いた．そして，UCT と IL は，10.1 節で示したように β を変化させて行った．UCT においては S 供試体を用い，IL は d60mm，h20mm の寸法の供試体を用いた．UCT と IL の β は 0° と 90° に変化させた供試体に対して行った．β=0° と 90° の供試体は，それぞれ v と h 供試体と表記する．

VD で改良された地盤の圧密沈下挙動をシミュレートするために，放射状排水による水平方向の圧密パラメータの測定が，Escario & Uriel[26]，McKinlay[27]，Shield & Rowe[21]，小林[28] 等の多くの研究者によって行われてきた．小林[28] は，従来の放射状排水による圧密試験機が，供試体外周部からの排水を十分に制御できない機構であるために，圧密係数を過大に評価することを指摘した．そして，供試体外周部からの排水を遮断した圧密試験機を開発している．

放射状排水による圧密試験機で得た結果の整理方法は，Barron の理論解[23] に基づいた曲線定規法を用いるのが一般的である．しかし，実測した時間 - 沈下曲線と曲線定規を合致させるのが難しく，結果のばらつきも大きいという問題点がある．小林[28] は，この問題点に対処するため，$\sqrt{t}$ 法と同様の考え方で放射状排水による水平方向の圧密パラメータの整理方法を示した．そして，放射状排水の場合，沈下量を時間 t の n 乗（t^n）に対してプロットすると，$\sqrt{t}$ 法と同様に初期部分の時間 - 沈下曲線が直線になることを指摘し，この直線勾配を F 倍した直線と沈下曲線の交点が圧密度 90％に対応するとした．実際の n や F の値はひずみ条件等によって変化するが，小林は，n=0.67，F=1.31 として c_h を求めることを提案した．そして，この圧密試験機と結果の整理方法で得た c_h は，従来の放射状排水による圧密試験機と曲線定規法で求めた c_h より小さくなることを示した．小林が開発した放射状排水による圧密試験機は，従来の方法より精度良く c_h を求めることができるが，結果の整理に用いる n と F の値は大阪湾泉州沖の特定の深度の粘性土に対して得たものであり，他の粘性土に対しては別途適用性の検討が必要である．

一方，Rowe[20]，Olson & Daniel[29]，Tavenas ら[22] 等は，供試体を水平方向に切り出した IL から水平方向の圧密パラメータを測定した．h 供試体を用いた IL は，JIS A 1217 に規定された IL とその整理方法によって，水平方向の透水係数を求めることができる．種々異なる粘性土に対して乱れの程度に応じた圧密パラメータの異方性を定量化するためには，試験方法と結果の整理方法が簡単であるため，v と h 供試体を用いた IL が有利である．したがって，本節では，水平方向の圧密パラメータを，h 供試体を用いた IL から測定した．

各 β に対し UCT と IL で用いた供試体数は，それぞれ 3 個，1 個である．$\overline{q_u}$ は 3 個の q_u の平均値である．圧密係数と σ'_p は，それぞれ Taylor[30] と三笠[30] の方法によった．

(2) 圧密パラメータの異方性に及ぼす撹乱の影響

図 10-36 は，尼崎 4 の v 供試体に対する UCT の σ と ε の関係である．試料が乱れると q_u と曲線の立ち上がり勾配が低下し，ε_f が大きくなる．図 10-37 は，図 10-36 に示した同じ乱れの程度を有する v 供試体に対し，IL から得た e と $\log \sigma'_v$ の関係である．各供試体の σ'_p，C_c，q_u 値を図中の表に示す．これらの値は，撹乱の程度が大きくなると小さくなる．

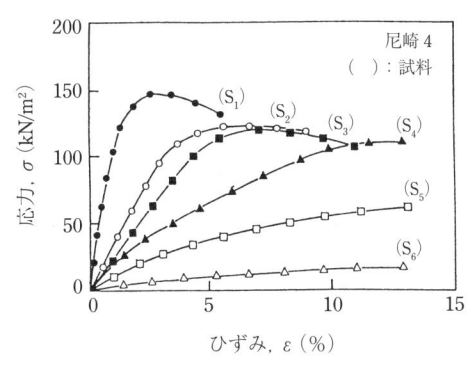

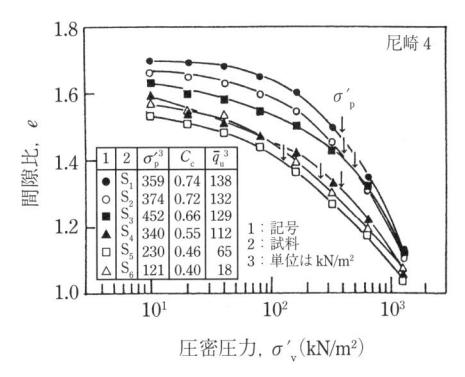

図 10-36 応力とひずみの関係（尼崎 4，v 供試体）

図 10-37 e - $\log p$ の関係（尼崎 4，v 供試体）

図 10-38，図 10-39，図 10-40 は，それぞれ尼崎 4 の圧密係数，体積圧縮係数，透水係数と平均圧密圧力（$\bar{\sigma}_v$）の関係を示す．ここで，各図の (a)，(b) は，それぞれ v と h 供試体の結果を示している．本節では，v 供試体に対する圧密係数，体積圧縮係数，透水係数を，それぞれ c_v，m_v，k_v とし，h 供試体に対するそれらを，それぞれ c_h，m_h，k_h と表記する．撹乱の程度が大きくなると，$c_v(c_h)$ と $k_v(k_h)$ は小さくなり，$m_v(m_h)$ は大きくなる．v 供試体に対するこのような傾向は，奥村[31] が Boston Blue Clay と本牧粘土の再構成粘土から得た結果や 4.2 節で述べた乱さない桑名粘土に対して得た結果と同様である．試料の乱れがこれらの値に及ぼす影響は，過圧密 OC 領域で特に顕著であり，この傾向は v と h の供試体の差に依存しない．

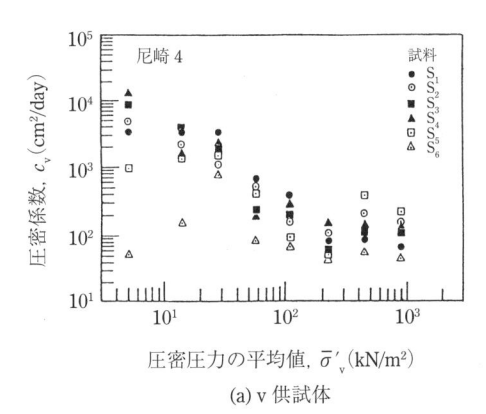

図 10-38(a) 圧密係数と平均圧密圧力の関係 (a) v 供試体

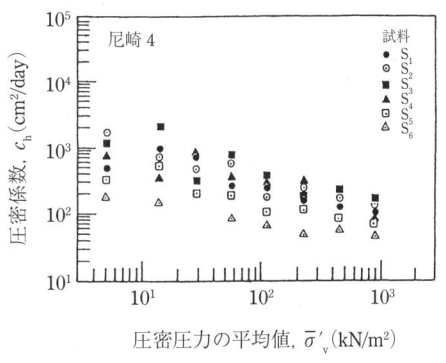

図 10-38(b) 圧密係数と平均圧密圧力の関係 (b) h 供試体

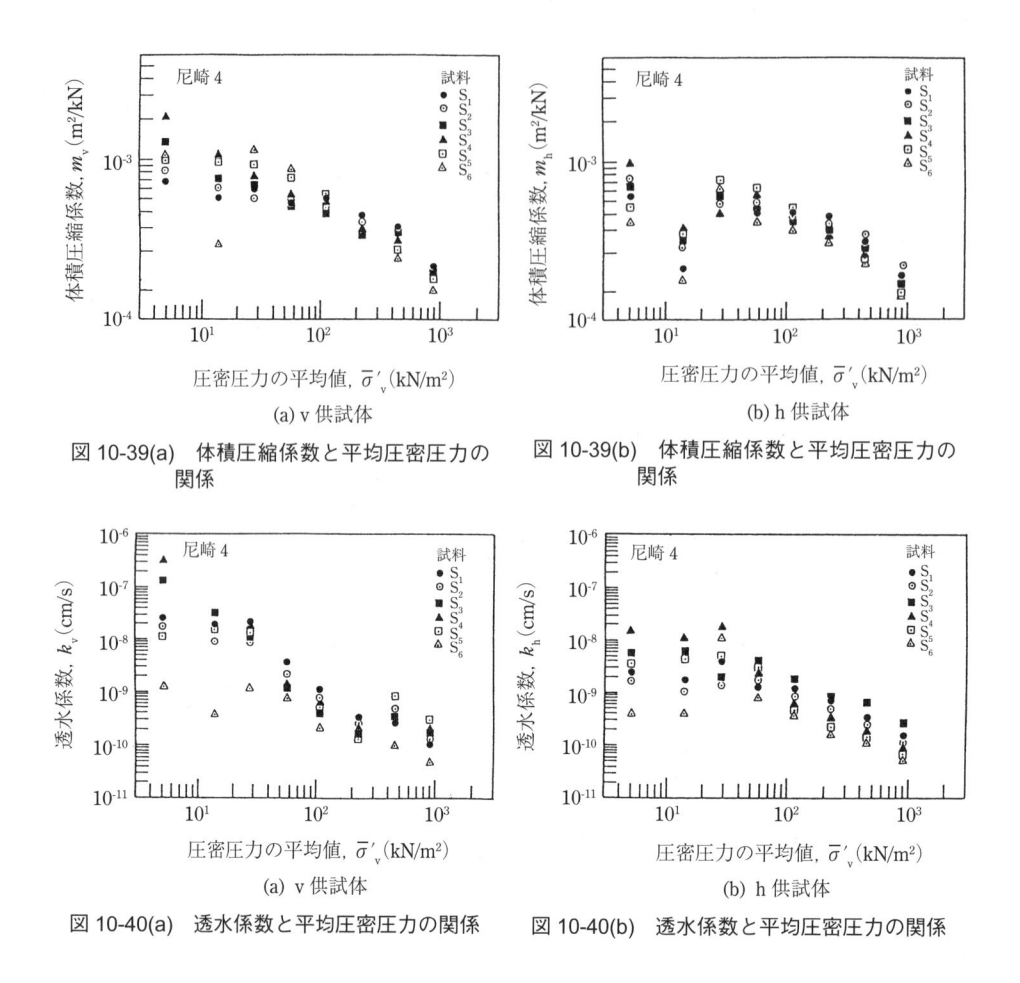

図 10-39(a) 体積圧縮係数と平均圧密圧力の関係 (a) v 供試体

図 10-39(b) 体積圧縮係数と平均圧密圧力の関係 (b) h 供試体

図 10-40(a) 透水係数と平均圧密圧力の関係 (a) v 供試体

図 10-40(b) 透水係数と平均圧密圧力の関係 (b) h 供試体

乱さない試料から得た $\bar{\sigma}_v$ と c_h/c_v, m_h/m_v, k_h/k_v の関係を，それぞれ図 10-41，図 10-42，図 10-43 に示す。$\bar{\sigma}_v=(4.9 \sim 118) \mathrm{kN/m^2}$ の OC 領域において，c_h/c_v, m_h/m_v, k_h/k_v の変動は大きいが，$\bar{\sigma}_v=(235 \sim 941) \mathrm{kN/m^2}$ の正規圧密 NC 領域の c_h/c_v と k_h/k_v は，それぞれ (0.78 〜 2.47) と (0.79 〜 2.50) の範囲にあり，平均値は，それぞれ 1.78 と 1.66 である。また，NC 領域の m_h/m_v の平均値は 0.91 である。これらの値は I_p, q_u, OCR, 堆積地に依存していない。

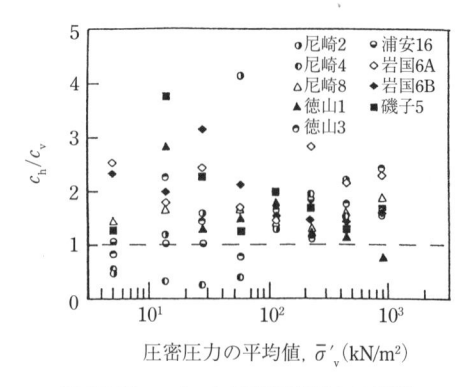

図 10-41 c_h/c_v と平均圧密圧力の関係

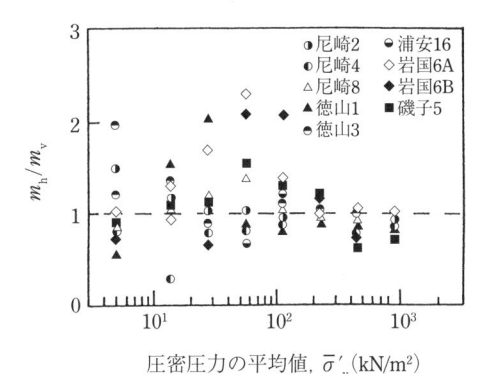

図 10-42　m_h/m_v と平均圧密圧力の関係

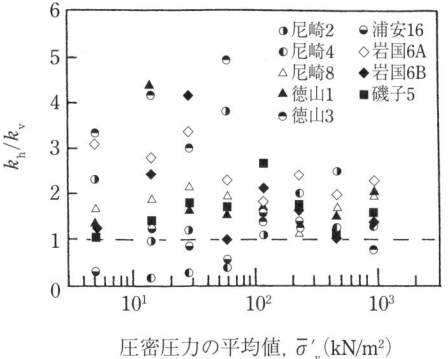

図 10-43　k_h/k_v と平均圧密圧力の関係

　図 10-44，図 10-45，図 10-46 は，それぞれ NC 領域の平均値から得た c_h/c_v, m_h/m_v, k_h/k_v と $R(q_u)$ の関係を示す。乱さない試料（$R(q_u)=1.0$）の c_h/c_v, m_h/m_v, k_h/k_v は，それぞれ (1.21～2.43), (0.84～1.02), (1.19～2.50) の範囲にあり，平均値は，それぞれ 1.78, 0.91, 1.66 である。

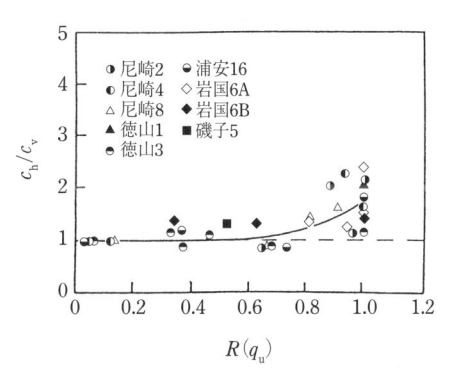

図 10-44　c_h/c_v と $R(q_u)$ の関係

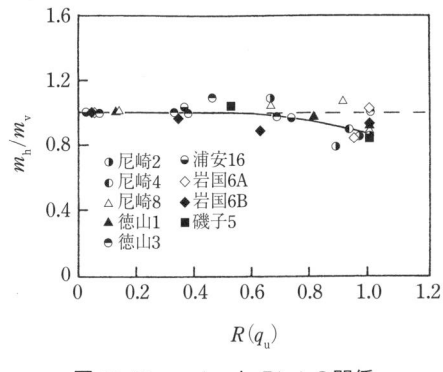

図 10-45　m_h/m_v と $R(q_u)$ の関係

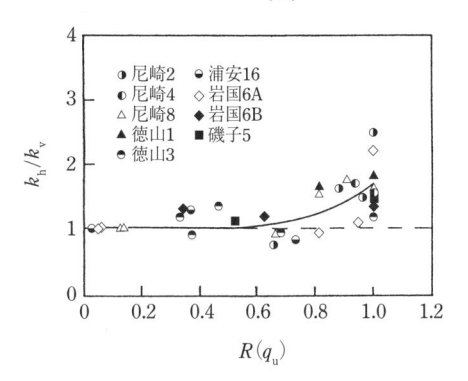

図 10-46　k_h/k_v と $R(q_u)$ の関係

　Rowe[20] は，Lacustrine 粘土に対して v，h 供試体を用いた圧密試験を行い，$c_h/c_v=(1～4)$ の値を報告している。図 10-44 に示す乱さない試料の c_h/c_v は，Rowe[20] の示した結果とほぼ同じである。一方，小林[28] は大阪湾泉州沖の沖積粘土に対して，圧密供試体中央部にポーラスメタルを挿入して，放射状に排水した実験から，c_h/c_v として 1.5 を示した。そして，サンドドレーンで改良した地盤に対して，撹乱の影響を考慮した弾塑性圧密解析を行い，撹乱による圧密速度の遅れは不撹乱のそれの約 67％ であると報告している。
　Tavenas ら[22] は，異なる 14 の調査地から採取した自然堆積粘土に対する v と h 供試体を用いた圧密試験から，k_h/k_v が (0.91～1.42) の範囲にあり，平均値が 1.10 であると報告している。これらの結果は，k_h と k_v の差が大きくないことを示している。同様の結果は，

海成粘土に対する Olson & Daniel[29] や，Backehol 粘土に対する Larsson[32] の報告からも見ることができる。

図 10-44，図 10-45，図 10-46 に示す曲線は，プロットに対する近似曲線である。これらの曲線は，$R(q_u) ≒ 0.5$ で約 1.0 となる。c_h/c_v，m_h/m_v，k_h/k_v の値は，$q_u(h)/q_u(v)$ 値と同様に q_u が 50％低下すると異方性が消滅することがわかる。図 10-44，図 10-45，図 10-46 は，c_h/c_v，m_h/m_v，k_h/k_v の値と $R(q_u)$ の関係に I_p，q_u，OCR は依存しないことを示している。

$R(q_u) ≒ (0.5 \sim 1.0)$ の領域において c_h/c_v，m_h/m_v，k_h/k_v と $R(q_u)$ の関係は，それぞれ式 (10.2)，(10.3)，(10.4) で与えられる。

$$c_h/c_v = 1.24 - 1.56\,R(q_u) + 2.09\,R(q_u)^2 \qquad (10.2)$$

$$m_h/m = 0.91 + 0.36\,R(q_u) - 0.36\,R(q_u)^2 \qquad (10.3)$$

$$k_h/k_v = 1.66 - 2.64\,R(q_u) + 2.64\,R(q_u)^2 \qquad (10.4)$$

式 (10.2)，式 (10.3)，式 (10.4) を用いて，ドレーン周辺の撹乱帯の撹乱の程度 ($R(q_u)$) に応じた圧密パラメータの異方性に関する定量的な評価は，サンドドレーンが打設された地盤の圧密沈下解析法の提案に関係して第 11 章で詳述する。

参考文献

1) Duncan, J.M. and Seed, H. B.：Anisotropy and stress reorientation in clay，*ASCE*，Vol.92，SM5，pp.21-50，1966
2) Casagrande, A. and Carrilo, N.：Shear failure of anisotopic soils，*Contribute to* soil mechanics，*ASCE*，pp.1941-1953，1948.
3) Lo, K. Y.：Stability of slopes in anisotropic soils，*ASCE*，Vol.91，No. SM4，pp.85-106，1965.
4) Aas, G：A study of the effect of Vane shapes and rate of strain on the measurement of *In-situ* shear strength of clays，*Proc. of 6th ICSMFE*，Vol.1，pp.141-145，1965.
5) Bjerrum, L.：Problems of soil mechanics and construction on soft clay，*Proc. 8th ICSMFE*，Vol.3，pp.109-159，1973.
6) Mikasa, M. Takada, N. and Oshima, A.：*In-situ* strength anisotropy of clay by direct shear test，*Proc. 8th Asian Regional Conf.* Vol.1，pp.61-64，1987.
7) Shogaki, T.：Strength properties of clay by portable unconfined compression apparatus，*Int. Conf. on Geotechnical Engineering for Coastal Development*，pp.85-89，1991.
8) 鬼塚克忠・林重徳・平田登基男・村田重之：有明粘土の異方性について，土質工学会論文報告集，Vol.16，No.3，pp. 111-121，1976.
9) Curray, J.R.：Analysis of two dimensional orientation data，*Jour. Geology*，Vol.64，pp.117-136，1956.
10) 風間秀彦・石井三郎・黒崎秀：圧密過程における粘土の構造変化，土と基礎，Vol. 29，No.3，pp. 11-18，1981
11) Mayne, P. W.：K_0-c_u/σ'_{vo} trends for overconsolidated clays，*ASCE*，Vol.110，No.10，pp.1511-1516，1984.
12) Ladd, C.C. *et al*：Stress-deformation and strength characteristics，*Proc. 9th ICSMFE*，pp.421-494，1977.
13) Duncan, J.M. and Seed, H.B.：Strength variation along failure surfaces in clay，*ASCE*，No. SM5，Vol. 92，pp.81-104，1966.
14) 三笠正人・高田直俊・大島昭彦：一次元圧密粘土と自然堆積粘土の非排水強度異方性，土と

基礎, Vol.32, No.11, pp.25-30, 1984.

15) Mesri, G : A reevaluation of s_u(mob)=$0.22\sigma'_p$ using laboratory shear test, *Canadian Geotechnical Journal*, Vol.26, No.1, pp.162-164, 1989.

16) Hanzawa, H. and Tanaka, H. : Normalized undrained strength of clay in the normally consolidated state and in the field, *Soils and Foundations*, Vol. 32, No.1, pp.132-148, 1992.

17) D'Appolonia, D.J. and Saada, A.S. : Discussion on bearing capacity of anisotropic cohesive soil, *ASCE*, Vol.98, SM1, pp.126-135, 1972.

18) 藤田和夫：大阪盆地の構造, 関西の大深度地盤特性講演シンポジウム論文集, 土木学会関西支部・土質工学会関西支部, pp.1-12, 1990.

19) 正垣孝晴・茂籠勇人・松尾稔：自然堆積土の非排水強度異方性の斜面安定解析法, 土と基礎, Vol.45, No.8, 1997.

20) Rowe, P. W. : Measurement of the coefficient of consolidation of Lacustrine clay, *Geotechnique*, Vol.9, pp. 107-118, 1959.

21) Sheilds, D. H. and Rowe, P.W. : Radial drainage oedometer for laminated clays, *ASCE*, SM1, Vol.91, pp. 15-23, 1965.

22) Tavenas, F., Jean, P., Leblond, P. and Leroueil, S. : The permeability of natural soft clays, Part II : Permeability characteristics, *Canadian Geotechnical Journal*, Vol.20, pp. 645-660, 1983.

23) Barron, R. A. : Consolidation of fine-grained soil by drain wells, *Trans. ASCE*, Vol.113, No. 2346, pp. 718-742, 1948.

24) Shogaki, T. and Kaneko, M : Effects of sample disturbance on strength and consolidation parameters of soft clay, *Soils and Foudations*, Vol.34, No.3, pp.1-10, 1994.

25) 尾上篤生：バーチカルドレーン周辺の撹乱帯の透水係数について, 第26回土質工学研究発表会概要集, pp. 2015-2018, 1991.

26) Escario, V. and Uriel, S. : Determining the coefficient of consolidation and horizontal permeability by radial drainage, *Proc. of 5th ICSMFE*, Vol. 1, pp. 83-87, 1961.

27) MaKinlay, D.G. : A laboratory study of rates of consolidation in clays with particular reference to condition of radial pore water drainage, *Proc. of 5th ICSMFE*, Vol. 1, pp.225-228, 1961.

28) 小林正樹：地盤の安定沈下解析における有限要素法の適用に関する研究, 港湾技術研究所土性研究室資料第1号, pp.53-63, 1990.

29) Olson, R.E. and Daniel, D.E. : Measurement of the hydraulic conductivity of fine grained soils. Permeability and ground water containment transport, *American Society for Testing and Materials*, *Special Technical Publication*, 746, pp.18-64, 1981.

30) 土質工学会：土質試験法（第2回改訂版）, 土質工学会, pp. 372-495, 1979.

31) 奥村樹郎：粘土のかく乱とサンプリング方法の改善に関する研究, 港湾技研試料, No.193, 1974.

32) Larsson, R. : Drained behavior of Swedish clays, *Swedish Geotechnical Institute*, Report, No.12, 157p, 1981.

第11章　バーチカルドレーンで改良された地盤の圧密沈下解析法

11.1　概　説

　バーチカルドレーンVD打設に伴うドレーン周辺地盤の撹乱の影響を考慮した圧密沈下解析法はBarron[1]によって提案されている。Barronは，ドレーン打設に伴いドレーン周辺に撹乱帯が生成されることを指摘し，これを考慮した圧密沈下解析法を提案した。Barronの解析法[1]は，ドレーン周辺の地盤を撹乱領域と不撹乱領域の2つに分割し，それぞれに異なった圧密パラメータを割り付ける方法であるが，撹乱領域の粘土を非圧縮性の材料と仮定している。

　一方，Onoue[2]は，ドレーン周辺地盤の撹乱領域の粘土の圧縮性を考慮した圧密沈下解析法を提案した。そして，VD打設をシミュレートした模型実験を行い，ドレーン周辺を撹乱領域と不撹乱領域の2つに分割した解析法を示した。VDによって改良された実際の地盤では，ドレーン近傍になるに従って土の乱れが大きくなり，強度・圧密パラメータの異方性も変化する。しかし，実務においては，水平方向の圧密係数c_hを直接求めることが困難であり，施工条件等による地盤の乱れの影響もあるので，c_hをc_vに等置して用いられているのが実態である。このため，撹乱による強度・圧密パラメータやそれらの異方性の変化をドレーンからの距離の関数として与えたものはない。また，それを取り込んだ沈下解析法もない。

　ドレーン周辺地盤の撹乱帯における圧密パラメータの変化を明らかにするために，10.2節で圧密パラメータの異方性とそれに及ぼす撹乱の影響に関する実験結果を示した。そして，乱れの程度を表す指標として$R(q_u)$によって撹乱帯の圧密パラメータが推定できることを示した。本章では，10.2節の結果をさらに発展させて，撹乱帯の圧密パラメータの異方性の変化をドレーンからの距離の関数として評価する。

　VDが打設された地盤では，Barronの圧密度と時間の関係[1]から得た沈下量よりも実際の沈下が遅れることが報告されている[3,4]。この現象は，圧密の遅延効果として知られている[5]。圧密の遅延効果の要因には，ドレーン打設に伴う周辺地盤の撹乱，VDやサンドマット内で発生するウェルレジスタンス[1]，マットレジスタンス[6]の影響等が挙げられる。しかし，種々異なる地盤や施工に応じてこれらの要因の影響度を明らかにすることは実際問題として不可能である。

　本章では，サンドドレーンSDが施工された地盤の実測沈下量からc_hを逆算し，圧密度に対するこのc_hの低下から，圧密の遅延効果を組み込んだVD打設地盤の圧密沈下解析法が示される。そして，我が国の陸域と海域で施工されたVD打設地盤の14件の事例解析を通して，実際の圧密沈下挙動がこの提案法で説明できることが示される。

11.2　VD打設地盤の撹乱帯における圧密係数の評価

　ドレーン打設直後の周辺地盤のq_uの低下に関する実態調査結果があれば，10.2節で得

た結果から乱れによる圧密係数の変化をドレーンからの距離の関数として直接得ることができる。しかし，そのような実態調査が行われた事例[7]は極めて少なく，体系的なものは見られない。そこで，ドレーン打設地盤の間隙比の変化を調べた尾上の実験[8]から，ドレーン打設によって撹乱を受けた時の地盤の強度低下と圧密パラメータの変化を検討する。

尾上[8]は，Boston blue clay の再構成土に対し，地盤へのSD打設をシミュレートした模型実験を行った。そして，ドレーンの打設によって発生した過剰間隙水圧が消散した後に，ドレーン周辺地盤の間隙比の変化を測定した。図11-1は，尾上の実験結果[8]を再整理して，e_i/e_o と n の関係を示したものである。ここに，e_i/e_o は模型地盤の不撹乱領域の間隙比 e_o に対するドレーン打設によって撹乱を受けた領域の間隙比 e_i の比であり，n はドレーン半径 r_w に対するドレーン中心からの距離 r の比（r/r_w）である。図中のプロットは，$n \fallingdotseq 10$ で $e_i/e_o \fallingdotseq 1$ である。言い換えれば，ドレーンの打設に伴う地盤の撹乱や間隙水圧の消散に起因する間隙比の低下は，ドレーンから $r/r_w=10$ の距離の範囲内で生ずる。e_i/e_o 値は n の低下とともにほぼ直線的に小さくなり，$n=2$ で約 0.94 となる。図11-1 のプロットの近似式として，式(11.1)を得る。

$$e_i/e_o = 0.89 + 0.05 \ln(r/r_w) \tag{11.1}$$

図4-32 に示したように，供試体の間隙比は試料の乱れが大きいほど同じ圧力下で小さくなる。したがって，図11-1 の n の小さい領域で e が小さくなるのは，ドレーン打設によって撹乱を受けたドレーン周辺の地盤が圧密された結果[9]，間隙比が小さくなったと考えられる。ドレーン打設によって周辺地盤が乱れることは，Barron[1]を始め多くの研究者によって指摘されている。

10.2節で得た結果を整理して，不撹乱試料の v 供試体から得た圧密降伏応力 σ'_p の下での間隙比 e_u に対する撹乱試料のそれ（e_d）との比（e_d/e_u）と 10.2 節で述べた $R(q_u)$ の関係を図11-2 に示す。ここで，σ'_p の下での間隙比で整理したのは，正規圧密NC 状態下の圧密を想定しているためである。図11-2 の e_d/e_u 値は，図11-1 と同様に撹乱を受けた粘土を圧密して得た間隙比の変化を示している。$R(q_u)$ は撹乱による q_u の低下の割合である。試料の乱れが大きくなり，$R(q_u)$ が低下すると e_d/e_u 値もまた小さく

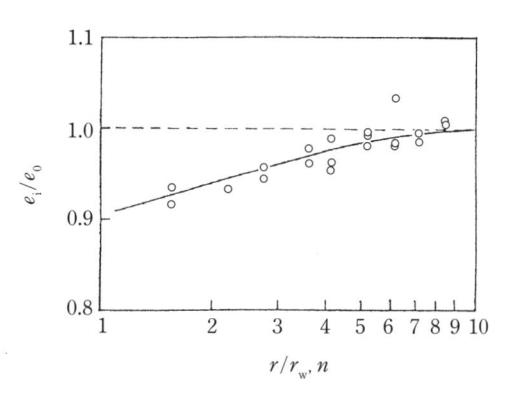

図11-1　e_i/e_o と r/r_w の関係

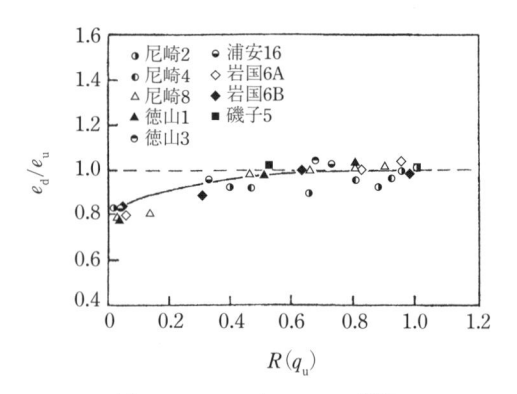

図11-2　e_d/e_u と $R(q_u)$ の関係

なる。そして，この傾向は，用いた供試土の I_p と q_u 値に依存していない。図中のプロットは，式(11.2)で近似できる。

$$e_\mathrm{d}/e_\mathrm{u} = R(q_\mathrm{u})^{0.06} \tag{11.2}$$

式 (11.2) は，撹乱を受けた地盤の強度低下（$R(q_\mathrm{u})$）とその地盤が σ'_p の下で圧密されたときの間隙比の変化（$e_\mathrm{d}/e_\mathrm{u}$）を関係づけたものである。

図 11-2 は，尾上が模型実験で用いた試料と異なる土に対する結果である。しかし，撹乱による間隙比の低下率に土の強度や塑性が影響していないことから，図 11-1 に示す尾上の模型実験に対する土に対しても同じ扱いが可能であると推察される。すなわち，$e_\mathrm{d}/e_\mathrm{u}$ と図 11-1 の $e_\mathrm{i}/e_\mathrm{o}$ は，試料が乱れた場合の圧密による間隙比の減少という観点で同じ物理的意味を持つと考えている。したがって，ドレーン半径 r_w が与えられた時，$e_\mathrm{i}/e_\mathrm{o}$ 値は，式 (11.1) から得ることができる。そして，それに伴う $R(q_\mathrm{u})$ 値は，式 (11.1) と式 (11.2) の右辺を等置して $R(q_\mathrm{u})$ の形に整理した式 (11.3) から求めることができる。

$$R(q_\mathrm{u}) = \left[0.89 + 0.05 \ln(r/r_\mathrm{w})\right]^{\frac{1}{0.06}} \tag{11.3}$$

図 11-3 は，図 11-2 と同様に 10.2 節の鉛直方向の v 供試体から得た不撹乱試料の圧密係数（$c_\mathrm{v}(\mathrm{u})$）に対する撹乱試料のそれ（$c_\mathrm{v}(\mathrm{d})$）の比（$R(c_\mathrm{v})$）と $R(q_\mathrm{u})$ の関係である。ここで，$c_\mathrm{v}(\mathrm{u})$ と $c_\mathrm{v}(\mathrm{d})$ は，NC 領域の平均値とした。$R(c_\mathrm{v})$ 値は試料の乱れが大きくなると小さくなり，$R(q_\mathrm{u}) \fallingdotseq 0.1$ 近傍のプロットで示す練返し土で約 0.2 である。図 11-3 のすべてのプロットを近似する曲線として式 (11.4) を得る。

$$R(c_\mathrm{v}) = R(q_\mathrm{u})^{0.65} \tag{11.4}$$

図 11-3　$R(c_\mathrm{v})$ と $R(q_\mathrm{u})$ の関係

ドレーンから任意の距離における $c_\mathrm{h}/c_\mathrm{v}$ と $R(c_\mathrm{v})$ 値は，$R(q_\mathrm{u})$ を用いることによって，それぞれ式 (10.2) と (11.4) から得ることができる。

$c_\mathrm{h}(\mathrm{d})/c_\mathrm{v}(\mathrm{u})$ と n の関係を図 11-4 に示す。図 11-4 の n に対する $c_\mathrm{h}(\mathrm{d})/c_\mathrm{v}(\mathrm{u})$ 値は，式 (11.3) に r/r_w を代入して $R(q_\mathrm{u})$ 値を求め，その $R(q_\mathrm{u})$ 値を式 (11.5) に代入して得る。不撹乱領域において，$c_\mathrm{h}(\mathrm{d})/c_\mathrm{v}(\mathrm{u})$ の平均値は 1.70 であり，ドレーン近傍で土が完全に練り返された領域では同 0.46 である。小林[10] は大阪湾の海成粘土の放射排水条件と通常の圧密試験から，$c_\mathrm{h}(\mathrm{d})/c_\mathrm{v}(\mathrm{u})$ として 1〜2.5 を示している。また，SD の実績データの解析[11] からは 5 程度の値が示されている。

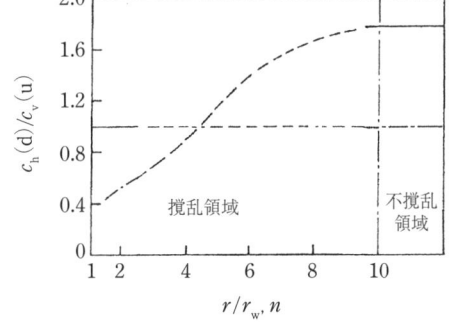

図 11-4　$c_\mathrm{h}(\mathrm{d})/c_\mathrm{v}(\mathrm{u})$ と r/r_w の関係

i) $0.5 \leq R(q_u) \leq 1.0$ $c_h(d)/c_v(u) = [0.89 + 0.05\ln(r/r_w)] R(q_u)^{0.65}$ (11.5)
ii) $0 < R(q_u) < 0.5$ $c_h(d)/c_v(u) = R(q_u)^{0.65}$

ドレーン周辺土の撹乱を考慮した$c_h(d)$値は，式(11.5)か図11-4の$c_h(d)/c_v(u)$曲線を用いて，ドレーン打設前の乱さない試料の$c_v(u)$値から推定できる。

11.3 圧密による圧密係数の低下

Henderson[3]，Onoue[4]等は，バーチカルドレーンで改良された地盤ではBarron[1]の解析法から得た沈下が，実測沈下よりも遅れることを報告している。この現象は，圧密の遅延効果として知られている。圧密が遅延する原因は，ドレーン打設に伴う周辺地盤の撹乱[1]，VDやサンドマット内で発生するウェルレジスタンス[1]とマットレジスタンス[6]の影響が挙げられる。圧密の遅延に及ぼすウェルレジスタンスやマットレジスタンスの影響は，ドレーンの細長比H/r_w（H：改良層厚，r_w：ドレーン半径），サンドマットの厚さ，ドレーンやサンドマットに用いた砂の透水係数，施工条件等によって変化する。ドレーンの細長比が大きくなると，圧密の遅延に及ぼすウェルレジスタンスの影響が大きくなると言われている[6]。また，サンドマットの厚さが薄いとマットレジスタンスの影響が大きくなる[6]。しかし，これらの要因は，土の堆積環境や地盤の層相の差によってもその影響が複雑に変化することから，各要因の沈下挙動に及ぼす影響を定量的に分析し，種々異なる地盤に応じて圧密遅延効果を一般化することは実際問題として不可能である。したがって，本節では，SDを打設した14の異なる地盤の実測沈下曲線から圧密度Uと圧密時間tの関係を求め，後述の式(11.14)に任意のtとそれに対応するUを代入してc_hの変化を求める。すなわち，上述の個々の要因に着目するのではなく，これらの要因が複雑に絡み合った相乗効果として遅延効果を検討する。

表11-1に，解析に用いた地盤の性質とドレーンの仕様を示す。これらの地盤は，7つの海成粘性土地盤と7つの陸成粘性土地盤であり，北海道から中国地方の各地域に位置している。岩見沢，江別，埼玉の地盤は有機質土を含んでいるが，粘土層厚，I_p，c_v，nに関し幅広く異なっていることがわかる。

図11-5は，陸成粘性土地盤上に盛土を載荷した直後の圧密係数（c_{hi}）に対し，載荷後，

表11-1 サンドドレーン打設地盤の性質とドレーンの仕様

事例	深さ (GL.m)	層の厚さ (m)	I_p	w_n (%)	c_v (cm²/day)	n ($=r_e/r_w$)	S_fの計算法	表記*	文献
岩国 AC3	11.9〜20.3	8.5	34〜40	52〜63	368.0	6.78	星埜法	M-1	13
岩国 AC4	20.3〜27.7	7.3	47〜52	64〜72	143.0	6.78	星埜法	M-2	13
大阪	0〜16.8	16.8	55〜70	65〜100	31.6	7.06	不明	M-3	14
神田	0〜20.0	20.0	33	20〜100	105.0	5.25	星埜法	M-4	15
広島	0〜23.0	23.0	50〜118	62〜130	103.7	4.89	m_v法	M-5	16
羽田2	6.2〜13.6	13.6	10〜90	30〜170	130.0	11.30	双曲線法	M-6	12
羽田3	6.2〜13.6	3.6	10〜80	60〜250	100.0	10.42	双曲線法	M-7	12
岩見沢	0〜13.0	13.0	不明	70〜500	60.5	5.25	双曲線法	C-1	15
江別	0〜10.0	10.0	不明	40〜850	158.4	4.73	双曲線法	C-2	15
厚木	0〜15.0	15.0	42	55〜110	345.6	3.09	双曲線法	C-3	17
埼玉2	0〜16.5	16.5	不明	120〜400	550.0	8.48	双曲線法	C-4	18
埼玉3	0〜16.5	16.5	不明	120〜400	550.0	5.65	双曲線法	C-5	18
手賀沼1	0〜10.0	10.0	38〜60	110〜170	40.0	10.54	不明	C-6	4
手賀沼2	10〜22.0	12.0	38〜65	110〜130	155.0	10.54	不明	C-7	4

*：M：海成粘性土地盤，C：陸成粘性土地盤

時間が経過した時のそれ（c_{ho}）の比と圧密度 U の関係である。ここで，c_{hi} は，実測沈下曲線の初期勾配から逆算した圧密係数である。また，図 11-6 は，海成粘性土地盤に対する同様の関係である。c_{ho}/c_{hi} 値は，実測沈下曲線から U と t の関係を求め，任意の t とそれに対応する U を Barron の近似解（式 (11.14)）に代入して t における c_{ho} を逆解析によって求め，c_{hi} で正規化したものである。c_{ho}/c_{hi} 値は，圧密の進行によって 1 より小さくなるが，これは圧密が遅延することを意味する。圧密沈下量の遅延は，図 11-5 と図 11-6 を総括した後述の図 11-11 を用いて任意の U における圧密の遅延を沈下解析法に組み込むことで考慮できる。

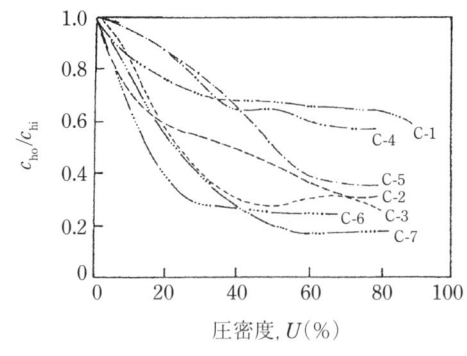

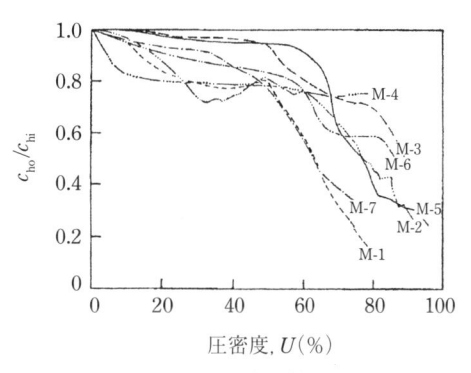

図 11-5　c_{ho}/c_{hi} と U の関係（陸成粘性土地盤）　　図 11-6　c_{ho}/c_{hi} と U の関係（海成粘性土地盤）

表 11-1 に示す神田[15]，岩見沢[15]，埼玉 3[18]，手賀沼 1[4] は，泥炭および泥炭と粘性土の互層からなる地盤であり，大阪[14]，広島[16]，羽田 2 と羽田 3[12] はウェルレジスタンスおよびマットレジスタンスの影響がこれらに関する文献に報告されている。

図 11-5 と図 11-6 の C-1, 4, 6，M-4 で示す神田，岩見沢，埼玉，手賀沼 1 の泥炭および泥炭と粘性土の互層からなる地盤の場合，手賀沼 1（C-6）[4] を除き U に対する c_{ho}/c_{hi} 値の低下が小さい。泥炭地盤では，圧密の初期の段階から間隙水圧が消散する一次圧密に加えて土の骨格構造の変化である二次圧密の発生が大きいため，粘性土地盤に比べて圧密沈下量が大きい。その結果，見掛け上の c_{ho}/c_{hi} 値の低下が小さかったと推察している。

図 11-5 と図 11-6 を概括的に見ると，c_{ho}/c_{hi} 値は圧密の進行により小さくなるが，海域と陸域ではその傾向が異なっている。すなわち，図 11-6 に示す海域の場合，c_{ho}/c_{hi} 値は $U<50\%$ の領域で 0.8 〜 1.0 の範囲にあるが，$U>50\%$ の領域では直線的に小さくなる。一方，陸域の c_{ho}/c_{hi} 値は，$U<40\%$ で直線的に小さくなるが，その後はほぼ一定である。陸域の場合，その堆積環境や層相等の複雑さを反映して，c_{ho}/c_{hi} 値のばらつきは海域のそれより大きい。

c_{ho}/c_{hi} 値に及ぼす地盤の指標的性質とドレーンの仕様の違いの影響を検討するために，$U=80\%$ の c_{ho}/c_{hi} 値と w_n，I_p，c_v，n の関係をそれぞれ図 11-7，図 11-8，図 11-9，図 11-10 に示す。w_n，I_p，c_v，n に関し，$U=80\%$ の c_{ho}/c_{hi} 値は，陸成と海成粘性土地盤による有意差は見られない。このことは，$U=50\%$，70％の c_{ho}/c_{hi} 値に対しても確認している。したがって，図 11-7 〜図 11-10 の結果は，検討した地盤の指標的性質とドレーンの仕様の範囲に依存しないことを示している。このことは，圧密の遅延効果を c_{ho}/c_{hi} と U の関係から補正できることを意味する。図 11-5 と図 11-6 の c_{ho}/c_{hi} と U の関係を近似して得た圧密の遅延に関する補正曲線を図 11-11 に示す。これらの曲線は陸成と海成粘土地盤に対して，それぞれ式 (11.6)，式 (11.7) で与えられる。

陸成粘性土地盤：$c_\mathrm{ho}/c_\mathrm{hi} = 1.00 - 1.45U + 0.18U^2$ (11.6)

海成粘性土地盤：$c_\mathrm{ho}/c_\mathrm{hi} = 1.00 - 0.19U - 0.45U^2$ (11.7)

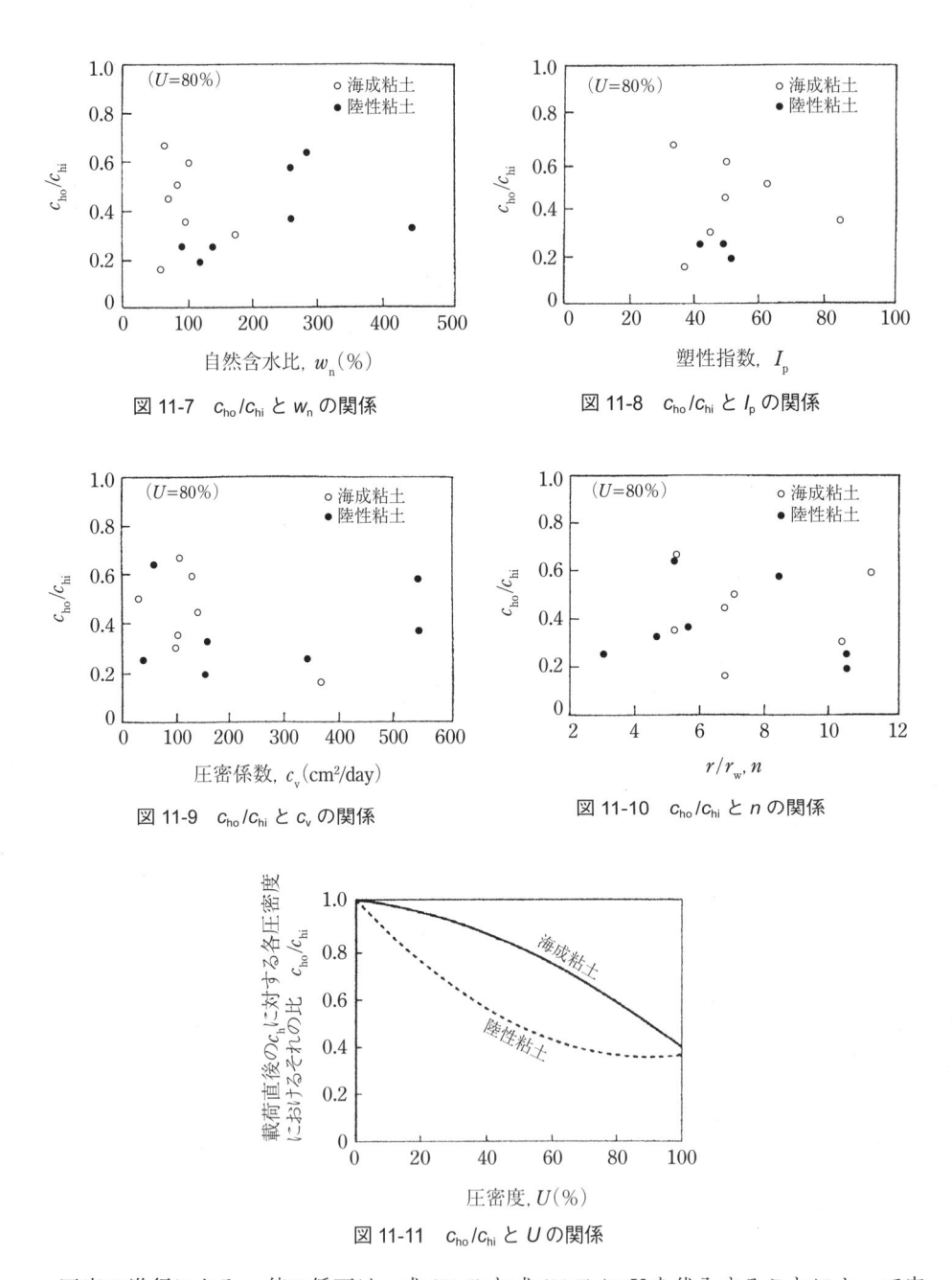

図 11-7　$c_\mathrm{ho}/c_\mathrm{hi}$ と w_n の関係

図 11-8　$c_\mathrm{ho}/c_\mathrm{hi}$ と I_p の関係

図 11-9　$c_\mathrm{ho}/c_\mathrm{hi}$ と c_v の関係

図 11-10　$c_\mathrm{ho}/c_\mathrm{hi}$ と n の関係

図 11-11　$c_\mathrm{ho}/c_\mathrm{hi}$ と U の関係

　圧密の進行による c_h 値の低下は，式 (11.6) と式 (11.7) に U を代入することによって定量的に評価できる．図 11-5 と図 11-6 に示す曲線から得た式 (11.6) と式 (11.7) の近似の誤差が，沈下量の事前予測の推定精度に及ぼす影響については，11.5 節の事例解析の中で示される．

11.4 ドレーン周辺の撹乱と圧密の進行による圧密係数の低下を考慮した圧密沈下解析法

　VD が打設された地盤の圧密沈下挙動は，中空円柱の圧密問題として解析される。中空円柱の圧密方程式は Barron[1] により式 (11.8) のように示されている。式 (11.8) の右辺第 1 と 2 項は間隙水が水平方向，同第 3 項は排水層に接する上下端部の鉛直方向に流れる基礎方程式である。VD は，改良深度よりかなり小さい間隔で打設されるので，鉛直流を無視して水平放射流だけを考慮して圧密解析することが多い。鉛直流が圧密度に及ぼす影響が打設ピッチと改良深さをパラメータとして検討されている[11]。この検討では，ドレーンピッチが大きくなり，改良深さが小さくなると鉛直流に起因して圧密の進行が進むことが示されている。しかし，水平と鉛直排水に用いた圧密係数は，同じ鉛直方向の c_v が使われている。2m 程度の通常のドレーンピッチであれば，水平排水距離は 1m である。不撹乱試料の場合，式 (10.2) に示したように c_v の 2 倍程度の c_h を考えると，改良深度が深い一般的なドレーンの場合では，鉛直排水が圧密度に及ぼす影響は大きくないとも考えられる。実務的な便法として鉛直流を無視するのは，このことも含まれると推察される。

$$\frac{\partial u}{\partial t} = c_h \left(\frac{\partial^2 u}{\partial r^2} + \frac{1}{r} \frac{\partial u}{\partial r} \right) + c_v \frac{\partial^2 u}{\partial z^2} \tag{11.8}$$

ここで，u：過剰間隙水圧，c_h：水平方向の圧密係数，r：ドレーン中心からの半径，c_v：鉛直方向の圧密係数，z：深さである。

　式 (11.8) は，以下の 3 点を仮定している。
① 地盤表面は等ひずみで変形する。
② ドレーン半径 r_w とドレーンの有効半径 r_e は圧密中に変化しない。また，中空円柱とその周辺部の土との境界は滑らかで，変形はもとの境界面に平行に生ずる。
③ マットレジスタンスの影響は無視する。

　バーチカルドレーン周辺の撹乱による圧密パラメータの変化を考慮した解は Onoue[2] によって与えられている。Onoue[2] は，ドレーン周辺の撹乱帯を撹乱領域と不撹乱領域に分割し，それぞれの領域で異なった圧密係数を与えている。11.3 節で検討したように撹乱領域の c_h はドレーンからの距離によって変化する。本節では，撹乱帯の乱れと c_h の変化を考慮したバーチカルドレーン打設地盤の圧密沈下量の解析法が示される。

　等ひずみで中空円筒の圧密を解析する場合，次の仮定が必要である。
① ドレーン内のウェルレジスタンスは無視する。
② ドレーン内の水平方向の透水性は無視する。

　図 11-12 は，撹乱領域分割の概念図を示している。図 11-12 に示すようにドレーン周辺の地盤の撹乱領域を任意のブロックに分割し，分割した各ブロックに図 11-4 から得た c_h を割り付けることによって，r に対する c_h の変化を考慮することができる。しかし，各ブロックで異なる透水係数を持つため，水平方向の連続条件が満たされない。したがって，各ブロック間の連続条件を満足するために，撹乱の程度に応じて擬似的に排水長を変化させる。

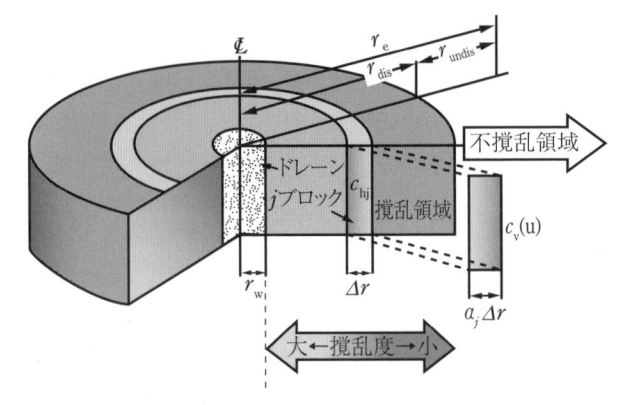

図 11-12　撹乱領域分割の概念図

各ブロック内では，$k=c_v m_v$ が成立することから，Darcy 則に従い，式 (11.9) の関係が成立する．

$$k_{hj} = c_{hj} m_{hj} r_w \quad (j=1, 2, \cdots) \tag{11.9}$$

ここで，添字 j は j ブロックを示す．また，m_{hj} は j ブロックの水平方向の体積圧縮係数を意味する．Δh_j の水頭差を持つ j ブロックの境界面上の土中水の流速 v_{hj} は，Darcy 則から式 (11.10) を得る．

$$v_{hj} = c_{hj} m_{hj} r_w \frac{\Delta h_j}{\Delta r} \tag{11.10}$$

ここで，c_{hj} と $c_v(u)$，m_{hj} と $m_v(u)$ に式 (11.11) の関係を仮定すると，式 (11.10) は乱さない試料の $c_v(u)$ と $m_v(u)$ を用いて式 (11.12) で表すことができる．

$$\alpha_j = \frac{c_v(u)}{c_{hj}}, \quad \beta_j = \frac{k_v(u)}{k_{hj}}, \quad \gamma_j = \frac{m_v(u)}{m_{hj}} \beta_j \quad (\alpha_j = \beta_j, \gamma_j = 1) \tag{11.11}$$

$$v_{hj} = k_h(u) \frac{\Delta u_j}{\alpha_j \Delta r} = k_h(u) \frac{\Delta u_j}{\beta_j \Delta r} \tag{11.12}$$

ここで，α_j は c_{hj} に対する $c_v(u)$ であり，図 11-4 から求めた $c_{hj}/c_v(u)$ 値の逆数として得る．また，この解析では $\gamma_j=1$ と仮定している．4.2 節で述べたように，m_v に与える撹乱の影響は小さいため[19]，この仮定は実務設計の観点から許される．

j ブロックでの流速 v_j は，透水係数 k_{hj} を不撹乱領域のそれ ($k_h(u)$) として，排水長 Δr を β_j 倍したものとして表される．すなわち，排水長を擬似的に変化させることにより，撹乱の程度を透水の遅れとして表している．これは層状地盤の圧密沈下解析における換算層厚法[20]と同じ考え方である．β_j は，式 (11.5) で示した $c_h(d)/c_v(u)$ の逆数である．ドレーン中心からの有効半径は擬似的に変化させた r_e' として式 (11.13) で表される．

$$r_e' = r_w + \sum_{j=1}^{n}(\alpha_j \Delta r) + r_{undis} \tag{11.13}$$

VDの沈下解析で多用されている式 (11.14) に示す Barron の近似解[1]の r_e に代えて式 (11.13) を用いることによって，サンドドレーン周辺の撹乱の影響を考慮した圧密沈下量が計算できる。

$$U = 1 - \exp\left\{\frac{-2c_h t}{r_e'^2 F(n)}\right\} \qquad F(n) = \frac{n^2}{n^2-1}\log n - \frac{3n^2-1}{4n^2} \tag{11.14}$$

また，圧密の進行による圧密係数の低下は，陸域と海域に応じてそれぞれ式 (11.6) と (11.7) を用いて評価できる。

11.5 提案法の有効性

提案法の有効性を検討するために，陸域の手賀沼2[4]と海域の岩国AC3[13]について圧密沈下の事前予測を行った。提案法による圧密沈下解析は，図11-13の流れに従って行った。地盤の最終沈下量は，図11-13に示した星埜法，m_v法，双曲線法等で得た値を用いた。圧密係数は以下の4種類の値を用いた。

① $c_v(u)$ を c_h として用いる（慣用法）。
② SD打設地盤を撹乱領域と不撹乱領域に分割した。そして，撹乱領域には練返し土の c_v，不撹乱領域には $c_v(u)$ を c_h として用いる（尾上の方法[2]）。
③ 図11-4に示した $c_h(d)/c_v(u)$ を用いる。
④ ③の方法に，式 (11.6)，式 (11.7) の圧密遅延効果を考慮する（提案法）。

図11-14，図11-15に，それぞれ手賀沼2と岩国AC3の地盤概要を示す。手賀沼2の地盤は，厚さ10mの腐植土層の下に厚さ12mの粘土層が堆積している。d_w=12.8cm のサンドドレーンが

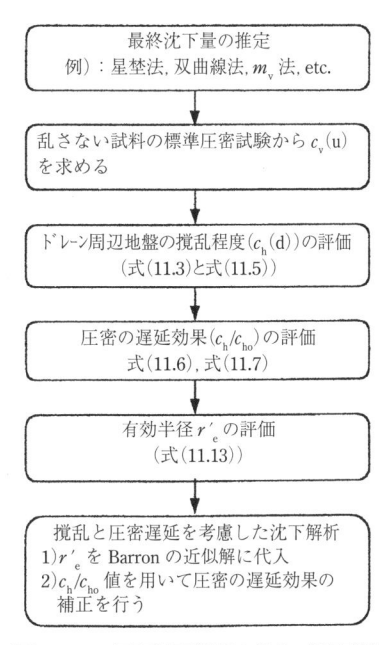

図11-13 圧密沈下解析の流れ（提案法）

1.2mピッチの正方形配置で打設されている。また，岩国の地盤は，各種土質試験の結果から図11-15に示すように5つの層に分割され，圧密沈下の対象層はAC3とAC4であった。AC3とAC4の層厚はそれぞれ 8.5m，7.3m であり，d_w=50cm のサンドドレーンがピッチ3mの正方形配置で打設された。また，手賀沼2，岩国AC3の地盤では，ウェルレジスタンス係数はそれぞれ 0.087[4]，0.03～0.278[13] と小さかったことが報告されている。ドレーンとサンドマットには，両地盤ともに透水係数 10^{-3}cm/sec 以上の良質な砂が用いられた。沈下量は，層別沈下計によって測定された値を用いた。

手賀沼2の $c_v(u)$ は，この粘土層の2カ所で測定された値の平均値として 155cm^2/day を採用した。また，岩国AC3の $c_v(u)$ は，AC3層の上中下の3カ所で測定された値の平均値

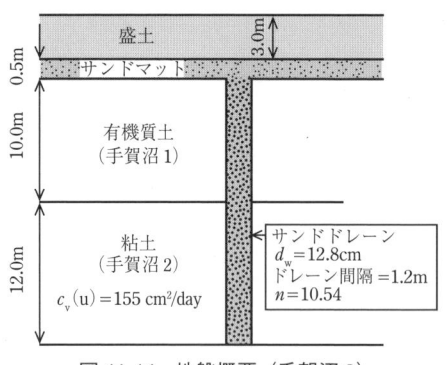

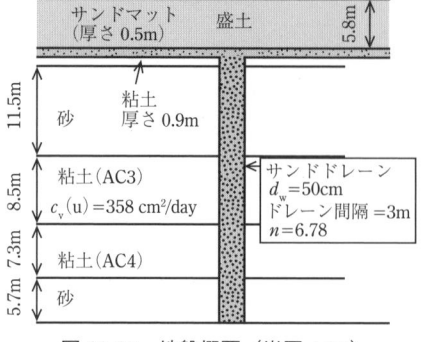

図 11-14　地盤概要（手賀沼2）　　　　図 11-15　地盤概要（岩国 AC3）

として 358cm²/day を採用した．盛土高さと盛土速度の施工状況は，図 11-16 と図 11-17 の沈下・時間の図に併せて示している．

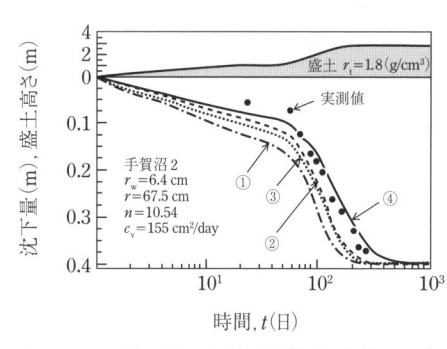

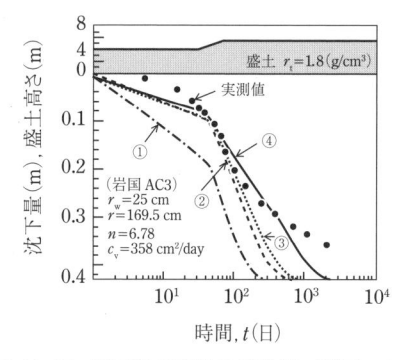

図 11-16　沈下量の事前予測結果（手賀沼2）　　　図 11-17　沈下量の事前予測結果（岩国 AC3）

　図 11-16 と図 11-17 に，それぞれ手賀沼2と岩国 AC3 の粘性土層に対する圧密沈下量の実測値と事前予測値の結果を示す．図 11-16 に示す手賀沼2に対する事前予測の結果を見ると，提案法④は実測値をよく説明している．陸域で施工された埼玉2に対しても同様な方法で沈下量の予測を行った[21),22)]．埼玉2の場合にも，圧密の全過程における沈下量の事前予測値は，実測値を精度良く推定できた．図 11-17 に示す岩国 AC3 に対する結果を見ると，圧密沈下の終期で推定値は実測値を過大に見積もっている．図 11-6 に示すように，岩国 AC3（M-1）の場合，c_{ho}/c_{hi} と U に関する曲線は，$U>50\%$ の領域で他の曲線より下位に位置している．したがって，図 11-6 の近似曲線である式(11.7)を用いた解析は，岩国 AC3 に対しては圧密の遅延効果を過小に見積もっているのが理由であると考えている．AC3 の上部に堆積する砂層が排水層として機能していないことに加え，これらの層への鉛直排水の割合も小さいことが推察される．

　表 11-1 に示した他の事例に対して同様の解析を行った．図 11-18 は，圧密度 80% のときの提案法による沈下量の事前予測の推定誤差を示している．沈下量の推定誤差は式(11.15)から求めた．

$$推定誤差 = \left(1 - \frac{s_E}{s_M}\right) \times 100 \tag{11.15}$$

ここで，s_E は推定沈下量，s_M は実測沈下量を示す．誤差の正の値は沈下量の推定値が実

測値よりも小さいことを示し，負の値はその逆である．図 11-5，図 11-6 と図 11-11 で示すそれらの近似曲線との乖離が大きいことを反映して神田，岩見沢，埼玉 3，手賀沼 1 の推定誤差は，+15 〜 +20％と比較的大きいが，他はすべて +15％以下である．神田，岩見沢，埼玉 3，手賀沼 1 の事例は，泥炭もしくは泥炭と粘性土の互層の地盤である．これらの地盤では図 11-5 と図 11-6 で述べたように，粘性土地盤に比べて圧密沈下量が大きい．その結果，推定沈下量を過小に見積もっ

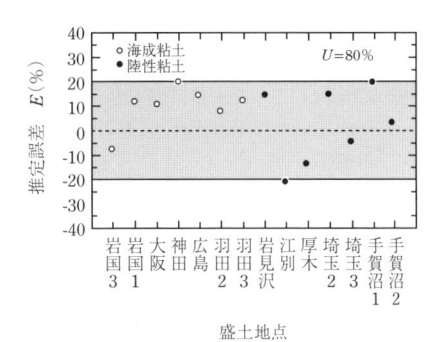

図 11-18 沈下量の事前予測の推定誤差

たと推察される．江別の事例は，推定した最終沈下量が実測値より大きかったことが報告されている．栗原[15]が，推定した最終沈下量を本解析でも用いたため，事前予測の誤差が -20％と大きかったと推察される．

図 11-18 の中には，ウェルレジスタンスの影響が大きかったと指摘された大阪，羽田 2，羽田 3 等の事例も含まれている．これらの事例の推定誤差は正値を示し，沈下量の推定値が圧密の遅延の影響を過大に評価したことを示している．これらの地盤では，地盤改良に小口径のパックドドレーンが採用された．小口径のドレーンの場合，ドレーン打設に伴う周辺地盤の撹乱の影響が小さいことが推察される．これらの事例においても，図 11-1 に示す尾上の実験結果[8]から得た式 (11.5) でドレーン周辺地盤の撹乱程度を評価している．その結果，ウェルレジスタンスの影響に加えてドレーン打設に伴う撹乱の影響を過大に評価したことが考えられる．しかし，提案法は，これらの事例に対しても +15％の推定誤差内で沈下量の事前予測ができている．

今日の我が国では，大深度で長尺のドレーンが要求され，改良工事の短縮化で急速施工と施工の効率化が要求されている．加えて，良質な海砂の枯渇や利用の制約から，その調達が困難であり，SD に変えて材料費や施工単価の優位性から，プラスチックボードドレーン PBD 工法が多用されている．PBD のような板状ドレーンに対しても，換算径による Barron の圧密理論の適用に大きな問題がないとされていることから，提案法は PBD 工法に対しても同様に適用できると考えている．しかし，PBD の材料としてのヘッドロスの事前評価や性能試験評価等は別途確認が必要である．これらに関しては，他の成書[11]が参考になる．

参考文献

1) Barron, R.A.：Consolidation of fine-grained soil by drain wells, Trans. ASCE, Vol.113, No.2346, pp.718-752, 1948.
2) Onoue, A.：Consolidation by vertical drain taking well resistance and smear into consideration, *Soils and Foundations*, Vol.28, No.4, pp.165-174, 1988.
3) Henderson, E.A.：Settlement analysis of drain projects, *ASCE*, Vol. 81, SM1, No. 756, 1955.
4) Onoue, A.：Consolidation of multilayered anisotropic soils by vertical drain with well resistance, *Soils and Foundations*, Vol.28, No.3, pp.75-90, 1988.
5) 住岡宣博・吉國洋：サンドドレーン改良地盤の圧密メカニズムの考察，土木学会論文集，No.463，Ⅲ-22, pp.65-74, 1993.
6) 吉國洋：バーチカルドレーン工法の設計と施工管理，技報堂出版，234.p, 1979.
7) 諏訪靖二・中堀和英：打込式サンドドレーンによる周辺地盤の変化について，第 9 回土質工学研究発表会，pp. 909-912, 1984.

8) 尾上篤生：バーチカルドレーン周辺の攪乱帯の透水係数について，第26回土質工学研究発表会概要集，pp.2015-2018, 1991.
9) Asaoka, A., Nakano, M., Fernando, G.S. K. and Nozu, M.：Mass permeability concept in the analysis of treated ground with sand drain, *Soils and Foundations*, Vol.35, No.3, pp.43-53, 1995.
10) 小林正樹：地盤の安定・沈下解析における有限要素法の適用に関する研究，東京工業大学学位請求論文，pp.35-67, 1990.
11) 嘉門雅史・三浦哲彦監修：プラスチックボードドレーン工法－その理論と実際－，鹿島出版会，pp.62-79, 2009.
12) 丸山隆英・川上泰司・渡辺和重・中ノ堂裕文：羽田沖展開（第2期）地盤改良におけるウェルレジスタンスとマットレジスタンスの解析，土木学会第46回年次学術講演会概要集，第Ⅲ部門, pp. 702-703, 1991.
13) 広島防衛施設局，岩国飛行場報告書，1994.
14) 佐々木伸・木山正明：バーチカルドレーン工法の実際と問題点(3)－大阪南港埋立地の事例－，土と基礎，Vol.30, No.12, pp. 81-84, 1982.
15) 栗原則夫：バーチカルドレーン工法の実際と問題点(2)－高速道路盛土の事例－土と基礎，Vol.30, No.11, pp. 81-87, 1982.
16) 松浦章：バーチカルドレーン工法の実際と問題点(4)－広島市西部臨海土地造成事業の事例－，土と基礎，Vol.30, No.12, pp.85-88, 1982.
17) 持永龍一郎：圧密による軟弱地盤の改良効果について，土と基礎，Vol.20, No.8, pp.25-31, 1972.
18) 木賀一美：バーチカルドレーン工法の実際と問題点(1)－宅地開発の事例－，土と基礎，Vol.30, No.9, pp.72-76, 1982.
19) Shogaki, T. and Kaneko, M.：Effects of sample disturbance on strength and consolidation parameters of soft clay, *Soils and Foundations*, Vol.34, No.3, pp. 1-10, 1994.
20) 三笠正人・高田直俊・磯野昭：深さ方向に圧縮性の異なった地盤の圧密計算，第20回土木学会年次学術講演会概要集，1965.
21) 正垣孝晴・茂籠勇人・松尾稔：バーチカルドレーンで改良された地盤の圧密パラメータの評価と沈下解析法，土と基礎，Vol.45, No.2, pp.18-20, 1997.
22) Shogaki, T., Moro, H., Matsuo, M.：The case histories for settlement analysis in ground improved by vertical drain, *Fourth International Conference on Case Histories in Geotechnical Engineering*, pp.972-977, 1998.

第12章　円板引抜き試験による盛土の施工管理

12.1　概　説

6.2節では，円板引抜き試験が自然地盤の非排水強度を適正に把握できる原位置試験法としても有効なことが示された．本章では，盛土の力学的安定に関する施工管理試験として，円板引抜き試験を用いた事例[1],[2]を述べる．

12.2　盛土施工管理の概要

東海地域のある山岳道路では，谷部を埋めて高さ28m，幅員15m，盛土総延長40mの道路盛土が計画された．盛土予定地近傍には，粘性土（D粘土），砂質土（E土），レキ質土（Fレキ）が堆積するが，盛土の安定や切土による発生土量等に関する検討の結果，盛土材料は，図12-1の盛土断面図に示すように上部からE土，Fレキ，改良土（G土）の組合せが適当であると判断された．G土はD粘土に生石灰を7%添加した水砕を配合したものである．本章では，盛土の安定に必要なG土の水砕の混合比決定と図12-1に示す盛土最下部の改良土（G土）部分の盛土の施工管理を中心にまとめている．

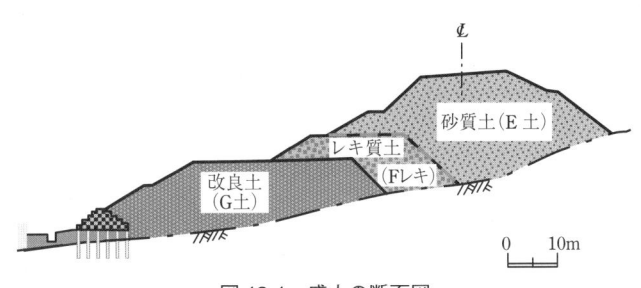

図12-1　盛土の断面図

通常，盛土の施工管理方法としては，現場密度試験やコーン貫入試験が一般的である．しかし，今回のようなG土では，水砕を配合するため，その混合むら（水砕は現地の盛土築造地点で混合する）による土材料のばらつきが大きく，したがって，その品質によりせん断強さが大きく変化する．このため，本節で扱う盛土のように，高さ28mに及ぶ高盛土では，特に盛土施工段階ごとに必要なせん断強さが得られるような施工管理を行う必要がある．水砕は，乾燥密度が$\rho_d=1.25\text{g/cm}^3$と小さいことから，水砕が多く添加された箇所ほど密度は小さいが，大きなせん断強度を発揮することになる．したがって，密度試験のみで盛土の施工管理を行うことには難点がある．また，通常のポータブルコーンは，人力による押し込み力に限界があり，先端コーンの断面積が小さいことからD土の平均的強度を適正に把握することは極めて困難である．一面せん断試験DSTや一軸圧縮試験UCTの場合には，各施工段階を代表する多量の供試体をサンプリングし，その場で強度

を得て施工に反映させることは困難である。

このような土質材料の施工管理試験は、せん断面積の大きな試験が有利である。また、転圧した各層の強度を確認して次の施工に反映させるため、試験方法、装置とも簡便であることが要求される。6.2節で述べたように、円板引抜き試験はG土の盛土施工管理試験として以上の必要条件を満たしている。

12.3 室内配合試験

(1) 室内配合試験の概要

図 12-1 に示した改良土（G土）部分は、現地のD粘土のみでは、盛土の安定に必要なせん断強度が得られないことが安定計算の結果から明らかになった。このため、水砕配合による土質改良を行い、水砕の緩硬型水硬効果と細粒土の粒度改良によるせん断抵抗および締固め効果の増大を図る必要があった。室内配合試験の目的は、土質による改良効果の差を明らかにし、盛土の安定に必要な水砕の配合割合を決定し、最適なG土を決定することにある。このため、盛土築造地点近傍に堆積しているD粘土、E土を採取して、それぞれ乾燥重量比で15%、20%の水砕を配合してDSTとUCTを行った。供試体の作製方法は、D粘土とE土に所定の水砕を添加した後、内径10cmのCBRモールドに締め固めた。締固め回数は、JIS A1210の締固め試験結果と盛土転圧時の施工機械を考慮して、D粘土に対しては3層15回、E土では3層20回とした。試験を行うまでの養生日数は、0日、14日、28日の3種類である。

水砕の混合比を決定するための室内試験では、扱う土量が少ないため、十分な混合精度が得られる。また、適正な養生管理も行えるため、DSTやUCTが有効となる。

(2) 試験結果と考察

図 12-2 は、供試土の粒径加積曲線である。水砕の配合による粒度の改良は特にD粘土で顕著である。図 12-3 は、一軸圧縮強さ q_u を材令に対してプロットしている。q_u の増加はD粘土に水砕を20%配合した土（D20）とE土に同15%配合した土（E15）で著しい。図 12-4 は、DST結果のせん断強度 τ と垂直応力 σ の一例として、D15の材令の異なる3つの試験結果をまとめて示している。材令による τ の増加は明らかであるが、σ の増加とともに τ が大きくなり、破壊包絡線は上に凸の放物線の形状を示している。これは不飽和土のせん断試験結果に一般的に認められる傾向であり、σ の増加とともに有効応力が直線的に大きくならないのが主因であると言われ

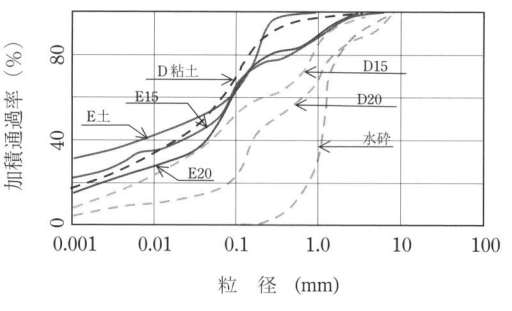

図 12-2 粒径加積曲線

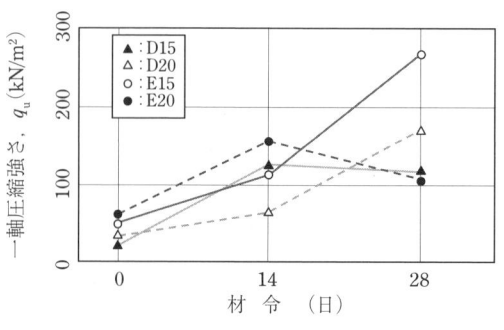

図 12-3 一軸圧縮試験結果

ている[3]。

図12-5は，DSTによるせん断強度と材令の関係を示している。DSTのτは，供試土の種類によらず養生日数の増加とともに大きくなっている。しかし，図12-3に示したUCTの場合，E15とD20を除き明瞭な材令効果は認められない。この理由として，UCTでは，せん断時に拘束圧を作用させないため，水砕の混合による粗粒土化や供試体の物性としてのばらつきの増大，成形時の乱れなどの構造的弱点に拘束圧解除の影響が大きく寄与したこと[4]が挙げられる。また，図12-5には，材令0日に対する材令28日のτの増加率も併せて示している。この増加率を見ると，E土では(25～35)％であるのに対して，D15で51％，D20で208％と高い値を示している。材令28日以上の強度増加を確認することはできなかったが，①粒度の改良効果が大きく，短期間で大きなせん断強度の増加があること，②盛土法先近傍に比較的多くのD粘土が堆積していることから，改良土に用いる土質材料はD粘土とした。

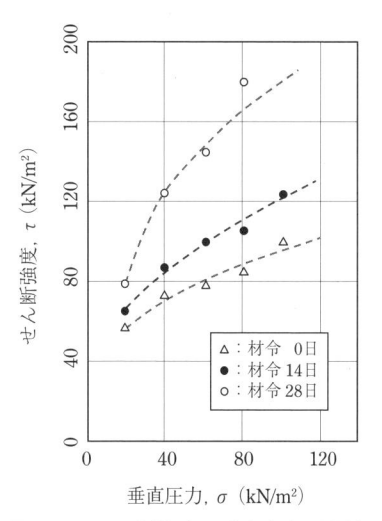

図12-4　せん断強度と垂直応力の関係（D15）

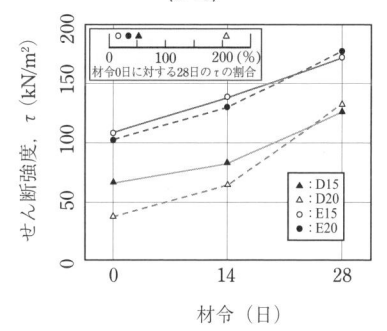

図12-5　一面せん断試験結果

12.4　現地配合試験

現地配合試験の目的は，室内配合試験で決定したD粘土が自然条件下で示す強度特性と本盛土で用いる施工機械の水砕の混合精度を確認することである。すなわち，力学的に見れば，現地で混合した改良土が盛土の安定に必要な強度を有するかを調べることである。D粘土の含水比を約30％に管理して60cmの厚さに均敷し，水砕の配合比が15％（D15地盤）と20％（D20地盤）からなる2つの試験地盤を造成した。図12-6は，造成した地盤の改良効果を明らかにするための各種試験位置を示している。円板は改良地盤を造成した直後に図12-6の所定の位置に埋没し，埋戻しは震動ランマーによって埋没前と同じ密度に締め固めた。

室内試験として，DSTと三軸圧縮試験（両者ともUU条件）を行うための試料を内径15cmのCBRモールドを用いて，D15とD20の地盤から各2個ブロックサンプリングした（図12-6）。

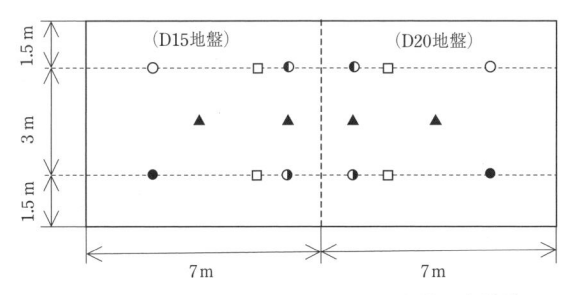

図12-6　現場配合試験の平面位置

(1) 試験結果と考察

表12-1 は，現地配合試験に対する円板引抜き試験結果をまとめている。水砕の混合比の差による粘着力 c_p の差は明瞭ではないが，材令効果による c_p の増加率は，D15 と D20 に対して 60% 程度である。材令による強度増加率が大きく，変動の少ない安定した c_p が得られているのは，原地盤での断面積の大きなせん断試験であり，材令効果を適切に把握できているためと考えられる。これは，図 6-26 で述べた A 粘土，B 土，C 砂の場合と同じ傾向である。円板引抜き試験は，円板の埋設深度が 40cm 程度と浅いことから，σ の小さな領域におけるせん断試験に対応することができる。

表 12-1 円板引抜き試験結果

供試土	材令 (日)	$2B_1$ (cm)	D (cm)	R (kgf)	ϕ (°)	ρ_t (g/cm³)	c_p (kN/m²)
D15	0	20	30.0	319.1	25	2.0	14.4
		25	37.5	556.4	25	2.0	15.9
	14	20	30.0	592.6	25	2.0	28.4
		25	37.5	800.0	25	2.0	23.9
D20	0	20	30.0	363.8	25	1.9	16.8
		25	37.5	479.8	25	1.9	13.5
	14	20	30.0	494.7	25	1.9	23.5
		25	37.5	827.7	25	1.9	24.8

室内および現地配合試験結果をまとめて図 12-7 に示す。図 12-7 の縦軸の切片である粘着力 c に着目すると，現地配合試験結果としての円板引抜き試験と三軸圧縮試験の c はほぼ同様の値を示すが，DST の c は両試験に比べ 2 倍ほど大きい。これは，6.2 節で述べたように土の締固め度が大きくなり，最大乾燥密度に近くなるほど一面せん断試験機の機構上，①せん断時に供試体が受ける拘束圧が大きくなり，②せん断時の非排水条件を守りにくいこと，さらに③せん断面の位置を特定すること，等が原因と考えられる。

図 12-7 には，室内配合試験（12.3 節）で得た D 粘土の同じ材令の DST の結果も併せて示している。この場合，図が繁雑になるのを避けるため，τ_p のプロットは省略してそれを最もよく近似する曲線を一点鎖線で示しているが，現地配合試験の結果より，かなり大きな強度を示している。この理由は以下のように考察される。すなわち，供試体は両者ともブロックサンプリングした乱れの少ない試料から同一の試験者が注意深く成形している。しかし，材料としての均一性の観点から，①施工機械を用いた現地配合試験の場合，水砕の配合精度が十分でなかったこと，②室内配合試験では，養生期間中の温度や含水比の条件をコントロールできるが，現地配合試験では，温度や含水比の変化が大きく，室内配合試験ほどの材令効果が得られなかったこ

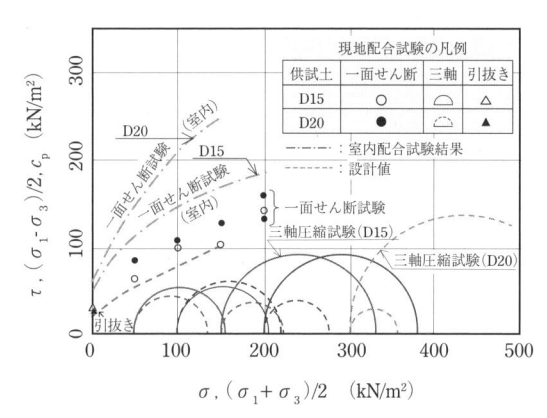

図 12-7 室内および現地配合試験結果（材令 14 日）

と，が考えられる。

以上のことから，設計に用いる G 土の強度係数は，円板引抜き試験を含めた現地配合結果から決定することにした。D15 と D20 の強度は，室内試験でも円板引抜き試験でも有意差はない。このことから，G 土は D15 に決定した。G 土は不飽和土であり，12.3 節で述べたように σ の全領域で一つの強度係数 c, ϕ を与えることは困難である。図 12-7 を基に，G 土の設計値として（図 12-7 の破線で示す）次の値を採用した。

① $\sigma < 40$ kN/m^2
   $c = 20$ kN/m^2, $\phi = 25°$

② 40 kN/m$^2 \leq \sigma \leq 150$ kN/m^2
   $c = 30$ kN/m^2, $\phi = 20°$

12.5 円板引抜き試験による盛土の施工管理

D15 の場合，盛土の安定に必要なせん断強さは，材令 4 日で $c = 20$ kN/m^2, $\phi = 25°$である。この時，円板引抜き試験による施工管理基準値は，円板径 20cm，埋設深度 30cm の場合に限界引抜き抵抗力 R は 430 kgf となる。

図 12-8 は修正限界引抜抵抗力 R' と粘着力の関係である。図 12-8 を用いれば，R の測定と同時に c_p を知ることができるため，G 土の品質や施工条件による盛土施工中の力学的な管理をその場で行うことが可能である。盛土の施工巻厚は各層 40cm で行った。転圧後直径 20cm の円板を 30cm の深さに各層 4～6 カ所設置して，4 日後に引き抜いた。円板引抜き試験による G 土の施工管理は計 39 カ所で行ったが，引抜き抵抗力が管理基準値に達しない場合は $R > 430$kgf となるように再転圧した。

盛土の転圧は，水砕の調達能力と切土施工の制約から，各層 2～3 の小ブロックに分けて施工した。したがって，転圧施工を行うブロックと円板引抜き試験のそれを区分して，迅速かつ良好な施工管理を行うことができた。盛土が完成し道路の供用を開始して数 10 年以上が経過しているが，盛土の沈下，変形等に関する工学的問題は生じていない。

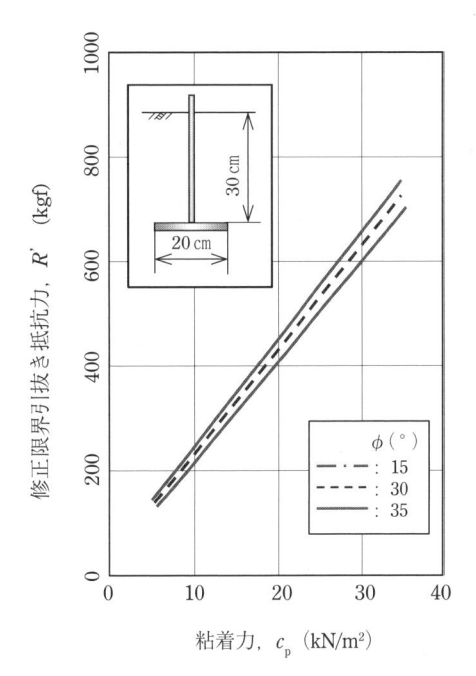

図 12-8 円板引抜き試験の管理図

参考文献

1) 松尾稔・正垣孝晴：円板引抜き試験による不飽和土の強度の推定と盛土施工管理への適用，不飽和土の工学的性質の現状シンポジウム論文集，pp.347～356，1987.
2) Matsuo, M. and Shogaki, T.：Evaluation of undrained strength of unsaturated soils by plate uplift test, *Soils and Foundations*, Vol.33, No.1, pp.1-10, 1993.
3) Lambe, T.W. and Whitman, R.V.：Soil Mechanics, *John Wiley and Sons*, Inc., pp.137～150, 1969.
4) Matsuo, M. and Shogaki, T.：Effects of plasticity and sample disturbance on statistical properties of undrained shear strength, *Soils and Foundations*, Vol.28, No.2, pp.14～24, 1988.

第 13 章　砂地盤の地震時安定性と液状化評価

13.1　概　要

　室内土質試験のために採取した試料の品質は，土質試験結果やそれを用いた設計信頼度を直接的に支配する。細粒分の含有量が少ない新潟砂のような地盤に対する乱れの少ない試料採取は，凍結サンプリング（以後，FSと表記）が良いとされている。しかし，FSは，その費用が高額なため，特別なプロジェクトを除き一般の実務で用いることはほとんどない。小径倍圧サンプラーは新潟砂に対しても内径 d70mm や 125mm のサンプラーと同等の品質の試料が採取できる[1]ことを7.2節で述べた。

　豊浦砂に対する相対密度を変化させた一連の繰返し三軸試験による間隙比 e，初期せん断剛性率 G_0，液状化強度 R_{L20} とチューブ貫入によるモデル実験から，チューブ貫入前の原地盤の e，相対密度 D_r，G_0，R_{L20} の推定法[2]が5.4節で示された。本章では，この推定法の適用性[3]が新潟空港でチューブサンプリングされた砂試料に対して示される。

13.2　新潟空港と新潟分屯基地の地盤構成と粒度分布

　図13-1は，新潟空港と新潟分屯基地の平面図を示している。新潟分屯基地は，B滑走路南側中央の点線で囲んだ敷地に位置している。A滑走路を含む他の敷地が国土交通省が管轄する新潟空港である。国土交通省北陸地方整備局[4]は，「地震に強い空港のあり方検討委員会」の答申を受けた新潟空港の整備計画に基づき，H.18年度とH.19年度に図13-1に示す位置で三重管サンプラー（以後，TSと表記）による砂試料の採取と一連の非排水繰返し三軸圧縮試験を実施した。新潟分屯基地では，格納庫と消防車庫等の改築のため，標準貫入試験SPTによる N 値と，スプリットバーレルで採取した試料に対する粒度

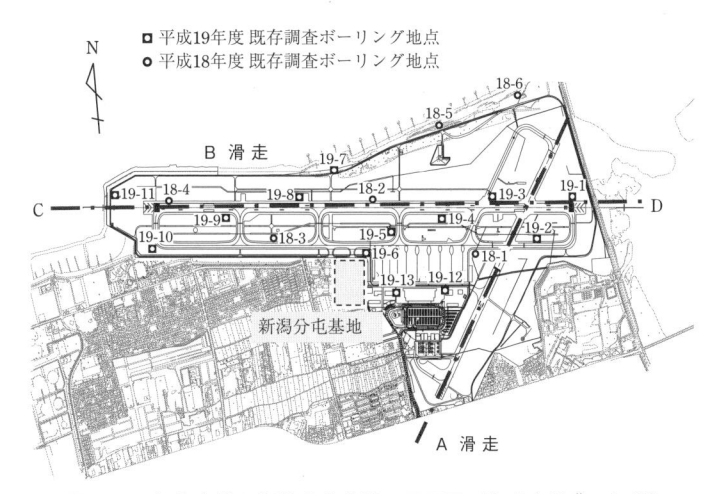

図13-1　新潟空港と新潟分屯基地の平面図（参考文献[4]に加筆）

分析試験[5]を行った。その結果，標高 T.P-(5～12)m に分布する砂層 (Asd) は砂丘砂であり，その下層 (As1) が阿賀野川と日本海からの堆積砂である。N 値は，それぞれ 6～30，14～36 であった[3]。

新潟空港の B 滑走路の縦断方向の土質断面図[3]では，新潟分屯基地を挟み新潟空港の敷地の N 値と土層区分が示されているが，土層区分の深度や同じ土層内の N 値は同等と判断された。すなわち，図 13-1 に示した新潟空港と新潟分屯基地の地盤は，同じ地盤構成と N 値であることがわかっている[3]。

図 13-1 に示した 18-1～18-6，19-1～13 から得た Asd 層の均等係数は 3.5 以下であり，50% 粒径が 0.3mm 程度の液状化の可能性が強い砂であった。新潟分屯基地から得た粒径加積曲線に加え，豊浦砂と新潟市女池小学校の校庭[1]の粒度分析試験の結果を検討したところ，新潟分屯基地の砂の粒度特性は，新潟空港から 10km 程の距離にある女池小学校校庭や豊浦砂のそれとも同等であり，これらは港湾基準の規定による「特に液状化の可能性あり」の砂である。

13.3　密度変化を考慮した砂の原位置の e と D_r の推定

豊浦砂に対する相対密度 D_r を変化させた一連の繰り返し三軸試験とモデル試験から，チューブ貫入による e，D_r，G_0，R_{L20} の影響を補正する原位置の推定法を 5.4 節で示した。表 13-1 に示す式 13.1，13.2，13.3，13.4[2]は，表 5-12 を再掲しているが，e，D_r，R_{L20}，G_0 の測定値から，これらの原位置の値を推定するための係数を求める式であり，式の右辺に代入して求めた係数を測定値に乗ずることでそれぞれの原位置の値が推定できる。

表 13-1　原位置 e_0，D_r，R_{L20}，G_0 の推定式

式	相関式	相関係数
13.1	$R_e = 1.214 - 0.00205 D_r - 0.0000147 D_r^2$	0.963
13.2	$RD_r = 0.076 + 0.013 D_r$	0.991
13.3	$RR_{L20} = e^{0.01579 D_r - 1.101}$	0.948
13.4	$RG_0 = 0.209 \ln D_r + 0.114$	0.991

図 13-2 は，SPT による N 値，自然含水比 w_n，細粒分含有率 F_c，乾燥密度 ρ_d，e と z の関係を示している。これらは地盤の変動を反映してばらついているが，w や F_c が小さい砂の特徴を示している。$z=20$m 付近では F_c が大きい（Bor.19-②）ことに起因して w と e が大きく ρ_d が小さい。新潟空港では凍結サンプリング FS が行われていない。女池小学校と新潟空港の粒度分布に差がないことから，N を用いた D_r の算定には，女池小学校の FS の結果も用いることにする。図 13-3 は，R_{L20}，式 (13.5)[1] から推定した原位置の $D_{r(FS)}$，式 (13.6)[6] から補正した N_1 と z の関係である。

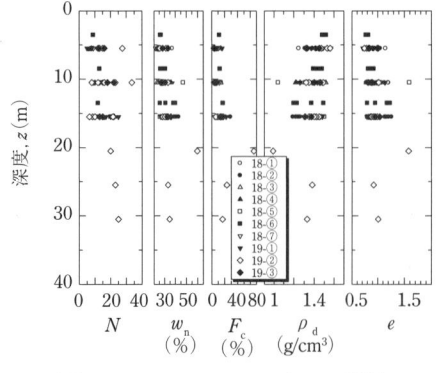

図 13-2　w_n，F_c，ρ_d，e と z の関係

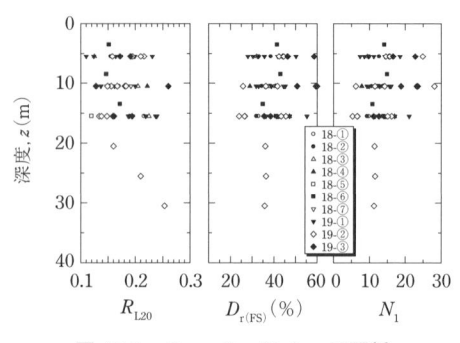

図 13-3　R_{L20}，D_r，N_1 と z の関係

$$D_r = 1.98N_1 + 1.345 \tag{13.5}$$

$$N_1 = 170N/(\sigma'_v + 70) \tag{13.6}$$

ここに，式(13.5)[1]は 5.4 節で述べた女池小学校の FS 試料のプロットから得た式(5.14)を再掲している。R_{L20} の深度分布は，z に関係なく 0.1 ～ 0.25 の範囲を示している。

図 13-4(a) は，繰返し三軸試験の供試体の成形時の e と D_r の関係である。新潟空港の地盤において，最大間隙比 e_{max} は，F_c に対して $0.02F_c+1.0$，最小間隙比 e_{min} は 0.6 と報告されている[7]。$D_{r(m)}$ はこの e_{max} と e_{min} から求めた D_r である。試料採取位置は図 13-1 に示す Bor.18-①～⑦，Bor.19-①の 6，Bor.19-②の 6，Bor.19-③の 3 の計 22 試料である。

図 13-4(b) と (c) の e は表 13-1 の式 (13.1) から推定した原位置の値であり，図 13-4(b) 図の D_r は $D_{r(FS)}$ を同式 (13.2) で補正した原位置の D_r である。また，図 13-4(c) の $D_{r(in\text{-}situ)}$ は $D_{r(m)}$ を同式 (13.2) で補正した原位置の D_r である。図 13-4 の (b) と (c) 図には，豊浦砂と，女池のチューブサンプラーから得た e と D_r に対して，同式 (13.1) と式 (13.2) から推定した原位置の値に対する回帰線を，それぞれ破線と実線で示している。細粒分を含まない豊浦砂が最下位に位置し，女池のチューブサンプラーから得た e と D_r の回帰線（実線）は，プロットの下側を包括している。プロットの傾向に調査位置や深度は依存していない。女池小学校の e と D_r は，$N=20 \sim 30$ の地盤を反映して，それぞれ 0.75 ～ 0.9 と 40 ～ 80 ％ である。この女池小学校の e と D_r の範囲においては，新潟空港のプロットも同等の位置にある。

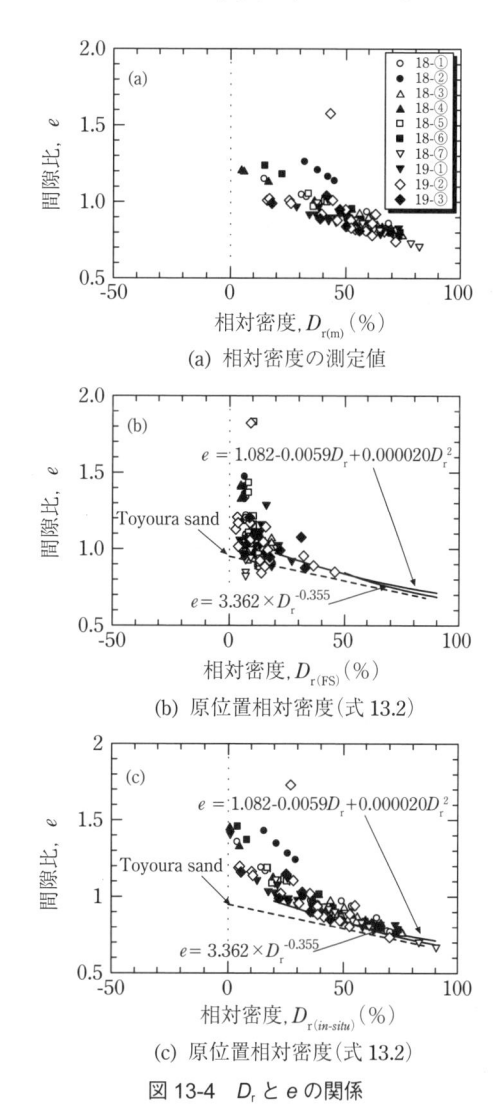

(a) 相対密度の測定値

(b) 原位置相対密度(式 13.2)

(c) 原位置相対密度(式 13.2)

図 13-4　D_r と e の関係

13.4　密度変化を考慮した砂の原位置の R_{L20} の推定

図 13-5 は，R_{L20} と D_r の関係であり，(a)，(b)，(c) の D_r は図 13-4 のそれらに対応している。新潟空港のプロットの傾向に調査位置や深度は依存していなかった[3]ことから，図 13-5 では新潟空港と女池小学校の結果[1]を 2 つの記号に区分してプロットしている。これらの図には豊浦砂に加え，女池小学校の FS とチューブサンプラーで得た試料に対す

る R_{L20} と D_r の結果に対する回帰直(曲)線[1]も示している。(a) 図は測定値であり、(b) と (c) のそれらは、図 13-4 と同様に D_r と R_{L20} を表 13-1 の式 (13.2) と (13.3) で推定した原位置の値に対する直(曲)線である。(a) 図のプロットの R_{L20} は、0.1 〜 0.25 の範囲にあり、$D_{r(m)}$ に対してほぼ一定値と判断されるが、(b) と (c) 図で示す補正後の R_{L20} の回帰線は D_r とともに大きくなり、右上がりの傾向を示している。この傾向は、図中の豊浦と女池の FS の曲線と同じである。同じ粒度特性の砂の場合、D_r が大きくなり密になると、図 5-76 に示したように R_{L20} は大きくなる。(b) と (c) 図の原位置の R_{L20} と D_r の関係は、この実験事実[2]と整合している。また、新潟空港と女池小学校の原位置の R_{L20} は、D_r の値に応じて統一的に説明できている。

図 13-6 は、同様に R_{L20} と N_1 の関係である。これらの図は吉見ら[8]、道路橋示方書[6]に示される式 (13.7) と (13.8)、時松・吉見[9]による式 (13.9) を、龍岡ら[10]による式 (13.10) を用いて R_{L20} に換算した。式 (13.10) は $R_{L20} \fallingdotseq 1.05 R_{L15}$ となる。7.2 節で述べたように、式 (13.10) は Bishop サンプラーで採取した試料に対する関係式であるが、他の研究報告[11]にも用いられている。(a) 図に示す R_{L20} の測定値は、N_1 に対してほぼ一定と判断されるが、(b) と (c) 図で示す補正後の R_{L20} は N_1 とともに大きくなり、式 (5.13)、式 (13.7)、式 (13.8) と同じ傾向である。そしてこの挙動に砂の両堆積地の差は依存していない。D_r と N_1 は正

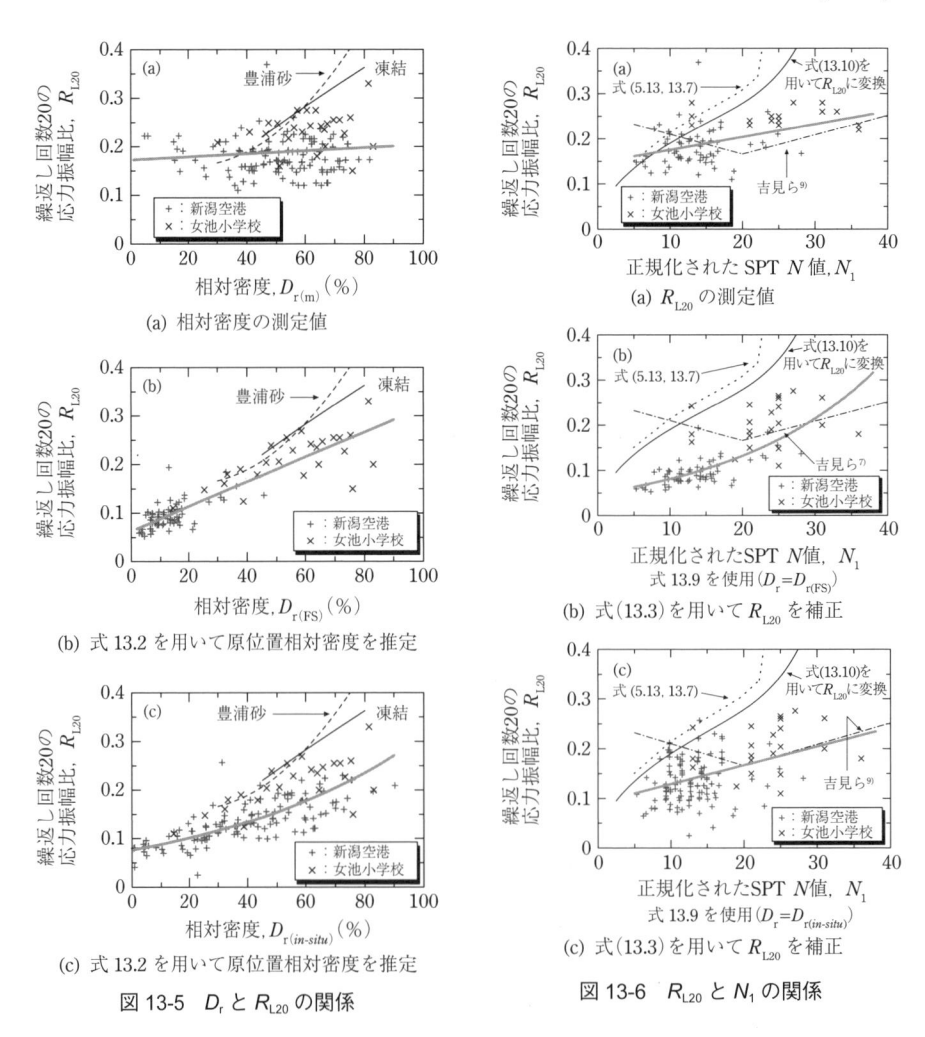

(a) 相対密度の測定値

(b) 式 13.2 を用いて原位置相対密度を推定

(c) 式 13.2 を用いて原位置相対密度を推定

図 13-5 D_r と R_{L20} の関係

(a) R_{L20} の測定値

(b) 式 (13.3) を用いて R_{L20} を補正

(c) 式 (13.3) を用いて R_{L20} を補正

図 13-6 R_{L20} と N_1 の関係

の関係にあるが，R_{L20} の変化は N_1 のそれと整合している。これらのことは，表 13-1 に示した式 (13.1)，式 (13.2)，式 (13.3) を用いた原位置の e, D_r, R_{L20} の推定法は，女池小学校と新潟空港の両砂の e, D_r に加え，R_{L20} の動的強度特性を N 値等の地盤特性に応じて統一的に説明できることを意味している。

$$R_{L20} = 0.0882\sqrt{N_1/1.7} \qquad (N_1 < 14) \qquad (13.7)$$

$$R_{L20} = 0.0882\sqrt{N_1/1.7} + 1.6 \times 10^{-6} \times (N_1 - 14)^{4.5} \qquad (N_1 \geqq 14) \qquad (13.8)$$

$$R_{L15} = 0.45 \times \left\{ \frac{16\sqrt{N_1}}{100} + \left(\frac{16\sqrt{N_1}}{97 - 19\log DA} \right)^{14} \right\} \qquad (F_c \leqq 5\% \text{の場合}) \qquad (13.9)$$

$$R_L = R_{L20}(N_c/20)^{-0.1 - 0.1\log_{10} DA} \qquad (13.10)$$

13.5 新潟空港地盤の液状化判定に及ぼす試料の乱れの影響

図 13-7[7] は，Bor.18-2 の等価 N 値と等価加速度の関係である。地表加速度を 101 gal として，その 0.65 倍，1.0 倍，1.35 倍の条件下の結果が記号を変えて示されている。1.0 倍の条件下でⅢ（液状化しない可能性が大きい）が 3 深度，Ⅳ（液状化しない）が 11 深度で存在している。

図 13-8 は，Bor.18-2 を例示して R_{L20} の測定値と $D_{r(FS)}$ と $D_{r(in\text{-}situ)}$ から推定した原位置の R_{L20} から式 (13.11) で求めた原位置の液状化強度比 R_{max} と，原位置に発生する最大せん

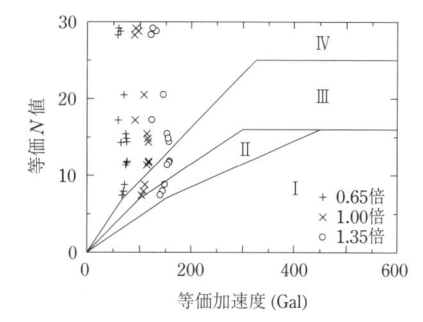

図 13-7　等価 N 値と等価加速度の関係（新潟空港）[7]

断応力比 L_{max} に対する R_{max} の比である液状化安全率 F_L を z に対してプロットしている。(a) 図が女池，(b) 図が新潟空港の補正式を用いた結果である。

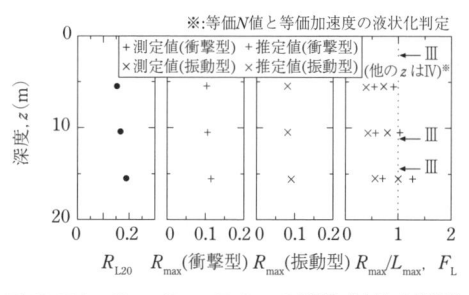

図 13-8(a)　R_{L20}, R_{max}, F_L と z の関係（女池小学校）

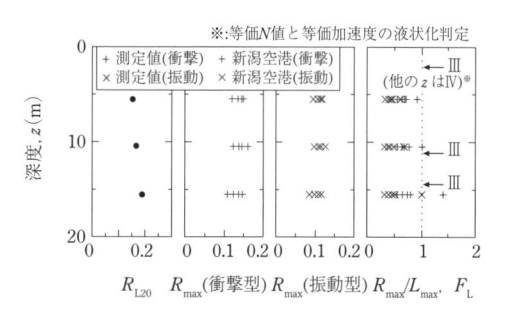

図 13-8(b)　R_{L20}, R_{max}, F_L と z の関係（新潟空港）

$$R_{max} = \frac{0.9}{c_1}\left(\frac{(1+2K_0)}{3}\right)R_{L20} \qquad (13.11)$$

ここで，$K_0 = 0.5$ と仮定し，c_1 は衝撃型の地震に対して 0.55，振動型のそれに対しては 0.70 とすると，R_{max} を求めるための式 (13.11) の R_{L20} の係数は，衝撃型に対して 1.091，振動型

に対して 0.857 となる。なお，L_{max} は新潟空港に対しては，z に対する関係[4] が示されていて，図 13-8 の L_{max} は，その曲線[4] からせん断応力 τ を読み取っている。

図 13-8 の F_L 値は，振動型地震に対して 0.7～1.0，衝撃型地震に対しては，0.9～1.3 の範囲であり，浅部ほど小さくなり，F_L も小さくなる。一方，式 (13.1) と式 (13.2) の原位置の e と D_r を用いて式 (13.3) から推定した原位置の R_{L20} から得た F_L 値は，(a) 図で 0.4～0.7，(b) 図で 0.5～0.9 と液状化することがわかる。図 13-8 の F_L の欄には，図 13-7 に示す液状化の簡易判定のランクも示している。$z=2m$，$11m$，$14m$ でⅢの判定であるが，他の z はⅣの判定となる。すなわち，等価 N 値と等価加速度による液状化の簡易判定法は，新潟空港の砂地盤に対しては液状化を過小評価することを示している。また，提案法で推定した原位置の R_{L20} から求めた F_L は，R_{L20} の測定値から得た F_L の 30～50％小さい値である。

図 13-3 で示したすべての R_{L20} の測定値と原位置の推定値を用いて図 13-8 と同じ検討を行った[3]。R_{L20} の補正前後の値を用いた F_L の統計量と，この統計量を用いた正規分布曲線を図 13-9 と図 13-10 に示す。ここで，n は試験数，$\overline{F_L}$ は F_L の平均値，VF_L は F_L の変動係数である。また，P_f は $\overline{F_L}$ が 1 より小さい確率（％）である。R_{L20} の原位置の推定値を用いた F_L は，VF_L が小さく補正によって F_L の変動が小さくなるが，P_f が 67.7～98.4％であり，測定値のそれらの 51.6～67.2％より 16～31％大きくなる。図 13-11 は，補正前の F_L に対する補正後の値の比に関する正規分布曲線である。$D_{r(FS)}$ と $D_{r(in\text{-}situ)}$ の補正方法によって $\overline{F_L}$ と VF_L の値は異なるが，補正による F_L は 24～38％低下している。

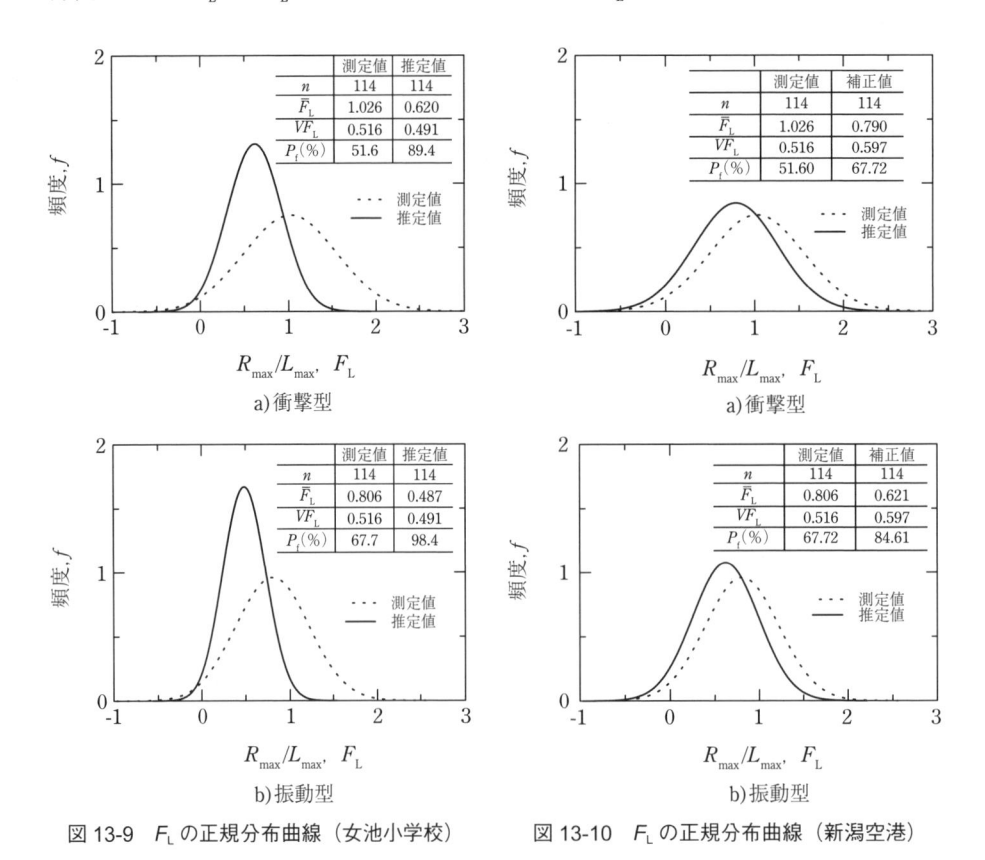

図 13-9 F_L の正規分布曲線（女池小学校）

図 13-10 F_L の正規分布曲線（新潟空港）

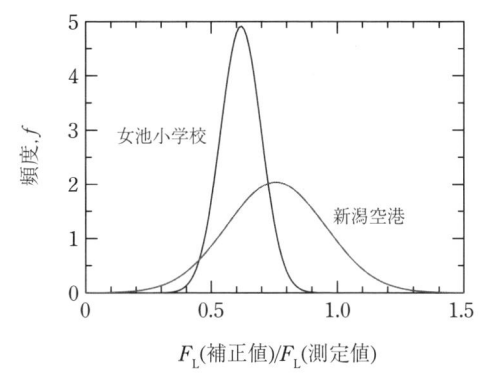

図 13-11　F_L の正規分布曲線

　マグニチュード 6.5（直下型）規模の地震が発生した場合の新潟空港敷地地表面の液状化による沈下量が計算されている[12]．それによると，主要施設である滑走路やエプロンは 40 〜 50cm の沈下量が予測されている．新潟分屯基地の敷地の沈下量は，計算されていないが，土質断面図[3]から判断して，液状化による沈下量は，滑走路やエプロンと同等の 40 〜 50cm の沈下量が予測される．図 13-8 〜 図 13-11 の補正後の F_L の値は，この沈下量の予測値と矛盾しない．

参考文献

1) Shogaki, T., Sakamoto, R., Nakano, Y. and Shibata, A.：Applicability of the small diameter sampler for Niigata sand deposits, *Soils and Foundations*, Vol.46, No.1, pp.1 〜 14, 2006.
2) Shogaki, T. and Sato, M.：Estimating *in-situ* dynamic strength properties of sand deposits, *The 14th Asian Regional Conference on Soil Mechanics and Geotechnical Engineerring*, Hong-Kong, 2011.
3) 正垣孝晴・古川健・佐藤葵・菅野高弘：密度変化を考慮した原位置の動的強度推定法の新潟砂への適用性，第 55 回地盤工学シンポジウム論文集，pp.213-220, 2010.
4) 国土交通省北陸地方整備局新潟港湾・空港整備事務所：平成 19 年度新潟空港土質調査報告書，2007.
5) 東京防衛施設局，財団法人環境地質科学研究所：新潟 (16) 格納庫新設等土質調査，2004.
6) （社）日本道路協会：道路橋示方書・同解説 V 耐震設計編，pp.349 〜 362, 2003.
7) 国土交通省北陸地方整備局新潟港湾・空港整備事務所：平成 18 年度新潟空港土質調査報告書，2007.
8) Yoshimi, Y., Tokimatsu, K. and Hosaka, Y.：Evaluation of liquefaction resistance of clean sands based on high-quality undisturbed samples, *Soils and Foundations*, Vol.29, No.1, pp.93-104, 1989.
9) Tokimatsu, K.and Yoshimi, Y.：Empirical correlation og soil liquefaction based on SPTN-Value and fines content, *Soils and Foundations*, 23, (4), 56-74, 1983.
10) Tatsuoka, F., Yasuda, S., Iwasaki, T. and Tokida, K.：Normalized dyamic undrained strength of sands subjected to cyclic and random loading, *Soils and Foundations*, 20, (3), pp.1-14, 1980.
11) （社）全国地質調査業協会連合会：「地盤の液状化に関する土木研究所との共同研究」全地連「技術フォーラム '98」講演集別冊，全地連報告 第 1 部, p341, 1998.
12) 国土交通省北陸地方整備局新潟港湾・空港整備事務所，（財）沿岸技術研究センター：平成 21 年度新潟空港技術検討業務概要報告書，2010.

第 14 章　軟弱地盤上の盛土設計の最適化

14.1　概　説

　盛土の短期安定性は，一般に非排水せん断強度で検討される。堆積環境等に起因して地盤特性の変動が大きい場合は，地盤情報を空間的・平面的に把握する方法として，コーン貫入試験 CPT が経済的に有効である。地盤の短期安定問題に用いる粘性土地盤の強度は，我が国では一軸圧縮強さ q_u の 1/2 が多用されているが，原位置における非排水せん断強度 $q_{u(I)}$[1] を簡便に推定する方法を 5.2 節で述べた。一方，小径倍圧型サンプラーで得た試料から得られる強度・変形特性は，75-mm や二・三重管サンプラーのそれらの強度・変形特性と同等である[2]ことを第 7 章で述べた。また，自然堆積地盤は，粘土の粒子形状や堆積環境に起因した初期異方性を有しており，円弧すべり面上では主応力方向が回転し，円弧すべり面の位置により異なったせん断強度を示し，初期異方性は，その成因からローカル性を有することも第 10 章で述べた。

　本章は，建設中に実際に破壊した道路盛土地盤から 75-mm，84T サンプラーと 45-mm，Cone の倍圧サンプラーにより得た試料に対して，UCT，K_0CUC，K_0CUE と IL を実施し，q_u，$q_{u(I)}$，$c_{u(I)}$ と CPT から得た q_t を用いた最適盛土設計法[3]を示す。そして，性能規定化した試料採取法，非排水強度と初期非排水強度異方性を考慮することで，設計信頼度が向上することを，破壊確率，消費者危険率と総費用の観点から示す。

14.2　供試体の切り出し角度を変えた初期非排水強度異方性の測定

　自然地盤は堆積過程あるいは応力履歴に起因した異方性を有しており，再構成等の等方的な土とは異なった強度・変形特性を示すことを第 10 章で述べた。土の異方性は，構造異方性と応力誘導異方性に区別され，各研究者による異方性の測定方法や研究成果も 10.1 節で述べた。

14.3　初期・応力誘導異方性を考慮した斜面安定解析法

　異方性と年代効果の影響を考慮に入れた土の構成式は，関口・太田[4]によって開発されている。浅岡・小高[5]は，剛塑性有限要素法から，応力誘導異方性を説明した。Duncan & Seed[6]は，自然堆積した粘性土における応力誘導異方性は，円弧すべり面に対し主応力方向によって異なることを指摘した。

　Lo[7]，Bishop[8]，Davis & Christian[9] と Mikasa ら[10]は，β の異なる供試体から得た q_u を非排水強度 c_u ($= q_u/2$) として，c_u と β の極座標上に値をプロットして，それらを楕円近似することにより非排水強度による初期異方性を評価している。一方，三軸圧縮に対する伸張強度の比は，β における異方強度を測定することができないし，β を変化させた一面せん断試験では，図 14-1 に示すように，鉛直方向に対する試験時の拘束圧の方向が原位

置のそれと異なるという問題がある。初期非排水強度異方性を測定するために，β を変化させた S 供試体は，d75mm, h100mm の試料から作製できることを図 10-1 で示した。Lo[7] が提案した斜面安定解析法は，初期異方性の影響を考慮に入れ，極座標上に楕円近似する方法である。しかし，過圧密粘土と縞状粘土に対する非排水強度異方性は，極座標上に楕円近似できない[10] ことが指摘されている。

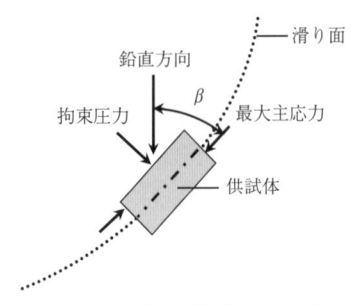

図 14-1　一面せん断試験における応力

圧密の促進効果を期待して，軟弱地盤対策としてバーチカルドレーンによる地盤改良がしばしば行われる。通常，この種の土の安定化工法における強度増加は，対象とする土に対する三軸試験から得られる強度増加率 c_u/p によって評価される。しかし三軸試験は，圧密時に原位置の応力状態を有効土被り圧と側圧で設定するため，異方性を考慮することはできない。

図 14-2 は，図 10-1 に示した方法で作製した S 供試体を，それぞれ円弧すべり面上に割り付けた状態を示している。初期非排水強度異方性を考慮した場合，図 14-2 に割り付けた q_u は，$\beta=90°$ の時に最も小さくなる。ここで，円弧の右半分の $\beta=0°\sim60°$ は主働領域，同左半分の $\beta=60°\sim90°$ は受働領域を表す。図 14-3 に，円弧すべりの頂角 θ と供試体の破壊せん断角度 α の幾何学的関係を示す。また，θ の幾何学的関係を式 (14.1) に示す。

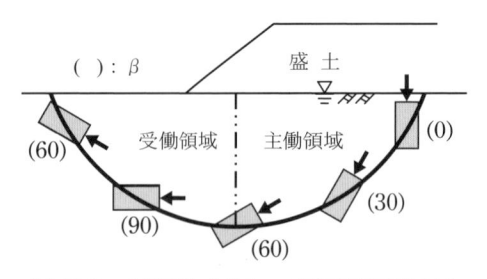

図 14-2　β を変化させた q_u の割り付け概念図

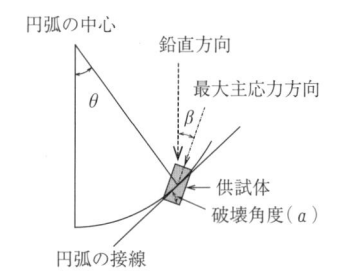

図 14-3　供試体の切り出し角度 β と α の関係

$$\theta=\alpha-\beta \tag{14.1}$$

ここで，α は，62° 程度[11] であることが多いが，当斜面安定解析法においては簡単のために 60° に仮定する。この仮定の妥当性は，安全率に及ぼす影響の観点から正垣・茂籠[11] により検討されている。

Hansen & Gibson[12] は，非排水条件下の平面ひずみ状態のもとで，主応力が回転した場合の c_u/p を求める式を提案している。この式には，Skempton[13] の λ 理論と Hvorslev[14] の強度定数等の特殊なパラメータが用いられている。Duncan & Seed[6] は Hansen & Gibson[12] の式を Skempton[13] の破壊時の間隙水圧係数 A_f と有効応力による c', ϕ' を用いて，実務にも適用可能な式 (14.2) を提案した。式 (14.2) は A_f の異方性を式 (14.3) で考慮している。ここで，A_f の最大値 $A_{f(max)}$ と最小値 $A_{f(min)}$ は，それぞれ主応力が垂直と水平方向に作用した時の A_f 値である。A_f 値は β の値によって $A_{f(max)}$（このとき $\beta=0°$）と $A_{f(min)}$（同，$\beta=90°$）の間にあることから，主応力が回転したときの $A_{f(\alpha)}$ は式 (14.3) のように仮定している。

$$\left(\frac{c_\mathrm{u}}{p}\right) = \frac{c'}{p}\cos\phi' + \frac{1}{2}(1+K_0)\sin\phi' - \sin\phi'(2A_\mathrm{f}-1)\left\{\left(\frac{c_\mathrm{u}}{p}\right)_\theta^2 - \frac{c_\mathrm{u}}{p}(1-K_0)\cos^2(60°-\theta) + \left(\frac{1-K_0}{2}\right)^2\right\}^{1/2} \tag{14.2}$$

$$A_{\mathrm{f}(\alpha)} = A_{\mathrm{f}(\min)} + (A_{\mathrm{f}(\max)} - A_{\mathrm{f}(\min)})\sin^2(\theta+30°) \tag{14.3}$$

ここで，$(c_\mathrm{u}/p)_\theta$ は，θ における強度増加率，c' は有効粘着力，ϕ' は有効内部摩擦角，K_0 は静止土圧係数である。

β を変化させた UCT から得た非排水強度に関する初期異方性を測定し，応力誘導異方性に関しては式 (14.2) を用いると，初期および誘導異方性を考慮した盛土斜面の安定解析が可能となる。抵抗モーメント M_r は，初期および誘導異方性を考慮した抵抗モーメントを，それぞれ $M_\mathrm{r(i)}$ と $M_\mathrm{r(s)}$ として式 (14.4) で与える。

$$M_\mathrm{r} = M_\mathrm{r(i)} + M_\mathrm{r(s)} = \int c_0 f(\theta) R^2 d\theta + \int \left\{\left(\frac{c_\mathrm{u}}{p}\right)_\theta \Delta p U\right\} R^2 d\theta \tag{14.4}$$

ここで，c_0 は地盤表層の非排水せん断強度，$f(\theta)$ は θ に対するすべり面上での $\overline{q}_\mathrm{u}(\theta)/\overline{q}_\mathrm{u}(0°)$ であり，図 10-7 の関係から得る。$(c_\mathrm{u}/p)_\theta$ は各 θ の下での強度増加率，Δp は盛土等の増加荷重，U は圧密度，R は円弧半径である。

慣用の $\phi_\mathrm{u}=0$ 円弧すべり解析法に式 (14.4) から得た M_r を用いることにより，粘性土の初期および誘導異方性を考慮した盛土斜面の安定解析が容易に行えるようになる。この方法を本書では IASIA（Inherent And Stress Induced Anisotropies）法[3] と表記する。

14.4　地盤概要と道路盛土地盤から採取した土の強度・圧密特性

図 14-4 は，原位置試験と試料採取したボーリング孔の平面位置である。Bor.2 は 45-mm，Bor.5 では 50-mm と Cone，Bor.1 では 75-mm と 84T サンプラーによって試料採取が行われた。室内試験は，サクション測定を伴う UCT と原位置強度の推定のために K_0CUC と JIS A1217 に従う IL を実施した。

各ボーリング孔で行われた試料採取深度 z は地表面下 1〜23m であるが，本章では $z=3$〜9m での採取試料を用いて室内試験を行った。表 14-1 に，これらのサンプリングの結果を示す。Cone，45-mm，50-mm サンプラーの最大チューブ貫入時間は 10〜40 秒であり，これらの試料採取率はすべて 100％であった。

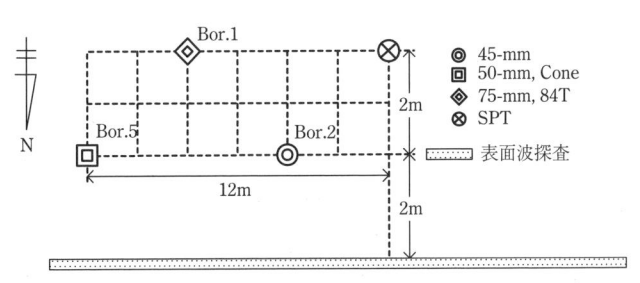

図 14-4　原位置試験とサンプリング位置

表14-1 サンプリング結果

供試土	サンプラー	深さ, z (G.L.-m)	試料長 (cm)	最大ポンプ圧 (MN/m²)	チューブ貫入時間 (sec)	チューブの引抜き力 (kN)	刃先の変形	試料採取率 (%)
高有機質土	75-mm	4.0〜4.8	80	0.5	16	0.1	No	100
	45-mm	4.5〜5.1	55	0.6	10	0.1		
	50-mm	3.0〜3.8	80	0.6	10	0.1		
沖積粘土	75-mm	7.0〜7.8	80	1	30	0.3	No	100
	45-mm	7.5〜8.1	55	0.7	15	0.3		
	Cone	7.3〜7.8	52	1.7	30	0.3		
洪積粘土	84T	16.0〜16.8	80	0.2	900	1.5	No	100
	45-mm	16.3〜16.8	55	1.3	20	0.8		
	Cone	16.0〜16.5	52	2	40	1.2		

当該地は林に囲まれ，水田として利用されており，図14-5に示すように，$z=(3.4〜6.7)$mには有機質土（O）層が堆積している。この有機質土の自然含水比w_nは（392〜634）%で，塑性指数$I_p=199〜370$と高く，一軸圧縮強さq_uは（18〜36）kN/m²と小さい。珪藻化石分析の結果[15]は，$z=(7〜14)$m

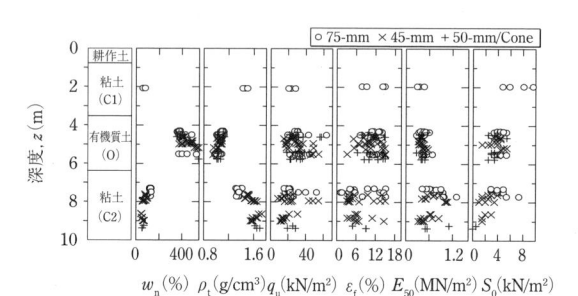

図14-5 土性図

において汽水性と海水性の珪藻化石が多く含まれており，海進の影響と推察されている。$z=(0.7〜3.5)$mと$z=(6.7〜9.5)$mの沖積粘土は$I_p=34〜74$の高塑性の粘土（CH）に分類される。

O層のw_n，湿潤密度ρ_t，初期間隙比e_0，q_u，破壊ひずみε_f，変形係数E_{50}，体積ひずみε_{vo}，圧密降伏応力σ'_p，圧縮指数C_cと有効土被り圧σ'_{vo}に対するσ'_pで得た過圧密比OCRを図14-6に示す。図14-7に，同様にC2層の土性図を示す。原位置の非排水せん断強さ（$q_{u(I)}$）は，5.2節で述べた方法[1]から推定し，原位置の非排水強度$c_{u(I)}$は，ILから推定した原位置の圧密降伏応力$\sigma'_{p(I)}$[16]とK_0CUCから推定した。

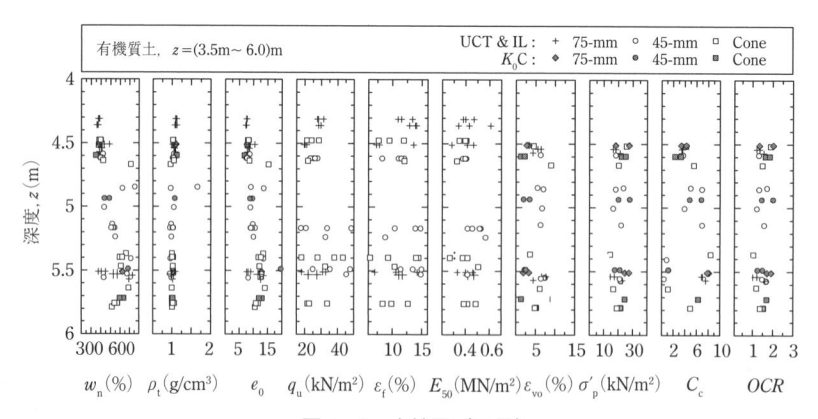

図14-6 土性図（O層）

図14-7 土性図（C2層）

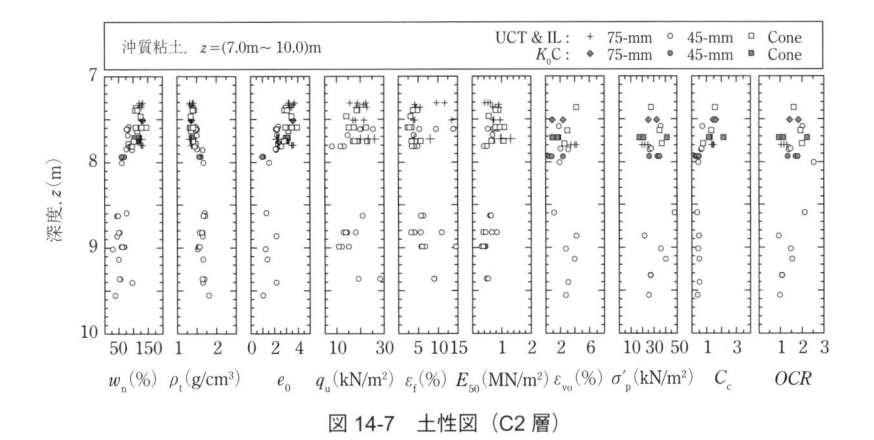

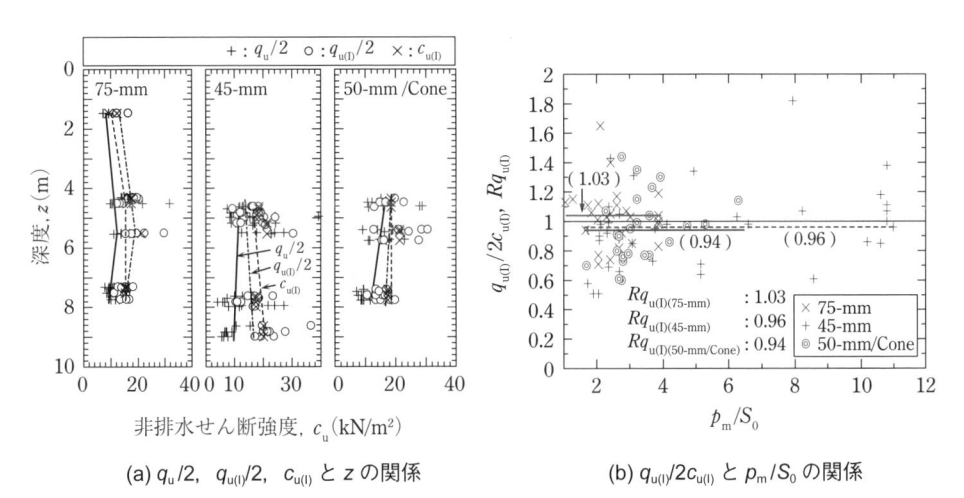

図14-8 非排水強度
(a) $q_u/2$, $q_{u(I)}/2$, $c_{u(I)}$ と z の関係
(b) $q_{u(I)}/2c_{u(I)}$ と p_m/S_0 の関係

図14-8(a)に，75-mm，45-mm，50-mmとConeサンプラーから得た $q_u/2$，$q_{u(I)}/2$，$c_{u(I)}$ を z に対して示す．試料採取時の応力解放と機械的撹乱に起因する試料の乱れの影響を除いた $q_{u(I)}/2$ と $c_{u(I)}$ は，測定した $q_u/2$ と比較して大きい．図14-8(b)は，平均圧密圧力 p_m を最大主応力 σ'_a の 2/3 として得た $q_{u(I)}/2c_{u(I)}$ ($=Rq_{u(I)}$) と p_m/S_0 の関係を示している．土性の差等に起因した変動は見られるが，$Rq_{u(I)}$ の平均値は75-mmサンプラーで1.03，45-mmサンプラーで0.96，Cone/50-mmサンプラーの場合0.94であり，三軸試験から求めた $c_{u(I)}$ と推定した $q_{u(I)}/2$ は同等であることがわかる．

表14-2 非排水強度の統計的性質

供試土	サンプラー	c_u	個数	$\bar{c}_u$ (kN/m²)	Vc_u
沖積粘土 (C1)	75-mm	$q_u/2$	4	12.1	0.14
		$q_{u(I)}/2$	4	15.5	0.21
		$c_{u(I)}$	1	12.3	—
有機質土 (O)	75-mm	$q_u/2$	19	15.5	0.33
		$q_{u(I)}/2$	15	18.4	0.28
		$c_{u(I)}$	2	18.3	0.11
	45-mm	$q_u/2$	26	15.3	0.48
		$q_{u(I)}/2$	17	17.2	0.29
		$c_{u(I)}$	2	19.4	0.07
沖積粘土 (C2)	75-mm	$q_u/2$	17	12.3	0.51
		$q_{u(I)}/2$	13	14.9	0.11
		$c_{u(I)}$	1	15.3	—
	45-mm	$q_u/2$	27	12.0	0.55
		$q_{u(I)}/2$	19	19.3	0.29
		$c_{u(I)}$	3	20.0	0.16

$\bar{c}_u$：c_u の平均値　　Vc_u：c_u の変動係数

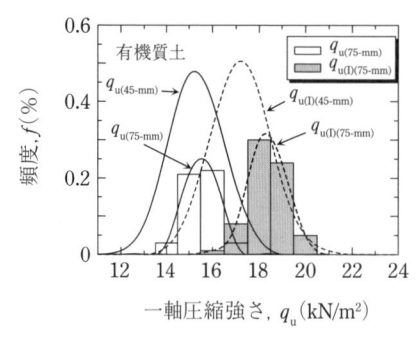

図 14-9　非排水強度のヒストグラム（O 層）

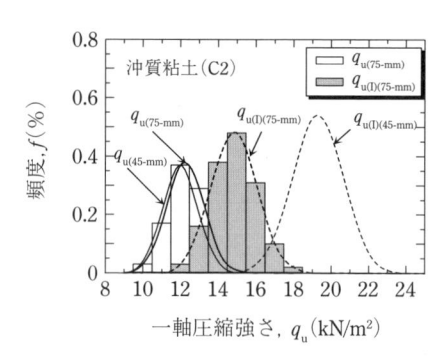

図 14-10　非排水強度のヒストグラム（C2 層）

$z=(0.7 \sim 3.5)$m の沖積粘土層（C1 層）は，75-mm サンプラーのみで試料を採取した。非排水せん断強さ c_u の統計量とこの正規分布曲線を表 14-2，図 14-9 と図 14-10 に示すが，$c_{u(I)}$ は，図 14-11 に示す $\sigma'_{p(I)}$[16] 下における K_0CUC から推定した。試料の乱れに起因して，$\sigma'_{p(I)}$ に対する σ'_p の比は $(67 \sim 79)$% であり，$q_{u(I)}$ と $c_{u(I)}$ に対する $q_u/2$ の割合は，$(68 \sim 84)$% である。測定した c_u と σ'_p は，原位置の推定値よりかなり小さいことがわかる。

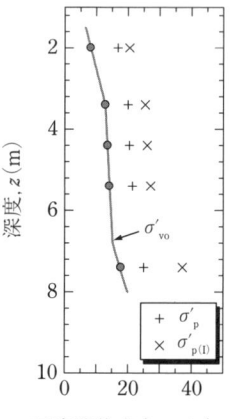

図 14-11　σ'_p の測定値と原位置の推定値

14.5　道路盛土地盤から採取した土に対する初期強度異方性

O 層と C2 層に対する $\beta=0°$，30°，60° と 90° で作製した供試体の応力とひずみの関係を図 14-12 と図 14-13 に示す。また，それぞれの供試体に対する w_n，ρ_t，サクション S_0，q_u，E_{50} と ε_f を表 14-3 と表 14-4 にまとめた。ここで，供試体の飽和度 S_r はほぼ 100% で

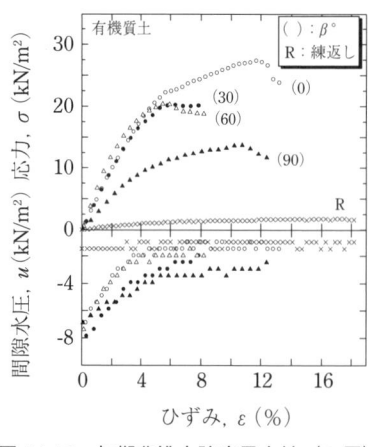

図 14-12　初期非排水強度異方性（O 層）

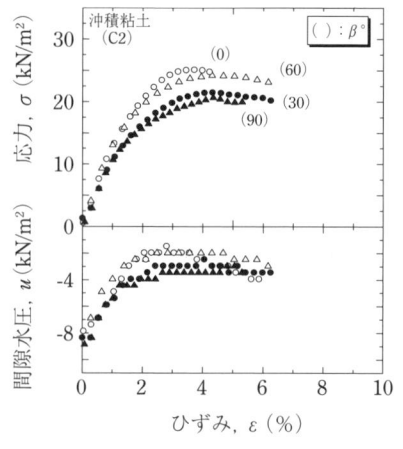

図 14-13　初期非排水強度異方性（C2 層）

表 14-3　一軸圧縮試験結果（図 14-12）

$\beta(°)$	$w_n(\%)$	$\rho_t(g/cm^3)$	$S_0(kN/m^2)$	$q_u(kN/m^2)$	$E_{50}(kN/m^2)$	$\varepsilon_f(\%)$
0	570	1.00	5.4	27.3	0.48	11.7
30	526	1.01	6.4	20.2	0.47	6.3
60	500	1.01	5.9	20.6	0.64	5.8
90	581	0.97	4.9	13.8	0.26	10.9
Remold	717	1.66	0.5	1.80	0.02	18.3

表 14-4　一軸圧縮試験結果（図 14-13）

$\beta(°)$	$w_n(\%)$	$\rho_t(g/cm^3)$	$S_0(kN/m^2)$	$q_u(kN/m^2)$	$E_{50}(kN/m^2)$	$\varepsilon_f(\%)$
0	123	1.37	5.4	26.0	0.99	4.1
30	120	1.35	8.4	21.5	0.99	4.3
60	125	1.36	6.9	24.3	1.32	4.5
90	109	1.38	7.9	20.7	1.02	4.5

あった．q_u と初期の接線勾配は，β の増加による土粒子の配向性と構造の特性を反映して減少するが，ε_f は大きくなる．これらの傾向は，粘土の種類と z に依存していない．またこの結果は，Lo[7]，Duncan & Seed[17] と Mikasa ら[10] による他の研究報告とも整合する．

図 14-14 に，鉛直供試体の q_u の平均値 $\overline{q}_{u(0°)}$ に対する各 β の $\overline{q}_u$ の比 $\overline{q}_{u(\beta)}/\overline{q}_{u(0°)}$ のプロットに対する近似曲線を実線（有機質土）と破線（沖積粘土）で示している．また，図 14-14 には，図 10-7 に示す国内の 11 堆積地から同様に得た範囲を併記している．O と C2 層の強度異方性は，他の堆積地[3] の平均的なそれより小さいことがわかる．特に $\beta<60°$ の範囲は，異方強度の発現はほとんどなく等方的である．O と C2 層の $\beta=90°$ の q_u は，$0°$ のそれの，それぞれ 71％と 86％である．本道路盛土地盤から採取した土においては，有機質成分が原因となる強度異方性は有機質成分を含まない粘土のそれより大きい．一方，O 層の強度異方性は，岩見沢，袋井，江田と呉粘土に代表される繊維質の多い腐植土のそれよりは小さい．10.1 節で述べたように，非排水強度の初期異方性は，地盤の持つ応力履歴や堆積環境がそれぞれ異なることから，当該地盤で直接測定する必要がある．小型供試体を用いると，非排水強度の初期異方性が簡単に測定できる．

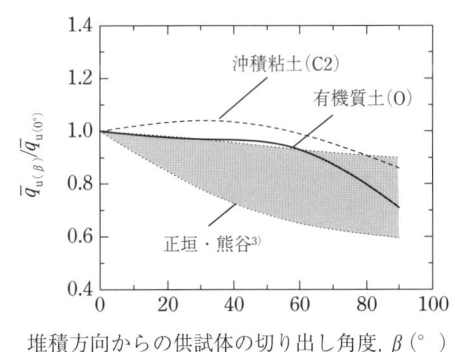

図 14-14　異方強度と β の関係

IASIA 法に用いる異方強度（$q_{u(I)}/2$(IASIA)）と β の関係は，図 14-14 に示した $\overline{q}_{u(\beta)}/\overline{q}_{u(0°)}$ を使用した．盛土の安定性は，75-mm と 45-mm から得た c_u を用いて検討する．これらの c_u から求めた安全率の最小値（$F_{s(min)}$）を表 14-5 にまとめて示す．$F_{s(min)}$ は，施工中の盛土に対して，盛土施工中の交通荷重（$=9.8kN/m^2$）を考慮している．盛土直下の地盤は，表層部が耕作土であり，その下は C1 層と O 層，C2 層，砂層である．両サンプラーから得た $q_u/2$ を使用した $F_{s(min)}$ は 1.0 未満であり，これらの結果は盛土が破壊した結果と整合する．

図 14-15 に，75-mm サンプラーの $q_u/2$ から得た最小すべり円弧を示す．$q_u/2$，$q_{u(I)}/2$ と $q_{u(I)}$ を使用して IASIA 法を適用した場合（$q_{u(I)}/2$(IASIA) と表記）の $F_{s(min)}$ は，それぞれ 0.872，1.039 と 1.016 である．図 14-15 のすべり円弧は，盛土法尻の周辺で確認された盛り上がりと盛土に発生したクラックの位置から判断して，実際に発生した盛土の変状をよく説明している．

表 14-5 c_u から求めた安全率の最小値

サンプラー	非排水せん断強度	検討内容	供試体数 n	P_f (%)	P_c (%)	$C_{t(min)}$ (千円/m)	$F_{s(min)}$
75-mm	$q_u/2$	P_f	200	40.2		108.8	0.872
		P_f と P_c	226	39.3	49.6	116.9	
	$q_u/2_{(IASIA)}$ 岩井	P_f	188	42.8		110.5	0.853
		P_f と P_c	219	41.8	54.3	120.3	
	$q_u/2_{(IASIA)}$ 浦安	P_f	157	55.2		119.4	0.641
		P_f と P_c	30	64.8	91.9	144.7	
	$q_{u(I)}/2$	P_f	100	9.8		82.3	1.039
		P_f と P_c	104	9.7	20.5	90.8	
	$q_{u(I)}/2_{(IASIA)}$ 岩井	P_f	134	13.7		86.3	1.016
		P_f と P_c	123	14.1	24.8	94.7	
45-mm	$q_u/2$	P_f	223	34.0		104.4	0.863
		P_f と P_c	37	50.3	84.4	139.1	
	$q_u/2_{(IASIA)}$ 岩井	P_f	245	37.4		107.7	0.844
		P_f と P_c	82	47.4	94.4	148.1	
	$q_{u(I)}/2$	P_f	27	0.4		73.0	1.073
		P_f と P_c	75	0.0	1.4	75.0	
	$q_{u(I)}/2_{(IASIA)}$ 岩井	P_f	48	1.3		74.3	1.060
		P_f と P_c	164	0.3	6.0	80.9	

P_f:破壊確率,P_c:消費者危険,$C_{t(min)}$:総費用最小値,$F_{s(min)}$:安全率の最小値

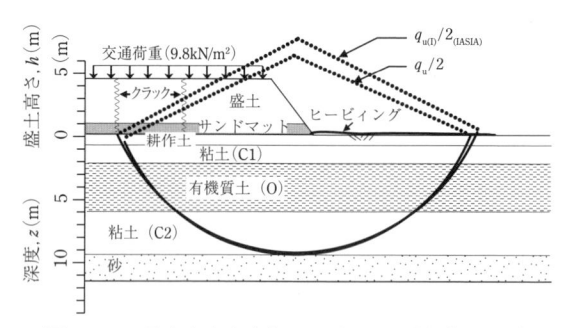

図 14-15 最小安全率を与えるすべり円弧(75-mm)

14.6 性能規定化を踏まえた盛土設計の最適化

14.6.1 最適盛土設計法の提案

図 14-16 は,短期安定問題の最適設計のフローを示している.盛土設計を例示してフローを説明する.

図 14-16 の左列は,盛土設計の現行法を示しており,75-mm サンプラーから得た q_u や $c_{u(I)}$ 等と,これらを用いる安全率 F_s 法や破壊確率 P_f による信頼性設計法を示している.また,同右列は設計対象領域の土質の変動が大きい場合は,6.1.5 項で述べたコーン貫入試験で水平方向の自己相関係数等からサンプリング位置を決定し,小径倍圧サンプラーで得た試料からサクション測定を伴う q_u から $q_{u(I)}$ と異方強度を測定し,IASIA 法で P_f,消費者危険率 P_c,総費用 C_t を計算する性能設計法である.

第 1 章から第 10 章までに示したように,q_u は,我が国における地盤の短期安定問題に最も広く用いられている粘性土地盤の強度であるが,応力解放,機械的攪乱と個人の経験や技量に起因して,その測定値の信頼性は高いとは言えない.また,地盤構造物の設計は,構造物の使用者に対する信頼度を前提とする場合,q_u の特性値(代表値)と期待総費

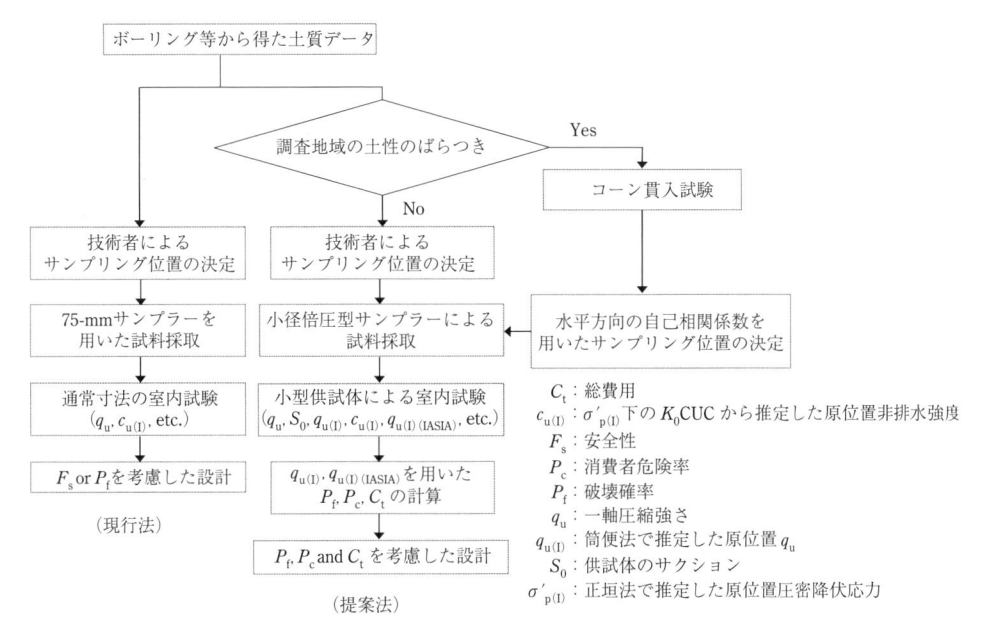

図 14-16 最適設計法の流れ

用 $C_{t(min)}$ の最小値の決定を合理的に行う努力が重要である。特に，重要度の高い地盤構造物の設計を対象とする場合，その要求性能を満足させるためには，各種室内試験から設計までの各段階で性能照査を行うことが必要となる。

前章までの関係する結論を要約して，提案した最適盛土設計法の長所を以下に示す。

① Cone サンプラーは，設計対象地盤のコーン情報（q_c, f_c, etc）の空間分布を短時間で安価に得ることができる[18]。

② 小径倍圧（45-mm，50-mm，Cone）サンプラーを使用したサンプリングは，従来のサンプリング方法より時間と費用等が低減できる[19]（図 7-54）。

③ 小型供試体を用いた強度・圧密試験は，限られた試料から多くの供試体や種類の異なる試験が行えることから，経済的かつ効率的な試験が可能となり，統計分析への適用に加え，異方性を含む精緻な強度・圧密特性が測定できる[3]（図 8-1）。

④ 原位置の非排水せん断強さ（$q_{u(I)}$）の推定法は，K_0CUC と同等の非排水強度が推定でき設計信頼度の向上に加え調査費用の低減が図れる[3]。

⑤ P_c は，$q_{u(I)}$ の確率密度関数から評価・決定し，消費者に対する設計信頼度の向上が可能となる。

14.6.2 試料採取法・非排水強度の性能規定化

本項では，試料の乱れと非排水強度が盛土の最適設計に及ぼす影響を，図 14-15 に示した粘性土地盤上の道路盛土の破壊の事例解析を通して定量的に検討する。図 14-11 に示したように，σ'_{v0} に対する IL から推定した $\sigma'_{p(I)}$ の比で定義する OCR が 2 程度の地盤である。図 14-15 に示した実際の破壊盛土に対する最小すべり円弧を用いて，盛土の最適設計結果に及ぼす試料採取法と非排水強度の影響は，非排水強度の母集団が既知として，P_f，P_c と試験個数 n の関係から，以下のように定量的に検討する。

① 最小安全率を与える円弧より，耕作土と C1 層の非排水強度は，固定値とする。

② $q_{u(I)}$ は，5.2 節で述べた簡便法[1]から推定する。そして，O 層と C2 層の抵抗力の母

集団の平均値 μ と標準偏差 σ は，O 層と C2 層それぞれにおいて推定した $q_{u(l)}$ の平均値と標準偏差を用いる。

③ ②から得た O と C2 層の抵抗力は，非排水強度の母集団の平均値を代表値として用いる。抵抗力の信頼区間は，無作為に抽出した n 個の標本の母平均から求め，耕作土と C1 層の固定値と併せて総抵抗力の母平均分布を求める。そして P_f は，図 14-17 に示すように，滑動力が抵抗力を上回る確率と定義した。

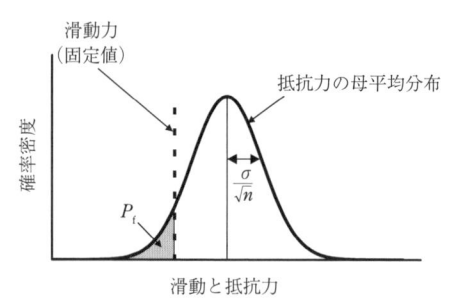

図 14-17 抵抗力の母平均分布，滑動力と P_f の関係

(1) 試料採取法の性能規定化

3 種類のサンプラーから得た各 c_u の統計量を用いて計算した P_f と n の関係を図 14-18 に示す。45-mm と 50-mm/cone サンプラーの P_f は，同じ n 下の 75-mm のそれより小さい。$P_f \leqq 15\%$ となる n は，45-mm，50-mm/cone と 75-mm でそれぞれ 6，7 と 29 であり，P_f に及ぼす非排水せん断強さの影響は大きい。図 14-18 を見ると，どのサンプラーを用いても $P_f < 100\%$ となる。しかし，図 14-15 で示したように，実際の盛土の変状は，盛土天端のクラックと，盛土法尻から約 10m の間に見られた隆起であったことから，図 14-18 の結果は，盛土の変状と整合していると推察される。

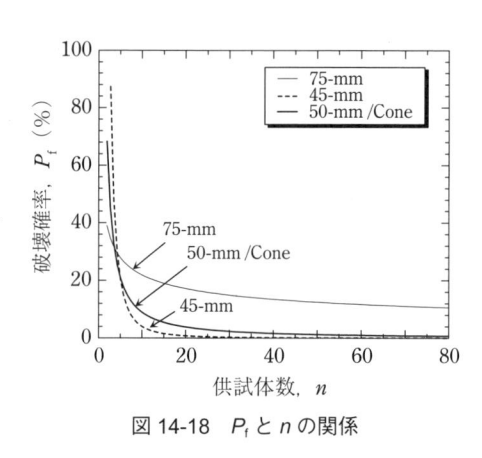

図 14-18 P_f と n の関係

一方，盛土設計における P_f と n を使用した総費用 C_t の算定は式 (14.5) による。

$$C_t = C'_c + P_f \times C_f + C_i \tag{14.5}$$

ここに，C'_c：盛土建設費（千円 /m），C_f：破壊復旧費（千円 /m），C_i：初期調査・試験費（千円 /m）であり，n の関数は P_f と C_i である。これらの費用は，当該盛土施工場所で発生した実際の金額として，表 14-6 の値を用いた。本節では，地盤データの母集団を未知として，容易に多くのデータが取得できる CPT の活用も検討した。CPT の検討で，前節と異なる条件を以下に示す。

① 調査の段階性として，CPT から得られるコーン先端抵抗 q_t から式 (14.6) を用いて c_u を推定し，n と C_t の関係を求める。なお，CPT から求める c_u はコーン係数 N_{kt} の値に支配されるが，事前情報として N_{kt} の値を定めることが困難であることから，今回は一般に使用されている $N_{kt} = 10$ を用いた。

表14-6 当該盛土施工場所で発生した実際の金額

区分	内容	記号	単価
単価	土地	C_a	0.15（千円/m²）
	盛土建設	C_b	5.3（千円/m³）
	破壊後の調査	C_{R1}	62.6（千円/m）
	借用地	C_{R2}	0.6（千円/m）
調査・試験費用	ボーリング	C_B	24.6（千円/m）
	試料採取	C_s	32.8（千円/試料）
	室内試験	C_E	5.7（千円/供試体）
建設費	初期建設	C_c	720（千円/m）
	盛土の復旧	C_f	783.2（千円/m²）
	初期現地調査	C_i	0.3（千円/m³）
	総費用	C_t	$C_c + P_f C_f + C_i$（千円/m）

P_f：破壊確率

$$q_t - \sigma'_{vo} = N_{kt} \times c_u \tag{14.6}$$

ここで，σ'_{vo} は有効土被り圧を表している。

② $q_{u(I)}$ を対象に，ランダムサンプリングによる n の増加に伴う母平均と母標準偏差の信頼区間を式(14.7)と式(14.8)を用いて求め，その信頼度を考慮して n と C_t の関係を求める。

a) 母平均 μ の信頼区間：

$$\overline{X} - t_{0.05} \times \frac{s}{\sqrt{n}} \leq \mu \leq \overline{X} + t_{0.05} \times \frac{s}{\sqrt{n}} \tag{14.7}$$

ここに，$\overline{X}$：標本平均，$t_{0.05}$：片側有意水準5%時の t 値，s：標本の標準偏差である。

b) 母標準偏差 σ の信頼区間：

$$\sqrt{\{(n-1)s^2 / \chi^2_{0.025(n-1)}\}} \leq \sigma \leq \sqrt{\{(n-1)s^2 / \chi^2_{0.975(n-1)}\}} \tag{14.8}$$

ここに，$\chi^2_{0.025(n-1)}$：下側有意水準2.5%の χ^2 値，$\chi^2_{0.975(n-1)}$：上側有意水準2.5%の χ^2 値である。

(2) 非排水強度の性能規定化

図14-19は，$N_{kt}=10$ と q_t から推定したCPTによる非排水強度 $c_{u(CPT)}$ に加え，45-mmの q_u，$q_{u(I)}$ に関する C_t と n の関係を示している。また，C_t が最小となる n，C_t，P_f を表14-7に示す。

ここでは実際に破壊した盛土を対象としているため，本来ならばどの非排水強度を用いても P_f が100%となるはずである。しかし，表14-7によると，$q_{u(I)}$ から得られる P_f は0.4%となり，実際の盛土破壊の実態と整合しない。これは，最小安全率の算定時に円弧の大きさと位置を指定したことが原因と考えている。以上の課題を踏まえて相対的な検討を行う。

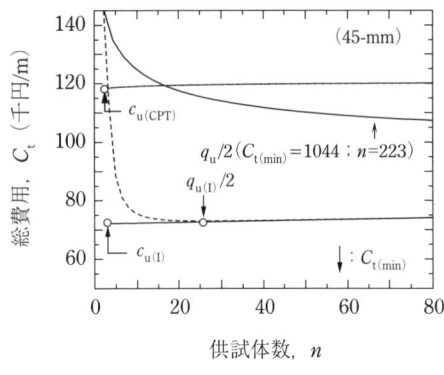

図 14-19 C_t と n の関係（45-mm サンプラー）

表 14-7 C_t が最小となる供試体数，C_t，P_f

非排水せん断強度	供試体数	$C_{t(min)}$ (千円/m)	P_f (%)	P_c (%)
$c_{u(CPT)}$	2	1185	100	94
$q_u/2$	223	1044	34	92.8
$q_{u(I)}/2$	27	730	0.4	1.6

$C_{t(min)}$：総費用の最小値，P_f：破壊確率，P_c：消費者危険

q_t は 2cm ごとにデータが取得できるので，n は容易に得られるが，n の増加に伴い C_t が低下しない。これは，$N_{kt}=10$ から得た c_u が実盛土の破壊を説明する非排水強度と大きく異なり，小さいからである。さらに，q_u も非排水強度が滑動力より小さいため，C_t が最小となる n は 223 と現実的でない。しかし，$q_{u(I)}$ を用いた場合は，n の増加に伴う C_t の低下が著しい。すなわち，非排水強度に $q_{u(I)}$ を用いるとコスト削減の効果が大きくなることがわかる。このことは，本手順による P_f を検討する際に所要の安全率を見込めば，非排水強度の性能規定化が定量的に行えることを意味する。

14.6.3　道路盛土下の地盤に対する最適な調査間隔の決定

前項において，試料採取法と非排水強度の性能規定は，同一深度下の試験結果が他の調査位置のそれと同じであるという仮定の上で議論された。しかしこの仮定は一般に担保されない。水平方向の最適な調査間隔 Δh は，異なる水平位置から求めた q_t の水平方向の自己相関係数 $r_{\Delta h}$ から考察する。なお，当該道路盛土下の地盤に対する CPT は，図 6-1 に示す 4 カ所で行われた。以下では，図 6-1 に示した C1 を基準として，他のコーン貫入試験位置との関係から以下の検討を行う。

① C1 と他のコーン貫入試験位置の間で式 (6.2) と同様に q_t に関する $r_{(\Delta h)}$ の計算を行う。

$$r_{\Delta h} = \frac{1}{(n-1) \times s_{C1} \times s_{(C1+\Delta h)}} \times \sum_{i=1}^{n} (q_{ti(C1)} - m_{(C1)}) \times (q_{ti(C1+\Delta h)} - m_{(C1+\Delta h)}) \tag{14.9}$$

ここで，Δh：C1 からの水平距離，s：各調査位置における q_t の標準偏差，m：各調査位置における q_t の平均値，$C1 + \Delta h$：Δh 離れた他のコーン試験孔を表している。

② Δh と $r_{\Delta h}$ の関係をプロットし，所要の相関性を満足する水平方向の距離 Δh_1 を決定。

③ 横方向の調査位置は，Δh_1 と施工区域の関係から決定。

上記の手順から得た $r_{\Delta h}$ と Δh の関係を図 6-15 に示した。図 6-15 には q_t，$q_u/2$，$q_{u(I)}/2$ の各回帰曲線が示されている。図 6-15 において，q_u と $q_{u(I)}$ の $r_{\Delta h}$ の値が小さくなっているのは，q_t に比較して供試体数が少ないためと考えている。CPT は 2cm ごとに q_t が得られる。数多くのデータが容易に得られる q_t に着目した場合，$r_{\Delta h}=0.7$ となるのは約 2m であるため，対象盛土では概ね水平方向に 2m 間隔で CPT を行うと信頼度の高い地盤データが得られることになる。

14.6.4 試験個数と総費用に及ぼす消費者危険率の影響

$q_{u(I)}$ を採用すると q_u より地盤強度が大きいため，設計法全体の調和が崩れ，危険側の設計につながるとの危惧がある。盛土設計の最適化法は，設計時に $P_c^{20)}$（本来は誤った結果であるにもかかわらず採用してしまう誤り）を考慮することにより検討する。図 14-20 に，$q_{u(I)}$ を用いて P_c の定義を示す。図 14-20 の (μ_0, σ^2) は，簡便法から求まる $q_{u(I)}$ の母平均 μ_0 の分布を表しており，$N(\mu, \sigma^2)$ は，平均が $\Delta\mu$ だけ低い仮想の $q_{u(I)}$ の母平均 μ の分布，a は $N(\mu_0, \sigma^2)$ の下側95％限界値である。$\mu=\mu_0$ の検定時には，a より左側（黒部）は危険率 $\alpha(=5\%)$ で棄却されるが，a より右側（信頼率 $1-\alpha$）はすべて $\mu=\mu_0$ が採択される。すなわち，$\Delta\mu$ だけ低品質な $q_{u(I)}$ であっても，一部（P_c 部）を正しいとして採用する危険性がある。実務では，強度の小さい地盤で調査を行った際，調査の初期段階にたまたま設計値を満足する値が出た時に，それを強度の代表値として採用する場合がこれに該当し，盛土設計の信頼性を過小評価する結果となる。P_c を小さくするには式 (14.10) で示す検出率 $(1-P_c)$ を大きくする必要がある。具体的には $\Delta\mu$ と n を大きく，σ を小さくすることになるが，人為的な調整が可能なのは n で，他は地盤状態に依存する。

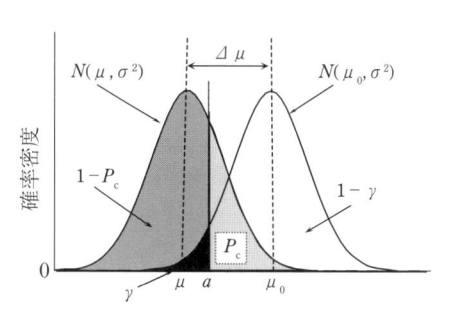

図 14-20 消費者危険率 P_c の定義

$$1-P_c = \text{Probability}\left\{q_{u(I)} \geq 1.65 - \Delta\mu/(\sigma/\sqrt{n})\right\} \tag{14.10}$$

45-mm サンプラーから得た q_u と $q_{u(I)}$ に関して，P_f, P_c と n の関係を図 14-21 に示す。同じ n 下で，$q_{u(I)}/2$ の P_f よりも，$q_{u(I)}/2$ の P_c は大きい。これは，P_c を考慮することにより，設計値の信頼性が向上することを意味する。一方，$q_u/2$ の P_c は，$n<80$ の領域で，92〜94％の範囲にあり，$q_{u(I)}/2$ の P_c は，$q_{u(I)}$ が q_u よりも大きいことに起因して，$q_u/2$ の P_c よりも小さい。したがって，$q_{u(I)}$ は，破壊確率と消費者危険率を小さくする。

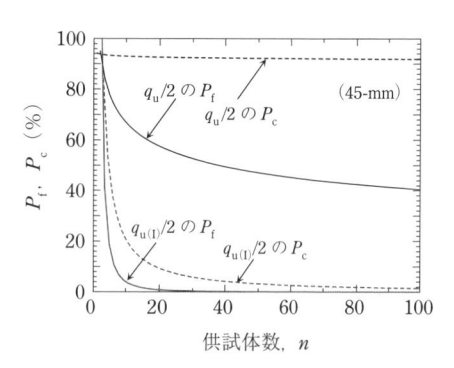

図 14-21 P_f, P_c と n の関係（45-mm サンプラー）

45-mm サンプラーから得た $q_{u(I)}$ を用いて計算した n と C_t の関係を図 14-22 に示す。P_c の影響を考慮する場合としない場合の両者を示すが，P_c を考慮しない C_t（実線）は，n の増加とともに急激に減少する。そして，C_t は $n=27$ で最小値 $(C_{t(min)})$ となる。一方，P_f と P_c の両者を考慮する（破線）と，$C_{t(min)}$ を与える n は 27 から 75 に増加し，C_t も 730 → 750（千円/m）と大きくなる。しかし，P_f と P_c の両者を考慮する場合，表 14-5 のように，$q_{u(I)}$ を用

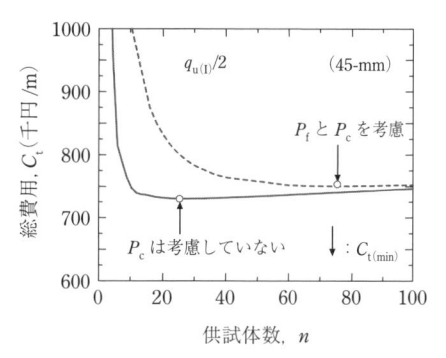

図 14-22 $q_{u(I)}$ を用いて計算した n と C_t の関係（45-mm サンプラー）

いて n と $C_{t(min)}$ を計算すると，q_u を用いた場合と比較して，n は 37 → 75 に倍増するが，$C_{t(min)}$ は，1391 → 750（千円/m）と小さくなり，P_c も 84.4％から 1.4％に激減する。$q_{u(I)}$ を原位置の非排水強度として，P_c を設計に用いれば，盛土の管理者と使用者に対する信頼性と経済性を考慮した設計が可能となる。

14.6.5 道路盛土の最適設計に及ぼす初期強度異方性の影響

前項では，道路盛土下の地盤を等方性材料と仮定した。しかし，土の堆積環境と応力履歴に起因した初期強度異方性は，原位置の地盤状態を考慮した盛土の最適設計を考えるうえで重要な要素となる。本項は，道路盛土の最適設計に及ぼす初期非排水強度異方性 $q_{u(\beta)}/q_{u(0°)}$ の影響を検討する。図 14-14 に示したように，O 層と C2 層から採取した土の初期非排水強度異方性は，日本の他の 11 カ所の堆積地で採取された土よりも小さいことが示された。日本の平均的な初期非排水強度異方性を示す浦安粘土の結果で検討する。

図 14-23 と図 14-24 は，75-mm サンプラーから得た $q_u/2$，$q_{u(I)}/2$ とこれに IASIA 法を適用して求めた $q_{u(I)}/2_{(IASIA)}$ から得た P_f，P_c と n の関係である。$q_{u(I)}/2_{(IASIA)}$ の変動係数 $Vq_{u(I)}/2_{(IASIA)}$ は，$q_u/2$ のそれと同じ値を使用した。表 14-5 に示したように，同じ n で比較すると，$q_u/2_{(IASIA)}$ を使用して求まる P_f と P_c は，$q_u/2$ のそれより大きくなる。また，$q_u/2$ を使用して求まる P_f と P_c は，道路盛土地盤から採取した土の $q_u/2_{(IASIA)岩井}$ と浦安異方強度を使用した $q_u/2_{(IASIA)浦安}$ のそれらより，それぞれ (2.5～25.5)％と (4.7～42.3)％小さい。すなわち，浦安の $q_u/2_{(IASIA)}$ を盛土の設計に適用すると，当該盛土下の地盤は，高い初期非排水強度異方性を与えることになり，設計結果を過大評価することになる。

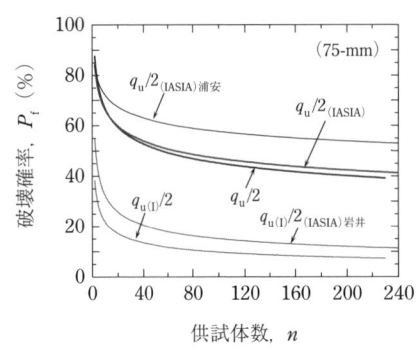

図 14-23 $q_{u(I)}/2_{(IASIA)}$ に対する P_f と n の関係（75-mm サンプラー）

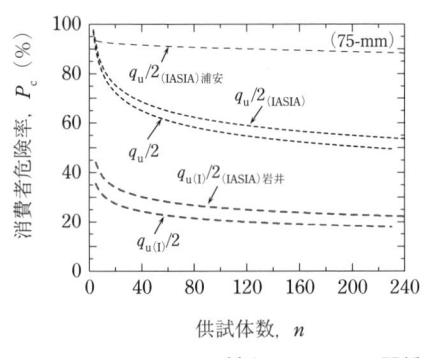

図 14-24 $q_{u(I)}/2_{(IASIA)}$ に対する P_c と n の関係（75-mm サンプラー）

図 14-25 は，図 14-23 と図 14-24 の P_f と P_c における，n と C_t の関係を示している。P_c を考慮しない場合，n を増加すると C_t は減少する。そして，表 14-5 に示したように，C_t も最小値 $C_{t(min)}$ になる。一方，P_f と P_c を考慮すると C_t は増加する。P_c を考慮すると n に対する C_t を増加させることになる。これは，盛土管理者と使用者に対する信頼度を向上させたことを意味する。しかし，75mm サンプラーの P_c は，n の増加とともに 54.3％から 24.8％に減少する。これは，潜在的リスクが軽減したことを示す。

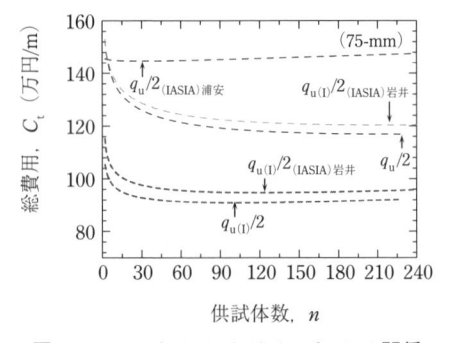

図 14-25 P_f と P_c における n と C_t の関係（75-mm サンプラー）

IASIA法と$q_{u(I)}$は，性能規定に基づく最適盛土設計を可能にする．すなわち，現行法（75-mmサンプラー，q_u，P_f）と比較して，提案法（45-mmサンプラー，q_t，$q_{u(I)}$，$q_{u(I)(IASIA)}$，P_f，P_c）を用いた盛土の設計法は，省力化と低コスト化に直結することがわかる．しかしこれらの検討は，盛土構造物に対する破壊確率や総費用を非排水強度の母集団が既知として比較・検討しており，母集団が未知の場合の許容破壊確率（破壊確率の目標値），目標信頼性指標（消費者危険率の目標値）や，これらから得られる総費用の決定に関する検討は今後の課題である．

参考文献

1) Shogaki, T. : An improved method for estimating *in-situ* undrained shear strength of natural deposits, *Soils and Foundations*, Vol. 46, No.2, pp. 1-13, 2006.
2) Shogaki, T, and Sakamoto, R. : The applicability of a small diameter sampler with a two-chambered hydraulic piston for Japanese clay deposits, *Soils and Foundations*, Vol. 44, No.1, pp. 113-124, 2004.
3) Shogaki, T. and Kumagai, N. : A slope stability analysis considering undrained strength anisotropy of natural clay deposits, *Soils and Foundations*, Vol.48, No.6, pp.805-819, 2008.
4) Sekiguchi, H and Ohta, H. : Induced anisotropy and time dependency in clays, *Proc. Specialty session 9*, *9th ICSMFE*, pp.229-238, 1977.
5) Asaoka, A. and Kodaka, T. : Bearing capacity of foundations on clays by the rigid plastic finite element model, *Proc. 4th Int. Symp. on Numerical Models in Geomechanics*, Vol.2, pp.839-849, 1992.
6) Duncan, J.M. and Seed, H.B : Anisotropy and stress reorientation in clay, *ASCE*, No.SM5, Vol.92, pp21-50, 1966.
7) Lo, K. Y. : Stability of slopes in anisotropic soils, *ASCE*, Vol.91, No.SM4, pp.85-106, 1965.
8) Bishop, A.W. : The strength of soils as engineering materials, *Geotechnique*, Vol.16, No.2, pp.89-130, 1966.
9) Davis, E.H. and Christian, J.T : Bearing capacity of anisotropic cohesive soil, *ASCE*, Vol.97, SM5, pp.753-768, 1971.
10) Mikasa, M., Tanaka, N. and Oshima, A. : In-situ strength anisotropy of clay by direct shear test, *Proc. of 8th Asian Regional Conf. on SMFE*, Vol.1, pp.61-64, 1987.
11) Shogaki, T. and Moro, H, : A method for stability analysis of slopes in anisotropic soils, *Proc. of 7th International Symposium on Landslides*, Vol.1, pp.1357-1362, 1996.
12) Hansen, J.B. and Gibson, R.E. : Undrained shear strengths of anisotropically consolidated clays, *Geotechnique*, Vol.1, No.3, pp189-204, 1949.
13) Skempton, A. W. : A study of the immediate triaxial test on cohesive soils, *Proc. 2nd ICSMFE*, Vol, 1, pp.192-196, 1948.
14) Hvorslev, M.J : Physical components of the shear strength of saturated clays, *Proc. Res. Conf. on shear strength of cohesive soils*, pp.169-273, 1960.
15) 地盤工学会，地盤調査・試験法の小型・高精度化研究委員会，最近の地盤調査・試験法と設計・施工への適用に関するシンポジウム発表論文集，pp.103～110，2006．
16) Shogaki.T. : A method for correcting consolidation parameters for sample disturbance using volumetric strain, *Soils and Foundations*, 36(3), 123-131, 1996.
17) Duncan, J.M. and Seed, H.B : Strength variation along failure surfaces in clay, *ASCE*, No.SM5, Vol.92, pp81-104, 1966.
18) 正垣孝晴・高橋章・熊谷尚久：既設アースダム堤体の耐震性能評価法－レベル1地震動を想定して－，地盤工学会誌，Vol.56, No.2, pp.24-26, 2008．
19) 近藤悦吉・向谷彦・梅崎健夫・中野義仁：最近の地盤調査・試験法の適用性－軟弱地盤上の盛土構築を例示して－，地盤工学会誌，Vol.54, No.8, pp.29-31, 2006．
20) 例えば，石川馨：品質管理入門，日科技連出版社，pp.361, 1990．

第 15 章　既設アースダム堤体の性能評価法

15.1　概　説

　関東ロームを用いて，約 80 年前に築造されたアースダム堤体のレベル 1 地震動を想定した性能評価法が示される。当該のアースダム堤体は，ダムの維持管理としての安定性を検討するための地盤情報が皆無であった。我が国には，古来から農業や発電用に多くのアースダムが築造されてきたが，それらの安定性を検討するための地盤情報を有するダムは極めて少ない。緊縮財政下で，大規模地震荷重に対する既設ダム堤体の安全性の照査，その透明性や説明責任が問われている。安全で経済的・合理的な建設構造物を構築・維持管理するため，省力化・低コスト化に直結する高精度の地盤調査・試験技術や評価技術が提案され[1]，前章までに示してきた。

　本章では，非排水強度の信頼度分析を踏まえて，アースダム堤体の安定性に関する性能評価法[2]が示される。

15.2　アースダムの概要と堤体の性能評価法

　当該ダムの概要を図 15-1 に示す。堤長約 1000m，堤高約 20m の大ダムである。図 15-2 は当該ダム堤体の性能評価のフローを示している。堤体規模が大きいことから，表面波探査の結果から決定した Cone サンプラーによるコーン貫入試験 CPT と試料採取位置を図 15-1 に併せて示す。堤体右岸の 3 カ所で行うこれらの調査に許される期間が 7 日であったことから，Cone サンプラーによる CPT と不撹乱試料採取は，7.3 節で述べた機動性のある Cone サンプラー[3,4]を用いた。堤体を構成する関東ロームは，砂分（10～24）％，シルト（32～34）％，粘土（40～58）％であり，塑性指数 I_p=36～47，一軸圧縮強さ q_u=（35～199）kN/m^2 の範囲の土である。この関東ロームは，粘性土に分類され供試体のサクション S_0 が適正に測定できることから，一・三軸強度特性の検討と，ま

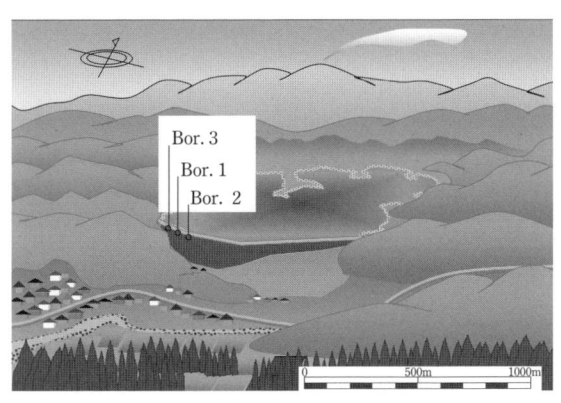

図 15-1　ダム堤体と調査位置

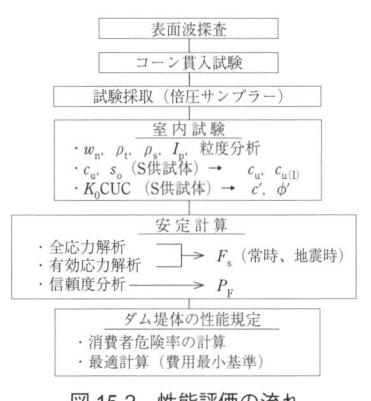

図 15-2　性能評価の流れ

ずはレベル1地震動を想定した全応力解析によって堤体の信頼度分析と性能規定を行う。

Coneサンプラーで採取したd48mm, h500mmの試料片から，小型供試体を用いて一軸圧縮試験UCT，K_0圧密三軸圧縮試験K_0CUC，一面せん断試験DSTと段階載荷圧密試験ILを行う。K_0CUCに関してはS供試体に加え，d35mm，h80mmのO供試体も用いた。強度試験の試験条件を**表15-1**にまとめた。K_0CUCのK_0圧密は，d15mm，h35mmのS供試体に対しては軸圧σ'_aを増加させて側圧σ'_rを制御した。また，O供試体は，σ'_rを増加させσ'_aでK_0状態を保った。**図15-3**に供試体位置を示す。d48mm，h500mmの限られた試料片から，不攪乱試料として，UCTとS供試体のK_0CUCに対して計12個，DSTとILに対しては各1供試体，そして3個のO供試体を作製した。これらの試験データの統計処理により，性能規定における消費者危険率P_cを考慮した安定計算が可能となる。

表15-1 試験条件

試験	圧密応力 (kN/m²)	ひずみ速度 (%/min)	せん断条件	非排水強度	供試体寸法 (mm)
UCT	−	1	非排水	$q_u/2$	d15, h35
K_0CUC	30, 100, 200	0.05	非排水	$q_{max}/2$	d15, h35 d48, h100
DST	100	0.1	非排水	τ_{max}	d30, h10

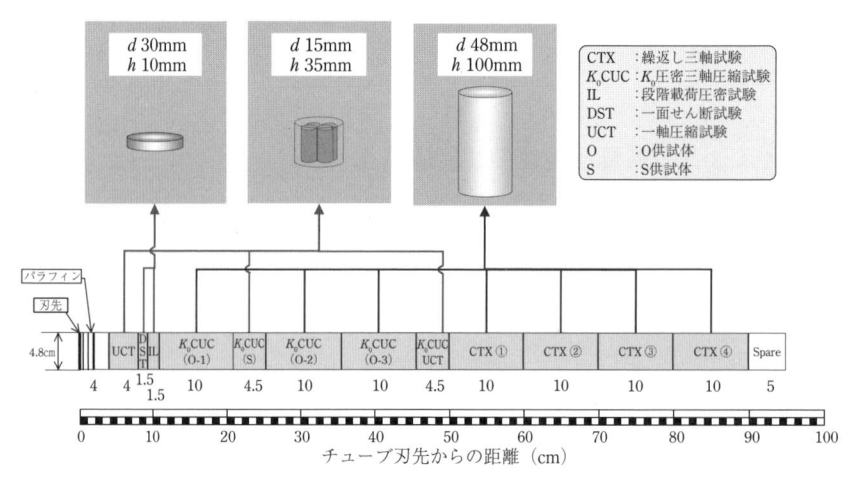

図15-3 供試体位置

15.3 強度特性

コーン貫入試験は，深さ方向の連続的な地盤情報を得ることができる。当該堤体のCPTは，7.3節で述べたConeサンプラーを用いて，CPTと同じ貫入孔で，CPTを行わない深度で，乱れの少ない試料を複数本採取した。Bor.2の採取試料に対して行ったUCTとK_0CUCから得た自然含水比w_n，湿潤密度ρ_t，q_u，破壊ひずみε_f，変形係数E_{50}，

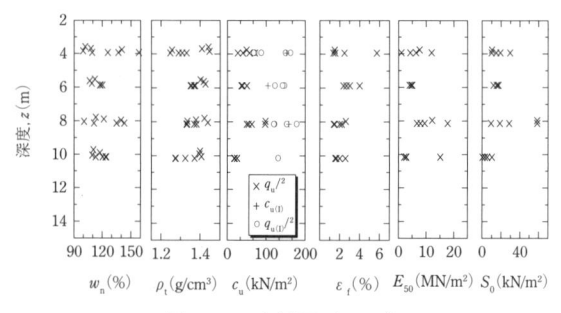

図15-4 土性図（Bor.2）

サクション S_0 を深度 z に対して図 15-4 に示す。非排水強度 c_u として，$q_u/2$ と 5.1 節で述べた K_0CUC の原位置の圧密降伏応力 $\sigma'_{p(I)}$ 下の非排水強度[4] $c_{u(I)}$ の平均値に加え，q_u と 5.2 節で述べた S_0 から推定した原位置の非排水強度[4] $q_{u(I)}/2$ を併せてプロットした。$q_{u(I)}/2$ と $c_{u(I)}$ の平均値は，それぞれ 145 kN/m^2，141 kN/m^2 と同等であるが，$q_u/2$ は $c_{u(I)}$ の 40％と小さい。このような傾向は他の z や Bor.1, 3 でも同様であった。応力解放と試料採取に伴う強度低下量は自然堆積した有機質土や粘性土で 40％程度であった[5]。しかし，締め固めた過圧密 OC 状態の関東ロームの強度低下量は大きい。

図 15-5 に一例として，Bor. 2，$z=(5\sim 5.93)$m の強度増加率 c_u/p と σ'_a/σ'_{vo} の関係を示す。ここに，σ'_a は K_0CUC の圧密圧力，σ'_{vo} は有効土被り圧である。図中の曲線はプロットの近似曲線である。練返しによる c_u/p は不撹乱試料によるそれより約 0.1 大きいが，乱れの少ない試料の c_u/p は，O と S の供試体寸法に依存していない。σ'_{vo} と $\sigma'_{p(I)}$ 下の c_u/p は，それぞれ 0.6 と 0.4 であるが，σ'_{vo} より小さい OC 領域の c_u/p は過圧密度に応じて，さらに大きくなる。このような挙動は，有効内部摩擦角 ϕ' と静止土圧係数 K_0 の関係とも整合している。ϕ' と K_0 は全応力解析に直接用いることはないが，過圧密状態下の締め固めた関東ロームの特異な挙動として，c_u/p やレベル 2 地震動を想定した K_0CUC 結果の解釈の精緻化に欠かせない。

図 15-5 で用いた同じ供試体に対して，ϕ' の応力依存性を検討するために σ'_a/σ'_r の最大点と原点を結ぶ勾配から得た ϕ' と σ'_a/σ'_{vo} の関係を図 15-6 に示す。σ'_{vo} 近傍の OC 領域の ϕ' は 45～75° と大きいが，$\sigma'_a/\sigma'_{vo}>2$ の領域では 46°の一定値となる。ϕ' は，異なる σ'_r 下で得たせん断応力を回帰した直線の勾配から得るのが一般的である。このようにして求めた ϕ' は，図 15-6 の $\sigma'_a/\sigma'_{vo}>2$ の正規圧密下の ϕ' と同等になる。以上の傾向は，やはり他の Bor や z でも同様であった。

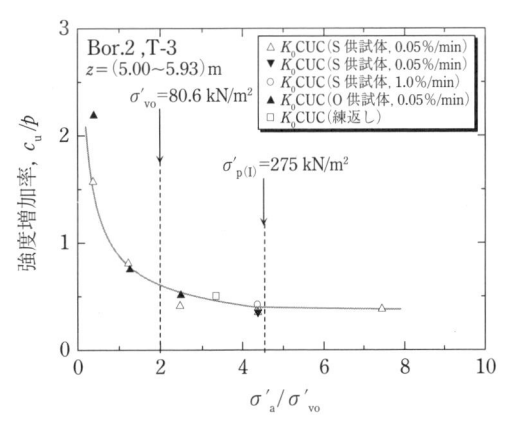

図 15-5　強度増加率と応力比の関係

Bor. 1, 2, 3 のすべての深度の供試体に対して，K_0CUC の K_0 圧密過程で得た K_0 と ϕ' の関係を図 15-7 に示す。ここで，K_0 は各供試体の圧密終了時の値を用いた。図 15-5 と

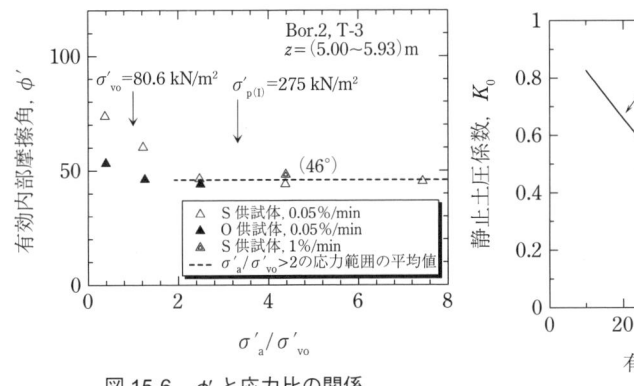

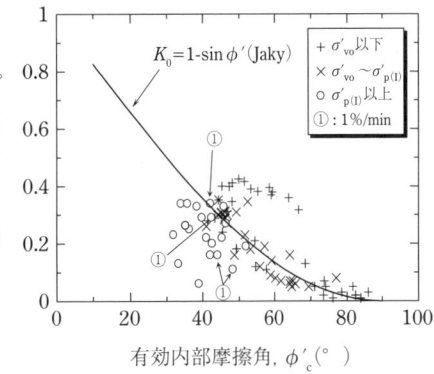

図 15-6　ϕ' と応力比の関係

図 15-7　K_0 と ϕ' の関係

図 15-6 で示したように，c と ϕ' に応力依存性があることから，プロットは，K_0 を求めた σ'_a の応力レベルに応じて $\sigma'_a < \sigma'_{vo}$，$\sigma'_{vo} < \sigma'_a < \sigma'_{p(I)}$，$\sigma'_{p(I)} < \sigma'_a$ で 3 区分（それぞれ，＋，×，〇）した。図 15-7 には Jaky 式（$K_0 = 1 - \sin\phi'$）を併せて示したが，Jaky 式は $\sigma'_{p(I)} < \sigma'_a$ のプロット（〇）の上限に位置するが，他の結果はプロットを近似した曲線近傍にある。$\sigma'_a < \sigma'_{vo}$ のプロット（＋）の ϕ' は 85° に達する結果もあるが，荷重増加のない過圧密状態下にあるダム堤体の応力条件を考えると，このような大きな ϕ' が実際の破壊現象下で発現される可能性は否定できない。1%/min で得たプロットは①と表記して，他のプロット（0.05%/min）と区別した。しかし，K_0 と ϕ' の関係に及ぼすひずみ速度効果は小さい。

15.4 アースダム堤体の性能評価法

アースダム堤体がレベル 1 地震動に対して粘性土（本章では c 材と仮定）として挙動する場合は，円弧すべりによる全応力解析の検討が必要である。$q_u/2$ の平均値を供試体の測定深度に応じて図 15-8 の 3，4，5 層に入れて安定解析を行った。地震力に関しては，強震域の海溝型地震を想定して水平震度を 0.15 として，同図中に示す最小安全率の円弧を得た。この円弧に対して，地盤の非排水強度の採用値に関する信頼度を検討した。

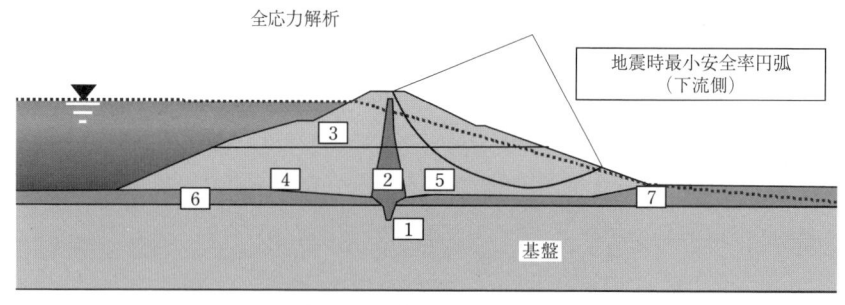

図 15-8　安定計算の断面

$q_u/2$，$c_{u(I)}$，$q_{u(I)}/2$ に対して，供試体数 n と破壊確率 P_f の関係を図 15-9 に示す。P_f の定義と計算方法は文献[6]と同様である。$q_u/2$ は強度が小さいことに起因して n に関係なく破壊（$P_f = 100\%$）するが，$q_{u(I)}/2$ の P_f は 100% から減少して $n = 14$ で 0.4% になる。$c_{u(I)}$ は試験総数が 8 と少ないことに加え，すべての強度が比較的揃って大きいことを反映して，$n = 14$ で $P_f = 0.4\%$ になる。$P_f \leq 5\%$ を満足する $c_{u(I)}$ と $q_{u(I)}/2$ の n は，それぞれ 9 と 11 である。c_u が P_f に及ぼす影響が大きいことがわかる。このこと

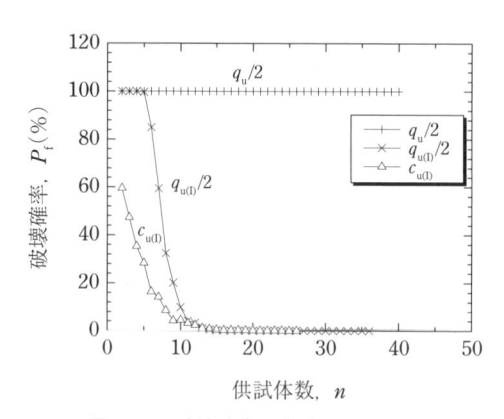

図 15-9　破壊確率と供試体数の関係

は，採取試料の品質を考慮して，設計値を性能規定化できることを意味する。

c_u と n が式 (15.1) で示す盛土破壊時の修復総費用 C_t に及ぼす影響を検討し，地盤の非排水強度の採用値の性能規定化に向けた検討を行う。

$$C_t = P_f \times C_f + C_I \tag{15.1}$$

ここに，C_f：破壊復旧費（1,037百万円），C_I：初期の地盤調査・試験費であり，試料採取費10百万円に加え，2007年の建設物価より UCT は5,250円/供試体，K_0CUC は71,600円/3供試体，とした。P_f と C_I は n の関数となる。C_f は，30m 幅の破壊を想定して当該ダムの想定金額を用いた。

$q_u/2$，$c_{u(I)}$，$q_{u(I)}/2$ から求めた C_t と n の関係を図1-7に示した。C_t が最小となる n，P_f，C_t を図1-7の表にまとめた。$q_u/2$ は強度が小さいことに起因して，n が増しても C_t が低下することはなく，一次関数的に増加している。一方，$q_{u(I)}/2$ は n が増加すると非排水強度の平均値の信頼度が向上して C_t の低下が著しい。$C_{t(min)}$ の n は $q_{u(I)}/2$ で 11，$c_{u(I)}$ で 9 であるが，試験費用の差を反映して C_t は，それぞれ 365 百万円/m と 311 百万円/m となり，$q_{u(I)}/2$ は $c_{u(I)}$ より 17% 大きい。両強度の平均値は同等であるが，$c_{u(I)}$ の試験個数が 8 と少なく，このデータの標準偏差が幾分小さかったことが n と C_t の差になっている。標準偏差に差がなければ $q_{u(I)}$ は，力学的に $c_{u(I)}$ と同じ安定性の結果を与えることになるが，試験費用の観点からは前者が有利になる。

採取試料の品質確保を前提とすれば，地盤強度採用値も性能規定が可能となる。また，各種せん断・応力条件下の強度・圧密特性が Cone サンプラーで採取した d48mm の試料片から測定できるので，小型供試体は調査・試験費用の削減に加え，調査・設計の精度向上への寄与が大きい。加えて，原位置非排水強度として $q_{u(I)}$ を用いれば，同じ設計外力下で盛土形状をスリム化できることになる。

Cone サンプラーによるコーン貫入試験と乱れの少ない試料の採取に加え，小型供試体を用いた各種強度・圧密試験からダム堤体の地盤特性を明らかにした。そして，レベル1地震動を想定した安定解析から，既設アースダム堤体の性能評価を行った。動的挙動の試験結果を踏まえ，レベル2地震動に対する検討に対しても同じ扱いが可能である。

参考文献
1) 正垣孝晴：地盤調査・試験法の小型・高精度化技術の役割と展望，土と基礎，Vol.54, No.8, pp.1-2, 2006.
2) 正垣孝晴・高橋章・熊谷尚久：既設アースダム堤体の耐震性能評価法－レベル1地震動を想定して－，地盤工学会誌，Vol.56, No.2, pp.24-26, 2008.
3) Shogaki, T., Sakamoto, R., Kondo, E. and Tachibana, H.：Small diameter cone sampler and its applicability for Pleistocene Osaka Ma12 clay, *Soils and Foundations*, 44(4), 119-126, 2004.
4) 正垣孝晴・西原彰夫：無線によるコーン情報の伝送システム，土と基礎，Vol.54, No.11, pp.17-19, 2007.
5) Shogaki, T.：An improved methed for estimating *in-situ* undrained shear strength of natural deposits, *Soils and Foundations*, 46(2), pp.1-13, 2006.
6) Shogaki, T. and Takahashi, A.：Reliability of the cone penetration, undrained shear strength tests and the optimum embankment design method, *Proc. of the 13th Asian Reginal Conf. on SMGF*, pp. 1085-1088, 2007.

主要記号の説明

記号	日本語	英語	単位
A_c	活性度	Activity	
AEV	セラミックディスクの空気侵入値	Air entrant value	kN/m^2
A_s	間隙圧係数（A 値）	Pore pressure coefficient (A)	
B	間隙圧係数（B 値）	Pore pressure coefficient (B)	
B_1	円形基礎の半径	Half diameter of circular foundation	m
BE	ベンダーエレメント	Bender element	
c	粘着力	Cohesion	kN/m^2
C_c	圧縮指数	Compression index	
$C_{c(I)}$	推定した原位置の圧縮指数	*In-situ* compression index	
C_f	復旧費	Repair cost after failure	円
CPT	コーン貫入試験	Cone penetration test	
CR	定ひずみ速度載荷圧密試験	Constant rate of strain loading oedometer test	
C_s	膨張指数	Swelling index	
C_t	総費用	Total cost	円
$C_{t(min)}$	総費用の最小値	Minimum total cost	円
CTX	繰返し三軸試験	Cyclic triaxial test	
c_u	非排水せん断強度	Undrained shear strength	kN/m^2
$c_{u(I)}$	K_0圧密三軸圧縮試験から推定した原位置の非排水せん断強度	*In-situ* undrained shear strength estimated from K_0CUC results	kN/m^2
c_u/p	強度増加率	Rate of strength increase	
c_v	圧密係数	Coefficient of consolidation	cm^2/day
$c_{v(I)}$	推定した原位置の圧密係数	Estimated *in-situ* coefficients of consolidation	cm^2/day
d	供試体または試料片の直径	Diameter of specimen or sample block	mm, cm
DD_c	円弧中心からの距離	Distance from the center	m
D_f	根入れ深さ	Buried depth	m
D_r	相対密度	Relative density	%
D_s	チューブ刃先からの供試体位置	Distance of sampling points from the cutting edge of the tube	mm
DSST	単純せん断試験	Simple shear test	
DST	一面せん断試験	Direct box shear test	
E	ヤング率	Young's modulus	MN/m^2
e	間隙比	Void ratio	
e_0	初期間隙比	Initial void ratio	
e_1	σ'_{vo}下の間隙比	Void ratio under σ'_{vo} value	
E_{50}	変形係数	Secant modulus	MN/m^2
e_c	圧密終了時（せん断直前）の間隙比	Void ratio after consolidation	
E_{eq}	等価ヤング率	Equivalent Young's modulus	MN/m^2
e_{max}	最大間隙比	Maximum void ratio	
e_{min}	最小間隙比	Minimum void ratio	
f	頻度	Frequency	%
F_c	細粒分含有率	Fines content	%
F_L	液状化安全率	Safety factor for liquefaction	

記号	日本語	英語	単位
F_s	安全率	Safety factor	
FS	凍結サンプリング	Freezing sampling	
G_0	初期剛性率	Initial modulus of rigidity	MN/m^2
G_{BE}	BE から求めた初期剛性率	Initial shear modulus obtained from BE test	MN/m^2
G_{CTX}	CTX から求めた初期剛性率	Initial shear modulus obtained from CTX	MN/m^2
G_{eq}	等価せん断剛性率	Equivalent shear modulus	MN/m^2
G_F	V_s から求めた初期剛性率	Initial shear modulus obtained from V_s	MN/m^2
G_N	正規化剛性率	Normalized shear modulus	MN/m^2
h	供試体または試料片の高さ	Height of specimen or sample block	mm, cm
IL	段階載荷圧密試験	Incremental loading oedometer test	
I_p	塑性指数	Plasticity index	
k	透水係数	Coefficient of permeability	cm/s
K_0	静止土圧係数	Coefficient of earth pressure at rest	
$K_0 C$	K_0 圧密試験	K_0 consolidation tests	
$K_0 CUC$	K_0 圧密非排水圧縮試験	K_0 consolidated-undrained compression test	
$K_0 CUE$	K_0 圧密非排水伸張試験	K_0 consolidated-undrained extension test	
L_i	強熱減量	Ignition loss	%
L_{max}	最大せん断応力比	Maximum shear stress ratio	
M_d	起動モーメント	Moment of driving	kN/m^2・m
M_r	抵抗モーメント	Moment of resistance	kN/m^2・m
m_v	体積圧縮係数	Coefficient of volume compressibility	m^2/kN
N	標準貫入試験から得られる打撃回数	N-Value, SPT blow count	
n	供試体数（試験個数）	Number of specimens	
N_1	換算 N 値	Normalized SPT N-value	
N_c	繰返し回数	Number of loading cycles	回
N_{kt}	コーン指数	Cone index of the CPT	
OCR	過圧密比（本書では σ'_p/σ'_{vo} として定義）	Over consolidated ratio ($=\sigma'_p/\sigma'_{vo}$)	
O 供試体	h 80mm, d 35mm の供試体	Ordinary size specimen	
p	圧密圧力	Consolidation pressure	kN/m^2
P_c	消費者危険率	Consumer's risk	%
P_f	破壊確率	Probability of failure	%
p_m	平均圧密圧力	Mean consolidation pressure	kN/m^2
P_{max}	チューブの最大貫入圧力	Maximum penetration pressure	MN/m^2
PV	現在価値	Present value	円
q	軸差応力	Deviation stress ($q=\sigma'_a - \sigma'_r$)	kN/m^2
$q_{(max)}$	軸差応力の最大値	Maximum deviation stress	kN/m^2
q_c	コーン先端抵抗	Tip resistance of CPT	kN/m^2
q_t	水圧補正したコーン抵抗	Modified tip resistance of the cone on the q_c value	kN/m^2
q_{t1}	正規化されたコーン抵抗	Modified value for the σ'_{vo} from q_t	kN/m^2
q_u	一軸圧縮強さ	Unconfined compressive strength	kN/m^2

記号	日本語	英語	単位
$q_{u(I)}$	簡便法で推定した原位置の非排水強度	In-situ q_u value estimated by Shogaki's improved method	kN/m²
$q_{u(I)}^*$	従来法で推定した原位置の非排水強度	In-situ q_u value estimated by Shogaki's basic method	kN/m²
$q_{u(max)}$	サンプラー内の q_u の最大値	Maximum unconfined compression strength in a sampler	kN/m²
R	限界引抜き抵抗力	Maximum uplift resistance	kgf
r	相関係数	Correlation coefficient	
R_{L20}	繰返し回数20の応力振幅比	Liquefaction strength under $N_c=20$	
R_{max}	液状化強度比	Liquefaction strength ratio	
R_r	試料採取率	Sample recovery ratio	%
$r\Delta h$	水距離に依存する自己相関係数	Autocorrelation coefficient of horizon distance	
s	標準偏差	Standard deviation	
S_0	供試体が保持するせん断開始前の初期サクション	Initial suction before sheared	kN/m²
s_p	チューブ貫入速度	Tube penetration speed	cm/s
SPT	標準貫入試験	Standard penetration test	
S_r	飽和度	Degree of saturation	%
s_t	鋭敏比	Sensitvity ratio	
S供試体	h 35mm, d 30mm の供試体	Small size specimen	
t	時間	Time	秒, 分
t_{90}	90%圧密の時間	90% consolidation time	秒
TCT	三軸圧縮試験	Triaxial compression tests	
TS	チューブサンプリング	Tube sampling	
TWS	シンウォールチューブサンプラー	Thin wall tube sampler	
u	間隙水圧	Pore water pressure	kN/m²
U_c	均等係数	Uniformity coefficient	
Uc'	曲率係数	Curvature coefficient	
UCT	一軸圧縮試験	Unconfined compression test	
u_f	一軸圧縮試験の ε_f 下の u	Pore water pressure at yield point on UCT	kN/m²
V	変動係数	Coefficient of variation	%
VD	バーチカルドレーン	Vertical drain	
V_s	S波速度, せん断波速度	Velocity of S (shear) wave	m/s
w_L	液性限界	Liquid limit	%
w_n	自然含水比	Natural water content	%
w_p	塑性限界	Plastic limit	%
z	試料（供試体）の採取深度	Sampling (specimen) depth	m
α	有意水準	Level of significance	
α	供試体の破壊角度	Failure angle of a specimen	°
β	供試体の最大主応力と鉛直方向の角度	Angle of inclination to the vertical	°
γ	繰返しせん断ひずみ	Cyclic shear strain	%
Δh	水平方向の距離	Horizon distance	m

記号	日本語	英語	単位
Δu	過剰間隙水圧	Excess pore water pressure	kN/m^2
ε_a	軸ひずみ	Axial strain	%
$\dot{\varepsilon}_c$	圧密時のひずみ速度	Consolidation strain rate	%/min
ε_f	破壊ひずみ	Failure strain	%
ε_r	側方ひずみ	lateral strain	%
$\dot{\varepsilon}_s$	せん断時のひずみ速度	Shear strain rate	%/min
ε_{vo}	体積ひずみ	Volumetric strain	%
ε_z	深度方向のせん断ひずみ	Shear strain in the depth direction	%
θ	X線入射角度	X-ray incidence angle	°
λ	根入れ幅比	Ratio of B_1 to D_f	
μ	母集団の平均値	Population mean	
μ_0	$q_{u(l)}$ における母集団の平均値	Population mean obtained from $q_{u(l)}$	
ν	ポアソン比	Poisson ratio	
ρ_d	乾燥密度	Dry density	g/cm^3
ρ_s	土粒子密度	Density of soil particles	g/cm^3
ρ_t	湿潤密度	Wet density	g/cm^3
σ	全応力	Total stress	kN/m^2
σ'	有効応力	Effective stress	kN/m^2
σ'_1	最大有効主応力	Maximum principal stress	kN/m^2
σ'_3	最小有効主応力	Minimum principal stress	kN/m^2
σ'_a	有効軸応力	Effective axial stress under K_0CUC test	kN/m^2
σ_c	拘束圧	Confined pressure	kN/m^2
σ_c	軸方向圧密圧力 (K_0CUC/K_0CUE)	Consolidation pressure on K_0CUC/K_0CUE	kN/m^2
σ_d	軸差応力振幅 (CTX)	Cyclic deviation stress on CTX	kN/m^2
σ'_m	平均有効応力	Effective mean stress	kN/m^2
σ'_p	圧密降伏応力	Consolidation yield stress	kN/m^2
$\sigma'_{p(I)}$	推定した原位置の圧密降伏応力	Estimated *in-situ* consolidation yield stress	kN/m^2
σ'_{ps}	完全試料中に発生する有効応力	Effective stress in perfect sample	kN/m^2
σ'_r	有効拘束圧	Effective confined pressure	kN/m^2
σ'_v	鉛直方向圧密圧力 (IL/CR)	Consolidation pressure on IL/CR	kN/m^2
σ'_{vo}	有効土被り圧	Effective overburden pressure	kN/m^2
ϕ	内部摩擦角	Internal friction angle	°
ϕ'_{cr}	限界状態下の有効内部摩擦角	Internal friction angle under critical state	°
$\phi'_{cr(NC)}$	正規圧密領域下の有効内部摩擦角	Effective internal friction angle under normary consolidation stage	°

索　引

あ
IASIA（異方性を考慮した斜面安定解析）法　313, 318
ISO（国際標準化機構）　1, 7, 189
赤ボク　26, 33, 42, 47
あずき火山灰層　271
アースダム　6, 327
アースダム堤体　327
圧縮指数　41, 82, 93, 188, 224, 255, 314
圧密圧力　46, 55, 81, 104, 114, 188, 243, 279
圧密係数　41, 82, 94, 159, 279, 287
圧密降伏応力　5, 22, 41, 78, 188, 222, 255, 286, 314
圧密三軸圧縮（伸張）試験　107, 227, 250, 314, 328
圧密遅延効果　288, 293
圧密沈下解析　235, 291, 295
圧密沈下量　235, 289, 295
圧密特性の異方性　279
圧密度　55, 106, 197, 224, 242, 288, 293, 313
圧密方程式　291
アロフェン　257
安全率法　5, 318
安定計算　298, 319, 327

い
意思決定　205, 319, 327, 330
一次圧密　50, 55, 289
一次圧密領域　44, 51
一軸圧縮試験　4, 18, 25, 112, 134, 147, 153, 157, 184, 196, 203, 223, 245, 248, 253, 261, 294, 309, 328
一軸圧縮強さ　4, 18, 25, 42, 77, 152, 165, 195, 213, 253, 270, 294, 314, 327
一次処理　7, 16
一面せん断試験　3, 18, 54, 55, 144, 196, 199, 203, 294, 311, 328
一定体積せん断試験　200
ELE 100 サンプラー　152
EPMA（Electron Probe Microanalyzer）　257
異方強度　234, 265, 273, 275, 316
イライト　251

う
ウェルレジスタンス　288, 295

え
鋭敏比　75, 250, 253
液状化　172, 175, 307
液状化安全率　307
液状化強度　122, 172, 307
液状化強度曲線　173
液状化強度比　307
液状化試験　120, 171
液状化判定　307
エキステンションロッド固定式サンプラー　153, 214, 217
液状化の簡易判定のランク　307
S 波速度　129, 168, 177
SPT スリーブ　5, 100, 101
X 線回折分析　239
X 線入射角度　239
N 値　127, 168, 170, 180, 304, 307
NGI 54 サンプラー　152
エネルギー分散法　257
m_v 法　235, 293
円弧すべり　312, 318, 330
円弧すべりの頂角　312
円弧半径　313
鉛直流　291
円板引抜き試験　3, 140, 147, 203, 300, 301

お
応力　29, 112, 162, 265, 279, 316
応力依存性　12
応力解放　17, 196, 250, 315, 329
応力振幅比　123, 173
応力誘導異方性　313
応力履歴　275, 317

か
過圧密　81, 271, 279
過圧密状態　47, 83, 226
過圧密比　90, 222, 268, 271, 314, 319
カオリナイト　251, 258
海溝型地震　330
海水性　223, 236, 314
海成粘性土地盤　223, 236, 288
回折強度　239
灰土　26, 33, 42, 47
改良層厚（ドレーン）　288
改良土　297
攪乱　64, 80, 90, 98, 103, 117, 152, 155, 196, 266, 279, 292
攪乱試料　64, 80, 90, 98, 103, 117, 152, 279, 288
攪乱帯　277, 285, 291
確率密度関数　139, 320

火山ガラス　257
火山灰質粘性土　26, 42, 253
過剰間隙水圧比　171
加水ハロイサイト　257
仮説検定　218, 220
片側有意水準　77, 321
活性度　75, 251
割線係数　80
滑動力　320
間隙水圧　29, 31, 81, 96, 183, 232
間隙水圧係数　96, 312
間隙比　82, 122, 188, 224, 286, 305
緩硬型水硬効果　298
換算 N 値　124, 170
換算層厚法　292
含水比　4, 26, 195, 214, 223, 253, 269, 288, 304, 314, 328
岩石鉱物　239
完全試料　17, 96, 112
乾燥密度　201, 297, 304
関東ローム　6, 26, 47, 253, 327
貫入速度（チューブ）　121, 185
管理基準値（円板引抜き試験）　301

き

基質（マトリックス）　257
基準長さ（表面粗さ）　154
汽水性　223, 236, 314
基礎幅　4, 207
期待総費用　6, 7, 320, 330
期待総費用最小化基準　6, 7, 320, 330
逆解析　289, 294, 318
90％圧密の時間　52, 81
95％信頼限界値　323
供試体数　6, 109, 221, 324, 330
供試体寸法　27, 43, 55
強度異方性　6, 12, 234, 265, 316
強度回復　117, 254, 258
強度増加率　58, 106, 197, 226, 243, 300, 312, 329
強度発現　254, 258
凝灰質物質　257
極座標　312
曲率係数　120, 169
許容破壊確率　325
均等係数　120, 169, 304

く

繰返し応力振幅比　123, 173
繰返し回数 20 の応力振幅比　126, 175, 306
繰返し載荷回数　123, 171
繰返し三軸試験　121, 304
繰返し軸差応力　171
クロスホール法　168, 170
黒ボク　26, 33, 42, 47

け

蛍光 X 線分析　241
傾斜（地質学）　271, 273
形状効果　38
K_0 圧密　105, 188, 328
K_0 圧密三軸圧縮試験　196, 222
珪藻化石　236, 314
珪藻泥岩　33, 36
携帯型一軸圧縮試験機　253, 328
珪ばん比　258
ケーソン式護岸　5
原位置試験　139, 168, 179, 301, 319, 327
原位置の圧密降伏応力　104, 153, 196, 223, 329
原位置の初期剛性率　129, 177
原位置の非排水強度　95, 135, 152, 184, 197, 233
原位置の非排水せん断強度　97, 104, 107, 196, 234, 251, 322, 329
限界状態線　58, 107, 229, 245
限界自立高　204
限界引抜き抵抗力　141, 301
現在価値　3, 207
検出率　323
現地配合試験　299
現場密度試験　297

こ

高位構造　252
耕作土　317
向斜構造（地質学）　267, 271
洪積粘土　159, 249, 271
高塑性粘性土　76, 111, 223, 237
交通荷重　317
鉱物組成　239, 252, 257
高有機質土　5, 134, 160, 314, 317
小型供試体　7, 27, 35, 101, 152, 241, 254, 264, 314, 328
小型精密三軸試験機　188, 223, 241
50％粒径　120, 169, 304
固定ピストンサンプラー　4, 20, 63, 149, 167, 213, 237, 264, 319
コーン貫入試験　6, 128, 133, 167, 297, 318, 321, 327
コーン貫入抵抗　168, 176, 183
コーン係数　6, 133, 321
Cone サンプラー　6, 134, 157, 187, 315, 319, 327
コーン指数　6, 136, 321
コンシステンシー限界　223, 236, 238
コーン先端抵抗　128, 137, 179, 180, 183, 321
コーンプーリー法（標準貫入試験）　169

さ

再圧縮法　95, 197
サイクリックモビリティ　172
再構成土　64, 69, 111, 274
最小安全率の円弧　318, 330
最小間隙比　169, 305

最大間隙比　　305
最大乾燥密度　　203
最大主応力　　315
最大主応力方向　　312
最大せん断応力　　203
最大せん断応力比　　307
最大ポンプ圧　　180
最適耐用期間　　207
最適盛土設計法　　319
細粒分　　113, 120, 124, 305
細粒分含有率　　166, 169, 203, 205, 304
材令効果　　254, 298, 300
サウンディング　　139, 168, 179, 301, 319, 327
サクション　　6, 27, 95, 102, 134, 184, 198, 232, 246, 254, 316, 327
三軸圧縮試験　　18, 112, 147, 203, 300
三重管サンプラー　　150, 167, 190, 303
サンドドレーン　　286, 293
サンドマット　　288, 294
サンプラー　　4, 150, 167, 189, 190
サンプリングカテゴリー　　189, 190
サンプリングカテゴリーA　　2, 190
残留有効応力　　17, 196, 233, 250

し

Shelbyサンプラー　　152
Sherbrookeサンプラー　　152
シキソトロピー　　253
シキソトロピー強度比　　258
軸ひずみ　　171
軸ひずみ速度　　19, 59, 196, 223
軸方向せん断ひずみ　　121
自己相関係数　　138, 318, 322
地震力　　330
自然含水比　　42, 164, 195, 213, 267, 278, 288, 314
自然堆積土　　47, 78, 164, 195, 218, 234, 267, 314
湿潤密度　　3, 164, 195, 213, 267, 278, 288, 314
室内配合試験　　298
CBRモールド　　298
締固め効果　　298
締固め度　　203
斜面安定解析法　　311
自由ピストンサンプラー　　4, 152, 190
周面摩擦（コーン貫入試験）　　183
主応力比最大　　58, 107, 223, 229, 245
主働領域　　312
受働領域　　312
仕様規定　　1, 7
小径倍圧型サンプラー　　150, 182, 237, 319, 327
衝撃型地震　　308
照査アプローチA　　1
照査アプローチB　　1
消費者危険率　　139, 318, 323
省力化　　189, 325
初期間隙比　　43, 89, 174, 286, 304

初期剛性率（繰返し三軸試験）　　123, 130, 177
消費者危険率　　318, 328
試料採取率　　170, 174, 185
試料の品質　　90, 178, 189, 330
試料品質のクラス　　189
SHANSEP法　　96
人為的誤差　　15, 21
振動型地震　　308
信頼区間　　320, 321
信頼性設計法　　3, 5, 110, 115, 119, 139, 140, 205, 318
信頼度　　318, 321, 330
信頼度分析　　5, 319, 328

す

水圧式サンプラー　　153, 190, 217
水圧補正したコーン抵抗　　128, 134, 183
水砕　　297, 301
水平震度　　330
水平放射流　　291
Skemptonの間隙圧係数　　96, 122
スプリットバレール　　100, 101, 303

せ

正規圧密　　81, 279, 286
正規圧密粘土　　26, 42, 78, 88, 222, 235, 245, 267, 269, 278
正規圧密領域　　83, 225, 243, 286
正規化S波速度　　129
正規化剛性率　　129
正規分布曲線　　34, 100, 116, 248, 308, 316
静止土圧係数　　96, 106, 224, 225, 231, 241, 246, 313, 329
生石灰　　297
静的コーン貫入試験　　6, 128, 133, 167, 181, 297, 318, 321, 327
性能規定　　1, 2, 7, 8, 207, 322, 328, 331
性能規定化　　319, 322, 330
性能照査　　2, 5, 6, 207, 319, 322, 330
性能設計法　　318, 319, 322, 327
性能評価法　　2, 5, 6, 207, 319, 327, 331
施工管理試験　　298, 301
施工巻圧　　301
設計安全率　　5, 330
設計信頼度　　6, 139, 295, 319, 324, 330
設計代替案　　119, 293, 319, 324, 330
設計値　　205, 207, 293, 330
設計用地盤モデル　　13
セラミックディスク　　27, 31
全応力解析　　301, 318, 328, 330
潜在的リスク　　324
せん断応力　　56
せん断強度　　297, 298
せん断変位速度　　55, 57
全土被り圧　　135
全般せん断破壊　　203

そ

相関係数　123, 180, 226, 248
造岩鉱物　239, 251, 252
双曲線法　293
走向（地質学）　271, 273
走査型電子顕微鏡　154, 252, 256
相対度数　117
相対密度　122, 170, 174, 304
送電用鉄塔基礎　3, 202, 205, 207
総費用　6, 318, 320, 330
層別沈下計　293
続成作用　257
側方ひずみ　224, 241
塑性指数　18, 42, 89, 90, 112, 138, 165, 195, 213, 237, 251, 270, 314, 327
塑性図　76, 111, 238

た

体積圧縮係数　43, 48, 82, 159, 279, 281
堆積環境　11, 236, 317
堆積速度　236
体積ひずみ　40, 43, 89, 90, 104, 153, 159, 188, 223, 314
体積膨張　203
大ダム　327
ダイレイタンシー　201, 203
ダウンホール法　168, 170
高盛土　297
打撃効率（N値）　169
WTO（世界貿易機構）　1, 2
WTO/TBT協定　1, 2
Darcy則　292
段階載荷型圧密試験　41, 153, 157, 196, 253, 313, 328
短期安定問題　311, 327, 330
単純せん断試験　196, 198, 200
端面拘束　38
断面補正（一面せん断試験）　203
団粒構造　256, 257

ち

地質学的サイクル　11
地質リスク　14
地盤リスク　7, 8, 14
地表加速度　307
沖積海成粘土　5, 213, 249, 265, 277, 314, 317
チューブ貫入速さ　185
チューブの貫入力　180
チョーク（寸法効果）　36
超深度形状測定顕微鏡　154
貯蔵期間（採取試料）　66, 253
沈下ひずみ　51

て

低位構造　251
抵抗モーメント　313
抵抗力　6, 320

低

低コスト化　8, 325, 331
低塑性粘性土　111, 223, 237
泥炭　289
TBT協定　1
定ひずみ速度圧密試験　41

と

等価N値　307
等価加速度　307
動学的信頼性設計　39, 140
凍結サンプリング　124, 169, 170, 178
導出値　7
透水係数　43, 48, 82, 159, 279, 281, 288
道路盛土　5, 297, 324
特性値　7, 318
土質調査仕様書　20
豊浦砂　120, 306
ドレーンの細長比　288
ドレーンの有効半径　291
ドレーン半径　286, 291
ドレーンピッチ　287
とんび法（標準貫入試験）　169

な

内部摩擦角　3, 12, 19, 58, 141, 144, 201, 229, 246, 301

に

新潟砂　120, 168, 306
二次圧密　50, 55, 289
二次圧密領域　50
二次処理　7, 16

ね

根入れ幅比　141, 144
根入れ深さ　3, 207
練返し強度　80, 104, 227, 255, 258
練返し土　155, 226, 246, 287
粘着力　3, 19, 141, 144, 147, 201, 207, 300
粘土鉱物　237, 240, 251
粘土分含有率　113, 251
年代効果　22

は

配合試験　298, 299
背斜構造（地質学）　271
背斜軸　271
灰土　26, 36, 42, 47
破壊確率　6, 115, 205, 304, 318, 320, 330
破壊すべり面（円板引抜き試験）　145, 147
破壊せん断角度　312
破壊ひずみ　89, 134, 152, 162, 184, 215, 328
破壊復旧費　320, 331
破壊包絡線　58, 107, 229, 245, 298
バーチカルドレーン　277, 285, 298, 312
八戸ローム　47

パックドドレーン　　295
ハロイサイト　　258
Barron の近似解　　293
判断誤差　　16

ひ

非圧密非排水三軸試験　　112, 157
PS 検層　　129, 168, 178
引抜き抵抗力　　146, 301
Pisa 粘土　　236
微視構造　　154, 252, 256
ヒストグラム（頻度分布）　　34, 100, 109, 116, 249, 308, 316
ひずみ速度　　19, 65, 227, 246
ひずみ速度効果　　19, 58, 227, 230, 329
ひずみ軟化（硬化）　　202
非排水せん断強度　　5, 135, 196, 226, 243, 316, 329
ヒューマンファクター　　14
標準貫入試験　　5, 127, 151, 167, 180, 304
標準偏差　　3, 7, 100, 138, 204, 249, 320, 331
標本平均　　321
表面粗さ（微視構造）　　154
表面沈下　　81
表面波探査　　177, 313, 327

ふ

風化砕屑物　　252
風化作用　　11, 257
不攪乱試料　　286, 328
不攪乱試料採取　　190, 327
不攪乱土　　155, 196, 226, 245
不攪乱領域　　286, 292
釜山粘土　　221
不飽和土　　45, 199, 204
プラスチックボードドレーン　　295
フリッシュ　　252
分割型圧密試験　　41

へ

平均圧密圧力　　129, 196, 315
平均値　　3, 5, 204, 233, 248, 320
平均粒径　　169
Ped（ペッド）　　155, 252, 256
ヘッドロス　　295
便益　　206
変形係数　　4, 33, 67, 134, 213, 233, 314, 328
変形履歴　　275
ベントナイト　　258
ベンダーエレメント　　179
ベンダーエレメントから求めた初期剛性率　　177
変動係数　　40, 114, 118, 138, 202, 205, 220, 233, 308

ほ

Pore（ポア）　　155
ポアソン比　　13

放射排水　　281, 287
膨張指数　　45, 224
Boston blue 粘土　　286
Bothkennar 粘土　　225
飽和度　　19, 67, 201, 237, 316
飽和粘性土　　133
星埜法　　293
母標準偏差　　321
母平均　　321

ま

マイグレーション（migration）　　31
埋設深度（円板引抜き試験）　　141, 146, 300, 301
マットレジスタンス　　288

み

未圧密地盤　　267, 268
未圧密粘土　　222
密度検層　　167

も

目標信頼性指標　　325
模型実験　　287
モデル試験　　120
モビライズ　　202
盛土建設費　　320
盛土施工管理　　297
モンモリロナイト　　251

や

Jaky 式　　231, 246, 329
ヤング率　　13

ゆ

有意水準　　218, 321
有効応力　　96, 298
有効応力経路　　31, 56, 106, 171, 223, 229, 245
有効土被り圧　　42, 89, 90, 96, 170, 196, 222, 314, 321, 329
有効内部摩擦角　　55, 56, 223, 231, 313, 329
有効粘着力　　313
誘導異方性　　313
Eurocode（ユーロコード）　　2, 190, 250

よ

要求性能　　319
養生後の強度　　258, 298, 299
要素試験　　32

ら

ライフサイクルコスト　　4
Laval サンプラー　　152
ランダムサンプリング（無作為描出）　　321

り

陸成粘性土地盤　288
リスクマネジメント　7, 8, 14
理想試料　17, 96
流速　292
粒度改良　298
粒度組成　78, 214, 223, 236
粒土分含有量　78, 214, 223, 237, 251
両側危険率　218

れ

レベル1地震動　6, 330

ろ

London 粘度　251

わ

割引率　206

著者略歴

正垣 孝晴（しょうがき たかはる）

1984 年　名古屋大学大学院 博士前期課程修了
1984 年　名古屋大学 助手（工学部土木工学科）
1993 年　University of Illinois 客員研究員
現　在　防衛大学校 准教授（システム工学群 建設環境工学科）
　　　　工博，APEC Engineer

この間，公益社団法人地盤工学会 奨励賞（1989 年），論文賞（1995 年）など受賞

[共著書]
『最新名古屋地盤図』（コロナ社，1988 年）
『土の試験実習書』（地盤工学会，1991 年）
『地盤調査法』（地盤工学会，1995 年）
『地盤工学ハンドブック』（地盤工学会，1999 年）
『土質試験の方法と解説』（地盤工学会，2000 年）
『地盤調査の方法と解説』（地盤工学会，2004 年，2012 年）
『地盤調査の基本と手引き』（地盤工学会，2005 年）

性能設計のための地盤工学
地盤調査・試験・設計・維持管理まで

2012 年 3 月 20 日　第 1 刷発行

著　者　　正　垣　孝　晴

発行者　　鹿　島　光　一

発行所　　鹿　島　出　版　会
　　　　　104-0028　東京都中央区八重洲 2 丁目 5 番 14 号
　　　　　Tel. 03(6202)5200　振替 00160-2-180883
　　　　　無断転載を禁じます。
　　　　　落丁・乱丁本はお取替えいたします。

装幀：伊藤滋章　　DTP：エムツークリエイト
印刷：壮光舎印刷　　製本：牧製本
© Takaharu Shogaki, 2012
ISBN 978-4-306-02437-3　C3052　　Printed in Japan

本書の内容に関するご意見・ご感想は下記までお寄せください。
URL：http://www.kajima-publishing.co.jp
E-mail：info@kajima-publishing.co.jp